国家级精品课程教材

电子材料

主　编　李言荣

副主编　林　媛　陶伯万

清华大学出版社

北京

内容简介

本书较为全面地介绍了电子信息技术和产业中涉及的电子材料的制备方法、结构特征，电、磁、光等方面的性质，电子元件设计、开发应用所需的材料基础知识。对电子材料的基本理论进行了叙述，介绍了电子材料的性能、应用和发展趋势。本书共13章，包括电子材料概述、材料的分析与表征、薄膜、厚膜，以及陶瓷等基本工艺、超导、导电、半导体、电阻材料、介质材料、磁性材料、光电材料、敏感材料与封装材料等内容。

本书可作为微电子与固体电子、材料科学与工程、半导体、光电子等专业的基础课教材，也可供冶金、物理、化学、化工等相关学科的大学生、研究生、教师及工程技术人员参考使用。

图书在版编目（CIP）数据

电子材料/李言荣主编. —北京：清华大学出版社，2013.1（2024.7 重印）
ISBN 978-7-302-30685-6

Ⅰ. ①电… Ⅱ. ①李… Ⅲ. ①电子材料 Ⅳ. ①TN04

中国版本图书馆CIP数据核字(2012)第278435号

责任编辑：宋成斌　赵从棉
封面设计：梁伟侠
责任校对：赵丽敏
责任印制：刘　菲

出版发行：清华大学出版社
网　　址：https://www.tup.com.cn，https://www.wqxuetang.com
地　　址：北京清华大学学研大厦A座　　邮　　编：100084
社 总 机：010-83470000　　邮　　购：010-62786544
投稿与读者服务：010-62776969，c-service@tup.tsinghua.edu.cn
质 量 反 馈：010-62772015，zhiliang@tup.tsinghua.edu.cn
印 装 者：三河市龙大印装有限公司
经　销：全国新华书店
开　本：185mm×260mm　　**印　张**：27.25　　**字　数**：661千字
版　次：2013年1月第1版　　**印　次**：2024年7月第12次印刷
定　价：76.00元

产品编号：021781-04

前 言

《电子材料导论》自2000年出版以来，受到广大读者的关注与欢迎，还被一些学校选作教材。读者和教师们通过清华大学出版社或者和我们直接联系，对该书提出了一些宝贵的意见和建议，我们对此表示衷心的感谢。

《电子材料》是以《电子材料导论》为基础重新编写的。本书以《电子材料导论》的主要内容为框架，删除了一些较老的和比较专门的内容，将材料常用表征方法和电子材料制作中的常用工艺等从原书各章中分离出来专门叙述；在更新内容的基础上，增加了光电材料、热电材料、吸波材料和封装材料等章节。这样，基本上囊括了电子信息材料中的主要材料。由于电子材料涉及面非常广，需要的知识也很宽，为了便于自学和讲授，这次修改的原则是"实用、新颖，广而不深，图文并茂"。

本书由李言荣院士主编，林媛教授和陶伯万教授任副主编；恽正中教授主审；恽正中教授和黄文副教授统稿。参加编写人员都来自教学和科研第一线。编写分工为：第1章，陶伯万，恽正中；第2章，曾慧中；第3章，陶伯万；第4章，蒋书文；第5章，贾利军；第6章，罗文博；第7章，熊杰；第8章，黄文；第9章，袁颖；第10章，周佩珩；第11章，黄文，恽正中；第12章，张胤，其中吸波材料为张辉彬；第13章，林媛。

电子材料是电子科学与技术专业的专业课程。编写时考虑到各校的具体情况，各章有一定的独立性。选用本书为教材时，各校可根据各自的专业特点，对书中内容加以取舍，来组织教学，以适应不同专业对电子材料的不同深度和广度的要求；有些章节也可让学生自学，以扩大知识面。本书也可供材料、冶金、化工、物理等相关学科领域的本科生、研究生和工程技术人员参考。

恽正中教授仔细地审阅了各章内容，提出了许多修改意见，并同参编人员进行了深入的讨论。为保证本书的可自学性和便于教学，本书在定稿前曾请一些学生和老师阅读书稿并征求他们的意见。为此向全体参编人员、恽正中教授和阅读本书书稿的同学和老师们表示感谢。

四川大学的肖定全教授，电子科技大学的王恩信教授、余忠教授和曾娟老师等对本书提出了宝贵的建议，在此一并表示诚挚的感谢。

由于编写此书时参考的资料众多，限于篇幅，未能一一列出，在此向原作者致敬。限于我们的能力和学识水平，书中不当之处，欢迎读者及同行专家们提出宝贵意见，以便今后改进。

编　者

2012年10月

目　　录

第 1 章 电子材料概论

电子材料是当前材料科学的一个重要方面;电子材料品种繁多,用途广泛,涉及面宽,是制作电子元器件和集成电路等的基础,也是获得高性能、高可靠先进电子元器件的保证。电子材料除用于制作电子元器件与集成电路外,还广泛用于印制电路板和微波电路、封装用材料、电信电缆和光纤、各种显示器及显示板,以及各种控制和显示仪表等。本章就电子材料的重要性与分类、无机电子材料、电子材料的表面与界面和电子材料的发展动向等作概貌性的介绍。

1.1 电子材料的分类与特点

1.1.1 电子材料在国民经济中的地位

人类社会发展的历史证明,材料既是人类赖以生存、发展和征服自然的物质基础,又是人类社会发展的先导;它是人类进步的里程碑。

电子材料是指与电子工业有关的、在电子学与微电子学中使用的材料,是制作电子元器件和集成电路的物质基础。人类已进入信息社会,材料、能源和信息技术,是当前国际公认的新科技革命的三大支柱。电子材料处于材料科学与工程的最前沿,其优劣直接影响电子产品的质量,与电子工业的经济效益有密切关系。一个国家的电子材料的品种、数量和质量,已成为衡量该国科学技术、国民经济水平和军事国防力量的主要标志。

1.1.2 电子材料的分类

电子产品已经渗透到科研、生产、国防和生活等各个方面,品种五花八门,所需的直接材料和配套材料都数以万计。电子材料种类繁多,用途广泛,可以从不同的角度对其进行分类;世界各国和不同的科学家对电子材料的分类方法不尽相同。本节按照目前常用的方法来对电子材料进行分类。

1. 按电子材料的用途分类

从应用的角度,通常把电子材料分为结构电子材料和功能电子材料两大类。

能承受一定压力和重力，并能保持尺寸和大部分力学性质（强度、硬度及韧性等）稳定的一类材料称结构电子材料。随着科学技术的发展，现已开发出适应高新科技要求的、性能优异的、能在各种严酷条件（高温、高压、高腐蚀）下使用的结构材料。结构电子材料在电子元器件中主要用来制作外壳、基片、框架、散热片、加固和封装等。

功能电子材料是指除强度性能外，还有其特殊功能，如能实现光、电、磁、热、力等不同形式的交互作用和转换的材料；在应用中，主要是用其功能而不是机械力学性能。例如，太阳能电池具有将太阳能（光、热能）转换为电能的功能。一般来说，功能材料对外界环境具有灵敏的反应能力，即对外界的电、磁、光、热、压力、气氛等各种“刺激”，可以有选择性地做出反应。在电子元器件和集成电路领域中，通常功能电子材料被加工成一定的形状，配以必要的连接，使之具有将各种形态的能量互相转换的功能。可以认为，没有众多功能材料的出现，就不可能有现代电子科学技术的发展。

2. 按组成分类

从化学作用的角度，可以将电子材料分为无机电子材料和有机（高分子材料）电子材料两大类。无机材料又可分为金属材料（以金属键结合）和非金属材料（硅等元素半导体、金属的氧化物、碳化物、氮化物等，它们以离子键和共价键结合）。有机电子材料主要是由碳、氢、氧、氮、氯、氟等组成的高分子材料，大部分是以共价键和分子键结合。本书主要讨论无机电子材料。

3. 按材料的物理性质和应用领域分类

根据材料的物理性质，可将电子材料分为导电材料、超导材料、半导体材料、绝缘材料、压电铁电材料、磁性材料、光电材料和敏感材料等。根据电子材料在制作元器件和集成电路中的应用领域，又可分为微电子材料（锗、硅、砷化镓等制作半导体器件与电路的材料）、电阻器材料、电容器材料、磁性材料、光电子材料、压电材料、电声材料、敏感吸波材料和封装材料等。

4. 按发展进程分类

传统电子材料与先进电子材料则是另外一种分类方法。传统电子材料是指已能规模生产，价格一般较低，在工业应用上已有较长期使用的经验和数据。先进电子材料则指具有优异的性能的高科技产品，正在企图商业化或研制之中，具有一定的保密性。

以上划分方法有一定的相对性：先进材料解密后，开始商业化及大量生产并积累了足够的经验之后，就成为了传统材料；但也有一些传统电子材料，采用特殊高科技工艺加工后，具有了新的、更优良的性能，就成为先进电子材料了。

1.1.3 电子材料的环境要求

电子材料除了具有电、磁、光、热、压力等特性外，制作成元器件和电路之后，还应具备一致性和稳定性，能够承受各种恶劣环境。由于电子产品已进入国民经济、国防和民用等领域，这就要求电子产品能在不同的环境下性能稳定，工作正常。目前对电子材料的环境要求越来越严格，主要表现在以下几个方面。

1. 温度

电子产品一般要在－55～＋125℃范围内使用；若到宇宙空间使用时，低温会延伸到－190℃或接近绝对零度(－273℃)；在汽车电子中，工作温度可达500～700℃；在反应堆中工作温度可高达700℃甚至到1200℃。

2. 压力

电子产品一般在一个大气压下工作，但也有的处于真空中；而用于宇宙系统设备中真空度为1×10^{-13} Torr。但在海洋中，水深每增加10m压强增加一个大气压，在海洋深处压力可达上千大气压。由于压力的改变，会引起电子材料耐压强度下降、密封外壳变形和散热效率降低、器件性能劣化等现象。

3. 湿度

温带地区相对湿度平均为(65～75)％RH，沙漠地区则不高于5％RH；而靠近海洋、湖泊的地区，湿度经常可达饱和状态(100％RH)。测量中发现，在相对湿度为(65～80)％RH的空气中，物体上水膜的厚度为0.001～0.1μm；而在100RH％湿度下，水膜厚度可达几十微米，对电子材料造成不良影响。水分还会引起一些电子材料(特别是化工材料)的尺寸变化，绝缘性能下降，发生击穿和短路等现象。

4. 环境中的化学颗粒及尘埃

工业区的空气中往往含有多种成分的酸、碱、盐等颗粒，这些颗粒能腐蚀电子材料，降低绝缘电阻和击穿电压。海面及沿海地区空气中的盐雾含量一般为$2\sim5\text{mm}^3/\text{m}^3$，这会在材料的表面覆盖一层导电层，使材料表面的漏电导增加，并能引起材料腐蚀和加速材料的老化。空气中的尘埃含量一般为$20\sim60\text{mm}^3/\text{m}^3$，沉积在材料表面会使水汽凝结，降低介电性能。

5. 霉菌和昆虫

在温度25～35℃、相对湿度超过70％RH、缺少日光照射的阴暗地区，霉菌和昆虫容易大量繁殖，造成电子材料介电特性的下降，器件或包封材料的腐蚀和损坏。

6. 辐射

太阳中的紫外线，潮湿条件下的日光照射，都能引起材料的氧化；雷雨时产生的臭氧以及宇宙空间的γ、β等高能粒子的辐射等，都会使电子材料蜕化、变质或分解。

7. 机械因素

运载环境中的机械因素是指冲击、振动和离心力等。在坦克、舰艇、飞机、火箭、卫星等运载工具上，振动频率的范围为10～2000Hz，有时还可高达5000Hz。在一定条件下，电子产品可能会和运载工具发生共振，导致振幅增大10～15倍，冲击加速度增大到100～200g，甚至达到 500g。这些机械的作用将会降低材料的耐疲劳强度和加速元器件老化。

以上这些环境因素对结构电子材料与功能电子材料来说，都是需要考虑的，为了适应这些要求，对电子材料要有全面认识，要结合材料的成分、工艺条件和材料的结构与性能间的关系进行全方位研究。

1.1.4 电子材料与元器件

1. 电子材料对元器件和集成电路发展的促进作用

在电子设备系统中，元器件与集成电路是其中的关键，为了保证电子设备系统的先进性和高可靠性，高性能和高质量的元器件与电路是必不可少的；而这些高质量、高性能的元器件，必须由优质的电子材料来保证。生产与科研不断向元器件提出更高性能、更高的可靠性等要求，这就成为促使电子材料的开发研制的动力。而一旦出现某种新型先进的电子材料，可能使电子元器件迅猛发展，并带来社会的进步。

半导体材料锗、硅和砷化镓的出现，带来的半导体器件、集成电路的迅猛发展，并促使人类进入信息社会，是一个众所周知的例子。

无源元件电阻器的发展也是如此。如每当出现一种新的电阻材料，接着就出现一种新型的电阻器。早期的电阻是由炭黑、石墨和树脂混合后压制成的实芯电阻器。这种电阻器耐热性能差，精度不高，满足不了电子设备对大功率和耐高温的要求。因此当研制出一种耐热和阻值精度方面比实芯电阻高的合金电阻材料后，就出现了线绕电阻器。线绕电阻器虽然在耐热和阻值精度方面比实芯电阻有了明显的提高，但其阻值不能做得很高。于是又研制出阻值范围大、精度高、稳定性好的碳膜和金属膜电阻材料，出现了碳膜和金属膜电阻器。此后为了进一步提高工件温度，研制出金属氧化膜和硅碳膜电阻材料。为了减轻元件的重量，缩小尺寸，又研制出一些新型薄膜和厚膜电阻材料，从而开发出高集成化薄膜电阻器和片式电阻器。

在电容器、磁性器件、光电器件等方面也有十分类似的情况。

2. 功能电子材料与结构电子材料在电子元器件中的作用

电子元器件中的性能主要由其中的功能材料来决定。但是，有时结构材料对电子元器件的性能的影响也很突出。例如用于汽车喷油系统的温度传感器，它在高温、还原性气体、强烈振动等恶劣环境下工作，除电阻体本身要求有良好的高温热敏性能外，包封材料将是决定这类温度传感器的寿命和稳定性的关键因素。

在厚膜浆料和多层布线中的介质浆料中的有机载体，它们可以控制浆料的流变、触变性质，对电路图形和线条宽度、可叠加的层数、电路性能等起着决定性作用。

由此可以看出，在电子元器件和电路中，除了需要考虑功能（敏感）材料的稳定性外，还需考虑包封材料与环境的相互作用、包封材料与功能材料界面间的相互作用和热膨胀系数润湿性的匹配性等方面的问题。

在设计和使用电子材料时，在确定材料成分的同时，还必须充分注意到材料的表面和界面、材料结构与性能、工艺与结构间的关系，这是一个系统工程的问题，为此，我们在这一章中除了讨论电子材料的一般性能外，还简要地讨论了材料的表面与界面等问题。

1.2　无机电子材料

无机电子材料大部分是由原子或小分子组成的固态材料。固体有一定的形状和体积，通常根据组成固体的原子、离子或分子在空间的排列是否有周期性和对称性，将它们分为晶体和非晶体两大类。本节对无机固体材料的晶体特征、分类、原子堆积和固溶体等材料的基本概念作简要介绍。

1.2.1　晶体的特征

晶体的主要特征是：①有规则的外形（自范性）；②均匀性（一般情况晶体的性质与晶体的取样位置无关）；③解离性；④固定的熔点；⑤各向异性。这些特征都反映了晶体中原子排列的对称性和周期性。

1. 空间点阵、晶胞和晶面的表示

在研究晶体结构时，通常将原子（分子、离子）中的一些位置（如重心等）抽象成一些点，这些点的集合称点阵；由于晶体是三维结构，所以称空间点阵。晶体的对称性反映了其中原子排列的周期性与对称性。

因为晶体中原子排列具有周期性，因此可以选出一个最小单位，由它作上下、左右、前后的移动，可以得到整个空间点阵，这个最小单位称晶胞。晶胞的尺寸用 a_1、a_2、a_3（或 a、b、c）表示，称它们为晶格常数。通常将点阵上加上一个空间坐标，此坐标的原点在点阵上的某一点上。这个坐标系一般不是直角坐标，而且其基本单元的长度 a_1、a_2、a_3（或 a、b、c）不一定相等。根据 a_1、a_2、a_3 间的夹角和长度关系，从对称性的角度，可将晶体分为 7 个晶系，它们间有以下关系，见表 1.2.1。

表 1.2.1　七类晶系的特性

名　称	晶格常数	夹　角	必须确定的参数
三斜系	$a\neq b\neq c$	$\alpha\neq\beta\neq\gamma$	$a,b,c,\alpha,\beta,\gamma$
单斜系	$a\neq b\neq c$	$\alpha=\beta=90°\neq\gamma$	a,b,c,β
正交系	$a\neq b\neq c$	$\alpha=\beta=\gamma=90°$	a,b,c
六角系	$a=b\neq c$	$\alpha=\beta=90°,\gamma=120°$	a,c
正方系	$a=b\neq c$	$\alpha=\beta=\gamma=90°$	a,c
三角系	$a=b=c$	$\alpha=\beta=\gamma\neq 90°$	a,α
立方系	$a=b=c$	$\alpha=\beta=\gamma=90°$	a

由不同位置原子组成的平面称晶面；原子的线列方向称晶向。由于晶体的各向异性，不同晶面和晶向的性质不同，所以有必要将它们表示出来。下面为讨论方便，我们以正交晶系（晶胞尺寸为 a、b、c）为例来说明晶面的表示方法。

选出晶面族中不经过原点的晶面，确定它在各坐标轴上的截距 ra、sb、tc，取倒数比后整

数化：

$$\frac{1}{r}:\frac{1}{s}:\frac{1}{t}=h:k:l \tag{1.2.1}$$

h、k、l 可用来表示该晶面，以(hkl)表之；hkl 称面指数，又称密勒指数。必须指出，由于晶体的周期性，表示的晶面和晶向并非一个，而是一族(它们彼此平行)。所以密勒指数 h、k、l 表示的是一族晶面。

由于存在对称性，晶体中的某些体晶面，它们的性质相同。如立方晶系中的(100)、(010)、(001)以及与它们平行的($\bar{1}$00)、(0$\bar{1}$0)、(00$\bar{1}$)，一般可以表示为{100}晶面族。

密勒指数较小的晶面的原子密度大，表面能小，它们经常暴露在外面。在立方晶系中，常见的晶面有(100)、(110)和(111)等。图 1.2.1 所示为立方结构中的主要晶面的晶面指数。

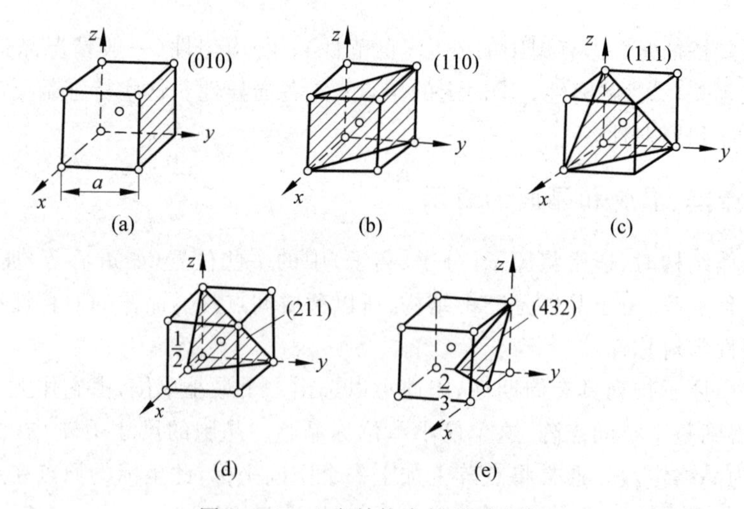

图 1.2.1　立方结构中的晶面指数

2. 无机晶体的分类

物质能以晶态存在的原因是由于组成晶体的原子、离子或分子之间的相互作用。在一个稳定的晶体中存在着两类作用力：吸引力和排斥力。吸引力把原子、离子或分子结合在一起，防止它们分散；排斥力阻止它们无限接近，只有这样，才使晶体保持一定的形状和体积。

组成晶体的吸引力的来源是各种键力，它们是离子键、共价键、金属键、范德瓦尔斯键和氢键。排斥力的来源有两种，它们是同性电荷间的库仑斥力(主要是原子核之间的排斥力)，和由于相邻原子的电子云重叠由泡利原理引起的斥力。排斥力只有在距离很短时才起作用，这种力称短程力。

通常可以按照组成晶体时原子间的作用力(常称为键力)，将无机晶体分为离子晶体、金属晶体、共价晶体(原子晶体)、分子晶体和氢键晶体等五类。

1) 离子晶体

当电负性小的原子(金属)与负电性大的原子(非金属)接近时，发生价电子转移，前者给出电子成为正离子，后者获得电子成为负离子，通常两者都会具有满壳层结构。正负离子由库仑引力而接近(又称马德隆势)，当它们之间到一定距离后，由于闭合壳层电子云重叠而产生短程排斥力，当吸引力与排斥力平衡时就形成稳定的结构。由离子键结合的晶体称离子晶体。ⅠA族（锂、钠、钾）和ⅦA族（氟、氯、溴）等一价离子所生成的化合物，均为典型的离子晶体。

离子的大小通常以离子半径来表示，这表示离子的电子云分布的主要范围。在离子晶体中，一个离子的电子云的分布除了决定于本身的电子结构外（如 $1s^2 2s^2 2p^1$、$1s^2 2s^2 2p^2$、…），还和周围相反电荷的离子数有关。一个原子（离子）周围最近邻原子（离子）的数目称配位数（CN）。对于同一种离子来说，其配位数为8时的离子半径比配位数6的大3%～5%；配位数为12时，则增大8%～10%；若配位数从6变为4，则离子半径减小4%～6%。离子半径随配位数变化的原因是由于异性电荷的吸引。因此，在引用原子半径或离子半径的数据时应考虑到它的配位数。离子的相对大小除决定于配位数外，也与晶体的结构有关。

离子晶体导电性能差，热膨胀系数小，熔点高，硬度高，大多数离子晶体对可见光是透明的。

2）金属晶体

元素周期表中Ⅰ、Ⅱ族和Ⅲb族元素，由于负电性小，易于失去电子，当这些原子组成晶体时，原子都可以提供电子，形成电子的公有化，金属原子则成为带正电的原子实（离子芯）；金属的结合就是由于原子实和电子云间的互作用。以上称胶冻模型。金属结合力的定量计算要用到量子力学。

因为价电子在金属内是均匀分布（公有化）的，对纯金属而言，它们的原子大小相同，所以可能形成紧密堆积结构，实际上大多数金属的确如此。对于作这种紧密堆积的材料，可能表现出良好的延展性，所以许多金属在断裂之前，能延展40%～60%。

在金属中由于电子公有化，所以有良好的电导和热导，并对各种波长光波都产生强烈的吸收和反射，所以产生特有的金属光泽。

钠、钾等碱金属在结合时主要通过外壳层 s 电子间的键合，键能较低，所以强度和熔点都比较低，性质活泼。过渡金属除有 s 电子参加键合外，还有 d 电子，键能高，所以强度和熔点都很高。

金属材料在电子元器件中主要用作电极、引线、外壳、散热片和封装材料等。

3）共价晶体

当电负性较大的ⅣB、ⅤB、ⅥB、ⅦB等族元素相遇，彼此难于失去电子，但又易于获得电子，这时比较可能的方式是共有电子，这样就形成了共价键。

金刚石是典型的共价键结合，它是 sp^3 轨道杂化以后形成的。sp^3 电子云的分布集中在四面体中心向四个顶角方向，所以共价键有方向性；在每个价键处只能有两个自旋相反的电子来配对，不允许第三个电子再在那里出现，故共价键有饱和性。

原子间以共价键为主组成的晶体称共价晶体。Ge、Si是典型的元素共价晶体；SiC、GaAs等为化合物共价晶体。

以共价键结合的晶体都较坚硬，强度高，熔点也高，导电性能差。微电子中常用的元素半导体材料Ga、Si和化合物半导体GaAs、SbIn等是共价晶体；还有很大一部分用于高温和抗恶劣环境的先进电子材料，如金刚石（C）、BN、SiC等也是共价结合。

4）分子晶体

分子晶体靠范德瓦尔斯力结合。范德瓦尔斯力是一种电矩间的作用力，其大小正比于

距离 d 的负 7 次方，一般称此为长程力。这是由于原子或分子的电矩(也可能由外界诱导产生的电矩)，相互间会发生耦合作用，当它们作有规则排列时，处于低能状态，所以，原子或分子间存在一种引力，这种力就是范德瓦尔斯力。它的强度远小于前面三种键力，但在其他键力不存在时，它能使原子或分子结合成晶体。

由范德瓦尔斯力结合成的晶体称分子晶体，许多有机物晶体都是分子晶体。范德瓦尔斯键没有发生电子转移或电荷重新分布，所以键的强度比较弱，为此分子晶体的强度和熔点都很低。范德瓦尔斯力对悬浮在流体中粒子的流动性(如厚膜浆料流变性)、挤压、喷射成型和其他塑性形变等有很大的影响。

5) 氢键晶体

由于氢原子很小，又易失去电子，当它与某一原子形成共价键后，带正电的氢核就暴露在一边，这时它可以与另一个电负性大的和原子半径较小的原子结合，这种结合力称氢键。氢最容易与氧、氟、氮、氯等形成氢键。氢键晶体熔点低、硬度小，在相当多的有机材料中氢键起重要作用。

前面讨论的五种结合方式，是一种理想化和极端的情况。实际的晶体中可能同时存在几种键力。例如，范德瓦尔斯键可能在任何晶体中都存在，但是因为它很弱，所以有其他键力存在的场合，可以将它忽略，但并非所有场合都可如此处理。

石墨由碳元素 C 组成，碳的电子组态是 $1s^2 2s^2 2p^2$；在组成石墨晶体时，有一个电子公有，另外三个电子形成 sp^2 杂化，形成层状结构，sp^2 杂化的石墨层之间则由范德瓦尔斯键结合。因此石墨由金属键、共价键和范德瓦尔斯键三种键构成。石墨的高电导、高热导和金属光泽由金属键(公有电子)提供；高熔点由共价键提供；石墨的松、软、滑则是范德瓦尔斯键的结果。

由于组成晶体的原子(离子)尺寸及电负性不等，即使是典型的离子晶体，其中仍可有部分的共价键成分。根据同样的理由，共价晶体中也可能有部分离子键。例如，GaAS 中离子键的成分为 6%，InSb 为 8%，GaP 为 29%，而在 AlN 中离子键高达 43%。许多陶瓷材料也是离子键和共价键的结合。如 $CaSO_4$，硫氧间共价结合形成 SO_4，钙给出两个价电子给 SO_4 后钙成为正离子，再通过正负离子键结合成 $CaSO_4$ 晶体。

3. 密堆积与空隙

在讨论空间点阵时，我们将原子或分子用一个点来代表，从晶格结构图上看，似乎晶体中很“空”。实际上在形成晶体时，原子或分子彼此要尽可能靠拢，缩小它们占据的空间，以减小自由能，所以原子或分子有作密堆积的趋势。自然界中的许多金属晶体，它们就是由金属元素原子作等球堆积而成。

作密堆积时，密排层每个原子靠紧，它们的近邻 CN=6，第一层可称 A 层，第二层在第一层三个原子中间的空隙上安放一个，也可形成密排层 B 层，第三层有两种放法：①原子排列与第一层一样，这样排列为 ABABAB…，形成六方密堆(hexagonal close packed，hcp)，如 Co、Be、Cd、Mg、Zn、Ti 等金属就具有这种结构；②密堆积层上的空隙(空洞)有两种形状，如果第三层放在 A 层和 B 层的公共空隙处而形成 C 层，于是就成为 ABCABCABC…的排列，形成一种面立方密堆(face center cubic，fcc)，Ca、Cu、Ni、Ag、Pd、Pt 等金属均为 fcc 结构。六方密堆与立方密堆的排列如图 1.2.2 所示。在室温下，约有 90%以上的金属具有面心密积、六方密堆和体心结构。

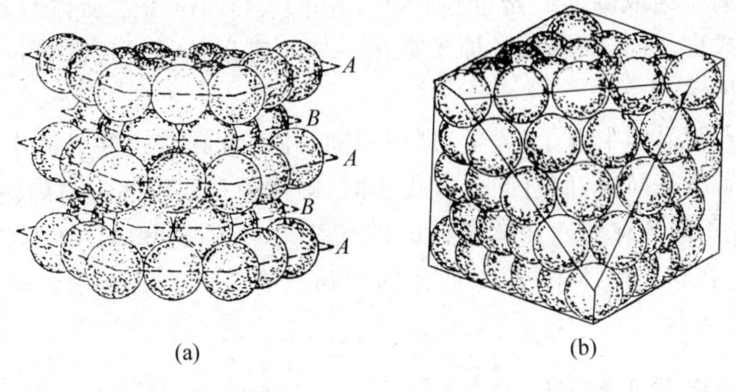

图 1.2.2 两种密堆积

(a) 六方密堆；(b) 立方密堆

hcp 和 fcc 等密堆积的配位数都是 12，原子的空间占有率为 74%，余下的 26%为空隙。

在等球堆积中有两种空隙：一种是由四个球包围的四面体空隙；另一种为由第一层三个球(原子)与第三层三个球形成的八面体空隙，平均每个原子周围有一个八面体空隙和两个四面体空隙。

实际的晶体可以看作一些一定尺寸(原子半径或离子半径)的硬球的堆积：尺寸大的原子或离子尽量靠近，为了使自由能最小，通常它们作最紧密堆积(面心密堆积 fcc，或六角密堆积 hcp)；在形成密堆积后，还存在四面体空位(空隙)和八面体空位，一些小尺寸的原子或离子就进入这些空位。对于不等半径球作密堆积时，空隙的形状和数量就比较复杂，需根据情况作具体分析。

一般来说，负离子半径比正离子半径要大，所以在离子晶体中，通常由负离子作密堆积，正离子占据其中的空隙。如 NaCl 中，Cl 离子形成面心密积(fcc)，Na 占据八面体空隙；在许多金属氧化物中，大都是氧离子作密堆积，金属离子根据它们的离子半径的大小去占据四面体空隙或八面体空隙。如 MgO、MnO、FeO、NiO、SrO、CaO、BaO、CdO 等氧化物均为氯化钠结构，这时氧离子作面心密积，金属离子占据八面体空隙。对于 UO_2、ZrO_2、CeO_2 等氧化物，U、Zr、Ce 等离子只占一半的八面体空隙，而四面体空隙则全部是空的。在 AB_2O_4 尖晶石结构中，也是氧作面心密积，正离子 B 只填充八面体空隙的一半(2 个)，A 离子填充四面体空隙的 1/8(1 个)。

通过上面讨论可以看到，晶体中原子(离子)排列时还是存在有较多空隙，这为原子或离子迁移、扩散运动等留下了足够的空间。原子的密堆积的概念，有益于我们理解电子材料的性质、工艺和环境等对电子材料的影响等。

1.2.2 同构晶体和多晶型转变

1. 同构晶体和同形性

两种晶体 AB 与 A′B′，在晶体结构中，如果 A 原子的位置和 A′对应，B 原子的位置和 B′对应，这种晶体称同构晶体。例如 NaCl、MgO 和 TiN，它们都具有食盐(NaCl)结构，

Na^+、Mg^{2+}、Ti^{4+}均在同一种点阵位置，Cl^-、O^{2-}、N^{3-}位于另一种等同位置(实际上是由Cl^-、O^{2-}、N^{3-}等离子组成的面心密堆积，Na^+、Mg^{2+}、Ti^{4+}位于八面体空隙中)。同构类型晶体的化学结构式也相同(晶胞中的原子数也一样)，它以最早发现的材料命名，如 NaCl 结构、CsCl 结构、α-Fe 结构等。

同构晶体只表明晶体中原子(离子)排列相同，并不意味着这些晶体中的键的性质都一样。如果一系列晶体是同构，而且键合方式相同，则称为是同形的。与陶瓷材料关系最密切的同形性晶体，是一些具有菱六面体结构的碳酸盐 MCO_3；这里 M＝Ca，Cd，Mg，Zn，Fe 或 Mn 等金属元素。在这些晶体中，菱六面体的顶角只有1°～2°的差别。同形性晶体的物理性质都非常接近。

2. 多晶型和多晶型转变

在一定温度及压力下，晶体有一种固定结构，处于稳定状态。当外界温度、压力发生变化时，晶体中原子间的距离与原子振动情况发生了变动，致使原来的结构不再是稳定结构，它将转变至另一种结构，这一过程称相变。

具有同一化学组成，却有不同结构的材料叫多晶型(也有资料称此为同质异相)；从某一晶体结构变成另一种结构的转变称多晶型转变。

多晶型转变在陶瓷材料中经常遇到，往往会影响到器件的质量和成品率。例如在室温下稳定的氧化锆(ZrO_2)是单斜晶型，在1100℃左右转变成四方晶型；这样的转变会带来很大的体积变化，ZrO_2晶体内部产生很大的内应力，致使氧化锆强度大为减小，有时甚至会开裂成碎片。ZrO_2是一种重要的结构材料和功能材料，主要用作陶瓷发动机、燃料电池和氧传感器。在使用中，经常发生材料从常温到高温(实际工作条件)的情况，将会反复地发生以上的相变，导致其强度下降，使ZrO_2无法获得实际应用。目前已在ZrO_2中加入一定数量的 MgO、CaO、Y_2O_3等用来阻止相变的发生，这样ZrO_2可在更宽的温度范围内应用。

SiO_2、SiC、C、Si_3N_4、TiO_2、ZnS、CaTiO、$BaTiO_3$、Al_2SiO_5、FeS 和 As_3O_5 等均为多晶型材料。多晶型转变有以下两种类型。

1) 位移型转变

在位移型转变时，相变通过原子移动，产生形变和键角的改变，但键并不断裂(电子云不作重新分布)。位移型转变一般在特定的温度下迅速发生，这是一种可逆过程。

金属中马氏体转变、$BaTiO_3$从四方到立方转变以及ZrO_2的四方至单斜转变等转变均为位移型转变。位移型转变在硅酸盐陶瓷材料中非常普遍，高温硅酸盐相一般具有较高的对称性、较大的比容和热容量，结构也较为开放。

2) 重构型转变

重构型转变时，会发生某些键断裂，并形成新键，导致新结构发生，这种转变比位移型转变需要更大的能量，所以说这是一个明显的激活过程，它的转变速率很小，为此其高温结构可通过迅速降温，而将它保留在低温。从热力学上看，在低温下，高温相是一种亚稳定相；但从动力学上看，它可以长期存在(如玻璃也是一种亚稳定相)。

在电子陶瓷生产中，往往会遇到多晶型和多晶型转换，多晶型转变时经常会产生应力，而且低温相与高温相的性质有很大差别。所以在选用材料时，工作人员必须查阅相图，确定该材料在烧结或工作温度下，是否存在多型性，是否会发生急剧收缩、在什么温度下收缩，是否需要用到材料的高温相等，以确保产品的性能与可靠性。

1.2.3 固溶体

研究发现，许多同形性晶体，它们之间在固相时可以互溶，非常类似于酒精和水或盐在水中的互溶和溶解。固态条件下，在一种组分内溶解了其他组分而形成的均匀的晶态固体称固溶体。在固溶体中，含量高的组分称溶剂或主晶，其他组分称溶质。溶质的溶入，并不改变溶剂的晶体结构，但是与构成固溶体的纯成分比较，固溶体在组成、结构和性能上发生了变化。例如，α-Al_2O_3 晶体中含 0.5%～2%(原子分数)Cr_2O_3 后形成的固溶体为红宝石，是固体激光器材料，而 α-Al_2O_3 晶体则无激光特性，但这两种材料都具有刚玉结构。

1. 固溶体的类型

按照固溶度是否有限，可将固溶体分成有限固溶体和连续固溶体两类。如 C 在 γ-Fe 中的最大固溶度(原子分数)为 2.0%，只能形成有限固溶体；而 Cu 和 Ni 可无限互溶。Cu 和 Ni 所形成的固溶体的成分，可以由纯组元 Cu 连续变化至纯组元 Ni，是连续固溶体的典型例子。Ge-Si 合金和很多Ⅲ-Ⅴ族化合半导体固溶体等也是连续固溶体。显然只有两组元的晶体结构相同时，才有可能成为连续固溶体。

按照溶质原子在固溶体点阵中存在的位置，还可将固溶体分为三类(见图 1.2.3)：一类是置换固溶体，溶质原子取代了溶剂原子在点阵中的位置；另一类是间隙固溶体，溶质原子填入溶剂点阵的间隙位置；还有一类固溶体，通常是以化合物为基的，其特征是在点阵中某一类原子处出现空缺，使它的成分偏离于理想化学比，这一类固溶体称为缺位固溶体。

此外，按照原子在固溶体晶格中排列是否有序，还可将固溶体分成有序固溶体和无序固溶体，如图 1.2.3(a)和(b)所示。

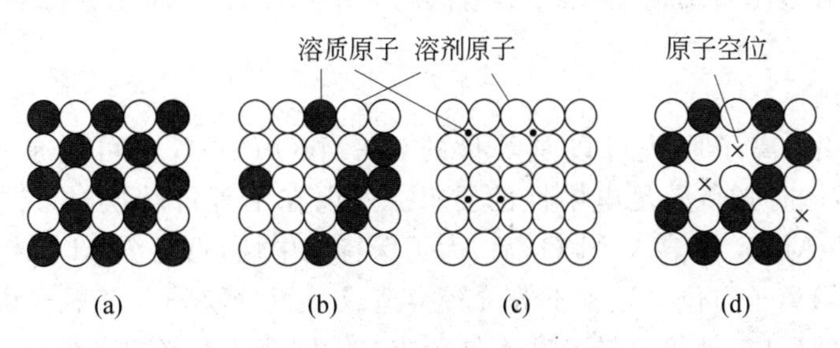

图 1.2.3　固溶体的类型

(a) 置换有序固溶体；(b) 置换无序固溶体；(c) 间隙无序固溶体；(d) 缺位固溶体

2. 置换(替代)固溶体

在固溶体中，溶质原子替代了溶剂原子位置时，称置换固溶体，置换固溶体又称替代固溶体。这时溶质原子占据了晶格中的某些溶剂原子格点的位置。合金材料中有很大一部分是替代固溶体；在陶瓷材料中也经常存在替代固溶体。

形成固溶体时，只有当原子的尺寸和电负性相接近时，它们间才可以形成如水和酒精那样无限互溶,这种固溶体称无限固溶体(连续固溶体);否则,当溶解到一定程度后就不能再溶,这时溶质原子就从溶剂中分离(偏析)出来,这种固溶体称有限固溶体。

金属间的互溶度由原子尺寸和电负性两个因素决定,若原子半径接近电负性又相当,则可以无限溶解。如 Cu-Ni、Cu-Pd、Cu-Au、Ag-Au、Pd-Au、Pd-Ag 等,它们都可以形成无限固溶体。

对于离子键同形性晶体和共价键同形性晶体,易形成固溶体。MgO 和 FeO 均具有 NaCl 结构,Fe^{2+} 离子无序地取代 Mg^{2+} 离子,固溶体可写成 $Mg_{1-x}Fe_xO$,其中 $x=0\sim1$,是一种无限固溶体。

MgO-CaO 系中 MgO 中可以溶解少量 CaO,CaO 中也可以溶入少量 MgO,但正离子间的互溶是有限的,所以是有限固溶体。$MgO\text{-}Al_2O_3$ 系也是有限固溶体;而 CaO 与 BaO 则不能形成固溶体,它们只能形成混合物。

3. 影响替代固溶体溶解度的因素

1) 离子大小

形成固溶体之后,会使系统的熵增大,从而使自由能会有所下降,系统达到稳定;所以任何材料间多少都会有点互溶。溶质离子和溶剂离子半径相差不大于 15%才有可能形成连续固溶体,超过 15%的话,形成固溶体就有困难。两种离子半径相差 15%～30%时,只能形成有限固溶体。如溶剂与溶质间半径相差大于 30%,由于原子(离子)半径的差别产生的弹性畸变能明显高于熵的增加,这样会使自由能增加,系统变得不稳,所以产生偏析或成为混合物。

2) 晶体结构

只有当溶质与溶剂的晶格结构相同时才能形成连续固溶体。$Al_2O_3\text{-}Cr_2O_3$、$MgSiO_4\text{-}Fe_2SiO_4$、$ThO_2\text{-}UO_2$ 等组元的正离子半径比较接近,晶格结构相同,所以能形成连续固溶体。而 CaO 与 BaO 不但离子半径差别较大,而且晶格结构也不一样,所以不能互溶。

锗、硅(都具有金刚石结构)和很多具有闪锌矿结构的Ⅲ-Ⅴ族化合物半导体都能形成连续固溶体。

3) 电价的影响

替代固溶体中,离子取代可以是等价的(如 MgO-FeO),也可以是不等价的(ZrO_2-CaO)。形成固溶体时必须满足电中性的要求。所以在不等价转换时,结构必须作某些调整。如尖晶石 $MgAl_2O_4$ 中溶入 Al_2O_3 后,为了保持电中性,每两个 Al^{3+} 转换出三个 Mg^{2+},这样会产生一个阳离子空位。这种不等价转换造成了组分缺陷。一般来说,不等价置换不利于连续固溶体的形成,但等价转换并不是形成连续固溶体的必要条件。

4) 离子的类型与键性

最外层 8 个电子的离子称惰性气体型离子,最外层 18 个电子的离子称铜型离子。离子的类型不同,离子的极化与结合时的键的性能也不一样。惰性气体型离子在化合物中基本上是离子键合,而铜型离子则离子键成分较少,在阴离子相同的情况下,它们极化的能力不同,所以在形成替代式固溶体时,离子类型不同的离子难以相互转换。

4. 填隙式固溶体

填隙式固溶体中,离子(原子)半径较小的溶质离子(原子)进入溶剂的晶格的间隙位置。

填隙位置尺寸一般都比较小，所以要形成填隙式固溶体，溶质的原子半径要小(H、B、N和C等原子)。γ-Fe是一种面心结构，当C原子进入Fe点阵的八面体空隙中就形成奥氏体。

在陶瓷中也有填隙固溶体，主要由主晶相中间隙大小来决定，如在MgO结构中只有四面体空隙可用，在TiO_2结构中还有八面体空隙可用，在萤石(ThO_2)结构中，有配位数为8的较大的空隙，在架状硅酸盐片沸石中的空隙更大。因此形成填隙固溶体的次序为：片沸石$>ThO_2>TiO_2>$MgO。由离子晶体形成的间隙固溶体必须保持电中性，这通过形成空位，或部分阳离子价态变化来达到。

原子进入填隙位置后，会引起弹性畸变，为此填隙原子的固溶度有限，一般小于10%，所以填隙固溶体是一种有限固溶体。

5. 固溶体的物理性质

一般情况下，固溶体中溶质原子是作均匀分布的(特别是替代式固溶体)，所以它的性质会随溶质组分多少作有规律的变化。

固溶体的晶格常数必然受到溶质和溶剂晶格常数的影响。作为初级近似，可以认为替代式固溶体的晶格常数同溶质原子浓度的变化关系是线性的，这种关系称为韦加(Vegayd)定律。

如由A、B两种原子形成的固溶体的晶格常数a与A、B原子的浓度有以下关系：

$$a = x_1 a_A + x_2 a_B$$

式中x_1和x_2分别表示溶剂、溶质的原子浓度；a_A和a_B分别为溶剂、溶质的晶格常数。

半导体固溶体是由两种或两种以上同一类型的半导体材料组成的合金，主要有硅锗固溶体、各种Ⅲ-Ⅴ族化合物固溶体和Ⅱ-Ⅵ族化合物固溶体等。化合物固溶体的组成元素有3种或3种以上，可看成是两种或两种以上同族化合物通过互溶方式形成的连续固溶体。例如，$GaAs_{1-x}P_x$可看成是GaP和GaAs的连续固溶体，脚标x表示GaP的摩尔比率。半导体化合物固溶体的电学性质和禁带宽度等能带结构可通过其组分比的调整而加以剪裁，因而是半导体能带工程的主要内容之一。

1.2.4 金属间化合物

金属间化合物(intermetallic compounds，IMCs)指由两种或多种金属组分构成的具有特定组织结构的化合物，它首先在合金中被发现，称为中间相。因为它们出现在相图的中间成分区域而得名。中间相往往具有与它的组成元素不同的晶体结构。一般来说，中间相的各组成元素的原子百分比可以用化合物的化学分子式表示。但是，除正常价化合物以外，这种化学式一般不符合化学价规律。这是因为，对于大多数中间相来说，原子间的结合方式不是单纯的离子键和共价键，而是金属键和它们的复合。也是由于这个原因，它们具有不同程度的金属性(导电性、金属光泽等)，所以，中间相又称为金属化合物，或为金属间化合物，以区别于通常的无机和有机化合物。在本书中我们不用中间相的称呼。

金属间化合物由于存在金属键、离子键和共价键，共价键使得原子间的结合力增强，化学键趋于稳定，从而使其具有高熔点、高硬度的特性；同时由于原子间的结合力增强，扩散减慢，导致蠕变激活能提高，而使得它还具有高的抗蠕变性能。此外，金属间化合物在氧化性气氛中,表面能生成致密的氧化膜,因而还具有良好的抗氧化性。金属间化合物诸多的优异特性受到材料界的青睐。

从唯象学的角度出发,通常把与之相似的金属、类金属化合物诸如硅化物、砷化物、碲化物等也包罗在金属间化合物的范畴之内。

金属间化合物的制备方法有：机械合金化、自蔓延高温合成、放电等离子烧结、热压法、热等静压法和定向凝固技术等。

当20世纪80年代金属间化合物刚被发现时,它们的室温延性大多数为零,也就是说,一拉就断。因此,普遍认为,作为块材料的金属间化合物是没有任何实用价值的。80年代中期,美国科学家们在向金属间化合物中加入少量硼后,可以使它的室温延伸率提高到50%,即与纯铝的延性相当。这一重要发现及其所蕴含的巨大发展前景,吸引了各国材料科学家展开了对金属间化合物的深入研究,使之开始以一种崭新的面貌在新材料天地登台亮相。目前已有约300种可用的金属间化合物。

除了作为高温结构材料以外,金属间化合物的其他功能也被相继开发：如稀土化合物永磁材料、储氢材料、超磁致伸缩材料、功能敏感材料等。金属间化合物材料的应用,极大地促进了当代高新技术的进步与发展,促进了结构与元器件的微小型化、轻量化、集成化与智能化,和新一代元器件的出现。

1.3 实际晶体、非晶体和准晶

1.3.1 实际晶体

1. 多晶体

我们知道,铜、铁等材料没有规则的外形,它们的物理性质并不是各向异性的,这是因为一般的铜铁等是多晶体。

在1.2.1节中讨论晶体时,认为原子排列是对称的且具有周期性,实际上指的是在整个一块晶体中,原子按照同一种方式排列(是由一个“元胞”作上下、左右、前后移动而得到的),用固体物理的术语来说,是整个材料被一个晶格结构所贯穿,这种材料称单晶体。

当一块材料由若干个不同取向的小单晶组成,则称为多晶体或多晶。自然界中和日常生活中遇到的晶体材料大部分是多晶体。如金属和合金都是多晶体。

多晶材料中的小单位称晶粒;多晶体中的晶粒可以大到用眼识别出来(cm尺度),有的小至要用放大倍数很大的电镜才能看到(μm～nm),小于1μm的晶粒称微晶。

多晶材料是由不同尺寸的晶粒(可以看作小的单晶,具有各向异性)集合在一起的,从统计平均来看,它们表现出来的物理性质必然是各向同性的,同样也不可能有规则的外形;但从微观上看,原子仍作对称而周期性的排列,即是长程有序和短程有序的。多晶具有和单晶一样的结合能,所以仍有固定的熔点(与单晶体的熔点相同)。

2. 晶体中的缺陷

由于热扰动和材料形成过程中受到外来因素的影响,材料中原子排列会出现偏离周期性和对称结构的地区，它们对材料的一些性质有时起着决定性作用。

晶体中的缺陷，是指实际晶体与理想的点阵结构发生偏离的地区。由于点阵结构具有周期性和对称性，所以，凡使晶体中周期性势场畸变的因素称为缺陷。使晶体中电子周期性势场畸变的称电缺陷；使原子排列周期性畸变的称几何缺陷。传导电子、空穴、极化子、陷阱等为电缺陷；杂质、空位、位错等为几何缺陷，几何缺陷又称原子缺陷。实际上原子缺陷与电子缺陷有一定联系。特别在离子晶体等极性晶体中，正离子空位带负电，不同价的杂质(点缺陷)也带电，所以它们既是原子缺陷又是电子缺陷。下面主要讨论原子缺陷。

3. 原子缺陷的种类

原子缺陷通常按照其几何形状分为以下几类。

1) 点缺陷

周期性势场畸变的几何尺寸是可以同点阵原子大小比拟，即在一个原子尺度范围，如杂质、空位、填隙(间隙)原子，空位对和聚集体等，它们又称零维缺陷。图1.3.1所示为晶体中的各种点缺陷。

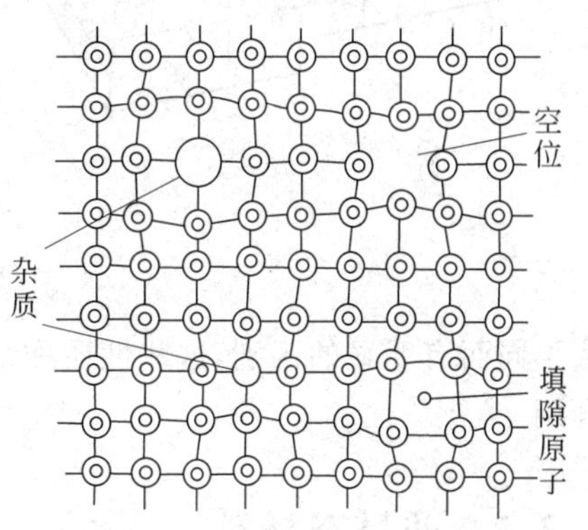

图1.3.1 晶体中的点缺陷

2) 线缺陷

位错是晶体中有一列或几列原子发生了有规律的错排的现象，缺陷的周期性畸变区域呈一维分布，又称一维缺陷。晶体中最简单的位错是刃位错(棱位错)和螺位错，如图1.3.2所示。更复杂的位错在原则上可以由这两种位错组合。

单位体积中所包含的位线的总长度称位错密度，它是量度晶体中位错数目的一个参数，可以用腐蚀坑法、X射线或透射电镜等方法来测定。经过充分退火的多晶金属中，位错密度一般为 $10^{6}\sim10^{8}\mathrm{cm}^{-2}$；剧烈冷形变的金属，位错密度可增至 $10^{11}\sim10^{12}\mathrm{cm}^{-2}$；陶瓷中位错密度通常为 $10^{8}\sim10^{10}\mathrm{cm}^{-2}$；而完整的单晶硅、锗等微电子材料中，位错密度可以非常小。

3) 面缺陷

晶粒间界、孪晶界、相界、层错和晶体表面等为面缺陷。面缺陷又称二维缺陷。面缺陷对电子材料的性能有重要影响，我们将在1.4节讨论。

4) 体缺陷

材料外来的杂质析出相夹杂物、团聚物质、陶瓷烧结产生的他相、玻璃相、气孔空洞等作空间分布，称体缺陷。

5) 微缺陷

1965年以来，人们注意到在无位错硅、锗单晶等半导体材料中存在着的一类缺陷，其几何尺寸多为微米或亚微米数量级，故称微缺陷。实际上微缺陷是杂质与一些点缺陷的集合体。

在一般材料中(特别是单晶材料中)，缺陷所占的比例非常小，但在纳米材料中或超微粒材料中，它们的比例可高达30%～50%或更高。缺陷对材料的性质往往起着重要作用。

对于成分确定的材料，它的某些性质(如电阻率、少子寿命等)会因样品的不同或制备方

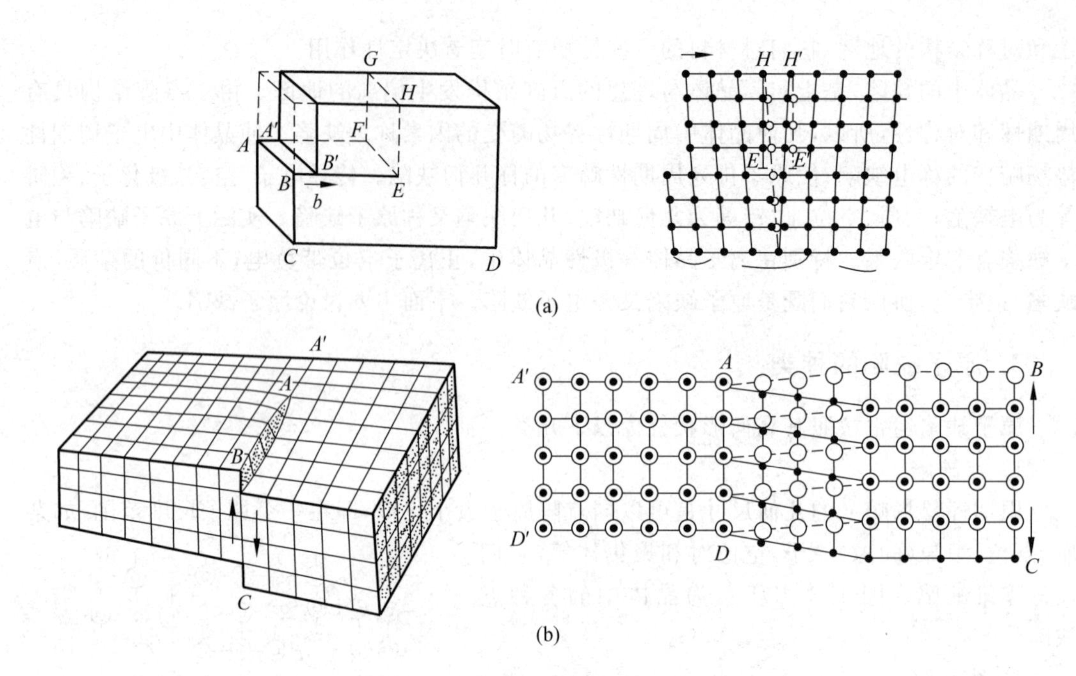

图 1.3.2 晶体中的刃位错与螺位错

(a) 刃位错；(b) 螺位错

法不同而有明显的区别，这些性质称结构敏感的性质。缺陷在结构敏感性质中起着关键性作用。

1.3.2 非晶态材料

玻璃是大家熟知的一种非晶态材料，所以也把非晶态称做无定形体或玻璃体。它具有各向同性，没有规则的外形和固定的熔点（只会软化）。非晶态材料中原子的空间排列不具有周期性，原子和长程序受到破坏，只有在几个原子间距的小范围存在短程有序。

制备非晶体有不同的途径，除了熔体冷凝的传统方法外，还可由气相、液相快冷形成，气相沉积、电沉积、真空蒸发和溅射等方法。20 世纪 80 年代研究出高能球磨合成非晶态合金的方法。该法制备的非晶成分范围较宽，而且连续变化。

目前在金属、半导体和磁性材料中都可以形成非晶体。非晶硅、非晶金属（玻璃金属）已有广泛应用，在陶瓷材料中，氧化物玻璃也是经常遇到的一种主要非晶相。

1. 非晶态材料的微观特征

微观结构上非晶态有以下几个特征：①只存在小区间范围内的短程序，在近程或次近邻的原子间的键合（如配位数、原子间距、键角、键长等）具有某种规律性，但没有长程序；②非晶态材料的 X 射线和电子衍射花样由较宽的晕和弥散的环组成，没有表征结晶态特征的任何斑点和条纹，用电子显微镜也看不到晶粒间界、晶格缺陷等形成的衍衬反差；③当温度升高时，在某个很窄的温度区间会发生明显的结构相变，因而它是一种亚稳相。

2. 非晶态结构的类型

1）连续无规网络

在玻璃等非晶态材料中，每个原子在三维空间排列有大致相同的化学键特征（键长和键角基本相同），但在几何上（拓扑上）的排列是完全无序的。这类结构没有最小重复的结构单元，没有周期性，所以也不存在晶格，只有网络。许多氧化物玻璃、硫化物玻璃等均具有无规网络结构。连续无规网络又称连续随机网络，常用来作非晶硅、非晶锗和玻璃等非晶材料的结构模型。

2）无规密堆积

金属键基本上是球对称的，在金属晶体中，原子作密堆积，这样能使自由能最小。对于金属非晶态，20世纪70年代后提出了一种无规密堆积（RCP）结构的模型。

原子作三维密排时的占有率（填充因子）为$\frac{\pi}{3\sqrt{2}}=74.4\%$。若让同尺寸小球在不平整容器中随机排列，为了使系统的自由能最小，会形成一种紧密的无规则密堆积（Bernal结构），它的空间占有率为63.7%，是晶态密堆积的86%。在计算机上进行的模拟也得出相同结果。无规密堆积又称硬球无规密堆模型（DRPH），主要用于金属玻璃上。

晶态密排对应于位能为极小，所以有最大的空间利用率，配位数12，是一种稳定结构。无规密堆积是一种亚稳定排列，它也在位形空间有一个极小值（但不是最小值），它的最近邻球（典型值为6）间因相互卡住而锁定，达到一种介稳定状态。

3）无规则线团模型

高分子聚合物是由许多重复单元组成的一种大分子。高分子由许多链节，靠共价键聚合（联结）起来，如聚苯乙烯$(CH_2CHC_6H_5)_n$，其链节为$CH_2CHC_6H_5$，n为聚合度。一般的聚合物的n为10^4，聚乙烯的n可达10^5以上。

完全延展开的高分子大体上像一根毛线，其长度可达几微米，粗为零点几纳米。对于由聚合物形成的非晶态，P. J. Flory提出了无规线团模型，由一些大分子线交织在一起，如图1.3.3所示。聚乙烯、聚丙烯等聚合物材料在一般情况下都是非晶态，经过热处理，这些聚合物也可能晶化。

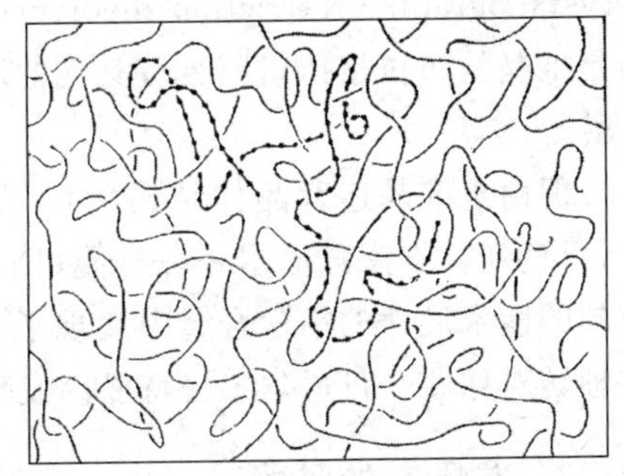

图1.3.3 无规线团模型

3. 非晶态材料的分类与特点

按照材料的性质，可将非晶态材料分为非晶态绝缘体、非晶态半导体和非晶态金属。近年来非晶态半导体已在许多领域中得到应用，非晶态金属的研究也非常活跃。

从热力学上讲，非晶态是处于介稳定状态，而晶态是处于热平衡的稳定状态，中间相隔一个势垒。非晶态是否向晶态转变，由它们之间的势垒高度ΔE决定；如果$\Delta E \gg kT$，则在通常情况下非晶态不会向晶态转变。

由于制备方法不同，非晶态可以有一些不同的状态。通过加热、光照等可让一些不同的非晶态相互转换。在适当条件下非晶态也可能结晶。

非晶态中不存在长程有序，所以非晶态的物理性能是各向同性的。非晶的长程无序，使得组成它的元素种类可以比较广泛，其组成也可以大幅度地变化，某些不能合成的晶态材料能以非晶态存在。如氧化硅，晶态时只能以 SiO_2 存在，而非晶态时其成比分可以连续变化，如 SiO_x。这样，通过改变材料的原子及组成比，就可以大幅度地改变材料的物理参数。可以改变的物理参数有：密度、硬度、耐热性、电导率、折射率和禁带宽度等。

由于以上一些原因，非晶态材料具有许多晶态材料不具有的光学、电学、磁学、力学和化学等性质。例如非晶硅可以做太阳电池材料，非晶态合金的电阻大都比同种材料的晶态合金高。非晶磁性合金由于原子排列长程无序，因此它们没有各向异性，也不存在晶界，故非晶磁性材料容易获得高强度、高导磁率和高耐蚀性。许多金属非晶体具有优良的抗腐蚀性能。非晶合金兼有高强度和高延展性，它们的断裂强度接近理论值。

许多非晶态合金具有极佳的抗腐蚀性，是由于其结构的均匀性，不存在晶界、位错、沉淀相，以及在凝固结晶过程产生的成分偏析等能导致局部电化学腐蚀的因素。非晶合金一般具有高的电阻率和小的电阻温度系数。目前非晶合金最令人注目的是，其优良的软磁和硬磁磁学性能。

1.3.3 准晶体简介

1. 准晶体的特征

准晶体，亦称“准晶”，是一种介于晶体和非晶体之间的固体。准晶体具有与晶体相似的长程有序的原子排列；但是准晶体不具备晶体的平移对称性。根据晶体局限定理(crystallographic restriction theorem)，晶体只可能具有 2 次、3 次、4 次或 6 次旋转对称性，但是准晶的布拉格衍射图具有其他的对称性，例如 5 次对称性或者更高的如 6 次以上的对称性。

但由于准晶违背晶体结构的认识，所以直至 20 世纪 80 年代才开始受到重视。1984 年，以色列科学家丹尼尔·舍特曼(Daniel Shechtman)和以色列理工学院的同事们在快速冷却的微米尺寸的铝锰合金中发现了一种新的金属相，其电子衍射图具有正二十面体的 5 重轴转对称性。丹尼尔·舍特曼因发现准晶体，而获得 2011 年诺贝尔化学奖。

2. 准晶态的种类

自从发现 Al-Mn 准晶态以来，至今证实已有二百多种不同材料和组分的合金准晶态存在。根据准晶在热力学上的稳定程度，可将准晶分为稳定准晶(约有 93 种)和亚稳定准晶两大类。在这些准晶体中，不仅有 5 次对称轴的准晶，而且有 8 次、10 次、12 次对称轴的准晶。

准晶一般可以按其成分和结构来分类。目前大都按照准晶在空间中原子的分布呈现周期性的维数，把准晶分为三维准晶、二维准晶和一维准晶等三大类。

3. 准晶的性质

1) 电学性质

与金属晶体的导电性相比，准晶体的导电性显示出完全不同的特征。通常，金属合金晶体的电阻率最高也只有数十 μΩ·cm；非晶体合金最高的电阻率也只有几百 μΩ·cm。如对于全部由高导电元素族组成的准晶相 Al-Cu-Li，在液氦温度时的电阻率为 900μΩ·cm。对于含有过渡元素族的准晶相，在相同温度下其电阻率则更高；如 Al-Cu-Fe 准晶为 1300～11000μΩ·cm。

高电阻率是准晶固有的特性。准晶的电阻率对结构的完整性十分敏感，电阻率也与其组分浓度有关：准晶结构越完整，电阻率越高。此外，准晶的电阻率具有负的温度系数，即电阻率随温度的升高而下降，而且电阻率与温度的关系是非线性的。

2）磁性

目前已观察到，准晶可能存在逆磁、顺磁、铁磁和反铁磁等性质。目前报道得最多的是准晶的顺磁性。

含有过渡金属的准晶，它们的磁性与过渡金属有关。准晶铁磁材料有较低的磁化强度、较高的居里温度、较大的矫顽力和很强的各向异性能。

3）热学和力学性质

（1）导热性

与普通金属材料相比，准晶材料的导热性较差。在室温下，准晶的导热率比铝和铜的导热率低两个数量级，比不锈钢低一个数量级，与常用的高隔热材料 ZrO_2 相近。

准晶的导热性也具有负的温度系数，并且对准晶结构的完整性也较为敏感，即准晶结构越完整，其导热性越差。此外，准晶的热扩散系数和比热容都随温度的升高而增大。

（2）力学性质

准晶室温下的力学性能与一般金属间化合物相仿，表现为硬而脆。准晶的硬度与陶瓷材料相仿，远高于高强铝合金；而韧性较低，仅为陶瓷的 1/4～1/5，更不能与高强铝合金比。准晶的脆性很大，是陶瓷材料的 4 倍以上。此外，准晶的热扩散系数和比热容都随温度的升高而增大。

4）表面特性

准晶的表面结构比较独特，它的表面氧化行为、润湿行为和摩擦行为等也与众不同。

迄今为止，发现的准晶材料绝大多数为铝系准晶，而 Al 是极易氧化的活泼元素。在相同条件下，准晶相表面的氧化特性明显低于铝合金和相近成分的晶体。

当准晶在室温下长期暴露在干燥空气中时，氧化层平均厚度为 2～3nm。但在潮湿空气和较高温度下，氧化层会进一步加厚（6～7nm），并且化学成分也因此而变化，表层铝的原子百分比随之增大（Al 可达 90%）。

准晶薄膜表层具有一定的粗糙度，具有较低的表面能。研究发现，Al-Yd-Mn 准晶的表面能非常接近于不粘材料聚四氟乙烯（Teflon）。

一些准晶薄膜除具有较低的表面能，有优良的不粘性外，还有优良的耐蚀性、耐高温性（可承受 750℃高温）、高的硬度（是不锈钢硬度的 2 倍以上）和高的耐磨性。

4. 准晶的应用

1）表面改性材料

准晶材料的应用主要作为表面改性材料，作为增强相、弥散分布于结构材料中。在实际生活中，准晶体早已被开发为有用的材料。组成为铝-铜-铁-铬的准晶体，具有低摩擦系数、高硬度、低表面能以及低传热性，最早被利用于烹饪器具的涂层。第一个准晶应用的专利为“不粘锅涂层”，于1988年在法国诞生。

2）隔热性能方面

在隔热性能方面，相比泡沫、纤维、金、银、镍、铝箔等传统隔热材料，准晶体具有密度小、耐蚀和耐氧化的优点，在航空和汽车工业的发动机等部件中，准晶涂层与航空发动机常用的隔热材料锆钇氧化物及其他隔热材料可相比。Al_2Cu_2Fe 准晶涂层具有密度低、硬度高、耐磨、耐蚀、耐氧化、使用温度高及易于制造等优点，能满足多种场合下的隔热要求。其形成方法是利用喷涂技术，在基体表面形成一层准晶薄膜。准晶的这些表面特性，还可用作热障层涂层。目前准晶热障涂层已在飞机和汽车发动机等部件中得到初步应用，有非常大的应用价值。$Al_{65}Cu_{23}Fe_{12}$ 准晶材料十分耐磨，被开发为高温电弧喷嘴的镀层。

3）航空航天工业

以前，航空航天工业中，飞机座舱和驾驶舱内常用泡沫塑料、超细玻璃棉、高硅氧棉等材料，而现在，科学家们正研究用准晶体材料来替代这些传统材料。

此外，准晶体还被用作太阳能工业薄膜材料。因为准晶体具有特殊的光学性能(高的红外传导率)和足够的热稳定性(抗氧化及扩散稳定性)，可应用于太阳热能工业。

4）其他方面的应用

此外，准晶体材料还可用作结构材料的增强相、储氢材料、半导体材料以及热电材料等。目前各国科学家正在研究用真空镀膜、离子注入、激光处理、电子轰击、电镀等技术制备准晶膜。

1.4 电子材料的表面与界面

随着电子元器件向小型化、多层化和多功能化方面的发展，电子元器件的尺寸越来越小，致使表面和界面的重要性越来越重要，必须加强这方面的研究。通常称固体与气体的交界面为表面；固体与固体、固体与液体的交界面称界面，如图1.4.1所示。本节讨论电子材料的表面与界面的原子结构与性质。

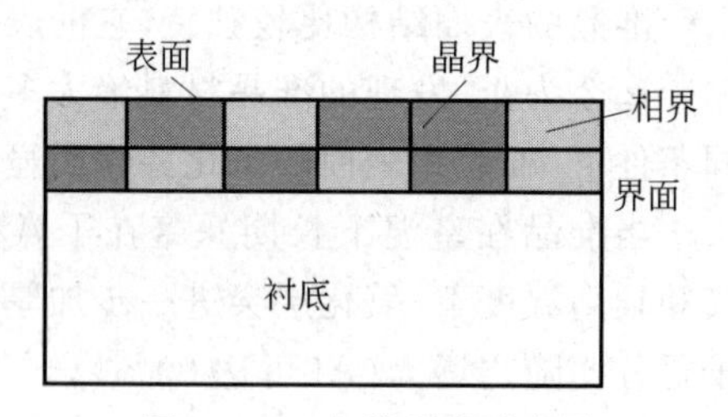

图1.4.1 各类界面示意图

1.4.1 表面的定义和种类

1. 理想表面

在无限晶体中，插入一平面，将晶体一分为二，然后将上半部移去，这样裸露出来的表面称为理想表面。在这种表面上，原子的排列与体内完全一样；唯一不同的是在垂直于表面的方向的周期性在表面处遭到突然中断。理想表面是为分析表面结构而作的一种简化，实际上在自然界中并不存在。

2. 实际表面

存在于自然界中的表面，称为实际表面。实际表面的性质、状态与加工方式、周围环境等有密切的关系。通常按照其清洁程度分为：未清洁表面、清洁表面和真空清洁表面等三种类型。

未清洁表面是一些没有经过特别清洗过的表面，比较“脏”，有相当数量的污染物和吸附物等。

清洁表面是经过清洁处理后的表面。实际上即使是清洗得很“干净”，仍不会很彻底，往往这种表面上可能存在氧化层和各种吸附物。

表面经过彻底的清洗、烘干后，在一定的真空度下，经离子轰击除去表面的吸附层，然后经退火处理后，保存在高真空或超高真空下的表面，称真空清洁表面。这种表面一般认为是很清洁的了，但是其清洁程度与具体的清洁工艺及真空度有直接关系。

3. 表面的范围

从原子排列的角度来看，表面区原子的排列大概在几层原子厚度的范围内与体内有差别，金属为1～3层，半导体为4～6层，绝缘体要厚一些，为十到几十层。通常认为，距表面处0.5～10nm，原子排列与体内有所不同。

从表面区的成分来看，由于偏析或耗尽，表面区的杂质不均匀的分布范围为几十到数百纳米。样品经过研磨、抛光、切削之后，表面区晶粒的尺寸在几十至数百微米范围内将有明显差别。表面的晶格畸变区和应力残留区可达几十微米以上，具体的厚度与材料性质和加工方式有关。

根据材料的性质，由外场和表面电荷分布引起的空间电荷区或周期性势场畸变的范围，有几纳米至数微米。

由上可见，针对不同的研究对象，表面区的范围并不相同。

1.4.2　清洁表面的原子排布

不存在吸附物和氧化层的固体表面称清洁表面。与理想表面相比，清洁表面的原子的组成与排列方式会发生变化，具体表现为：偏析（或分凝）、弛豫、重构等。

因为清洁表面的上方没有原子，表面原子会受到下层原子的拉力作用，如果表面原子没有足够的附加能量的话，将被“拉”到下面去，这部分附加能量称表面能，又称表面张力。假如表面的原子仍作与体内原子一样的排列（如前面讨论的理想表面那样），表面就必须具有很大的表面能；为了减少表面能，使系统达到稳定状态，表面区原子的排列应作某种程度的调整。表面区原子排列的调整方式主要有以下两种。

1. 表面原子排列的调整

1）弛豫

弛豫结构是指表面区晶格结构保持不变，只是晶格常数变化Δa：Δa可大于零（晶格常数增加）也可小于零。离子晶体的清洁表面（以下简称表面）经常出现弛豫结构。研究中还发现,有一些金属的表面也存在弛豫结构。

2) 重构

重构是指表面区原子的晶格常数与结构都发生了变化。为了使表面能尽可能小,所以,重构时,表面区原子的排列方式与体内仍有一定联系(如晶格结构保持不变,晶胞参数有变化,在很多情况下,常常是晶格常数变大或者原子排列偏转某一角度)。如硅清洁表面为Si(111)2×1,表示表面的原子也作(111)的排列方式,晶格常数在一个方向上与衬底一样,另一个方向则是衬底晶格常数的两倍。此外还有Si(111)7×7(重构晶胞比(111)面上原子排列的晶胞扩大7倍)等重构。重构与表面原子键的重新组合(如退杂化等)和吸附其他原子有关。

3) 超结构

在一些单晶金属的表面区原子重新排列时,它与内部(衬底)原子的排列无直接关系,这种表面结构称超结构。超结构表面的原子,实际上是作紧密堆积的,如Au和Pt(001)表面的超结构,是一个与(111)面上原子排列比较接近的结构,这种结构的出现,也能有效地减小表面能。

弛豫、重构都属于表面区原子自身调整,它们的排列如图1.4.2(b)、(c)所示。

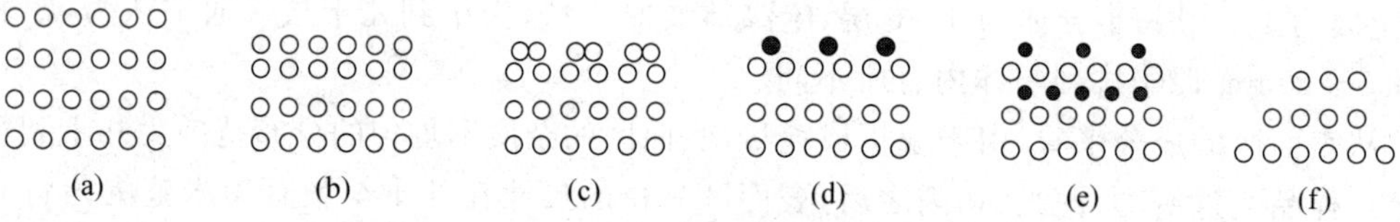

(a) (b) (c) (d) (e) (f)

图1.4.2 各种表面的示意图

(a) 理想表面;(b) 弛豫表面;(c) 重构表面;(d) 吸附表面;(e) 合金表面;(f) 有台阶的表面

2. 外来因素引起的

1) 吸附

组成晶体时,原子间是通过各种键力的互作用来保持平衡,而获得某种晶格结构的。显然,表面区原子的键力没有达到平衡(没有饱和),所以处于高能状态。若能通过吸附一些外来原子或分子(如H_2、O_2、H_2O等),如图1.4.1中(d)所示,使它的化学键得到饱和,这将有效地减小表面能。

2) 合金

通过一些外来的原子与衬底原子间的互扩散,可以使系统的熵增加,从而减小表面能,这种过程称“合金”。如吸附在金属表面的氧或碳,通过扩散(反应扩散)生成氧化物或碳化物,这也有利于降低表面能。

必须指出,表面产生的重构、超结构,除Si(111)2×1可以用杂化键退杂化来进行解释外,其他都无法从理论上来证明。研究发现,吸附、解吸、表面杂质以及表面杂质与基底材料间的化学反应等都是引起重构的重要原因。

获得清洁表面的方法一般有超高真空劈裂法、分子束外延法、高温加热法与离子轰击法等。前两种方法的特点是,在表面裸露开始,就避免吸附物的玷污;而后两种方法的特点是采用物理的方法除去原先吸附在表面的气体分子等杂质。

实际上，最清洁的表面是场离子发射后形成的表面，但这种表面的面积太小，无实际应用价值。目前的所谓清洁表面，大都是采用离子溅射轰击，再经适当热处理，保持在高真空下的表面。

前面是从原子间的结合、减小表面能等角度，来讨论表面原子排列的特征，分析时认为，表面原子排列有原子尺度的平整度。但这种排列方式并不能达到自由能最小。因此，实际的清洁表面不可能达到原子级的平整度和完整性。图1.4.3所示的是一个比较接近实际的清洁表面。

如图1.4.3所示，实际的表面（主要是针对单晶）不是原子级平整的，除存在各种形式的缺陷、吸附原子、分子外，还有平台（terrace，T）、台阶（ledge，L）和纽结（kink，K），以上模型称TLK表面模型。

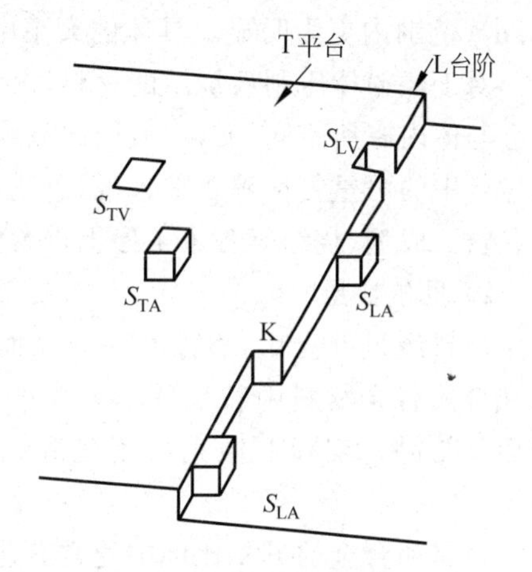

图1.4.3 TLK表面模型

L—台阶；T—平台；K—台阶处的扭折；

S_{TV}—表面空位；S_{LV}—台阶处空位；

S_{TA}—表面上自吸附原子；S_{LA}—台阶处自吸附原子

1.4.3 实际表面的特征

实际表面是指材料经过一般的加工（切割、研磨、抛光、清洗）后，保持在常温、常压下的表面；有时也可能在于低真空或高温之下。涉及的有单晶、多晶、纳米材料和非晶等的表面，有时还包括粉体的表面。实际表面也称真实表面。

1. 表面外形和表面粗糙度

表面的不平整程度（最高点与最低点间的距离）大于10mm时，称形状误差；在1～10mm时为波纹度；小于1mm则称表面粗糙度（surface roughness）。在电子材料与元件中，人们关心的是材料表面的粗糙度。表面粗糙度以前曾称表面光洁度。

在微电子技术中，单晶硅等半导体材料经切磨、抛光后对粗糙度都有严格要求。对于薄膜、陶瓷材料和多孔材料，表面除不平整外，还存在气孔、裂缝、内表面等。表面粗糙程度是用粗糙系数R来量度的：

$$R = A_r / A_g \tag{1.4.1}$$

式中A_g为几何表面面积；A_r为包括内表面等在内的实际表面积（通过用吸附等方法测量）。

材料的粗糙度系数与加工方式有非常密切的关系。如$R=6$的铝箔，抛光后$R=1.6$；经阳极氧化后，$R=200$～900。

2. 表面的组织

经过切磨、挤压、抛光等加工后的材料的表面区，在相当宽的范围内，晶粒的大小、结晶程度、应力畸变和显微组织等特征有明显的不均匀性。

1) 晶粒尺寸的变化

在切磨、抛光等机械加工操作中会产生大量热能，往往能使表面区局部熔化，后来又迅速结晶，这样就带来了从表面到内部约 1μm 范围内晶粒尺寸的不均匀性，特别是在距表面 0.3μm 范围内更为明显。具体的大小由加工工艺而定。

对于经粉体压制后烧结的材料，由于表面区与体内的受压情况不同，固相反应进行的程度会与体内有所不同，所以，表面区晶粒的尺寸与体内也有较大差别。从产品性能的一致性和生产中的可重复性等要求来说，总是希望表面与体内的差别要尽可能的小，所以需要在粉料、造粒、成型、烧结等各个工序上进行仔细的研究和严格的控制。

2）贝尔比层

材料经过抛光后，表面有一光亮而致密的、厚度为 5～100nm 的表面层，称贝尔比层，这在金属合金材料中特别明显。由于研磨时产生的高温，往往会导致局部的熔化，经冷却后又结晶。实际上抛光时熔化和结晶过程会多次反复发生，故还可能在表面形成非晶层。

金属和合金的贝尔比层中通常有非晶、微晶和金属氧化物的成分。对于硬而脆的陶瓷等非金属材料，在抛光过程中容易开裂和局部破碎，所以它们的贝尔比层中还有非晶、微晶、小晶块、裂缝和空洞等缺陷。

3）一个经抛光和机械加工后的金属的表面区

金属需经过打磨获得平整的表面后，才能进行抛光，这些机械加工会形成各种损伤和缺陷。图 1.4.4 是经过机械加工后的一个金属表面区的组织。

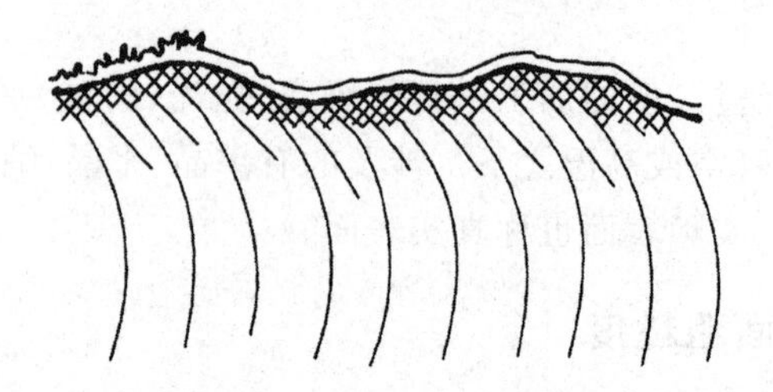

图 1.4.4　抛光金属表面附近的组织

氧化物；抛光层；破裂形变区；明显形变区

由图 1.4.4 大致可以看出，就其厚度而言，表面氧化层厚为 0.01～0.1μm；贝尔比层为 5～100nm；破裂形变区为 1～2μm；明显形变区为 5～10μm。此外，轻微形变区为 20～50μm；还有残留损伤区可达 100μm。

对于一些金属和合金，在打磨时产生的疲劳、裂纹等，通常出现在表面下 100～200μm 的地区。这些损伤地区有大量的缺陷与残余应力等不完整性，由于它们的存在，往往导致杂质在表面的非平衡偏析，晶界的自发移动，材料老化、退化等种种现象的发生。

从材料的稳定性、器件的一致可靠性等要求而言，经过机械加工的材料，应采用一定的热处理工艺，使表面的一些活动性高的缺陷尽早消除，其中最明显的是残余应力的消除。

3. 表面的成分

由于吸附和不同相的化学势不等同等因素，会形成表面区的主成分、杂质与体内有明显的差别。

研究发现，表面区的杂质浓度往往比体内大，称为偏析；当然也有相反的现象，即表面区杂质浓度低于体内,称为耗尽。由于杂质的原子尺寸、电负性与固有材料的不同,如果它们出现在表面使表面能降低,就形成偏析,反之则为耗尽。表1.4.1是一些二元合金中表面的富集元素。

表1.4.1 二元合金表面的富集元素

合金	Au-Ag	Cu-Ni	Ag-Pd	Au-Cu	Fe-Cr	Au-In	Au-Ni
富集元素	Ag	Cu	Ag	Au	Cr	In	Au

由于表面存在的偏析(耗尽)效应,材料表面处的成分与配方中的会有所偏差,这种情况在薄膜材料中特别明显。

根据热力学原理,偏析区应该是原子尺度(即零点几纳米到几纳米),这种偏析称平衡偏析。从结构分析和微观检测的大量实验中发现,在大多数材料中,偏析发生在相当宽的范围,为几十纳米到几微米,这种偏析称非平衡偏析。

产生这种现象的主要原因是,表面过渡区内存在许多空位、位错、晶界、晶格畸变等缺陷,它们形成了一个明显的应力场;与主成分原子半径不同的各种杂质进入这些地区之后,将有利于减小畸变能,从而使表面区自由能降低,这就导致了各种非平衡偏析的产生。

表面畸变区的缺陷分布、组成和宽度,由材料的性质、加工方式、退火工艺等因素所决定,这样就造成了非平衡偏析的许多不确定因素。

偏析与耗尽,会使体成分与配方设计的成分产生偏差,所以在开发研究一种新型材料和器件时,确定配方要经过多次试验,工艺要相对固定,这一点对多元系更为重要。

偏析与耗尽往往会引起材料的表面改性。偏析与耗尽对材料性质的主要影响有:表面硬度、耐蚀性、蠕变、附着力、焊接特性、表面扩散、固相反应和潜像。对电磁性能的影响为:表面态、界面态、陷阱和复合中心、表面电导、功函数、抗磁性和超导临界温度等。

4. 工业表面

材料的表面在工业环境下会受到不同程度的污染,表面上可能存在各种覆盖物,这种表面称工业表面,如图1.4.5所示。

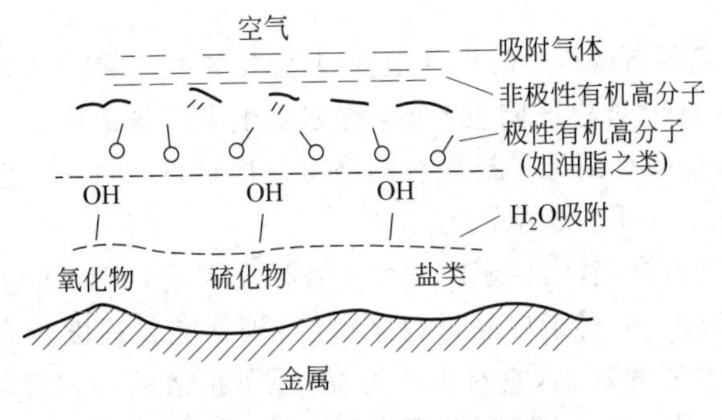

图1.4.5 工业表面示意图

由此可见,表面的清洗工艺非常重要,清洗后的保存也很关键;用手直接接触表面,容易造成钠离子污染,这种污染对电接触、附着力等都有严重影响;而且有的影响要较长时间才表现出来(几个月或几年),这会导致元器件寿命和可靠性的明显下降。

1.4.4 晶粒间界

单相多晶材料中，晶粒与晶粒间的过渡区称晶粒间界(GB)。根据晶界区原子排列的相位差(晶界角的大小)，有以下几种晶界的类型。

1. 堆垛层错和双晶

1) 堆垛层错

堆垛层错(以下简称层错)，是指正常堆垛顺序中，引入不按正常顺序堆垛的原子面而产生的一类面缺陷。

以面心立方结构为例，当正常层序中抽走一原子层，如图 1.4.6 所示，相应位置出现一个逆顺序堆层，…*ABCACABC*…称抽出型层错；如果正常层序中插入一原子层，如图 1.4.7 所示，相应位置出现两个逆顺序堆层，…*ABCACBCAB*…称插入型层错。

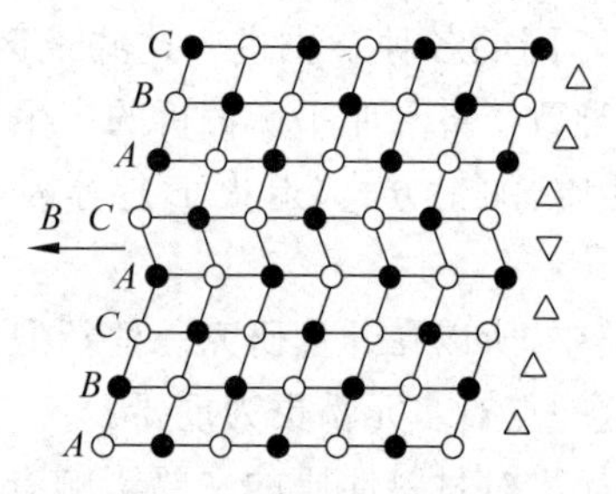

图 1.4.6 面心立方抽出型层错

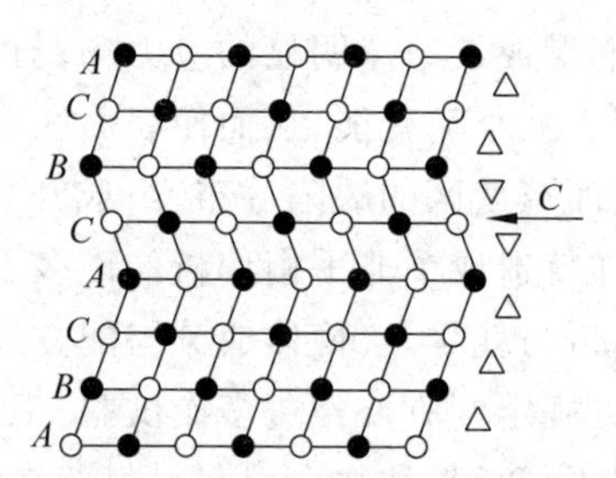

图 1.4.7 面心立方插入型层错

这种结构变化并不改变层错处原子最近邻的关系(包括配位数、键长、键角)，只改变次邻近关系，大概在一层内发生错排，故这种缺陷是二维的，称堆垛层错(stacking fault，SF)，它所引起的畸变能很小。因而，层错是一种低能量的界面。

堆垛层错易在晶体生长、外延、冷加工(挤、拉)和相变等过程中发生。碳化硅是化合物材料中最容易生成堆垛层错的一种材料。

2) 双晶界

在一些单晶材料或多晶材料中的局部地区，从原子排列上看，两部分的关系通过某个面互相成为镜面对称，在这个对称面附近，原子排列发生了二维的畸变。这个对称面称双晶面，又称孪生晶界。双晶界处的原子排列按晶格常数相同和不同，分为共格双晶界和非共格双晶界两种，如图 1.4.8(a)和(b)所示。

在层错或双晶面处的缺陷区，原子畸变发生在原子尺度，而且两边都有固定的相位，所以，这是一种轻微的畸变。但对于单晶材料来说(特别是完整程度较高的 Si、GaAs 等微电子材料)，层错是一种重要的缺陷，它对少子寿命、原子扩散的均匀性等都有严重影响。所以，微电子工艺中对这种缺陷十分重视，研究也比较深入。对于多晶材料和陶瓷材料来说，它们中其他缺陷的浓度远远超出层错或双晶，所以提及较少。随着电子显微镜和扫描探针技术的普遍应用和单晶薄膜材料的广泛研制，近年来也开始重视氧化物中的层错与双晶面。

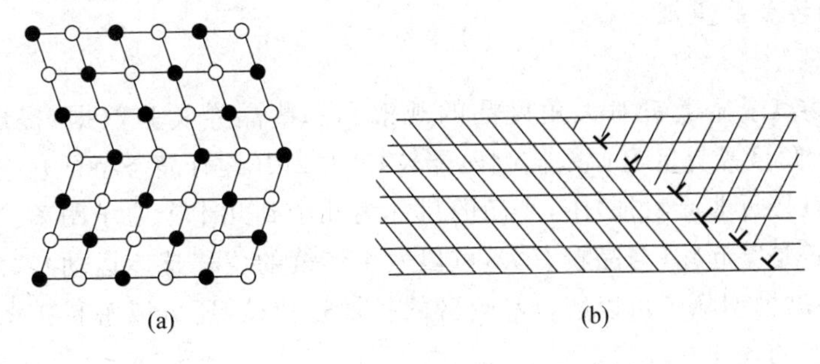

图 1.4.8 双晶界处的原子排列

(a) 共格双晶界；(b) 非共格双晶界

2. 小角度晶界

两晶粒交界面上原子排列相位上相差的角度称晶界角。设晶粒 1 的[111]与界面的交角为 θ_1，晶粒 2 的[111]与界面的交角为 θ_2，则 $\theta=\theta_1+\theta_2$ 称晶界角。若 $\theta_1=\theta_2$，称对称晶界；否则称非对称晶界。$\theta>10°$称大角度晶界，$\theta<10°$称小角度晶界。与表面一样，晶界是个过渡区，有一定的宽度。

如晶界角 $\theta<10°$(特别是几度的那些晶界)，它们的结构可以较好地用位错模型来描述，这样的晶界可以看作是一系列相隔一定距离的棱位错所构成。显然，晶界应有相当的宽度，不再像层错那样只有一个原子厚度。

由棱位错交叉而成的晶界称倾侧晶界；由螺位错构成的晶界称扭曲晶界。一般的小角度晶界，可以由倾侧晶界与扭曲晶界来组成，这时的晶界成为一个曲面。利用位错来描述晶界是有限度的，当晶界角大于 10°以上，就不宜单纯用位错模型了。

3. 大角度晶界

随着晶界角度的增加，在晶界处的位错就越来越靠近，到 $\theta=30°$，位错间的距离已小于两个原子距离了。早期曾用肥皂泡排布来模拟大角度晶界处原子的排列情况(一个肥皂泡类似于一个原子)。研究中观察到交界处原子排列较乱，有些地区较稀疏，也有些地区比较规则。图 1.4.9 为大角度晶界的示意图。

由于大角度晶界处原子排列复杂，很难用一个数学模型来对它进行描述。人们根据从肥皂泡模拟的图形，和对晶界性能的测量，先后提出过不少晶界模型。下面介绍目前在许多文献中经常采用的两个大角度晶界模型。

1) 过冷液体模型

这个模型认为，晶界处原子排列与过冷液体(非晶态)相似，即长程无序短程有序。晶界处于介稳定状态，原子的活动性比较强，由此可以解释晶界扩散的速度比晶粒中快的事实。但实验中发现，有些晶界处扩散是各向异性的，而且晶界的范围比较窄(大于 2～3 个原子)，对这些现象就无法用过冷液体模型解释，因此过冷液体模型一度被抛弃。20 世纪 80 年代发现，用过冷液体模型可以解释陶瓷烧结体中很多实验结果，

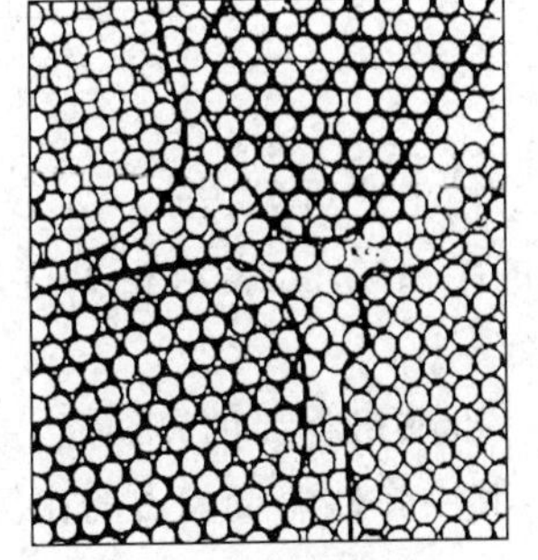

图 1.4.9 大角度晶界示意图

因此这个模型再度受到重视。

2）小岛模型

Mott根据场离子显微镜对大角度晶的观察和一些晶界实验数据，提出了小岛模型。Mott认为：在大角度晶界区有原子排列匹配较好的"岛"(具有晶态特征)，它们分布在原子匹配较差的"海"(接近非晶特征)中，小岛的尺寸为几个到几十个原子距离。在场离子显微镜的照片上，"岛"是突起物(与晶粒有关，可以发生连续的位移整体运动)，"海"中有松弛了的空位通道。小岛模型除了可以解释晶界区的扩散较快外，还可以解释扩散时发生的各向异性(岛具有晶态的各向异性)。

1.4.5 相界和分界面

系统内含有两个或两个以上的相，当处于热力学平衡时，不同相之间的界面称相界。相界的种类如下。

1. 共格相界

当两相结构一样，晶格常数差别又比较小(设分别为 a_1 和 a_2，$a_1>a_2$)，在形成相界时，晶格常数大的一方略为缩小($a_1-\Delta a$)，晶格常数比较小的一方则扩张一点($a_2+\Delta a$)，这样就使得晶界两侧的原子排列连贯地结合起来，这种相界称为共格相界。

共格相界两侧的两个阵点，有共同的点阵面，其原子排列完全有序，两点阵晶向和晶面有严格的对应关系。共格相界的界面能主要是界面处晶格的形变的弹性畸变能。当两相的晶格常数相等，则形成无畸变共格相界。

2. 准共格相界

若两相间有相同的晶格结构，但晶格常数有一定的差别(≤10%)，这时形成的相界称准共格相界。在以上条件下，如果相界处原子的排布也像共格相界那样，通过两原子的晶格常数变动而形成相界，这种结构引起的畸变能太大，使系统处于不稳定状态。所以在准共格相界中，原子的排列，一方面通过晶格常数的收缩或扩张，另一方面则在其中形成一定数量的特殊排列的位错，作为两相间的过渡区。过渡区的位错称失配位错，又称Van der Merwe失配位错。

若材料B的晶格常数 b 大于材料A的晶格常数 $a(b>a)$，Van der Merwe失配位错距离 D 为

$$D=\frac{ab}{b-a} \tag{1.4.2}$$

由上式可见，若 $a=b$，$D\to\infty$，这表示不存在失配位错。当 a 与 b 差别很大时，则失配位错的距离减小，表示相界过渡区位错密度很大，这意味着这种形式的晶界结构将变得不稳定。

准共格相界的界面能，主要由弹性畸变能、不同相之间的化学相互作用能等两部分组成，其中弹性畸变能占的比例要略为大一点。

3. 非共格相界

两相结构不同或晶格常数差别很大时两相交界区称非共格相界。如 α-Fe_2O_3 具有刚玉结构，γ-Fe_2O_3 是尖晶石结构。如果发生两相共存时，相界就是非共格相界。

非共格相界的过渡区宽，有较大的界面能和很大的应力失配，处于一种不稳定状态，这往往是导致多相材料容易开裂的一个重要原因。在材料烧结过程中，一般不希望这种相界出现和存在。图 1.4.10 为各种相界原子排列示意图。

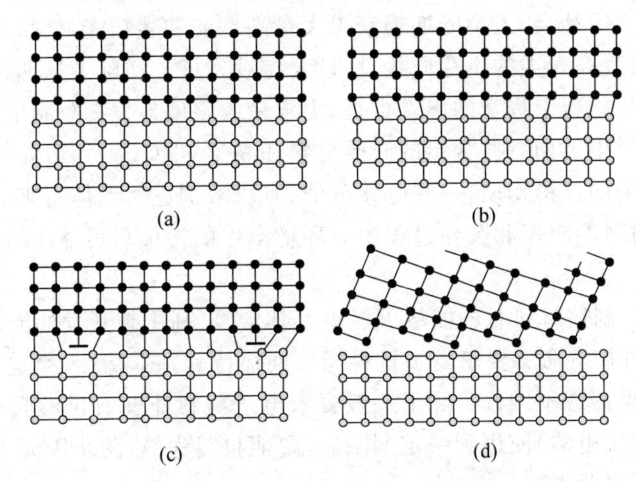

图 1.4.10 各种相界的原子排列示意图

(a) 无畸变共格相界；(b) 有畸变共格相界；(c) 半共格相界；(d) 非共格相界

4. 分界面

两种材料通过一定的工艺结合在一起，这时的交界面称分界面，有时也简称界面。显然这种界面是比较规则和可控的。

分界面在以下一些场合下产生：①熔焊，在固体表面形成熔体相，两种材料在凝固过程形成冶金结合；②同质外延与异质外延；③气相淀积、真空蒸发、溅射和化学气相淀积(CVD)时衬底与多层膜间；④烧渗和粘接等。

1.5 电子材料的应用与发展

为适应电子整机和设备小型化、轻量化、薄型化、数字化和多功能及生产中的自动化，要求电子元器件的开发生产必须向小型化、高集成化、片式化和编带化发展。电子材料今后将尽可能适应电子元器件的这些要求。本节讨论现代社会对电子材料的要求、选用电子材料的原则；介绍纳米电子材料、复合材料等新型电子材料，并介绍电子材料当前的发展动态。

1.5.1 现代社会对电子材料的要求

电子材料是当前信息社会的重要支柱，随着科学技术的发展，需要愈来愈多的品种各异和性能独特的新型电子材料。现代社会对开发研制新一代电子材料提出了如下的要求。

(1) 结构与功能相结合。要求有一些电子材料不仅能作为结构材料使用，而且具有特殊的功能或多种功能。正在开发研制隐身材料、绝热材料、抗红外探测、抗激光和梯度功能材料等即属于此。

(2) 智能化。要求材料本身具有感知、自我调节和反馈的能力，具有敏感和驱动的双重功能；如电流变体材料、灵巧窗材料等都是智能材料的代表。

(3) 减少污染。由于人类生产活动的增加和工业污染物的大量排放，已引起生态环境日益恶化。在现代文明社会，人类既期望获得大量高性能和多功能材料，又迫切要求有一个良好的生态环境，以提高人类的生存质量，使社会持续发展。实际上这两种要求在某种程度上是不协调的。以往材料工程学的出发点是，力求最大限度地发挥材料的潜在性能和功能，对环境的影响较少考虑。如一些含铅的介质材料和高温 PTC 材料等，在生产过程中都会排出对人体有严重影响的含铅物质；一些电镀废液、有机溶剂也对人体有害。为了人类的健康和生存，要求电子材料的制作和废弃过程中对环境产生的污染尽可能少，以满足绿色电子元器件要求。

(4) 节省能源。制造材料时耗能尽可能少，同时又可利用新开发的能源。

(5) 长寿命和可控寿命。要求电子材料能长期保持其基本特性，稳定可靠，用来制造的设备和元器件能少维修或不维修。除了一般要求电子材料能够有足够长的寿命外，在一些电子设备(如一些家用电器)使用到一定期限后，要能自行失效，防止因元器件老化而发生故障，达到对设备强行限时更新。

以上为对新一代电子材料开发、研制时的总体要求，是从最佳状态来考虑的。实际上很难同时满足，往往采用折中方案来实施。

1.5.2 电子材料的选用原则

为使元器件具有尽可能好的性能和结构、合理的工艺和较低的成本，在选用电子材料时，一般应遵循以下原则。

(1) 根据元器件性能参数选用材料。不同的场合对电子元器件的性能有不同的要求，应根据这些要求选择所用材料(介质材料、导电材料及包封材料等)。

(2) 根据元器件结构特点选用材料。由于电子元器件用途各异，使用环境有很大差别，因此元器件的结构方式各不相同。例如，在高湿度下使用的电容器和电阻器，需要全密封结构，这时除了选择介质材料、电阻材料之外，还要考虑合适的封装材料。

(3) 根据元器件工艺特点选用材料。对于一些厚膜、薄膜电子元器件，要考虑到基片材料与使用的薄膜材料之间的结合力、晶体结构、晶向、晶格参数、热膨胀系数等之间的匹配，以及基片的介电性质等。

(4) 按已知定律或法则选用材料。例如，用“混合法则”可以选择和设计复合材料，“中和效应”和“抑制效应”可用来指导玻璃材料的配制。

(5) 按经济原则选用材料。任何电子元器件，其使用价值不仅取决于它能满足一定要求的性能参数，而且取决于它的生产成本。在满足所需要的性能和可靠性的条件下，选材料应以价格低廉为原则，这样电子产品才有竞争能力。

1.5.3 纳米材料

1. 纳米材料的特征

纳米材料是指材料中颗粒(晶粒)尺寸处于纳米(2～100nm)范围的金属、合金、金属间化合物、无机物或聚合物等材料。这是20世纪80年代发展起来的一种新型功能材料。组成纳米材料的颗粒既可以是晶态,也可以是非晶态。对于颗粒的直径为2～10nm的纳米材料,其中的原子数有10^2～10^4个,大概有一半以上的原子位于表面、界面上。处于表面、界面的原子有较高的界面能,活动性大,原子的排列方式与晶态和非晶态都有明显不同。纳米材料中,表面、界面等缺陷占有很大的比例,材料的尺寸与电子的德布罗意波长相当。虽然纳米材料中原子排列有一定程度的长程有序,但这时电子的运动不能再认为是在一个无限的周期性势场之中。纳米材料的这种结构特殊性,使它具有量子尺寸效应、表面界面效应、小尺寸效应和宏观量子隧道效应等块材不具有的特性,从而产生了一些新的特性。

近来有些文献中将团簇结合体也包括到纳米材料中,这样纳米材料将也包括零维的原子团簇、团簇集合体、纳米粉体、一维调制的多层膜和三维结构的纳米固体等。

2. 纳米电子材料

当固体微颗粒的尺寸逐步缩小时,声、电、磁、热以及催化等性质将随之改变。当纳米材料的尺寸与光波波长、自由电子波长、超导相干长度、磁(电)畴尺寸等相当后,纳米颗粒的分立能级的间距可能与热能、磁能、电能、光子能量相当或更大时,量的变化会引起某些物理和化学性质的突变,呈现与宏观物体(块材)差异甚大的特性。由于纳米材料的尺寸远小于红外及雷达波波长,其透波性能和对电磁波的吸收效率比粗颗粒或块状物大得多,因此是一种重要的隐身材料。纳米粉体的烧结温度比常规粉体低几百度。粒径为16nm纳米铁的矫顽力比普通铁的矫顽力高1000倍,是一种优良的磁特性材料。从某种意义上说,量子线、量子点也可看作是纳米电子材料。纳米材料的一个重要用途是与其他材料形成的纳米复合材料,可以明显提高材料的性能(改性作用)。近年来纳米电子材料已在电子器件和设备中得到了较广泛的应用。纳米电子材料被认为是使功能电子材料发生跃变的关键,是21世纪最有前途的材料。

1.5.4 复合材料与梯度功能材料

复合材料是由两种或两种以上的材料经过有关工艺过程组合之后形成的一种新材料。复合材料经过选择性设计和加工,通过各组分性能间的相互补充,从而可以获得新的优良的性能。复合材料可以是无机材料间的复合,也可是有机材料间的复合,还可能是有机和无机材料间的复合。

在对材料要求不断提高的今天,合成(制备)一种单一材料,要满足实用上提出的各种苛刻要求(在综合指标上,有时甚至是矛盾的),是相当困难的;即使经过努力,能研制出某种满意的材料,其研究周期一定较长,这不仅会使材料成本增高,而且难以及时普遍推广。所以复合材料是今后电子材料发展的一个重要方向。

实际上，在电子元器件中早就使用了复合材料，如实芯电阻器材料、厚膜材料等都是典型的复合材料。但是直至20世纪80年代初，人们才开始从理论上进行研究和设计复合材料，所以将复合材料看作是一种新型材料。

1. 复合材料的结构参数

复合材料有着与单一材料不一样的结构参数，改变这些参数可以使复合材料的性质发生明显的变化，这一点对于功能复合材料更为重要。复合材料的主要结构参数如下：

1）复合度

复合度是指复合材料中各种组元所占的体积或重量百分数，以 x_i 表示。$x_i = V_i / \sum V_i$，其中 V_i 为第 i 个组元所占体积，显然 $\sum x_i = 1$。复合度对复合材料的性能有很大影响，改变复合度是调整复合材料性能的最为有效的手段之一。

2）联结型

联结型指复合结构中各组元在三维空间自身相互联结的方式。在设计功能复合材料时，常采用R. E. Newnham提出的命名方法。在这个方法中，以“0”表示微粉或小颗粒，“1”表示纤维或条状，“2”表示薄膜或片状，在三维空间以网络或枝状互相连通时则以“3”表示。

分散在三维连续媒质中的活性粉，用0-3表示；而分散在连续媒质中的纤维或晶须，则用2-3表示；多层薄膜表示为2-2。习惯上将对功能效应起主要作用的组元（这种组元称活性组元或增强剂）互联形式放在前面。因此，0-3型和3-0型尽管有相同的联结型，却可能是两种不同性质的复合材料。

复合材料中可能的联结型数目与组成其组元数（n）有关，可以按公式$(n+3)!/(n!3!)$来计算。对于双组元（$n=2$），可以有10种联结形式，它们是：0-0，0-1，1-1，0-2，2-1，2-2，0-3，1-3，2-3和3-3。对于三组元（$n=3$），则有20种联结型。

复合材料的联结形式，会直接影响复合材料各组元间的相互耦合作用或材料中的场分布，所以对复合材料的性能有极大影响。

2. 复合材料的复合效应

复合材料是由两种以上物理和化学上不同的物质，组合起来而得到的一种多相体。研究表明，复合材料优良性能的获得，必须通过其复合效应的作用，这将涉及材料设计与工艺两个方面。

一般而言，任意的A、B两种材料组合在一起，其性质必然产生内外两个中间值：它既是A又是B，或是A、B的公倍数，这就是“复合现象”。复合材料中的复合现象，一般可分为线性与非线性两类效应。

1）线性复合效应

线性效应的内容有：平均效应、平行效应、相补效应、相抵效应等。目前很多结构复合材料的性能，都是通过线性效应来设计、研制而得到的。如常用平均效应“混合率”来估算增强剂和基体进行复合后材料的性能。

若 P_c 为复合材料的某一性质（如强度、模量等），V_R 为增强剂的体积分数，V_M 为基体的体积分数，P_R、P_M 为增强剂和基体的该性质，则 $P_c=V_RP_R+V_MP_M$ 这就是平均效应中的加和效应。在复合材料的膨胀系数、介电常数等物理参量中，也存在着这种类似的加和关系。

值得注意的是，相补效应和相抵效应往往是同时存在的。如有一种强度和刚度极好的增强剂，其缺点是韧性差，应选择韧性较好的基体材料，而基体的强度和刚度可以略为差一点，由于增强剂与基体间的互补和相抵效应，可获得符合设计性能要求的复合材料。

当两种介电常数不同的材料形成复合材料后，它们的介电常数 ε 可以有两种估算方法：

$$\varepsilon = \varepsilon_1 V_1 + \varepsilon_2 V_2 \tag{1.5.1}$$

$$1/\varepsilon = V_1/\varepsilon_1 + V_2/\varepsilon_2 \tag{1.5.2}$$

上式中 ε_1、ε_2 为两种材料的介电常数，V_1 和 V_2 是它们的体积分数。式(1.5.1)由串联等效电路而得，式(1.5.2)由并联电路而得。根据复合工艺和采用的等效电路，两组分有效介电常数的表示式还有多种形式。

2) 非线性效应

非线性效应有：乘积效应、诱导效应、共振效应和系统效应等。如果能掌握和运用这些非线性效应，则在复合材料(特别是功能复合材料)的设计时可获得很多的自由度。

复合材料中的非线性效应是由于复合粒子间界面的耦合作用而造成的。利用非线性可以设计出许多新型功能电子材料与器件，但目前除乘积效应有较深入研究外，其余的几种非线性效应尚未能进行系统研究。值得指出的是，非线性效应与加工工艺关系非常密切。

乘积效应是指把一种具有 X/Y 的转换功能的材料，与另一种具有 Y/Z 转换功能的材料进行复合后，会产生 $X/Y\times Y/Z=X/Z$ 的功能。

有机热敏电阻(有机 PTC)是由聚烃类高分子化合物与炭黑、石墨、金属粉、导电氧化物粉之类的导电微粒等组成的导电复合材料。由于这种复合材料具有质地软、可挠、易加工成型、制造成本低、室温电阻率低、易于规模生产等优点，正日益受到重视。有机热敏电阻的工作机理就是应用了乘积效应。如以 X 表示温度，Y 表示形变，Z 表示电阻率。对有机 PTC 材料，温度升高时，聚烃类的有机高分子化合物会产生明显的体积膨胀，可表示为 X/Y；分布在聚烃中的导电颗粒(添加剂)，因聚烃高分子和体积膨胀致使颗粒间的接触变差，电导下降，电阻率增加，表示为 Y/Z。由乘积效应得 $X/Y\times Y/Z=X/Z$，即温度(X)升高，导致电阻率(Z)上升，这就是 PTC 效应。利用乘积效应能设计出多种新型功能电子材料，用于制作元器件。表 1.5.1 是复合材料中由乘积效应而产生的有关性质。

表 1.5.1　复合材料的乘积效应

A 相性质(X/Y)	B 相性质(Y/Z)	乘积性质 $X/Y\times Y/Z=X/Z$
压磁效应	磁阻效应	压阻效应
压磁效应	磁电效应	压电效应
压电效应	场致发光效应	压力发光效应
磁致伸缩	压阻效应	磁阻效应
光导效应	电致伸缩	光致伸缩
闪烁效应	光电效应	辐射诱导导电
热致形变	压电效应	热释电效应
热膨胀	电导	热敏开关(PTC)

表 1.5.1 中所列出的是一些可能性,有的已开发出产品,更多的还正在研制之中。要使这些性能都能成为现实,保证有工艺上的可重复性,必须在材料选择、工艺方案等方面进行全面的研究。在材料选择上,除了考虑复合系统的性质外,要特别注意添加剂与基体材料的物理化学性质上的相容性和工艺加工中的兼容性。

功能型复合电子材料是由活性组分材料和基体材料组成。根据复合效应,功能复合材料可能具有比原有材料性能要好或原材料不具有的性质。已开发和应用的功能复合材料有:压电材料、导电材料、电阻材料、阻尼材料、磁性材料、吸声材料、隐身材料以及各种传感器材料等。复合电子材料的作用正日益增加,它们是今后电子元器件中的主要材料。

3. 梯度功能材料

目前大部分材料是通过提高材料内部的均匀性来改善其性能的。随着科学技术的发展,对材料的要求越来越高。普通的金属有优良的机械性能,陶瓷的优点是耐热。为了要材料能满足高弹性、高强度和耐热的要求,人们试制了在具有优良的机械性能的金属上被覆耐热性能好的陶瓷,形成复合材料。但是这种类型的复合材料有明显的界面失配。因为金属与陶瓷的热膨胀系数差别很大,由于这种失配,在外界温度发生改变时,在界面上产生很大的应力,往往导致开裂。

为满足一些高科技的需要,在 1985 年提出一种组成和结构上发生连续变化的材料,以避免明显的界面,这种材料称梯度功能材料(FGM)。梯度功能材料的完整定义是:"由一种功能向另一种功能在空间和时间上连续变化的材料。"最初梯度功能材料是准备用作航天飞机的机体和发动机的耐热结构材料,这种思路在电子材料中也获得应用。

在 PZT 压电陶瓷中添加第三种成分的钙钛矿的化合物后,压电系数可获得大幅度提高。如果采用梯度功能材料的方案设计,可增加材料设计时的自由度,设计出具有各种功能的压电材料。目前从开发的 PZT-NiNb 系梯度功能材料系列,成功地制出梯度功能的压电致动器和线性致动器。梯度功能电子材料主要应用于压电体、磁性材料、金属及硅和化合物半导体的各自梯度成分,制备出优质振荡器、磁盘、三元复合电子部件等元器件。选用光学的梯度成分,已制备出高性能激光束、光盘、低损耗光纤和光缆等光功能材料。

1.5.5 超常材料

超常材料(metamaterial)是 21 世纪物理学领域出现的一个新的学术词汇。拉丁语"meta-",可以表达"超出"、"亚"和"另类"等含义。对于 metamaterial 一词,目前尚未有一个严格的、权威的定义,但一般文献中给出的定义是:"自然界不存在的、人工制造的、三维的,具有周期性结构的复合材料。"具体来讲,metamaterial 应有以下三个特征:①通常是新型人工设计结构的复合材料;②具有超常的物理性质(往往是自然界的材料所不具备的);③其性质往往不取决于构成材料的本征性质,而主要取决于其中的人工设计结构。

"超常材料"这一名词的出现与一类被称为"左手材料"或"左手物质"的材料系统息息相关,狭义的"metamaterial"往往指的就是这类材料。

国内 metamaterial 有多种名称:如超材料、左手材料、人工电磁介质、特异介质等。

目前人们已经发展出的这类"超常材料"包括左手材料、光子晶体、声子晶体以及超常磁性材料等。随着 metamaterial 概念的不断扩展，其种类和范围也在进一步扩大，不仅包括左手材料体、光子晶体，还包括频率选择表面(frequency selectivesurfaces)、人工磁导体(artificial magnetic conductor)、等离子结构等材料，它们将在电子器件和功能系统中发挥特殊的作用。

1.5.6 电子材料的发展动态

近年来随着电子技术的进步电子材料在以下几个方面有快速的发展。

(1) 先进电子材料发展迅速。

先进电子材料是指用于高新技术，具有高性能、新用途和新作用的各种电子材料。先进电子材料包括仿生智能材料、纳米材料、先进复合材料、低维材料(量子点、量子线、巴基球和巴基管等)、高温超导材料和生物电子材料等。这些材料将使今后的电子元器件具有多功能化、智能化、结构功能一体化，能使电子元器件尺寸进一步缩小、功耗更小、运算速度更快，为分子器件、单电子器件、分子计算机和生物计算机打下基础。目前各国的材料工作者和元器件工作者正相互配合，进行全方位的研究，并取得了很大成果。但真正掌握这些技术还有许多工作要做;作为可供使用的商品元器件，估计还需要相当长的一段时间。

(2) 有机电子材料的应用不断扩大。

长期以来，有机电子材料在电子元器件中作绝缘材料、电容器介质材料、液晶显示材料、包封材料和用来控制多层布线浆料、厚膜浆料中的流变性、触变性的改性材料等用。

20 世纪 90 年代以来，有机电子材料的应用达到实用化的有以下一些方面：①有机导电材料；②有机压电材料；③有机光电材料；④有机磁性电子材料等。目前有机电子材料在这些领域仍有重要应用，研制出的新材料也不断被报道。

(3) 电子薄膜材料将成主流。

在模拟电路与数字电路中，无源元件占 70%以上。因此，缩小电阻器、电容器的尺寸是当务之急。虽然在分立元件中独石电容器和电阻器正不断缩小尺寸，横截面积已从 $0.5mm^2$(称 0402 产品)到 $0.125mm^2$(称 0201 产品)，尺寸缩小了不少，但是在电路安装时需要特殊的精密加工、焊接和封装工艺，将使成本增加，成品率下降。所以一味地缩小尺寸并不是最终解决问题的方法。

为了提高集成度，可以采用类似于独石电容器的制造工艺，这样，元件的组装密度可由原先分立元件的 4～25 个$/cm^2$，增加到 25～50 个$/cm^2$。如果要进一步提高集成度，必须采用薄膜工艺(thin-film process)。采用薄膜工艺，将电阻器、电容器和电感器等无源元件沉积在硅基片上，可以将集成度增大为 100～150 个$/cm^2$，精度与可靠性也得到明显提高，如果再进行多层化，则集成度可望进一步提高。

在超大规模集成电路的发展中，以平面硅工艺为核心的集成电路通常是通过缩小线宽来提高集成度的，线宽的极限为 0.05μm(50nm)左右，目前微电子工艺基本上可达到此水平。为了进一步增加集成度，研制三维电路也是目前集成电路的一个发展方向。

所以，从硅集成化和电子元件角度来看，多层化(三维电路)将是今后电子元件与集成电路的共同发展方向。为了达到这一目的，薄膜电子材料是关键[①]。

实际上薄膜工艺与多层布线和微电子工艺比较兼容，所以从近期的电子元器件与集成电路的发展来看，薄膜材料应是电子材料的主流。

在多层布线的三维电路中，影响元器件性能、可靠性、成品率的重要因素是薄膜材料之间的表面、界面相互作用，随着表面、界面理论的深入，分析技术的进步与成膜工艺的不断完善，薄膜电子材料可望获得更大的进展。

复习思考题

1. 电子材料在国民经济中的地位如何？
2. 什么是结构材料、功能材料和先进材料？
3. 晶体有哪些基本特征？原子密堆积有几种？存在有哪几种空隙？
4. 什么叫固溶体和金属间化合物？固溶体有哪些类型？形成连续固溶体有哪些条件？
5. 比较晶体、非晶体与准晶体的异同。
6. 说明晶体中的点缺陷及其类型。
7. 什么是晶体中的线缺陷、微缺陷和体缺陷？
8. 清洁表面与实际表面有何区别？
9. 什么叫晶粒间界？大角度晶界有哪些常用模型？相界有哪些类型？
10. 现代社会对电子材料有哪些要求？
11. 选用电子材料有哪些原则？
12. 说明纳米材料的结构与特性。
13. 复合材料与梯度功能材料有何不同？复合材料与固溶体有何不同？
14. 什么是超能材料？它有哪些特点？
15. 薄膜材料有何重要性？
16. 简述电子材料今后的发展方向。

参考文献

[1] 曲喜新. 电子元件材料手册[M]. 北京：电子工业出版社，1989.
[2] 曲喜新. 电子元件与材料[J]. 电子元件与材料，2000，19(4)：33-36.
[3] 李言荣，恽正中. 材料物理学概论[M]. 北京：清华大学出版社，2000.
[4] 周公度. 结构和物性的化学原理[M]. 北京：高等教育出版社，1993.
[5] 徐毓龙，阎西林，贾宇明，等. 材料物理导论[M]. 成都：电子科技大学出版社，1995.
[6] 梁光启，林子为. 工程材料学[M]. 上海：上海科学技术出版社，1987.
[7] 曲喜新. 现代电子材料[J]. 电子元件与材料，1999(1)：18-22.
[8] 冯端，师昌绪，刘治国. 材料科学导论——融贯的论述[M]. 北京：电子工业出版社，2002.
[9] 王洪涛，翁端. 环境材料研究的基本理论问题[M]. 材料导报，2006，20(4)：1-3.

① 这里所指的薄膜，将厚膜也包括在内，即膜状电子材料。

[10]　王仁卉. 准晶研究的现状与展望[J]. 国际学术动态,2002,6：18-19.
[11]　周济. 超材料(metamaterials)：超越材料性能的自然极限[J]. 四川大学学报：自然科学版,2005,42(2)：15-16.
[12]　李言荣,恽正中. 电子材料导论[M]. 北京：清华大学出版社,2001.
[13]　李言荣,等. 纳米电子材料与器件[M]. 北京：电子工业出版社,2005.
[14]　恽正中,王恩信,完利祥. 表面界面物理[M]. 成都：电子科技大学出版社,1993.

第2章 电子材料的分析和表征

电子材料在使用前后和研制过程中，往往需要对其成分、结构、形貌、缺陷和表面界面等进行各种分析，以确定材料的基本性能和工艺对材料性能的影响。本章简要介绍一些常用的材料微观分析和表征方法。

2.1 电子材料化学成分分析方法

鉴定电子材料由哪些元素(或离子)所组成，称为定性分析；测定各组分间量的关系(通常以百分比表示)，称为定量分析。

重量分析、容量分析和比色法等常规的化学分析方法，是确定材料化学成分的重要方法。根据各种元素及其化合物的独特化学性质，利用与之有关的化学反应，可对材料进行定性或定量分析。定量化学分析按最后的测定方法可分为重量分析法、滴定分析法和气体容量法等方法。

电子材料的化学成分的分析除了常规的化学分析法外还有仪器分析法。仪器分析主要采用化学和物理方法来进行，根据被测材料成分中的分子、原子、离子或其化合物的某些物理性质和物理化学性质之间的相互关系，通过仪器可对材料进行定性或定量分析。仪器分析法有光学、电化学、色谱和质谱等分析法。

重量分析、容量分析和比色法是材料化学成分分析的经典方法，目前仍经常应用。下面介绍用于电子材料成分分析的几种近代方法。

1. 原子发射光谱

原子中的电子所处的能量状态是量子化的，即它们处于一系列的原子能级上。基态 E_0 是原子的稳定状态。通过燃烧、放电等，原子中的电子将处于不同的受激态 E_i。原子处于受激态的时间极短，为 $10^{-18}\sim10^{-5}$s。当电子从激发态回到基态时，将放出多余的能量 ΔE：

$$\Delta E = E_i - E_0 \tag{2.1.1}$$

这一能量以光子形式发出，其频率为

$$\nu = \frac{E_i - E_0}{h} \tag{2.1.2}$$

式中 h 为普朗克常数。这样，由受激分立能级辐射出来的光子有一系列的频率，对应于不连续的波长谱(光谱)，它们的发光范围从可见光到紫外光。对于不同的元素，由于它们的电子结构不同，在光谱中波长的组成和特征谱也不同。为此，可从原子受激后发射的光谱(原子发射光谱)及其强度,对元素进行定性和定量分析。

2. X射线荧光

原子的X射线相对于外层电子向内层跃迁时发出的光子,它们间的能量差为10^4电子伏(eV)。X射线谱的特点是,波长短(在0.1～1nm量级),谱线也比较简单。

X射线荧光是通过高速电子或短波长X射线,将样品内层电子激发,当外层电子向内层跃迁时,发出的X射线称X射线荧光。不同元素有不同的X射线荧光,根据X射线荧光谱的特性和特征谱线的强度,可以进行定性和定量分析。

原子序数Z较小的元素,X射线荧光只能给出定性的信息;从Mg($Z=12$)到Bi($Z=83$)检测极限优于20ppm;检定材料深度为2～100μm,可测材料最小含量是10^{-6}～10^{-8}g。

X射线荧光,经单晶色散测得的按波长排列的谱线称波谱;经能量分析器测得的按光子能量排列的谱线称能谱。波谱及能谱是通过两种不同接收器记录的,这两种接收器各有特色,可以根据不同需要进行选择。

3. 电子探针

电子探针是测量电子材料显微组织微区成分的有力工具。它是一定能量(10～30keV)的电子束,经磁透镜聚焦成直径为0.2～1μm的"微探针"。这一细束电子(作为一个"探针")轰击样品表面,表面将发出特征X射线。发射出的X射线经单晶色散后,由记录器记录,可测得谱线的波长和强度。某一波长的强度(即某元素的含量多少)通过记录器,其信号(波谱或能谱)经调制后由显示器显示,如果探针(电子束)在样品表面上扫描,则在显示屏上可以得到样品表面的成分分布的信息,这种设备称电子探针。电子探针对试样的穿透深度为1μm数量级,横向散布距离与此大致相同,在大多数情况下,分辨率限制在1μm左右。目前,电子探针多作为扫描电子显微镜或透射电子显微镜的一个部件,用于材料成分分析。

2.2　电子材料结构分析方法——X射线衍射分析法

X射线是一种电磁波,它的波长为10^{-10}m(0.01nm)左右的数量级,和大多数电子材料的晶格常数属同一数量级。由于晶体中原子排列的对称性和周期性,对X射线来说晶体是一种天然的光栅。所以当X射线通过晶体时,就会出现衍射现象,通过对衍射花样的研究和计算,就可以获得晶体结构的各种参数。材料原子尺度的微观结构,对电子材料的各种性能有重大影响,所以测定这个尺度的微观结构是非常重要的。

X射线束在晶体中传播时,满足以下关系时就发生反射:

$$n\lambda = 2d\sin\theta \tag{2.2.1}$$

式中,λ为X射线波长;d为晶面间距离;θ为反射角;式(2.2.1)称布拉格反射公式,是X射线衍射分析的一个基本公式。

1. X射线衍射谱线可以提供的信息

在X射线衍射中,对于衍射花样的极大值称为衍射峰。图2.2.1为由CuK_α辐射的双重线($\alpha_1-\alpha_2$)而形成的两个衍射峰。

通常在X射线衍射记录上可呈现双重线,在角度高(θ值大)时,面间距d或波长λ随散射角θ的变化最为灵敏,这个区域常用作精确测量。衍射峰可以提供以下信息。

(1) 位置。测量衍射峰的位置(2θ角),可以得到晶胞的尺寸(点阵常数和d值)、对称性(如立方、四方等)和晶面取向。

(2) 强度。测量峰的高度,或更精确地测量峰轮廓线下的面积,得到各峰的相对强度,这是测量晶胞中原子位置所必需的数据。

(3) 形状。峰的形状,特别是峰的宽度,给出了微晶尺寸及含有应变的点阵不完整性和缺陷等信息。

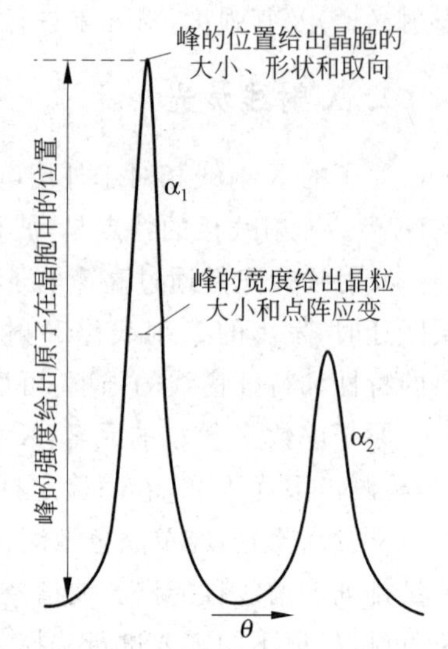

图 2.2.1 CuK_α 辐射的双重 $\alpha_1-\alpha_2$ 形成的两个衍射峰

在X射线分析中有一项很重要的工作,是对衍射线强度与角度的关系的测量,通常有照相法和电子学法两种方法。照相法根据底片感光位置和强度,来检测X射线的位置与强度。电子学方法是采用装有电子仪器的衍射仪。装有电子计数器的衍射仪用于记录各检测角θ的X射线强度,从而得到衍射谱。

2. 常用X射线衍射方法

在电子材料分析中常用以下两种方法。

1) 单晶体衍射法——劳厄法

用多色X射线(连续X射线)照射固定不动的单晶样品,检测X射线的底片上的衍射点就可以用来确定单晶体的某些对称要素,它也可以粗略地显示晶体中的不完整性。尽管在某些情况下也可用图像增强器来直接观察晶体取向,但劳厄法基本上是采用照相方法。劳厄法可以测定晶体的对称性和取向、塑性形变的滑移面和滑移方向、相变中的第二相析出面和薄膜的取向等。

2) 粉末法

为了增加角度范围,粉末法采用无规则取向的粉末,由于在所有方向都是无规则的,因此得到的是线衍射花样。粉末法给出的最基本信息是面间距,所以凡是引起晶面间距改变的一切结构变化都会在衍射图上有所反映,如材料的固溶度的变化、热膨胀、应变等。粉末法适用于一切多晶材料和薄膜材料,在电子材料分析中得到广泛应用。

已发表的X射线衍射数据称X射线衍射汇编,其中收集了20000多种化合物粉末衍射花样的面间距和强度。通过比较,就能较迅速地鉴别出被分析的是哪种化合物和相组成。

图2.2.2是由溶胶-凝胶法制备的TiO_2薄膜的X射线衍射图。该膜沉积在有铂电极的硅衬底上。由图可见,除出现TiO_2的基本谱线外,还有Pt的(111)和Si的(200)特征谱。

通过测量晶面间距随成分的变化,可以定量地分析各种二元固溶体。通过比较混合物中不同化合物和衍射花样的相对反射强度,可以进行定量分析,其准确度可达1%左右。用以上的分析方法,可以测定电子材料中相界、材料的相组成和相变。

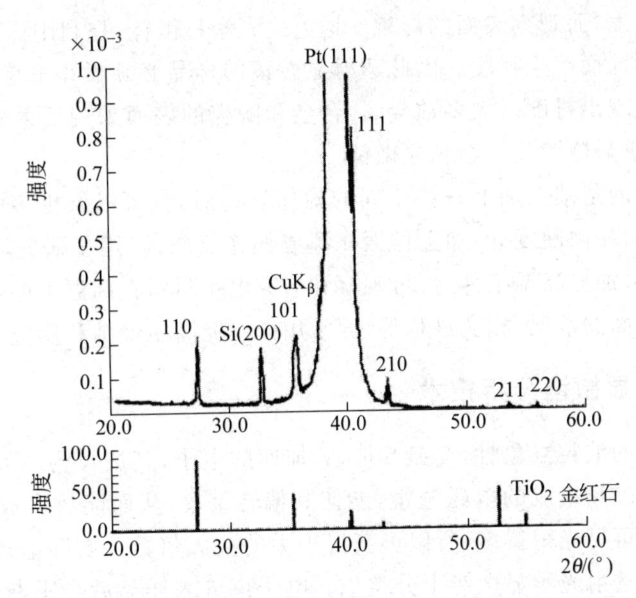

图 2.2.2　沉积在 Si 衬底和 Pt 电极上的 TiO_2 薄膜的衍射图

2.3　电子材料的显微分析法

在研究电子材料组织及其变化时，人们都希望能直接观察到材料的微观结构与形貌。例如，在相变的研究中，需要了解晶粒的大小和形状，晶粒分布，晶粒之间的取向，晶体结构、缺陷和各相的成分。X 射线虽然能给出准确的结构信息，但是，在一般情况下，X 射线衍射给出的是平均结构的信息，无法确定结构的细节，不能代替人们眼睛的直接观察。而各种显微分析方法，为人们提供了研究材料结构与形貌的理想手段。

1. 光学显微镜分析技术

人眼只能看清 0.1～0.2mm 的细节，更细的结构需要借助于各种显微镜。光学显微镜是利用光通过显微镜时产生的折射原理，使物体像放大。但是显微镜的放大倍数不可能是无限度的，它受到分辨率 D 的限制。D 表示样品上相邻两点能够被清晰分辨的距离，分辨距离与照明光波长 λ 有以下关系：

$$D = \frac{\lambda}{2n}\sin\phi \tag{2.3.1}$$

式中，n 为物镜与样品之间的介质的折射率；ϕ 为试样上的一点对物镜张开角度的一半。因此在一定的镜头和介质的条件下，分辨率与波长成正比。波长越短，分辨率就越好（D 就越小）。如果用绿光照明时，它的分辨率为 200nm，将 200nm 的细节放大到人眼能识别的距离 0.1～0.2mm，有效放大倍数为 1000～2000 倍。

通常光学显微镜用以观察 50～1500 倍以下的形貌（放大 1000 倍以上时，物镜要用油浸）。光学显微镜有反射式和透射式两类。反射式光学显微镜，是利用样品中不同物质结构（成分和相）对入射光的反射本领不同（即对光吸收本领不等）和不同晶面、晶界对光的散射能力不同来产生衬度,而观察表面的形貌。透射式光学显微镜,是利用样品中不同成分或不同相的透光能力不同而产生衬度。因此透射显微镜的样品必须做得非常薄,才能将透光部分与不透光部分表现出衬度。大多数金属、合金和陶瓷的表面采用反射式光学显微镜来观察,所以反射式光学显微镜又称金相显微镜。

在光学显微镜的基础上加上一些不同的附加设备后,就可以做更多的分析工作:如加上测硬度装制,成为显微硬度计;加上偏振光源成偏光显微镜,用于研究高分子材料和陶瓷或金属中的夹杂物;加上高温工件台,可观察和研究电子材料在高温下的形貌及记录下温度变化时电子材料表面的情况、相变过程等,通常用于研究高温烧结和反应动力学。

2. 透射电子显微镜分析技术

由于微观粒子的波粒二象性,受到100kV加速的电子,其波长为0.0037nm,这样能量的电子通过电场或磁场组成的电磁透镜,能使其偏转聚集,从而能放大成像。由100kV加速的电子的波长比可见光短得多,所以可获得很大的放大倍数。实际上透射电子显微镜的工作原理基本上与透射光学显微镜十分类似。电子束进入样品后会不断受到散射,故它的穿透性极差。对于100kV的高能电子,它的穿透深度大概是100nm。所以在用透射电子显微镜时,要求样品制备得非常薄,这就增加了分析中的难度。

透射电镜可以用来研究观察材料中的相分布、表面形貌和电子材料中的位错、层错、晶格畸变、晶面弯曲、孪晶面和晶界等缺陷。

目前透射电子显微镜正向多功能方向发展:如带X射线能谱的微区分析,有电子衍射仪的能进行表面结构分析;带有高、低温样品室,可研究温度对材料结构的影响、烧结时的晶粒变化和研究相转变动力学等。

3. 扫描电子显微镜分析技术

扫描电子显微镜的成像原理与光学显微镜和透射电子显微镜不同,它不用透镜原理成像,而是像电视机一样逐点成像。图2.3.1所示为扫描电镜原理示意图。由电子枪发出的电子(经25～30keV电压的加速成高能电子束)经电磁透镜聚焦成1～2nm波长的电子束。高能电子束与样品作用后,将轰击出各种表面信息:如背散射电子、二次电子、俄歇电子和X射线特征光子等。这些信息的强度、能量分布和样品的物相、成分、相结构、形貌等有直接的关系。采用不同的探测器,收集这些信息进行检测,并转化成电信号。将电信号进行放大后,调制显像管的电子束强度,于是在显像屏上就得到了样品上相应点的像。让电子束在样品的一定区域内逐点扫描,同时让显像管的电子束同步成像,这样在显示屏上就得到了样品测试区域内某种信息的分布。扫描电镜用高能电子束轰表面后,可获得以下图像信息。

1) 背散射电子成像

经10～20keV加速后的入射电子束,与表面作用后,大约有50%的电子发生大角度散射或多次小角度弹性散射,并从试样表面0.1～1μm深度内反射出来。随着试样原子序数的增大,背散射电子的百分数上升,能量损失和反射深度减小,故背反射电子成像给出了试样的衬底的信息。背散射电子能量分布广,其分辨率为0.1～1μm。

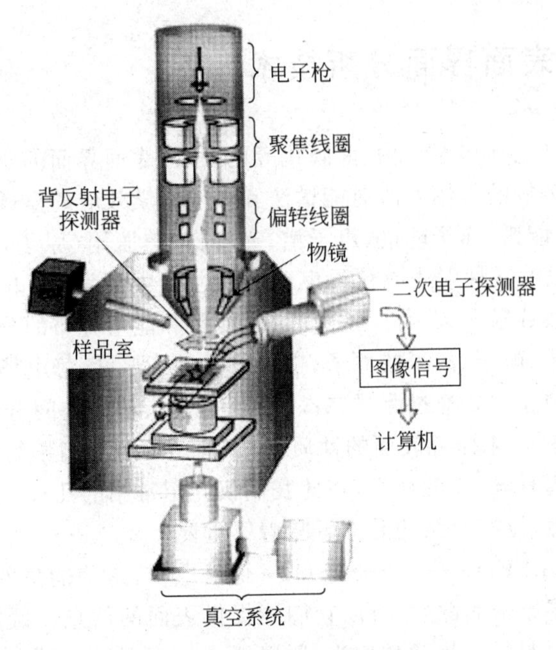

图 2.3.1　扫描电子显微镜原理图

2) 二次电子成像

由入射电子激发出的二次电子，其能量比一次电子小一个数量级，产生的深度在 5～20nm。二次电子成像反映了试样表面的形貌，其分辨率可达 5～20nm。在合适的条件下，可以得到电子通道花样，能给出表面层(<5nm)晶体取向的信息。铁磁材料磁畴的磁场能对二次电子发射产生影响，因此可用二次电子得到的磁衬像研究磁畴壁。二次电子还对试样的表面势垒和电场梯度敏感，利用这种效应，可以得到电压衬度，这在分析大规模集成电路失效部位时十分有用。

3) 俄歇电子成像

俄歇(Auger)电子带有表面原子化学态的信息，用俄歇电子成像，不但可以观察表面的形貌，而且可以得知表面区元素分布的信息。这种仪器称俄歇扫描电镜，有的半导体厂家将俄歇扫描电镜用在微电子生产线上，作在线检测，检查生产中芯片的污染等情况。

扫描电镜放大倍数的范围为 10～300000 倍。在形貌分析时常用 3000～10000 倍，这时的分辨率为 10nm。扫描电镜的景深比光学显微镜至少高两个数量级；放大倍数为 10 倍时为 2mm，放大 10000 倍时为 1μm，所以立体感很强。扫描电镜对样品的厚度无任何限制，所以普遍用来研究表面形貌。图 2.3.2 是生长在 ITO 导电玻璃衬底上的 ZnO 薄膜的扫描电镜图像，由 SEM 照片可以看出这种薄膜具有明显的柱状结构。

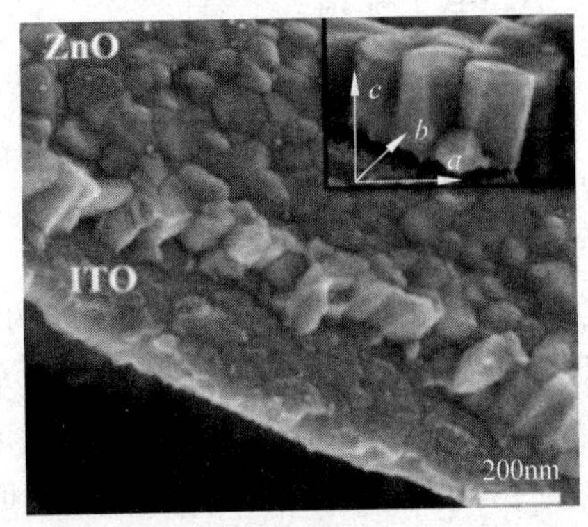

图 2.3.2　导电玻璃 ITO 上制备的 ZnO 薄膜的扫描电镜照片

2.4 电子材料表面界面分析技术

随着元器型的小型化和多层结构、薄膜化等的发展，表面界面的研究是当前极为活跃的一个领域。目前表面分析的常用方法有能谱法和量子力学效应的显微技术。能谱可以按照其物理过程，分为电子能谱、离子能谱、声子谱、光子谱、热脱附(原子)谱等。表面分析的基本思想是：用一定能量的某种射线或粒子束(称一次束)去激发(轰击)固体表面后，将产生出带有表面信息的射线或粒子束(称二次束)进行能量和能量分布的分析。

一次束可以是光子、电子、离子或原子，也可以借助于温度、静电场、磁场的作用；二次束则为光子、电子、离子或原子。通过测量二次束的粒子数、粒子空间分布、能量分布、色散关系 $E(k)$-k 和自旋状态等，来研究表面的性质；对于离子还可以测量其荷质比 q/M。用于研究表面界面的方法日新月异，不胜枚举，在此我们仅介绍常用的几种。应该指出：各种分析方法具有各自的优缺点，没有介绍的并不意味着不重要。

低能电子衍射，即 LEED。采用 30～500eV 低能电子，这些能量的电子穿透能力很小，只能到达表面以下几层原子的深度，所以它们能提供表面的信息。低能电子的德布罗意波长为 0.3～0.5nm，与材料的晶格常数相当，所以能产生布喇格反射，形成衍射图样(类似于X 射线在晶体中产生的衍射图样，但 X 射线得到的是体结构)。低能电子衍射图是一些倒格子空间的点，通过计算可以确定二维原子的排列。许多材料表面的原子结构数据，首先是由 LEED 得到的。

除低能电子衍射外，还可利用反射高能电子衍射(RHEED)、中能电子衍射(MEED)等方法来研究表面的原子排列。

透射电子显微镜和扫描电子显微镜是电子材料的表面形貌、成分、结构观察分析的常用工具。它们的工作原理和应用已经在前文介绍。

研究表面原子排列和形貌的近代方法还有扫描探针技术，将在后文介绍。

根据荷能粒子与表面的相互作用，通过分析荷能粒子状态的变化、角度分布，以及从表面出来的二次粒子等，可以探测表面的成分与化合态。目前普遍采用的有以下一些方法。

1. 电子能谱

1) 光电子能谱

当具有能量为 h 的光子与材料表面作用时可以产生光电子。根据能量守恒定律，有如下关系式：

$$h\nu = E_B + E_k \tag{2.4.1}$$

式中，E_B 是电子的结合能。入射光子的能量 $h\nu$ 是已知的，通过对光电子动能 E_k 的测定，就可以求得 E_B。大部分元素及其化合物的 E_B 值都是确定的，称为特征谱线。如人的指纹那样，只要有某元素的特征谱线出现，就意味着该元素的存在。在确定表面元素的成分时(定性分析)，只需从特征谱线中去寻找；将特征谱线的强度与标样强度进行比较，就可以进行定量分析。

电子能谱中若激发出的是价电子(用紫外光激发)，则称紫外光电子能谱(UPS)；若激发出的是内层芯电子(用 X 射线激发)，则称 X 射线光电子能谱(XPS)。XPS 除可分析成分外，还能对化合价进行检测。

2）俄歇电子能谱

俄歇电子能谱(AES)是利用俄歇电子进行分析的。俄歇电子是无辐射跃迁产生的,它的能量 $E_{k(123)}$ 由内能级决定,与入射粒子的能量无关,它是一个三能级过程,其能量关系式为

$$E_{k(123)} = (E_3 - E_2 - E_1) - \phi \tag{2.4.2}$$

其中 ϕ 为与仪器有关的一个常数。E_3、E_2、E_1 为三个能级,这些都是原子内的能级,它们充分反映出原子的特征,也具有"指纹"的特性,可以用来确定元素。

早在 1925 年就发现了俄歇电子过程,但因强度太弱,不易测量,所以发现俄歇电子后很长一段时间没有得到应用。到 20 世纪 60 年代,认识到俄歇电子数目与能量的导数(dN/dE)与能量间的关系有比较明显的特征谱后,才将俄歇电子能谱用作表面分析。直到 1967 年,俄歇电子能谱仪才开始有商品形式出现。根据特征谱线的出现与否,可以对表面进行定性分析;根据特征谱的强度,可以进行定量分析。这种谱仪也可用来研究表面的化学组成及原子的环境,已成为材料研究中的一种常规方法。

2. 离子谱

离子谱是通过检测从表面发射出来的离子(一次离子或二次离子)的能量大小和角度分布以及离子类型等对表面进行分析的。

1）离子散射谱

离子散射谱(ISS)是利用与表面作用的离子(一次离子)与表面作用后发生散射,测定散射离子的能量及其分布,由此而获取表面的信息。用来分析表面的离子散射谱有低能离子谱和高能离子谱两类。

低能离子散射谱(LEISS)是用 0.1～10keV 的平行离子束,经一定的入射角,与要分析样品的表面(靶面)作用,入射的一次离子与表面原子(离子)产生准弹性碰撞(满足能量守恒和动量守恒关系)。根据一次离子的散射角度及其能量的分布,可以推算出表面原子的质量、化学成分等信息。

高能离子散射谱(HEISS)又称卢瑟福背散射谱(RBS),是 1957 年由 Rubin、Passell 和 Bailey 三人共同发明的。散射用 1～30MeV 离子束(通常用 He^+),与固体作用的离子束的宽度为 10～1μm。由于 He^+ 一次离子质量轻、离子半径小又具有高能,可以进入原子内部,与核发生作用。这种作用具有弹性碰撞的性质,所以进入表面一定深度的离子,又被背散射出来,能量由原来的 E_0 变为 kE_0,k 称反冲因子。反冲因子 k 的大小与表面的原子质量、原子的电子结构与离子进入的深度等因素有关。通过对 k 的测定和分析,可以对表面成分、同位素等进行检测。

RBS 可以进入样品一定的深度,最合适用来分析多层膜的成分和确定相对厚度。

对于完整结构的表面,转动样品某一角度后,RBS 中的尺寸较小的高能 He^+ 离子,可以进入样品一定深度而不发生散射;如果表面存在重构或者有明显缺陷时,则 He^+ 离子很快被散射出来,这称为通道效应,它可以用来研究表面重构与表面缺陷。

通常高能 He^+ 离子束由回旋加速器来产生,所以在所有的表面分析中,以 RBS 的分析费用最为昂贵。

2）二次离子质谱

二次离子质谱(SIMS)是利用 1～20keV 的离子轰击表面上的原子后,以离子(二次离

子)形式被溅射出来,通过质谱仪,可分析出射离子的组成和化学态,这是分析表面成分的最直接的方法。

SIMS探测的深度为表面单层,对轻元素(如氢及其化合物)特别灵敏,还能分辨同位素,对许多元素和化合物均有极高的灵敏度,探测极限达 10^{-14}g 以下。

经离子轰击后,由表面溅射出的粒子大部分是中性的,离子仅占较小的比例(大概只有10%);这些二次离子的数目(离子产额)除与表面存在的原子及其性能有关外,还与表面其他原子的存在有关(如表面氧的存在可以使二次离子产额发生2~3量级的变化),这一效应称基体效应。由于基体效应,致使SIMS在定量分析上准确性较差,并且带来了离子谱识谱方面的困难。

半导体的基体效应比较小,并在浓度达1%的范围内离子产额正比于掺杂浓度,而且,Si的基底溅射非常均匀,这使得SIMS非常适合半导体表征。图2.4.1给出SIMS一次测量确定As、B、O剖面分布的例子,该Si的p-n结是由As和B从表面多晶Si一侧扩散进入单晶Si衬底而形成。通过SIMS谱除可以看出各个元素随深度的变化,还可以确定出p-n结的位置(As、B浓度相等处)以及多晶Si与衬底界面(O峰)的位置。

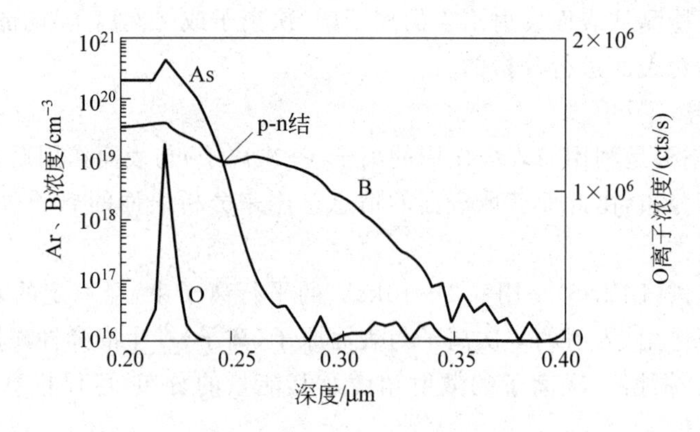

图 2.4.1 浅 Si p-n 结深度方向的 SIMS 谱

需要注意的是,SIMS是一种破坏性的分析方法,在离子轰击表面的过程中,表面不断受到剥蚀,原先的表面经分析后将不再存在。

3) 溅射中性粒子谱

溅射中性粒子谱(SNMS)的分析原理与SIMS非常类似,不同的是,它将表面溅射出来的粒子全部电离后再进行质谱。这样,在SIMS分析中出现的定量分析的困难和基体效应等问题基本上可以得到解决。SNMS是20世纪80年代发展起来的一种表面分析的离子谱仪方法,它几乎保留了SIMS的所有优点,同时还可以进行定量分析,检测灵敏度可达ppm(10^{-6})单层,对各种元素都有大致相同的检测灵敏度。

2.5 扫描探针技术

扫描探针技术(SPT),由扫描探针显微镜(scanning probe microscopy,SPM)和扫描探针谱仪(SPS)等组成。这种技术既能观察原子结构和电子状态,还能对表面原子进行操作,是研究表面、界面的一类重要工具,也是纳米科学技术中的一种重要操作手段。

SPT技术发展异常迅速，继STM、SPS后，又有原子力显微镜（AFM）、静电力显微镜（EFM）、弹道电子发射显微镜（BEEM）、扫描霍尔探针显微镜（scanning Hall probe microscopy）、扫描超导量子干涉器显微镜（SQUID microscopy）等扫描探针技术的出现。

SPT技术的共性是：通过探针与被分析的表面保持一定距离（0.1～1nm），检测各点与探针间的隧穿电流或原子间的作用力，从而获取表面信息。扫描探针技术是在扫描隧道显微镜基础上发展起来的，目前可以观察原子在表面的排列（真实空间的原子排列），并具有原子尺度的分辨率。

1. STM的工作原理

扫描隧道显微镜（STM）于1982年由瑞士IBM的G. Binnig和H. Rohrer发明，为人们研究表面提供了非常优越的分析方法，发明者为此而获得1986年诺贝尔奖。

STM是利用导电表面与探针保持一定距离（1nm左右）时它们的电子波函数发生重叠，加一个小电压后，就会产生隧穿电流。当探针与表面间改变一个原子尺度（0.3nm左右），隧穿电流可以改变1000倍，所以对距离非常敏感，可以检测到1～2个原子层的深度的变化。探针在表面进行扫描时，使隧穿电流保持恒定，这样探针的位置就能直接反映出表面的原子排列。图2.5.1是STM的工作原理图。如图所示，探针被精确地固定在压电元件上，扫描系统输出的电压可以控制压电元件作x、y向的运动，这样就带动了探针按一定顺序在xy平面的规定范围内扫描。将测得的各点的隧道电流（I_T）加以放大，输入伺服电路，作控制探针在z方向与样品间的距离。在分析过程中，要求在所有扫描范围内隧道电流都保持某一恒定值。将探针在各点的三维坐标输入计算机，经图像处理后，在荧光屏上显示出样品表面针尖扫描区的三维图像。

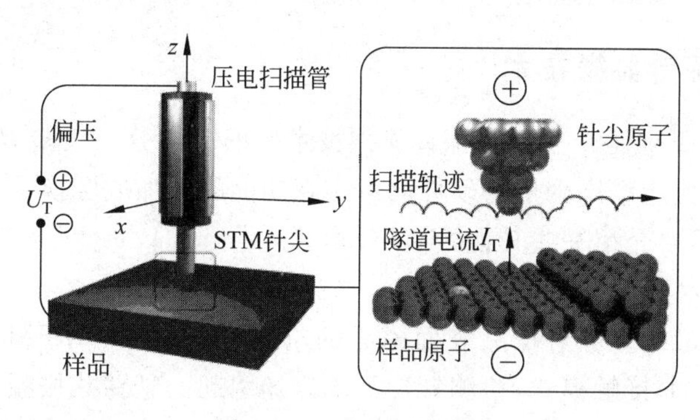

图2.5.1 STM原理图

扫描隧道显微镜探针位置与表面间的距离，要求精度非常之高。目前用场蒸发技术获得的探针尖可以达到原子尺寸的精度。一般要求探针上下移动的精度为0.1nm，横向为0.2nm。这一精度是靠高精度的压电式微位移器获得的。

2. 扫描隧道显微镜的特点

STM不用电子束进行工作，所以，不会造成对表面的损伤，这对一些有机材料来说是比较理想的。这种设备还可以在常温、常压下和有液体存在下操作，这也是它的一个重要的优点，故应用范围比电子显微镜要宽。STM有如下5个特点：①具有原子级的分辨率，水平方向为0.1nm，垂直方向0.01nm，可分辨出单个原子。②能实时地得到在实空间中表面的三维图像，可用于研究具有周期性或不具备周期性的表面结构。这种实时观察的功能可用于研究表面扩散等动态过程。③可以观察单个原子层的局部的表面结构，而不像电子显微镜那样是体相或整个表面的平均精度，因而可直接观察表面缺陷、重构、吸附体的形态和位置。④可在真空、大气、常温下工作，甚至可将样品浸在水或其他溶液中；也不需要特别的制备技术，操作过程无损伤，所以特别适于生物样品和实时监测。⑤配合扫描隧道谱(STS)，可得到有关表面电子结构的信息，例如表面不同层次的态密度、表面电子陷阱电荷密度波、表面势垒的变化和能隙结构等。

3. 原子力显微技术

由于STM工作时要测量针尖和样品之间隧道电流的变化，因此它只能用于导体与半导体的研究。1986年G. Binnig等发明了原子力显微镜(AFM)。AFM不仅可以达到在原子水平测量各种表面的形貌，而且还能进行表面弹性、塑性、硬度、摩擦力等性质的研究，是目前一种重要的扫描探针技术。

原子力显微镜工作时，一束激光被探针悬臂反射到位敏光探测器(PSPD)，当针尖悬臂弯曲时，传感器上的激光光斑的位置发生偏移，PSPD可以1nm的精度测量出这种偏移。当针尖在样品上方扫描或样品在针尖下作光栅式运动时，PSPD探测器可实时地检测悬臂的状态，并将其对应的表面形貌像显示记录下来。大多数商品化的AFIM利用光学技术检测悬臂的位置。激光从悬臂到测量器的折射光程与悬臂臂长的比值是此种微位移测量方法的机械放大率，所以此系统可检测悬臂针尖小于0.1nm的垂直运动。按接触方式分，原子力显微镜可分为接触式AFM和非接触AFM两大类。

4. 其他扫描探针显微技术

事实上，STM、AFM是众多扫描探针显微技术中的一部分。大多数商品化的仪器均为模块化结构，只需更换或增添少量的硬件就可实现功能的增加或转换，有时也利用软件来改变工作模式。本节简要介绍一些其他SPM技术。

1) 磁力显微技术(MFM)

磁力显微技术(MFM)可对样品表面磁力的空间变化成像。MFM的针尖上镀有铁磁性薄膜。系统工作在非接触模式，检测针尖下端磁场引起的悬臂共振频率的变化，进而识别磁性材料中的磁畴结构。图2.5.2所示为计算机硬盘盘片表面形貌图像和MFM磁力图像，从磁力图像中可以清楚地看到存储字节信息的轨道。

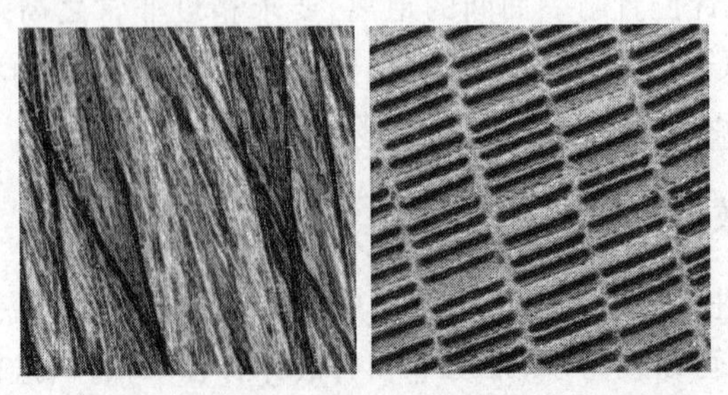

图2.5.2 计算机硬盘盘片表面的MFM形貌图(左)和磁力图像(右)

磁力针尖获得的图像同时包含着表面形貌和磁畴结构。形貌检测主要受到短程的范德瓦尔斯力作用，而磁畴成像受长程磁力的作用。如果针尖靠近表面，即处在标准的非接触模式工作区间，则图像主要含形貌信息。随着间隙增大，磁力效应变得显著。在不同的“针尖-样品”高度下，采集到的一系列图像是分离两种效应的一种有效途径。

2）静电力显微技术（EFM）

静电力显微技术（EFM）的原理是在针尖与样品之间施加电压，其悬臂和针尖不与样品相接触，当探针扫描过带有不同极性表面电荷的区域时，悬臂发生偏转，由此可以显示出样品表面的局部电荷畴结构，如电子器件中电路静电场的分布。

3）扫描电容显微技术（SCM）

扫描电容显微镜可对空间电容分布成像。像 EFM 那样，SCM 在针尖与样品之间施加电压，悬臂工作在非接触、恒定高度的模式。用一种特殊的电路来监测针尖与样品间的电容。由于电容取决于针尖和样品间介质的介电常数，所以 SCM 可以研究在半导体基片上介电薄膜厚度的变化，也可以观察亚表面电荷载流子的分布。例如，分析离子注入半导体中掺杂物的分布情况。

4）近场扫描光学显微技术（NSOM）

一般认为，光学显微镜的分辨率受到光波长的限制，只能达到 0.2μm。近场扫描光学显微镜使用一种特殊的可见光扫描探针，将光学显微镜的分辨率提高了一个数量级。NSOM 的探针是一种光的通道，光源和样品间隙非常小，约为 5nm。直径约几十纳米的可见光从探针狭窄的端部发散出来，从样品表面折回或穿过样品到达探测器。探测器在各测量点探测到光信号强度，由此构成 NSOM 图像。

2.6　光谱分析技术

光谱分析技术是基于物质与辐射能作用时，测量由物质内部发生量子化能级之间的跃迁而产生的发射、吸收或散射辐射的波长和强度进行材料分析的技术，可分为原子光谱和分子光谱。原子光谱分为原子发射光谱法（AES）、原子吸收光谱法（AAS）、原子荧光光谱法（AFS）以及 X 射线荧光光谱法（XFS）等。分子光谱包括紫外-可见分光光度法（UV-Vis）、红外光谱法（IR）、分子荧光光谱法（MFS）和分子磷光光谱法（MPS）等。下面主要介绍红外光谱、紫外-可见光分度法光谱和拉曼（Raman）光谱。

1. 红外光谱

红外光谱又称分子振动-转动光谱，是一种分子吸收光谱。当样品受到频率连续变化的红外光照射时，分子吸收了某些频率的辐射，引起分子的振动或转动，使偶极矩产生变化，导致分子振动和转动能级从基态到激发态的跃迁，使这些吸收区域的透射光强度减弱。记录红外光的百分透射比与波数或波长关系的曲线，就得到红外光谱。通常将红外划分成三个区：近红外光区（0.75～2.5μm）、中红外光区（2.5～25μm）和远红外光区（25～1000μm）。其中，中红外区是研究和应用最多的区域。

中红外光谱区可分成 4000～1330cm^{-1} 和 1330～600cm^{-1} 两个区域。最有分析价值的光谱区域在 4000～1330cm^{-1}之间，称为基团频率区、官能团区或特征区。区内的峰是由分子伸缩振动产生的吸收带，比较稀疏，易于辨认，常用于鉴定官能团。

4000～2500cm^{-1}为 X—H 伸缩振动区；X 可以是 O、H、C 或 S 原子。O—H 基的伸缩振动出现在 3650～3200cm^{-1}范围内，它可以作为判断有无醇类、酚类和有机酸类的重要依据。胺和酰胺的 N—H 伸缩振动也出现在 3500～3100cm^{-1}，因此可能会对 O—H 伸缩振动有干扰，但峰相对较尖锐。C—H 的伸缩振动可分为饱和与不饱和两种。饱和 C—H 伸缩振动出现在 3000cm^{-1}以下，在 3000～2800cm^{-1}之间；不饱和 C—H 伸缩振动出现在 3000cm^{-1}以上，由此可以判别化合物中是否含有不饱和 C—H 键。苯环的 C—H 伸缩振动出现在 3030cm^{-1}附近，它的特征是强度比饱和 C—H 键稍弱，但峰比较尖锐。叁键≡CH 上的 C—H 伸缩振动出现在更高的区域(3300cm^{-1})附近。

2500～1900cm^{-1}为叁键和累积双键区，包括—C=C、—C=N 等叁键的伸缩振动。

1900～1500cm^{-1}为双键伸缩振动区。C=O 伸缩振动会出现在 1900～1650cm^{-1}，是红外光谱中比较具有特征的，而且吸收最强，以此很容易判断酮类、醛类、酸类、醋类以及酸酐等有机化合物。单核芳烃的 C=C 伸缩振动出现在 1600cm^{-1}和 1500cm^{-1}附近，一般有 2～4 个峰，主要由芳环的骨架振动引起，故用于确认芳环结构是否存在。苯的衍生物泛频谱带则出现在 2000～1650cm^{-1}范围。

在 1330～600cm^{-1}区域中，除单键的伸缩振动外，还有因变形振动产生的谱带，称为指纹区。指纹区对于指认结构类似的化合物很有帮助，而且可以作为化合物存在某种基团的旁证。

1330～900cm^{-1}是 C—O、C—N、C—F、C—P、C—S、P—O、Si—O 等单键的伸缩振动和 C=S、S=O、P=O 等双键的伸缩振动吸收区域。其中，C—O 的伸缩振动在 1300～1000cm^{-1}，是该区域最强的峰，也较易识别。

900～650cm^{-1}区域内的某些吸收峰可用来确认化合物的顺反构型。利用芳烃的 C—H 面外弯曲振动吸收峰来确认苯环的取代类型。

目前主要有两类红外光谱仪：色散型红外光谱仪和傅里叶变换红外光谱仪。傅里叶变换红外光谱仪主要由光源(硅碳棒、高压汞灯)、Michelson 干涉仪、检测器、计算机和记录仪等组成。其核心部分是 Michelson 干涉仪，它将光源来的信号以干涉图的形式送往计算机进行傅里叶变换的数学处理，最后将干涉图还原成光谱图。

图 2.6.1 是溶胶-凝胶法制备的 $BaTiO_3$ 粉末傅里叶变换红外吸收光谱。从图中可以看出主要的吸收峰位有：①424cm^{-1}处对应的 $BaTiO_3$ 特征吸收峰；②528cm^{-1}和 1424cm^{-1}吸收峰，对应 O—H 振动；③2357cm^{-1}吸收峰，对应 O—H 键伸缩。$BaTiO_3$ 粉末中残存有一定量的 O—H 键，这与其制备方法中采用金属有机醇盐为原料有密切关系。

对已知物的分析与鉴定可以将试样的谱图与标准谱图进行对照，Sadder 标准光谱集是一套连续出版的大型综合性活页图谱集，由美国费城 Sadder Research Laboratories 收集整理并编辑出版。此外，还有 Aldrich 红外图谱库和 Sigma Fourier 红外光谱图库。红外光谱定量分析是依据物质组分的吸收峰强度来进行的，它的理论基础是 Lambert-beer 定律。

以高聚物红外光谱解析为例，其解谱是建立在基团频率这一基本前提之上的，即高聚物中原子基团的振动与分子其余部分的振动之间的机械耦合及电子耦合均很少。因此，从小分子或简单的高分子所获得的理论的或经验的特征频率数据，均可应用于高聚物的光谱解析。

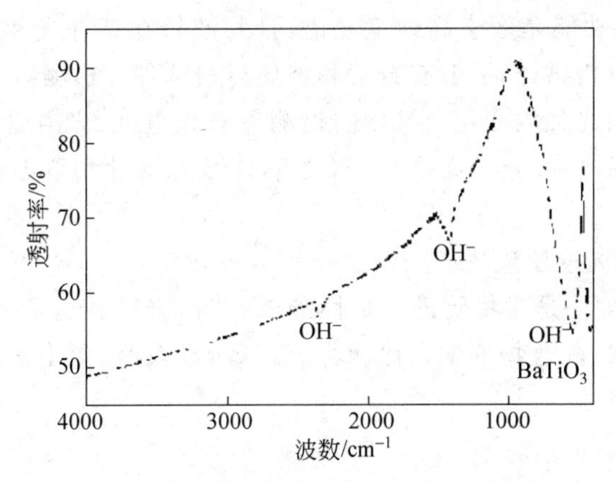

图 2.6.1　$BaTiO_3$ 粉末的傅里叶变换红外光谱图

2. 紫外-可见分光光度法光谱

1）基本原理

紫外-可见分光光度法是利用某些物质的分子吸收 200～800nm 光谱区的辐射来进行分析测定的方法，光谱产生于价电子和分子轨道上的电子在电子能级间的跃迁。紫外-可见吸收光谱主要有 6 种类型：①$\pi\to\pi^*$ 跃迁引起的吸收谱带；②$n\to\pi^*$ 跃迁引起的吸收谱带；③$\sigma\to\sigma^*$ 跃迁引起的吸收谱带；④$n\to\sigma$ 跃迁引起的吸收谱带；⑤电荷转移引起的吸收谱带（$p\to d$ 跃迁）；⑥配位体场跃迁产生的吸收谱带（$d\to d$ 和 $d\to f$ 跃迁），如图 2.6.2 所示。

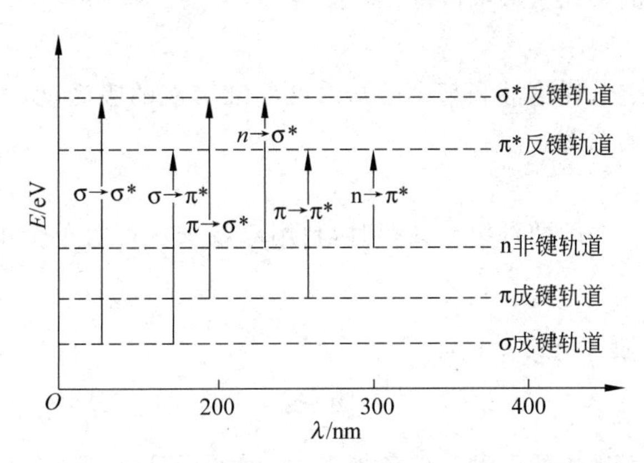

图 2.6.2　电子跃迁相应吸收的能量及吸收峰波长范围

某些有机化合物经取代反应引入含有未共享电子对的基团（如—NH_2、—OH、—Cl、—Br、—NR_2—OR、—SH、—SR 等）之后，吸收峰的波长将向长波长方向移动，这种效应称为红移效应。与红移效应相反，有时在某些生色团的碳原子一端引入一些取代基之后，吸收峰的波长会向短波长方向移动，这种效应称为蓝移效应。溶剂极性的不同也会引起某些化合物吸收光谱的红移或蓝移，这种作用称为溶剂效应。

紫外-可见分光光度计由光源、单色器、吸收池、检测器和信号指示系统等构成。分光光度计中常用的光源有热辐射光源和气体放电光源两类。热辐射光源用于可见光区，如钨丝灯和卤钨灯；气体放电光源用于紫外光区，如氢灯、氘灯。单色器能从光源辐射的复合光中分离出单色光，其主要功能是产生高纯度光谱，且其波长在紫外光和可见光区域内任意可调。吸收池用于盛放分析试样，一般有石英和玻璃材料两种。检测器的功能是检测光信号，测量单色光透过溶液后光强的变化。常用的检测器有光电池、光电管和光电倍增管等。紫外-可见分光光度计有单光束分光光度计、双光束分光光度计和双波长分光光度计等三种类型。

2）紫外-可见分光光度法应用

紫外-可见分光光度法是对物质进行定性分析、结构分析和定量分析的一种手段，还能对某些化合物摩尔质量、配合物的配合比和稳定常数，以及酸、碱电离常数等物理化学参数进行测定。

(1) 定性分析

紫外-可见分光光度法对无机元素的定性分析应用较少，它适用于不饱和有机化合物，尤其是共轭体系的鉴定，以此推断未知物的骨架结构。

(2) 结构分析

可以应用紫外光谱来确定一些化合物的构型和构像。

(3) 定量分析

① 校准曲线法

这是实际工作中用得最多的一种方法。具体做法是：配制一系列不同含量的标准溶液，以不含被测组分的空白溶液为参比，在相同条件下测定标准溶液的吸光度，绘制吸光度-浓度曲线。这种曲线就是校准曲线。在相同条件下测定未知试样的吸光度，从校准曲线上就可以找到与之对应的未知试样的浓度。

② 标准对比法

在相同条件下测定试样溶液和某一已知浓度标准溶液的吸光度，由标准溶液的浓度可计算出试样中被测物的浓度。

③ 双波长法

当吸收光谱相互重叠的两种组分共存时，利用双波长法可对单个组分进行测定或同时对两个组分进行测定。

3. 激光拉曼光谱

1）基本原理

拉曼散射是光散射现象的一种。单色光束的入射光子与分子(原子)相互作用时可发生弹性碰撞和非弹性碰撞。在弹性碰撞过程中，光子与分子间没有能量交换，光子只改变运动方向而不改变频率，这种散射过程称为瑞利散射。而在非弹性碰撞过程中，光子与分子之间发生能量交换，光子不仅仅改变运动方向，同时光子的一部分能量传递给分子，或者分子的振动和转动能量传递给光子，从而改变了光子的频率，这种散射过程称为拉曼散射。

拉曼散射分为斯托克斯(Stokes)散射和反斯托克斯(anti-Stokes)散射。通常将拉曼散射光和瑞利散射光的频率之差值称为拉曼位移。拉曼谱线的数目、位移值的大小和谱带的强度等都与物质分子的振动和转动有关，这些信息就反映了分子的构象及其所处的环境。

同一种物质分子，随着入射光频率的改变，拉曼线的频率也改变，但拉曼位移始终保持不变。这是因为拉曼位移与入射光频率无关,它与物质分子的振动和转动能级有关。不同物质分子有不同的振动和转动能级,因而有不同的拉曼位移。如以拉曼位移(波数)为横坐标,强度为纵坐标,而把激发光的波数作为频率位移的标准(设为零),并略去反斯托克斯谱带,便可以得到类似于红外光谱的拉曼光谱图。

一般的光谱只有两个基本参数,即频率(或波长、波数)和强度;但拉曼光谱还具有一个去偏振度,可以它来衡量分子振动的对称性,增加了有关分子结构的信息。

激光拉曼光谱仪的基本组成有激光光源、样品池、单色器和检测记录系统四部分,并配有微机控制仪器操作和处理数据。

2) 拉曼光谱的应用

(1) 有机物结构分析

红外光谱与拉曼光谱都反映了有关分子振动的信息,但由于它们产生的机理不同,红外活性与拉曼活性常常有很大的差异。一些红外光谱仪无法检测的信息在拉曼光谱仪上能很好地表现出来。因此,拉曼光谱可用于分析有机材料。

(2) 高分子聚合物的研究

激光拉曼光谱特别适合于高聚物碳链骨架或环的测定,并能很好地区分各种异构体,如单体异构、位置异构、几何异构、顺反异构等。对含有无机填料的高聚物,可不经分离而直接上机测量。

(3) 生物大分子的研究

水的拉曼散射很弱,因此拉曼光谱对水溶液生物化学研究具有突出的意义。拉曼技术已应用于测定如氨基酸、糖、胰岛素、激素、核酸、DNA等生化物质。

(4) 定量分析

拉曼谱线的强度与入射光的强度和样品分子的浓度成正比。当实验条件一定时,拉曼散射的强度与样品的浓度呈简单的线性关系。拉曼光谱的定量分析常用内标法来测定,检出限在$\mu g/cm^3$数量级,可用于有机化合物和无机阴离子的分析。

(5) 晶体结构表征

拉曼光谱对晶体的结构也是敏感的。不同晶向会产生轻微的拉曼位移。对多数半导体而言,晶体结构的不完整性或损伤通过禁止光学声子引起拉曼光谱的散射。利用这一性质,可以探测半导体中的结构缺陷、离子损伤、合金涨落、界面、异质结等情况。

对于同种元素的不同相材料(同素异构体),由于晶格结构不同,声子谱就不同,所以它们的拉曼谱就会有明显的不同。图2.6.3是硅、金刚石和石墨的拉曼谱。由图可看出,对于晶格结构相同,但元素不同的材料(如硅和金刚石),它们的拉曼谱不同;材料相同晶格结构不同的同素异构体(金刚石和石墨),它们的拉曼谱也是不同的。

对于晶粒小于10nm的微晶硅,其斯托克斯线要发生位移、展宽并变为非对称;对于无定形结构的半导体,谱线就变得非常宽。材料中应力的变化也会引起拉曼位移。图2.6.4为晶体硅与非晶体硅的拉曼谱。从图中可以清楚地看到,长程有序的晶体谱为分离的频率确定的光谱线,长程无序的非晶谱则为频率确定的光谱带。

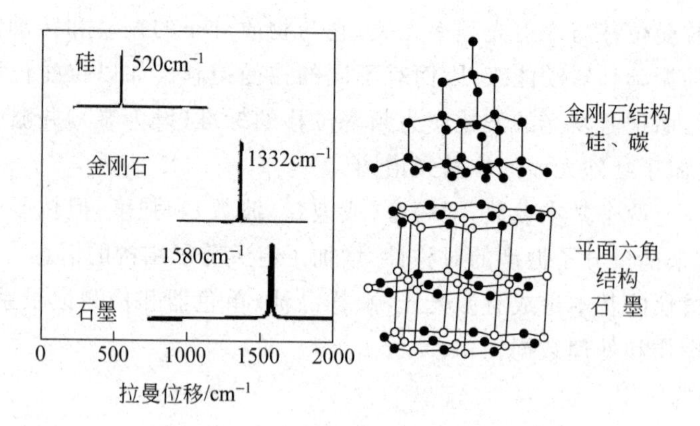

图 2.6.3 硅、金刚石和石墨的拉曼光谱

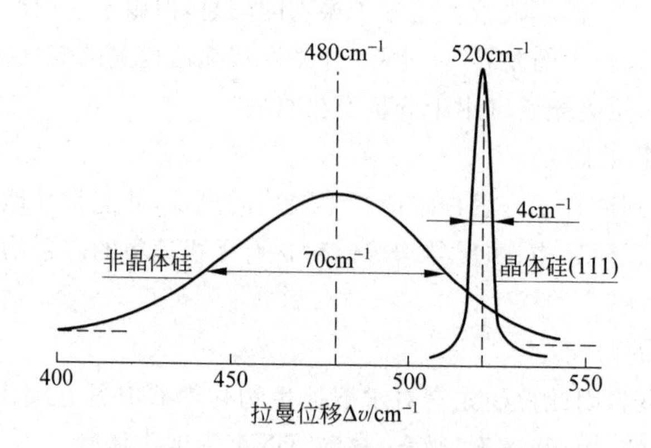

图 2.6.4 晶体硅与非晶硅的拉曼谱线

2.7 热分析技术

1. 热分析技术的基本原理

热分析技术是指在程序控温和一定气氛条件下，测量试样的物理性质随温度或时间变化的一种技术。其定义包含三个方面的内容：①试样要承受程序温控的作用，即以一定的速率等速升(降)温，该试样物质包括原始试样和在测量过程中因化学变化产生的中间产物和最终产物；②选择一种可观测的物理量，它可以是热学的，也可以是其他方面的，如光学、力学、电学及磁学的等；③观测的物理量随温度而变化。热分析技术主要用于测量和分析试样在温度变化过程中的一些物理变化(如晶型转变、相态转变及吸附等)、化学变化(分解、氧化、还原、脱水反应等)及其力学特性的变化。通过这些变化的研究，可以得知试样的内部结构，获得相关的热力学和动力学数据，为材料的进一步研究提供理论依据。

目前热分析已发展成为系统性的分析方法，广泛应用于材料、医药、食品、地质、海洋、能源、生物技术、空间技术等领域中。其发展趋势可归纳为：功能综合化，样品用量微量化，操作自动化。热分析研究领域在不断扩展，分析技术在不断创新。

根据被测量物质的物理性质的不同，热分析方法可分为：热重分析法（thermo

gravimetry analysis，TGA）、差热分析法（difference thermal analysis，DTA）、差示扫描量热法（differential scanning calorimetry，DSC）和热机械分析法（thermal mechanical analysis，TMA）等；应用最广的是前三种。本节主要介绍这三种分析方法的基本原理和特点。

2. 热重分析法

热重法（TGA）的工作原理如下：在加热过程中如果试样无质量变化，热天平将保持初始的平衡状态，一旦样品中有质量变化时，天平就失去平衡，并立即由传感器检测并输出天平失衡信号。这一信号经测重系统放大后，用以自动改变平衡复位器中的线圈电流，使天平又回到初时的平衡状态，即天平恢复到零位。平衡复位器中的电流与样品质量的变化成正比，因此，记录电流的变化就能得到试样质量在加热过程中连续变化的信息，而试样温度或炉膛温度由热电偶测定并记录。这样就可得到试样质量随温度（或时间）变化的关系曲线即热重曲线。

图 2.7.1 为典型的热重分析曲线示意图，横坐标表示时间或温度，纵坐标有两种：一种是试样剩余质量，单位为 mg，即热重曲线（TGA 曲线）。曲线中的水平线为稳定质量值，表明该阶段被测物质的质量未发生任何变化，如图中的 AB 段，质量为 m_0；当曲线拐弯转向时，表明被测物质的质量发生了变化，当曲线又处于水平线时，质量稳定在一个新的量值上，如图中的 CD 段，质量为 m_1，曲线 BC 段即为质量变化阶段；同理，曲线中的 DE 和 FG 均为质量变化阶段，EF 为又一新的质量值 m_2。由 TGA 曲线可以分析试样物质的热稳定性、热分解温度、热分解产物以及热分解动力学等，获得相关的热力学数据。与此同时，还可根据 TGA 曲线获得质量变化的速率（剩余质量占原始质量的比率（$1-\Delta m/m_0$），单位为%）与温度或时间的关系，称为微分热重曲线（differential thermo gravimetry，DTG），微分热重曲线可使 TGA 曲线的质量变化阶段更加明显，并可据此研究不同温度下的质量变化速率，这对研究分解反应开始的温度和最大分解速率所对应的温度是非常有用的。

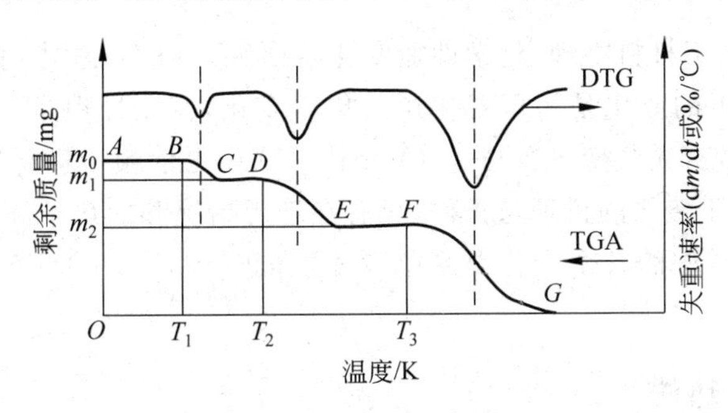

图 2.7.1　典型热重曲线

3. 差热分析法

差热分析（DTA）是指在程序控温下，测量试样物质与参比物的温差随温度或时间变化的一种技术。在所测温度范围内，参比物不发生任何热效应，如 α-Al_2O_3 在 0～1700℃范围内无热效应产生，而试样却在某温度区间内发生了热效应，如放热效应（氧化反应、爆炸、吸附等）或吸热反应（熔融、蒸发、脱水等），释放或吸收的热量会使试样的温度高于或低于参比物，从而在试样与参比物之间产生温差，且温差的大小取决于试样产生热效应的大小，由

X-Y 记录仪记录下温差随温度 T 或时间 t 变化的关系即为 DTA 曲线。测定 DTA 曲线的差热分析仪主要由加热炉、热电偶、参比物、温差检测器、程序温度控制器、差分放大器、气氛控制器、X-Y 记录仪等组成，其中较关键的部件是加热炉、热电偶和参比物。

差热分析得到的热谱图(DTA 曲线)是以温度为横坐标，以试样和参比物的温差 ΔT 为纵坐标。曲线中不同的吸热峰和放热峰显示了样品受热时的不同热转变状态。图 2.7.2 为典型的 DTA 吸热转变曲线。由于热电偶的不对称性，试样、参比物(包括它们的容器)的热容、导热系数不同，在等速升温情况下，DTA 基线并非是 $\Delta T=0$ 的线，而是接近 $\Delta T=0$ 的线。另外，升温速度的不同也会造成基线不同程度的漂移。当温度升到 a 点，试样发生了某种吸热反应，ΔT 不再是一个定值，而随时间(即温度)急剧增大，因为试样发生了吸热反应，就需要环境向试样提供热量。由于环境提供热量的速度有限，吸热使试样的温度上升变慢，从而使 ΔT 增大，达到 b 点时出现极大值。随着吸热反应开始变缓，直到 c 点时反应停止，试样自然升温，ΔT 逐步回复到基线。

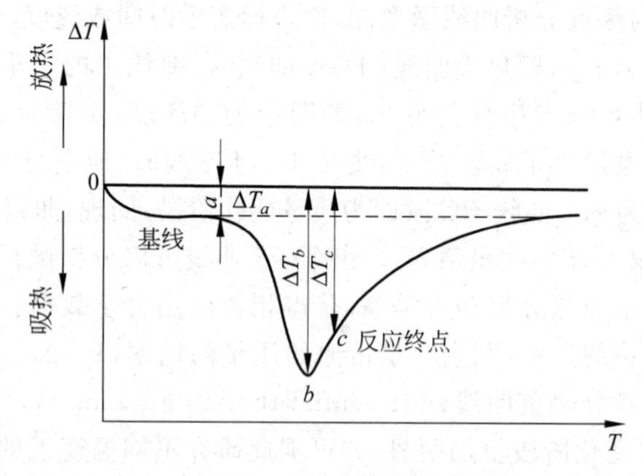

图 2.7.2 DTA 吸热转变曲线

DTA 虽然广泛用于材料物理、化学性能变化的研究。但 DTA 本身却不能确定变化的性质，即物质内部发生的变化是物理变化还是化学变化，变化过程是一步完成还是分步完成，变化过程中的质量有无改变等。与 TGA 相比，DTA 更依赖于实验条件，这是因为温差比质量变化更加依赖于传热的机理与条件，只有在理想情况和加热条件严格相同时，同一试样的 TG 和 DTA 曲线中的各个变化温度范围才可能一致，TGA-DTA 联合仪就可做到这一点。

4. 差示扫描量热法

差示扫描量热(DSC)是指在程序控温下，测量单位时间内输入到样品和参比物之间的能量差(或功率差)随温度变化的一种技术。按测量方法的不同，DSC 仪可分为功率补偿式和热流式两种。样品和参比物分别具有独立的加热器和传感器，整个仪器有两条控制电路，一条用于控制温度，使样品和参照物在预定的速率下升温或降温；另一条用于控制功率补偿器，给样品补充热量或减少热量以维持样品和参比物之间的温差为零。

当样品发生热效应时，如放热效应，样品温度将高于参比物，在样品与参比物之间出现温差，该温差信号被转化为温差电势，再经差热放大器放大后送入功率补偿器，使样品加热器的电流减小，而参比物的加热器电流增加，从而使样品温度降低，参比物温度升高，最终导致两者温差又趋于零。因此，只要记录样品的放热速度或吸热速度（即功率），即记录下补偿给样品和参比物的功率差随温度 T 或时间 t 变化的关系，就可获得试样的 DSC 曲线，如图 2.7.3 所示。DSC 曲线的纵坐标表示样品放热或吸热的速度，单位为 mW/mg，又称热流率。试样的热效应可直接通过 DSC 曲线的放热峰或吸热峰与基线所包围的面积来度量，不过由于试样和参比物与补偿加热丝之间总存在热阻，使补偿的热量或多或少产生损耗，因此峰面积得乘以一修正常数（又称仪器常数）方为热效应值。

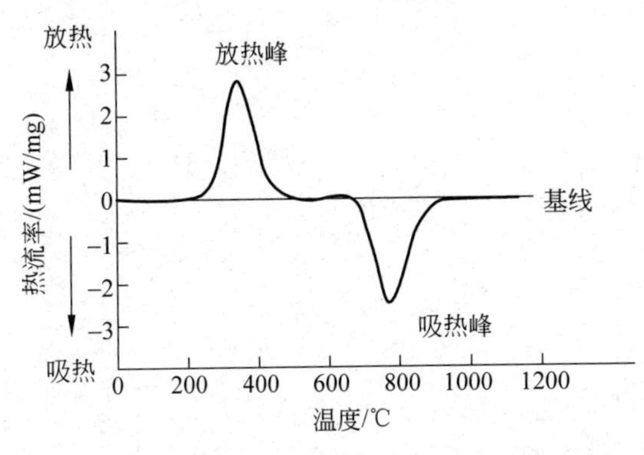

图 2.7.3 典型的 DSC 曲线

DSC 曲线是以热流或功率差直接表征热效应，而 DTA 则是用 ΔT 间接表征热效应的，因而 DSC 对热效应的响应更快、更灵敏，峰的分辨率也更高。虽然 DSC 克服了 DTA 的不足，但是它本身也有一定的局限性：允许的样品量相对较小；在个别情况下，传感器可能会受到某些特殊样品的污染，需小心操作。

复习思考题

1. 原子发射光谱是怎样产生的？有何特点？
2. X 射线衍射峰包含哪些信息？
3. 普通光学显微镜与电子显微镜之间有何异同？
4. 试比较 XPS、AES、LEED、STM 各表面分析技术之间的异同点。
5. 扫描隧道电镜 STM 与扫描电镜 SEM 之间的原理区别是什么？
6. 原子力显微镜的工作模式有哪些？各有何应用？
7. 简述红外光谱产生的本质？如何判断物质结构中是否含有水分子？
8. 简述拉曼散射的原理和主要应用。
9. 简述热分析的定义和内涵，以及热分析技术在材料研究中的应用。

参考文献

[1] 陈成钧. 扫描隧道显微学引论[M]. 北京：中国轻工业出版社，1996.
[2] 高阳. 先进材料测试仪器基础教程[M]. 北京：清华大学出版社，2008.

[3] 朱和国，王志恒．材料科学研究与测试方法[M]．南京：东南大学出版社，2008.
[4] 李言荣，恽正中．电子材料导论[M]．北京：清华大学出版社，2001.
[5] 白春礼，田芳，罗克．扫描力显微术[M]．北京：科学出版社，2000.
[6] 翁诗甫．傅里叶变换红外光谱分析[M]．北京：化学工业出版社，2010.
[7] 杨序钢，吴琪琳．拉曼光谱的分析与应用[M]．北京：国防工业出版社，2008.
[8] Loechelt G H，Cave N G，Menéndez J．Measuring the tensor nature of stress in silicon using polarized off-axis Raman spectroscopy，Appl．Phys．Lett．66，3639 (1995).
[9] 刘振海．热分析导论[M]．北京：化学工业出版社，1991.

第3章

薄膜工艺

随着电子器件向小型化、集成化、低功耗发展，电子薄膜材料也越来越受到重视，材料种类涵盖了几乎所有的电子功能材料：从导电性最好的超导薄膜到绝缘性的电介质薄膜；从金属到无机化合物薄膜；甚至是有机高分子薄膜。随着技术的进步，电子薄膜材料的制备工艺也取得了很大的进展，已经应用于电子器件的大规模生产。

电子薄膜的厚度很薄(几个纳米到几个微米)，并常常用于制备电路尺寸极小的元器件；如果存在微米级的尘埃，薄膜很可能穿孔，加工的电路可能达不到要求。因此在薄膜制备过程中对环境的洁净度有很高的要求，大多数情况下还有较高的真空要求。即便环境良好，但在工艺过程中也有可能使薄膜成分发生改变，而薄膜材料成分的变化会影响其结构和性能，所以在制备过程中，必须充分考虑影响到薄膜纯度的所有因素，包括原材料和一些试剂的纯度，以及可能存在的工艺过程污染等。

电子薄膜的制备工艺包括了所有的薄膜制备方法，其中主要的淀积方法有真空蒸发沉积，溅射沉积、化学气相沉积、液相沉积等，如图3.0.1所示。在这些方法中，液相沉积具有低成本的优势，但在薄膜结构性能控制和可重复性方面还需要进一步提高。目前薄膜制备仍然以气相沉积为主，因此，本章就几种主要的气相沉积方法作简单的介绍。

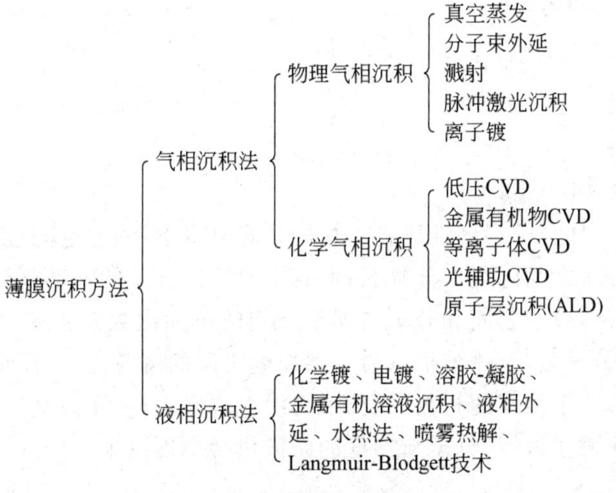

图3.0.1　薄膜的主要制备工艺

3.1 真空技术概述

3.1.1 真空

在给定空间内，气体压强低于大气压的气体状态，均称之为真空。平时我们所说的“真空”并不是指“什么物质也不存在”的状态，真空其实“不空”。目前，即使采用最先进的真空获取方法所能达到的最低压强状态下，每立方厘米体积中仍有几百个气体分子。因此，平时我们所说的真空均指相对真空状态。在真空技术中，常用“真空度”这个习惯用语和“压强”这一物理量表示某一空间的真空程度。如果空间的压强越低，意味着真空度越高；反之，压强高的空间则真空度低。

“毫米汞柱(mmHg)”是人类使用最早的压强单位。它是通过直接度量汞柱的高度来获得真空的大小，常用用“托(Torr)”来表示。1托就是指在标准状态下，1毫米汞柱对单位面积上的压力，表示为1Torr＝1mmHg。1971年国际计量会议正式确定“帕斯卡(Pa)”作为气体压强的国际单位：$1Pa=1N/m^2$。1大气压(atm)为760mmHg。这些单位间的换算关系如表3.1.1所示。

表3.1.1 几种压强单位的换算关系

单位	帕斯卡(Pa)	托(Torr)	毫巴(mbar)	标准大气压(atm)
Pa	1	7.5×10^{-3}	1×10^{-2}	9.87×10^{-6}
Torr	133.3	1	1.333	1.316×10^{-3}
mbar	100	0.75	1	9.87×10^{-4}
atm	1.013×10^{5}	760	1.013×10^{3}	1

为了研究真空和实际使用方便，常常根据各压强范围内不同的物理特点，把真空划分为以下几个区域。

粗真空：$1\times10^{5}\sim1\times10^{2}$ Pa

低真空：$1\times10^{2}\sim1\times10^{-1}$ Pa

高真空：$1\times10^{-1}\sim1\times10^{-6}$ Pa

超高真空：$<1\times10^{-6}$ Pa

真空各区域的气体分子运动性质各不相同。粗真空下，气态空间近似为大气状态，分子仍以热运动为主，分子之间碰撞十分频繁；低真空时气体分子的流动逐渐从粘滞流状态向分子状态过渡，此时气体分子之间和分子与器壁之间的碰撞次数差不多；当达到高真空时，气体分子的流动已为分子流，气体分子以与容器器壁之间的碰撞为主，而且分子间碰撞次数大大减少，所以在高真空下蒸发的材料，其粒子将沿直线飞行；在超高真空时，气体的分子数目更少，分子间几乎不发生碰撞，分子与器壁的碰撞机会也更少了。

3.1.2 真空的获得

利用各种真空泵将被抽容器中的气体抽出，使该空间的压强低于一个大气压从而获得真空。目前常用获得真空的设备主要有旋转式机械真空泵、油扩散泵、分子泵、分子筛吸附泵、钛升华泵、溅射离子泵和低温泵等。其中前三种属于气体传输泵，即通过将气体不断吸入并排出真空泵从而达到排气的目的；后四种真空泵属于气体捕获泵，是利用各种吸气材料所特有的吸气作用将被抽空间的气体吸除，以达到所需真空度。由于这些捕获泵工作时不使用油作为介质，故又称之为无油类泵。表 3.1.2 列出了几种常用真空泵的工作压强范围和启动压强。在实际使用中，还可以将真空泵和别的装置组合起来使用，以获得更高的真空度。

表 3.1.2 常用真空泵的工作压强范围和启动压强 Pa

真空泵种类	工作压强范围	起动压强
旋片式机械泵	$1\times10^{5}\sim6.7\times10^{-2}$	1×10^{5}
油扩散泵	$1.3\times10^{-2}\sim1.3\times10^{-7}$	1.3×10
涡轮分子泵	$1.3\sim1.3\times10^{-5}$	1.3
分子筛吸附泵	$1\times10^{5}\sim1.3\times10^{-1}$	1×10^{5}
钛升华泵	$1.3\times10^{-2}\sim1.3\times10^{-9}$	1.3×10^{-2}
溅射离子泵	$1.3\times10^{-3}\sim1.3\times10^{-9}$	6.7×10^{-1}
低温泵	$1.3\sim1.3\times10^{-11}$	$1.3\sim1.3\times10^{-1}$

从表 3.1.2 中可以看出，如果从大气开始抽气，粗真空到超高真空的压强变化范围有十几个数量级，仅使用一种真空泵是不能达到超高真空度的，即没有一种真空泵可以涵盖从大气压到 10^{-8} Pa 的工作范围。人们常常把 2～3 种真空泵组合起来构成复合排气系统以获得所需要的高真空。例如，有油真空系统中，油封机械泵（两级）＋油扩散泵组合装置可以获得 $10^{-6}\sim10^{-8}$ Pa 的压强；无油系统中，采用吸附泵＋溅射离子泵＋钛升华泵装置可以获得 $10^{-6}\sim10^{-9}$ Pa 的压强。有时也将有油和无油系统混用，如采用机械泵＋复合分子泵装置可以获得超高真空。其中机械泵和吸附泵都是从一个大气压力下开始抽气，因此常将这类泵称为“前级泵”；而将那些只能从较低的气压抽到更低的压力下的真空泵称为“次级泵”。下面将重点介绍机械泵、复合分子泵和低温泵的结构和工作原理。

1. 旋片式机械真空泵

凡是利用机械运动（转动或滑动）以获得真空的泵称为机械泵。它是一种可以从大气压开始工作的典型的真空泵，既可以单独使用，又可作为高真空泵或超高真空泵的前级泵。由于这种泵是用油来进行密封的，所以又属于有油类型的真空泵。这类机械泵常见的有旋片式、定片式和滑阀式（又称柱塞式）几种，其中以旋片式机械泵最为常见。

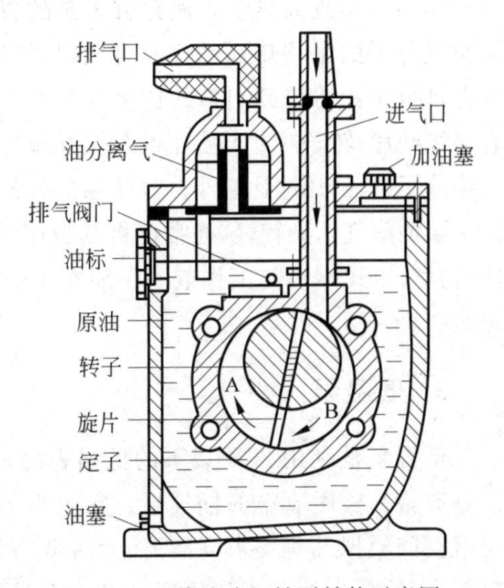

图 3.1.1 旋片式机械泵结构示意图

旋片式真空泵是用油来保持各运动部件之间的密封，并靠机械的办法，使该密封空间的容积周期性地增大（抽气）、缩小（排气），从而达到连续抽气和排气的目的。图 3.1.1 是单级旋片泵的结构图，泵体主要由定子、转子、旋片、进气管和排气管等组成。定子两端被密封形成一个密封的泵腔。泵腔内，偏心地装有转子，它们相当于两个内切圆。沿转子的轴线开一个通槽，槽内装有两块旋片，旋片中间用弹簧相连，弹簧使转子旋转时旋片始终沿定子内壁滑动。

如图 3.1.1 所示，旋片 2 把泵腔分成了 A、B 两部分，当旋片沿图中给出的方向进行旋转时，由于旋片 1 后的空间压强小于进气口的压强，所以气体通过进气口吸进气体，如图 3.1.2(a)所示；图 3.1.2(b)表示吸气截止，此时，泵的吸气量达到最大，气体开始压缩；当旋片继续运动到图 3.1.2(c)所示的位置时，压缩气体使压强高于 1 个大气压，并推开排气阀门排出气体；然后继续运动，旋片重新回到图 3.1.2 所示的位置，排气结束，并重新开始下一个循环。单级旋片泵的极限真空可以达到 1Pa，而双级旋片泵的极限真空可以达到 10^{-2}Pa 数量级。

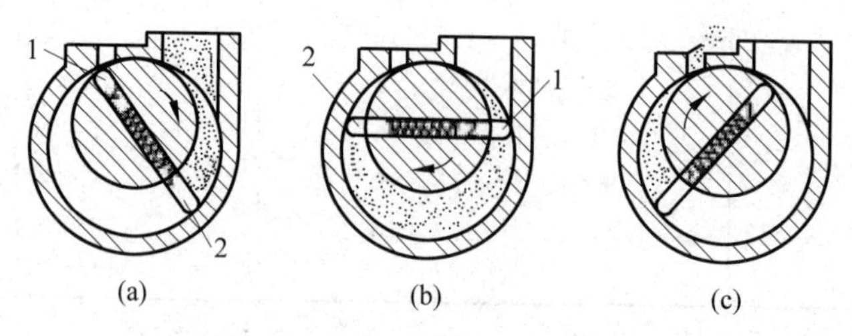

图 3.1.2 旋片式机械泵工作原理图

由于泵工作时，定子、转子全部浸在油中，在每一吸气、排气周期中将会有少量的油进入到容器内部，因此要求机械泵油要具有较低的饱和蒸气压及一定的润滑性、粘度和较高的稳定性。

2. 涡轮分子泵

涡轮分子泵也属于气体传输泵，其工作原理是依靠高速运动的物体表面把定向速度传递给入射表面的气体分子，造成泵出口、入口的气体分子正向、反向传输几率的差异而产生抽气作用以实现高真空。涡轮分子泵的典型结构见图 3.1.3。叶片转动时的平均平移速度与空气分子的平均热运动速度可比拟，气体分子与叶轮相碰获得定向速度，而叶轮开槽的角度保证分子由入口到出口的传输几率大于相反方向的几率。为了获得高真空，分子泵中装有多级叶片，转子叶片与定子叶片交互布置。分子泵的压缩比和气体分子量的平方根成正比，气体分子越轻，压缩比越小。分子泵的残气主要由氢组成，而重的碳氢化合物是极少的，因此分子泵油蒸气污染较轻，通常也将其当作无油泵。涡轮分子泵的极限真空度可达 10^{-8}Pa，抽速可达 1000L/s。其工作范围一般在 $1\sim10^{-8}$Pa 之间，因而需要以旋片式机械泵作为其前级泵。

3. 低温泵

低温泵是利用 20K 以下的低温表面来凝聚(吸附)气体分子以实现抽气的一种泵，是目前具有最高极限真空的抽气泵。它主要用于大型真空系统，如高能物理，超导材料的制备，宇航空间模拟站等要求高清洁、无污染、大抽速、高真空和超高真空的场合。低温泵又称冷凝泵、深冷泵。按其工作原理又可分为低温吸附泵、低温冷凝泵和制冷机低温泵。前两种泵

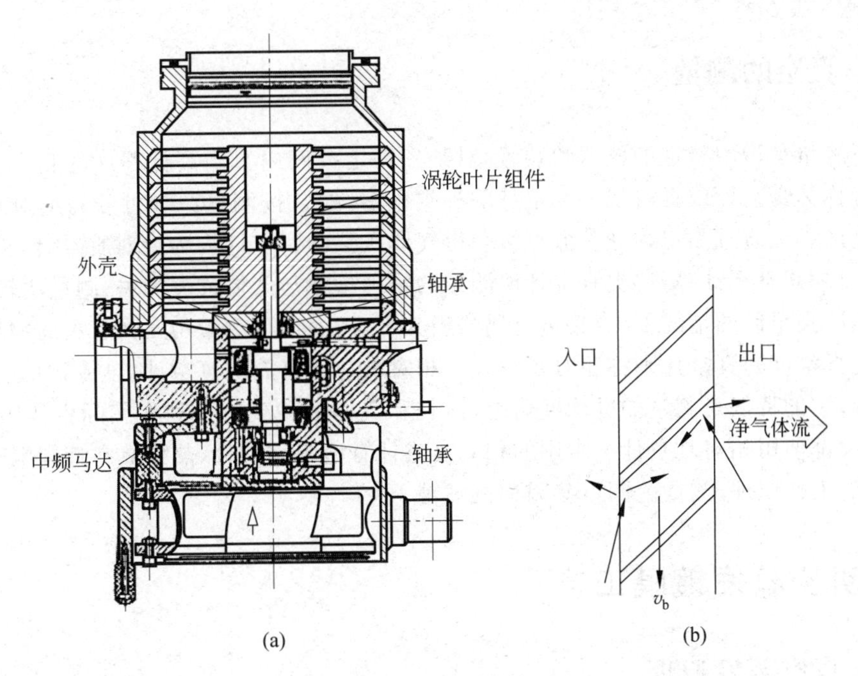

图 3.1.3　分子泵结构原理图

(a) 涡轮分子泵；(b) 转子叶轮剖面图

直接使用低温液体(液氮、液氦等)来进行冷却，成本较高，通常仅作为辅助抽气手段。制冷机低温泵是利用制冷机产生的深低温来进行抽气的泵，其基本结构如图 3.1.4 所示。在制冷机的第一级冷头上装有辐射屏和辐射挡板，温度处于 50～77K，用以冷凝、抽除水蒸气和二氧化碳等气体，同时还能屏蔽真空室的热辐射，保护第二级冷头和深冷板；深冷板装在第二级冷头上，温度为 10～20K，板正面光滑的金属表面可以去除氮、氧等气体，反面的活性炭可以吸附氢、氦、氖，达到去除各种气体的目的，从而获得超高真空状态。

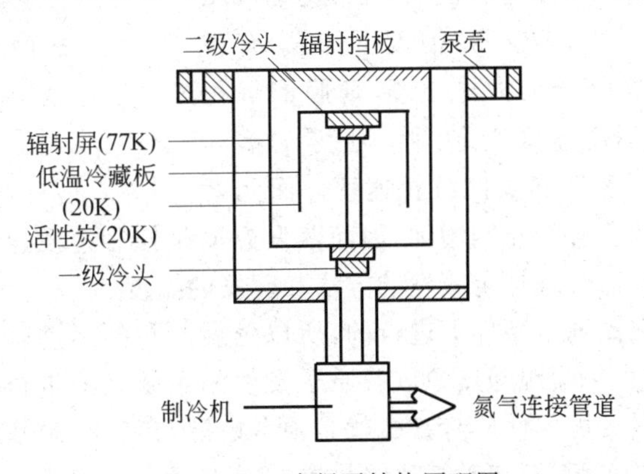

图 3.1.4　冷凝泵结构原理图

低温泵作为捕获泵，能用来捕集各种包括有害的或易燃易爆气体，使其凝结在制冷板上，成为低温凝层以达到抽气的目的。但是，工作一段时间后，低温泵的低温排气能力会降低，因此必须将这些低温凝层清除。

3.1.3 真空的测量

真空测量是指用特定的仪器和装置，对某一特定空间内真空高低程度的测定。这种仪器或装置称为真空计或真空规。真空计的种类很多，通常按测量原理可分为绝对真空计和相对真空计。凡通过测定物理参数直接获得气体压强的真空计均为绝对真空计，例如U形压力计、压缩式真空计等，这类真空计所测量的物理参数与气体成分无关，测量比较准确，但是在气体压强很低的情况下，直接进行测量极其困难；而通过测量与压强有关的物理量的变化来确定真空度的真空计则称相对真空计。相对真空计有放电真空计、热传导真空计、电离真空计等；它的特点是测量的准确度略差，而且和气体的种类有关。在实际生产中，除真空校准外，大都使用相对真空计。常用的相对真空计有电阻真空计、热偶真空计和电离真空计等，它们的工作原理、测量范围可参阅相关书籍。

3.2 真空蒸发镀膜工艺

3.2.1 真空蒸发原理

真空蒸发镀膜是将待镀的原料在真空环境下加热到一定的温度，使原料蒸发汽化，被蒸发出来的这些原子或原子团碰撞到温度较低的基板上就会凝固下来，从而形成所需的薄膜。图 3.2.1 是蒸发沉积设备的示意图。

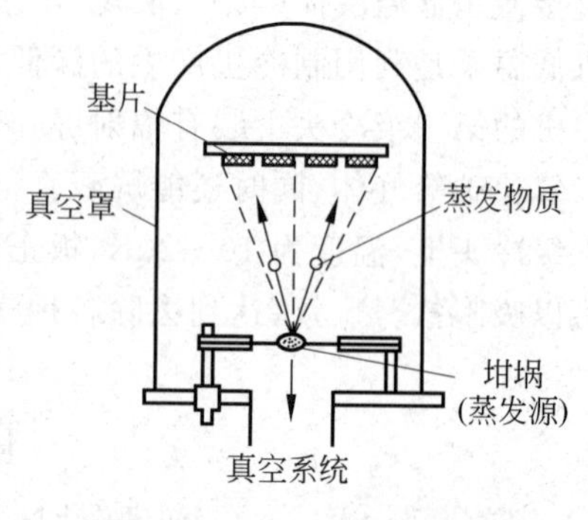

图 3.2.1 蒸发镀膜示意图

一般而言，为了获得纯净的薄膜，并使蒸发的原子作直线的输运，我们需要一个高真空环境（背底真空应该高于 10^{-3}Pa 量级）。在实际的沉积中，元素的蒸气压也可能高达 $10^{-2}\sim10^{-1}$Pa。在一定温度下，元素有各自的平衡蒸气压。根据分子动力学原理，薄膜的沉积速率由原子的浓度和运动速度决定，所以元素的蒸气压在很大程度上决定了蒸发镀膜的沉积速率。而元素的平衡蒸气压随温度的上升会急剧增加，因而蒸发温度是控制蒸发速率的最关键参数。我们可以根据蒸气压的高低合理选定蒸发的方法和蒸发的温度。

由于蒸发沉积是在高真空条件下进行的，所以蒸发原子的运动基本上是直线运动。根据蒸发源的特性，按照小平面源和点源以及原子发射的余弦定律进行估算薄膜的厚度。为了获得基片上薄膜的厚度均匀性（均匀度）就必须考虑源与基片（源基距）的距离，并根据这些参数（如蒸发温度、真空度等）和对基片的放置方式进行合理优化。对于基片表面不平整（比如有台阶、孔洞等）的情况，还需要仔细分析薄膜对基片表面的覆盖度问题。

纯度是电子薄膜中需要特别关注的问题，在某些情况下，杂质会严重影响薄膜材料中的电子结构，从而导致材料性能发生变化。在蒸发沉积中，薄膜的纯度由以下几个因素来决定：①蒸发原料（镀料）的杂质含量；②发热材料、坩埚等可能造成的污染；③装置中的残余气体分压。对于这三个因素的影响，我们需要分析主要矛盾，从改善原料品质、选择合理的加热方式,以及改善真空系统三个方面来加以解决。

被蒸发原子的动能一般与其相应温度下的热能相当,大概在零点几电子伏特,在这样的动能轰击下,对于一般的基片都不会有太大影响,所以蒸发薄膜可以沉积在各种基片的表面。

蒸发设备根据使用要求的不同会有极大的差别,其中最重要的部分就是对蒸发原料的加热方式和蒸发速率的控制。下面,我们从蒸发源的加热方式对蒸发技术进行介绍。

3.2.2　热蒸发

1. 电阻加热

电阻加热法装置简单、操作方便,是应用最普遍的一种蒸发加热方式,广泛应用于非难熔金属导体薄膜及电阻薄膜的制备中。用于加热的电阻材料一般都是高熔点、低蒸气压、高稳定性的金属(如W、Mo、Ta)材料。

为了获得高温,镀料需要接触加热材料。但在高温下,有些镀料容易与加热材料形成合金。在这种情况下,形成的合金有可能会蒸发出来造成污染,降低薄膜的纯度。所以一旦加热材料形成合金后,就应立即更换,或者通过选择不同的加热材料减少形成合金的可能。如果镀料化学活性较高,也可以使用高熔点氧化物、BN、石墨等作为盛料坩埚,与加热丝组成间接加热源。

根据镀料的特性及其与加热材料的浸润情况,蒸发加热源可以是直接加热原料的丝状蒸发源或舟(板)状蒸发源,如图3.2.2所示。使用丝状加热源一般要求镀料与加热材料浸润性较好,比如用W丝蒸发Au、Al等;蒸发舟适用于粉粒或块状镀料的蒸发。此外,在有些情况下,我们也使用坩埚类蒸发源用于蒸发熔点不高但容易与发热材料产生化学反应或形成合金的原料。

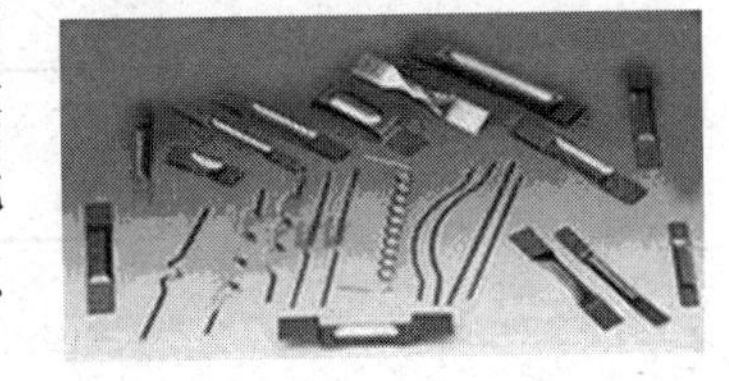
图3.2.2　电阻蒸发源的种类

在电阻热蒸发装置中,一般都通过控制加热电压改变通过发热材料的电流来实现对蒸发温度的控制。在实际使用时需要注意到以下一些现象并通过缓慢调节加热电压进行控制以实现稳定的沉积:发热材料的电阻随温度会发生变化;在加热过程中某些原料可能会有放气的现象;有些材料与发热电阻材料的热接触并不是很好;在被金属材料浸润后发热材料电阻会有较大的变化。

在电阻热蒸发装置中,一般都通过控制加热电压以改变通过发热材料的电流来实现对蒸发温度的控制。在实际使用时需要注意到以下一些情况:①发热材料的电阻随温度会发生变化;②在加热过程中某些原料可能会有放气的现象;③有些材料与发热材料热接触并不是很好;④在被金属材料浸润后发热材料电阻会有较大的变化。对于以上的情况,应缓慢调节加热电压,来获得稳定的沉积速率。

2. 电子束蒸发

电子束蒸发是利用电场给电子提供能量,让高能电子轰击蒸发原料,使其受热蒸发的方法。电子束蒸发克服了电阻蒸发中来自加热材料或坩埚的污染,加热功率和温度也容易提高,所以在蒸发沉积高熔点或高纯度电子薄膜材料中得到广泛应用。

由热灯丝发射的电子束,经加速阳极加速,获得相当高的动能,然后轰击在镀料上,使原料被加热汽化,从而实现沉积。由于电子束加速电压可高达几千伏以上,束流能量密度可远高于电阻蒸发,所以可以非常容易蒸发高熔点金属,甚至是 Al_2O_3、MgO 等高熔点的氧化物。尽管蒸发温度很高,但由于镀料盛放在水冷铜坩埚中,被蒸发原料只是局部熔化,因而可以避免污染,获得较高的纯度。但也正是由于电子束能量高,蒸发温度高,在某些化合物蒸发时会发生部分分解,以及分子部分电离,可能会影响薄膜的结构和电学性质,需引起注意。

电子束蒸发源的结构根据电子轨迹的不同,可以分为环形枪、直枪、e 型枪和空心阴极枪等几种形式。图 3.2.3 为常见的 e 型枪的结构。给阴极灯丝通电加热后,其发射出具有一定初始动能的热电子,这些热电子在灯丝阴极与阳极之间受极间电场制约,不但可以按一定的会聚角会聚成束状,且到达阳极孔时,电子能量可提高到几千电子伏特。通过阳极孔后,电子束受到磁场作用发生偏转,在偏转 270°之后,入射到坩埚内的镀料表面,使蒸发原料加热蒸发,以便进行真空镀膜。

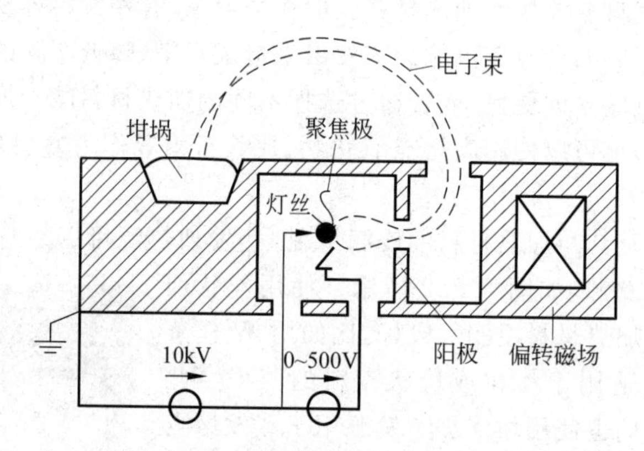

图 3.2.3 电子束蒸发源结构示意图

电子束的运动轨迹受到电场和磁场的控制,通过调节加速电压可以方便地调节电子束偏转半径,从而实现电子束斑点位置的调节。与电阻热蒸发类似,很多蒸发原料都吸附了大量的气体,一般需要通过移动电子束斑点,对蒸发原料预熔和除气,以避免物料飞溅。

3.2.3 脉冲激光蒸发

脉冲激光沉积(pulsed laser deposition,PLD),也被称为脉冲激光烧蚀(pulsed laser ablation,PLA),是利用激光对物体进行轰击,然后将轰击出来的物质沉淀在不同的衬底上,得到沉淀或者薄膜的一种手段。

PLD 的系统设备简单(见图 3.2.4),但是它的原理却是非常复杂的物理现象。它涉及高能量脉冲辐射冲击固体靶时,激光与固体物质、等离子体之间的

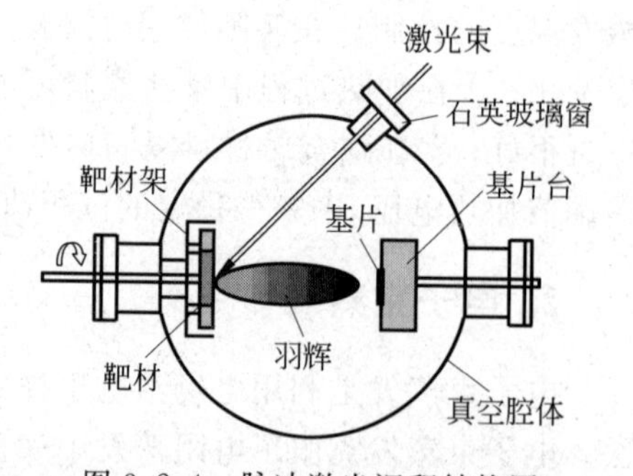

图 3.2.4 脉冲激光沉积结构图

物理相互作用，亦包括等离子羽状物的形成，其后已熔化的物质通过等离子羽状物到达已加热的基片表面的转移，及最后的膜生成过程。

PLD一般可以分为以下四个阶段：①激光辐射与靶的相互作用；②蒸发物质的喷射及其与激光的作用；③蒸发物质在基片的沉积；④薄膜在基片表面的成核(nucleation)与生成。

由于PLD在多组元化合物薄膜材料的制备中容易保证薄膜组分与靶材的一致性，所以自1987年成功制作高温超导膜开始，用作膜制造技术的脉冲激光沉积获得普遍赞誉，并在实验室中得到广泛的应用。过去十几年，脉冲激光沉积主要用来制作具备外延特性的多组元晶体薄膜。陶瓷氧化物(ceramic oxide)、氮化物膜(nitride films)、金属多层膜(metallic multilayers)以及各种超晶格(superlattices)等都可以用PLD来制作。近年来亦有报道指出，利用PLD可方便地实现纳米管(nanotubes)、纳米线(nanowire)，以及纳米点(nanoparticles)的制备。

3.2.4 分子束外延

分子束外延(molecular beam epitaxy)是一种新的单晶外延薄膜生长技术，简记为MBE。在超高真空条件下，由装有各种所需组分的炉子加热而产生的蒸气经小孔准直后形成的分子束或原子束，直接喷射到适当温度的单晶基片上(见图3.2.5)，通过控制分子束对衬底扫描，就可使分子或原子按晶体排列一层层地“长”在基片上形成薄膜。生长过程中可以通过精确控制各个蒸发源的蒸发温度、蒸发时间等参数，并结合各种原位监控手段，实现对外延薄膜的厚度、成分的控制，实现原子层精度的生长。分子束外延主要研究的是不同结构或不同材料的晶体和超晶格的生长。该法生长温度低，能严格控制外延层的层厚组分和掺杂浓度；但系统复杂，生长速度慢，生长面积也受到一定限制。

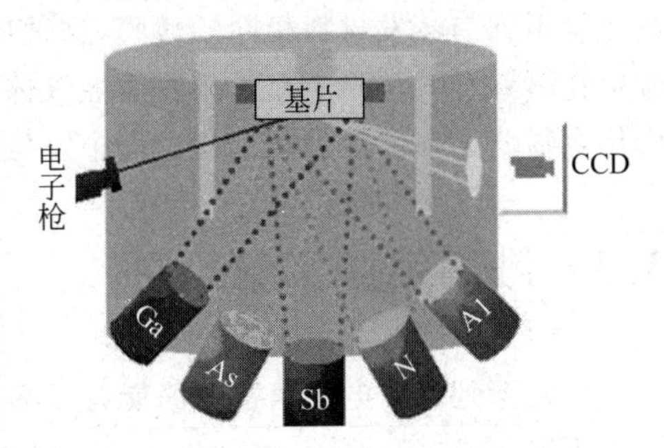

图3.2.5 分子束外延系统示意图

分子束外延是20世纪50年代用真空蒸发技术制备半导体薄膜材料发展而来的。随着超高真空技术的发展而日趋完善，由于分子束外延技术的发展开拓了一系列崭新的超晶格器件，扩展了半导体科学的新领域。分子束外延的优点是：①能够制备超薄层的半导体材料；②外延材料表面形貌好，而且面积较大、均匀性较好；③可以制成不同掺杂剂或不同成分的多层结构；④外延生长的温度较低，有利于提高外延层的纯度和完整性；⑤利用各种元素的粘附系数的差别，可制成化学配比较好的化合物半导体薄膜。

3.2.5 其他蒸发镀膜方法简介

1. 多蒸发源蒸镀法

对于两种以上的元素构成的合金，由于每种元素各有其固有的蒸发速度，得到的薄膜成分一般不同于镀料，即发生所谓的分馏现象。但是，如果使用不同蒸发源同时分别蒸发各组分元素，并独立地控制各蒸发源的蒸发速率，使达到基板上的各种原子与所需合金的薄膜组成相对应，则可制成满足成分要求的薄膜。

2. 瞬间蒸镀法

瞬间蒸镀法又称闪蒸法，利用该技术可以获得组分恒定的合金薄膜。其基本原理是将蒸镀材料制成粒状或粉状，然后通过漏斗一类的装置，以均匀速度注入高温蒸发源中，使蒸发物质在蒸发源上实现瞬间完全蒸发。如果把整个蒸镀过程分成许多微小的时间段，则在每一个时间段内，薄膜成分因同时蒸发而与蒸发材料相对应，由此沉积的整体薄膜成分与镀料基本相同，从而防止了分馏现象。

3. 感应加热法

感应加热是将射频电源的能量直接耦合到金属、石墨一类的导体上，其原理是利用高频电磁场在导体材料中感生的热量来直接加热导体本身。

4. 反应蒸发法

化合物的蒸发成分常常涵盖一定范围，大至分子簇，小至分解产物特别是分解的分子。往往得不到与蒸发材料相同的薄膜，这种情况下可以采用反应蒸发的方法。所谓反应蒸发就是在蒸镀金属过程中充入某些活性气体，使活性气体的原子、分子和蒸发的金属原子、低价化合物分子在基板表面沉积过程中发生反应，从而形成化合物薄膜的方法。

3.3 溅射镀膜工艺

用几十到几千电子伏特的高能粒子轰击材料表面，使其表面层原子获得足够的动能而脱离固体变成气态原子，这种过程称为溅射。溅射可用来达到多种目的：如表面的清洁（轰击脱附）、IC电路的加工（干法刻蚀）、材料的成分分析（二次离子质谱）等。采用溅射的方法，使固体中的原子逸出表面并沉积在基片或工件表面形成薄膜的工艺称为溅射镀膜。

在溅射工艺中，主要通过控制溅射气压、溅射功率（溅射电压、溅射电流）、靶基距、基片温度等工艺参数实现薄膜质量的调节。

3.3.1 直流二极溅射及其原理

在溅射装置中（图3.3.1），我们在一定的真空状态下的阴阳极间加上电压，产生稳定的辉光放电并形成一定的电流，这时极间气体分子被离化而带电，其中正离子受阴极（靶材）之负电位加速运动而不断地撞击靶材，靶材在发射出电子的同时，并有一定数量的原子等粒子溅出，这些被溅射出来的原子沉积在基板上就形成我们所需的薄膜。

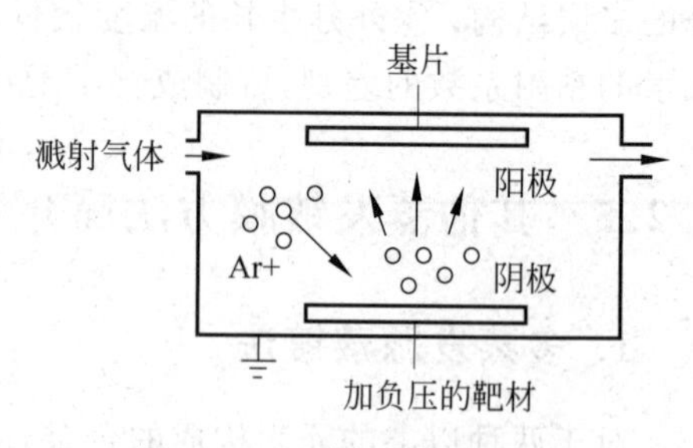

图3.3.1 溅射装置示意图

被电离后的气体分子变成离子，而在电场中，粒子从电场获取能量被加速与靶材表面撞击后，其能量与动量向被撞击的原子转移(图 3.3.2)，使得被碰撞的原子产生位移，并进一步引起晶格点阵上原子的级联碰撞。这种碰撞将沿着晶体点阵的各个方向进行。同时，在原子最紧密排列的点阵方向上碰撞最为有效，结果晶体表面的原子从邻近原子那里得到愈来愈大的能量，如果在表面某处原子获得的能量大于其结合能，该原子就从固体表面某个方向溅射出来。如果离子能量低于某个阈值(一般为几十电子伏特)，则不能使表面原子获得足够能量脱离表面；如果离子能量过高(比如几十千电子伏特)，则该离子可能发生注入效应而使得溅射效应减弱。从上述的溅射原理可以得知：原子间的结合力越大，就越难以被溅射；而化合物材料的结合能一般高于金属材料，所以其溅射速率一般要低很多。

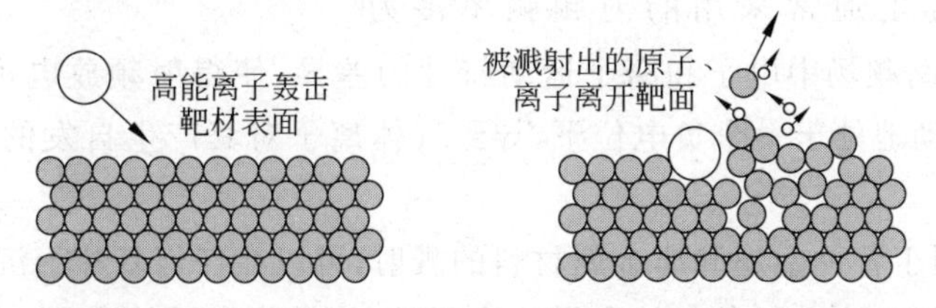

图 3.3.2　溅射轰击在表面产生的动量传递示意图

单个离子轰击所产生的被溅射原子数称为溅射产额，是溅射过程的重要参数。溅射产额与离子的能量、原子序数、入射角度、被溅射材料的原子序数、晶体结构、靶材温度等多个因素有关。

由于不同元素在受到离子轰击时，溅射产额差别较大，这有可能引起合金或化合物的选择性溅射导致薄膜成分偏离理想值。但由于靶材是固体状态，表面层成分会由于选择性溅射迅速变化实现成分的自动调整，在很短的时间内，被溅射原子的比例就会“自动”地调整到接近靶材固有的成分比例而使得薄膜成分不至于大幅偏离。

在二极溅射中，溅射气体一般都是氩气，其价格便宜、容易电离、溅射效率高，而且一般都不会与薄膜发生反应，工作气压在 1～10Pa 范围内一般都可以维持稳定的放电状态。

一般的直流二极溅射结构简单，控制也不复杂，但由于存在工艺参数(如溅射电压、溅射电流、溅射气压等)彼此相关，不能独立调节的问题，在实际使用中不方便；在溅射时气压一般较高，导致沉积速率较慢；而且有大量电子轰击基片造成温升严重；只能用于导电材料的溅射。由于上述原因，因而二极溅射的使用受到限制。

3.3.2 射频溅射

使用直流二极溅射方法可以很方便地溅射沉积多种薄膜，但使用这一方法的前提是靶材能导电。在电子薄膜材料中，有相当一部分材料导电性不高，甚至根本就是绝缘的电介质材料。对于这些材料而言，简单地加上一个直流电压是不可能维持稳定的辉光放电的。由于一定的溅射速率就需要一定的工作电流，因此用直流溅射方法溅射导电性较差的非金属靶材，就需要大幅度地提高直流溅射装置电源的电压。显然，对于导电性很差的非金属材料的溅射，这是不可行的。

设想在图 3.3.3 中溅射设备的两电极间接上频率超过 50kHz 的交流电源时，放电过程与直流放电相比有两方面的不同：①在两极之间电子将进行不断振荡运动，运动距离增加；通过从高频电场获得足够的能量，使得气体分子电离，而电极发射的二次电子对于维持放电的重要性下降。②高频电场可以经由电容或电感耦合进入沉积室，而不再要求电极一定要是导电体；因此，采用高频电源将使溅射过程摆脱靶材导电性的限制。

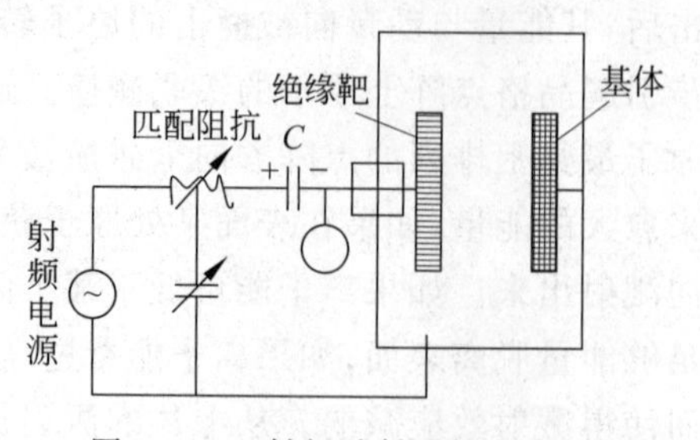

图 3.3.3 射频溅射系统示意图

一般来说，在溅射中使用的高频电源频率已属于射频范围，国际上通常采用的射频频率多为 13.56MHz。由于高频场中电子和离子运动特性的差异，使得射频放电可以在靶材上产生自偏压，靶材会自动地处于一个负电位下，导致气体离子对其产生自发的轰击，从而实现对靶材的溅射。

射频溅射适用于各种金属和非金属材料的溅射，可以在任何基片上沉积薄膜，因此得到了广泛的应用。近年来，在制备各种电子功能薄膜、化合物半导体薄膜、大规模集成电路的绝缘薄膜等材料方面射频溅射都有广泛的应用。

3.3.3 磁控溅射

普通的直流(射频)二极溅射技术是利用辉光放电产生的离子轰击靶材来实现薄膜沉积的；但这种溅射技术的成膜速率较低，电子对基片的轰击作用较强，使得基片升温明显。为了克服这些问题，通过外加磁场控制电子的运动行为，就产生了磁控溅射技术。

在电场的作用下，离子轰击靶材产生大量的二次电子。通过外加磁场(图 3.3.4)，二次电子运动过程中受到磁场与电场的交互作用，使大量的电子围绕靶面作螺旋运动，可以有效延长电子在靶面附近的运动距离和寿命。在靠近靶面的等离子体区域内，电子与氩原子发生频繁碰撞，电离出大量的氩离子和电子，等离子体密度明显增加。这些氩离子在电场的作用下加速轰击靶材，溅射出大量的原子和二次电子，中性的靶原子(或分子)被沉积在基片上成膜，实现高速的溅射。由于电子使气体分子电离的效率提高，所以可以大幅降低工作气压，进一步提高溅射沉积速率。

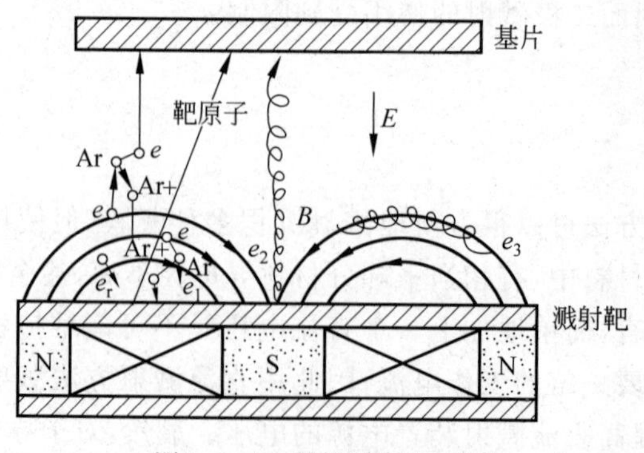

图 3.3.4 磁控溅射原理图

磁控溅射就是以磁场束缚和延长电子的运动路径，改变电子的运动方向，提高工作气体的电离率和有效利用电子的能量。电子被约束在靶表面附近，大量电子都不会达到阳极，从而减小了电子对基片和薄膜的轰击，降低了由于电子轰击而引起基片温升和薄膜损伤。在直流溅射和射频溅射中，均可以实现磁控溅射。

如果靶材是磁性材料，磁力线被屏蔽而难以穿透靶材，不能在靶表面形成磁场，磁控的作用将大大降低。因此，溅射磁性材料时，一方面要求磁控靶的磁场要强一些，另一方面靶材也要制备的薄一些，以便磁力线能穿过靶材，实现磁控溅射。或者，利用比较靠近的两个靶对向布置，如图3.3.5所示，实现磁性材料的高速溅射沉积。

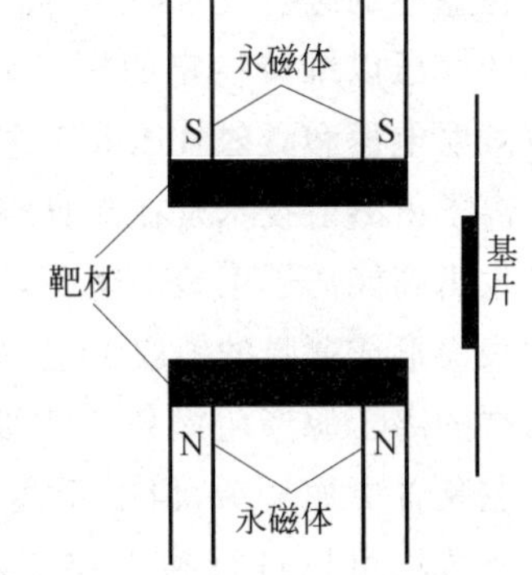

图3.3.5　对靶磁控溅射靶材布置图

由于磁控溅射具有高速、低温、低损伤的特点，易于实现批量化和自动化生产，因此在电子元器件、大规模集成电路、磁光记录、平板显示、太阳能电池等领域得到广泛的应用。

3.3.4　反应溅射

一般而言，采用直流磁控溅射金属靶材沉积具有较快的速率，而采用射频磁控溅射化合物靶材沉积化合物薄膜沉积速率较慢。在溅射技术中，也可以采用类似于反应蒸发的方法，溅射金属靶材的同时，让化学反应在基片表面发生，形成所需要的化合物薄膜，这样就可以在较高沉积速率下制备化合物薄膜。这一技术称反应溅射。

反应溅射技术是将一种反应气体加入到惰性溅射气体中，与被溅射出来的靶材金属原子发生反应从而在衬底上形成化合物的一种薄膜制备方法。反应溅射可以是直流溅射，也可以是射频溅射，还可以采用中频交流（一般频率为40kHz）和脉冲直流（10～200kHz）反应溅射技术。为了提高溅射效率，还可以加入磁场进行磁控溅射。

理想的反应溅射是发生在基片表面，但实际上反应也同时发生在靶材表面。靶材表面的反应会使得金属靶表面形成化合物，从而降低溅射速率（化合物的溅射产额低于金属的溅射产额），这一现象称做“靶中毒”。靶中毒的程度与靶材材料、活性气体成分、真空室内的放电电流、电压、反应室内气体总压、各种气体的分压、温度及反应室几何结构等诸多因素有关。

靶材的毒化不仅会降低薄膜的沉积速率，同时也对溅射工艺的控制提出了严格要求，因为靶中毒，会使得溅射过程变得不稳定。为了减轻靶材中毒的可能性，可以采取以下几个方面的措施：

(1) 将反应气体尽可能直接输入到基片表面而远离靶材，提高活性气体的利用效率；

(2) 提高靶材的溅射速率，使靶材刻蚀速率超过反应速率，保持表面的金属状态；

(3) 采用中频或脉冲溅射技术。

反应溅射能制备化合物薄膜，将各种反应气体和金属靶结合可以合成有多方面应用的单一或多组分化合物。由于反应溅射具有灵活、通用、方便以及操作温度低等优点，使得该项技术应用广泛。

3.3.5 离子束沉积

在上述的溅射技术中，等离子体的产生均依靠气体的辉光放电，这就必然要求系统具有较高的气压以维持稳定的辉光和足够的溅射电流。这会导致溅射电压和溅射气压等工艺参数的相互依赖特性。

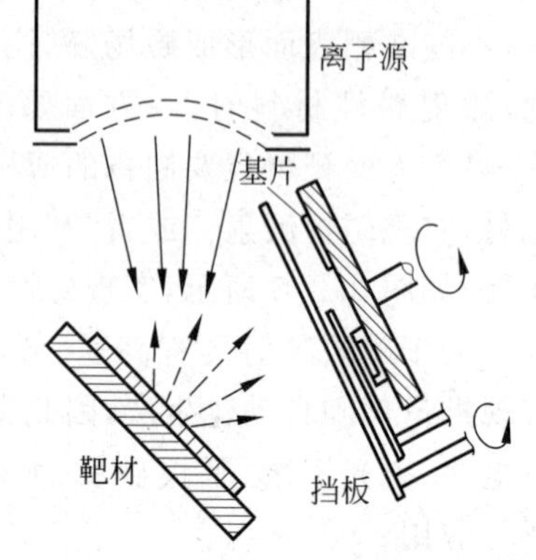

图 3.3.6 离子束溅射沉积原理图

离子束溅射技术是在高真空环境中，从独立的离子源上产生出高能离子束轰击靶面，溅射出的原子直接沉积在基片表面形成薄膜的镀膜工艺，如图 3.3.6 所示。尽管采用独立的离子源产生溅射所需要的离子会使得离子束溅射工艺装置更加复杂，但由于离子的种类、能量、束流、气压等参数均可以进行独立控制，基片不会与等离子体接触，为溅射镀膜带来了极大的灵活性。近年来离子束溅射技术在薄膜沉积方法的研究中较受重视。

为了改善薄膜的结晶性、取向性，提高薄膜的附着力和致密性，还可以利用低能(数电子伏特到数千电子伏特)离子束对基片表面进行轰击，形成离子束辅助沉积技术。这种技术在制备电子器件的绝缘膜、保护膜，以及半导体薄膜、超导薄膜、磁性薄膜、光学薄膜中都有成功的例子。

3.3.6 溅射沉积技术的特点

与其他薄膜沉积方法相比较，溅射沉积技术具有以下特点。

(1) 任何材料都能采用溅射镀膜，而且不同材料溅射特性的差别远不如蒸发特性的差别大，对于合金、化合物材料易制得化学计量比相近或相同的薄膜。由于溅射过程属于动量传递过程，与材料的熔点高低没有太大关系，因此，难熔材料也可以在低温下进行沉积。

(2) 被溅射出来的粒子能量高达几个至十几个电子伏特，比真空蒸镀的粒子能量(0.2～0.3eV)高得多，溅射粒子到达基片后尚有较高的动量，所以能够在基板表面上迁移，因而其成膜致密，与基体结合牢固。这些粒子的轰击对底层结构有一定的破坏作用，在有些情况下，该方法并不适用。

(3) 溅射镀膜容易控制膜的成分，通过直接溅射和反应溅射，可以制备大面积均匀的各种合金膜、化合物膜、多层膜和复合膜。

(4) 由于溅射镀膜时其工作气压在 10^{-2}～10Pa 范围，所以溅射粒子在飞往基底前往往会与真空室内的工作气体分子发生碰撞，其运动方向随机偏离原来的方向；而且溅射粒子一般是从较大靶表面积中射出的，因而溅射镀膜比真空镀膜的薄膜厚度分布更为均匀。

(5) 由于溅射时要使用高电压使气体放电，所以装置比较复杂，价格较高，而且除磁控溅射外，一般沉积效率都较低。但是溅射镀膜操作简单，工艺重复性好，易实现工艺控制自动化。溅射镀膜比较适宜于大规模集成电路、磁盘、光盘等高技术产品的连续生产。

3.4 化学气相沉积工艺

3.4.1 化学气相沉积过程

1. 化学气相沉积过程

与蒸发、溅射等物理气相沉积主要利用物质的物理变化不同，化学气相沉积(chemical vapor deposition，CVD)是使反应物质在气态条件下、在固体表面(也包括周围空间)发生化学反应，从而在固体表面生成固态物薄膜的工艺方法。与在陶瓷工艺、厚膜工艺中的化学反应不同，在CVD中，化学反应发生在基片表面的薄膜中，并以较快的速度完成，所以在很多情况下，本质上属于原子范畴的气态传质过程，而不是一个体内的原子扩散控制过程。一般地，CVD制备薄膜可分为以下四个过程：①反应气体从流动空间向基片表面扩散；②反应气体被基片表面所吸附；③反应气体在基片表面发生化学反应从而形成固态薄膜；④反应产生的副产物气体脱离基片表面并扩散到流动空间。

2. 化学气相沉积的特点

与其他薄膜沉积方法相比较，CVD技术具有以下优点：①可以通过各种反应形成多种金属、合金、陶瓷和化合物薄膜。薄膜的化学成分可随气相组成的改变而变化，从而获得掺杂薄膜、梯度薄膜、多层单晶膜等。②薄膜沉积速率快，可达到每分钟几微米甚至更高；而且可以比较容易地实现批量化制备，提高生产效率。③CVD可以在常压或者真空条件下沉积，镀膜绕射性好。可在复杂形状的基体上以及颗粒材料上镀膜。适合涂覆各种复杂形状的工件。由于它的绕镀性能好，所以可涂覆带有槽、沟、孔，甚至是深孔的基片。④可以采用等离子和激光辅助技术促进化学反应，使沉积可在较低的温度下进行，从而在较低的温度下获得高纯度、结晶完美的薄膜，材料的结构和性质高度可靠，而这对于很多电子材料而言是必需的。⑤可以获得平整的薄膜表面，有利于多层膜的制备。⑥辐射损伤低。由于沉积中没有高能粒子的轰击，所以在器件制备中可以有效避免粒子辐照对下层电路的损伤。

当然，CVD方法也有其缺点，主要是沉积温度高以及有些情况下其原料和副产物是有毒的，对环境有一定程度的污染，所以必须加以处理。

3. 化学气相沉积的发展

近几十年来，CVD技术已经从早期的常压下的CVD逐步走向真空条件下的低压CVD、等离子体辅助CVD(PECVD)、光辅助CVD(photo CVD)以及金属有机物CVD(MOCVD)。由这些CVD技术制作的薄膜质量、薄膜厚度和电学特性参数分布的均匀性和制备效率都得到显著提升。伴随半导体材料快速发展，CVD已经成为一种制备无机材料的新技术，该技术广泛用于提纯物质，研制新晶体，沉积各种单晶、多晶或非晶态无机薄膜材料。由CVD法制备的材料可以是无机单质(如金属、类金刚石等)、氧化物、硫化物、氮化物、碳化物；也可以是Ⅲ-Ⅴ族、Ⅱ-Ⅳ族和Ⅳ-Ⅵ族中的二元或多元的化合物。由于原料纯度高，气相比例精确可控，薄膜的物理性质可以通过气相掺杂的沉积过程精确控制，CVD特别适用于半导体薄膜材料的制备。

3.4.2 热CVD

热CVD制备薄膜的基本原理是利用挥发性的金属卤化物或金属有机化合物在高温条件下(由辐射、传导或感应加热提供热能)发生热分解、还原、氧化、氮化、置换等类型的化学反应,从而在基片表面生成所需要的化合物或单质薄膜。其过程如图3.4.1所示。

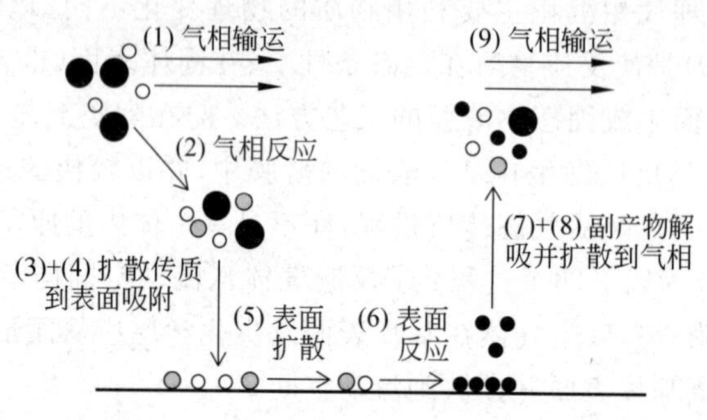

图3.4.1 热CVD薄膜沉积过程示意图

在反应室内,原料气体在流动过程中从空间向基片表面扩散,到达基片表面时被吸附,同时在高温作用下在基片表面发生化学反应,形成致密的固态薄膜。

热CVD装置的构成如图3.4.2所示,大致可以分为供气和原料系统、反应室、真空获得与控制系统、尾气处理系统。其中,反应室是CVD装置的核心。一个良好的反应室应该满足以下条件:①气体在基片表面均匀流动并均等地发生反应以保证薄膜成分、厚度的均匀性;②基板受热均匀、温度一致以保证薄膜结构性能的均匀性;③反应室在高温环境下对薄膜无污染;④除基片表面的反应外,不发生在空间的气相反应,避免粉末的产生;⑤副产物的排出速度快。

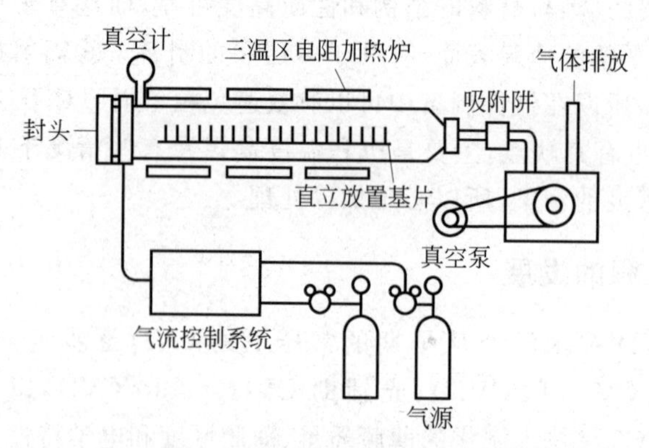

图3.4.2 热CVD装置示意图

在热CVD法中,如果反应气体浓度过高且有足够的温度,反应也可能同时在气相空间发生,从而生成一些粉末态物质,降低薄膜质量。

3.4.3 等离子体 CVD

在辉光放电的低温等离子体内，“电子气”的温度约比普通气体分子的平均温度高 10～100 倍，即当反应气体接近环境温度时，电子的能量足以使气体分子键断裂并导致化学活性粒子（活化分子、离子、原子等基团）的产生，使本来需要在高温下进行的化学反应由于反应气体的电激活而在较低的温度下即可进行。所产生的活化分子、原子基团之间的相互反应最终沉积生成薄膜。人们把这种过程称为等离子增强的化学气相沉积（PACVD 或 PECVD），简称为等离子体化学气相沉积。

等离子体内的处于活化状态的原子、分子、基团，能量较高，易于发生化学反应，从而大幅降低依靠热激发时的温度要求，使得薄膜沉积在低温下即可进行。而这种低温成膜条件对于 Si 基集成电路和电子元器件制作是至关重要的。比如，利用 PECVD 可在常温至 350℃条件下，沉积氮化硅膜、氧化硅膜、氮氧化硅及非晶硅膜等。此外，对于耐热性较差的许多基片（如低熔点玻璃、聚酰亚胺膜等）而言，PECVD 所需的低温也有明显的优势，所以近年来在太阳能电池、液晶平板显示器等器件方面得到广泛的应用。

低压气体放电产生等离子体，可以有不同的激发方式，如热电子激发、电容耦合的二级放电、磁控放电、电感耦合放电以及产生高密度等离子体的微波激发的电子回旋共振（ECR）等方式。图 3.4.3 所示为一种电容耦合的多片同时处理的 PECVD 装置。

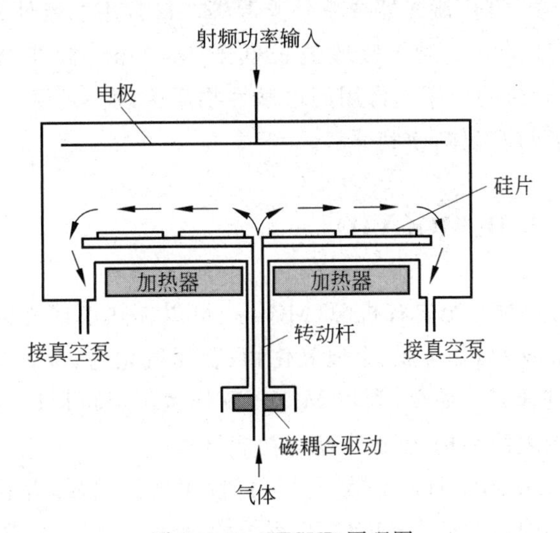

图 3.4.3 PECVD 原理图

3.4.4 光 CVD

PECVD 实现了薄膜沉积的低温化，在半导体薄膜材料制备上得到了大量的应用。但是，在实际使用中仍然存在能量较高的带电粒子轰击薄膜或基板引起的材料和元件的缺陷或损伤。

光化学气相沉积又称光辅助化学气相沉积或光激化学气相沉积，简称光 CVD(photo CVD)。与 PECVD 类似，光 CVD 是用光能激发反应气体，使其分解，在基片上淀积成膜。所以与传统的热 CVD 相比，光 CVD 的成膜温度也较低(常温到 400℃)。但与 PECVD 不同的是：由于光一般不会使反应气体电离，反应室内没有带电粒子，也没有电极和电场，因此，不会因有带电粒子对基片的轰击而导致薄膜的损伤，从而有利于制备优质薄膜和器件。图 3.4.4 为光辅助 CVD 系统示意图。

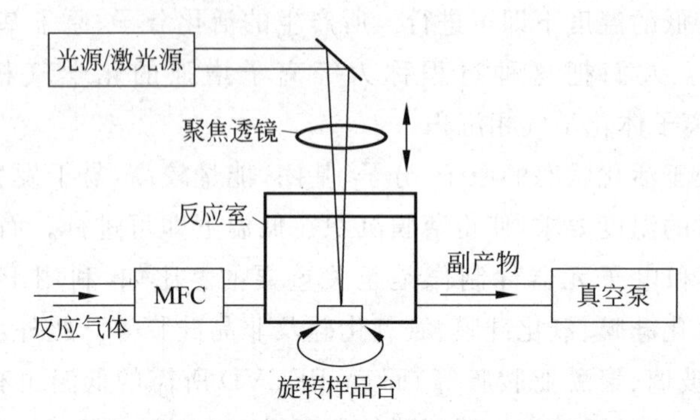

图 3.4.4 光辅助 CVD 系统示意图

光 CVD 过程中，光激发反应有两种方式：一种是选择能被反应气体吸收的光来照射气体，使气体直接激发；一种是添加增敏性物质，使反应气体间接激发。光 CVD 光源可用准分子激光器、Ar^+ 激光器、CO_2 激光器或紫外光源等。最常用的紫外光源为低压汞灯，其光波长为 184.7nm 和 253.7nm。对于吸收波长低于 184.9nm 紫外光才能分解的气体，光 CVD 必须借助增敏性物质的作用。常用的增敏性物质为汞。汞原子易被紫外光激励为激活态，并将能量传递给反应气体，使其分解。

3.4.5 有机金属 CVD(MOCVD)

在 MOCVD 沉积过程中，金属有机源(MO 源)可以在热解或光解作用下，在较低温度沉积出相应的各种无机材料，如金属、金属氧化物、金属氮化物、金属氟化物、金属碳化物和化合物半导体材料等的薄膜。如今，利用 MOCVD 技术不但可以改变材料的表面性能，而且可以直接构成复杂的表面结构，创造出新的功能材料。

因为 MOCVD 生长使用的源是易燃、易爆、毒性很大的物质，并且要生长多组分、大面积、薄层和超薄层异质材料，因此在 MOCVD 系统的设计思想上，通常要考虑系统密封可靠性，流量、温度控制精确性，组分变换突变性，系统紧凑性等。系统一般由源供给子系统、气体输运和流量控制子系统、反应室及温度控制子系统、尾气处理及安全防护报警子系统、自动操作及电控子系统构成。图 3.4.5 为 MOCVD 系统示意图。

随着化合物半导体器件(如 GaAs MMIC、InP MMIC 以及 GaN 蓝光 LED)市场的不断扩大，MOCVD 系统的需求量不断增长。随着技术的进步，MOCVD 在其他的电子功能薄膜材料制备中也必将大显身手。

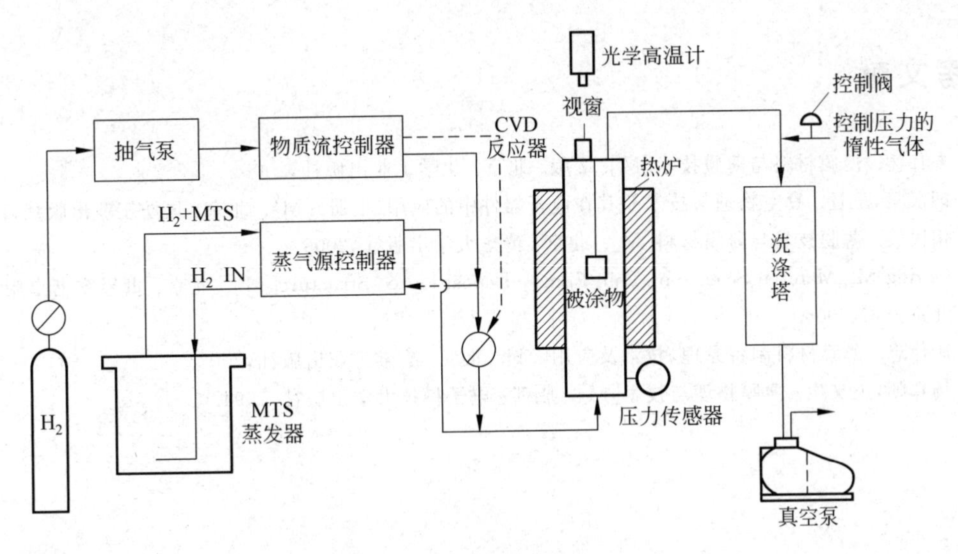

图 3.4.5 MOCVD系统示意图

3.4.6 表面氧化工艺

严格来讲，表面氧化成膜技术并不属于 CVD 技术，并且与前面的 PVD 技术也都不一样。其基本原理不是将物质沉积在基片的表面，而是利用高温条件下基片表面层的原子与空间气氛发生化学反应（也可以看作气体原子渗入基片表面），从而在基片表面层形成化合物薄膜。

在集成电路的应用上，对绝缘膜的要求越来越高，要求在纳米级厚度的薄膜达到相当高的绝缘强度、性能的均匀性和可靠性。而采取严格控制的工艺参数下的 Si 片热氧化可以获得高质量的 SiO_2 薄膜，而且满足大批量生产的要求，所以在大规模集成电路中被广泛使用。

复习思考题

1. 常用的制备薄膜的工艺方法有哪些？
2. 真空是什么样的状态？真空环境有什么特点？
3. 常用的真空泵有哪些？分别能达到什么样的真空度？
4. 热蒸发镀膜有哪些加热方式？各有什么特点？
5. 脉冲激光沉积方法有何特殊之处？
6. 溅射的基本原理是什么？
7. 射频溅射为何能溅射沉积电介质薄膜？
8. 磁控溅射为何能实现薄膜的高速低温沉积？
9. 离子束溅射沉积有何特殊性？
10. 化学气相沉积有何特点？
11. PECVD 为何能在较低的温度下实现薄膜的沉积？

参考文献

[1] 郑伟涛. 薄膜材料与薄膜技术[M]. 2版. 北京：化学工业出版社，2008.
[2] 胡汉泉，王迁. 真空物理与技术及其在电子器件中的应用(上册)[M]. 北京：国防工业出版社，1983.
[3] 田民波. 薄膜技术与薄膜材料[M]. 北京：清华大学出版社，2006.
[4] Ohring M. Material Science of Thin Films—Deposition & Structure[M]. 北京：世界图书出版公司北京公司，2006.
[5] 唐伟忠. 薄膜材料制备原理、技术及应用[M]. 北京：冶金工业出版社，2003.
[6] 杨邦朝，王文生. 薄膜物理与技术[M]. 成都：电子科技大学出版社，1994.

第4章 厚膜工艺

厚膜工艺是指将电子浆料通过丝网印刷等方法印制在陶瓷基板或者其他绝缘基板上，经干燥、烧结后形成厚度为几微米到数十微米的膜层。在微电子领域中，用厚膜技术在基板上形成导体、电阻和各类介质膜层，并在基板上组装分立的半导体器件芯片、单片集成电路或微型元件，封装后构成厚膜混合集成电路。厚膜混合集成电路能耐受较高的电压、较大的电流和功率，广泛用于民用无线产品、高可靠小批量的军用、航空航天产品中。

本章介绍几种主要的厚膜浆料及特性、厚膜图案形成工艺、厚膜的干燥和烧成等厚膜工艺。

4.1 厚膜浆料

厚膜浆料是由一种或多种无机微粒分散在有机高分子或低分子化合物溶液中组成的胶状体或悬浮体；有机化合物溶液称为有机载体。

4.1.1 厚膜浆料的特性和制备

厚膜浆料是构成厚膜电路的关键材料，其组成、特性直接决定电路的电性能和工艺性能，如流变触变性、工艺重现性、相容性和烧结特性等。

1. 厚膜浆料的组成

厚膜浆料一般都是由三种主要成分组成：功能相、粘结相和有机载体。

功能相决定厚膜的电性能。根据功能相的不同，厚膜浆料可分为导体浆料、电阻浆料、介质(电容)浆料和磁性(电感)浆料等。导体浆料的功能相一般是贵金属、贱金属或合金的混合物；在电阻浆料中，通常是导电氧化物、合金、化合物或盐类等；介质浆料的功能相一般是铁电体氧化物、盐类、玻璃、晶化玻璃或玻璃-陶瓷以及这些材料的混合物；磁性浆料中功能相主要是铁氧体材料。

粘结相的作用是将功能相粘结在一起，并使膜层与基片牢固结合。粘结相通常是玻璃釉粉的混合物。玻璃釉粉是由各种金属氧化物在高温下熔融淬火而得到的玻璃粉。根据在玻璃中的主要作用，氧化物大致可分为三类：第一类为构成玻璃基本骨架的氧化物，如SiO_2、B_2O_3等，它们能单独形成机械性能和电性能优良的玻璃；第二类是调节玻璃的物理、化学性能的氧化物，如 Al_2O_3、PbO、BaO、ZnO 等，它们可改善玻璃的热膨胀系数、机械强度、热和化学稳定性等；第三类是用于改进玻璃性能的氧化物，如 PbO、BaO、B_2O_3 等，它们能降低玻璃的熔化温度，同时还保证玻璃的电性能和化学性能。烧结后的玻璃釉表面光亮、不透水、不透气，能够对厚膜元件或整个厚膜电路组件起绝缘保护作用。玻璃釉可以很好地与金属、陶瓷焊接，在全密封结构中用于焊接陶瓷或金属，起密封焊接作用。粘结相的成分和组成决定了厚膜的烧结温度范围，玻璃软化温度高，则烧结温度高。

有机载体是聚合物溶解于有机溶剂中的溶液，它是功能相和粘结相微粒的载体，控制浆料的流变特性和粘度，决定了浆料的工艺特性。有机载体不参与厚膜的组成，它在高温烧成中分解逸出。有机载体由有机溶剂、增稠剂，以及表面活化剂、触变剂、消泡剂等添加剂组成。常用的有机溶剂有：松油醇、萜品醇、丁基卡必醇、丁酸丁基卡必醇、异丙醇和甲苯等。增稠剂也称有机粘合剂，常用的增稠剂有：乙基纤维素、硝基纤维素、丙烯酸树脂、丁醛树脂、聚异乙烯、聚己烯乙醇、聚 α-甲基苯乙烯、聚己烯醋酸酯和苯乙烯等。

2. 厚膜浆料的流变性

流变性是指物质在外力作用下产生形变和流动的特性。厚膜浆料的流变性决定了浆料的工艺性。在丝网印刷的不同阶段，要求浆料的粘度有明显的变化。比如在刮板运动的转印过程中，浆料应像液体一样具有很好的流动性，光滑地通过掩模图形到达基板，而当浆料印到基板上后，必须像固体那样不再流动和变形，以保持图形尺寸的稳定。因此，厚膜浆料的流变性对丝网印刷的成膜特性和厚膜质量有重要影响。

流体通常分为牛顿型和非牛顿型流体，牛顿型流体定义为低粘度流体，其粘度不受外力的影响。这类流体是由作用力小的低分子构成，如水、甘油、低分子化合物溶液（如盐类、酸类的溶液），它们不能用于厚膜浆料。

非牛顿流体又分为涨流型、塑流型、类塑流型和触变型；非牛顿型流体的粘度随外加切应力变化。其中涨流型流体的粘度随着切应力的增大而增加，因而也不能用于厚膜浆料。

目前，厚膜浆料一般都是塑流型（类塑流型）和触变型的。

塑流型（类塑流型）流体的粘度较大，但随切应力的增大而减小，流动性增加，因而能够用于厚膜浆料。通常其分子为聚合物高分子，在分子间或分散物质之间有较大的互作用力，并存在某些凝胶状结构。在较大的切应力作用下，分子会重新排列取向，从而具有流动性。

触变型流体在外力作用下，其物质结构能够出现凝胶→溶胶→凝胶的转变过程。触变型流体在搅动或其他机械作用下，能使具有凝胶状（半固体）的体系变成流动性较大的溶胶（固相为分散相、液相为分散剂）体系。将体系静置一段时间后，又会恢复原来的凝胶状态。触变性产生的原因，一般认为随着切应力的增加，凝胶结构的分子间价键破裂，粘度下降，但在静止过程中又重新恢复。由于溶胶结构重新恢复为凝胶结构后粘度增大，有利于减小浆料成膜后的再次流动。触变性流体的粘度取决于切应力的大小和切变时间，通常把一定切应力作用下，粘度对时间变化率很大的浆料称为高触变性浆料，而变化率适中的称为标准触变性浆料。

浆料的流变性和粘度是控制并保证浆料适于丝网印刷的最重要特性之一，主要由浆料中的有机载体调节。有机载体由有机溶剂、增稠剂、表面活性剂等添加剂组成。其中增稠剂的作用是提高浆料的粘度，覆盖固体微粒以阻止微粒的凝聚、结块和沉淀，并赋予浆料合适的流变特性，在浆料印刷、干燥后，使固体微粒粘结在一起，具有一定的强度。在厚膜浆料中，加入表面活性剂可以改善流动性；为了防止烧成时容易出现的二次流动现象，应加入流延性控制剂，聚甲基丙烯酸脂或邻苯二酸二丁脂可以改善介质浆料的成型和流平性。加入触变剂、胶凝剂等能够提高浆料的触变性；为了减少介质浆料在印刷后产生的气孔，保证绝缘性能，还可以加入硅酸甲脂、硅酸四乙脂或苯甲基硅油等作为消泡剂。

在浆料的组成中，功能相和粘结相无机微粒的特性对浆料的流变性能影响也很大。微粒的主要特性有比表面积，微粒大小、形状及分布等。其中比表面积是微粒最重要的特性之一，通常颗粒越小，比表面积越大，浆料的触变性就越高，印刷性也越好。一般说来，浆料中的无机微粒直径应在2μm以下，最大也应小于5μm。

3. 厚膜浆料的制备

厚膜浆料的制备可以分成原料加工、混合和检验等过程。

图4.1.1为厚膜浆料的制备流程图。浆料配制前，应对无机粉末进行细化处理，并使其表面活化。有机载体的配制方法一般是先将有机溶剂和表面活化剂等添加剂混合，再在搅拌过程中加入增稠剂；有时需要加热以加速增稠剂的溶解，溶解完成之后冷却，便得到有机载体。将制得的无机粉末和有机载体进行混合、研磨、辊轧，使无机粉末均匀分散到有机载体当中，便得到均一细腻的膏状厚膜浆料。

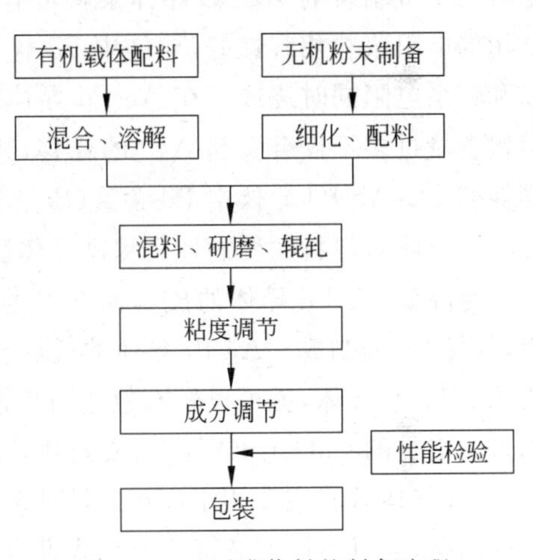

图4.1.1　厚膜浆料的制备流程

厚膜浆料的检验、测试通常包括粘度、固体含量、细度、浆料外观等物理性能，以及影响厚膜电性能的方阻、附着力、浸润性、温度特性等。浆料的流动性必须适度，流动性太大容易渗开，图形模糊，分辨率差；流动性太小，丝网印刷后会留下网格痕迹。厚膜浆料的粘度一般控制在约10^5cP。表4.1.1给出了不同厚膜浆料常用的粘度范围。

表4.1.1　常见厚膜浆料的粘度

浆料类型	粘度范围/10^5cP	浆料类型	粘度范围/10^5cP
一般导体浆料	1.7～3	介质浆料(要求流动性好)	1.2～2
高触变性细线浆料	5～16	感光性导体浆料	2～3
常用电阻浆料	2～3		

按照浆料的功能和性能，厚膜浆料分为导体浆料、电阻浆料、介质浆料、磁性浆料等。

4.1.2　导体浆料

厚膜导体是厚膜电路的一个重要组成部分，主要作电路的内部互连线、多层布线、外贴元器件的焊区、电容器电极、电阻器引出端、低阻值电阻器、电感器、厚膜微带等。导体浆料的导电相(功能相)通常以球形、片状或纤维状分散于基体中,构成导电通路。导电相决定了导体浆料的电性能,并影响厚膜烧成后的物理和机械性能。

根据材料的化学性质,厚膜导体浆料可以分为贵金属导体浆料和贱金属导体浆料。

1. 贵金属导体浆料

贵金属导体浆料是以 Ag、Au、Pd、Pt 等金属及其合金作为导电相的导体,其性能稳定、工艺成熟。目前应用得较普遍的贵金属导体有 Ag、Ag-Pd、Ag-Pt、Au-Pd、Au-Pt、Au 等。

Ag 是导电性能很好的金属材料,价格比 Au、Pd、Pt 等其他贵金属低,在生产中得到广泛的应用。但 Ag 导体作为厚膜混合电路的导电带、电容器电极及电阻的端接材料时,会产生 Ag^+ 的电迁移问题,造成元器件失效。电迁移是指在湿热的环境中,在直流电场作用下,金属呈离子形态从阳极到阴极,产生沉积的一个电化学过程。因此,厚膜导体浆料的功能相一般不用纯 Ag 导体。在银中添加氧化镉等,可以在一定程度上抑制银离子迁移。

Ag-Pd 导体浆料是目前厚膜电路中应用得最为广泛的一种导体浆料。在 Ag 中加入一定量的 Pd,制备的 Ag-Pd 导体浆料可有效地抑制银离子的迁移。Ag-Pd 导体浆料与目前常用的电阻浆料相容性好,导体中 Pd 含量高时可与 Pd-Ag 电阻同时烧成,Pd 含量低时可以和钌系电阻同时烧成。在 Ag-Pd 导体浆料中,Ag-Pd 导体的电阻随银含量增多而降低,但银含量过多不仅会引起 Ag^+ 的迁移,还会使浸焊性降低。Pd 含量过多也会使焊料的湿润性变差。Ag-Pd 导体中 Pd 含量(质量分数)通常为 15%～25%,典型值为 20%。为改善 Ag-Pd 导体对焊料的湿润性和提高导体膜与基板的附着强度,在导体中可添加 Bi_2O_3。

为降低 Ag-Pd 导体的成本而开发的 Ag-Pt 导体,是在 Ag 中加质量分数 1%～3%的 Pt,取代 Pd 而制成。Ag-Pt 导体的抗焊料侵蚀性能优良,但存在银离子迁移问题。如果制成 Ag-Pd-Pt 导体,就可以较有效地防止银离子的迁移。Ag-Pt 导体也有不用玻璃粘结相而加入一定量的 CuO、CdO 等,制成无釉导体。

Au 导体浆料主要用于高可靠性或多层布线电路、微波混合集成电路、与薄膜技术相配合的电路,也可用作管芯键合或导线键合的焊区。在各种导体浆料中,Au 浆料印出的导线最微细,目前可达到的线宽与线间隔为 50～70μm。但是,玻璃粘结型的普通 Au 导体在反复烧成时,膜与基板的附着强度下降,还会使玻璃上浮在膜的表面,焊接性能变差。无釉 Au 导体采用 TiO_2、CuO、CdO 等金属氧化物来代替玻璃作为粘结相,烧成时这些氧化物与氧化铝基板发生化学反应,生成 $CuAl_2O_4$、$CdAl_2O_4$ 等尖晶石型化合物,起到粘结的作用。无釉 Au 导体在多次烧结时无普通 Au 导体的缺点,不会因玻璃软化而改变布线图形;烧成膜因不含玻璃也容易进行导线或芯片键合。在无釉 Au 导体中,Au 占粉料的 90%～95%(质量分数),烧成需要 950～1000℃的高温。

为了改善普通 Au 导体附着强度较差的缺点,在 Au 中加入一定量的 Pd,形成 Au-Pd 导体。Au-Pd 系导体不仅附着强度高,可焊性也好,而且能与 Pd-Ag 系电阻同时烧成,形成低噪声接触。Au-Pd 导体浆料中各主要成分可取如下范围(质量分数):Pd 为 8%～15%,Au 为 73%～80%,玻璃占 12%～19%。

Au-Pt、Au-Pd-Pt 系导体材料适用于高可靠性的使用场合(如军用、航空航天等),Au-Pt 系导体容易上锡,是一种优良的电阻端接材料,但价格昂贵。

2. 贱金属导体浆料

混合集成电路目前仍大量采用贵金属作导体材料，为了降低电路成本，还开发了 Cu、Ni、Al 等贱金属导体和其他浆料。

Cu 厚膜导体具有比 Au 厚膜导体更为优良的高频特性和导电性，适用于高速电路，而且也没有 Ag^+ 迁移的缺陷。Cu 厚膜导体与基片附着好(生成 $CuAl_2O_4$)，可焊性好，适于多层结构。但当温度较高时，Cu 会发生氧化，致使电阻率增大，因此必须在中性气氛中烧成，并且只能在低温下使用。目前报道的 Cu 导电浆料的抗氧化技术主要有 Cu 粉表面镀银、浆料中添加还原剂保护、Cu 粉进行有机磷化合物处理、聚合物稀溶液处理、偶联剂处理等。也可采用溶胶-凝胶法在 Cu 粉的表面包覆一层 SiO_2-Al 系薄膜，包覆的薄膜能够提高 Cu 粉在高温烧结过程中的抗氧化性，还降低了 Cu 粉的烧结温度。

Ni 导体的导电性比 Cu 差，焊接性也差，主要用于等离子显示器的电极。用 Ni 导体代替 Ag 导体，可以克服 Ag 电极在等离子显示板上比较严重的溅射现象，大大延长等离子显示板的寿命。Al 导体的优点是价格便宜，电性能稳定。Al 和 Si 易于形成阻挡接触，常用作 Si 太阳能电池的背面场的材料。Al 对 PTC 热敏电阻瓷体具有良好的欧姆接触特性，因此 Al 导体也用来作为 PTC 热敏电阻的电极材料。但 Al 导体的主要缺点是耐冲击电流较低，在较大的冲击电流作用下，在电极的接触处容易出现拉弧现象，严重时还会烧毁电极。因此，常在 Al 电极上再烧渗一层 Ag 电极作为二次保护的措施。

3. 导电胶

导电胶是以导电粉末、树脂(环氧树脂、硅树脂等)和少量添加剂制成的导电浆料，是一种聚合物导电材料。导电胶无须高温烧结，适合有机物基片上使用。导电胶的电阻率可达 $1\times10^{-3}\Omega\cdot cm$，粘附强度好。导电粉末有 Ag、Au 等贵金属，也有 Cu、Al、Ni 等贱金属及炭黑等。Ag、Au 导电胶导电性能最好。

4.1.3 电阻浆料

厚膜电阻浆料在电路中的应用仅次于导体浆料。厚膜电阻浆料大部分为贵金属电阻浆料，为了降低成本，目前也在开发和应用贱金属电阻浆料和聚合物电阻浆料。

1. 贵金属电阻浆料

贵金属电阻浆料中采用的导电相主要有 Pd-Ag 电阻材料、Pt 族电阻材料以及 Ru 系电阻材料。

Pd-Ag 电阻电性能良好，工艺成熟，是发展最早、应用最广泛的厚膜电阻材料。根据 Pd-Ag 的比例来调整方阻值，通常 Pd∶Ag 比例为 6∶4～4∶6，方阻 1Ω/□～1MΩ/□，电阻温度系数 TCR＜250ppm/℃，电流噪声为－20～＋20dB，额定功率可达 $4W/cm^2$。Pd-Ag 电阻对烧成条件非常敏感，在还原性气氛下，阻值会大幅度降低。Pd-Ag 电阻的主要缺点是当方阻值较大时电流噪声大，且电阻温度系数增大。目前 Pd-Ag 电阻仅在一般的民用设备中采用，在高可靠性的装置中已不再使用。

Pt族电阻材料主要用Pt、Ir、Rh等贵重金属作为导电相。方阻范围1～10μΩ/□，TCR<±200ppm/℃。Pt族电阻材料性能好，但价格昂贵。

Ru系电阻材料包括以RuO_2以及RuO_2与其他金属的混合物为导电相的厚膜电阻。Ru系电阻工艺性能好、阻值重复性好、电阻温度系数小、电流噪声小，能够耐受高功率负荷，抗还原能力强，能够长期储存，是目前应用最广泛的贵金属电阻材料。RuO_2电阻的配方很多，典型组成范围是（质量分数）：RuO_2 5%～40%，玻璃（硼硅酸铅玻璃）60%～95%，方阻10Ω/□～10MΩ/□，TCR=100ppm/℃。

2. 贱金属电阻浆料

以贱金属代替贵金属是厚膜电阻材料的一个发展方向。LaB_6是目前满足实用要求的贱金属电阻浆料，方阻范围为10Ω/□～1MΩ/□，TCR～±150ppm/℃。$MoSi_2$电阻材料性能与Pd-Ag相近，但能够耐受高温和还原性气氛，能在大气中烧结。其方阻范围10Ω/□～200kΩ/□，TCR<±500ppm/℃，电流噪声－15～＋14dB。MoO_2系电阻材料的方阻范围30Ω/□～100kΩ/□，TCR<±350ppm/℃。其他贱金属电阻材料还有SnO_2、CuO-Cu_2O、CdO、In_2O_3、TaN-Ta、TiN-Ti、WC-W等。

3. 聚合物电阻材料

聚合物电阻材料是以炭黑和树脂为主要成分的一种电阻材料，由导电材料、粘合剂和溶剂制成，一般在100～250℃固化成膜。导电相一般为炭黑和石墨，在低阻浆料中掺入适量的银。粘合剂有热固性树脂、环氧树脂、聚酰亚胺等。溶剂一般采用松节油、丁基卡必醇。方阻范围10Ω/□～1MΩ/□，TCR≤－300ppm/℃。

4.1.4 介质浆料

在混合集成电路中，厚膜介质浆料主要用来作厚膜电容介质、交叉-多层布线介质、电路的保护层和包封介质等。对介质材料的要求是耐压强度高、绝缘电阻大、损耗小、电容温度系数小，烧结后均匀致密、表面光滑平整、气孔率小。用于交叉-多层布线时要求介电常数小，以减小分布电容的影响；作为电容器介质时则需要介电常数大，以得到较高的电容密度。

1. 厚膜电容介质材料

厚膜电容介质材料种类繁多，按照介质材料类别可以分为陶瓷、陶瓷-微晶玻璃混合介质和微晶玻璃三种类型。根据介电系数的大小，又可分为高介、中介、低介厚膜电容介质。

高介厚膜电容介质是以$BaTiO_3$为基的铁电陶瓷与玻璃（或微晶玻璃）组成的混合介质，或者是含铁电晶相的微晶玻璃，介电常数为数百甚至数千。这类厚膜电容器比容大，介电损耗为$(350\sim400)\times10^{-4}$，但性能稳定性较差，电容温度系数大。

中介厚膜电容介质的介电系数为130左右，有铁电材料，也有非铁电材料；非铁电介质材料耗损小、性能稳定。主要有氧化钡、氧化铌等。

低介厚膜电容介质是普通玻璃或低介陶瓷复合介质，介电系数为12～20，介电损耗为$(15\sim20)\times10^{-4}$。低介厚膜电容器比容小，但性能稳定，电容温度系数小。

2. 交叉-多层布线介质材料

交叉-多层布线是用低介绝缘材料将交叉或重叠的导体隔开的绝缘结构。在复杂的电路中，被这种绝缘结构隔开的不只是导体，还有电阻、电容等元件。交叉-多层布线介质材料的性能要求是绝缘电阻和耐压强度高、介电常数小、介质损耗小，经多次烧结后不变形，烧成膜无气孔、表面平整，与其他厚膜元件相容性好，在膜上能印烧导体和其他各种厚膜元件。

目前使用的交叉-多层介质主要有玻璃-陶瓷介质和晶化玻璃。玻璃-陶瓷介质既可以消除陶瓷介质的多孔结构，又能克服玻璃介质的过流现象。这种介质在高温重烧时，陶瓷逐渐熔于玻璃，使玻璃的软化温度提高，因此每次烧结都不会产生流动现象。这种性质在多层厚膜电路中有很大的优越性。典型的以 $BaO\text{-}PbO\text{-}Al_2O_3\text{-}TiO_2\text{-}SiO_2$ 为基的玻璃-陶瓷介质，介电系数为14，介电损耗为0.05%，绝缘电阻$>10^9\,\Omega$。晶化玻璃由于重结晶作用，控制适宜的烧成温度十分重要。常用的晶化玻璃有硼硅酸钴玻璃。

3. 包封介质材料

包封(封装)介质或保护层介质的主要作用是钝化和保护薄膜的元件表面，减弱环境条件(如湿气等)对元件的影响。这些介质要求能抗恶劣环境条件和适应激光微调，成膜后不易吸湿和渗透，膜较坚硬，热膨胀系数应与基板和被保护元件匹配。常用低温玻璃(如含CdO或ZnO的低熔点硼硅酸玻璃)作电阻器的保护层，用晶化玻璃保护电容器。

4.1.5　电感及铁氧体磁性浆料

厚膜电感由导体浆料和铁氧体浆料制作，它可以是单层，也可以是多层。单层平面电感一般采用多圈螺旋形结构，其电感量较小。为提高电感量，可以将螺旋形导体印烧在铁磁性膜上，或采用多层结构。多层厚膜电感是由多层介质膜或铁磁性膜隔开的平面螺旋电感依次串联起来构成的，其制造方法是交替印刷铁氧体浆料和导体浆料形成叠层，然后烧结成一个具有闭合磁路的整体。

厚膜电感常用的铁氧体磁性浆料一般采用铁酸锂铁氧体粉末，随着高频化的发展，近来也有采用镍锌铁氧体、钡铁氧体等材料。厚膜电感常用的导体材料有Au、Ag、Cu、Al等。在印制导体时，为使高频下仍有良好的电导，保证较大的Q值，应使导体的膜厚为趋肤深度的3～5倍。厚膜电感由于工艺、结构和材料上的原因，电感量和Q值都不高，一直是厚膜元件较薄弱的环节。目前厚膜电路中大多采用外贴小型电感器，并在电路上采取措施，尽量减少电感的数量及电感量。

4.2　厚膜图案形成技术

在厚膜电路制造工艺中，将厚膜浆料按照设计好的平面电路图形在基板上形成导体、电阻、电容等厚膜元件的厚膜图案形成技术，最常用的方法是丝网印刷。此外，还可以采用直接绘图、等离子喷涂以及光刻等方法形成厚膜元件图案。

4.2.1 丝网印刷

1. 丝网印刷的原理

丝网印刷是将厚膜浆料采用印刷方法在基板上成膜的技术。丝网印刷属于孔版印刷，使厚膜浆料在漏印丝网上通过网孔并淀积到基板表面，从而得到具有一定形状和厚度的厚膜元件图案。厚膜元件图案由掩模图形决定。

丝网印刷一般有接触和非接触式印刷两类。接触式印刷中基板直接与丝网接触，刮板在线网上移动时不会使丝网倾斜和变形，而非接触式印刷中丝网与基板有一固定距离。在厚膜工艺中，非接触式印刷采用较多。

非接触式丝网印刷的工艺过程如图 4.2.1 所示，其中图(a)为刚开始印刷；图(b)为浆料在刮板作用下经丝孔下达至基板；图(c)为完成印刷过程。将贴有图案掩模的丝网固定在丝网印刷机框架上，然后在丝网下放上基板。在丝网一端供给浆料，用刮板给浆料施加一定压力并推动浆料向前运动，在到达丝网上的图案位置时，浆料受到刮板的压力作用流过图案开孔。由于丝网与基板之间有一定的间隙，丝网因为自身的张力产生对刮板的反作用力，这个反作用力称为回弹力。由于回弹力的作用，丝网与基板间呈移动式线接触，在线接触之后丝网急速回弹，漏过丝网的浆料与丝网分离，附着在基板上，形成所需的图案。

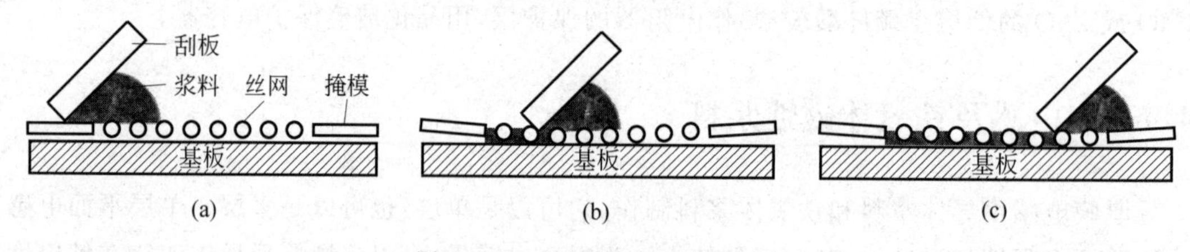

图 4.2.1 丝网印刷过程示意图

常用的丝网有不锈钢网和尼龙网，有时也用聚四氟乙烯、聚酯网等。厚膜厚度与采用的丝网目数有关。单位英寸长度上的网孔数目称为丝网的目数。在线径相等的条件下，目数越小，网孔径越大，印刷到基板上的浆料就越多，膜也越厚。

掩模用来使浆料从开孔处漏印到基板上，以形成所需要的厚膜图案。掩模图形是一种负掩模，即掩模图形与所需要的厚膜图案刚好相反，这样厚膜浆料才能选择性地通过丝网网孔而漏印在基板上。丝网印刷中常用的掩模有刀刻有机薄膜掩模、光刻掩模和金属掩模。

2. 丝网印刷的影响因素

丝网印刷的原理十分简单，但却是一种复杂的控制流体运动的技术。印刷厚膜质量受到浆料、丝网、刮板、基板以及后处理等各种因素的影响，相关变量共有 50 多个。

1）浆料流变性

印刷过程中，浆料受到刮板的作用力、丝网的回弹力、表面张力以及自身的重力等作用，浆料自身流变性在这些力的作用下也会发生变化。印刷前，置于丝网上的浆料，由于有较大的粘度，表面张力大于自身重力，且丝网网孔很小，浆料不会自行流动而漏过丝网。当刮板把浆料压入网孔，浆料受到很大的切应力而粘度迅速下降时才能流过网孔。在刮板压下丝网并与基板接触的瞬间，压入网孔中的浆料也与基板接触，当刮板刚掠过后，丝网由于回弹力立即复位而脱离基板。在丝网与基板接触时，浆料受到自身重力、基板附着力和丝网粘附力的作用，由于浆料粘度很低，丝网粘附力比重力和基板附着力要小得多，因此，在丝网弹回过程中流过图案开孔的浆料附着在基板上。在基板上的浆料，由于切应力已消除，粘度很快增大而不再流动。

由此可见，浆料的流变性直接影响印刷膜的厚度和图形精度。粘度适中或触变性好的浆料，印刷时能平滑地通过网孔到达基板，而印到基板上后，浆料不致过流，但又能使浆料上的网迹流平、消失。如果粘度过小，则重力和表面张力的作用会使其渗开，线条变粗。但如果粘度过大，则浆料的流动性极小甚至根本不流动，造成图形边缘不平齐。在重复印刷过程中，粘度的变化特性也应保持一致，即要使影响浆料变化的各因素保持不变。

2）印刷参数

印刷过程中的印刷参数也对印刷厚膜质量有重要影响，这些印刷参数主要有：丝网目数、掩模厚度、脱离高度、丝网张力和瞬时脱离速度，以及刮板的压力、接触角和硬度等。

丝网目数影响膜的厚度和图形分辨率。采用的丝网目数越大，图形分辨率越高，但印刷膜较薄。印制导带和电阻时一般用 200 或 250 目丝网，印制细线则用 325 目或更大目数的丝网。印电容时，一般要用两次或多次印刷，第一次印刷通常用 80 目，第二次印刷可用 160 目或 200 目丝网。

掩模的厚度直接影响印刷膜的厚度，同时也影响膜层对基片的附着力，较厚的掩模印制的膜较厚，对基板的附着力也较高，但掩模过厚会影响图形分辨率。对于光刻金属掩模，厚度一般为 50μm，而刀刻涤纶薄膜的厚度在 30～60μm 较好。为了实现较高的图形分辨率，也出现了 10μm 厚度的光刻掩模。

丝网脱离高度是指丝网与基板间的距离。一般来说，脱离高度高，印刷膜层厚度就大。脱离高度太小时，丝网回弹力就很小，膜层薄，重现性差，而且容易粘丝网，影响印刷图形分辨率。脱离高度的选择要根据丝网的大小、目数和张力通过试验确定，使印刷膜厚适当并具有良好的重现性，通常，此高度选为 0.6～1.5mm。

丝网张力和瞬时脱离速度也是影响印刷膜厚和图案质量的重要参数。张力大的丝网可以进行高精度印刷；丝网张力大小还影响丝网脱离基板的瞬时速度（与脱离高度也有关）。而瞬时脱离速度大小，在一定程度下决定了留在丝网上和到达基板的浆料之比。丝网张力应定期进行检验，其值大致是：165 目为 18.2～19.6N/cm^2，250 目为 15.2N/cm^2，400 目为 12.2～13.7N/cm^2。

厚膜印刷用的刮板通常用聚氨基甲酸酯制成，刮板的边缘常加工成适当的形状。印刷时刮板的压力直接影响膜厚，在一定的压力范围内，压力大则印刷膜较厚，反之则较薄。为了控制膜厚和获得良好的重现性，要选择与丝网张力、脱离高度相适应的最佳压力，并使其保持恒定。刮板上所加的线压范围一般是 1.8～18N/cm^2。刮板的接触角对印刷膜厚也有影响，接触角越小，作用在浆料上向下的压力越大，印刷膜就越厚。刮板硬度大有利于保持稳定的接触角，在基板精度高、表面状态良好和刮板移动速度较快时，宜采用硬度大的刮板。刮板的硬度一般在肖氏硬度 50～90 之间，接触角常为 45°～60°。刮板的移动速度对印刷膜厚也有一定的影响，常用的刮板移动速度为 5～20cm/s。印制过程中，要保持刮板与基板平行，有试验表明，当不平行度为 0.023°、刮板行程 10cm 时，印刷图案两端的膜厚几乎相差一倍。

3）其他影响因素

基板材料种类、尺寸精度、翘曲度、平整度以及表面光洁度等都会影响丝网印刷的质量和重现性。基板与浆料特性良好匹配才能获得符合质量要求的印刷厚膜。

在印制电容介质时，为减少针孔缺陷避免短路，往往需要进行多次印刷。印刷次数增多，则膜厚增加，因此，印刷中必须严格规定印刷次数。多次印刷时一般采用目数大的丝网。

为了保证印刷厚膜的图形精度，在电路设计时图形尺寸不宜过大，否则膜厚容易不均匀，边缘厚而中间薄。印刷时印刷方向对厚膜性能也有很大影响。

在丝网印刷过程中，如果能够确保各种条件一致，就能获得膜厚均匀、线条清晰的图案，并把精度控制在一定的范围内，保持良好的重现性。目前在生产中利用丝网印刷工艺通常能获得 75μm 线宽和间距的图形分辨率。

3. 细线印刷和多层化印刷技术

随着电路小型化、集成化发展的要求，电路尺寸不断缩小，要求厚膜电路具有更高的图形分辨率。在保证厚膜电路电性能及其他性能的前提下，必须将线条做得越来越细，这就是细线技术或细线工艺。采用细线技术能够实现 25μm 的图形分辨率。

在同一基片上采用多层布线结构也可以大大提高电路的组装密度，多层化布线结构采用多层化印刷技术制作。

细线印刷和多层化印刷对浆料、丝网、掩模等提出了更高的要求。

细线印刷的厚膜浆料必须具有高触变性，在浆料中常加入质量分数 0.1%～1.0%的触变剂以改善浆料的触变性。皂土、胶体 Al_2O_3、胶体 SiO_2、硅酸钙和胶体氧化钙等是常用的无机触变剂。浆料中的无机微粒尺寸也更加细小，一般为 0.5～1.0μm。分散性更好的单球形颗粒更加有利于细线印刷，一些浆料供应商针对细线印刷开发了单球形浆料。

为了提高细线印刷的分辨率，对丝网也不断进行改进。例如，有研究表明，增加不锈钢丝网中碳的含量，同时减少镍含量而保留附加的氮，这样可以增加丝网的抗拉伸强度，用较细的线径获得更好的强度，网孔开口面积从 40%提高到 60%，从而提高细线精度。采用不同于传统金属掩模的新型金属箔掩模，这种掩模表面平整且具有陡直的边界，也有利于提高细线分辨率。

多层化印刷中，常用逐层印刷法，即交替地印烧导体层与介质层，这种方法生产工序少，生产效率较高。由于多种厚膜元件共存，进行多次印烧，要求导体、介质、电阻等各种浆料的相容性好、附着力强、热膨胀系数匹配。

4.2.2 其他图案形成技术

除丝网印刷外，还可以用直接绘图、等离子喷涂等方法制成厚膜元件图案。随着光刻工艺的进步，以前仅用来制造薄膜电路的光刻工艺也用来制作厚膜电路，出现了光刻厚膜等厚膜制造技术。

1. 直接绘图法

直接绘图法是采用集计算机辅助设计(CAD)和计算机辅助制造(CAM)技术于一体的直接描绘系统，将厚膜浆料直接描画到基片上，形成设计规定的厚膜图案的一种成膜工艺。

典型的直接绘图系统包括图案发生器、图案绘制系统控制器、浆料输送系统以及精确定位的 X-Y 基板工作台。图案发生器解读 CAD 设计信息，产生电路图案。电路图案信息输入后，计算机的图形终端可以显示厚膜图案，以备检验、存储待用。绘图时，图案信息由计算机输入到绘图系统控制器，控制器根据图案信息同步驱动浆料输送系统和 X-Y 基板工作台，对描绘笔/浆料输送系统和 X-Y 工作台发出指令绘图。厚膜图案的线宽、厚度由描绘笔的喷嘴大小、X-Y 工作台的移动速度和笔中浆料的喷射压力来控制。

直接绘图法描绘的厚膜图形表面光滑、边界整齐，线条的宽度、厚度和分辨率采用计算机控制，具有很好的重现性。直接绘图法能够跟踪基板表面形貌，不管基板是否翘曲，都能获得均匀的线条，因此适合多层电路的制作。直接绘图法也能够用于细线印刷，即使使用普通丝网印刷浆料也容易达到 50μm 的分辨率。此外，直接绘图法无须进行图样复制、掩模制版，设计更改方便快捷、产品研制周期短、工艺参数易控制，因此特别适合新产品研制和小批量生产。

2. 等离子喷涂法

等离子喷涂成膜法是利用高温等离子流把粉料变成熔融状粒子，并高速喷射到基板上淀积成膜的一种方法。

等离子喷涂是在等离子喷枪电极间产生高温电弧，通入 Ar、He、N_2 等惰性气体，形成高温、高速的电弧等离子流。运载气体将喷涂的粉料送入等离子流，粉料在高温下迅速熔融，并以很高的速度喷射到基板上形成膜层。成膜速度一般为 4～50μm/min，可得厚度 1μm 至数微米的膜层，膜厚误差在±10%范围内。为了获得均匀的膜层，必须很好地控制等离子体喷射的温度与速度、供料速度、电极结构和粉粒形状等。等离子喷涂方法无须烧结，速度快，工艺简单，成本较低。

3. 光刻法

丝网印刷、直接绘图法以及等离子方法都是加法工艺，而利用光刻技术进行厚膜制作的方法是减法工艺。采用光刻法能够得到高精度的线条和分辨率。

光刻法是在基板表面先全部覆盖浆料层或者选择性地印上比目标图形尺寸稍大的一层浆料，然后烘干、烧结。在烧结后的图形上涂上光刻胶，根据目标图形掩模进行光刻，采用刻蚀工艺除掉不需要的部分。一般通过湿法刻蚀能够获得 25～30μm 的线条图案。光刻厚膜工艺特别适合表面层金属化图案的制作。光刻厚膜电路精度高，在微波电路中能够显著降低传输损耗。

有时候，将金属粉料(主要是金、银)与负性感光树脂混合配制成光敏厚膜浆料，对印制好并烘干的膜层利用紫外光光刻定义图形。用紫外光曝光时，被曝光的区域发生聚合反应被保留，而没有曝光的部分被去掉。这种方法也称做光敏厚膜工艺。

4.3 厚膜的干燥和烧成

4.3.1 干燥

在丝网印刷工艺中,图案印好后,为使图案的几何尺寸固定下来,同时方便下一次印刷或烧成的进行,就需要进行干燥。干燥包括自然干燥与加热干燥两个阶段。在自动生产线上,两个阶段在同一传送带上进行。

自然干燥是指将刚印好的厚膜图案在常温下搁置一段时间,它也称做流平。印刷后不久,浆料的粘性仍较低,需要一段时间才能恢复较高粘性。自然干燥时间不宜过长,通常几分钟即可。

自然干燥之后需要进行加热干燥,也称做烘干。这时大部分有机溶剂挥发,图案附着在基片上。加热干燥过程必须控制适宜的升温速率以防止由于溶剂快速挥发而造成膜开裂,以及防止仅仅膜层表面干燥硬化。烘干时间 15～60min 不等,温度在 120～150℃之间。采用真空干燥或红外线干燥效果更好,膜层干燥得更均匀。

干燥过程对产品的性能、成品率等影响很大,需严格控制干燥条件;否则可能会在厚膜中产生气泡、裂纹等缺陷。干燥后的厚膜可进行再次印刷或烧成。

4.3.2 烧成

经过印刷、干燥后,厚膜生产的下一道工序就是烧成(有的文献也称为烧结),经过烧成工序,膜层牢固地固定在基片上,并且具有所要求的电性能和物理性能。现在所用的厚膜烧成炉大多采用密闭的马弗炉,如铬镍铁金属马弗炉等。烧成炉应有干净的炉内环境,并能够提供稳定可控的温度和气氛。

厚膜浆料的烧成有三个作用:①使浆料中的有机载体燃烧、热分解并蒸发,即脱胶。脱胶不充分,膜层中残留有炭,会造成膜层的起皮发泡,必须充分去除。②使粉末状存在的功能相材料产生氧化、还原、熔化、增粒、收缩、密实等物理化学过程,获得具有所需功能的均质膜。③促进玻璃粘合剂熔化或金属化合物与基板反应,使膜层与基板牢固结合。

1. 烧成过程

厚膜烧成的过程中发生有机载体的挥发和燃烧、玻璃粉料的熔融、各组分之间的物理化学反应及晶粒的成长等一系列变化,最后形成具有一定结构和功能的厚膜层,牢固地附着在基板表面。

以 Pd-Ag 厚膜电阻为例,其烧成过程大致分为四个阶段。

(1) 低温预热阶段。该阶段主要是有机溶剂挥发、增稠剂燃烧。一般加热到 350℃,有机物质的挥发燃烧过程基本完成。

(2) 氧化阶段。升温到 330℃以后,部分 Pd 逐渐被氧化生成 PdO,PdO 含量随温度升高继续增加。在 350～400℃,Ag 也逐渐被氧化为 Ag_2O。

(3) 还原反应阶段。随温度升高,Pd 和 Ag 的氧化物逐渐产生合金化反应,生成 Pd-Ag

合金。当温度高于600℃以后，PdO开始还原反应生成Pd并放出氧气，随温度的升高，还原反应速率增大，在800℃时，PdO急剧分解，放出大量氧气，故最高烧结温度应保持在750℃左右。在520～750℃范围内，PdO和Pd-Ag合金结晶形成晶粒，晶粒尺寸随温度的上升而增大。同时，温度超过550℃以后，玻璃粘结料开始软化，并逐渐熔融，由于玻璃对固体颗粒的润湿和流动，固体颗粒之间相互吸附，粘结起来，生成“链状结构”。

(4) 膜层凝固阶段。在750℃保温一定时间后，即可开始降温。在降温过程中，玻璃逐渐冷却硬化，到550℃左右时完全凝固，膜层牢固地附着在基片表面。

2. 影响烧成的参数

厚膜元件的烧成包括升温、最高温度下保温、降温三个阶段，因此影响烧成的主要参数有最高烧结温度、保温时间、升降温度速率、烧结气氛和烧结次数等。

1) 最高烧成温度

最高烧结温度对厚膜元件和结构的影响最大，这个温度的选择要保证厚膜能够完成应有的物理、化学变化，反应既要充分，又不能产生有害的作用，从而使厚膜元件的性能达到最佳。最高烧结温度一般高于玻璃软化点100℃左右，以使玻璃料熔融后充分浸润固体颗粒，起到良好的粘结作用。

最高烧结温度过低，通常称为“生烧”。此时导电网络形成不良，方阻相当高，膜层结构不稳定，性能低劣。最高烧结温度过高，称为“过烧”。此时晶粒大小悬殊，膜层结构极不均匀，同时氧化物可能分解放出气体，使膜层凹凸不平。

2) 保温时间

在最高烧结温度下恒温对膜层进行烧结的时间称为保温时间。保温时间的确定要保证使反应充分进行、膜层结构稳定、晶粒大小均匀等。对于含有玻璃料的厚膜，保温时间不宜过长，以免引起浆料中的玻璃相“上浮”到厚膜表面，从而降低膜层的可焊性和附着力。

3) 升降温速率

升温速率主要影响预热阶段和玻璃软化前的各种反应。速率太快，膜中容易产生气孔，有机物也不能充分除去，影响烧结反应和元件性能的重现性，但升温速率太慢会影响生产周期。降温速率也不宜太快，否则会因应力而影响元件的稳定性。

4) 烧结气氛

在烧结过程中，氧化物的生成或还原、通过气相的物质迁移和表面扩散等，都与烧结气氛有关，会对厚膜元件的性能产生影响。

烧结气氛可分为氧化性气氛、还原性气氛和中性气氛三类。气氛的选择根据材料本身的性质以及对烧结膜性能的要求来决定。例如，Pd-Ag电阻必须在氧化气氛下烧成，其导电网络由PdO、Pd-Ag合金组成，在烧结过程中需要氧化；Cu导线需在还原气氛中烧成，否则生成CuO会降低导线的导电性能；而TiN-Ti电阻要求中性气氛。有些厚膜对烧结气氛不敏感，例如Tl_2O_3电阻、$MoSi_2$电阻可以在不同性质的气氛下烧成。

5) 烧结次数

在多层布线电路中，厚膜元件特别是导体需要进行多次烧结，因而会使导体的性能(尤其是附着力)发生较大的变化。有研究表明，对于玻璃作为粘结相的玻璃粘接型导体，经10次烧结后附着力下降28%。而在玻璃中同时掺入CuO、CdO等氧化物的混合粘接型导体，附着力仅下降10%～15%，在烧成时这些氧化物与氧化铝基板发生化学反应，在基板与膜的界面处生成$CuAl_2O_4$、$CdAl_2O_4$之类的尖晶石型化合物，起到粘结的作用。可见采用混合粘结型导体可以减少多次烧结带来的附着力下降。

此外，粉末颗粒的特性虽然不属于烧结参数，但它对厚膜元件的烧成特性影响显著。颗粒大小及其分布、颗粒的表面积等对烧结有很大影响，颗粒越细，表面积越大，颗粒间的接触越多，物质迁移越强，越有利于烧结。粉末颗粒的形状以球形最好，因为更易被浸润，晶粒长大也较均匀。

厚膜元件在烧成后，其性能参数往往与设计值存在差异，因此需要用适当的方法对阻值、容量等进行测量和调整，使其达到预定标称值所要求的精度，要达到更高精度必须采用微调技术。通过微调其精度能达到±1%、±0.5%，甚至±0.01%。在厚膜元件的微调方法中，大量采用激光修调技术。

复习思考题

1. 什么是厚膜？以厚膜电阻为例，说明厚膜的基本制造工序。
2. 什么是浆料的流变性？丝网印刷对浆料的流变性有何要求？
3. 何谓触变性？高触变性浆料用于什么场合？
4. 如何制备和检验厚膜浆料？
5. 厚膜浆料由哪几种主要成分组成？各起什么作用？
6. 厚膜电阻材料主要有哪些？各有何特点？
7. 厚膜导体材料主要有哪些？各有何特点？
8. 厚膜介质按照用途分有哪几种？对介质材料有什么不同要求？
9. 简述非接触式丝网印刷过程以及主要印刷参数对厚膜元件质量的影响。
10. 细线印刷和多层化印刷有什么特点和要求？
11. 除了丝网印刷外，还有哪几种主要成膜技术？它们各有什么特点？
12. 厚膜烧成前的干燥起什么作用？对元件质量有何影响？
13. 厚膜烧成有什么作用？影响烧成质量的主要参数有哪些？
14. 以Pd-Ag电阻为例，说明烧成的物理化学过程。

参考文献

[1] 陆广广，宣天鹏．电子浆料的研究进展与发展趋势[J]．金属功能材料，2008，15(1)：48-52.
[2] 夏林甫．国外电子浆料最新发展概况[J]．电子元件与材料，1991，10(4)：7-12.
[3] 谭富彬，谭浩巍．电子元器件的发展及其对电子浆料的需求[J]．贵金属，2006，27 (1)：64-68.
[4] 赵德强，马立斌，杨君，等．银粉及电子浆料产品的现状及趋势[J]．电子元件与材料，2005，24(6)：54-56.
[5] 何中伟，周冬莲．厚膜直接描绘工艺[J]．电子元件与材料，1999，18(5)：3-6.
[6] 王志会．应用于微波和RF电路中的厚膜材料和工艺[J]．半导体情报，2000，37(2)：21-29.
[7] Brown R．射频和微波混合电路——基础、材料和工艺[M]．孙海，等，译．北京：电子工业出版社，2006.

第5章 陶瓷工艺

5.1 概述

陶瓷材料是由天然或合成化合物经过成型和高温烧结制成的一类无机非金属材料。它具有高熔点、高硬度、高耐磨性和耐氧化等优点。根据所用原料和制作技术，陶瓷材料可以分为传统陶瓷和精细陶瓷两大类。传统陶瓷材料采用粘土及其他矿物原料经过精选、破碎加工、配料、成型和烧结等过程制得，如日用陶瓷、建筑陶瓷和电瓷等，其原料来源丰富，制造成本低，工艺成熟。精细陶瓷是指以精制的人工合成的高纯度无机化合物为原料，采用精密控制工艺和在适当温度下烧结获得的、具有特定组分和显微结构的高性能陶瓷，因此又称先进陶瓷或新型陶瓷。按照主要成分来划分，有氧化物陶瓷、氮化物陶瓷、碳化物陶瓷和金属陶瓷等。从应用领域及主要性能来区分，精细陶瓷又可细分为结构陶瓷和功能陶瓷两大类。前者以力学、热学、化学性能为主，后者则以电、磁、光、超导等性能为主。绝缘材料、电介质材料、压电材料、磁性材料和半导体材料等电子材料，是功能陶瓷的重要组成部分。

陶瓷材料的性能与制备工艺有着明显的依赖关系。陶瓷材料制备工艺与其性能之间的联系可用材料显微结构(包括相的种类、数量和结构)来表征。不同工艺路线会改变显微结构，从而使材料性能产生很大变化。在满足合适组成的同时，通过恰当的工艺，以获得良好的显微结构，才有望获得性能优异的材料。

功能陶瓷的一般制造工艺过程如图5.1.1所示。

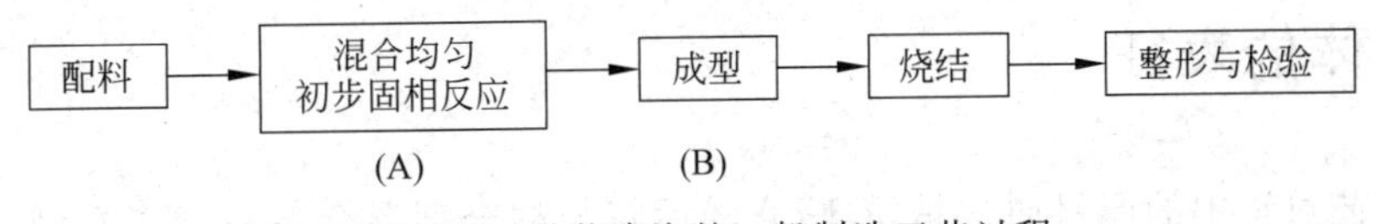

图5.1.1 功能陶瓷的一般制造工艺过程

其中(A)为经高温固相反应法、盐类分解法、化学共沉淀法、喷雾热解法、溶胶-凝胶法等获得具有一定活性的粉体；(B)为通过干压法、注浆法、热压法等方法将粉体成型。陶瓷的制造工艺以高温固相反应法为主，该方法又称为氧化物法或普通陶瓷制造工艺。不同类型或品种的具体材料，制备工艺各有特点。但从各种陶瓷制备流程图可以看出，它们有许多共同之处，如配料、混合、球磨、干燥、预烧、造粒、成型、烧结、加工等(如图5.1.2所示)。

对陶瓷材料的制备来讲，原料是基础，成型是条件，烧结(包括化学反应)是关键。总的来说，陶瓷材料性能的优劣取决于两方面的影响：首先是内因，主要指原料的组成、纯度、含

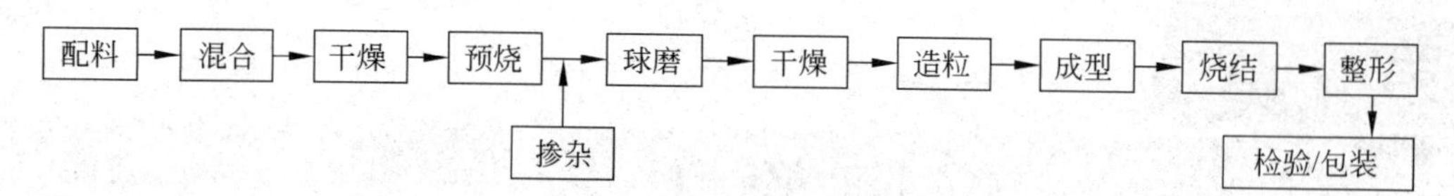

图 5.1.2 固相反应法制备陶瓷的工艺流程简图

杂量、形貌(包括颗粒外形、尺寸及分布)等,它们会影响化学反应的进度、晶体的生长情况及显微结构的均匀性,并进而影响到最终产品的电磁性能;其次是外因,主要指制备工艺,它会影响化学反应和显微结构。只有从两方面入手,充分发挥内、外因的潜力,才有可能实现低成本、高品质的目的。

原料的变动,无论是对生产者还是研究者而言,都是至关重要的。原料是化工原料、天然原料还是工业副产品等的选用,要考虑到对最终产品性能的影响和工艺参数的调整;其次,原料的表观形貌(颗粒外形、尺寸及其分布)要满足一定的要求。在达到以上两方面的要求之后,接着就要考虑各个原料之间的基础配方、添加剂的种类和用量等因素,它们与产品性能和一致性密切相关。对于不同批次的原料还要做小样实验进行评价,以便把质量波动降低到许可范围之内。

块体坯体可通过不同的成型方法制得。常用的方法有:干压成型、注浆成型、注射成型和挤出成型等。坯体密度及其分布化学均匀性及坯体内粘合剂分布是成型过程需考虑的主要方面。

坯体的致密化可通过不同的方法来实现。但是,几乎所有的致密化方法都是基于加热烧结,即把坯体置于高温中,通过物质扩散和迁移把颗粒紧密地连接在一起。如果扩散只是在固态下发生,就称为固相烧结;而通过产生少量液相来促进扩散和迁移,则称液相烧结。使用未反应的原料也可实现反应烧结。如在烧结过程中进行加压,就称之为压力烧结或热压烧结。在烧结过程中,要考虑的最重要的方面是:致密化速率、第二相及分布和晶界化学组成等。

对于有尺寸精度和表面光洁度方面要求的陶瓷,烧结后的材料常需要用金刚砂等进行精加工。而加工过程可能会引起缺陷和内应力,它们会影响材料的力学和电磁性能。通过控制烧成收缩,制备接近最终尺寸的部件,有可能避免烧结后材料的机加工。

5.2 粉体的表征

陶瓷工艺过程中的原料通常是粉体,它随后将与粘合剂混合造粒或者在液体中悬浮形成料浆。混合物(造粒粉体)被成型、压实、烧结,得到最终的瓷体。粉体的堆积密度、流动性、密实度等都将影响最终制品的性能。粉体特征可以从以下几方面描述:①粉体的化学组成和杂质含量;②第二相(例如玻璃相、球磨引入的杂质等)的存在情况;③粉料的团聚现象,粉体颗粒形状、尺寸分布及比表面积等;④粉体的堆积特性,包括粉体的堆积流动性及热效应。

大多数情况下,颗粒尺寸是粉料最重要的特性,它几乎影响所有工艺环节。由于范德瓦尔斯引力的作用,微细的陶瓷粉末容易发生团聚现象(原生的粉体颗粒在制备、分离、处理及存放过程中,相互连接形成由多个颗粒聚集成较大的颗粒团簇的现象),如图 5.2.1 所示。按照形成原因,团聚一般分为软团聚和硬团聚。软团聚主要是由颗粒间的范德瓦尔斯力和库仑力所致，所以通过一些化学的作用或施加机械能的方式，就可以使其大部分被消除。硬团聚除了原子、分子间的静电力和库仑力以外，还包括液体桥力、固体桥力、化学键作用力和氢键等的作用力。因此硬团聚体在粉末的加工成型过程中，其结构不易被破坏，将影响粉体的性能。粉料的制备方法决定了其特性。不同制备方法将得到不同的粉料特性，即使在同一制备工艺过程中，微小的变化也会对粉料特性产生很大影响。

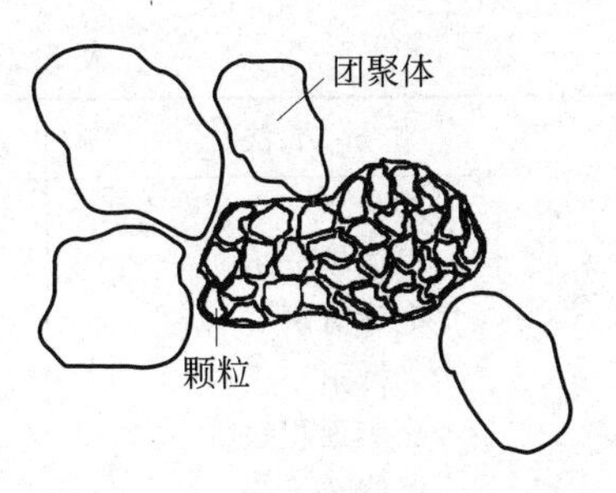

图 5.2.1 粉料中颗粒团聚示意图

1. 粉料颗粒尺寸与比表面积

1) 颗粒尺寸

颗粒直径(粒径)是粉体最重要的物理性能，对粉体的比表面积、可压缩性、流动性和工艺性能有重要影响。可按照某一方面的特性，来定义等效球形颗粒直径。如等效体积直径、等效表面积直径和用速率沉降法测定的等效沉降直径等。

颗粒尺寸分布可以用直方图或连续曲线等图形方式来表示，其中累计分布曲线是最常用的，如图 5.2.2 所示。频率分布表示各个粒径相对应的颗粒百分含量；累积分布表示小于(或大于)某粒径的颗粒占全部颗粒的百分含量与该粒径的关系。

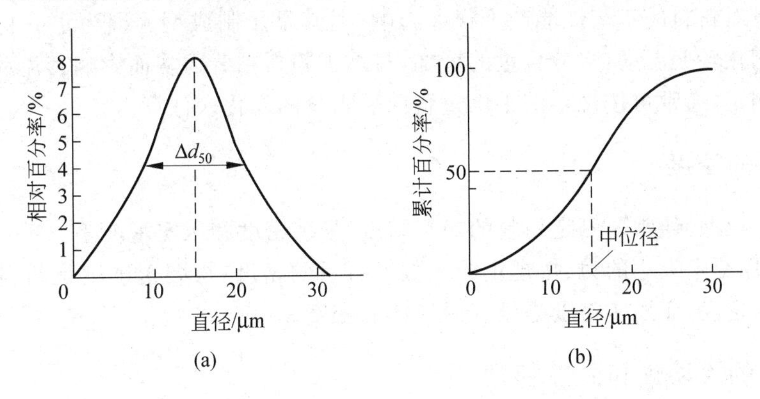

图 5.2.2

(a) 颗粒的频率分布曲线；(b) 颗粒的累计分布曲线

2) 比表面积

比表面积是指单位质量物料所具有的总面积，分外表面积和内表面积两类。理想的非孔性物料只具有外表面积；有孔和多孔物料具有外表面积和内表面积。测定方法有容积吸附法、重量吸附法、流动吸附法、透气法、气体附着法等。粉体材料越细，表面不光滑程度越高，其比表面积越大。

表 5.2.1 给出了几种常用的颗粒尺寸分析方法及其特点。其中，沉降分析和比表面积测定是生产中最常用的方法。扫描电镜(SEM)观测粉料虽不能达到定量的目的，但因为可揭示单个颗粒的特性，在实际研究工作中得到普遍应用。

3) 颗粒外形

不同加工方法制得的粉料颗粒外形不尽相同，对产品质量有很大影响。如用共沉淀法、喷雾干燥法制得的颗粒多为球形，密堆空隙率小，易于紧密成型。

表 5.2.1 颗粒尺寸的测试方法及主要特性

测 量 方 法	尺寸的确定	测量范围
筛分析	最小粒径	$>1\sim5\mu m$
显微镜分析	近于自由选择	$>1nm$
电泳分析	截面等效	$0.5\sim100\mu m$
光散射	统计定义	$<2\mu m$
比表面积法	统计定义	$<2\mu m$
沉降法	斯托克斯直径	$0.3\sim100\mu m$

2. 化学成分和水分含量

由于制备方法的不同,实际粉体的化学成分是十分复杂的。除了基本组成,粉料中的含杂情况对产品的性能与工艺过程都有不同程度的影响。通常对所采用粉料的化学成分和物相构成进行校验。X 射线衍射分析(XRD)常用于陶瓷分析。不过,由于组成相含量达到百分之几时才可被 XRD 检测出,而玻璃相杂质通常不具有尖锐的反射峰,因此不能根据 XRD 的单相衍射峰来判断材料内就只有一个物相。许多情况下,必须采用多种方法,才可能得到一个全面的分析结果。如化学分析可用于检测一些杂质元素,而带有能谱分析的扫描电镜,可在观察颗粒形貌的同时进行微区成分分析。

水分含量对粉料的工艺性能产生很大影响,尤其是压制成型。因为水分将影响到许多粘合剂的玻璃化转变温度,水分含量的增加,将增加粉料粘着力从而影响其流动性。粉料中水分含量的测定,通常可按规定的干燥过程前后重量的变化来计算。

3. 粉料的密度

对于干压成型,通常要测定粉料的敲打密度、松装密度和压实密度等。敲打密度是粉料装入容器后,用给定大小的力、按规定的次数敲打后的密度;松装密度则是粉料装入模具后没有加压时的密度;而压实密度是压实后坯体的密度。

4. 粉料的流动性和受热特性

粉料的流动行为对于成型时的充模过程非常重要。为了改善流动性,使颗粒能很好充模,同时在压实过程中产生足够的形变来达到密实,陶瓷粉料需进行造粒。测量流动性的一种简单的方法是,记录堆积角,即将粉料倾入一平板上,测量平板与粉料堆斜边的夹角。

粉料的受热特性(热效应)对于保证不同批次粉料的烧结过程也是很重要的,尤其是在前驱物的预烧料中。热重或差热分析常用于这一过程的分析与控制。

5.3 粉体的混合与粉碎

粉料的混合与粉碎是影响产品质量的重要工序之一。常用的混合器械有球磨机、砂磨机、强混机、气流磨、粉碎机等几种。使用最多的是球磨机。配料之后的球磨称为一次球磨,其目的是使粉料混合均匀,以利于预烧时固相反应完全。如果初始粉料颗粒较粗,将在此工序予以磨细,以增进原料活性;倘若初始粉料是足够细的粉体,亦可采用强混机代替球磨机,以提高效率，降低能耗。预烧后的球磨称为二次球磨，其主要作用是磨细、消除团聚和添加掺杂物等。造粒预烧料的颗粒尺寸约为几毫米，应先用粉碎机将颗粒进行粗粉碎，然后再送进球磨机进行细磨，以提高球磨效率。

1. 球磨

球磨机有滚动式和振动式两种，前者为工业生产所采用；后者粉碎效率较高，但容积较小。滚动式球磨机常采用圆柱体滚筒，当筒体转动时，带动筒内磨球与粉料一起运动，装在筒内的钢球和物料，在离心力的作用下被提升到一定高度时，在重力作用下自动落下，对粉料产生冲击蚕食作用和摩擦作用，使粉料粉碎和混合均匀。由于同种粉料颗粒间的凝聚，不同颗粒的比重或尺寸不同引起的分离作用，用球磨方式要把两种以上粉料混合均匀是比较困难的。

随着筒体转动速度的变化，筒内磨球运动大致上存在三种方式，即雪崩式、瀑布式和离心式，其运动轨迹如图 5.3.1 所示。当球磨机转速较低时，呈雪崩式，由于粉料的粉碎取决于球与料在运动过程中的相互摩擦力，所以这种情况下的破碎效果较差。球磨机转速增加时，在离心力与筒壁摩擦力作用下，磨球将提升到较高高度，然后在重力作用下瀑布式地泻下，处于这种状态时，粉料将在钢球的冲击下被粉碎，在球间摩擦力作用下被碾细，这时粉碎效果最佳。当筒体转速进一步增加，以致作用在磨球上的离心力超过其重力时，磨球将随着筒壁旋转，处于离心状态，对粉料无粉碎作用。

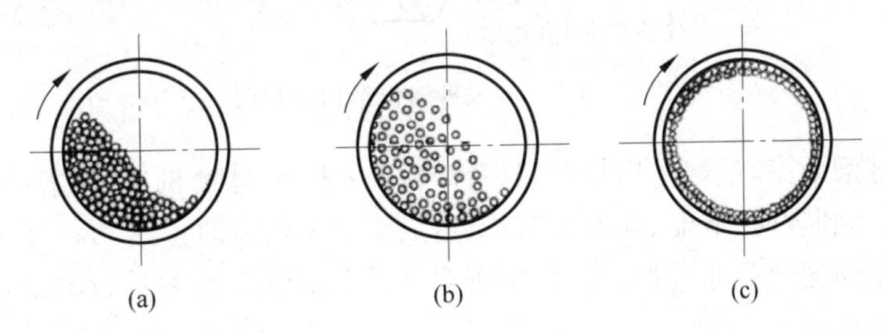

图 5.3.1　滚动式球磨机内磨球的三种运动轨迹
(a) 雪崩式；(b) 瀑布式；(c) 离心式

实际的运动状态取决于球磨罐大小、转速，填充物性质及数量。经验证明，湿磨比干磨得到的颗粒更细，粒度分布较窄，混合亦较均匀。为了提高球磨效率，常用水作分散剂。湿磨过程中会存在物料与分散剂的相互作用。当粉料磨细到接近胶体粒子大小时，其比表面积很高，此时即使平时是惰性介质也会变得活泼了。例如，MgO 与极性的水分子在研磨过程中会构成 $OH—Mg—O—(MgO)_n—Mg—OH$ 化合物链，将其他氧化物包围起来，形成牢固的聚合体，降低球磨效率，因此，球磨时间不宜过长。最佳球磨时间与粉料的理化性质（结构、外形、颗粒尺寸等）、投料量、粉料∶磨球∶分散剂的比例及混合机械有关。

在湿磨中，一般充填 30%～40%（体积分数）粉料，粉料、磨球与分散剂之间的比例一般取(1.5～2)∶1∶(1～1.5)。在干法球磨中通常约加入 25%（体积分数）的粉料和大约 1%（质量分数）的润滑剂（如硬脂酸锌或油酸）。

磨球的选择，既要考虑效率又不能产生太大的污染。密度高的球体有利于提高球磨效率。因为具有良好的耐磨性，玛瑙（矿物 SiO_2）常被用作研磨介质，其缺点是密度低。其他常用的研磨介质材料包括瓷球、氧化铝球、氧化锆球、钢球或硬质合金(WC-Co),但后两种金属介质会使粉料中引入大量的金属杂质。

2. 砂磨、振动磨和射流磨

砂磨的工作原理是,在一立式圆筒内,用旋转圆盘或搅拌棒使小磨球(磨球直径:2～6mm)产生紊乱的高速运动,从而对粉料起冲击、研磨作用。通常进料颗粒尺寸小于0.1mm,出料颗粒尺寸为1～3μm。与球磨相比,砂磨具有以下特点:①碰撞剧烈,混杂少;②出料颗粒粒径小,圆形滑润,流动性好,易于成型与烧结;③粉碎时间缩短,效率高,可连续生产。

砂磨机有立式、卧式、篮式和棒式等几种。卧式砂磨机的结构示意见图5.3.2。砂磨机的起动转矩大,尤其是中途停止再起动较为困难,往往需要减少料浆方能起动。

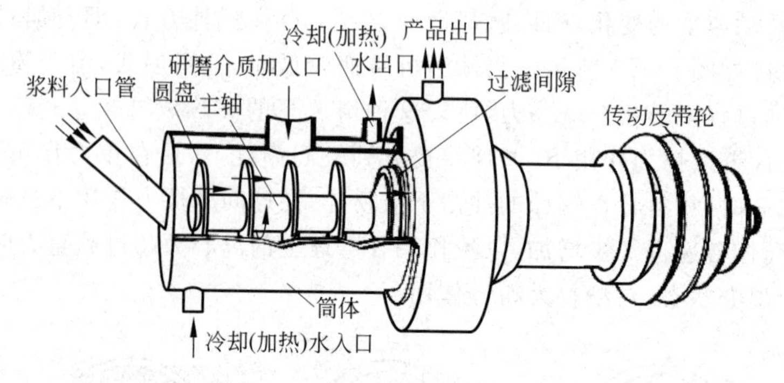

图5.3.2 卧式砂磨机结构示意图

为了提高球磨效率,最好采用粗粉碎(粉碎机)→粗磨(球磨机)→细磨(砂磨机)等多级球磨的方式,以达到省时、节能、粒度分布窄、组成流失少的目的。

振动磨的工作原理是通过振动过程中研磨介质的振动对粉料进行磨细,振动磨可用于批量或连续式生产过程。

射流磨是将粉料通过流体(压缩空气、氮气、二氧化碳、过热蒸气等)传输到磨筒内,依靠颗粒相互运动撞击或颗粒与平板的撞击而进行粉磨。该过程容易实现自动化。与其他磨细装置相比,污染较少,磨细后的粉料尺寸分布也比较窄。射流磨的一个缺点是,由于实际体系往往是复相组成,各相尺寸和密度的较大差异可能会导致异常分选,从而增加了磨后粉料粒度的不均匀性。

3. 混合-粉碎工艺对粉料性能的影响

粉料经混合、粉碎后,颗粒的表面能大幅度提高,颗粒表层处于高活性的介稳状态,有利于后期的化学反应和烧结过程的进行。值得注意的是,粉料的粒度有一个相对适宜的范围。研究表明,过细的粉料将会产生一系列不利的影响,诸如:团聚现象(当颗粒达到一定尺寸时,足够小的颗粒会趋于团聚,进一步混磨只会引入杂质而不再使颗粒破碎),高温自烧结现象;过宽的粒度分布有可能导致晶粒的不连续生长,形成由少量巨晶和大量较小晶粒构成的"双重结构",使料浆流动性变差等。

除了颗粒尺寸减小和杂质引入,粉碎过程也将改变粉料的其他特性。首先是粉碎会引起颗粒内部产生较大的晶格应变。其次，粉碎过程可改变颗粒的晶体结构，例如晶态石英粉碎过程中会出现无定形层。此外，粉碎过程中也会导致摩擦化学反应。例如，球磨 Fe_2O_3 时，会形成 Fe_3O_4，料浆颜色发生明显的变化。碳酸钡在水中球磨，由于 $Ba(OH)_2$ 的形成和溶解，可能会出现 Ba 离子损失。

5.4 粉体的化学制备

通过固相、液相和气相的化学反应可以实现陶瓷超细粉体的制备。常用的合成方法有固相反应法、沉淀法、水热法、溶胶-凝胶法等。

1. 固相反应法

合成多组分陶瓷粉末的传统方法是通过氧化物和/或碳化物粉末前驱体的固相反应合成。固相反应法制备陶瓷的工艺流程如图 5.1.2 所示。如将 $BaCO_3$ 和 TiO_2 的粉末混合、球磨、煅烧可获得钛酸钡陶瓷粉末。该法工艺成熟、操作简便、成本低廉，适宜大规模工业生产。

高温下的固相反应(solid state reaction)是多相固体粉末间在低于熔化温度下的化学反应，参与反应的离子或分子经过热扩散而生成新的固溶体，继而出现新的物相。对于大多数固相反应而言，扩散过程是控制反应速率的关键。下面以 $MgO+Al_2O_3=MgAl_2O_4$ 的生成反应为例，简要介绍固相反应的机制和特点。

在一定的高温条件下，MgO 与 Al_2O_3 的晶粒界面间将发生反应而形成尖晶石型 $MgAl_2O_4$ 层(图 5.4.1)。从扩散过程概念出发，可以简单地认为反应速度与反应层厚度成比例，即 $dx/dt=k/x$，$x=(k't)^{1/2}$。式中，x 为在 t 时刻已进行反应的反应层厚度；k、k' 为反应速度常数。图 5.4.2 给出了 x^2 与 t 的线性关系。根据理论分析和实验验证，$MgAl_2O_4$ 生成反应的机制可表达为

(a) $MgO/MgAl_2O_4$ 界面

$$2Al^{3+}-3Mg^{2+}+4Mg^{2+}=MgAl_2O_4$$

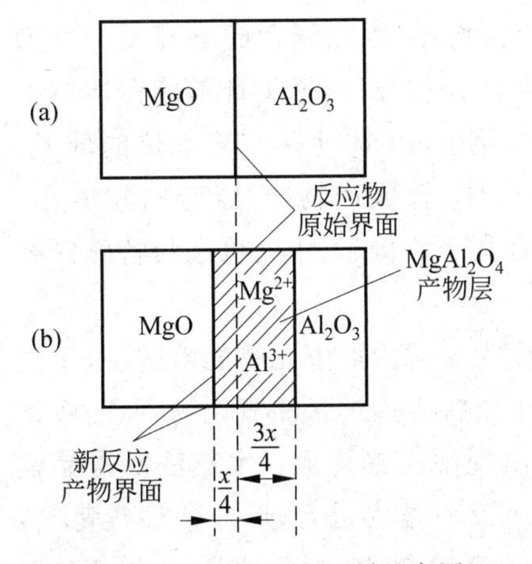

图 5.4.1 固相反应机制示意图

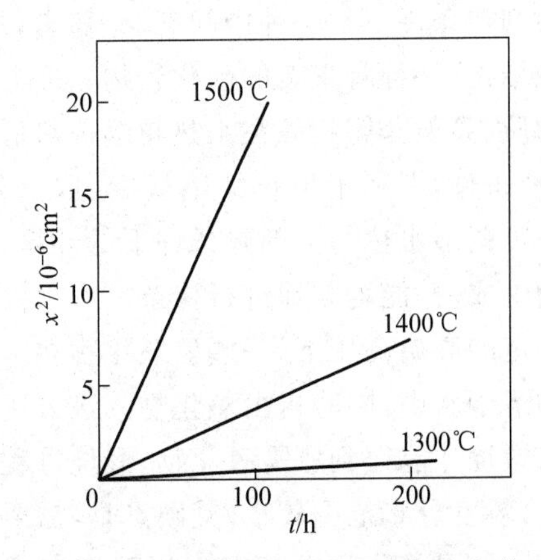

图 5.4.2 $MgAl_2O_4$ 在不同温度下的反应动力学 x^2-t 关系

(b) $MgAl_2O_4/Al_2O_3$ 界面

$$3Mg^{2+}-2Al^{3+}+4Al_2O_3=3MgAl_2O_4$$

总反应为

$$MgO+Al_2O_3=MgAl_2O_4$$

为了加速固相反应,可采取以下措施:①充分破碎和研磨制粉以增加反应物固体的表面积;②通过加压成片或造粒,增加反应物固体接触面积;③通过各种化学途径制备粒度细、比表面大、表面活性高的反应物原料。由于固相反应是复相反应,反应主要在界面进行,反应的控制步骤——离子的相间扩散受到许多因素的制约。因而,固相反应得到的生成物的组成和结构,往往呈现非化学计量性和非均匀性。

2. 沉淀法

沉淀法是软化学法合成超细粉料最早采用的一种方法。由于产生沉淀的方式不同,可分为共沉淀法、均相沉淀法和化合物沉淀法等。其基本原理是:在包含一种或多种阳离子的可溶性溶液中,加入沉淀剂(如 OH^-、CO_3^{2-} 等);或是在一定条件下由溶液内部均匀缓慢地产生沉淀;也可在一定条件下,使盐类从溶液中析出,生成不溶性的氢氧化物、碳酸盐、草酸盐或有机酸盐等沉淀物。沉淀物分离洗涤后经热分解或脱水,即得所需产品。

沉淀法对于单一组分氧化物的制备具有控制性好、颗粒细小、表面活性高、性能稳定和重现性好等优点。但是对于多组分氧化物而言,特别是当各组分之间的浓度及沉淀速度存在差异时,溶液原始的原子水平的均匀性可能会部分地失去。另外,许多金属不容易发生沉淀反应,因而限制了该方法的应用。

3. 水热与溶剂热合成法

水热与溶剂热合成是指在一定温度(100～1000℃)和压强(1～100MPa)条件下,利用溶液中物质的化学反应所进行的合成。

水热与溶剂热合成的特点是:①由于水热与溶剂热条件下反应物性能的改变、活性提高,有可能代替固相反应以及难于进行的合成反应,并产生一系列新的合成方法;②由于在水热与溶剂热条件下是一种中间态、介稳态,易于生成特殊物相,因此能合成与开发一系列特种介稳结构、特种凝聚态的新化合物;③能够使低熔点化合物、高蒸气压且不能在熔体中生成的物质、高温分解相等在水热与溶剂热低温条件下晶化生成;④水热与溶剂热的低温、等压、溶液条件,有利于生长缺陷极少、取向好、完美的晶体,合成产物结晶度高,粒度小;⑤由于易于调节水热与溶剂热条件下的环境气氛,因而有利于低价态、中间价态与特殊价态化合物的生成,并能均匀地进行掺杂。

在一定的高温高压下,一些氢氧化物在水中的溶解度大于对应的氧化物的溶解度,于是氢氧化物溶于水中,同时析出氧化物。该方法的优点在于直接生成纳米晶氧化物,而一般化学法需要煅烧才能得到所需氧化物,煅烧过程可能导致出现硬团聚现象。水热法所得晶粒发育完整,粒度分布范围较窄;其缺点是,需要在高温高压反应釜内进行,反应条件较苛刻,成本较高。如果氧化物在高温高压下溶解度大于相应的氢氧化物,则无法通过水热法来合成。

4. 喷雾热分解法

喷雾热分解法的基本原理是，将反应前驱体的盐类先溶入某种液相，然后通过喷雾将溶液喷成微小液滴，对小液滴加热，使其中液相蒸发，进而使盐类分解转化成氧化物球形颗粒。

喷雾热分解法的特点是颗粒尺寸分布比较均匀，但颗粒尺寸较大，多为亚微米到几十个微米。此外，该法分解后的气体往往具有腐蚀性，直接影响设备的使用寿命。

5. 溶胶-凝胶法

溶胶-凝胶法是指金属有机或无机化合物经过溶胶-凝胶化和热处理，形成氧化物或其他化合物的方法。

传统的溶胶-凝胶法分为无机盐法和醇盐法两种。前者一般通过无机盐的水解制得溶胶，进一步凝胶化转变成凝胶，再经干燥和焙烧后形成粉体材料。该方法不适宜多组分体系，特别是当各先驱体的反应活性不同和水解缩聚速度不匹配时，会造成成分的偏析，因而应用受到限制。醇盐法主要通过金属醇盐的水解与缩聚反应得到溶胶，进一步缩聚得到凝胶，再经热处理得到粉体材料。由于醇盐价格昂贵，而且许多低价金属醇化物不溶或微溶于醇，该方法的应用也受到限制。为此，人们将金属离子形成络合物，使之成为可溶性产物，然后经过络合物型溶胶-凝胶过程形成凝胶，经不同的处理后，可得到不同形态的产物。此法可以将各种金属离子均匀地分布在凝胶中，显示了溶胶-凝胶法的最基本的优越性，因而目前备受重视。

溶胶-凝胶法的优点如下：①化学均匀性好。由于溶胶是由溶液制得，故胶粒内及胶粒间化学成分完全一致，其均匀度可达分子或原子尺度，制备中无须机械混合。②烧成温度低。该方法可得表面积很大和活性很高的凝胶或粉末，能使得烧成温度降低。③颗粒细小。最终所得材料的颗粒可达纳米水平，并且粒度分布窄。④可容纳不溶性组分或不沉淀组分。不溶性颗粒均匀地分散在组分溶液中，经溶胶凝胶化，不溶性组分可自然地固定在凝胶体系中，不溶性组分颗粒越细，体系的化学均匀性越好。⑤从溶胶出发，反应过程简单，易于控制，且最终产物的形成可通过工艺的改变，获得纤维、粉末、涂层、薄膜等。但溶胶-凝胶法也有制品易开裂、干燥时收缩大和致密化困难等不足之处。

6. 自蔓延合成法

自蔓延合成法的基本原理是：所用的氧化剂和燃料混合物具有放热特性，在一定的温度诱发下能自发发生氧化还原反应，最终得到所需产品。

自蔓延合成法的显著特点是：①由于在反应过程中材料经历了很大的温度变化，生成物中缺陷和非平衡结构较集中，因此，某些产物比用传统方法制造的产物具有更高的活性，更容易烧结；②可以制造某些非化学计量比的产品、中间产物以及介稳相等。

7. 溶胶凝胶自燃烧法

溶胶凝胶自燃烧法是把溶胶-凝胶法和自蔓延合成法有机地结合在一起。其基本原理是：利用一些盐(如硝酸盐等)的氧化性和碳氢官能团的还原性，在热诱导下自发发生氧化还原反应。一般采用硝酸盐和乙酸盐等金属的无机盐为原料，配制成溶液，在络合剂的作用下，形成均匀的溶胶；然后经溶胶-凝胶化，进一步脱水和干燥，得到干凝胶。把干凝胶在室温下点燃，此干凝胶就会自发燃烧，以一定的速度向前推进，直到燃烧完全。这样就直接得到了所需的产物，而无须进一步的煅烧。

溶胶凝胶自燃烧法具有以下优点：①可以达到原子、分子水平的均匀混合；②和固相法相比，不需要球磨，减少了杂质的引入，尤其对杂质敏感的材料尤为重要；③和一般溶胶-凝胶和固相法相比，不需要煅烧环节，自燃烧完即可生成所需物相，减少了煅烧过程可能造成的团聚，提高了烧结活性，节约了能源；④工艺简单，无须高温高压，成本低廉；⑤反应速度快。

5.5 成型技术

粉料成型技术的目的是为了获得具有一定形状和密度、内部均匀的素坯。成型技术主要分为干法压制成型、可塑法成型(挤出成型和注射成型)及悬浮体浆料凝固成型(注浆成型和流延成型)几种。

5.5.1 粘合剂

为了提高坯料成型时粉料的流动性、可塑性，增加颗粒间的结合力，提高坯件的机械强度，需加入一定量的粘合剂。陶瓷工艺中对粘合剂的要求如下：

(1) 粘性好，能吸附水分，在固体颗粒周围形成液体薄膜而加强颗粒间的吸附力；

(2) 对瓷体成分无影响，在烧结过程中能挥发掉，不残留灰分；

(3) 挥发温度不要太集中，否则在烧结样品时，在某一温度下，有大量气体挥发，易使产品开裂。

常用粘合剂有水、羧甲基纤维素、聚乙烯醇、石蜡等，其中以聚乙烯醇、石蜡较为常用。

1. 聚乙烯醇

聚乙烯醇(PVA)的分子式为$[C_2H_4O]_n$。聚乙烯醇是水溶性高分子树脂，被广泛用作粘合剂。聚乙烯醇的物理性质受化学结构、醇解度和聚合度的影响。聚乙烯醇的聚合度分为超高聚合度(分子量25万～30万)、高聚合度(分子量17万～22万)、中聚合度(分子量12万～15万)和低聚合度(2.5万～3.5万)。醇解度(醇解之后得到的产品中羟基占原有基团的百分比)一般有78%、88%和98%三种。一般来说，聚合度增大，相同浓度水溶液的粘度增大，但在水中的溶解度下降。醇解度增大，在冷水中的溶解度下降，在热水中的溶解度提高。醇解度87%～89%的产品水溶性最好，不管在冷水中还是在热水中它都能很快地溶解；醇解度为99%及以上的聚乙烯醇只溶于95℃以上的热水中。

溶解聚乙烯醇应先将物料在搅拌下加入室温水中，分散均匀后再升温加速溶解，这样可以防止结块和影响溶解速度。适当延长溶解时间或加强搅拌，均能提高其水溶液的粘度稳定性。常将聚乙烯醇配成5%～10%(质量分数，下同)浓度的水溶液备用，使用时加入量一般为粉料的3%～10%。在配制水溶液时，溶液浓度较高或转速较快时，会产生少量泡沫，为抑制泡沫，可添加消泡剂：0.01%～0.05%(以PVA为基准)的辛醇、磷酸三丁酯或0.2%～0.5%(以PVA为基准)的有机硅乳液。若长期存放，水溶液中的水会腐败，可添加0.01%～0.05%(以PVA为基准)的甲醛、水杨酸或其他防腐剂。

2. 石蜡

石蜡是固态烷烃混合物，主要组分为直链烷烃，还有少量带个别支链的烷烃和带长侧链的单环环烷烃。石蜡在化学上呈惰性，不与常见的化学试剂反应，但可以燃烧。石蜡溶于汽油、二硫化碳、二甲苯、乙醚等非极性溶剂，不溶于水和甲醇等极性溶剂。

石蜡的熔点约50℃，有冷流动性(即室温时在压力下能流动)；高温时呈热塑性，粘度降低，可以流动并能润湿瓷料颗粒表面，形成薄的吸附层，起粘结作用(可用于热压铸成型)，冷却凝固后有5%～7%的体积收缩，有利于脱模。石蜡适用于加热情况下的干压与热压铸成型。

5.5.2 造粒

经球磨、烘干后的粉料颗粒度细，成型过程中，颗粒间的接触面增大，粉料间、料与模具间的摩擦力大，难以成型，也难以脱模。另外，干压成型时，干粉含水率低，压制时可塑性差，颗粒间结合力差，流动性小。

为了提高成型效率与产品质量，将二次球磨后的粉料与稀释的粘合剂混合，过筛成一定尺寸的颗粒，这个工序称造粒。造粒是实现生产稳定性和一致性的一个重要环节。造粒颗粒的大小取决于块件的大小，小块件需要小颗粒，大块件可取合适的大颗粒。

当颗粒表面水分稍稍烘去，而内部仍旧保持潮湿时，具有良好的分散性与流动性，压型时能很快地流进并填满压模内的填料空间；亦可以在较低压力下，先将混合粘合剂的粉料用均压法进行预压，再粉碎研磨成一定大小的粗颗粒。由于这些颗粒已接近所需要的生坯密度，将它再进一步加压成型有利于得到密度均匀的产品。

工业生产中常采用喷雾干燥制粒法。将掺有粘合剂的料浆泵送至干燥塔，由离心盘或喷嘴喷出雾滴，经高速热空气流干燥，分散成粒径不同的团状颗粒，经筛选备用。喷雾干燥后的颗粒外形呈球形，流动性好，对模具损耗小。造粒料的质量与料浆浓度、干燥速度、供料和喷雾等因素相关。

5.5.3 成型方法及工艺

表5.5.1所示为几种成型技术的比较。由表可知，不同成型方法各有特点：模压成型普遍应用于实验室和生产过程；注浆成型和挤出成型用于实验室是比较合适的；而注射成型、流延成型、等静压成型等技术更适用于生产过程。

表 5.5.1 主要成型技术的比较

成型方法	成型用料	均匀性	效率	成本
模压成型	粉料	差	中等	低
等静压成型	粉料	中等	中等	中等
挤出成型	塑性料	中等	高	中等
注浆成型	悬浮体	合理	低	低
流延成型	悬浮体	好	高	中等
注射成型	塑性料	好	中等	高

1. 压制成型

压制成型可分为两种。第一种是模压，将一定量的粉料填充模具内，在一定载荷下压制成型。该成型由于载荷为单向，也称为单向压制成型。第二种方法为等静压，此法是通过液体对置于容器内的预成型体施加各向均匀的压力，使坯体压实。

1）模压成型

可采用干粉料或湿粉料进行模压成型。对于干粉料模压，为了增加粉料间粘结性可以加入少量水，一般在5%(体积分数)以内。如果颗粒间粘着力不够，可选用"硬"或"软"的粘合剂。"硬"的粘合剂在粉料中产生硬的团聚，有助于流动性的提高，但缺乏自润滑性；"软"的粘合剂使粉料流动性变差，但润滑性好。"硬"粘合剂有糊精和丙烯酸盐等，石蜡和阿拉伯胶等则属于软粘合剂。聚乙烯醇(PVA)和甲基纤维素(MC)则是介于两者之间的中性粘合剂。为改善润滑性，有时也使用类似石蜡油和硬脂酸液体这样的润滑剂。在湿法压制成型中，粉料中需加入更多的水，通常为10%～15%(体积分数)，也常使用粘合剂。

由于颗粒之间以及颗粒与模具壁的摩擦力，成型压力向模具内粉体深处的传递发生衰减，对于单轴加压，压力不仅随着模具的深度衰减，而且沿着径向和轴向同时变化。对于压头不是平面型的模具，压力分布不均匀性更为明显。在干压成型中，坯体内密度变化总是存在的，这主要是由于模具填充的不均匀和压制过程本身造成的。使用流动性好的粉料可增加充模均匀性，通过粉料形成适当的团聚可增加其流动性。如采用喷雾干燥。有时可通过振打填充方法来进一步改善填充性。为了避免坯体内密度的变化，一种简单的改进方法是采用双向加压。此外，压制过程中采用超声波振动也可改善成型效果。

2）等静压成型

等静压成型可分为湿袋式和干袋式两种。湿袋式等静压技术，是将预先成型的坯体放入可变形的包套内，然后施加各向均匀的压力；压制过程结束后，再将装有坯体的湿袋从容器内取出。这种技术的优点是成本相对较低，成型不同形状制品的灵活性大，且可成型中等复杂程度的部件，在实验室和一定规模生产中，均可采用这种技术。其缺点是，在一定时间内成型制品的数量较少。采用干袋式等静压成型技术时，粉末批量地填入柔性预成型模具内，然后施以等静压。由于干袋被固定在设备中，压制完成后，成型制品退出。干袋式成型周期短，模具使用寿命长，且便于进行大规模工业化生产。干袋式所用模具材料有聚氨酯合成塑料或硅橡胶。干袋式等静压压力较湿袋式低。多层片式元器件常用等静压成型工艺生产。

2. 流延成型

流延成型工艺中，所用的浆料由粉料和溶剂制得；溶剂可分为水基溶剂和有机溶剂。出于环保考虑，目前倾向于水溶剂体系。水基系统常用聚乙烯醇作为粘合剂。为改善粉料的分散性常加入一些添加剂，主要的添加剂有增塑剂和反絮凝剂。反絮凝剂使粉料很好地分散于溶剂中，常用的反絮凝剂有脂肪酸类和丙三酯。增塑剂的作用是在浆料干燥后获得更好柔韧性和便于输运的带材料。流延成型用的浆料的制备过程是首先将粉料与溶剂一同球磨，然后再将浆料与粘合剂和增塑剂混合成浆料；制备好的浆料还必须进行除泡，以避免膜坯中产生针孔。制得合适的浆料后，再将浆料置于刮板前方的储浆槽内，储浆槽底部的塑料薄带（载带）可沿刮刀拉伸（如图 5.5.1 所示）。浆料通过刮刀形成薄层并粘结在载带上，通过强力加热干燥后缠绕成卷，由此制备出含有陶瓷颗粒及粘合剂的“生坯带”。由此得到的膜片厚度范围可从几微米到 1mm 左右。

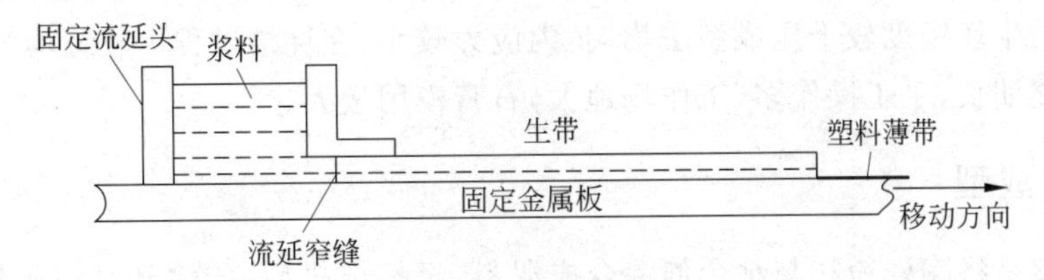

图 5.5.1 流延示意图

流延成型主要用于电子陶瓷电路基板、电容器电介质、蜂鸣器、超声马达用压电陶瓷等的制造。陶瓷流延片基元件的制备流程如图 5.5.2 所示。

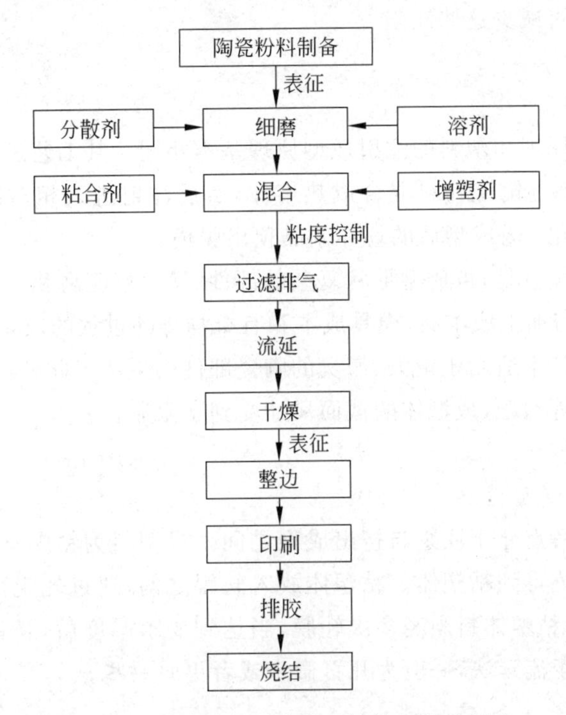

图 5.5.2 陶瓷流延片基元件的制备流程图

3. 注浆成型

注浆成型是在石膏模中进行的。石膏模是用天然石膏粉碎，然后在120～170℃温度条件下进行炒石膏，炒成后为半水石膏($CaSO_4 \cdot H_2O$)，再以1∶1的比例加入水分制成。

在坯料中加解胶剂(胶溶剂)做成悬浮液，然后注入石膏模中，由于石膏模具有多孔性，其吸水作用强，能很快地将料浆中的水分吸收，所得坯体外形与石膏模内壁完全相同。注浆法使用的料浆配比一般为坯料∶水=100∶(30～50)。为了防止粉料粘附在模腔上，可以加一些润滑剂；为了增进坯件机械强度，亦需加入一定量的粘合剂。例如，加入0.3%～0.5%的阿拉伯树胶作粘合剂，一方面增加料浆的流动性，避免发生沉淀和分层现象；另一方面能显著降低浆中的含水量(22%～24%)，而且可增加坯件的机械强度，减少坯体干燥时的开裂现象。

注浆法适用于制备形状复杂、不规则、壁薄、体积较大且尺寸要求不严格的产品，操作简单。注浆法的生坯密度较干压成型法均匀，内应力较小，在烧结过程中收缩均匀。注浆法的缺点是工艺周期长，手工操作多，工作场地大，石膏模用量大。

4. 挤出成型

挤出成型是将陶瓷粉料与粘合剂混合成泥料，经挤出机后，传输到真空脱气室，塑性泥料中的气泡被排出后，通过挤出螺杆或柱塞成型。

挤出成型主要用于大规模复杂部件的制备，如形状复杂的管状和棒状制品、蜂窝状结构制品等。挤出成型制品最主要的缺陷是源自挤出过程层状流动的分层。通过改进模具设计和对原料充分揉练等可减少这些缺陷。

5. 注射成型

陶瓷的注射成型原理和塑料的注射成型原理基本相同。其工艺过程主要由以下三个步骤组成：①热塑性材料与陶瓷粉料混合成热熔体，然后注射进入相对冷的模具；②混合热熔体在模具中冷凝固化；③成型后的坯体制品顶出脱模。

注射成型技术的优点是，可成型形状复杂的部件、尺寸精度高和均匀的显微结构。缺点是：一次性设备投资与加工成本高，模具成本和有机物排除过程的成本也较高；整个工艺过程周期长。注射成型技术适用于量大、昂贵的陶瓷部件的生产。此外，由于烧结前的固化及有机物的排除不均匀等问题，成型体的截面尺寸受到了限制。

6. 轧膜成型

轧膜成型的工艺特点介于注浆与挤出成型之间。成型料为粘塑态，工艺过程是将陶瓷粉料和有机粘合剂混炼得到粘塑体。粘塑体放入轧辊之间，通过轧辊而成型为带状。为了得到准确的膜坯厚度，粘塑体料须经多次轧膜，当达到要求厚度后，膜片卷筒成型。采用此法制得的膜片厚度大于流延法，一般为几百微米或者更厚一些。

7. 磁场成型

各向异性磁性材料的制备常采用磁场取向成型法，即利用成型时附加的磁场，使单畴颗粒的易磁化方向沿着外磁场方向作整齐的取向排列，这样的坯件烧结后可获得各向异性的永磁铁氧体。

生产中普遍采用的是平行磁场成型法，即充磁方向与压制方向相同。该方法的优点是成型效率高，可以实现一模多件和压制各种形状的产品；缺点是模腔内磁场分布不均匀，生坯取向度较低，而且取向度随成型压力增大、保压时间的延长而降低。垂直磁场成型法即充磁方向与压制方向垂直，模腔内磁场非常均匀，生坯取向度较高；缺点是不能实现一模多件，仍然存在取向度随压力升高而降低的问题。

目前提出了一种新的成型方式——橡胶等静压法。这种方法的特点是将粉料装入橡胶模中加以强大的脉冲磁场取向，然后施加压力将橡胶模和磁粉一同压制，橡胶模变形产生各向均匀的等静压，可以获得高密度、高取向度的生坯。

8. 应力取向成型的类型

1）“拓扑”反应的应力取向成型

“拓扑”反应（topochemical reaction）是指物质结构由于结晶转化、脱水、热分解或固相反应而变成其他结构时，原物质和生成物在结构上出现三度空间关系。将参加反应中的某结晶原料在压制中取向排列，通过加热进行拓扑反应，可制得各向异性的产品。

该法可省掉磁场设备，但由于原料价格较贵及工艺上存在一些新问题，例如对粉料形态要求高、样品收缩率大、成型压力高等，因此目前尚未投入生产，但对小型异型的产品有应用的可能性。

2）碾压取向成型

由于微型电机的迅速发展，需要径向取向的圆柱形磁体。人们巧妙地利用永磁铁氧体六角片型结晶形态（碎成片状或由熔盐法、玻璃结晶工艺制得），混合有机粘合剂后，采用轧制取向成带状再卷绕成圆柱形，最后烧结成永磁体。其加工流程如图 5.5.3 所示。

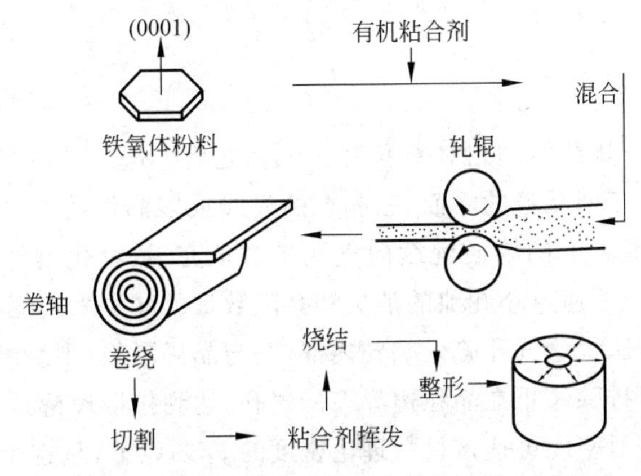

图 5.5.3　径向取向永磁铁氧体圆柱体的加工流程

5.6 烧结原理和种类

5.6.1 烧结过程

烧结是成型坯体在常压或加压下高温(低于熔点下)加热,使颗粒之间互相结合,气孔排除,从而提高坯体的密度和强度。随着温度的升高,坯体内发生了一系列的变化:多元体系的高温合成反应,产物相晶核出现及晶粒生长,颗粒间的大量气孔被排除,坯体趋于致密化等。烧结体的性质取决于构成晶粒的结晶物质的特性,而且还受微观结构影响很大。微观结构既与粉末原料特性有关,又与烧结过程相关。烧结过程的物质传递方式有:流动、扩散、蒸发和凝聚、溶解和沉淀等。

对于烧结中未涉及化学反应的单一化合物体系,烧结驱动力除了主要来自于表面自由能的降低外,位错、结构缺陷、弹性应力等的消失也使体系自由能降低,也是烧结驱动力。如烧结中涉及化学反应的多元体系,烧结驱动力还包括化学势能的降低。

根据烧结过程中结构特征的变化,烧结过程可划分为三个阶段。

1. 烧结初期

随着温度的升高,颗粒粘结,一次颗粒间一定程度的界面,即颈开始形成(颗粒间的接触面从零开始,增加并达到一个平衡状态)。在这个阶段,颗粒内的晶粒不发生变化,颗粒的外形基本保持不变。烧结初期对致密化的贡献很小,一般仅百分之几。

2. 烧结中期

随着温度的继续升高,原子向颗粒结合面迁移使烧结颈扩大,颗粒间距离缩小,形成连续的孔隙网络,并伴随颗粒间界面的广泛形成。大部分致密化过程和部分显微结构的发展产生于这一阶段。此时,气孔是相互连通成连续网络,而颗粒间的界面仍是相互孤立的,未形成连续网络。

3. 烧结后期

烧结后期一般始于烧结体的相对密度大于90%之后。这一阶段气孔趋于孤立,而晶界逐渐变得连续(气孔位于两晶粒的界面、三晶粒的界线或多晶粒的结合点处,也可能被包裹在晶粒内部)。此时,晶界上的物质继续向气孔扩散填充,致密化继续进行,晶粒也继续长大。这个阶段烧结体主要通过小孔隙的消失和孔隙数量的减少来实现收缩,收缩比较缓慢。如果发生异常晶粒生长,大量气孔陷入晶粒内部,并与晶界隔绝,则烧结过程停止;如果异常晶粒生长可避免,则可排除停止在晶粒边界上的气孔,达到接近理论密度的高密度。烧结过程结束后,烧结体的相对密度可达该材料理论密度的95%以上,从这个意义上说,烧结过程即是材料实现致密化的过程。

5.6.2 烧结中的有关现象

烧结过程中，随温度的升高，物质扩散和迁移加剧，坯体内部发生了高温合成反应（见5.4节）；显微结构发生了明显的变化，出现了产物相及其晶粒生长；此外，随气孔排除和颗粒中心距的缩短，坯体的密度提高、强度增加。

1. 晶粒生长

在高温加热时，细晶粒聚集体的平均晶粒尺寸总是要增大的。通常，晶粒长大指无应变或近于无应变材料的平均晶粒尺寸在热处理过程中连续增大而不改变晶粒尺寸的分布情况。

二次再结晶又称异常或不连续的晶粒长大，二次再结晶使少数较大的晶粒成核并长大，这种长大是以消耗基本无应变的细晶粒基质来实现的。对于陶瓷材料，二次再结晶现象是常见的。一般地，在烧结过程中，晶粒长大常被少量第二相或气孔所抑制，在这种情况下，只有曲率半径比平均曲率半径大得多的那些界面才能移动，即界面高度弯曲的过大晶粒才能够长大，而基质材料仍保持均匀的晶粒尺寸。研究中发现，较宽的原料颗粒分布、球磨时间过长、在球磨中引入杂质、成型坯件密度不均匀以及预烧温度过高、烧结过程升温速度过快等，容易产生非连续的结晶长大。

2. 气孔排除与致密化

由于气孔尺寸分布的原因，实际粉料成型体的致密化过程将是复杂的。成型坯体的初始密度对烧结密度的影响一般不大。但如果初始密度过低，热力学稳定，致密化将受到明显影响。在相同的成型密度条件下，具有较宽气孔分布的成型坯体的收缩速率一般低于尺寸分布较窄的成型坯体。极端情况下，具有较宽尺寸分布的成型坯体有可能达不到烧结后期，如能进入烧结后期，较宽的气孔尺寸分布也很有可能保持到烧结后期。较宽的气孔尺寸分布往往是由团聚体的存在而引起的。

陶瓷内部气孔的大小、形状、分布与烧结温度和时间有关。烧结温度较低时，气孔细小而密布于晶界，呈不规则的多面体；当烧结温度较高时，气孔较大，表面变圆球形，表面能较小，较稳定。通常合适的烧结温度能保证得到高密度材料。降低气孔率是制备高密度陶瓷的关键，其方法主要有：①降低原料的平均粒径；②采用高纯原料并缓慢加热；③加大成型压力，如采用等静压法等；④通过掺杂抑制异常晶粒长大；⑤加压烧结；⑥控制烧结气氛并缓慢升温。

5.6.3 烧结过程控制

1. 预烧

预烧通常指在低于烧结温度下将一次球磨后的粉料焙烧数小时。其目的是为了使各种氧化物初步发生化学反应，减小烧结时产品的收缩率。

为了增进预烧效果，可以将粉末造粒或压成块状，以增加颗粒间接触面积与压力，促进固相反应的进行。预烧温度对最佳烧结温度有一定的影响，若预烧温度过低，则固相反应不能充分进行；若预烧温度过高，则最佳烧结温度要求较高。预烧温度的选择对控制产品的收缩率、形变以及确定烧结温度有很大的影响。工业生产中的粉料预烧常采用回转窑法，其原理是，窑体可绕主轴旋转，有一定的倾斜度，物料由一端进入，由于回转作用，产生前进运动，而逐渐进入高温区，然后再在另一端出料。它可以省略烘干、压坯的工序，进行管道化生产，有利于降低成本、净化环境和减轻劳动强度。

2. 烧结制度

烧结过程对电子陶瓷的性能具有决定意义。因为烧结过程影响到化学反应的程度及最后的物相组成、密度、晶粒大小等，而这些均影响产品的电磁性能。

烧结过程包括升温、保温和降温三个阶段。

1）升温过程

在升温过程中，要控制一定的升温速度，以防止因水分及粘合剂集中挥发而导致坯件热开裂与变形。通常粘合剂挥发温区为250～600℃，在该温区升温宜缓慢，以便使挥发物通过排气口被及时排除。粘合剂挥发完后，升温速度可快些，用隧道窑烧结产品时，应合理地调整窑温曲线以达到此目的。对于热压铸成型、流延成型的坯件，由于坯体含有大量有机粘合剂，升温过程中粘合剂的大量熔化、分解和挥发有可能会导致坯体变形甚至开裂，因此，需要先将坯体中的粘合剂排除干净（通常称排胶），然后才进行产品的烧成。

2）保温过程

保温过程要考虑的主要是烧结温度、保温时间与烧结气氛等参数的控制。烧结温度的提高和保温时间的延长，一般会促使化学反应完全、密度增加、晶粒增大。但烧结温度过高，保温时间过长，会引起总体晶粒过大或少数晶粒猛增，破坏组织结构的均匀性，反而使性能下降。工业生产中，通常希望产品对烧结温度的宽容度较大，这样有利于提高产品的成品率。

3）降温过程

降温过程的控制对产品的性能具有决定意义。降温过程中主要涉及两方面的问题：①冷却过程中是否会引起产品的氧化或还原，产生脱溶物等。对易变价的电子材料，控制冷却过程中的氧气氛尤为重要。②冷却速度是否适宜。合适的冷却速度有利于提高产品的合格率。若冷却速度过快，出窑温度过高，因热胀冷缩导致产品冷开裂，或产生大的内应力，都会恶化产品性能。烧结过程中常见的几种开裂类型见图5.6.1。

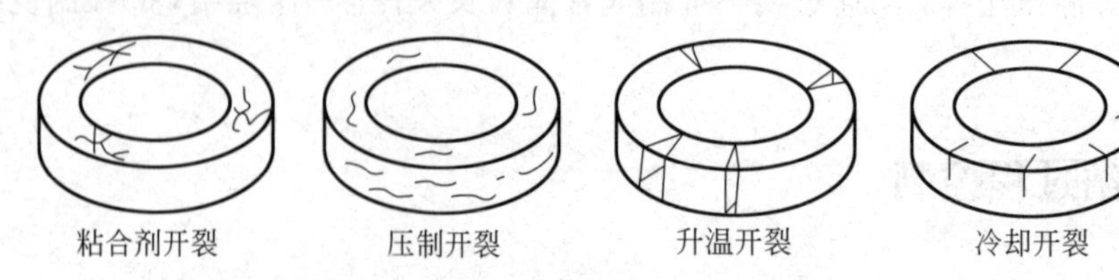

图5.6.1 几种常见的产品开裂类型

烧结可在不同的烧结炉内进行。窑炉设计对提高产品档次、合格率十分重要。早期，国内曾采用烧砖瓦的倒焰窑，由于温差大，不能连续生产及产品质量差而被淘汰；继而发展为推车式的隧道窑炉，由于温差大、能耗高及气氛难以控制，亦逐步被淘汰；目前，隧道式的辊道窑、推板窑以及两者结合而成的辊道-推板窑已普遍采用，多数应用电热式。此外，采用可控气氛的钟罩式电炉生产批量产品也较为理想。总之，对于不同类型的产品，应采用合适的窑炉、合理的窑炉温度曲线以及相应的气氛控制。

3. 气氛和烧结助剂

实际烧结过程中，为了控制材料缺陷及化学组成，有时在加热和冷却期间对气氛加以控制。

为了避免材料挥发，烧结过程中常使用埋粉或包封。埋粉烧结是将烧结制品埋入与制品粉末或组成相近的粉末中一起烧结。埋粉烧结可抑制被烧部件中某些材料的挥发，例如将 $Pb(Ti,Zr)O_3$ 试样埋在 $PbZrO_3$ 粉末内。包封烧结是将制品置于惰性金属或玻璃容器中，烧结时少量待烧制品产生的蒸气分压足以阻止材料的进一步分解和挥发。

使用助烧剂的目的是要加速烧结过程，或控制其显微结构。例如将 Bi_2O_3（熔点 825℃）加入锂铁氧体，可使烧结温度降低和有效地抑制 Li_2O 的挥发，从而达到高密度。控制晶粒尺寸的另一种方法是使用晶种，通常将很少量的晶种加入到烧结粉末中，通过控制晶粒生长，可获得更均匀的显微结构。

4. 烧结后材料的加工

烧结后的部件通常还需要进一步加工，特别是机械加工。

磨加工也称为磨削加工，常用作陶瓷零件表面的精加工工序。磨削就是用砂轮、油石和磨料（氧化铝、碳化硅等微粒）对工件表面进行切削加工。砂轮是将许多细小且极硬的磨料微粒用粘合剂粘结的一种切削工具。从它的切削作用来看，砂轮表面上的每一颗微细磨粒，其作用相当于一把细微刀刃，磨加工如同无数细微刀刃同时切削。磨料磨削过程中产生大量热量，因此需要用大量流动的冷却水降温。

另一种后加工称为抛光。在这一过程中待磨产品的棱角通过置于旋转容器内的研磨浆料被磨圆滑，从而获得光滑的表面。抛光过程中的磨损和由此而产生的残余应力对强度产生很大影响。许多情况下，还需要进行精磨，特别是对于电子材料。

5.6.4 烧结种类

烧结简单地分为常规烧结和非常规烧结（又称特种烧结）。

1. 常规烧结

常规烧结即传统的常压烧结方式。按烧结过程中是否出现液相，常规烧结又分为固相烧结（solid state sintering）和液相烧结（liquid phase sintering）。液相烧结是指在烧结包含多种粉末的坯体过程中，烧结温度至少高于其中一种粉末的熔融温度，从而在烧结过程中出现液相的烧结过程。固相烧结指在烧结温度下基本上无液相出现的烧结，如高纯氧化物之间的烧结过程。影响固相烧结的因素主要是扩散速率。温度越高，离子扩散速率越快，晶格缺陷越多，表面能越大，扩散驱动力也越大。

2. 特种烧结

特种烧结包括热压烧结、等静压烧结、放电等离子烧结和微波烧结等。

1）热压与等静压烧结

热压烧结(hot pressing sintering)是在烧结过程中，同时对坯体施加压力，从而加速致密化过程。与常规烧结比较，热压烧结的温度更低，烧结时间更短，减少了易挥发组分的挥发，易于制备高致密材料。热压烧结的烧结速度取决于在压力作用下产生的塑性流动而非扩散。热压用的模具要用高温下高强度的材料，如 SiC、Si_3N_4、Al_2O_3(95%)陶瓷等，为了防止坯体和模具起反应，可以在坯体和模具间填充 ZrO_2 及再结晶的 Al_2O_3 粉等不易起反应的耐熔氧化物。热压装置和模具如图 5.6.2 所示。

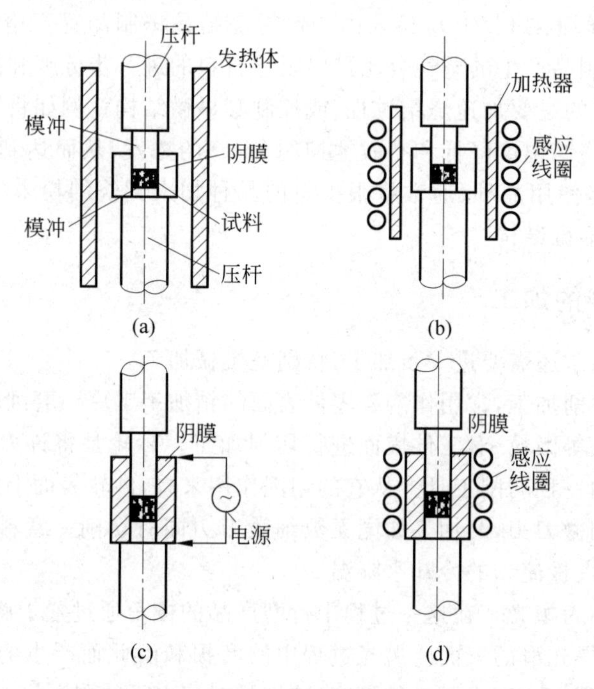

图 5.6.2 热压装置和模具

(a) 电阻间热式；(b) 感应间热式；(c) 电阻直热式；(d) 感应直热式

热压烧结可分为两大类：单轴向热压法与热等静压法。单轴向热压法因设备条件的差异又有普通热压和连续热压之分。普通热压设备为双边炭棒炉或管状炉，升温速率可达700℃/h。连续热压法常采用高频感应加热或电阻丝加热，目前已采用隧道式热压炉进行生产，在加热过程中，移动材料使其穿过高温模腔而制成样品。该方法适于制备高密度、细晶粒的高性能陶瓷材料，可实现自动化。

热等静压烧结(HIPS)过程中惰性气体被用作介质。对于此种烧结方法，制品须预先被烧结到闭气孔状态或是被包封后才能在加压条件下烧结。首先用普通陶瓷工艺将材料烧结成密度大于 93%理论密度的试样，然后放入套膜(用软钢、纯铁、不锈钢或陶瓷纤维等做成，作为传递压力的介质)。再将此套膜放入可高温加热的容器的中心，采用氮、氩等工作气体进行加压。HIPS 工作条件一般为：T，1000～1700℃，p，200～400atm。HIPS 的优点是不需要模具，样品形态不限，适于批量生产，其密度可接近理论密度；缺点是设备条件要求高（耐高压、高温）。采用 HIPS 工艺可制备出气孔率小于 0.1%，平均晶粒尺寸细小，具有优良性能的陶瓷材料。然而，由于设备工艺较复杂，难度大，成本高，其使用领域受到限制。

2）放电等离子体烧结

放电等离子体烧结（spark plasma sintering，SPS），又被称为脉冲电流烧结，是近年来发展起来的一种新型材料制备工艺方法。

SPS 烧结系统大致由四个部分组成：真空烧结腔、加压系统、测温系统和控制反馈系统，如图 5.6.3 所示。该技术的主要特点是利用体加热和表面活化，实现材料的超快速致密化烧结。可广泛用于磁性材料、梯度功能材料、纳米陶瓷、纤维增强陶瓷和金属间化合物等系列新型材料的烧结。

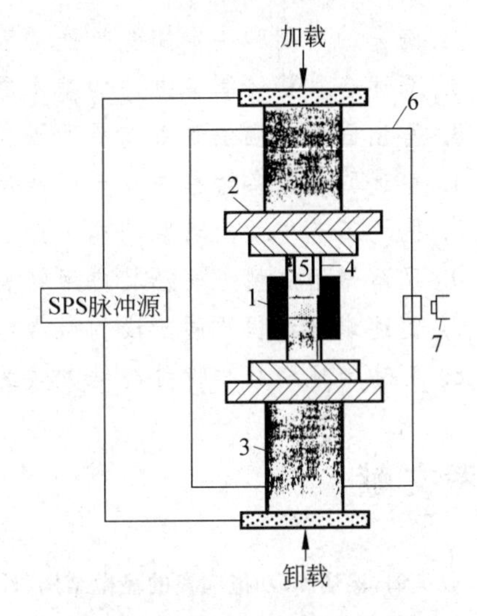

图 5.6.3 SPS 烧结系统示意图

1—石墨模具；2—用于电流传导的石墨板；3—加压系统；4—石墨模具中的压头；5—烧结样品；6—真空烧结腔；7—测温系统

放电等离子体烧结的优点：①烧结温度低（比 HP 和 HIP 低 200～300℃）、烧结时间短（只需 3～10min，而 HP 和 HIP 需要 120～300min）、单件能耗低；②烧结机理特殊，赋予材料新的结构与性能；③烧结体密度高，晶粒细小；④操作简单，不像热等静压那样需要十分熟练的操作人员和特别的模套技术。

3）微波烧结

微波烧结是利用微波加热来对材料进行烧结。它与传统的加热方式不同。传统的加热是依靠发热体将热能通过对流、传导或辐射方式传递至被加热物而使其达到某一温度，热量从外向内传递，烧结时间长，也很难得到细晶。而微波烧结则是利用微波与材料的结构耦合而产生热量，通过介质损耗使材料整体加热至烧结温度而实现致密化的方法。

由于微波的体积加热，得以实现材料中大区域的零梯度均匀加热，使材料内部热应力减少，从而减少开裂、变形倾向。同时由于微波能被材料直接吸收而转化为热能，所以，能量利用率极高，比常规烧结节能 80%左右。研究结果表明，微波辐射会促进致密化，促进晶粒生长，加快化学反应。在烧结中，微波不仅仅只是作为一种加热能源，微波烧结本身也是一种活化烧结过程。微波与材料耦合的特点，决定了用微波可进行选择性加热，从而能制得具有特殊组织的结构材料，如梯度功能材料。这些优势使得微波烧结在高技术陶瓷及金属陶瓷复合材料制备领域具有广阔的前景。

然而，各种材料的介电损耗特性随频率、温度和杂质含量等的变化而变化，由于自动控制的需要，还需要建立与此相关的数据库。此外，微波烧结的原理也有待进一步的研究。由于微波烧结炉对产品的选择性强，不同的产品需要的微波炉的参数有很大差异，因此，微波烧结炉的设备投资增大。

复习思考题

1. 陶瓷的类别和决定陶瓷性能的因素是什么？
2. 简述各种粉体制备方法的基本原理和特点。
3. 写出固相反应法制备陶瓷的工艺流程简图并对其中的关键工序过程作简要分析。
4. 简述陶瓷制备过程中发生固相反应的机制、影响因素和特点。
5. 陶瓷工艺中两次球磨的作用分别是什么？如何提高球磨效率？
6. 了解常用成型方法及其应用特点。
7. 简述烧结过程不同阶段的微观结构变化。
8. 简述常规烧结和特种烧结方式的原理和工艺特点。

参考文献

[1] 殷庆瑞，祝炳和. 功能陶瓷的显微结构、性能与制备技术[M]. 北京：冶金工业出版社，2005.

[2] Wunderlich W, Vishista K, Gnanam F D, et al. Thermodynamical calculations and experimental confirmation about the Mg-Al-spinel reaction path in the sol-gel-process[M]. Key Eng Mater, 2006, 317-318: 135-138.

[3] 理查德·J. 布鲁克. 陶瓷工艺[M]. 北京：科学出版社，1999.

[4] Rahaman M N. Ceramic Processing and Sintering[M]. New York: Marcel Dekker. Inc., 2003.

[5] 王觅堂，李梅，柳召刚，等. 超细粉体的团聚机理和表征及消除[J]. 中国粉体技术，2008，14(3)：46-51.

[6] 崔国文. 缺陷、扩散与烧结[M]. 北京：清华大学出版社，1990.

[7] Yanagisawa K, Ioku K, Yamasaki N. Post-sintering of anatase compact prepared by hydrothermal hot-pressing[J]. J Mater Sci Lett, 1995, 14(3): 161-163.

[8] Lograsso B K, Lograsso T A. Densification of irregular powders during hot isostatic pressing[J]. Mater Manufact Process, 1994, 9(4): 681-694.

[9] 徐如人，庞文琴. 无机合成与制备化学[M]. 北京：高等教育出版社，2003.

[10] Muñoz S, Anselmi-Tamburini U. Temperature and stress fields evolution during spark plasma sintering processes[J]. J Mater Sci, 2010, 45(23): 6528-6539.

[11] 李达，陈沙鸥，邵渭泉，等. 先进陶瓷材料固相烧结理论研究进展[J]. 材料导报，2007，21(9)：6-9.

[12] 施剑林. 固相烧结-Ⅰ气孔显微结构模型及其热力学稳定性　致密化方程[J]. 硅酸盐学报，1997，25(5)：499-513.

[13] Lee P Y, Suematsu H, Yano T, Yatsui K. Magnetic and gas sensing property of nanosized $NiFe_2O_4$ powders synthesized by pulsed wire discharge[J]. J Nanopart Res, 2006, 8(6): 911-917.

[14] 崔静涛，兰新哲，王碧侠，等. 陶瓷材料成形工艺的研究新进展[J]. 佛山陶瓷，2008，18(1)：36-40.

[15] Menezes R R, Souto P M, Kiminami R H G A. Microwave hybrid fast sintering of porcelain bodies[J]. J Mater Process Tech, 2007, 190(1-3): 223-229.

第6章

导电材料和电阻材料

导电材料和电阻材料是在电子材料与器件中应用最广泛的一类材料。根据材料导电性能的大小,导电材料可以分为高导材料和电阻材料两大类。高导电材料一般称导电材料,除用作传输电能的电线、电缆外,还广泛应用于电子元器件和电路中作电极、引线、导线和布线。电阻材料是电阻率较高的一类导电材料,通常应用于电阻器、片式电阻器、可变电阻器、电位器和混合集成电路中的薄膜和厚膜电阻器等。本章对主要的导电材料和电阻作简要介绍。

6.1 导电材料的性质与分类

1. 导电材料的性质

导电材料具有良好的导电性能。IEC规定电阻率为1.7241$\mu\Omega \cdot$cm的标准软铜的电导率作为100%,其他材料的电导率与之比较,以百分电导率,即"%IACS"单位表示。

在实际应用中,不仅要求导电材料具有高电导率,还要求具有良好的机械性能、加工性能,耐大气腐蚀,具有化学稳定性等。

一些非导电特性在某些特定的场合也很重要。这些非导电性能有:热导率、接触电位差、温差电动势、机械强度、耐高温特性、耐腐蚀性、耐磨性等。在设计电机、电缆、电气仪表及其他电工产品要考虑温升时,热导率具有相当重要的意义。在温差电控温、测温元件和仪表中,接触电位差及温差电动势均有重要意义。在架空线中要采用高抗张强度的导体与合金。在航天、航空等国防科技中,导电材料的低温和高温的导电性能就十分重要。为了满足大规模应用的需求,导电材料还应该具有资源丰富、价格低廉等要求。

2. 导电材料的分类

按照材料的化学成分来分,导电材料可以分为金属导电材料、氧化物导电材料、高分子导电聚合物以及复合导电材料等。

按照材料的使用形态导电材料可以分为线材、块材、厚膜和薄膜。

6.2 金属导电材料

6.2.1 金属导电材料的标准

金属材料(块金属)是人类最早利用的导电材料,直到今天,金属材料在导电材料中仍占主导地位。各种金属有不同的电导率,有时为便于比较,常将它们与国际标准软铜的电导率的百分率表示,称百分电导率,单位为%IACS。

标准软铜在20℃时的密度为8.89g/cm³,电阻率为0.17241μΩ·m,温度系数为0.00393。杂质、缺陷、温度和应力等是影响导体电阻的主要原因。一般纯金属的电导率比其合金的高。合金的电导率由于合金的组成不同而各异,例如,在二元合金中由于成分相互溶解生成固溶体。如果在纯金属中加入少量的其他金属,则电导率将急剧下降。

常见纯金属导电材料的物理性质见表6.2.1。金属导电材料中,用得最多的是铜,其次是铝、铁等。作为金属导电材料应具备的条件是:电导率大、易连接、较大的抗拉强度、易弯曲、容易加工成型、耐腐蚀、产量大和价格低等。但是,由于纯金属的抗拉强度都比较低,所以在对抗拉强度要求高的场合,通常采用热处理的金属或合金。

表 6.2.1 纯金属在 20℃ 时的特性

金属名称	电阻率/(μΩ·cm)	百分电导率/%	温度系数/℃	密度/(g/cm³)	热容①/(kcal/K)	热膨胀系数(线)/(10⁻⁶/℃)	熔点/℃	弹性系数/(kgf/mm²)	抗拉强度②/(kgf/mm²)	布氏硬度
银	1.62	106	0.0038	10.5	0.056	18.9	960.5	8000	15	30
铜	1.72	100	0.00393	8.9	0.092	16.6	1083	12000	20	30
金	2.40	71.6	0.0034	19.3	0.032	14.2	1063	8000	10	25
铝	2.82	61.0	0.0039	2.7	0.212	23.0	660		8	15~26
镁	4.34	39.6	0.0044	1.74		24.3	650		12	30
钼	4.76	36.1	0.0047	10.2		5.1	2600			
钨	5.48	31.4	0.0045	19.3		4	3370		110	
锌	6.10	28.2	0.0037	7.14	0.095	33	419.4	8000	15	20~60
钴	6.86	25.0	0.0066	8.8		11	1490			
镍	6.90	24.9	0.006	8.9	0.109	12.8	1452	20000	40	80
镉	7.50	22.9	0.0038	8.65		29.8	321		6	
铁	10.0	17.2	0.0050	7.86	0.114	11.7	1535	20000	25	60
铂	10.5	16.4	0.003	21.45	0.032	8.9	1755	15000	15	50
锡	11.4	15.1	0.0042	7.35	0.056	20	232	5500	2.5	12
钢	20.6	8.4		7.86	0.116	11.0				
铅	21.9	7.9	0.0039	11.37	0.031	29.1	327.5			
水银	95.8	1.8	0.00089	13.55	0.2		−38.9			

注:① 1kcal=4.1868kJ;

② 抗拉强度的单位习惯写成 kgf/mm²。1kgf/m²=9.8Pa。

6.2.2 铜

铜的晶体结构为面心立方体，晶格常数 0.3617nm。铜的密度 8.92g/cm^3，熔点 1086.4℃，沸点 2567℃，汽化温度 1132℃，再结晶温度 200～300℃；电阻率 1.67μΩ·cm，电阻率温度系数 4300ppm/℃。为了保证铜合金既具有高导电性、高导热性能，又具有高强度、良好的伸长率等加工性能，一些高强度铜合金可以采用粉末冶金法生产弥散强化铜，采用时效热处理后获得高导电率。

用作导电材料的铜是由电解法制得，即所谓电解铜。其纯度在 99.90%以上，一般为 99.97%～99.98%，含有极少量的 Au、Ag、Ce、Pb、Sb 等杂质。

电解铜铸造后加工退火成为制品，在常温下压延或拉伸处理后质地较硬，根据其加工程度可分为半硬铜或硬铜，如将其在 450～500℃退火即为软铜。

未处理的铜比软铜的抗拉强度和硬度大，但电导率和延伸率小。表 6.2.2 中列出了不同加工条件下的铜线特性。

表 6.2.2　不同的铜线特性

特性 \ 铜类型	铸造铜	软铜线	半硬铜线	硬铜线
熔点/℃	1083	1083	1083	1083
密度/(g/cm^3)	8.9	8.89	8.89	8.89
热膨胀系数/(10^{-6}/℃)	17	17	17	17
电阻率/(μΩ·cm)	1.7100～1.7593	1.7070～1.7774		1.7593～1.7958
百分电导率/%		97～101		96～98
抗拉强度/(kgf/mm^2)	15～20	23～28	30～40	35～47
弹性系数/(kgf/mm^2)		12000		12000
拉伸率/%	15～20	20～40	1.5～10	0.5～4
布氏硬度	50	8～10		
比热容/(J/(kg·℃))	3.91			
热导率/(J/(s·m·℃))	400			

常温加工的铜，如经退火处理，其物理性质、机械性质会发生变化。如其电阻率在 450℃前随退火温度上升而减小，在此温度以后变化不大；抗拉强度在 200℃以前随退火温度增高而急剧减小，在此温度以上则几乎不变；拉伸率在 200℃以前基本不变，在 200～300℃迅速增加，在 300℃以上则有缓慢减小的倾向。

6.2.3 铜合金

铜合金具有比纯铜更好的机械性能，但其电导率比纯铜低。在铜中加入少量其他金属，成为固溶体；也可能是部分固溶，而其余部分以机械混合物形成分散物。一般机械性能的改善是利用后者。例如，铜-镍-硅合金和铜-铍合金，在这种系统中，高温下有相当的溶解度，在常温下溶解度小，硬度增加，但电导率变化不大。铜合金具有高电导率、优良的机械性能。

表6.2.3列出了具有代表性的铜合金导电材料的特性。

表6.2.3 铜合金在20℃时的特性

特性 名称	百分电导率/%	电阻率/(μΩ·cm)	电阻温度系数/℃	抗拉强度/(kgf/mm²)
铜-镉合金	88	1.959	0.00346	45
	85	2.028	0.00334	65
铜-硅合金	50	3.448	0.00197	45
	45	3.831	0.00177	
	40	4.310	0.00157	70
铜-镍-硅合金(C合金)	35	4.926	0.00138	89.8
铜-铍合金(w_{Be}=2.5%)	35	4.926		135.0

1. 铜-镉合金

镉是降低铜电导率的比率仅大于银,而且可增加其抗拉强度的金属。这种合金线一般含镉(质量分数,下同)1.2%~1.4%,电导率为(纯铜的)85%~90%,且抗拉强度比较大、耐腐性好、耐磨性好。因此,在电话用的电线、输电线、无轨电车线和大直径架空线等领域有着广泛的应用。

2. 铜-锡合金

铜中加入锡后,电导率会大幅度下降,而抗拉强度能大幅度增高。在使用时铜锡合金中还加入少量第三种金属元素。如硅铜合金是含有Si0.02%~0.52%、Sn1.5%以下的铜合金,电导率是纯铜的40%~50%,主要用作无轨电车电缆和大直径输电电缆。磷青铜合金是加入10%以下的锡和极微量的磷,主要用在对电导率要求不高,而对机械性能要求较高的场合,如仪表弹簧,其抗拉强度为80~110kgf/mm²。

3. 铜-镍-硅合金

硅化镍(Ni_2Si)在铜中的溶解度在1000℃下约为8%,在常温下约0.7%。由于其具有随温度明显变化的特点,一般在退火硬化后使用。属于这类合金系列的有Tempalcy(美国)、Kuprodur(德国)和C合金(日本)等,合金中含硅化镍(Ni_2Si)3%~4%,退火温度为900~950℃,回火温度为520~580℃。这些合金的电导率、抗拉强度和耐腐蚀性均较好,特别是对海水的耐腐蚀性尤为突出,而且在高温下具有较大的抗拉强度。因此,该类合金广泛用于导电发条、高抗拉强度架空通信线和无轨电车电缆线等。

4. 铜-铍合金

对于铜-铍的固溶限在850℃约为3%,在常温下约为0.5%。在铜中添加2.5%的Be,利用退火、回火可获得100kgf/mm²的高抗拉强度。另外,退火后进行常温加工再回火可使抗拉强度达到 130kgf/mm²。这种合金的强度、硬度和疲劳限度等都大，耐磨和耐腐性好，电导率为 25%，也比较大。这种合金可用作轴承、弹簧、电气元件、无轨电车和地铁电缆，特别适用于高湿场合。其缺点是铍的价格高，因而常代之以 Ag、Cr 等添加物。

5. 其他铜合金

除上述合金外，还有 Cu-Ag、Cu-Cr、Cu-Mg、Cu-Ti 等合金，它们都是能改善抗拉强度的导电材料。

6.2.4 铝

铝的电导率仅次于铜，近年来由于铜产量的不足、价格上升而作为铜的代用品被广泛应用。

铝的晶体结构为面心立方体，晶格常数 0.40413nm。铝的密度 $2.702g/cm^3$，熔点 660.37℃，沸点 2467℃，汽化温度 1082℃，再结晶温度 150℃，线胀系数 26.1×10^{-6}/℃，电阻率 $2.66\mu\Omega\cdot cm$，电阻率温度系数 4200ppm/℃。

纯铝的电导率约为铜的 62%，抗拉强度约为铜的 50%，密度为 $2.7g/cm^3$，是铜的 1/3。铝有良好的导电性、导热性，在空气中表面上可生成氧化铝保护膜，密度小，易于加工成材。

具有与铜线相同电导的铝线直径为铜的 1.27 倍，重量却仅为铜的 50%，直径变大后对外界作用的抵抗增大；同时，在高压输电线使用的场合，还有不易发生电晕放电等优点而广泛应用。

铝的物理性质根据其纯度的不同而相差较大，一般纯度越高电导率和电阻温度系数也越高，抗拉强度和硬度越小，耐腐性越强。作为导电材料用的铝线一般为硬引线。表 6.2.4 所示为铜线与铝线的特性比较。

表 6.2.4 铜线与铝线的特性比较

材料名＼特性	百分电导率/%	热导率/(J/(m·s·℃))	热膨胀系数/(10^{-6}/℃)	弹性系数/(kgf/mm^2)	抗拉强度/(kgf/mm^2)
硬铜线	97	374	17	12300	44
硬铝线	61	211	24	7200	17

将退火的铝在常温下压延，随着压延度的增加电导率慢慢下降，抗拉强度迅速增加。将硬引线在不同温度下加热一定时间后进行压延，当温度为 300℃以下时电导率增加，在 300℃以上电导率减小，最佳退火温度为 350～450℃，退火时间因材料的大小和加工程度而异。一般在高温下短时间退火的材料晶粒增长小，性能较好。

铝的导电性能仅次于金、银和铜，是一种良好的导电材料。由于铝的面心立方晶格结构而富于延展性，具有优良的加工性。铝的机械强度良好，密度又小，因此，在电子元器件中，广泛用作电极和引线材料。

为了解决纯铝抗拉强度低的缺点，加入硅、铜、镁等金属后，再经过热处理获得铝合金。其中，以加入硅(0.5%～0.6%)、镁(4.0%)、铁(0.3%)的铝合金性能最优秀，称为 Aldrey

合金。这种合金被广泛用于输电线、电话线等，其经热处理后的性能如表 6.2.5 所示。

表 6.2.5 Al 合金的性能

特性 名称	电导率/ %IACS	电阻率/ (μΩ·cm)	热膨胀系数/(1/℃)	抗拉强度 (kgf/mm²)	伸缩率/%
Al	61	2.8265	2.3×10^{-5}	15～17	40
Aldul	48	6.59		35	
Aldrey	52	6.12		37	4
Al 合金	51.7	6.33		31.5	3～4

6.3 电极及电刷材料

6.3.1 电容器电极材料

电极是电容器的重要组成部分，它在电容器中起着形成电场、聚集电荷的作用。尽管电极的形式随着电容器的结构不同而有变化，但作用是相同的。因此，作为电容器的电极材料，其质量的好坏和选用是否合理，对电容器的性质、质量、制造工艺、重量、成本都有重要影响，应根据电极的要求来选用适当的电极材料。

对电极材料的要求主要有以下几个方面：①应具有优良的导电性能，体积电阻率要小；②具有良好的化学稳定性和抗腐蚀性，不易氧化，并且对介质材料的老化、催化作用要小，不易发生电迁移；③应有良好的机械性能，如不易变形、压延性和柔韧性要好、抗拉强度高、与电容器工艺匹配；④密度小，热导率大；⑤易于焊接，具有适当的熔点和沸点；⑥材料来源广泛，价格便宜。

1. 铝材

铝的导电性能仅次于金、银和铜，是一种良好的导电材料，具有富于延展性、机械强度好、密度小等优点，在电子元器件中，广泛用作电极和引线材料。

1）铝箔

根据电容器的类型，铝箔分为电容器用铝箔和电解电容器用铝箔。电容器铝箔用作有机介质电容器电极，除纯度要达到 99.5%以上外，对铝箔表面要求光滑洁净，不应有划痕、腐蚀痕迹、分层和夹杂；铝箔厚度要均匀，箔卷展开时不应有粘结和撕裂，展开后的箔面不得有折叠，铝箔的可见针孔不得密集和成行。对于电解电容器用的阳极铝箔，除了上述要求以外，对纯度要求更高。因为高纯铝箔在经过电化学腐蚀以后，应具有均匀的高腐蚀系数，并能在表面形成优良的介质氧化膜。如果在铝箔表面存在杂质，就会导致电容器漏电流增加，使用时性能很快恶化，寿命缩短。

铝箔中的主要杂质为铁、铜和硅，其他杂质很少。在杂质中以铁的影响为最大，因为铁会以固溶体的形态分散在铝箔中，影响到铝箔退火时晶体的生长，并在氧化膜中形成缺陷。因此，铁的存在和含量的多少，对铝氧化膜的质量有很大影响。此外，铝箔的杂质含量还严重地影响箔的化学稳定性。因为杂质和电解液之间可以形成原电池，加剧阳极箔的腐蚀，从而影响电容器的使用寿命和储存期限，杂质愈多，铝箔的耐蚀性就愈差。

晶粒大小是影响金属机械性能的重要因素。对于电解电容器铝箔而言，晶粒大小还影响极板面积的有效扩大倍数。低压用铝箔的晶粒细小，有利于极板有效面积的扩大和比电容的提高。加工后的铝箔会变硬，塑性差，不利于卷绕。这是因为轧延过程中铝箔内产生了内应力，晶格发生扭曲，晶粒破碎，位错密度增加。为了使铝箔中晶粒能转到稳定状态，要在较高的温度下处理，使金属原子活化，原子得到重新排列，从而达到消除内应力和被扭曲的晶格、提高塑性的目的，便于电容器的卷绕。电解电容器铝箔的退火处理，应在腐蚀前进行。

2）铝丝

在铝电解电容器中，与阳极箔的连接线是铝丝。其纯度与高纯铝箔相同，而且要求尺寸公差小，表面光洁度高，机械性能好。在有机介质电容器中，为了缩小体积，用它作金属化层电极，高纯铝丝还适用于铝金属化层作蒸发材料。

铝金属化层蒸发工艺，在有机薄膜电容器中和高质量的金属化纸介电容器中得到了广泛的应用。铝金属化膜具有以下特点：①铝金属化膜在大气中虽易氧化，但氧化后生成一层极薄的氧化铝，成为天然保护层，防止继续氧化。因此介质蒸上铝膜后，可以在大气环境中储存，保存较为方便。②铝膜的导电性能十分优良，电导率为 28$\mu\Omega\cdot$cm。因此膜层的功率损耗较低。③对潮湿气氛不敏感，因而铝金属化层的抗潮性能良好，化学性能稳定，不会被腐蚀，所以制成的电容器能够保持绝缘电阻及损耗角正切稳定。④在自愈过程中，由于疵点区域电极短路闪火，产生氧化作用，使短路部位形成氧化铝，从而使对应的电极绝缘，自愈后的电性能不会下降。⑤铝的沸点高、临界温度高、易于沉积，铝不需要底金属即可直接在基体上形成金属层。

2. 金属化用锌和锡

铜、银、镉、锌、铝、锡等都可以用作金属化电容器用电极的蒸发材料。但由于镉、银等价格较贵，铜易氧化，所以在电容器制造中，作为金属化的材料广泛采用的只有锌、锡、铝。

1）锌

锌是金属化纸介电容器的电极主体金属。锌金属化具有以下特点：锌的蒸发温度较低，一般在真空度为 13.3Pa 时，约为 350℃，且它的沉积速度也较快；锌在升华时，不会与加热器发生反应，一般可用石墨舟。蒸发锌时，真空度小于 13.3Pa 即可，故仅用机械泵就能达到工艺要求。锌的熔点较低，金属层易于蒸发形成绝缘晕圈，从而使对应的电极绝缘，故电容器易于自愈。

锌金属化膜也有以下缺点：锌膜抗氧化能力差，容易生成具有半导体性质的氧化锌，使电极电阻增大，电容器损耗增加；锌膜的电阻率较大，为 6.1$\mu\Omega\cdot$cm，故金属化层的功率损耗较大；对潮湿气氛及纸中含水量非常敏感，易受腐蚀，化学稳定性差，所以被好金属化锌层的介质不易存放，给生产造成一定的困难；蒸发锌时必须用较高沸点的金属打底，以便形成凝结核心，生成均匀牢固的金属化层。

2）锡

常温下，锡在空气中不氧化，水对它没有影响，稀酸对它的作用也很慢，锡可以用作金属的保护层。在金属化电容器的制造中，锡被用来作金属化的底层金属。采用锌作为金属化电容器的电极材料时，用锡作金属化电极的底层。

在蒸发沸点较低的金属时，基体表面的温度必须保持在比蒸发更低的状态下，才有可能沉积。某些沸点较低的金属在电容器纸及有机介质膜上沉积时，若降低基体温度或提高蒸汽流密度有困难，可以采用一种沸点较高的金属先在基体上蒸发一层底层，起到凝结中心作用，然后再蒸发沸点较低的金属。这样就可以形成均匀牢固的金属膜层。通常将蒸发沸点较高的底层金属的过程称为敏化过程。由于锌的沸点较低，通常采用沸点较高的锡作为底层金属，然后再蒸发锌作为主体金属，用以形成锌金属化电极。

6.3.2 引出线

电子元件的引出线与印制电路板连接，形成整机的功能部件。整机的可靠性在很大程度上取决于引线的可靠性。电子元件引出线所用的导电材料，因基材成分，镀(涂)层种类、含杂、厚度和生产工艺不同，各种引出线在机械性能、电性能、热性能、磁性能、耐蚀性和可焊性方面各有不同，在选用电子元件引出线时应具体考虑以下情况。

(1) 引出线对电子元件本身的影响。如引出线的导电性、接触电阻、离子和分子的迁移、化学变化和电化学影响。

(2) 引出线对电子元件密封性的影响。如引出线与电子元件包封料的亲和性，引出线的热胀系数和熔封性等。

(3) 是否适应电子元件生产工艺。如引出线是否适于清洗、烘干、对焊、熔焊、轧扁、铆接、涂漆、烘漆、电气老练、机械设备的牵引打弯，是否适应高速连续生产，能经受气体污染等。

(4) 引出线是否适应整机的工作环境，能否确保整机不因引出线而发生故障。如能否经受高温、低温、潮热、盐雾、震动等恶劣工作条件。

(5) 引出线是否适于整机的高密度群焊技术，其电子元件能否长期储存。

目前常用的引出线见表6.3.1。

表6.3.1 电子元件常用引出线

名称	型号	规格(标称直径/mm)	现行标准
电工圆铜线	TR	0.2～1.2	GB 3953—1983
镀锡铜线	TRx	0.4～1.2	SJ 2422—1983
镀锡铜包钢线	GTRx,GTx	0.4～1.2	SJ 2421—1983
镀银铁镍合金丝		0.15～1.20	SJ 318—1972
杜美丝		0.2～0.6	QB 731—1979
镍线	N4,N6	0.2～1.2	GB 3120—1982
康铜线	BMn40-1.5	0.2～1.2	GB 3125—1982
黄铜线	H62	0.2～1.2	GB 3110—1982
铅黄铜线	HPb-59-1	0.4～1.8	GB 3112—1982

6.3.3 电刷与弹性材料

在电位器中，电刷是沿电阻体滑动的导电构件，也称接点或接触刷。在许多重要或特殊要求的电位器中，电刷单独制造，然后借助于钎焊、点焊、铆接或夹装与弹性簧片组成构件，而使电刷获得支承和弹力源。一般情况下，接触簧片（带有接点的簧片）用弹性材料直接加工成型。因此，电刷材料与弹性材料是相互联系且不可分割的一组材料。弹性材料还可用来制造其他弹性元件，如簧片和弹性集流片等。

电刷与电阻体之间的匹配情况，影响电刷与电阻体之间的接触电阻、接触噪声、平滑性、稳定性和耐磨性等，因而影响电位器的输出特性。所以对电刷与弹性材料和电阻体的匹配要求较高。其具体要求有两类。

（1）电刷与弹性材料应具有良好的物理性能、化学稳定性和优良的机械性能，应具有良好的导电性、导热性，无磁性。在精密电位器中还要求电刷与弹性材料的电阻率很低、接触电阻小和对铜的热电势小；在－65～150℃或更高的温度和环境中，有良好的耐蚀性、抗氧化性、抗硫化性及抗有机气氛的污染；另外，还要有大的弹性模量、足够的强度、良好的弹性，并希望弹性迟滞小、疲劳强度高；还应具有良好的加工工艺性。

（2）电刷与电阻体要有良好的匹配，接触电阻要小而稳定，磨损要小。应当有小的摩擦系数和适宜的硬度。摩擦系数小可降低磨损速率，提高使用寿命。硬度的匹配比较复杂，一般是配对材料硬度很高，并有一定延展性时，匹配较好。在两者硬度均很低或硬度相差不大时，均以电阻体磨损为主；在两者硬度相差悬殊时，硬度低的材料易于磨损。硬度不匹配会使磨损速率增加并产生摩擦系数、接触电阻和电流噪声的变化。

为了提高匹配性能，要求合理地选择电刷和电阻体的几何形状，正确地确定使用条件，并辅以良好的润滑剂。当然，具有良好的工艺性（如焊接和钎焊等）也是很重要的。

电刷多用重有色金属合金和贵金属合金材料制造；也有用非金属（如炭黑、石墨）制造弹性元件（如接触簧片、簧片、集流片等）。目前电刷一般用重有色金属合金或含少量贵金属的重有色金属合金制作；在要求高的航空、航天用电位器中，较多用贵金属合金材料。为改善接触性能，在不含贵金属的重有色金属合金电刷与弹性元件上，通常电镀贵金属及其合金。电位器电刷与弹性材料的分类如图6.3.1所示。

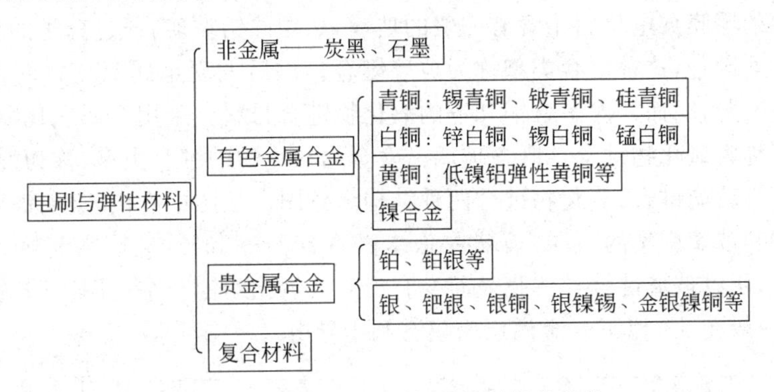

图6.3.1 电位器电刷与弹性材料的分类

6.4 厚膜导电材料

在厚膜混合电路中，厚膜导电材料的作用是固定分立的有源器件和无源元件，作为元件之间的互连线及作为厚膜电容的上下电极及外引线的焊区等。厚膜导电材料浆料（厚膜导电浆料)是厚膜工艺中使用的一种浆料。现在常用的浆料是含贵金属的厚膜导电材料浆料,它们在空气中烧结(烧成),所用的贵金属主要为金、银-金以及银、铂、钯等的二元或三元合金。这些厚膜导电材料的电导性能很好,其中铂-金导体具有非常好的抗焊料溶解性。

由于贵金属价格上涨,需要寻求价格低廉而性能优良的新导体材料,因此出现了一些贱金属厚膜导电材料。常见的有铜、镍、铝厚膜导电材料;其中铜导体比较成熟,已应用在混合集成电路中。

6.4.1 厚膜导电材料的要求

厚膜导电材料应具有很低的电阻率、容易进行焊接、焊点有良好的机电完整性、与基片的粘附牢固等特点。影响厚膜导电材料性能的主要因素是功能相(导电体)和粘合剂(玻璃)的优劣。基片的化学性质和表面平整度对导体膜的粘附性(键合)影响也很大。厚膜导电材料用的导电相材料,要求有良好的导电性。通常用两种或多种金属,形成二元或多元合金,以提高厚膜导电材料的性能。

厚膜导电材料的可焊性是指用锡铅焊料的焊接效果。大多数厚膜导电材料如银、钯-银、铂-银等都是可焊导体。厚膜金导体会溶解于锡铅焊料,所以金导体被列为不可焊导体,要用特制的铅铟焊料焊接。但是纯银导体对锡铅焊料的抗焊溶性能不好,而纯铂导体抗焊溶性能很好。由于金属铂非常昂贵,因而出现了铂-银、铂-金导体,这些铂合金具有很好的抗焊溶性能。此外,还采用比铂价格稍低的钯作为抗焊溶成分,组成钯-银导体。

厚膜导电材料可以用热压、超声等焊接工艺与外引线连接。其中热压焊是将引线焊接于导体的可靠技术之一。

厚膜导电材料的另一重要性能是:导体膜与基片的结合强度(键合强度)。导体膜与基片的键合主要有三种类型:玻璃键合,氧化物键合,玻璃-氧化物的混合型键合。

许多早期的厚膜导电材料中含有一般的玻璃,如硼硅铅玻璃,通过离子的相互渗透作用使它与基片表面键合,这种键合类型称为玻璃键合。以后发现金属氧化物的扩散能对玻璃键合强度有所改善,因而开发了含铜和镉的氧化物键合材料。采用金属氧化物来代替玻璃,这种键合类型称为氧化物键合。既含玻璃又含金属氧化物的键合类型,称为混合型键合。

图 6.4.1 为玻璃键合、氧化物键合两种结构示意图。从图中看出,玻璃键合结构包括金属密集的上层和玻璃密集的下层,玻璃占总体积的 20%～30%,玻璃突起峰可穿透金属层而在表面露出,所以玻璃键合导体膜表面会有疵点。氧化物键合结构图表明,键合物集中而且含量很少(一般在 5%以下),金属层密集有利于导电。

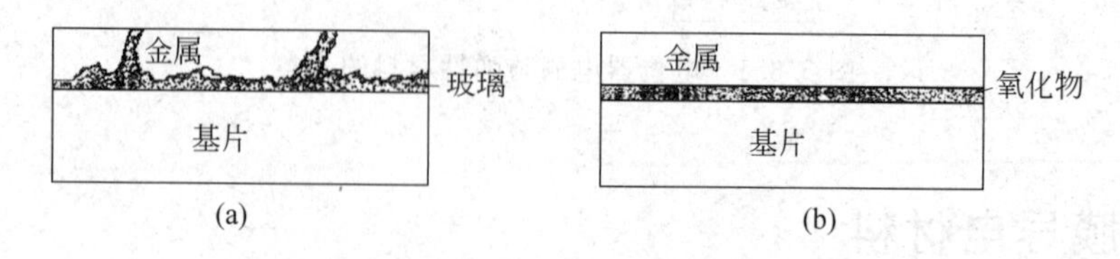

图 6.4.1 玻璃键合、氧化物键合两种结构图

(a) 玻璃键合结构;(b) 氧化物键合结构

表 6.4.1 列出了几种可焊导体的配比与性能,由该表看出,自上而下合金中银含量增

高，但其性能却可以与很多含昂贵金属的配方性能相比，因此含银导体被大量用在各种微电子电路中。厚膜导电材料作为厚膜电阻端接和厚膜电容电极，需要与电阻膜和介质膜相互重叠，若重叠部分的机械和化学性质使得电阻或电容性能变劣，则说明导体与电阻膜或介质膜不相容。

表 6.4.1　可焊导体的配比与性能

特性 合金名称	烧成膜中 Ag 含量（质量分数）/%	膜电阻/(mΩ/(□/25μm))	粘结性 N/(150℃/48h)	焊料浸润后阻值/(mΩ/(□/25μm))
Pd-Ag	64	30	18	10
Pd-Pt-Ag	67	25	24	11
Pd-Ag	71	15	18	10
Pd-Ag	86	8	29	9
Pt-Ag	91	7	27	8

6.4.2　贵金属厚膜导电材料

贵金属厚膜导电材料包括金、钯-金、铂-钯-金、钯-银等，应用较为广泛的是钯-银、金、铂-金等。贵金属厚膜导电材料的特点是有很好的导电性，工艺简单，可在空气中烧成，工艺敏感性不明显，重复性好，导电膜性能稳定。表 6.4.2 列出了几种常用贵金属厚膜导电材料的特性。

表 6.4.2　常用贵金属厚膜导电材料的特性

名称 性能	Ag	Pd-Ag	Au	Pd-Pt	Pt-Au
烧成温度/℃	500～850	690～850	760～1000	760～1000	760～1000
方阻 R_s/(Ω/□)	0.005	0.04	0.02	0.10	0.09
附着力/(kgf/mm²)	1.5～6.0	1.5～2.5		1.0～1.5	0.5～1.0
焊接性	良	良	良	良	良
抗 Ag 迁移性	差	中	良	良	良
与厚膜电阻的相容性	差	良	良	良	良

1. 银及银基浆料

1）银浆料

Ag 是导电性能很好的金属材料，价格比 Au、Pd、Pt 等其他贵金属低，在生产中得到广泛的应用。但 Ag 导体作为厚膜混合电路的导电带、电容器电极及电阻的端接材料时，会产生 Ag 离子迁移问题。

一般在 Ag 浆料中只添加微量金属，并且根据使用要求的不同添加的金属也不同。目前比较新的工艺是向浆料中添加金属有机化合物，使金属 Ag 与有机物形成配位金属化合物，来减少浆料的分散性。

2）钯-银导体

在 Ag 中加入一定量的 Pd，制备的 Ag-Pd 导体浆料可有效地抑制银离子迁移。在 Ag-Pd 浆料中，Ag^+ 的扩散速度仅为纯 Ag 的几分之一，甚至还低一个数量级。Pd 的含量需按使用要求而定，通常为15%～25%，常用值为20%。在Ag-Pd导体浆料中，导体的电阻值随Ag的含量增多而降低；但Ag含量如果过多，不仅会引起Ag^+的迁移，还会使浸焊性下降。当Pd/(Pd+Ag)＞0.1时，对改善Ag^+迁移有显著的效果。Ag-Pd系导体在400～700℃范围发生Pd的氧化，生成PdO，会降低导体的可焊性，所以Pd含量过多会导致焊区的润湿性变差。

在贵金属厚膜导电材料中，钯-银导体的价格是最低的，特点是印刷覆盖率和老化后的粘结性能好。Pd-Ag电阻浆料是发展最早并获得广泛应用的厚膜电阻材料。Pd-Ag浆料制作的电阻器的性能主要取决于烧成的PdO含量；Ag的加入可减小温度系数、噪声和提高稳定性。一般Pd∶Ag=1.5∶1～1∶1.5。

Pd-Ag电阻浆料无论是电性能还是工艺性能都比较好；但是对烧成条件非常敏感，且当阻值较大时噪声大，温度系数较大，对还原性气氛也十分敏感。

2. 金及金基电子浆料

1）金浆料

Au导体浆料主要分为含玻璃的Au导体材料（金粉）和添加的CuO等氧化物。含玻璃的Au导体浆料不会出现Ag那样的离子迁移现象，而且性能稳定、可靠；但其附着性能较差，且经多次重烧，附着强度还会下降。

Au导体浆料可用于多层布线导体、微波混合集成电路、与薄膜技术相配合的电路，以及大功率晶体管芯片和引线框架的压焊等方面。

2）金-钯浆料

Au-Pd系导体浆料是为了改善纯Au导体附着强度较差的缺点而开发的，是在Au中加入一定量的Pd形成的。Au-Pd系导体不仅附着强度高，可焊性也好，而且能与Pd-Ag系电阻同时烧成，形成低噪声接触。

根据实验，Au-Pd导体浆料中各主要成分可取如下范围：Pd8%～15%，Au73%～80%，玻璃12%～19%。但Au-Pd系中Pd的含量不宜超过25%，否则由于PdO的大量出现，将使导体的电阻增大，不适宜作导体。

钯-金导体的特点是：无银迁移，抗焊溶性能好，引线的可焊性好，可热压焊金丝，老化后的粘结性能较好，故常用于高可靠性和多层布线的场合。

3）铂-金浆料

铂-金导体的特点是膜层致密、附着力强，可采用非活性焊剂进行焊接，抗焊溶性能好，丝网印刷性能好并与多数电阻、介质材料相容。

3. 铂族浆料

这类电阻浆料主要用铂（Pt）、铱（Ir）、钌（Ru）等贵金属作电阻材料，其中厚膜铂电阻主要用于测温元件。现在的厚膜铂测温元件对热存放的稳定性和抗温度冲击的稳定性都很好。

Pt电阻浆料功能相的主要成分是纯度为99.95%、颗粒度＜0.5μm的微细Pt粉。

6.4.3　贱金属厚膜导电材料

贱金属厚膜导电材料是一种新型导体，常见的有厚膜铜导体、镍导体和铝导体等。这些贱金属导体浆料有的可以在空气中烧成，有些则必须在中性(N_2，Ar)或还原性(N_2-H_2)气氛中烧成。贱金属导体有许多优点，如电阻低、可焊性和抗焊溶性好、无离子迁移等；其缺点是对工艺要求很高，老化性能不如贵金属好。

1. 铜浆料

Cu金属具有比金更为优良的高频特性和导电性，而且也没有Ag^+迁移的缺点。目前已开发的Cu电极浆料主要分为含玻璃的Cu电极材料、加入氧化物的无玻璃Cu电极浆料和同时添加玻璃和氧化物的Cu电极浆料三种。在制备时要考虑Cu微粒可能会在高温灼烧的状态下发生氧化。

目前报道的Cu导电浆料的抗氧化方法主要有：①Cu粉表面镀银；②浆料中加还原剂保护；③Cu粉的有机磷化合物处理、聚合物稀溶液处理和偶联剂处理等Cu粉处理技术。也可采用溶胶-凝胶法在Cu粉的表面包覆一层SiO_2-Al系薄膜，包覆的薄膜对提高Cu粉在高温烧结过程中的抗氧化性起到了重要的作用，这种包覆层还降低了Cu粉的烧结温度。

由铜浆料制备的厚膜铜导体的方阻值一般为2mΩ/□左右。厚膜铜导体可采用锡铅焊料，但铜表面氧化物会影响焊接，一般采用柔性焊剂来解决。对多次焊接，铜导体的抗焊溶性优于含银或含金的导体。

目前厚膜铜导体主要在微带电路中用于制造金属化层，也可用于多层布线。

2. Ni浆料

金属Ni具有良好的导电性、化学稳定性和可焊性。用纳米Ni粉为主导电相制成的Ni导电浆料丝网印刷性能良好。因此Ni导电浆料是一种比较理想的厚膜导电浆料。但是要注意的是，要保证Ni金属微粒表面在高温条件下不被氧化。Ni粉在浆料中含量很高，它是决定电极性能的主要因素。

Ni粉经高温烧结、熔结，形成金属网络结构，但与陶瓷基片的结合强度较低，只有靠玻璃来粘结。一般玻璃粉的含量很低，其流变性很好，在电极烧结温度下，流变性很好的玻璃能流过金属网的细小空隙，使金属网牢固地附着在基片上。有些Ni浆必须在低含氧量烧结气氛中烧成，烧成工艺复杂，对设备要求高。用Ni导体浆料代替Ag导体浆料，可以克服Ag电极在等离子显示板上的溅射现象，使等离子显示板的寿命大大延长。

3. Al浆料

Al电极浆料的优点是价格便宜，电性能稳定。Al对PTC热敏电阻瓷体具有良好的欧姆接触特性，又具有良好的抗老化性，因此Al导体浆料被选作PTC热敏电阻的电极材料和地面用单晶Si太阳能电池的背面电极材料。

但是，Al浆电极的耐冲击电流性较低，在较大的冲击电流下，在电极的接触处比较容易出现拉弧现象，严重的还会烧毁电极。因此，要在Al电极上再烧渗一层Ag电极作为二次保护。

4. Zn 浆料

Zn 对 PTC 热敏电阻瓷体具有良好的欧姆接触特性和抗老化性，因此 Zn 浆料可用作 PTC 热敏电阻的电极材料。

通常是将微细 Zn 粉（$\leqslant 15\mu m$）、硼硅铅玻璃粉和有机粘合剂以一定比例按传统方法配制成浆料。为了防止 Zn 粉在烧渗过程中氧化，要在浆料中加入一定量的金属有机化合物作为抗氧化剂。

其他贱金属厚膜导电浆料材料还有铝-硼导体、镍-硼导体和镍-硼-硅导体等。在这些贱金属导体浆料中，都有硼或硅，在空气中烧结时，硼、硅先被氧化，它们包封了金属粉，保护金属不被氧化，所以这些导体浆料可在空气中烧成。

6.4.4 导电胶

导电胶是一种固化或干燥后具有一定导电性能的胶粘剂，它通常以树脂基体和导电颗粒为主要组成成分，通过树脂的粘接作用把导电粒子结合在一起，形成导电通路，实现被粘材料的导电连接。

1. 导电胶的分类

导电胶种类很多，按导电方向分为各向同性导电胶（isotropie conductive adhesives，ICAs）和各向异性导电胶（anisotropic conductive adhesives，ACAs）。ICA 是指各个方向均导电的胶粘剂，可广泛用于多种电子领域；ACA 则指在一个方向上如 z 方向导电，而在 x 和 y 轴方向不导电的胶粘剂。图 6.4.2 为两种导电胶连接示意图。

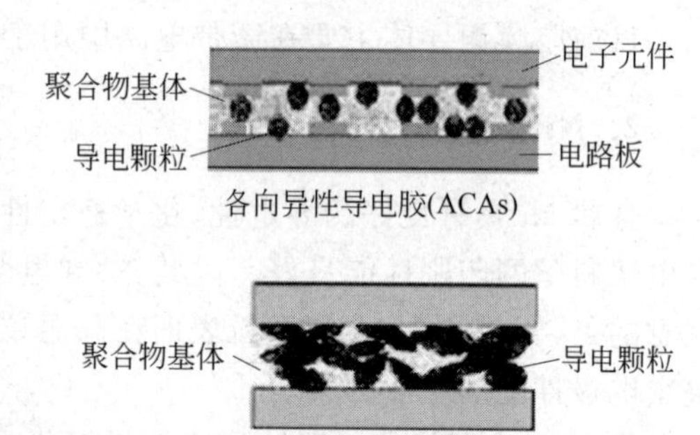

图 6.4.2 两种导电胶中导电颗粒连接示意图

对于各向同性的导电胶来说，填充导电粒子的装载程度超过了渗滤阈值，使得在 x、y 和 z 轴方向都导电。各向异性的导电胶其填充导电粒子的数量低于渗滤阈值，使得粒子在 x、y 轴方向不能接触，因此不能导电。其各向异性导电胶是通过两种方式来实现的：其一是在导电粒子中加入绝缘粒子，并均匀分布，使导电粒子在 x、y 轴方向上相互绝缘；其二是在导电粒子外层再涂一层绝缘层，粒子之间是不导电的，只有当粒子在芯片凸点和基板焊区之间受压时，外绝缘层被压碎后才能保证 z 轴方向上导电。

一般来说，ACA 的制备对设备和工艺要求较高，比较不容易实现，较多用于 PCB 板的精细印刷等场合。

按照固化体系，导电胶又可分为室温固化导电胶、中温固化导电胶、高温固化导电胶和紫外光固化导电胶等。

室温固化导电胶性能较不稳定，室温储存时体积电阻率容易发生变化。高温导电胶高温固化时金属粒子易氧化，固化时间要求必须较短才能满足导电胶的要求。

目前国内外应用较多的是中温固化导电胶(低于150℃)，其固化温度适中，与电子元器件的耐温能力和使用温度相匹配，力学性能也较优异，所以应用较广泛。紫外光固化导电胶将紫外光固化技术和导电胶结合起来，赋予了导电胶新的性能，并扩大了导电胶的应用范围，可用于液晶显示、电致发光等电子显示技术上。

2. 导电胶的组成

导电胶主要由树脂基体、导电粒子和分散添加剂、溶剂等组成。导电胶的树脂基体常用热固性的环氧树脂、有机硅树脂、聚酰亚胺树脂、酚醛树脂、丙烯酸树脂等胶粘剂体系。这些胶粘剂在固化后形成了导电胶的分子骨架结构，提供了力学性能和粘接性能的保障，并使导电填料粒子形成通道。由于环氧树脂可以在室温或低于150℃时固化，并且具有丰富的配方可设计性，目前环氧树脂基导电胶占主导地位。

导电粒子可以是Au、Ag、Cu、Al、Fe、Zn、Ni等的粉末和石墨及一些导电氧化物颗粒。为节约成本，也可以将两种或两种以上的金属形成合金作为导电相，如镍-银合金、铜-银合金等，镀银铜粉也可以看作是铜-银的互补结合使用。石墨导电胶的电阻值比较稳定，但其电阻率较高，一般只用作中阻值浆料，但其价格便宜，化学稳定性较好，相对密度小，分散性好，目前人们正在努力使其导电性能达到与块状石墨同等数量级。尽管可作导电填料的材料很多，但目前国内外的高性能导电胶中的导电填料大多以银粉和铜粉为主。

由于导电填料的加入量至少都在50%以上，所以导电胶的粘度大幅度增加，常常影响了导电胶的工艺性能。为了降低粘度，实现良好的工艺性和流变性，除了选用低粘度的树脂外，一般需要加入溶剂或者活性稀释剂，其中活性稀释剂也可以直接作为树脂基体反应固化。溶剂或者活性稀释剂的量虽然不大，但在导电胶中起着关键的作用，不但影响导电性，而且还影响固化物的力学性能。常用的溶剂(或稀释剂)一般应具有较大的分子量，挥发较慢，并且分子结构中应含有极性结构如碳-氧极性链段等。溶剂的加入量要控制在一定范围内，以免影响导电胶的胶接整体性能。除树脂基体、导电填料和稀释剂外，导电胶中还包括交联剂、偶联剂、防腐剂、增韧剂和触变剂等。

表6.4.3所示为几种导电胶的组成与性能。

表6.4.3　几种导电胶的性能

名称 性能	DAD-91E	Loctite 3800	Ablebond 84-1	ThreeBond 3302B
类型	单组分溶剂型	单组分环氧型	单组分溶剂型	单组分溶剂型
填充物	银粉	银粉	银粉	银粉
粘度(25℃)/cps	20000	12500	28000	18000
体积电阻率/(Ω·cm)	$\leqslant 4\times10^{-4}$	$\leqslant 5\times10^{-4}$	$\leqslant 5\times10^{-4}$	$\leqslant 3\times10^{-4}$
剪切强度/MPa	≥8.0	≥8.5	≥6.5	≥3.6
固化条件	150℃,1h	130℃,10min	150℃,1h	150℃,30min
保质期	25℃,2月	25℃,2周	25℃,4周	0～5℃,2月

3. 导电胶的应用

导电胶中基体树脂是一种胶粘剂，可以选择适宜的固化温度进行粘接，如环氧树脂胶粘剂可以在室温至150℃固化，远低于锡铅焊接的200℃以上的焊接温度，这就可避免因焊接高温产生的材料变形、电子器件的热损伤和内应力等对器件的不良影响。由于电子元器件的小型化、微型化及印制电路板的高密度化和高度集成化要求，经常出现的0.65mm间距的连接，用铅锡焊接方式很难达到导电连接的要求。导电胶是具有流动性的浆料，有高的线分辨率，能满足以上要求。与焊接工艺相比，导电胶技术具有多种优点，例如环境友好性，温和的工艺条件，较简单的工艺和高的线分辨率。导电胶工艺较为简单，易于操作，生产效率高，也避免了锡铅焊料中重金属铅引起的环境污染，所以导电胶是替代铅锡焊接、实现导电连接的理想选择。

目前导电胶已广泛应用于液晶显示屏(LCD)、发光二极管(LED)、集成电路(IC)芯片、印制电路板组件(PCBA)、点阵块、陶瓷电容、薄膜开关、智能卡、射频识别等电子元件和组件的封装和粘接。

导电胶代替传统的Pb-Sn焊料的趋势越来越明显，但是迄今为止，还没有哪种商品化的导电胶可以在各个领域完全替代Pb-Sn焊料。

6.5 薄膜导电材料

在集成电路中，薄膜导体在电路内部元器件的互连线、薄膜电阻的端头电极、薄膜电容的电极、薄膜电感线圈、微带线、外贴元器件的焊区、外引线焊区等方面起着重要作用。

对薄膜导电材料的主要要求是：导电性好、附着性好、化学稳定性高、可焊性和耐焊接性好、成本低。

薄膜导电材料的电阻率高于同种的块状材料，这是由于薄膜的厚度较薄所产生的表面散射效应以及薄膜具有较高的缺陷浓度所造成的结果。连续金属薄膜的电阻率为声子、杂质、缺陷、晶界和表面等对电子散射所产生的电阻率之和。

薄膜导电材料分为两类：单元素薄膜和复合薄膜。前者系指用单一种金属形成的薄膜导电材料，其主要材料是铝膜；后者系指不同的金属膜构成的薄膜导电材料，有二元系统(如铬-金)、三元系统(如钛-钯-金)、四元系统(如钛-铜-镍-金)等。在薄膜混合集成电路中，应用最为广泛的薄膜导电材料是复合薄膜，它能较好地满足对薄膜导电材料的要求。

复合薄膜导电材料的结构一般包括底层和顶层两部分。底层也称为粘附层，主要起粘附作用，使顶层导体膜能牢固地附着在基片上；顶层主要起导电和焊接作用。薄膜的附着性取决于膜层与基片的结合形式，当它们是化学键结合时，附着性就好；当它们是物理附着时即由范氏力形成结合时，薄膜的附着性就差。导电性好、可焊性好的金属常是化学稳定性高，不易与基片形成化学结合，为使它们能牢固地附着在基片上，则必须通过“打底”，即在它与基片之间加一过渡层(即粘附用的底层)。因此，复合膜中的底层是采用易氧化的金属，以便与基片中的氧形成化学键；顶层则采用导电性好、化学稳定性高的金属。此外，有时还在上述两层间加入中间层，以阻止两层的相互扩散和降低成本。

6.5.1　铝薄膜

铝在1220℃的蒸气压为1.333Pa，铝的导电性良好，是一种较活泼的金属，其表面易形成一层氧化物。

通常，采用真空蒸发制作铝膜。所用原材料纯度为99.99%以上，真空度优于6.7×10^{-3}Pa。由于铝会与钨、钽、钼等生成低熔点合金，故不可用钨、钽、钼舟蒸发铝，宜用钨螺旋蒸发器。蒸发时，铝会与钨生成金属间化合物WAl_4，污染铝膜，从而影响膜层的可焊性和导电性。因此，应控制蒸发源温度和蒸发时间，以减少WAl_4的生成。由于铝较易氧化，所以蒸发时基片温度不宜过高，一般为150～200℃。当蒸发温度较高时，基片温度可略高于200℃。

铝薄膜用作电容器的电极、电阻器的端头、电感器螺旋导电带、多层布线等。其主要优点是：导电性好(100nm厚度时，方阻为0.33Ω/□)，成膜工艺简单，无须用别的金属"打底"；与硅铝丝、金丝的可焊性好，成本低；由于它表面易氧化，有利于提高多层布线的层间绝缘性。所以，目前在薄膜多层布线中，应用较多的薄膜导电材料还是铝膜。

铝膜的缺点是：①抗电迁移能力较弱；②与金形成脆性的金属间化合物，造成焊点脱开，影响元件和电路的可靠性；③铝膜表面的氧化层给锡焊带来困难。

铝膜的性能和结构与真空蒸发工艺密切相关。提高基片温度、增加膜层厚度，均会使铝膜晶粒增大。增大晶粒可减小晶界面积，减少电迁移短路通道数，这有利于增强铝膜的抗电迁移能力，延长薄膜的平均寿命。但晶粒尺寸不可太大，否则影响铝膜细线条图形的光刻质量。基片未加热时，铝层厚度和蒸发速率对铝膜密度的影响不大，而在基片温度升高时(300℃)，随着膜层变薄，密度也低很多。蒸发铝膜的密度小于块状铝材，说明薄膜结构是疏松的。基片温度高于250℃，薄膜厚度在50nm以下的铝膜是不导电的。

6.5.2　铬-金薄膜和镍铬-金薄膜

铬是一种过渡金属，晶体结构为体心立方体，晶格常数为0.2879nm，密度7.20g/cm^3，熔点1857℃，沸点2672℃，汽化温度1267℃，电阻率19.0μΩ·cm，电阻率温度系数5880ppm/℃，1400℃下的蒸气压为1.333Pa。

金是贵金属，密度19.32g/cm^3，熔点1064℃，沸点2807℃，汽化温度1252℃，线胀系数14×10^{-6}/℃，电阻率2.4μΩ·cm，电阻率温度系数3900ppm/℃。金的导电性好，化学稳定性高，不易氧化，抗电迁移能力比铝强。

在Cr-Au和NiCr-Au复合膜中，Cr和NiCr膜主要起粘附作用，Au膜主要起导电和焊接作用。在高温下，Cr-Au两层薄膜间的互扩散现象严重，Cr通过Au的晶界扩散，在Au晶界下面的Cr膜中出现"空洞"，而且空洞会逐渐扩展成沟道，使Cr膜呈现"岛"状。Cr的扩散一直会延伸到Au表面，形成Cr_2O_3，使薄膜电阻率增大，影响Au膜的可焊性、电镀性以及薄膜图形的刻蚀质量，甚至影响膜层的附着性、可靠性和稳定性。当温度超过350℃时，Cr-Au薄膜的电阻率增长速度很快，甚至可达到初始值的10倍。Au膜越薄，其阻值增长率越大。

NiCr-Au 膜与 Cr-Au 膜相比，其优点是膜层间的互扩散小些。

铬-金薄膜和镍铬-金薄膜是目前用得最多的复合薄膜，主要用作电阻的端头、互连线、微带线、单层薄膜电感器、薄膜电容上电极和焊区。

6.5.3 钛-金薄膜

常温时，钛为六方晶体，在 885℃时，转变为体心立方晶体，晶格常数 $a=0.295\text{nm}$，$c=0.46838\text{nm}$。钛易与其他金属生成置换型合金。钛的密度为 4.5g/cm^3，熔点 1660℃，沸点 3287℃，汽化温度 1577℃，线胀系数 8.6×10^{-6}/℃，电阻率 $55\mu\Omega\cdot\text{cm}$，电阻率温度系数 3500ppm/℃。

通常采用真空蒸发或溅射制备钛膜。原材料为高纯(99.99%以上)钛丝或钛板。钛层主要起粘附层的作用，对于玻璃和陶瓷基片的附着力与铬大致相同。钛层的典型厚度为 50nm，金层厚度为 1000nm。

Ti-Au 膜的抗蚀性好，其耐潮性优于 NiCr-Au 膜。这可能是由于钛形成一层更好的氧化物保护层，电化学效应对膜层性能的影响程度比 NiCr 小。Ti-Au 膜在高湿环境下，阻值会缓慢增大。

在 Ti-Au 复合膜中，Ti 和 Au 之间会发生互扩散，温度在 350℃以上时，互扩散现象严重，阻值大幅度增加；而在 350℃以下，膜层的性能比较稳定。在 250～350℃的温度范围内，膜的阻值略有增大。Ti-Au 膜在 150℃和 250℃老化 1000h，阻值增加在初始值的 5%以内，老化还使附着力下降，电阻噪声增大。在 $10^5\sim10^6\text{A/cm}^2$ 的电流密度下，Ti-Au 膜有明显的电迁移现象，因此，它不适宜用于功率较大的电路中作导体。

6.5.4 多层导电薄膜

以金属为基础的多层化系统，抗电迁移能力和化学腐蚀能力较强，是目前研究和应用较多的电极系统。按其作用和功能大体可分为四层：欧姆接触层，导电层，过渡层，粘附层。

1. 钛-钯-金薄膜和钛-铂-金薄膜

铂的晶体结构为面心立方体，晶格常数为 0.3924nm。钯的密度 12.02g/cm^3，熔点 1552℃，沸点 3140℃，汽化温度 1317℃，电阻率 $10.8\mu\Omega\cdot\text{cm}$，电阻率温度系数 3770ppm/℃，1460℃下的蒸气压为 1.333Pa。

铂的熔点 1772℃，沸点 3827℃，密度为 21.46g/cm^3，热胀系数 8.88×10^{-6}/℃，电阻率 $10.5\mu\Omega\cdot\text{cm}$，电阻率温度系数 3920ppm/℃。

在 Ti-Au 复合膜之间加入一层钯(或铂)，即构成 Ti-Pd-Au 或 Ti-Pt-Au 多层薄膜。Pd 或 Pt 膜能阻止钛和金间的互扩散，从而可提高薄膜的稳定性。同时，由于 Pd 和 Pt 的化学稳定性很高，所以 Pd 或 Pt 膜还起抗蚀层的作用，阻止从 Au 膜针孔侵入的水汽和其他腐蚀性气体侵蚀下层膜，从而增加了薄膜导电材料的抗腐蚀性能。

一般用真空蒸发法制作钯膜，蒸发器为钨螺旋丝。用电子束蒸发法或溅射法制作铂膜。其原材料的纯度均为 99.99%以上。Ti 膜的典型厚度为 50～70nm，Pd 膜为 100～300nm，

Au 膜为 1000nm。

Ti-Pd-Au 薄膜导电材料在 150～250℃温度条件下保持 1000h,其附着性都无明显变化,以它作端头的 Ta-N 膜电阻器的噪声小于－20dB。

由于 Ti-Pd-Au 膜的性能好,所以钽膜电路中多用这种薄膜导电材料。但在高频电路中,Ti-Pd-Au 的损耗比 Cr-Au 膜大,如 18GHz 时,前者比后者大 20%左右,故不宜高频应用。

2. 镍铬-钯(铂)-金薄膜

NiCr-Pd(Pt)-Au 薄膜的性能与 Ti-Pd(Pt)-Au 薄膜大体类似。在 NiCr 和 Au 膜之间引入 Pd(或 Pt)层的目的也与上述相同,它还有利于减小接触电阻、改善薄膜的热老化性能。NiCr-Pd-Au 膜的热稳定性劣于 Ti-Pd-Au 膜,温度越高,两者的差别越明显。

3. 镍铬-铜-钯(铂)-金薄膜

铜的导电性和可焊性好,但易氧化,故要镀覆一层化学稳定性好的金属来保护。在 NiCr-Pd(Pt)-Au 复合膜中加入铜膜的目的是为减少 Pd(Pt)和 Au 的用量,以降低复合膜的成本;NiCr-Cu-Pd(Pt)-Au 膜中,Au、Pd 或 Pt 膜可起到防止 Cu 氧化的作用。而且 Pd(Pt)还可防止高温下 Cu 与 Au 间互扩散形成空洞,提高稳定性和可靠性。

一般用钨螺旋丝或钨、钽、钼舟蒸发制备铜膜,所用原材料为 99.99%以上纯度的铜丝。复合膜中各层的厚度约为: NiCr 膜 50nm,Cu 膜 300～500nm,Pd(Pt)膜 300nm,Au 膜 1000nm。

NiCr-Cu-Pd-Au 膜主要用于锡焊,其导电性能、起始噪声与 NiCr-Pd(Pt)-Au 膜相近,约为－20dB。NiCr-Cu-Pd-Au 膜的阻值的热老化特性为: 在 150℃时进行老化,薄膜性能变化不大,但 250℃下的老化特性却比 Ti-Pd-Au 差。

4. 钛-铜-镍-金薄膜和铬-铜-镍-金薄膜

采用这种多层结构系统,可降低元件和电路成本,提高锡焊性。其中铜主要起增加电导作用,镍的作用与 Pd、Pt 相同,除作为 Cu 与 Au 膜间的扩散阻挡层外,还起防腐蚀的作用。

镍的密度为 8.9g/cm^3,熔点 1455℃,沸点 2730℃,汽化温度 1382℃,再结晶温度 530～660℃,电阻率 6.90$\mu\Omega \cdot$cm,电阻率温度系数 6840ppm/℃。晶体结构为面心立方体,晶格常数 0.3517nm,1530℃下的蒸气压为 1.333Pa。镍的耐蚀性好,在空气中不易氧化。含 Ni 量较高的铜镍合金不易腐蚀。

Ti-Cu-Ni-Au 薄膜可采用真空蒸发和电镀法制备,也可采用溅射法。其各种原材料的纯度均为 99.99%以上。Ti-Cu-Ni-Au 薄膜简称 TCNA 薄膜。

在 150℃和 250℃温度条件下,TCNA 薄膜的老化特性和附着性、可焊性、耐潮性(85℃,85%RH)以及对 HCl、SO_2、NO_2 气氛的抗蚀性等均与 Ti-Pd-Au 薄膜相近,单位面积的拉力负荷可达 0.62kgf/mm^2。

表 6.5.1 列出了 TCNA 薄膜与 Ti-Pd-Au 薄膜阻值的比较。在相等厚度下,前者的阻值低于后者,而且成本较低。此外,TCNA 薄膜的高频损耗也比 Ti-Pd-Au 膜小。Ni 层在 TCNA 薄膜中经 150℃老化 1000h 后,Cu 向 Au 中的扩散仅占 Au 厚度的 1.5%;经 250℃

老化5h后，仅有很微量的Cu扩散。当Ni层厚度增加到1μm时，Cu的扩散极少。这说明它能有效地阻止Cu向Au膜中扩散。

表6.5.1 TCNA薄膜与Ti-Pd-Au薄膜阻值的比较

薄膜导电材料系统	材料及其厚度/nm					阻值/(Ω/□)	
	Ti	Pd	Cu	Ni	Au	初始值	最终值(寿命试验后)
A型Ti-Pd-Au	200	200	0	0	1800±400	0.03	0.05
A型TCNA	200	0	500	1000	1800±400	0.02	0.03
B型Ti-Pd-Au	200	200	0	0	5000	0.004	0.005
B型TCNA	200	0	4000±1000	1000	1800±400	0.003	0.004

采用多层蒸发工艺制得的Cr-Cu-Ni-Au(简称CCNA)薄膜，其性能与TCNA相似。其阻值为0.003～0.004Ω/□，低于Ti-Pt-Au膜。各层的厚度大致为：Cr膜50nm，Cu膜2.5～5μm，Ni膜1μm左右，Au膜30nm左右。四层的总厚度为4～6μm。CCNA薄膜的焊接拉力大于Cr-Au膜。经盐雾试验、潮湿试验、温度冲击和高低湿储存试验，其膜层表面依然良好。TCNA和CCNA薄膜虽然性能好、成本低，但工艺复杂。

5. 铁铬铝-铜-金薄膜

铁铬铝(FeCrAl)是一种电阻温度系数小、稳定性好的电阻合金。真空蒸发所用的FeCrAl合金丝的化学成分为：Fe69.5%、Cr25%、Al5.5%，直径为0.52nm。

采用真空蒸发制作FeCrAl-Cu膜，然后浸镀Au。由于FeCrAl合金中各组分的蒸气压不同，会造成薄膜成分偏离块状材料，所以为了减少这种偏离，采用快速蒸发。而且，FeCrAl与Cu膜间的互扩散会影响膜层阻值和温度系数，故要控制热处理工艺。当真空热处理温度高于300℃时，其温度系数大为增加，可达300℃时的3～4倍，且稳定性变差。

FeCrAl-Cu-Au膜的附着性优于NiCr-Au膜，平均正向拉力强度可达$2kgf/mm^2$以上。耐焊接性也比NiCr-Au膜好得多，其重焊次数可达15次以上，为NiCr-Au膜的2～3倍。

FeCrAl-Cu-Au薄膜具有附着性和耐焊性好、稳定性高、成本较低等特点，适宜作微带线、薄膜电阻器端头、内互连线及焊区。

6.5.5 透明导电薄膜

可见光透过率高而又有导电性的薄膜称为透明导电薄膜。透过性的标准是透过率60%以上，导电性的标准是表面电阻在$10^{10}\Omega\cdot cm$以下。

透明导电薄膜的种类主要有金属膜、氧化物膜、多层复合膜和高分子膜等，其中氧化物薄膜占主导地位。图6.5.1所示为各种透明导电薄膜的透光率与方阻的范围。

在耐热性高分子材料聚酯上蒸镀金、钯、网状铝等金属膜，其表面导电性好($10\sim10^7\Omega/□$)，而透明度差(60%～80%)；而涂覆氧化铟、碘化铜等化合物半导体膜的透明度好(70%～88%)，表面导电性差；采用金属制成的多层膜则有透明度(70%～85%)、导电性(1～10Ω/□)都较好的优点，但价格较贵，所以在实际中很少使用。透明导电薄膜中有应用价值的是氧化物薄膜。

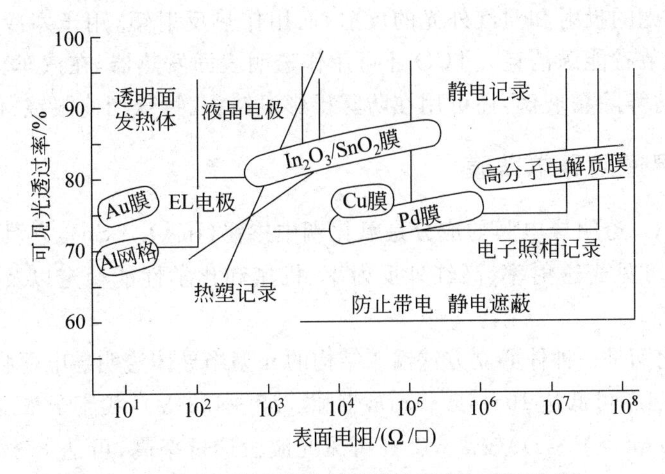

图6.5.1 各种透明导电膜的透光率与表面电阻

透明导电氧化物薄膜(简称TCO)主要包括In、Sb、Zn和Cd的氧化物及其复合多元氧化物薄膜材料,具有禁带宽、可见光谱区光透射率高和电阻率低等共同光电特性,因其接近金属的导电性、可见光范围内的高透射比、对红外线的高反射比及其半导体等特性,被广泛应用于太阳能电池、显示器、气敏元件、抗静电涂层、热镜等领域。透明导电氧化物薄膜广泛地应用于太阳能电池、平面显示、特殊功能窗口涂层及其他光电器件领域。

透明导电薄膜以掺锡氧化铟(tin-dopedindiumoxide,ITO)为代表,研究与应用较为广泛、成熟,已达到产业化生产。ZnO及其掺杂体系不仅具有与ITO可比拟的电学和光学特性,而且储量丰富、易于制造、成本较低、无毒、热稳定性好,有望成为ITO透明导电薄膜的最佳替代品,近年来很受人们的关注。

1. TCO薄膜的基本性能

1) TCO薄膜的特性

目前研究较多的是ITO、FTO(Sn_2O:F)和AZO(ZnO:Al),它们的禁带宽度一般大于3eV,并随组分不同而变化,所以能透光。这些氧化物均为重掺杂、高简并半导体。它们的光电性质依赖于金属的氧化状态以及掺杂剂的特性与数量,一般具有高载流子浓度(10^{18}~$10^{21}cm^{-3}$),但迁移率不高,电阻率可达$10^{-4}\Omega\cdot cm$量级,可见光透射率80%~90%。

2) TCO薄膜的主要制备方法

磁控溅射、反应热蒸发、金属有机物化学气相沉积、原子层外延、喷射热分解、脉冲激光沉积、溶胶-凝胶(sol-gel)等均可用于制备TCO薄膜。薄膜的性质是由制备工艺决定的,各种制备方法各有优缺点,目前,公认的最佳方法是磁控溅射。此法工艺成熟,已用于ITO薄膜的商业化生产。

改进制备工艺的努力方向是使制成的薄膜电阻率低、透射率高且表面形貌好,薄膜生长温度接近室温,与基板附着性好,能大面积均匀制膜且制膜成本低。

3) 主要应用

TCO薄膜因其透明、导电的优异性能而应用广泛。目前主要的应用领域有平面液晶显示(LCD)、电致发光显示(ELD)、电致彩色显示(ECD)、太阳能电池透明电极;由于它对光波的选择性(对可见光的投射和对红外光的反射)而用作热反射镜,用于寒冷地区的建筑玻璃窗起热屏蔽作用,节省能源消耗。TCO 还可用作透明表面发热器,在汽车、飞机等交通工具的玻璃窗上形成防雾除霜玻璃,还可用在防雾摄影机镜头、特殊用途眼镜、仪器视窗上。

2. 氧化铟锡透明导电薄膜

氧化铟锡(ITO)透明导电膜的成分是氧化铟中掺锡(In_2O_3 : Sn),它具有非常优良的性能:高导电率、高可见光透射率、高红外反射率、机械和化学性能稳定以及用湿法刻蚀很容易形成电极图形等。

锡掺杂的氧化铟是一种体心立方铁锰矿结构的 n 型半导体透明导电薄膜,具有以下特性:①导电性能好(电阻率可低达 10～4Ω·cm),带隙(3.5～4.3eV),载流子浓度($10^{21}cm^{-3}$)和电子迁移率($15\sim45cm^2/(V\cdot s)$)较高;②在可见光波段透过率高,可达 85%以上;③对紫外线的吸收率较高,可达 85%以上;④对红外线具有反射性,反射率高于 80%;⑤对微波具有衰减性,衰减率可达 85%以上;⑥膜层硬度高,耐磨,耐化学腐蚀(氢氟酸等除外);⑦膜层具有很好的酸刻、光刻性能,便于细微加工,可以被刻蚀成不同的电极图案。由于具有上述优良特性,ITO 薄膜被广泛用于平面显示、电致变色(EC)窗、太阳能电池透明电极、微波屏蔽和防护镜、交通工具的风挡玻璃等。ITO 薄膜一般具有大于可见光子能量(3.1eV)的光学禁带宽度,可见光照射不能引起本征激发,所以它对可见光透明。

ITO 薄膜因其优良的性能而成为研究和应用的热点,并逐步完善了其制备工艺,形成了产业化生产,得到了广泛的应用。在某种程度上 ITO 已成为透明导电氧化物薄膜的代名词。目前,市场上使用的透明导电氧化物薄膜的技术是成熟的,但由于 In、Sn 等材料自然储量少、制备工艺复杂、成本高、有毒、稳定性差,因此限制了它的广泛使用。

3. 掺铝氧化锌透明导电薄膜

ZnO 的光学禁带宽度约为 3.2eV,对可见光的透明性很好;Zn 的蕴藏丰富,无毒,价格便宜,比 ITO 更容易蚀刻。因此,近十几年来,ZnO 已成为 TCO 薄膜的热门研究材料,被期待成为平板显示器中 ITO 薄膜的替代材料。

不掺杂 ZnO 薄膜的电阻率虽然可以低至 $4.5\times10^{-4}\Omega\cdot cm$,但是其性能在温度超过 150℃后就不稳定了,掺入 B、F 和 Al 等杂质后的热稳定温度可以分别提高到 250℃、400℃和 500℃以上。

ZnO 基 TCO 薄膜中可以掺入 B、Al、Ga、In、Sc 和 Y 等Ⅲ族元素,或掺入 Si、Ge、Sn、Pb、Ti、Zr 和 Hf 等Ⅳ族元素,来获得更好的光电性能。其中 ZnO : Al 薄膜被研究得最为广泛和深入,目前已经在平板显示器和薄膜太阳能电池中得到了部分应用。最近几年,ZnO : Ga 薄膜也逐渐得到了重视,并获得了较低的电阻率。表 6.5.2 列出了 Al、Ga 掺杂 ZnO 薄膜在最优掺杂量情况下获得的最小电阻率。

表 6.5.2 Al、Ga 掺杂 ZnO 薄膜的电学性能

掺杂元素	掺杂量(原子分数)/%	电阻率/($10^{-4}\Omega\cdot cm$)	载流子浓度/$10^{20}cm^{-3}$
Al	1.6～3.2	1.3	15.0
Ga	1.7～6.1	1.2	14.5

铝掺杂的 ZnO：Al(ZAO)薄膜是迄今为止最佳的 ITO 膜替代品。与 In_2O_3：Sn 相比，ZAO 薄膜不仅具有与 ITO 可比拟的电学和光学特性，而且具有储量丰富、易于制造、成本较低、无毒、热稳定性好等优点。

目前制备的 ZAO 薄膜在可见光区平均透射率大于 85%，红外光区和紫外区反射率不小于 80%，导电性能好，电阻率低(直流电阻率最低可达 $10^{-4}\Omega\cdot cm$)，载流子浓度可达 $10^{19}\sim10^{21}cm^3$，电子迁移率通常在 $10\sim40cm^2/(V\cdot s)$，对微波具有强的衰减性(衰减率大于或等于 85%)。ZnO 及其掺杂体系不仅具有与 ITO 可比拟的电学和光学特性，而且储量丰富、易于制造、成本较低、无毒、热稳定性好，有望成为 ITO 透明导电薄膜的最佳替代品。

6.6 电阻材料概述

电阻材料是电阻率较高的一类导电材料，通常应用于电阻器、片式电阻器、混合集成电路中的薄膜和厚膜电阻器、可变电阻器和电位器等。对电阻材料的普遍要求是，电阻率高，电阻温度系数小，使用温度范围宽，耐热性高，稳定性好，噪声小等。

6.6.1 电阻材料的主要性能

衡量导电材料性能的主要参数有电阻、电阻率、电阻温度系数、电阻电压系数以及噪声等。

1. 电阻和电阻单位

电阻是指在导电在一定程度上会阻碍电流流通，并将电能转变成热能的物理性质。对一种材料，如果在它的两端所加的电压为 V 时流过的电流为 I，则其电阻 R 可用下式表示：

$$R=\frac{V}{I} \tag{6.6.1}$$

电阻单位用欧姆，或“Ω”表示，还可用千欧($1k\Omega=10^3\Omega$)、兆欧($1M\Omega=10^6\Omega$)、吉欧($1G\Omega=10^9\Omega$)和太欧($1T\Omega=10^{12}\Omega$)等表示。

2. 电阻率和膜电阻

电阻材料的电阻值取决于材料的性质和几何尺寸，对于横截面积恒定的导体，其电阻 R 用下式表示：

$$R=\rho\frac{L}{S} \tag{6.6.2}$$

式中，L 为导体的长度，cm；S 为导体的横截面积，cm^2；ρ 为与材料有关的常数，称为电阻率，$\Omega\cdot cm$。由式(6.6.2)可知，电阻率在数值上等于长 1cm、横截面积为 $1cm^2$ 的材料所具有的电阻值，单位为 $\Omega\cdot cm$。对于线绕电阻材料的电阻率的单位，常用 $\Omega\cdot mm^2/m$ 表示。

材料的电阻率是决定该材料是导体、或是半导体和绝缘体的主要依据。材料的电阻率与材料的种类和结构有关，还与环境条件有关，如温度、压力、湿度等。

对于薄膜电阻材料，由于膜比较薄，电阻率常不是一个常数，随膜厚而变化，故常用膜电阻表示。膜电阻 R_S 用下式表示：

$$R_S = \frac{\rho}{d} \tag{6.6.3}$$

式中，d 为薄膜的厚度，单位为 cm。膜电阻是指长宽相等的一块薄膜的电阻，即 1 方的电阻，所以有时又称为方阻。

如果是宽度和厚度均匀的薄膜，其沿长度方向的电阻可用下式表示：

$$R = R_S \frac{L}{W} \cdot N \tag{6.6.4}$$

式中，L 为薄膜长度；W 为薄膜的宽度；N 为方数；R_S 为膜电阻，单位为 Ω/□。

3. 电阻率的温度系数

所有材料的电阻率都是温度的函数，除了热敏电阻器和一些特殊要求的电阻器以外，总是希望电阻材料的电阻值随温度的变化越小越好。为了评定电阻材料对温度的稳定性，常用电阻温度系数(TCR)来表示。

电阻温度系数为温度每改变 1℃时电阻值的相对变化量，用下式表示：

$$\alpha = \frac{\mathrm{d}R}{R\,\mathrm{d}T} \tag{6.6.5}$$

式中，α 为电阻温度系数，1/℃或 1/K；R 为电阻；T 为电阻温度。有时用平均电阻温度系数(TCR)表示：

$$\mathrm{TCR} = \frac{R_2 - R_1}{R_1(T_2 - T_1)} \tag{6.6.6}$$

式中，R_1 和 R_2 分别为温度 T_1 和 T_2 时的电阻值。所谓平均电阻温度系数是指在一定温度范围内，温度改变 1℃时，电阻值的平均相对变化量。

4. 电阻材料的电压特性

电阻材料的电阻值一般是线性的，符合欧姆定律，其阻值应与电压无关。但由于电阻材料内部结构不均匀、不致密、不连续、接触不良、存在缺陷、颗粒分散不均等原因会出现非线性。出现非线性的原因很多，集中起来主要有两个方面。一方面是在不均匀系统存在有间隙，间隙很窄而电阻却很大，此间隙上电压降会很高，其局部电场会很高，以致使电阻值降低，出现阻值的非线性；另一方面由于颗粒相互接触时，接触点处的横截面积极其狭窄，当加电压时这些狭窄部分电流密度过大，造成这些地方局部过热，引起局部温度升高，从而引起间隙电阻下降。以上两种情况都会因电压升高而引起电阻下降，而且是一种瞬时效应。常用电压系数和电阻的三次谐波来衡量电阻非线性的大小。

电阻的电压系数 K 是指在规定的电压范围内，电压每改变 1V，电阻值的平均相对变化，可表示为

$$K = \frac{R_2 - R_1}{R_1(V_2 - V_1)} \tag{6.6.7}$$

式中，V_2 为额定电压；$V_1 = 0.1V_2$；R_1 和 R_2 分别为在电压为 V_1 和 V_2 下测得的阻值。

有时用另一个电压系数的定义，即在规定电压范围内，电阻值的相对变化，即

$$K' = \frac{R_2 - R_1}{R_1} \tag{6.6.8}$$

式中，R_1 和 R_2 的意义与上同。

由于阻值随着电压增高而下降，因此电压系数总是负值。常用电压系数测量仪直接测量。因为电阻材料具有非线性，在电阻材料上加上纯正弦波电压，由于它的非线性畸变，使电流成非正弦的。从这个非正弦电流中可以分解出各次谐波，由于电阻材料的非线性是无极性的，没有偶次谐波，只有奇次谐波，取一级近似时，只会出现三次谐波。因此，如能测出三次谐波的大小就能知道该电阻材料非线性的大小。在实际应用中，可用电阻材料的三次谐波的大小来表示其非线性。三次谐波可用非线性系数测量仪来测量。

5. 电阻材料的噪声

电阻材料的噪声是材料中一种不规则的电压起伏，它也是电阻材料的一项重要性能。电阻材料的噪声主要有两种：热噪声和电流噪声。

热噪声是自由电子不规则的热运动引起电阻体的任意两点间发生电压的不规则起伏，它与电阻值和温度有关，其热噪声的均方根值可用下式表示：

$$\bar{e}_T = \sqrt{4kRT\Delta f} \tag{6.6.9}$$

式中，k 为玻耳兹曼常数；T 为热力学温度；R 为电阻值；Δf 为频宽。

电流噪声是由于电阻材料内部结构不均匀而引起的。当电阻材料通过电流时，由于接触电阻的起伏，或载流子浓度的起伏，引起电压的起伏。其电流噪声的均方值 e_i^2 可用以下经验公式表示：

$$\bar{e}_i^2 = KV^2R\frac{\Delta f}{f} \tag{6.6.10}$$

式中，K 为常数；V 为外加电压；R 为电阻；f 为频率；Δf 为频宽。

6.6.2　电阻材料的分类

按照电阻体用的材料形状，电阻器可分为线绕电阻器、金属箔电阻器和非线绕电阻器三类。其中线绕电阻器和金属箔电阻器都是由块状的电阻合金制成的，因而具有块状金属的高稳定、大功率、高精度等优点，但是阻值大都偏低。而非线绕电阻器因其尺寸小、重量轻、成本低，参数范围宽，且适应性广，能制成通用电阻器和各种专用电阻器，是目前生产量最大和使用最多的一类电阻器。

非线绕电阻器按电阻体用的材料又可分为合成电阻器和薄膜电阻器两类。但是由于制造合成电阻器电阻体的电阻合成物是由颗粒较大的导电相和介质构成的，并具有粗分散结构，因此难以制造出电性能满意的电阻器，而采用电阻薄膜材料作为电阻体的薄膜电阻器具有很高的稳定性和优良的电物理性能。现代电子技术的发展和电子设备对电阻器性能要求越来越高，使得人们越来越多地采用薄膜电阻器。目前薄膜电阻器在整个电阻器中占有最重要的地位。

从材料形态上来说，主要包括线绕电阻材料、厚膜电阻材料以及薄膜电阻材料。下面将对线绕电阻材料、薄膜电阻材料、厚膜电阻材料的结构和性能分别进行介绍。

6.7 线绕电阻材料

线绕电阻材料主要是指电阻合金线。用电阻合金线绕在绝缘的骨架上，可以制成线绕电阻器和电位器。

电阻合金线通常用元素周期表中ⅠB、ⅥB、ⅦB和Ⅷ族的金属（如铜、银、金、铬、锰等）组成的合金，经拉伸而成。这种合金线具有电阻率高、电阻温度系数小、使用温度范围宽、耐热性高、稳定性好、噪声小、耐磨等优点，是制造线绕电阻器和线绕电位器的绕组材料。线绕电阻器和电位器使用的环境条件不同，所以对电阻合金线的要求亦有所区别。如用于测量型电阻器和标准电阻器的电阻合金线，要求它的阻值精度高，电阻温度系数小，稳定性高。如作低阻电阻器和电位器，则用低电阻率的合金线。如作大功率的电阻器和电位器，则要求耐热性高和热稳定性好的电阻合金线，如作直流电路用的电阻器，则要求电阻合金线对铜的热电势小。作为线绕电位器用的电阻合金线，除了具备电阻器所要求的性能外，还要求耐磨、线径均匀、椭圆度小、抗氧化等。总之，根据线绕电阻器和电位器的不同用途，必须选用相应的电阻合金线。表6.7.1列出了线绕电阻器和电位器对电阻合金线的要求。

表6.7.1 电阻器和电位器对电阻合金线的要求

元件种类	对电阻合金线的要求
线绕电阻器	电阻率适当（满足阻值要求） 电阻温度系数小 可使用温度范围宽 电阻值长期稳定，年变化率小 对铜的热电势小 机械性能好（具有一定的抗拉强度和延伸率） 耐腐蚀、抗氧化、焊接性能好 漆包线的漆膜性能好 长期存储不断线
线绕电位器	除具有固定电阻器的要求外，还需满足以下要求：具有良好的耐磨性能，摩擦系数小，阻值均匀，表面光洁，线径均匀，椭圆度小，接触电阻小而稳定，保持最低的噪声电平，化学稳定性好，不受氧化、硫化、盐气等气氛的腐蚀

电阻合金线品种很多，主要分贱金属合金线和贵金属合金线两大类。

6.7.1 贱金属电阻合金线

贱金属合金线中，目前常用的有锰铜线、康铜线、镍铬线、镍铬基多元合金线等。

锰铜线是以铜(Cu)、锰(Mn)金属元素为主，适量加少量硅(Si)、锗(Ge)元素而制成合金，经拉制而成线。其主要特点是电阻稳定性好，电阻温度系数小，具有中等的电阻率和良好的电气性能。但因它们的使用温度范围窄，只宜作室温范围内的中、低阻值的精密线绕电阻器。

康铜线的优点是耐热性好，使用温度范围宽大，但电阻温度系数大，适宜作大功率的中、低阻值的线绕电阻器和电位器。

表 6.7.2　常用贱金属合金电阻线的性能指标及其用途

牌号	名　称	主要化学成分的质量分数/%	电阻率/(μΩ·m)	电阻温度系数/(10^{-6}/℃)		对铜热电势/(μV/℃)	使用温度/℃	用　途
				α	β			
6j8	F1 锰铜	CuMnSi8～10,1～2	0.35	−5～+10	−0.25～0	2	10～80	分流器,精密电阻器
6j13	F2 锰铜	CuMnNi11～13,2～5	0.44	0～+40	−0.7～0	2	10～80	分流器,一般电阻器
6j12	标准锰铜	CuMnNi11～12,2～3	0.47	+2,+5,−5	−0.7～0	1	5～45	标准电阻器,精密电阻器
6j102	硅锰铜	CuMnSi9～11,1.5～2.5	0.35～0.40	−5～+5	±0.25	1	0～100	标准电阻器
4YC6	锗锰铜	CuMnGe6.5～6.7,6.0～6.25	0.43～0.44	0.9,−4.7	−0.007	1.7	0～70	精密电阻器
6j40	康铜	CuNiMn39～41,1～2	0.46～0.48	±40		45	<500	电阻器,电位器
6j11	新康铜	CuMnAl10.5～12.5,2.5～4.5	0.49	±40,±80		2	<500	电阻器,电位器
6j20	镍铬	NiCr20～23	1.0～1.1	50		5	<500	电阻器,电位器
6j15	镍铬铁	NiCrFe15～18,23～25	1.11	150		1	<500	电阻器,电位器
6j10	镍铬	NiCr9～10	0.69	350		0.5		引爆瞬发电阻
	铁铬铝	FeCrAl12～14,3～5	1.26～1.5	50～150			<1000	高温高负载电阻
6j356	铁锰铝	FeMnAl33～37,5～8	1.25～1.35	<−300		2		温度补偿电阻
6j22	镍铬铝铁	NiCrAlFe19～21,2.7～3.2,2	1.24～1.42	±5,±10,±20		1.5	−55～+150	精密电阻器和电位器
6j23	镍铬铝铜	NiCrAlCu19～21,3.2,2～3	1.24～1.42	±5,±10,±20		1.5	−55～+150	精密电阻器和电位器
6j24	镍铬铝锰硅	NiCrAlMnSi19～21,2～3,1～3,1.5～3	1.24～1.42	±5,±10,±20		1.5	−55～+150	精密电阻器和电位器
	镍铬铝钒	NiCrAlV17～19,3～5,3～5	1.6～1.8	±10,±20		1.5	−50～+125	高阻精密电阻器和电位器
6jM	镍钼铝锰硅	NiMoAlMnSi22～25,3～4,0.5,1,0.5～1	1.75～1.88	±5,±10,±20		6.5		高阻精密电阻器和电位器
	镍锰铬钼	NiMnCrMo34～37,7～10,1	1.9	±50		7	−55～+120	高阻电阻器和电位器

镍铬合金线具有较高的电阻率、良好的电性能和很宽的使用温度范围，但电阻温度系数较大，一般用于制造中、高阻值的普通线绕电阻器和电位器。镍铬系多元合金线如镍铬铝铁、镍铬铝铜、镍铬铝锰硅、镍铬铝钒、镍钼铝锰硅、镍锰铬钼等，它们的电阻率高，电阻温度系数小，耐磨性好，对铜的热电势小，适宜作高阻值的精密线绕电阻器和电位器。

表 6.7.2 列出了常用贱金属合金电阻线的牌号、名称、主要化学成分、电阻率等性能指标和用途。

6.7.2 贵金属电阻合金线

随着科技迅猛发展，精密线绕电阻器和电位器广泛被应用时，还希望有一些高性能的、长寿命的、特殊要求的线绕电阻器和电位器，贵金属电阻合金线应运而生。

贵金属电阻合金线主要有铂基合金、钯基合金、金基合金和银基合金等。这类贵金属电阻合金线具有很好的化学稳定性、热稳定性和良好的电性能，因此它是精密线绕电阻器和电位器的重要材料，表 6.7.3 列出了典型贵金属电阻合金线的名称、成分及主要技术指标。

表 6.7.3 贵金属电阻合金线的性能指标

名称	主要成分的质量分数/%	电阻率/(μΩ·m)	电阻温度系数/(10^{-6}/℃)	对铜热电势/(μV/℃)	抗拉强度/(10^7 N/m^2)
金镍铬 5,1	AuNiCr5,1	0.24～0.26	350		35～40
金镍铬 5,2	AuNiCr5,2	0.40～0.42	110	0.027	40～45
金镍铜	AuNiCu7.5,1.5	0.18～0.19	610		55
金镍铁锆	AuNiFeZr5,1.5,0.5	0.44～0.46	250～270	15～22	
金银铜	AuAgCu35,5	0.12	68.6		39
金银铜锰	AuAgCuMn33.5,3,3	0.25	160～190	−0.001～+0.002	50
金银铜锰钆	AuAgCuMnGd33.5,3,2.5,0.5	0.24	170		60
金钯铁铝	AuPdFeAl50,11,1	2.1～2.3	0		95～100
铂铱 5	PtIr5	0.18～0.19	188		40～49
铂铱 10	PtIr10	0.24	130	0.55	43
铂铜 2.5	PtCu2.5	0.32～0.37	220		52～63
铂铜 8.5	PtCu8.5	0.50	330		95～110
钯银 40	PdAg40	0.42	30	−4.2	65～80
钯银铜	PdAgCu36,4	0.45	40		50
银锰	AgMn5.5	0.15～0.25	200	2.5	30～40
银锰锡	AgMnSn6.5,1	0.23	50	3	30～40

以铂、钯为基的电阻合金线具有小的接触电阻、低的噪声电平、耐磨性好、寿命长，很适宜制线绕电位器。但这类合金线的价格太高，同时在有机物质气氛中工作时会生成“褐粉”，即有机聚合物的薄膜；“褐粉”具有绝缘性，使滑动臂的接触电阻增大，影响了接触的稳定性，从而使噪声电平增高，因此在一定程度上限制了它们的应用。

金基电阻合金线的接触电阻稳定、噪声电平低，抗腐蚀能力强，特别对有机物质的蒸气有惰性，因此是一种很有前途的电阻材料，已作为铂基、钯基电阻合金线的良好代用品。

在贵金属电阻合金线中，银基合金线的价格最便宜，并具有良好的电接触性能，但它很容易被硫蒸气和硫化氢气体所腐蚀，生成硫化银膜，造成接触不良。另一方面，由于其强度不高，硬度较低，耐磨性差，寿命短，因而限制了它的使用。以银锰为基的几种电阻合金线有较好的使用价值。其中银锰锡电阻合金线的电阻温度系数低，对铜的热电势小，具有抗硫化和抗腐蚀的能力，常作为制造标准电阻器的绕组材料。

贵金属电阻合金线在某些方面虽然比锰铜、康铜、镍铬、镍铬基电阻合金线优越，但由于价格昂贵，所以至今还没有广泛应用，只用来制作一些特殊用途的电阻器和电位器：如用于工作环境恶劣和要求较高的军工、航天、航海、化工等部门的精密线绕电阻器和电位器。

电阻合金线有裸线和漆包线，漆包线中有油性漆包线、高强度聚酯漆包线。油性漆包线具有优良的耐潮性能，但耐温较差，其长期使用温度为 105℃，高强度聚酯漆包线具有良好的弹性、附着力好、电性能和耐溶剂性好，可以在 130℃温度条件下长期工作。

6.8　厚膜电阻材料

厚膜电阻是厚膜电路中最重要的元件，其发展最早、制造技术也最成熟，目前已广泛应用于厚膜及混合集成电路中。厚膜电阻材料是用厚膜电阻浆料通过丝网印刷、烧结(或固化)在绝缘基体上形成的一层较厚的膜，这层膜具有电阻的特性，故称为厚膜电阻材料。厚膜电阻材料(浆料)是厚膜电阻器的关键材料。

电阻浆料是一种用于生产厚膜集成电路、厚膜电子元器件的关键材料。按照成分的不同可以分为贵金属厚膜电阻浆料、贱金属厚膜电阻浆料和聚合物厚膜电阻浆料，其中贵金属厚膜电阻浆料开发应用较早，由于其性能稳定、工艺敏感性低、综合性能优越等无法替代的优点，仍然是厚膜电阻浆料的主流产品。

厚膜电阻浆料的组分复杂，可分为导电相(如 Pd-Ag，PdO，Ru_2O，$Pb_2Ru_2O_6$，$Bi_2Ru_2O_7$，$BaPbO_3$ 等)，玻璃相(如硼硅酸盐玻璃，铅、硼、铝硅酸盐玻璃等)，有机粘合剂(有机树脂与溶剂等)和改性剂。

Pd-Ag 系电阻浆料是应用最早，也曾是最常用的厚膜电阻浆料，但是由于其工艺电性能方面的缺点，多年来人们都致力于寻找新的材料体系。

早在 20 世纪 50 年代就由美国杜邦公司(DuPont)首先开发出了 Pd/Ag-PdO 为主的厚膜电阻浆料，应用于 IBM 公司的 360 计算机上。60 年代开发出了 Ru_2O 电组浆料，70 年代出现了钌酸盐系列的厚膜电阻。现在有人用 $BaPbO_3$ 制作出了厚膜电阻，据说性能与 Ru_2O 基的相似，价格要便宜很多，但 TCR 的控制和性能的稳定性等方面还有较多工作要做。

钌系厚膜电阻以其优良的电气性能、良好的工艺重复性、稳定性好、阻值范围宽和可在大气中烧成等一系列优点，在厚膜混合集成电路的制造中占有重要地位，但 Pd-Ag 系电阻浆料仍得到较广泛应用。

1. 钯银厚膜电阻的导电材料

钯银电阻浆料中的导电相材料有钯、银、氧化钯三种。钯银厚膜电阻用的粘合剂主要是硼硅酸铅玻璃($PdO\text{-}B_2O_3\text{-}SiO_2$)。钯银厚膜电阻浆料的有机载体用松油醇、乙酸纤维素、卵磷脂等。

银含量严重影响电阻方阻的大小，如银含量为 48%时，方阻小于 $1\Omega/(\square/25.4\mu m)$；当银含量为46%时,方阻大于100kΩ/(□/25.4μm)。钯含量在33%~70%范围内时,方阻范围为几Ω/(□/25.4μm)~100kΩ/(□/25.4μm),这正是常用电阻的范围。在实际应用中,用钯和玻璃或钯、银和玻璃的混合浆料,浆料的重复性好。

在钯电阻中加入银后,能降低电阻率、电阻温度系数和噪声系数;但不能过量,否则会严重恶化电阻的性能。

钯银厚膜电阻是厚膜电阻中使用较早的一类电阻,它的特性与组分、结构和制备工艺有关。表6.8.1所示为常用的DP(杜邦)7800钯银电阻的特性。

表6.8.1 DP7800钯银电阻的特性

性　能	指　标	性　能	指　标
方阻/(Ω/□)	40~100K	噪声系数/dB	−20~+20
电阻温度系数/(ppm/℃)		阻值稳定性:	
25~125℃	+250~0	不加负荷,150℃,1000h	<0.5%~3%
25~−55℃	+50~−500	加6.2~9.3W/cm², 70℃, 1000h	<0.5%~1%

钯银电阻在使用过程中还存在一些不足:如10kΩ/□以上的电阻噪声系数大,高阻电阻温度系数很难降至小于100ppm/℃;使用过程中对还原气氛很敏感,尤其是胺类化合物对电阻影响较大。钯银浆料用于制造高阻和低阻都较困难,因此钯银电阻在使用中受到了限制。

2. 钌系厚膜电阻材料

钌系厚膜电阻材料是当前厚膜电阻材料中使用最广泛、最受欢迎的厚膜材料之一。它具有阻值范围宽(1.5Ω/□~10MΩ/□)、电阻温度系数小(<100ppm/℃)、阻值再现性好、工艺性能好、稳定性高、受环境影响小等优点。

钌系厚膜电阻材料是以氧化钌或钌酸盐为导电材料,以玻璃釉为粘合剂,用有机载体和溶剂把它制作成浆料,经印刷、烧结而成。

1) 二氧化钌厚膜电阻材料

二氧化钌厚膜电阻材料中导电相用二氧化钌,玻璃粘合剂用硼硅酸铅玻璃粉。导电相RuO_2的多少,视电阻体阻值的高低和性能而定。导电相的含量一般取30%~75%。若导电相含量太低,电阻的阻值会很大,电流噪声会增大,工艺敏感性很大,一致性很差。如果导电相含量太大,阻值很低,相应玻璃粉会减小,会使电阻耐潮性变差,机械强度降低。因为二氧化钌电阻中的导电相均为半导体导电型,在配制过程中可通过掺入不同类型的半导体氧化物来调整电阻值和TCR值。

2) 钌酸铋厚膜电阻

导电相为钌酸铋粉,玻璃粘合剂为硼硅酸铅(与二氧化钌相同),按一定比例混合,加上有机载体制成浆料,印制在绝缘的陶瓷基底上,经烧结而成电阻。

3) 钌酸铋衍生物厚膜电阻

钌酸铋的衍生物电阻是用钌酸铋的衍生物(如$NdBiRu_2O_7$、$InRu_2O_7$等)作为导电相,再加上玻璃粘合剂和有机载体制成浆料,经印刷、烧结而成厚膜电阻体。一般钌酸铋衍生物导电相与玻璃粘合剂的重量按60%∶40%。

3. 其他厚膜电阻材料

作为厚膜电阻的材料还有很多，为了降低成本，选用一些贱金属材料作为厚膜电阻，如氧化镉电阻、氧化铟电阻、氧化铊电阻、氧化锡电阻、二氧化钼电阻。为了提高稳定性和工作温度，选用一些难熔化合物作为厚膜电阻，如六硼化镧电阻、碳化钨电阻、二硅化钼电阻、氮化钽电阻，还有用铜、铝等纯金属与玻璃混合制造厚膜电阻。但这些属于小批量的研制品种。

另外还有一大类使用有机粘合剂的厚膜电阻。它是用如环氧树脂、酚醛树脂、醇酸树脂、三聚氰胺树脂、环氧改性酚醛树脂作粘合剂，用炭黑、石墨、金属粉作导电相材料，加上一些绝缘填充料和溶剂调成浆料，经印刷、喷涂、聚合，可以制出多种厚膜电阻材料，这是一类较早发现并使用的厚膜电阻材料。由于其稳定性和可靠性不如玻璃釉厚膜电阻材料，因而逐渐被钌系玻璃釉厚膜电阻替代，只是在一些特殊用途和低成本产品上还保留了它们的一席之地，如碳膜电位器、兆欧合成电阻器等。

6.9 薄膜电阻材料

在绝缘基体上(或基片上)用真空蒸发、溅射、化学沉积、热分解等方法制得的膜状电阻材料，其膜厚一般在1μm以下，人们常称它为薄膜电阻材料。其特点是体积小、阻值范围宽、电阻温度系数小、性能稳定、容易调阻、易于散热、用料少、适合大量生产、应用广。特别适用于制造高频、高阻、大功率、小尺寸、片式和薄膜集成式电阻器。

对这类薄膜电阻材料的要求是：电阻率范围宽，即能制高、中、低阻值的电阻器，电阻温度系数小，电阻电压系数小，噪声电平低，使用温度范围宽，高频性能好，稳定性和可靠性高，工艺性能好等。根据使用场合的不同，电阻材料还会有些特殊要求，如耐辐射、抗霉菌、耐盐雾等。

能作为薄膜电阻材料的原料主要是：金属、合金、金属氧化物、金属化合物、碳、碳化物、硅化物、硼化物等。所以按组成分类主要有：碳系薄膜、锡锑氧化膜、金属膜、化学沉积金属膜、镍铬系薄膜、铬硅薄膜、钽基薄膜、金属陶瓷薄膜、复合电阻薄和其他电阻薄膜等。详见表6.9.1。

表6.9.1　薄膜电阻材料分类

主类名称	分支名称	主类名称	分支名称
碳系薄膜	碳膜 硅碳膜 硼碳膜 锡碳膜 钛碳膜	金属陶瓷薄膜	铬-一氧化硅 钛-二氧化硅
金属膜	真空蒸发金属膜 化学沉积金属膜	钽基薄膜	氮化钽薄膜 钽铝合金薄膜 钽硅合金薄膜

续表

主类名称	分支名称	主类名称	分支名称
镍铬系薄膜	纯镍铬薄膜 镍铬铝薄膜 镍铬铝镱薄膜 镍铬铝镧薄膜 镍铬铝钪薄膜 镍铬铝铒薄膜 镍铬硅镧薄膜 镍铬硅镱薄膜 镍铬硅铒薄膜 镍铬金薄膜 其他改性镍铬薄膜	复合电阻薄膜	镍铬-氮化钽复合薄膜 镍硅-镍铬复合薄膜 镍铬钴-镍铬复合薄膜
		特殊电阻薄膜	氮化钛薄膜 氮化锆薄膜 铌钽和铌钽氮薄膜 钴-铬薄膜 铁铬钴薄膜

1. 碳基薄膜

1）碳膜

碳膜是用碳氢化合物，如甲烷、庚烷、汽油、苯等为原料，在850～1100℃温度和1.0～2.0Pa气压下，进行热分解，在绝缘基体上淀积得到的薄膜。其热分解反应式为

$$C_xH_y \xrightarrow{850 \sim 1100^\circ\mathrm{C}} xC + \frac{y}{2}H_2 \uparrow$$

所制得的碳膜电阻率为(1～1.8)×10^{-3}Ω·cm，电阻温度系数为－(1～2)×10^{-4}/℃，热膨胀系数为(6.5～7.0)×10^{-6}/℃，硬度为9.8(莫氏)，密度为2.07×10^{-3}kg/m^3。

碳膜的结构和性能与原材料的种类、热分解温度和速度、基本表面状态、碳膜的处理条件有关。在正常情况下，热分解获得的碳膜是致密而带金属光泽类石墨的多晶结构。实际上由于杂质含量、热分解的温度和速率、基体表面状态等因素，使碳膜中的晶粒大小、晶粒取向、晶粒间隙以及晶界等与多晶石墨有所不同。制作碳膜的原料很多，庚烷是较为常用的一种。

2）硅碳膜

为了提高碳膜的工作温度和电性能，在碳膜中加入硅，称硅碳膜。硅碳膜是用含硅的有机化合物和碳氢化合物同时热分解而制成，也可用依次热分解硅有机化合物和碳氢化合物制得。采用先热分解正硅酸乙酯，使在基体表面上形成一层含硅碳层，作为底层，它具有填平基体表面、增加附着力的作用。该层热分解温度950～980℃，真空度为2Pa以上。接着用庚烷等热分解，形成一层碳膜层，作为导电层，即中阻或高阻层。热分解温度为1000℃，真空度同上。如要得到低阻层，可用苯热分解得到。最后将六甲基二硅醚在850℃和同样真空度下热分解，形成含有SiO_2的硅碳膜层作为保护层，这种方法被出的硅碳膜比碳膜电阻率高20%～30%。

用上述方法制作的硅碳膜为三层结构。在底层中主要含有SiO_2和C，SiO_2和基体玻璃相形成Si—O键，增加了硅碳膜对基体的附着力；中间层为主要导电层，与纯碳膜的结构和性能类似；最外层为保护层，主要含SiO_2和少量的β-SiC。SiO_2是一种耐温、耐潮和耐腐蚀的材料，它对中间的电层起保护作用。同时SiO_2还是一种绝缘材料，它可渗入到主导电层的晶粒间界中，对碳的晶粒起着隔离和增大间隙的作用，因而使整个膜层的电阻率增大。

硅碳膜具有耐潮和耐腐蚀的特性。这种膜层的工作温度和过负荷能力都有明显的提高。

在陶瓷基体上被好碳膜或硅碳膜的备件称为黑棒，有的电阻器生产厂外购黑棒，大多数电阻器生产厂则自己制造。

含碳薄膜还有硼碳膜、锡碳膜、钛碳膜等，用在一些特殊要求上，而且用量很少。

2. 金属氧化膜

金属氧化膜种类很多，生产上常用的是锡锑氧化膜。锡锑氧化膜是将锡锑卤化物溶液喷涂到灼热（700℃左右）的基体上，经水解反应而淀积出锡锑金属氧化物薄膜。金属氧化膜也可用蒸发法、溅射法、浸渍法、烟化法、涂敷法等来成膜。

纯的氧化锡是黄色透明结晶，熔点 1127℃，具有钙钛矿结构，禁带宽度很宽（4.3eV）。水解反应生成的氧化锡是一种多晶结构，加入锑后，膜层呈现蓝色，晶格常数有所增大。当膜层较厚时，氧化锡有沿着某个方向择优生长的可能。在水解反应中，由于氧的不足，形成氧化锡多晶薄膜时，在晶格中产生了氧空位，其周围的锡离子就有未与氧结合的电子，这些电子易于被激发而成参与导电的自由电子，所以一般缺氧的氧化锡是 n 型半导体。

锑的掺入使氧化锡增加了导电性，而且锑的含量增加，电导率增大。由于锑是 5 价，锡是 4 价，锑取代锡后增加了导电电子数，当锑含量（原子分数，下同）高达 1.5%时，电导率出现最大值，若继续增加锑含量，电导率反而减小。这是因为锑含量很小时，膜层中的载流子（电子）数随着锑含量增加很快，此时迁移率也略有增加，所以电导率增加很快；当锑含量大于 1.5%时，锑的一部分处于填隙位置，会引起迁移率下降很快，所以这时电导率会随锑含量的增加而下降。锑含量还影响膜层的电阻温度系数：当锑含量小于 1.5%时，电阻温度系数为正；锑含量为 1.5%时，正电阻温度系数达到最大值；锑含量高于 1.5%时，出现负的电阻温度系数。

锡锑氧化膜适于制造低、中电阻器。如果在氧化锡中掺入铟，组成 Sn-In 系氧化膜，其阻值比 Sn-Sb 系氧化膜高 15～30 倍。在氧化锡薄膜中掺入少量的铁，可以提高电阻值 10 倍左右。在 Sn-Sb 氧化膜中加入 B_2O_3，不仅可以提高电阻值，而且可以降低电阻温度系数，方阻值可达 10kΩ/□，电阻温度系数可以非常小。在 Sn-Sb 氧化膜中加入 Al_2O_3，可以显著提高电阻率和减小电阻温度系数，而且性能稳定。如果在 Sn-Sb 氧化膜中加入 TiO_2，可使电阻值增大 20～200 倍，而电阻温度系数却变化不大。在 Sn-Sb 氧化膜中加入铋，可使性能稳定，老化系数减小。

3. 金属膜电阻

1）蒸发金属膜

金属膜电阻器是用以铬硅系为主要成分的合金粉真空蒸发而成。制造时，用酒精把合金粉调成糊状涂在钨丝的蒸发器上，在低于 5×10^{-3}Pa 的蒸空度下加热蒸发，在陶瓷基体上淀积出金属膜。膜层的电阻率和其他性能取决于合金粉成分、膜层厚度、蒸发条件、基体表面状态以及热处理温度和时间。可采用刻槽方法提高和调整电阻值。用不同配比的合金粉和适当的工艺，可以制得阻值范围宽（$10^1\sim10^7\Omega$）、电阻温度系数小（达 5×10^{-6}/℃）、噪声电平低（$-3\sim+9$dB）、耐热性好（可在 200℃下工作）、稳定性高的金属膜电阻。许多工厂用它制造 RJ 型金属膜电阻器、RJJ 型精密金属膜电阻器、高频电阻器、微调电位器、衰减器、片式电阻器、薄膜电路元件等。

蒸发金属膜的膜厚为50～100nm。膜层的性能与膜厚有关。膜层的结构和性能与合金粉的成分有关。用不同的合金粉所得膜层的阻值和电阻温度系数不同，所以具体的配方是保密的，常把合金粉按阻值范围编号表示，表6.9.2示出了国内电阻厂生产的合金粉的编号和性能。

表6.9.2 合金粉的性能指标

合金粉编号		方阻值范围/(Ω/□)	电阻温度系数/(10^{-6}/℃)	加速老化系数(1.5倍功率,70℃,96h)/%
低阻粉	1	9.4～56.4	−250～+400	±3.5
	2	28.2～7.52	±80	±0.45
	3	56.4～150	±30	±0.1
中阻粉	4	376～5.6×10^3	±80	±0.45
	5	376～3.76×10^3	±30	±0.1
	6	188～1.52×10^3	±30	±0.1
高阻粉	7	$(1.68～3.76)\times10^3$	±80	±0.45
	8	$(1.88～84.6)\times10^3$	−250～+400	±3.5
	9	$(1.88～18.8)\times10^3$	±30	±0.1

从微观分析得知，金属膜是一种无定型结构或由微晶组成的结构。晶粒尺寸通常为1nm。金属薄膜材料中，由于金属熔点和蒸气压不同，因此形成的膜层结构往往有较大的差别。如合金粉中有钨、钼等难熔金属，它和其他金属组成混合物；当形成薄膜时，互相阻止表面原子迁移，因此容易形成无定形结构。合金粉中含有铁、镍、铬等中熔点金属，由于它们在蒸发时是以气相存在，因此可以任意混合，可制得均匀的固熔体合金薄膜。薄膜没有择优取向，是一种多晶结构，易于形成连续薄膜，适宜制中低阻电阻。低熔点金属易于形成具有择优取向、晶粒大的多晶薄膜，这种薄膜适宜制作低阻。

膜层的结构和性能与热处理有关。这是因为蒸发时膜层生长的速度比较快，晶粒生长不够完善，出现许多无定型结构，膜层和基体附着力不强，存在着许多不稳定的因素，一般选用700～800℃，处理30min比较理想。

制造金属薄膜时，对基体表面的清洁度和粗糙度的要求比较严格。一般在蒸发之前，对基体要进行煅烧和清洁处理。

金属膜的合金粉材料视需要而不断改进，随着片式元件、混合集成电路发展的需要，人们配制了多种用于制造金属膜电阻的材料。

2）化学沉积金属膜

用化学还原反应而制成的金属薄膜称化学沉积金属膜。对于化学沉积镍金属膜的镀膜的原理是，镍离子(Ni^{2+})获得两个电子后，被还原成金属镍(Ni)。化学镀液主要由硫酸镍、次磷酸盐和蒸馏水配制而成。硫酸镍形成镍膜，次磷酸盐用作还原剂和缓冲剂，有时还要加入络合剂等。镀液的pH值一般为3～4，这种方法可得附着力很好的镍膜。

化学沉积金属膜的步骤为：基体清洗、基体敏化、敏化后清洗、活化处理、化学镀镍。刚沉积的金属膜是无定形的片状结构，需经热处理后性能才会稳定。化学沉积膜的质量与镀液的成分、温度、pH值、热处理条件有很大的关系。如果溶液浓度大、温度高、pH值大，沉积的速率就大，形成膜粗糙、质量较差；反之质量会提高，但制膜周期增长。在镀液中引入

$CrCl_2$ 溶液，可以制得 Ni-Cr 膜，这样可以提高薄膜的电阻率和降低电阻温度系数。

6.10　精密金属膜电阻材料

金属膜电阻器通常是用不同配比的金属或合金，采用适当的工艺，例如真空蒸发、反应共溅射、磁控溅射、离子束沉积、DC 磁控溅射、RF 磁控溅射、阴极溅射以及化学沉积等方法沉积在绝缘基片上。薄膜电阻对薄膜材料的主要要求是电阻温度系数(TCR)小，薄膜方阻的阻值适用范围宽，稳定性高，耐蚀性好，与基片附着性好以及与其他元器件的工艺兼容性好，制备工艺简单，成本低等。薄膜电阻按其方阻大小一般分为超低阻(小于 1Ω)、低阻(2～200Ω)、中阻(200～800Ω)、高阻(800Ω～5kΩ)和超高阻(5kΩ 以上)等。

金属膜电阻器是目前应用最广泛的一种薄膜电阻器，在阻容元件中有很重要的地位，它具有稳定性好、精度高、噪声低和频率特性好等优点，同时工作环境温度范围较宽，单位面积承受的功耗较高，有利于电子设备的小型化。另外，其温度系数和电压系数都比较小，适合在精密的电子仪器中应用。因此，金属膜电阻器的应用范围极为广泛：如需要高稳定性、高可靠性的航空航天、国防以及在电子计算机、通信仪器、电子交换机中应用。

现代电子技术的发展和电子设备对电阻器性能要求越来越高，使得人们越来越多地采用薄膜电阻器。因此目前薄膜电阻器在整个电阻器中占有最重要的地位。

目前可以用作制备薄膜电阻的材料种类很多，真正能够达到上述要求的材料还不多，而且几乎都要通过不同材料的配比或特殊的制备处理之后，才能满足实际的需要。其中最常用的电阻薄膜为镍-铬合金系电阻薄膜、铬-硅系电阻薄膜以及钽系电阻薄膜。前面介绍的碳基薄膜、金属氧化膜和金属膜电阻材料也属于薄膜电阻材料，但这些材料目前大部分用来制作一般的、精密度不太高的电阻和电位器。本节讨论目前应用比较广泛的镍铬合金系电阻薄膜、铬硅系电阻薄膜以及钽系薄膜和电阻较高的金属-陶瓷薄膜电阻等四种高精密薄膜电阻材料。

6.10.1　镍铬合金系电阻薄膜

镍-铬系电阻合金是目前最常用的电阻材料。这是因为镍-铬二元合金具有相当高的蒸气压，易于真空蒸发和溅射，而且制得的镍-铬薄膜耐热性良好，温度系数和热电势都很小，稳定性高，可制作的阻值范围宽，故常用它来制作小型的精密片式电阻器和混合集成电路的薄膜电阻器。

决定镍-铬合金膜电阻性能的最重要的因素是膜的组成。在膜厚和基体温度一定的条件下，薄膜电阻率与铬含量近似成指数关系。镍与铬能形成有限固溶体，当铬含量$<30\%$时，铬固溶于镍中形成镍基固溶体；当铬的含量大于 30%时，多余的铬则以氧化物的形式存在。因为铬本身的电阻率并不高，所以含铬超过 60%时，镍-铬合金膜电阻率急剧增加。因为淀积过程中铬的强烈氧化，此时镍铬固溶体均匀地分布在 Cr_2O_3 基质中，在增大电阻的同时，合金膜的 TCR 随铬含量的增加而向负值方向变化。

虽然在镍中加入铬可以有效地提高合金的电阻率和降低合金的电阻温度系数，但是铬含量过高会使可加工性变坏。考虑到良好的重复性和较好的电阻性能，一般镍-铬合金中铬的含量不能大于60%。

镍-铬合金膜的电阻性能及稳定性还与膜的淀积方法、淀积条件和随后的热处理条件等密切相关。当采用真空蒸发淀积镍-铬薄膜时，由于在一定蒸发温度下镍和铬的蒸发速率不同，因此会产生镍铬分馏，使在一般蒸发温度下得到的膜中铬的含量比原料中的大。为了避免分馏，可以采用双蒸发源蒸发法、升华蒸发法和瞬间快速蒸发法。采用溅射方法则可避免分馏现象，得到与原料一致的合金膜。此外，膜的厚度、组成和结构等还直接与具体的工艺因素有关。在基体材料和合金原料一定的情况下，最重要的工艺参数是淀积时的基体温度、热处理媒质和温度等。

镍-铬合金膜通过适当地加入Al、Cu、Si、Be和Au等元素可以改进镍-铬电阻薄膜的性能：如提高阻值、降低温度系数、减小对铜的热电势，并能提高稳定性、抗蚀性、耐磨性以及使用温度范围。除了通常的金属元素外，还可以添加Yb、La、Sc、Er等稀土元素，以改善电阻温度系数和稳定性等。表6.10.1是镍-铬合金中加入不同添加元素后形成的各种电阻材料成分和性能比较表。

表6.10.1 各种电阻材料成分性能比较

组成(质量分数)/%						TCR/(ppm/℃)	125℃ 1000h后	备注
Ni	Cr	Si	Al	Be	Sn			
60	23	17				<10	0.01	稳定性最好，重复性差
75.5	19			5.5		<10	0.012	稳定性一般，重复性好，能得到低的TCR
77	19		1	3		<10	0.016	重复性较好，能得到低的TCR，添加Al后稳定性下降
70	13	10	2			<10	0.025	是能获得低的TCR和重复性最好的一种，易得到，加Al后稳定性下降
60	35				5	<10	0.05	TCR变化范围宽，容易制造，稳定性最差

在实际应用中，在镍-铬合金材料中添加Si、Al、Cu、Au、Mn、N等金属元素和O_2、N_2等非金属元素，用以改善薄膜的性能。如在镍铬薄膜中加入一定量的Si(如65%(原子分数))形成三元致密合金电阻薄膜，经过在空气中适当的退火之后，该薄膜的电阻温度系数明显降低。在镍铬薄膜中加入Al将会增加薄膜的稳定性，降低薄膜的温度系数。如Al含量为50%(原子分数)形成的多组分混合膜的TCR<50ppm/℃。研究还表明，空气氛围条件下退火处理后得到的Ni-Cr-Al薄膜，含有AlNi等相以及铝的氧化物和镍铬合金膜构成致密结构，退火时氧元素的掺入能适当地调整薄膜的阻值范围，适用于制备高、中、低阻值范围的电阻。

若镍铬合金薄膜中有一定含量的Cu能使电阻降低，用于制造低阻值电阻；如有N的存在，能使得电阻值适当提高，用于制造高阻值电阻。若掺入一定量导电性好的Au或Ag等元素，将得到低阻值温度系数小的电阻薄膜。

6.10.2 铬-硅电阻薄膜

铬-硅(Cr-Si)电阻薄膜是片式元件和混合集成电路中常用的薄膜电阻材料。它具有电阻率高、电阻温度系数小、稳定性好的特点。Cr-Si 硅化物薄膜电阻是在20世纪70年代初成功研制的高稳定性、高阻值薄膜电阻。

早期的 Cr-Si 膜利用电阻丝加热原材料蒸发的方法制备。真空蒸发时，将 Cr 粉(纯度99.99%)和 Si 粉(纯度99.99%)混合。其比例视阻值高低而自定。粒度为200目左右，放在钼舟、钨舟或钽舟中瞬时蒸发，或放于螺旋钨丝上加热蒸发，也可用电子束或激光加热蒸发。溅射时，将高纯的 Cr 粉和 Si 粒压成 CrSi 靶，用直流等离子溅射成膜。采用电子束共蒸发 Cr-Si 靶材以制作 Cr-Si 混合物薄膜和 Cr-Si 双层膜。

研究表明，退火可以促使薄膜微颗粒从非晶态转化为晶态。这一方法实现了对薄膜组分比例的良好控制。随着真空技术的提高和各种溅射技术的发展，Cr-Si 系电阻薄膜的制造方法也得到很大的改善，薄膜电阻的成品性能和可重复性都有了很大的提高。已研究过的制备方法还包括在玻璃基底和二氧化硅基底上采用双靶共溅射的方法、反应离子束磁控溅射法等。

由于铬和硅会生成多种铬-硅化合物，它们性能稳定，电阻率和电阻温度系数适中，是铬-硅薄膜电阻材料性能优良的主要原因。表6.10.2示出了各种铬-硅化合物的基本性质。

表6.10.2　Cr 和 Si 之间各种硅化物的物理性质

物理性质	硅化物			
	Cr_3Si	Cr_5Si_3	CrSi	$CrSi_2$
Si 含量/%				
质量分数	15.26	22.47	35.07	51.93
摩尔分数	25	27～50	50	66.66
晶体结构	立方	四方	立方	立方
晶格常数/nm	0.4555	$a=0.916$ $c=0.464$	0.4607	$a=0.4422$ $c=0.6531$
密度/(g/cm³)	6.52	5.84	5.43	5.00
熔点/℃	1710	1560	1545	1550
电阻率/(μΩ·cm)	45.5	1.4	143	7250
电阻温度系数/(10^{-6}/℃)	6500	8600	3120	2380～2930

显微分析表明，Cr-Si 薄膜的结构大部分是无定型结构。在溅射膜中发现有 $CrSi_2$ 晶相，它是 Cr-Si 薄膜的主要导电相成分；在电子束蒸发的 CrSi 膜中，没有发现此相，但有 Cr_3Si 相。

研究中发现，随着 Cr 含量增加，Cr-Si 薄膜的电阻率下降。

热处理可以降低电阻温度系数，调整电阻率，改善薄膜的电性能。本来由于淀积速率不同造成薄膜电性能差别很大，但由于经几小时热处理而使其差别缩小。经热处理后，电阻率会降低，一般可得到280～300Ω·cm，电阻温度系数也会减小(＜50ppm/℃)。

对于直流溅射的 Cr-Si 薄膜，在保护性气体(氩、氮)中进行热处理时，在480℃下可使电阻温度系数达(0±10)ppm/℃。对于直流等离子溅射 CrSi 薄膜，在320℃大气中热处理可使电阻温度系数接近于零，此时在薄膜表面会生成厚度为3nm的氧化硅膜。

在溅射中如果通入微量的氧进行反应溅射，可以提高 CrSi 薄膜的电阻率，而电阻温度系数会更变负。在 Cr-Si 膜中掺入适量的 Al 元素会提高薄膜层的耐湿性，降低薄膜的阻值范围，改善了薄膜的温度系数。经过研究 Cr-Si 的结构和成分，指出该薄膜可用作制备热电偶。

6.10.3 钽基电阻薄膜

纯钽具有两种结构相，即 α 钽和 β 钽。由于制备条件及后期处理条件的不同，钽会呈某一种相，或两者的混合相，虽导电性有所差异，但是结构性能均十分稳定。因此，钽被广泛地选作精密薄膜电阻材料。钽薄膜因具有正温度系数(TCR)，钽熔点高，耐腐蚀能力等优点，20 世纪 90 年代开始，钽及钽薄膜电阻广泛用于微电子工业中。

钽基电阻薄膜，是指钽的化合物和合金薄膜。钽是一种阀金属，它能与空气中氧、氮作用形成 Ta_2O_5、TaN 等化合物，与硅、铝等形成合金。这类薄膜性能稳定。利用钽不仅可以制作电阻，而且可以作电极和介质，因此钽基薄膜被广泛用于制作钽基薄膜集成电路。

20 世纪 70 年代初，TaN 薄膜就被用来制作薄膜电阻器，TaN 薄膜还可制作电容器，利用两者的温度系数相互补偿，能获得性能良好的滤波电路，用于薄膜混合电路、薄膜集成电路、薄膜电阻网络、微电子驱动器等。

而氮化钽薄膜经阳极氧化处理后，具有更高的稳定性，在正常使用过程中极少出现漏电等不稳定现象。采用反应溅射法制作而成的 Ta-N 薄膜是一种电阻温度系数非常小、稳定性高的中低阻值范围薄膜，其温度系数和化学稳定性都要优于 Ni-Cr 系的电阻薄膜。

由于钽熔点很高，钽薄膜通常用溅射法制取。钽膜的结构与制备的工艺参数有很大关系。钽膜有三种结构，表 6.10.3 示出了这三种不同结构钽膜的性能。从表中可以看出，β 钽膜和低密度钽膜有良好的电学性能。β 钽是一种杂质稳定相，可看作为 α 钽溶入杂质后的畸变状态。一般条件下所得到的是 α 钽和 β 钽的混合结构。所以薄膜的一致性和合格率差。低密度钽膜是多孔性结构，其空洞直径达 5nm 左右，所以电子传输路径较长，薄膜表面积大，其电子受表面散射几率大，故薄膜电阻率高。多孔性使低密钽的稳定性差，成品率也不高，不适合作电阻膜。

表 6.10.3 不同结构 Ta 膜的性能

性能名称	α 钽膜	β 钽膜	低密度钽膜
晶体结构	bcc(体心立方)	四方	四方或 bcc
晶格常数/nm	a=0.331～0.333	a=0.534，c=0.994	
密度/(g/cm^3)	15.6	15.9	12.1
电阻率/(μΩ·cm)	25～50	180～200	5000
α_R/(10^{-6}/℃)	+500～+1800	−100～+100	−100～+100

1. 氮化钽膜

氮化钽(TaN)薄膜是 Ta 和 N 反应而生成的钽的化合物，该薄膜具有电阻温度系数小，稳定性高的中低阻薄膜，常用于制作精密薄膜电阻器。

通常将高纯的(99.99%)钽板作为靶材，通入高纯(99.99%)氮气进行反应溅射得到氮化钽电阻薄膜。

不同的成膜方式所得薄膜的性能和结构是有差异的，直流二极溅射、等离子溅射和磁控溅射这三种溅射方法溅射出氮化钽薄膜的电阻率、电阻温度系数与氮分压有关系。它们的电阻率随氮分压增加而增加，电阻温度系数随氮分压增加而从正变负。电阻温度系数变化比较平坦的区域为 Ta_2N 膜，结构最稳定。基片温度对氮化钽薄膜性能和结构有影响，随着基片温度的升高，氮化钽薄膜的 TCR 从负值逐渐趋向于零，电阻率 ρ 稍有降低，但变化不大，薄膜的稳定性也有所提高。基片温度一般为 200～300℃。

溅射电流和溅射电压对氮化钽薄膜结构和性能有影响：随着溅射电压增加，TCR 减小，并逐渐由负趋近于零。溅射电流的影响和溅射电压类似。为了提高氮化钽薄膜的稳定性和降低电阻温度系数，常对溅射的薄膜马上进行真空热处理：温度 500℃，真空度 1.36×10^{-2}Pa 以上，保温 2～3h。由此可以得到接近于零的电阻温度系数。也可在惰性气体（如氩气）中处理，可得到同样的效果。氮化钽薄膜也可用化学汽相淀积(CVD)法制得。

2. 钽铝合金薄膜

钽铝合金薄膜是用高纯的 Ta 和 Al 制成复合靶材，通过改变铝的面积采用溅射方法得到不同组分的 TaAl 膜。这种薄膜的特点是：稳定性高，温度系数小，可达±30ppm/℃，方阻可调范围宽。

TaAl 合金薄膜中 Al 含量不同，电阻率和电阻温度系数将随之而变。在 Al 含量（原子分数）为 66%附近时，TaAl 薄膜的电阻率出现高峰（320Ω·cm）。当 Al 含量（原子分数）为 20%～45%时，电阻率变化平缓，其值为 220Ω·cm 左右。TCR 在整个范围内变化不大，其值为－70～－200ppm/℃。

从显微分析得到，纯 Ta 膜的晶粒较大，约为几十纳米。随着 Al 含量的增加，晶粒变小。当 Al 含量（原子分数）为 67%时，晶粒最小，为 3～5nm。Al 含量继续增加时，晶粒尺寸又增大，TaAl 膜呈现微晶结构。Al 含量少时，Al 作为杂质掺入 Ta 晶粒中或晶界上，Al 原子占据 Ta 原子部分晶格位置，形成固溶体。掺进 Al 原子，会使钽膜晶粒变小，β-Ta 结构增多。Al 含量高时，会形成化合物 $TaAl_3$。当 Al 含量继续增大，Al 成了主体，而 Ta 成了杂质，TaAl 薄膜结构向面心立方结构转变。

Al 含量较少时，载流子主要是空穴。Al 含量（原子分数）高于 67%时，载充子主要是电子。含量（原子分数）为 12%～66%时，电子和空穴都参与导电。TaN 薄膜 150℃老化 400h，其电阻相对变化<0.1%。

TaAlN 薄膜是为了进一步提高 TaAl 薄膜电阻率，采用反应溅射法制得的电阻薄膜。反应气体用高纯的氮气。氮分压对电阻率和电阻温度系数的影响较大。氮分压增加时，电阻率急增，而电阻温度系数向负方向增大。当氮分压为总气压的 1.5%时，TaAlN 薄膜的电阻率比 TaAl 膜高出 1～2 倍，而电阻温度系数和稳定性与 TaN 薄膜差不多。

因为 Ta 和 Al 都是阀金属，TaAl 和 TaAlN 薄膜都可以采用阳极氧化法进行调阻。这时表面生成氧化物，膜厚减小，方阻增大，稳定性也提高了。

3. 钽硅合金薄膜

钽硅薄膜是用钽、硅共溅射法，或钽和硅烷在氩气中反应溅射制得。该薄膜是一种高温电阻薄膜，电阻率高、高温稳定性好，特别适宜作高温稳定的精密薄膜电阻器。

钽硅薄膜的性能与Si含量有关，当Si含量(原子分数，下同)小于13%时，TaSi薄膜结构从β-Ta变到(β+α)Ta；在10%时出现立方结构的微晶；当Si含量为13%时，薄膜结构中出现金属间化物Ta_5Si_3微晶结构；Si含量大于70%，薄膜结构完全为无定型。Si含量在13%～75%范围内，电阻率为240～300μΩ·cm；Si含量大于75%时，电阻率急剧增大，这时膜层以Si为主，Ta为掺杂材料，薄膜呈现Si的半导体特征；Si含量小于75%时，TCR为(−800±40)ppm/℃，高温稳定性为±0.1%。

热处理对TaSi薄膜的电阻率有较大的影响。随着热处理温度升高，薄膜的电阻率减少，逐渐趋于平坦。当热处理温度高于1000℃时，电阻率为50μΩ·cm左右。电阻率减小的原因是Ta和Si形成化合物硅化钽，最后形成$TaSi_2$结晶。热处理温度低于400℃时，薄膜未出现结晶相，此时电阻率的减小主要是由缺陷的减少所致。在热处理温度高于500℃时，出现结晶，电阻率减小。

6.10.4 金属-陶瓷电阻薄膜

金属陶瓷薄膜是指金属和硅等氧化物绝缘体所组成的薄膜，它是一种复合材料；其主要特点是电阻率高，耐温高。已见报道的金属陶瓷薄膜有Cr-SiO、Ti-SiO_2、Au-SiO(SiO_2)、NiCr-SiO_2、Ta_2-SiO_2等。Cr-SiO和Ti-SiO_2薄膜电阻材料是目前应用较广的两种高电阻薄膜材料。

1. 铬-一氧化硅电阻薄膜

Cr-SiO薄膜电阻，常用真空蒸法或反应溅射的方法制得。真空蒸发时，把高纯(99.99%)Cr粉和SiO粉混合，粒度为200～300目，放入钼(或钨或钽)舟中加热蒸发，或将高纯的Cr和Si制成复合靶，在溅射室中通以高纯的氧进行反应溅射，都可得到Cr-SiO电阻薄膜。也可用Cr靶和SiO靶，进行双靶溅射，制得Cr-SiO电阻薄膜。

Cr-SiO电阻薄膜具有阻值高(方阻为500Ω/□～3kΩ/□)、电阻温度系数小(TCR<100ppm/℃)的特点。Cr-SiO膜的结构是很复杂的，主要为Cr和SiO的混合相系，有Cr和SiO多种化合物，也有Si和O_2的多种化合物，其主要成分是Cr-SiO；主要结构是α-Cr和Cr_3Si。

可通过改变Cr和SiO的比例来得到所需的方阻。同时可以通过改变膜厚、热处理温度来调整Cr-SiO电阻薄膜的方阻和性能。

随着Si含量增多，即SiO量增大，电阻率增大，TCR从正值逐渐变成负值。当SiO含量增大超出在Cr中的溶解度时，SiO则以第二相分布在Cr的晶界上，薄膜的导电是靠载流子通过隧道效应来完成，因此它的电阻温度系数为负值。在Cr-SiO膜中，SiO的含量超过40%～50%，Cr以岛状(尺寸约为2nm)分布在SiO中，这时膜电阻率比块状Cr高8～10个量级，电阻温度系数变得更负。从性能和电阻率大小考虑，Cr和SiO的配比常用Cr∶SiO=7∶3。

淀积速率对电导率和电阻温度系数的影响是非常大的。当淀积速率为4～6nm/s时，电导率最大，TCR曲线出现峰值。当淀积速率小于4nm/s时，随着淀积速率增加，薄膜的电导率增大，TCR负值变小。这是由于Cr的体积浓度增加所致。淀积速率高于6nm/s时，薄膜电导率随淀积速率增大而减小，TCR趋于更负的数值。淀积速率对晶粒尺寸有影响。在淀积速率为5nm/s时，晶料尺寸最大。当淀积速率很高时，Cr和SiO原子来不及通过表面扩散形成较大的晶粒，就被新淀积的材料所覆盖。

基片温度对Cr-SiO薄膜电阻温度系数有重要影响。基片温度升高有利晶粒的生长，有利基片上蒸发的粒子迁移至更稳定的位置，有利于排出剩余的气体，其结果是可得到较高的电导率和小的负的电阻温度系数。

大气和真空热处理温度对蒸发的Cr-SiO薄膜方阻有影响，大气中方阻随热处理温度升高而增大，真空中方阻随热处理温度增加而降低。

2. 钛-二氧化硅薄膜

Ti-SiO_2 薄膜常用射频溅射的方法制造。将高纯钛板和 SiO_2 片装在靶上，通过改变Ti和 SiO_2 所占靶面积的比，可以得到不同方阻的Ti-SiO_2 薄膜。膜厚一般为250～300nm。Ti-SiO_2 薄膜是一种阻值高、电阻温度系数小、稳定性高的电阻薄膜。

Ti-SiO_2 薄膜的性能与成分和制造工艺有关。Ti-SiO_2 薄膜的电阻率和电阻温度系数与成分(SiO_2，占靶面积)密切相关。SiO_2 面积为10%～50%时，薄膜的电阻率、电阻温度系数变化比较平缓；当面积比小于10%或大于50%时，电阻率和电阻温度系数变化剧烈；面积比为16%时，薄膜的电阻温度系数趋于零，电阻率为220$\mu\Omega\cdot$cm左右。

溅射功率增大时，薄膜中 SiO_2 含量增加，成膜速度也会加快，随着溅射功率增加，Ti-SiO_2 薄膜的电阻率有增大的趋势。但在 SiO_2 靶面积近于16%时，薄膜的电阻率几乎没有变化。溅射气压也影响Ti-SiO_2 薄膜的电阻率。随氩气压力增大，薄膜电阻率减小，其减小的程度与 SiO_2 所占面积有关。SiO_2 面积越大，氩气压力对电阻率的影响越大。

Ti-SiO_2 薄膜的电阻率随厚度增加，电阻率减小，当膜的厚度小于100nm时，电阻率增大较快。此时的厚度称临界厚度。SiO_2 占的面积比增大时，薄膜厚度对电阻率的影响减小。SiO_2 占的面积比为50%时，临界厚度为70nm。

该薄膜放在300℃大气热处理9h后，阻值变化就很小了。

Ti-SiO_2 薄膜电阻温度系数与电阻率间的关系：随着电阻率增大，电阻温度系数从正值变到负值。当电阻率比较低时，该膜的导电可以视为Ti金属的连续膜导电，所以电阻温度系数成正值。随着 SiO_2 含量增大，Ti成桥状或毛细管状导电，而且不断变细，所以电阻率增大，电阻温度系数变小。继续增大 SiO_2 含量时，Ti成岛状结构，导电不易，岛之间靠隧道效应或穿越势垒导电，所以电阻率增大，而电阻温度系数变负。当 SiO_2 面积为8.3%～16%时，薄膜为毛细管结构和岛状结构的混合形式，所以电阻温度系数接近于零。

Ti-SiO_2 薄膜的高温(125℃)1000h满负荷试验稳定性，其相对阻值变化小于0.2%。SiO_2 面积为16%时，控制溅射参数，可得到 $\rho=(220\pm10)\mu\Omega\cdot$cm，TCR接近于零的高稳定性电阻薄膜。如果在溅射中通入氮气进行反应溅射，可提高Ti-SiO_2 薄膜的电阻率。

复习思考题

1. 电导率与百分电导率的定义是什么？它们之间有何区别？
2. 列出几种常用的金属导体材料，并写出其电导率与百分电导率。

3. 在标准软铜中掺杂其他金属,对电导率有何影响?为什么?

4. 举例说明电极及电刷材料在电子元件中的应用。

5. 厚膜导电材料有何主要特征?影响其性能的因素有哪些?钯-银导体有哪些特点?

6. 导电胶由哪几部分组成?什么叫各向异性导电胶?

7. 对薄膜导体有哪些要求?列出几种常用的薄膜导体材料。

8. 衡量电阻材料电性能的主要参数有哪些?是怎样定义的?

9. 电阻材料的电阻与哪些因素有关?在实际应用中为什么常将电阻材料做成箔、薄膜、厚膜和线状,而在成分上常用合金、合成物和氧化物?

10. 厚膜电阻材料主要由哪些部分组成?有哪些常用的厚膜电阻材料?

11. 常用线绕电阻材料有哪些?各有何特点?

12. 镍铬合金系电阻薄膜、钽基电阻薄膜和金属-陶瓷电阻薄膜各有什么特点?

参考文献

[1] 曲喜新. 电子元件与材料[M]. 北京:国防工业出版社,1989.

[2] 曲喜新.电子元件材料手册[M]. 北京:电子工业出版社,1989.

[3] 李言荣,恽正中.电子材料导论[M].北京:清华大学出版社,2001.

[4] 胡忠谞,等.薄厚膜混合集成电路[M].北京:国防工业出版社,1984.

[5] 陈仲,等.中国电气工程大典[S].3卷.电气工程材料及器件.北京:中国电力出版社,2009.

[6] 曲喜新,杨邦朝,姜节俭,等. 电子薄膜材料[M]. 北京:科学出版社,1996:97-125.

[7] 黄书万.表面组装技术及片式元器件[M].成都:电子科技大学出版社,1997.

[8] 姜节俭,黄书万.电阻器[M].成都:电子科技大学出版社,1990.

[9] 杨帮朝,王文生. 薄膜物理技术[M].成都:电子科技大学出版社,1994.

[10] 周继承,田莉.镍铬合金薄膜的研究进展[J]. 材料导报,2005,19(7):5-7.

[11] 周继承,晏建武,田莉.热处理对离子束溅射 Ni-Cr 薄膜性能和结构的影响[J].中南大学学报,2006,37(5):837-840.

[12] 成立顺,孙本双,钟景明.ITO透明导电薄膜的研究进展[J]. 稀有金属快报,2008,27(3):10-16.

[13] 李言荣,等.纳米电子材料与器件[M].北京:电子工业出版社,2005.

[14] 彭银桥,甘元驹.热处理工艺对合金薄膜电阻及其稳定性的影响[J].传感器技术,2005,24(7):27-31.

[15] 李著,肖爱武.国内厚膜电子浆料的发展与应用[J].电子元件与材料,1999,18(1):25-28.

[16] 陆广广,宣天鹏.电子浆料的研究进展与发展趋势[J].金属功能材料,2008,15(1):48-51.

[17] 段国晨,齐暑华,吴新明,等.微电子封装用导电胶的研究进展[J].中国胶粘剂,2010,19(2):54-60.

第7章

超导材料

一种材料在一定的温度下，电子可以无阻地流动，从而电阻变为零的现象称为超导。实验证明，电流在一个由超导材料做成的闭合线圈中流动，要超过十万年才能观察到其衰减。不能仅仅把超导体看成是一个电阻等于零的"理想导体"，超导体还有另外一个性质：处于超导态的超导体置于磁铁上，会自己悬浮起来，这表示磁力线会全部排斥出去，也就是说超导体是一个近似理想的抗磁体。这两个特点是超导体最基本的性质。

本章简要介绍了超导现象的基本性质、主要参数，低温超导材料和高温超导材料的特点与应用，超导材料的进展。

7.1 超导的发现历程

1. 超导电性的发现

凡金属都能导电，也都有电阻，这是人们一直所熟知的。1911年 Leiden 大学教授昂内斯(K. H. Onnes)在用液氦冷却水银并测量其电阻时意外地发现，当水银的温度降到和液氦温度接近时，电阻突然降到仪器无法测量的程度(降低幅度达 10^4 倍以上)，如图 7.1.1 所示。昂内斯将这一现象称为"superconductivity"(超导电性)，以区别于材料正常的导电性能。具有超导电性的材料称超导体，电阻突然消失的温度为超导体的超导临界转变温度，用 T_c 表示。温度在 T_c 以上，超导体和一般导体一样有电阻，为正常态。超导电性的发现，为人类对物质世界的认识打开了新的大门。因液化氦的成功和对物质在低温下性质的研究所作出的贡献，昂内斯获得了1913年诺贝尔物理学奖。

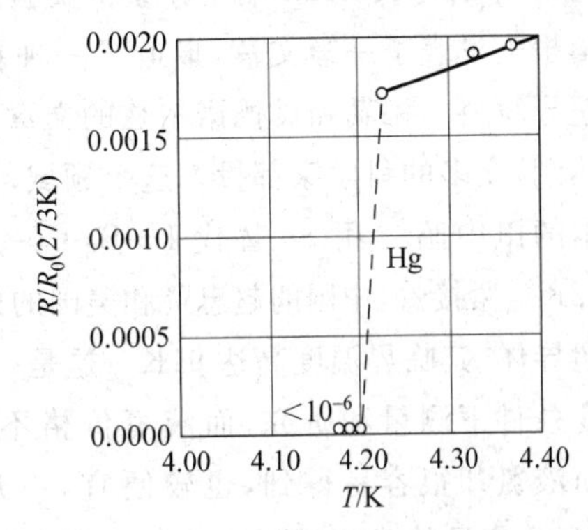

图 7.1.1 水银的电阻随温度改变

后来的几十年里，人们发现，不仅仅是汞在低温条件下会失去电阻，呈现超导电性，很多金属和合金在低温条件下也呈现超导电性。现已发现有28种元素和几千种合金和化合物可以成为超导体。

2. 低温超导体

昂内斯发现汞具有超导电性以后，人们纷纷跟随研究，发现很多金属和合金都具有超导电性。在1986年前的75年中，发现的超导材料均是纯金属和一些金属间化合物，如Nb、NbN、Nb_3Sn和V_3Si等。

1973年发现的铌三锗(Nb_3Ge)，将临界温度提高至23.2K。此后虽然陆续发现许多新的超导体，但是临界温度却无法再提高，Nb_3Ge的最高临界温度记录保持了13年之久，直到1986年才被打破。

目前将T_c<30K的超导材料称为低温超导材料。由于低温超导体的临界温度都比较低，这些超导材料需要工作在液氦环境。发现临界温度较高的新超导体和提高超导体临界温度的方法成为超导领域研究的热点；直到1986年以前，除了加压力会使超导体的临界温度有些提高之外，没有什么别的方法可以使其提高。

超导电性发现以后，人们马上就想到它的应用，最直接的想法就是将其用于输电。如果可以用超导体做导线，电力输送过程就没有能量损失，经济利益将十分巨大。但是，由于低温超导材料的临界温度很低，需要工作在液氦环境，用来输电是得不偿失的。超导材料的第二个应用是用作超导磁体。磁体都要做成线圈，如果是普通导体，强电流下线圈中的导线会发热，得到强磁场十分困难。如果用超导体，则由于超导体没有电阻，不发热，而且磁场强度和电流强度是成正比的，超导体中的电流强度远远大于普通导体，所以磁场就可以很高。目前在医院中使用的核磁共振仪中的磁场，就是用超导线圈产生的。虽然Nb_3Ge的临界温度比较高，但是它不易加工，目前普遍使用的超导线是铌钛合金，它的超导态转变温度约为9.4K(−263.6℃)。

3. 高温超导体的发现

具有高临界转变温度(T_c)，能在液氮温度条件下工作的超导材料，称为高温超导材料。1986年的冬天，IBM瑞士苏黎世实验室的两个科学家——穆勒和贝德诺尔兹在德国的物理学报上发表了一篇文章，报道了一种在35K呈现超导电性的化合物——La-Ba-Cu-O高温超导材料。穆勒和贝德诺尔兹的文章一发表，便在全世界引起轰动，掀起研究高温超导体的热潮，众多的科学家都投入这个领域。在1987年初，超导的临界温度便一再被刷新，先是日本的田中昭二用Sr替代La-Ba-Cu-O中的Ba，制成La-Sr-Cu-O超导体，其临界温度达42K。紧接着，中国的赵忠贤和美国的朱经武用Y替代La-Ba-Cu-O中的La，得到Y-Ba-Cu-O超导体，其临界温度高达91K。这是一个巨大的进步，无论是35K还是42K，都要在液氦温度条件下测量和研究，而液氦价格不菲，且液氦热容量很小，耗费很快，研究成本极高。而液氮却很容易得到，也较便宜，一升液氮的价格和一升啤酒相当。这也就是在Y-Ba-Cu-O超导体发现以后在全球引起热潮的重要原因之一。由于高温超导体如此快速的发展，穆勒和贝德诺尔兹在文章发表后不到一年的时间，便获得1987年诺贝尔物理学奖。这是至今直接涉及超导研究领域的第四项诺贝尔物理学奖；这也是自诺贝尔奖授奖以来，发表成果到获奖最快的一次。如此之快获奖，是因为他们的发现在短短数月之内被世界同行验证和认可，这充分反映了世界范围内对提高超导临界温度的渴望和对获得高温超导体的惊喜。

在穆勒和贝德诺尔兹的发现以后的几年中，新的高温超导体不断地被发现，临界温度的记录一再被刷新：$YBa_2Cu_3O_{7-\delta}$（T_c>=91K）；Bi 系（Bi-Sr-Ca-Cu-O）超导体（T_c>100K）；Tl 系（Tl-Ba-Ca-Cu-O）超导体（T_c>125K）。T_c 的最高记录为有3个铜氧层面的 $HgBa_2Ca_2Cu_3O_{8+\delta}$，在常压条件下可达到133K，在31GPa条件下 T_c 可达到164K。

从此以后，临界温度的记录就保持在133K，至今还没有被打破。这些高温超导体的特征都是在Cu-O面之间填入不同的金属氧化物层，调节它们之间的相互作用而得到高温超导电性。超导材料的发现历程如图7.1.2所示。

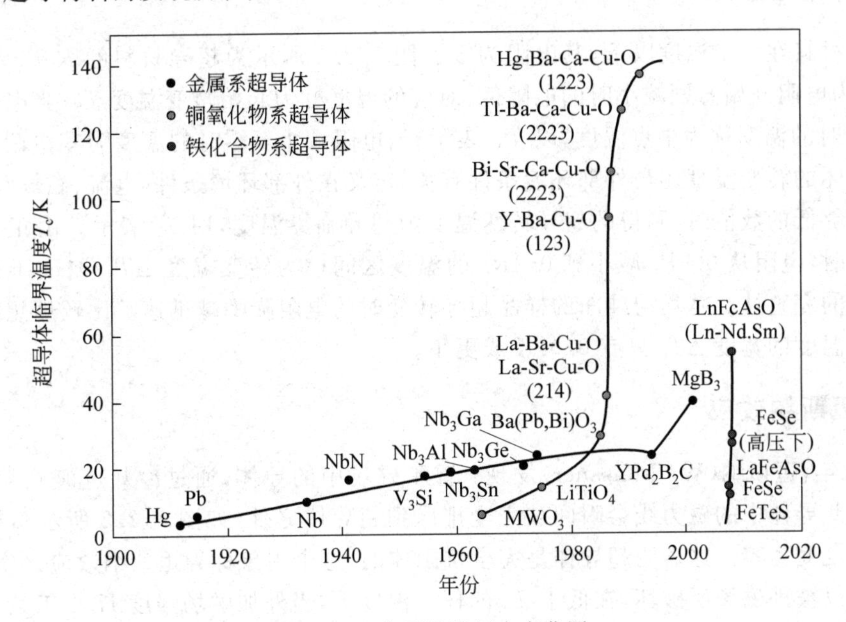

图7.1.2 临界温度历史变化图

尽管对高温超导体超导电子的形成机理问题还没有最终解决，但高温超导体的发现使超导应用在液氮温区得以实现，创造了前所未有的前景。现在，常规超导体实际应用的研究大多以高温超导体开展起来，实用性更强。高温超导体在液氮温区的磁悬浮已达到相当大的规模，在约5cm的悬浮高度，悬浮质量达100kg以上，显示了它的实用性（日本）。用高温超导体材料研制的650kW超导变压器已并入电网（瑞士）。微波通信方面，高温超导高灵敏性元件和接收机前端已在卫星上和地面站使用（美国、我国也正在试用）。与此同时，高温超导体和其他相关氧化物材料的结合，又开辟了一个全新的基础研究和应用研究的领域。

自从1993年以来，虽然临界温度的记录没有被打破，但是人们还在孜孜不倦地探索新的超导体。在高温超导铜氧化物发现之后，科学界也发现了一系列其他类型的"高温"超导体——其中一种是镁和硼的简单化合物，另一种则是铁和砷的化合物。虽然这些材料都未能在高于液氮温度的情况下实现超导，但它们可能会对高温超导的机理提供一些新线索，最终成为可供应用的更佳材料。考虑到不同元素间可以组合出成千上万种化合物，因此更好的超导材料很可能就在不远处。

7.2 超导材料的基本性质和应用

7.2.1 超导材料的主要特性

1. 零电阻效应

超导材料在一定温度以下，其电阻为零。图 7.2.1 所示为超导材料的 R-T 特性曲线，图中 R_n 为电阻开始急剧减小时的电阻值，对应的温度称为起始转变温度 T_S；当电阻值减小到 $0.5R_n$ 时的温度称为中点温度，以 T_M 表示；当电阻减小至零时的温度为零电阻温度 T_0。由于超导体的转变温度还与外部环境条件有关，定义在外部环境条件（电流、磁场和应力等）维持在足够低的数值时，测得的超导转变温度为超导临界温度，用 T_c 表示。由正常态向超导态过渡时，电阻从 $0.9R_n$ 减小到 $0.1R_n$ 的温度区间称为转变宽度 ΔT_c，取决于材料的纯度和晶格的完整性。越均匀纯净的样品超导转变时的电阻陡降越迅速。比较理想的超导样品的转变温度的宽度 ΔT_c 只有 0.01K 或更小。

2. 迈斯纳效应

1933 年，迈斯纳（W. Meissner）发现：置于磁场中的导体，通过冷却过渡到超导态时，原来进入此导体中的磁力线会瞬间被完全排斥到超导体之外（如图 7.2.2 所示），超导体内磁感应强度变为零。这表明超导体是完全抗磁体的，这个现象称为迈斯纳效应。实验表明，超导态可以被外磁场所破坏，在低于 T_c 的任一温度下，当外加磁场强度 H 小于某一临界值 H_c 时，超导态可以保持；当 H 大于 H_c 时，超导态会被突然破坏而转变成正常态。临界磁场强度 H_c 的大小与材料的组成和环境温度等有关。超导材料的性能由临界温度 T_c 和临界磁场 H_c 两个参数决定，高于临界值时是一般导体，低于此数值时成为超导体。

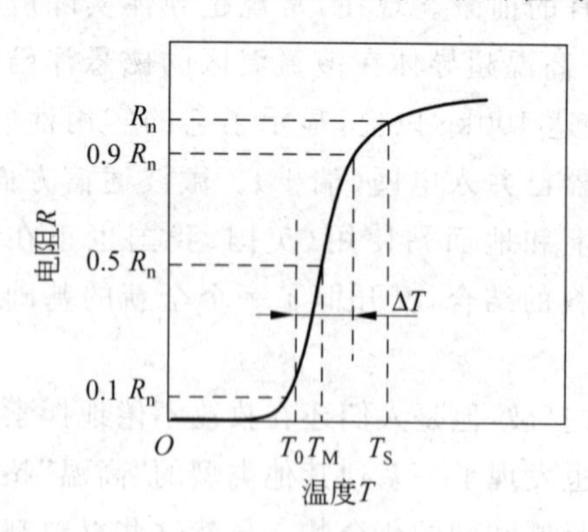

图 7.2.1 超导材料的 R-T 关系曲线

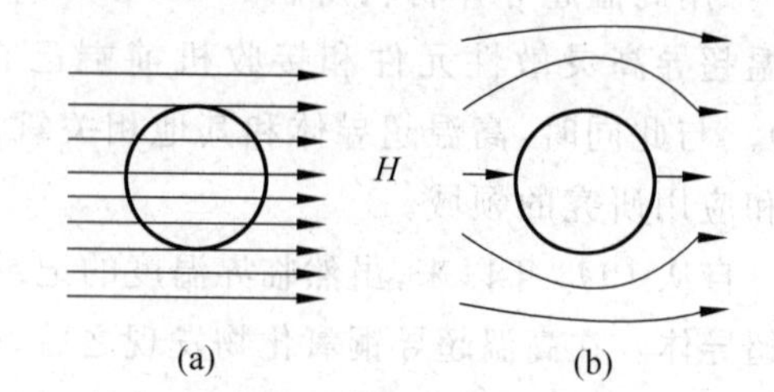

图 7.2.2 迈斯纳效应示意图

(a) 正常态（$T>T_c$）；(b) 超导态（$T<T_c$）

迈斯纳效应可以用磁悬浮实验来演示。当细绳系着的永久磁铁落向超导盘时，磁铁将会被悬浮在一定的高度上而不触及超导盘。其原因是，磁力线无法穿过具有完全抗磁性的超导体，因而使磁场发生畸变而产生向上的浮力。这一浮力可等效地看成是由镜像磁铁产生的,磁铁就平衡在浮力大小等于磁铁重量的位置上。图 7.2.3 为磁镜效应的示意图。

3. 穿透深度

当一超导样品处于一外加磁场中时,既然抵消内部磁通量的屏蔽电流只能在表面层内流动,因此,在样品的边界上,磁通密度就不会突然下降为零,而是在屏蔽电流流动的区域内,逐渐减小为零,这屏蔽电流流动的表面层厚度称为穿透深度,因为它也是外加磁场的磁通能穿入的深度。穿透深度通常用 λ 表示。

考虑一半无限平板的边界,如图 7.2.4 所示。如果在进入样品的一段距离 x 上,磁通密度下降到 $B(x)$ 值,那么我们就可以用下式来确定穿透深度 λ 的大小:

$$\int_0^\infty B(x)\mathrm{d}x = \lambda B(0) \tag{7.2.1}$$

式中,$B(0)$ 为样品表面的磁通密度。

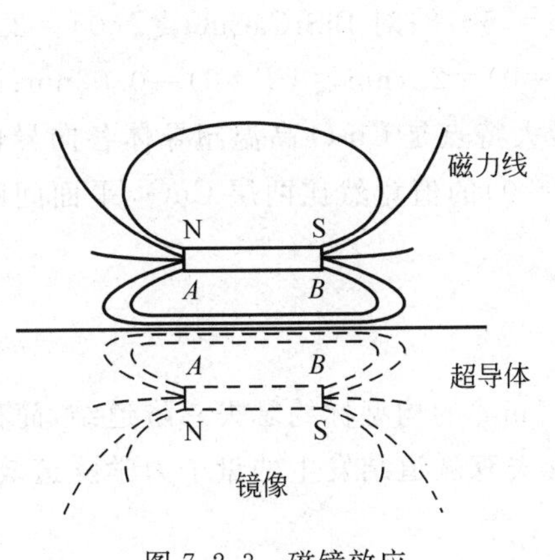

图 7.2.3　磁镜效应

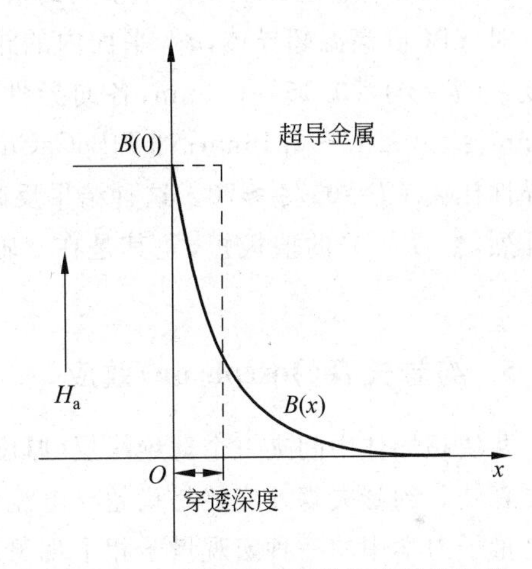

图 7.2.4　磁通量对超导体表面的穿透

在要求不高的简单计算中,取这样的近似值往往已经足够了。这样的近似说明,外加磁场的磁通密度 $B(0)$,在深入到样品内 λ 距离上保持不变,然后突然下降为零。

由于穿透深度很小,所以我们在测量普通大小样品的磁性时,可不去注意磁通量的穿透情况,可以把这样的样品看成是完全抗磁的。然而,如果我们对几何尺寸比穿透深度大得不多的小型样品(例如粉末或薄膜)进行磁性测量时,磁通量的穿透就变得十分重要了。在整个样品内就有一个明显的磁通密度分布,完全抗磁性已不复存在,因而其性质与大块样品有很大的不同,往往需要单独进行研究。

另外,穿透深度不具有恒定的量值,它紧密依赖于温度的变化。超导体的穿透深度还取决于材料的纯度以及外加磁场的影响。

对 YBCO 高温超导体,a-b 平面内的穿透深度 $\lambda_{ab}(T=0)=130\sim180\text{nm}$,$c$ 方向的穿透深度 $\lambda_c(T=0)=500\sim800\text{nm}$,各向异性比 $\lambda_c/\lambda_{ab}=5\sim8$;对 BiSrCaCuO(2212 相),$\lambda_{ab}(T=0)=270\sim300\text{nm}$,$\lambda_c(T=0)\geqslant3700\text{nm}$,各向异性比$\geqslant10$。

4. 相干长度

形成超导态时会发生两个电子配对的现象，配成对的电子在一定距离处才会发生相互作用。这个距离的极限称为“相干长度(ξ)”。配对电子，总是在关注其他电子的运动，只要对方一旦发生变化，它也会随之发生相应变化。

对于纯金属，相干长度约为 1μm 的数量级。人头发丝的直径大约 200μm，可见这个距离是很小的，但从电子这样的微观世界来看，这个距离已经是长得出奇了。而在不纯金属中，电子遇到杂质后发生散射。一个电子在遇到某一杂质后又与另一杂质相碰撞所走过的平均距离称平均自由程。也就是说，杂质越多，电子的平均自由程越小，相互产生干涉的距离因此受到限制。因而，在金属中掺入杂质后，或合金和化合物等物质内，相干长度变得非常短。

相干长度与穿透深度是两个不同的概念，它们的大小对研究超导体的磁性是颇为关键的。对 YBCO 高温超导体，a-b 平面内的相干长度 $\xi_{ab}(T=0)=1.2\sim1.6$nm，c 方向的相干长度 $\xi_c(T=0)=0.15\sim0.3$nm，各向异性比 $\xi_{ab}/\xi_c=5\sim8$；对 BiSrCaCuO，$\xi_{ab}(0)=2.7\sim3.9$nm，$\xi_c=0.045\sim0.16$nm；对 TlBaCaCuO，$\xi_{ab}(T=0)=2.1$nm，$\xi_c(T=0)=0.03$nm；而各向异性比 $\xi_{ab}(T=0)/\xi_c\approx70$。这种结果反映出的最大特点是 Cu-O 高温超导体各向异性非常强烈，$\xi_c(T=0)$的值极短，尤其是在 c 轴上 $\xi(T=0)$的值竟然比两层 CuO_2 平面间距还要小。

5. 约瑟夫森(Josephson)效应

两块超导体中间夹一个薄绝缘层(厚度约为 0.1nm)的构型称约瑟夫森隧道结，简称约瑟夫森结。约瑟夫森效应就是指超导电流流过约瑟夫森隧道结发生的量子力学隧道效应。这是量子力学中的一种宏观量子相干现象。

这种器件具有显著的非线性电阻特性，可制成高灵敏度的磁敏感器件，应用在超导量子干涉器件(SQUID)、超高速计算机等场合。

6. 同位素效应

超导体的临界温度 T_c 与其同位素质量 M 有关。M 越大，T_c 越低，这称为同位素效应。例如，原子量为 199.55 的汞同位素，它的 T_c 是 4.18K；而原子量为 203.4 的汞同位素，T_c 为 4.146K。M 与 T_c 有近似关系：$T_cM^{1/2}=$常数。同位素效应反映出超导现象与原子运动有关。

7.2.2 临界磁场与临界电流

1. 临界磁场

若对一长直圆柱形超导体，先降低温度到临界温度 T_c 以下，然后再加一与圆柱轴线平行的均匀磁场。实验表明，在低于样品 T_c 的任一确定温度下，当外加磁场强度 H 小于某一确定值 H_c 时，超导体处于超导态，具有零电阻性。当 H 大到 H_c 时，电阻突然出现，超导态被破坏，而转变为正常态。我们称 H_c 为超导临界磁场，它是温度的函数，通常记为 $H_c(T)$。图 7.2.5 所示为几种超导体的 H_c-T 曲线。

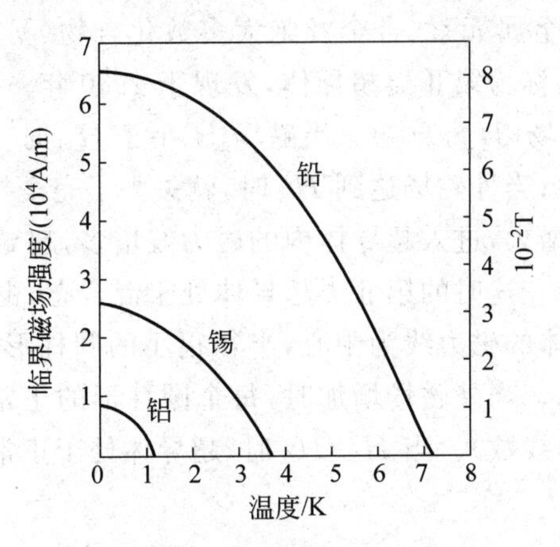

图 7.2.5　几种超导体的临界磁场

临界磁场是标志超导体特性的重要物理量之一。表 7.2.1 所示为部分元素超导体的临界磁场值。

表 7.2.1　部分元素超导体的临界磁场值

元素	$H_c(0)/(10^2$ A/m)	元素	$H_c(0)/(10^2$ A/m)
铝　Al	83.50	镧　La(α)	643633
钛　Ti	4580	La(β)	872
钒　V	8751114	钽　Ta	661
锌　Zn	44	钨　W	0.92
镓　Go	47.2	铼　Re	150168
锆　Zr	37	锇　Os	52
钼　Mo	7278	铱　Ir	15
锝　Tc	1122	铊　Tl	144
钌　Ru	53	汞　Hg(α)	327
镉　Cd	23.6	Hg(β)	270
铟　In	224.03	铅　Pb	639
锡　Sn	243	钍　Th	−126.6

2. 第Ⅰ类超导体和第Ⅱ类超导体

根据迈斯钠效应，一般超导体内部磁场为零；但在一定条件下，磁力线也可以进入超导体内部。这种情况下，超导体内部同时存在超导区域和正常区域。在两区域的交界面上，存在附加的界面能，界面能可以大于零也可以小于零。根据超导体界面能的正负，超导体可以分为第Ⅰ类超导体和第Ⅱ类超导体。大多数纯超导金属元素的界面能为正，称为第Ⅰ类超导体，如铝、锌、镓、镉、锡、铟等，该类超导体的熔点较低、质地较软，亦被称做“软超导体”。其特征是由正常态过渡到超导态时没有中间态，并且具有完全抗磁性。即第Ⅰ类超导体在低于临界磁场 H_c 的磁场 H 时处于超导态，表现出完全抗磁性，超导体内部 $B=\mu_0(H+M)=0$，其中 M 为磁化强度，H 为磁场强度；在高于 H_c 的磁场中则处于正常态，$B/\mu_0=H$，

$-M=0$($-M$表示负磁化强度)。第Ⅰ类超导体由于其临界电流密度和临界磁场较低,因而没有很好的实用价值,主要用于固体物理、超导理论研究。

对于少数几种纯超导金属元素、合金及绝大多数化合物(V、Nb及合金、化合物,高温超导体等),其界面能为负,称为第Ⅱ类超导体,发现于1930年。第Ⅱ类超导体的主要特征是:存在上、下两个临界磁场(H_{c1}、H_{c2})。当磁场H小于H_{c1}时,第Ⅱ类超导体的性能与第Ⅰ类相同,处于完全抗磁性;当外磁场达到H_{c1}时,就失去了完全抗磁性,磁力线开始穿过超导体内部。随着外磁场的增大,进入超导体内的磁力线增多,超导体内部分区域转变为正常态,其他部分仍处于超导态。这时的第Ⅱ类超导体处于混合态,也可以称为涡旋态。混合态中的正常区是以贯穿超导体的磁力线为中心,半径很小的圆柱形区域。正常区周围是联通的超导区,如图7.2.6所示。当外磁场增加时,每个圆柱形的正常区并不扩大,而是增加正常区的数目(即贯穿的磁力线数)。当$H \geqslant H_{c2}$时,超导体处于正常态。

3. 临界电流密度J_c

当电流流过超导体时,通过超导体内的电流密度超过一定值J_c时,超导态会被破坏,这一定值J_c就称为超导体的临界电流密度,它也是超导体的一个重要临界参量。

对于第Ⅰ类超导体,西耳斯比(Silsbee)认为,电流之所以能够破坏超导性,纯粹是因为它所产生的磁场而引起的。如果电流I足够大,使得H超过H_c,那么超导态就会被破坏。临界电流I_c和超导临界磁场H_c满足以下关系:

$$I_c = 2\pi r H_c \tag{7.2.2}$$

上式称西耳斯比定则(Silsbee's rule)。但第Ⅱ类超导体并不遵守西耳斯比定则,在超导体内作用在磁通线上的洛伦兹力超过涡旋线起钉扎作用的力(称为钉扎力),磁通线开始运动,致使样品变成正常态。

4. 临界温度T_c、临界磁场H_c和临界电流密度J_c的关系

实现超导必须具备一定的条件,如温度、磁场、电流都必须足够低。超导态的三大临界条件是:临界温度T_c、临界电流密度J_c和临界磁场H_c,三者密切相关,相互制约。临界温度T_c和临界磁场H_c是材料的本征参数,它们只和材料的电子结构有关。对于非理想第Ⅱ类超导体,临界电流密度J_c还与材料的显微结构有着密切的关系,例如位错、晶粒间界、脱溶相等,也就是说临界电流是组织结构敏感的。第Ⅱ类超导体$YBa_2Cu_3O_{7-\delta}$超导体的临界电流密度J_c、临界温度T_c和临界磁场H_c之间的关系如图7.2.7所示。

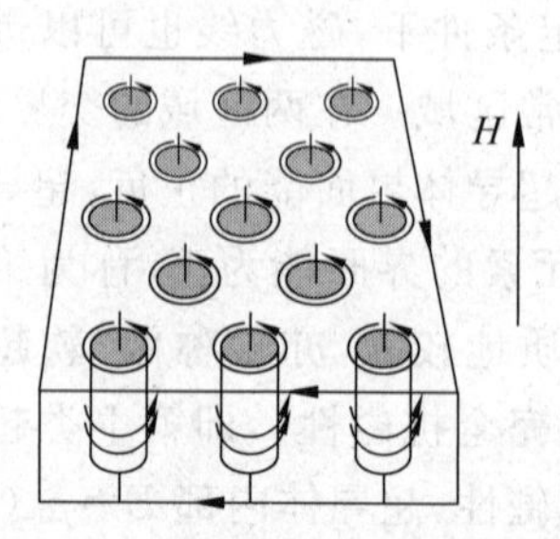

图7.2.6 第Ⅱ类超导体的混合态

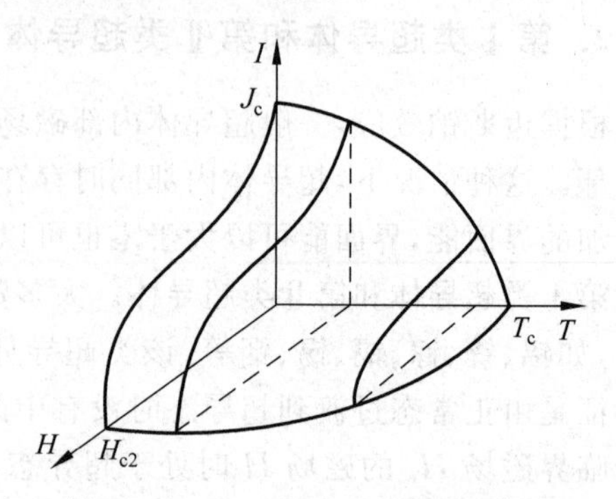

图7.2.7 J_c、H_{c2}和T_c的关系曲线

7.2.3 超导材料的应用

超导技术被认为是21世纪具有经济战略意义的高新技术，具有广阔的市场前景。超导现象应用树如图7.2.8所示。从总体来看，超导材料有强电与弱电两个主要应用领域。

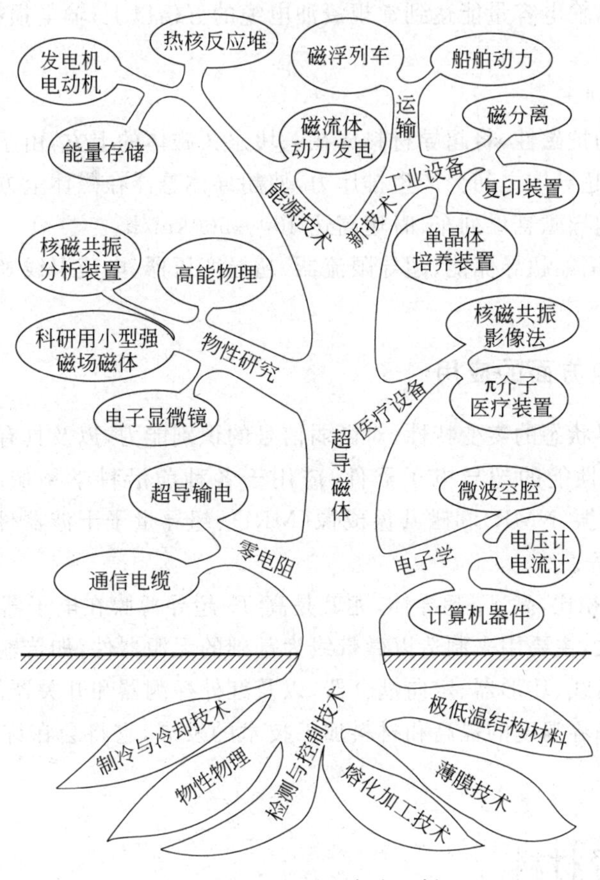

图7.2.8 超导现象应用树

1. 超导在强电方面的应用

强电应用的物理基础在于超导体的零电阻特性（无焦耳热的损耗）和在强磁场中超导材料仍能荷载很高的超导电流密度的能力。

1）超导磁体

由于超导材料在超导状态下具有零电阻和完全的抗磁性，因此只需消耗极少的电能，就可以获得10万Gs以上的稳态强磁场。而用常规导体做磁体，要产生这么大的磁场，需要消耗3.5MW的电能及大量的冷却水，耗资巨大。超导磁体可用于制作交流超导发电机，利用超导线圈磁体可以将发电机的磁场提高到5万～6万Gs而没有能量损失，且单机发电容量比常规发电机提高5～10倍，达1MW，而体积却减少1/2，整机重量减轻1/3，发电效率提高50%。超导磁体还可制作磁流发电机，利用高温导电性气体（等离子体）以极高的速度喷射到磁场中去，利用磁场对带电的流体产生的作用而发电。这种发电机具有结构简单和高温导电性气体可重复利用的优点。

2）超导输电线

超导电缆（线）是低损耗、大容量的输电设施。使用无电阻损耗、高电流密度的低温或高温超导线材取代常规电缆中的铜导线，并用液态氦或液态氮来冷却。超导电缆的优点是：长距离、大容量输电，输电容量能达到常规浸油电缆的五倍以上；输电损耗小，为常规地下电缆的20%以下。

3）超导磁悬浮列车

利用超导材料的抗磁性，将超导材料放在一块永久磁体的上方，由于磁体的磁力线不能穿过超导体，磁体和超导体之间会产生排斥力，使超导体悬浮在磁体上方。利用这种磁悬浮效应可以制作高速超导磁悬浮列车，时速高达400～500km/h。

另外，超导体在诸如超导储能、超导限流器、超导变压器、电流引线等方面都有着很好的应用前景。

2. 超导在弱电方面的应用

利用超导体临界状态的突变特性、对微弱信号的识别能力，以及具有极小的微波表面电阻，可以制成多种高性能的超导电子器件，应用于各种前沿科学领域。如辐射热测量器（bolometer）、核磁共振（NMR）和磁共振成像（MRI）、超导量子干涉器件（SQUID）、约瑟夫森（Josephson）器件等。

与低 T_c 超导体相比，高 T_c 超导体，尤其是高 T_c 超导薄膜在电子器件领域和集成电路方面的应用潜力巨大，主要用来制造以微带线为基础的无源器件，如传输线、微带天线、微带谐振器、滤波器、延迟线、环形器、定向耦合器，以及红外探测器和开关器件等。

随着超导材料临界温度的提高和材料加工技术的发展，它将会在许多高科技领域获得重要应用。

7.3 低温超导材料

1. 低温超导及主要材料

迄今人们已发现有28种元素（图7.3.1）、近5000种合金和化合物具有超导电性。常压下，Nb的超导临界温度 $T_c=9.3K$ 是各元素中最高的。有的元素只有在高压下（如Cs、Ba、Bi、Y、Si、Ge等）或淀积在低温衬底上（如Bi）才会呈现超导电性。在这些合金和化合物中，临界温度最高的是 Nb_3Ge，$T_c=23.2K$。直到1973年超导的 T_c 最高值约以每年0.3K的平均速率升高。图7.3.1所示为超导元素在周期表中的位置、结构、临界温度和临界磁场。

低温超导材料的探索经历了一个从简单到复杂，由一元、二元、三元至多元系的过程。1911—1932年主要研究元素超导体，除Hg外，相继又发现了Pb、Sn、In、Ta、Nb和Ti等。1932—1953年，发现合金（超导合金材料具有塑性好、易于大量生产、成本低等优点，所以它是绕制大型磁体的最合适材料，如Nb-Zr、Nb-Ti、Nb-40Zr-10Ti、Nb-Ti-Ta等）以及NbC结构的过渡金属碳化物和氮化物(20 世纪 70 年代发展的 NbN-NbC、NbN-TiC 块材和薄膜等,其 $T_c \sim 18K$,$H_c \approx 15T$),T_c 得到进一步提高。随后在 1953—1973 年间,发现了一系列 A15 型(β-钨结构,这种结构中原子间距比一般晶体中小,态密度高)超导体和三元系超导体,如发现 $T_c > 17K$ 的 V_3Si、Nb_3Si、Nb_3Al 等。由于 β-钨结构金属间化合物的超导临界值均较高,广泛应用在超导磁体制作中,但这些化合物与合金相比都非常脆、加工困难、无法直接绕成磁体,必须采用特殊的制备方法。1964 年发现第一个氧化物 $SrTiO_3$ 超导体(T_c=0.4K),随后又发现钙钛矿型的 $BaPb_{1-x}Bi_xO_3$ 的 T_c 为 13K,以及 $Li_{1+x}Ti_{2-x}O_4$ 的 T_c 为 13.7K 等。在 70 年代初,Nb_3Ga、$Nb_3(Al_{0.75}Ga_{0.25})$,以及 Nb_3Ge 等超导体的发现,使 T_c 的记录升到了 23.2K(见图 7.3.1)。1980 年发现有机化合物 $(TMTsF)_2PF_6$ 在高压下出现 0.9K 的超导性,1987 年发现的有机 $(BEDT\text{-}TTF)_2Cu(SCN)_2$ 化合物的 T_c 为 7.8K。

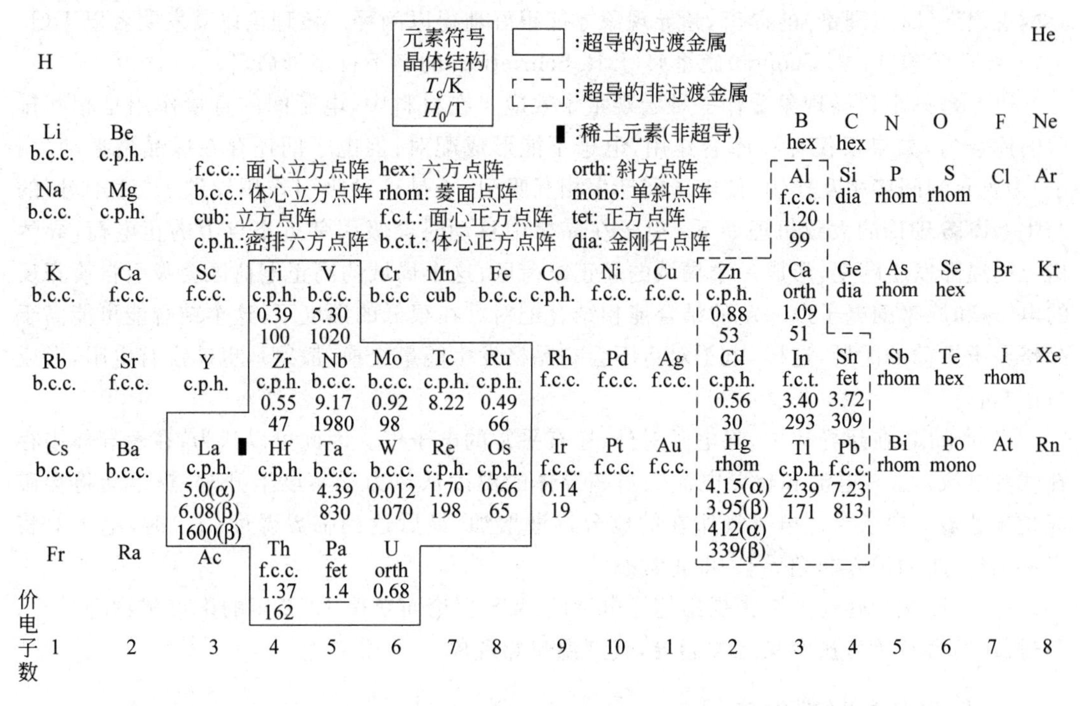

图 7.3.1　周期表中超导元素的位置及结构,临界温度、临界磁场

值得指出的是,在上述 T_c 提高的整个过程中,制备技术的不断进步起了极大作用:例如从制备热力学稳定相材料发展到可以获得在非平衡条件下形成的亚稳相材料;此外,材料的组成也从盲目的"炒菜"式逐步向材料设计过渡。

基于这些元素、合金和化合物的 T_c 值与组成、晶体结构、点阵常数、原子半径、熔点、德拜温度、弹性系数、价电子数目、载流子浓度以及电子比热等大量实验数据,人们总结出了众多的经验规律。如所谓的 Matthias 法则,认为原子平均电子数为 4.7 和 6.5 的 T_c 值最高,见图 7.3.2。据此法则,先后发现了 $NbC_{0.3}N_{0.7}$(17.8K)、Nb_3Sn(18.05K)、$Nb_3(Al_{0.8}Ge_{0.2})$(20K)以及 Nb_3Ge(23.2K)等一大批新超导材料,成为后来发展超导电技术和实际应用的基础。

2. BCS 理论

自超导现象发现以来,科学界一直在寻找能解释这一奇异现象的理论,直到 1957 年超

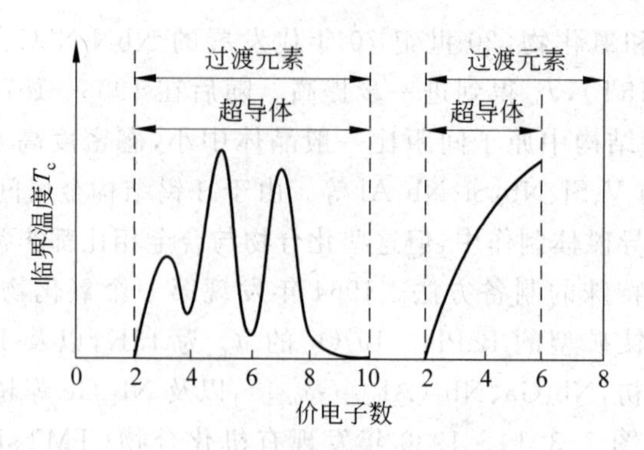

图 7.3.2 超导转变温度和价电子数的关系

导微观理论(BCS 理论)的提出,超导现象才能很好地得以阐释。该理论以其发明者巴丁(J. Bardeen)、库珀(L. V. Cooper)施里弗(J. R. Schrieffer)的名字首字母命名。

BCS 理论把超导现象看作一种宏观量子效应。在材料中,电子间的直接作用是相互排斥的库仑力,如果仅仅存在库仑作用,电子不能形成配对;但电子间还存在以晶格振动(声子)为媒介的间接相互作用,使电子间产生相互吸引,正是这种吸引作用导致了"库珀对"的产生。BCS 理论的大致机理如下:电子在晶格中移动时会吸引邻近格点上的正电荷,导致格点的局部发生畸变,形成一个局域的高正电荷区;这个局域的高正电荷区会吸引自旋相反的电子,和原来的电子以一定的结合能相结合配对。在很低的温度下,这个结合能可能高于晶格原子振动的能量,这样,电子对将不会和晶格发生能量交换(散射),也就没有电阻,形成所谓"超导"。

必须指出,在超导体中,除电子对外,还有平常的电子气。因此可以认为,在超导体中存在两种电流:正常电流和超导电流。当超导体的温度从热力学零度上升时,热运动将会破坏越来越多的电子对。电子气所在的成分逐渐增加,最后达到临界温度(T_c)时,电子对将全部消失,从而进入非超导态,即正常态。

巴丁、库珀和施里弗因为提出超导电性的 BCS 理论而获得 1972 年的诺贝尔物理学奖。不过,BCS 理论无法解释第二类超导,或高温超导现象。

3. 低温超导材料的应用

低温超导材料已得到广泛应用,主要是在强磁场、大电流(如能源、同步加速器、交通系统、船舶动力、发电、输电缆、电力存储等)和弱电弱磁的约瑟夫森效应器件。目前商品化的低温超导线材主要有 NbTi、Nb_3Sn 等,主要用于核磁共振成像仪、加速器磁体等方面,全世界的市场有数十亿美元。

在强电磁场中,NbTi 超导材料用作高能物理的加速器、探测器、等离子体磁约束、超导储能、超导电机及医用磁共振人体成像仪等。由 Nb_3Sn 和 Sn_3V 线圈组成的超导磁体达到 18.1T。超导磁体与普通磁体相比,其主要的优点是,耗电能可小至原来的 1/10~1/100;与普通铜线相比,超导线能通过数量级增加的电流密度,因此超导磁体的体积特别小,而且可产生高能物理、核反应所需的强磁场。如托卡马克装置中封闭等离子体,可控热核聚变时能释放出大量的能量,为了使核聚变反应持续不断,必须在 10^8℃下将等离子约束起来,这就需要一个强大的磁场,而超导磁体能提供约束等离子所需要的磁场。人类只有掌握了超导技术，才有可能把可控热核聚变变为现实，为人类提供巨大的能源。用 Nb 及 NbN 薄膜制成的超导 SQUID 量子器件，能探测出生物细胞、脑磁图、地质矿藏等低至 10^{-8}Gs 的弱磁变化，并可提高现有计算机运行速度 10 倍以上。

7.4　高温超导材料

高温超导材料指的是液氮温区具有超导特性的材料，目前主要包括：钇系（92K）、铋系（110K）、铊系（125K）和汞系（135K）等。高温超导材料是以铜氧化物为组分的、有钙钛矿层状结构的复杂物质，在正常态它们都是不良导体。同低温超导体相比，高温超导材料具有明显的各向异性，在垂直和平行于铜氧结构层方向上的物理性质差别很大。高温超导体属于非理想的第Ⅱ类超导体，且具有比低温超导体更高的临界磁场和临界电流。自 1987 年发现液氮温区超导体以来，高温超导取得了巨大的进展，受到极大的关注和重视。这些超导体的临界温度 T_c 高于 77K，大大简化了超导电子器件的使用条件，从而扩大它们的使用范围。近 5 年来的研究工作主要围绕实用化和新材料体系展开，具体来说分为三个方面：①材料的应用基础研究，主要是超导块材、线材、带材、薄膜材料的制备，器件研究及应用，包括超导滤波器、超导量子干涉器、约瑟夫森结等；②新的高温超导体系的探索；③对高温超导现象的解释和机理研究。

1. 氧化物高温超导材料的晶体结构

几乎目前所知的铜氧化物高温超导体均是由钙钛矿结构派生出来的，称之为有缺陷的钙钛矿型化合物，它们或多或少继承了 ABO_3 型钙钛矿结构的基本特点。

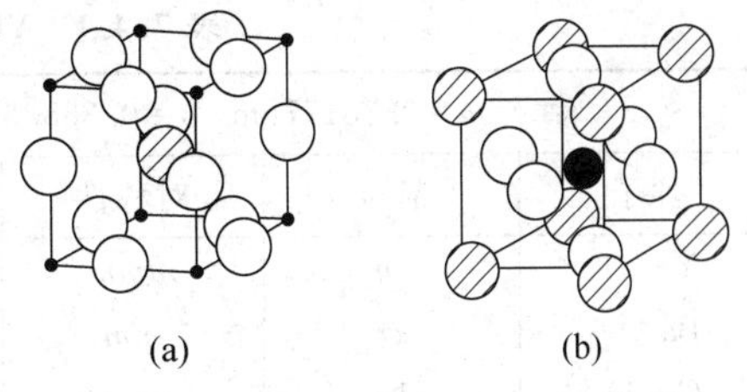

图 7.4.1　钙钛矿结构示意图

○O 离子；• B 离子；⊘A 离子

图 7.4.1 是 ABO_3 型钙钛矿结构示意图，A 代表具有较大离子半径的阳离子，B 代表半径较小的过渡金属阳离子，A 离子和 B 离子的价态之和为 +6。有两种等价表示法，如图 7.4.1(a)、(b)所示。图(a)中 A 离子在中心，B 离子在顶角，氧离子在面心；图(b)中 B 离子在中心，A 离子在顶角，氧离子在面心，可看作(a)中晶胞移动($a/2+b/2+c/2$)(a,b,c 均为晶格常数)所得。

铜酸盐超导体的晶体结构都属于相同结构体系$(ACuO_{3-\delta})_m(A'O)_n$，即是由缺氧层状钙钛矿$[CuO_2]_\infty$和岩盐型层状$[A'O]_\infty$交错而成的共生结构（即交生现象），其中 A′为 A 阳离子的镜像原子。以典型的 $YBa_2Cu_3O_{7-\delta}$为例，其结构如图 7.4.2 所示，是一种缺氧钙钛矿结构的铜氧化物超导材料。表 7.4.1 所示为 $YBa_2Cu_3O_{6.91}$ 的晶体结构数据。$YBa_2Cu_3O_{7-\delta}$ 单胞由三个 ABO_3 单元叠加而成，其中半径较大的 Y、Ba 离子位于 ABO_3 单元的 A 位，半径较小的 Cu 离子占据 B 位。从图 7.4.2 中可以看出，在 $YBa_2Cu_3O_{7-\delta}$晶胞中，有两种不同位置的 Cu 原子——Cu(1)和 Cu(2)，及四种不同位置的 O 原子——O(1)～O(4)。由 Cu(2)和 O(2)、O(3)组成二维 Cu—O 面，而 Cu(1)和位于 b 轴上的 O(1)构成一维 Cu—O 链。其中 O(1)的占位率在 0～1,对应于 $YBa_2Cu_3O_6$($a=b=0.3857$nm,$c=1.1819$nm,四方相)和 $YBa_2Cu_3O_7$($a=0.3821$nm,$b=0.3885$nm,$c=1.1676$nm,正交相)。当 O(1)的占位率下降到 0.5 以下时,O(1)在 a、b 方向的占位率趋于一致,YBCO 就从正交相逐渐转变成四方相,c 轴晶格常数增大;同时,由于氧含量的降低,使超导体中载流子浓度下降,其超导温度逐渐降低直至失去超导性。为了得到性质良好的 YBCO 薄膜,薄膜必须进行热处理,以充分吸氧相变,形成所需要的正交相。

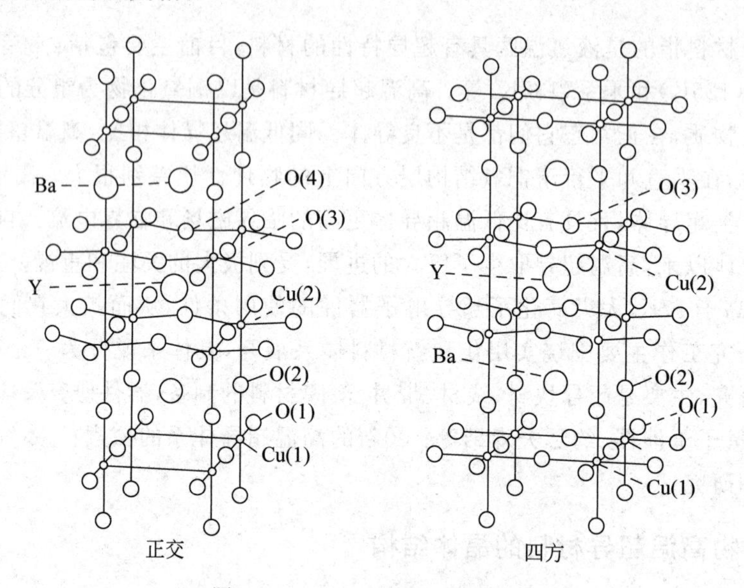

图 7.4.2 $YBa_2Cu_3O_{7-\delta}$的结构

表 7.4.1 $YBa_2Cu_3O_{6.91}$的晶体结构数据

$a=0.38177$nm, $b=0.38836$nm, $c=1.16872$nm, $Z=1$, 空间群 $Pmmm$						
原子	晶位	对称性	x	y	z	占有率
Y	1h	mmm	1/2	1/2	1/2	1.00
Ba	2t	mm	1/2	1/2	0.184	1.00
Cu(1)	1a	mm	0	0	0	1.00
Cu(2)	2q	mm	0	0	0.355	1.00
O(1)	1e	mm	0	1/2	0	0.91
O(2)	2q	mm	0	0	0.159	1.00
O(3)	2r	mm	0	1/2	0.378	1.00
O(4)	2s	mm	1/2	0	0.378	1.00

对于高温超导的机理,总的来看还没有一个成熟的、大家公认的理论。按 Anderson 的说法:目前超导理论学家们唯一达成的共识就是没有共识。机理方面的困难主要是源于氧化物超导体的复杂性,有很多基础方面的问题都还未能解决好,比如缺陷类型、调制波矢的出现和消失、磁通钉扎的机理等。考虑到复杂性、涉及的内容和概念比较深,由于本书的性质,在此不作进一步讨论。

2. 氧化物高温超导薄膜材料的发展

现代电子器件是以薄膜为基础的,特别是继承的电子器件更是如此。自从高温超导体发现以来,人们对高温超导薄膜的制备和研究给予了极大的重视。在各种高温超导薄膜体系中,Hg-Ba-Ca-Cu-O的临界转变温度(T_c)最高(135K),但它的合成需要高的汞蒸气压,制备时必须在密封的石英管中进行,难以实现薄膜大面积化,样品尺寸仅限于1in以内。Bi-Sr-Ca-Cu-O也具有较高的临界转变温度(110K),但其结构复杂,常常三相共存,难以制备单一结构的薄膜。$Tl_2Ba_2CaCu_2O_8$(T1-2212)的临界转变温度达到110K,但Tl元素沸点低、易挥发,成分控制难度大,且有剧毒。以$YBa_2Cu_3O_{7-\delta}$(YBCO)为代表的Y系高温超导材料,具有液氮温区不可逆场高(达到7T)、电流密度高、微波表面电阻低、交流损耗低等的一些优异特性,其相组成相对简单,具有良好的应用前景。

弱电应用的YBCO高温超导薄膜在氧化物单晶基片上的制备很快就取得了成功。由于单晶衬底晶格的诱导作用,在适当条件下,YBCO可以形成面内、面外排列整齐的、c轴取向生长的双轴织构的薄膜,使得晶粒间的Cu—O面排列整齐而获得高质量的外延YBCO薄膜,其临界温度可过90K以上,零磁场下77K时,临界电流密度J_c可达到$8MA/cm^2$。可以用多种薄膜沉积手段来得到实用化的YBCO薄膜,它们都能够满足超导微波器件和超导量子干涉器件的应用要求。

而作为强电应用的超导带材,必须具有柔性的、能够卷绕的材料形式。第一代超导带材为铋系(BSCCO)材料。铋系超导带材采用氧化物粉末装管法(oxide-power-in-tube, OPIT)制备,即将前驱粉填充到银套管内,拉拔至一定尺寸后,截成多股芯线(19、37、55、85芯等),再次装入银套管内拉拔,然后轧制成宽3~5mm、厚0.20~0.30mm的带材,最后进行多次反复的形变热处理,使晶粒沿$a-b$面择优取向,形成所谓的形变织构,最终得到成品带材。目前铋系带材已达商业化的水平,能制作出长度为千米级的铋系多芯超导带线材。然而,铋系高温带材存在着非常显著的缺点:第一,由于其过大的各相异性,使得其不可逆场(77K)很小,只有约0.2T;第二,在不很大的磁场下,其I_c就会明显下降,在强磁场下难以得到高的临界电流密度;第三,由于大量使用了银,很难降低工业成本。

因此开展综合性能更优的Y系超导带材很有必要。为了与第一代铋系超导带材相区别,人们把YBCO超导带材料(线)称做第二类或第二代(second generation)高温超导带材;根据其制备工艺,又称高温超导涂层导体(coated conductors)。Y系超导材料晶粒流动变形性差,难以通过粉末装管工艺获得高性能的长带超导材料,只能将材料制作在柔性多晶金属基带上。由于Y系超导材料中晶粒间的弱连接影响较大,在传输电流的二维平面上,所有晶粒的Cu—O面必须有很好的连接,晶界角大于5°后,薄膜电流承载能力会大幅下降。这就要求超导层中的晶粒在整条带材上都排列非常整齐,而且还需要考虑高温下金属基带的抗氧化、原子扩散等因素,所以将Y系高温超导材料制备成具有高性能的长带材的要求是非常苛刻的。Y系超导带材典型结构如图7.4.3所示,由金属基带、过渡层、超导层和

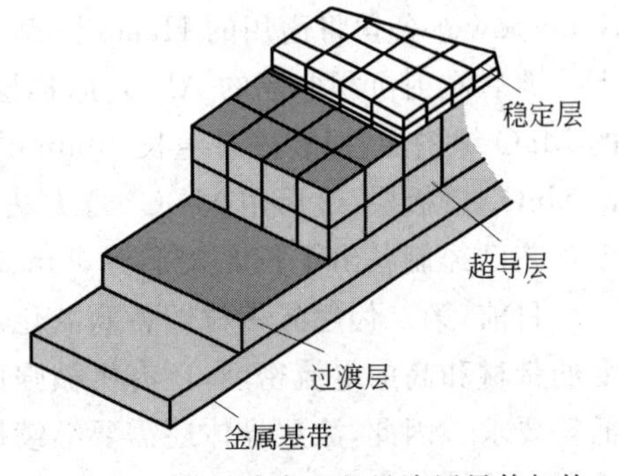

图7.4.3 第二代高温超导涂层导体架构

稳定层组成。要在柔性基带上制备出具有立方织构的超导层，首先要获得具有类似立方织构的基带，然后外延生长过渡层和超导层。基带织构以及表面状况的好坏是制备涂层导体的关键。目前主要有3种工艺路线来制备这样的基带：离子束辅助沉积技术（ion-beam-assisted deposition，IBAD）、倾斜衬底技术（inclined substrate deposition，ISD）、轧制辅助双轴织构基带技术（rolling-assisted biaxially textured substrates，RABiTS）。

目前制备YBCO薄膜的方法有：脉冲激光沉积法（PLD），磁控溅射法（MS），共蒸发法（co-evaporation），金属有机化学汽相沉积法（MOCVD），分子束外延法（MBE），离子束辅助沉积法（IBAD）和金属有机溶液沉积（MOD）等，它们均能得到实用化的高温超导薄膜。这些方法各自具有不同特点，比如MS法适合于大面积沉积；PLD法能简便地使薄膜的化学组成与靶的化学组成达到一致，并且能有效地控制薄膜的厚度；共蒸发和MOCVD法沉积速率快，能够提供大面积生长；而MOD法则具有成本低的优点。由于在单晶上的YBCO薄膜研究已经非常成功，因此在单晶基片上沉积YBCO薄膜的制备方法均可移植到带材中的YBCO层的制备上。对于涂层导体来讲，YBCO的制备过程必须是连续的、稳定的动态沉积过程，其沉积效率以及沉积速率成为制备涂层导体的重要指标。综合考虑，在制备效率方面MOCVD占有优势，而MOD在降低带材成本上更具潜力。

带材的 I_c 是由薄膜的厚度(t)和 J_c 的乘积决定的，单位宽度上 $I_c=J_c\times t$。由于随着厚度的增加，单纯YBCO薄膜的 J_c 会不断下降，使得带材的 I_c 并不随薄膜厚度的上升而线性增加。因此，必须通过提供额外的钉扎中心来提高薄膜的钉扎能力进而保持YBCO薄膜的 J_c。目前，采用MOCVD、PLD、MOD等方法生长的超导层厚度达到数微米时，临界电流密度 J_c 仍然能够保持在2～3MA/cm^2。采用IBAD＋MOCVD方法生长掺入钆的YBCO（GdYBCO）超导层，美国Superpower公司在带材上制作出厚度为3.5μm的薄膜，其 I_c 达到了803A。通过原料中掺杂Zr，在薄膜中形成 $BaZrO_3$（BZO）柱状纳米线，作为钉扎中心，在77K，1T磁场下，不同磁场夹角下测试 I_c 最低值为186A。美国橡树岭国家实验室（ORNL）采用IBAD－MgO＋PLD结合的技术路线制备了4μm厚的1%（体积分数）$BaZrO_3$ 掺杂，J_c 达到2.4MA/cm^2。日本超导研究实验室（SRL）采用IBAD＋PLD的方法制备出掺杂 $BaZrO_3$ 的 $GdBa_2Cu_3O_7$ 薄膜，I_c 达到700A(77K)，在77K，1T下的最低临界电流也接近180A。Izumi等采用缺Ba的前驱液进行MOD沉积，制备出缺Ba的YBCO薄膜，由于晶界弱连接的改善，其 I_c 也达到了756A。美国洛斯阿拉莫斯实验室（LANL）采用PLD研究了 CeO_2/YBCO叠层结构，通过插入 CeO_2 层，保持界面缺陷对YBCO的磁通钉扎作用，获得了 I_c 高达1400A的结果。采用IBAD－MgO＋MOCVD路线，美国Superpower公司将商用的Hastally基带进行电化学抛光（均方根粗糙度RMS达到2nm以下），然后溅射沉积非晶的 Al_2O_3 阻挡层和非晶的 Y_2O_3 种子层，再采用IBAD沉积约10nm的MgO织构层，接着溅射生长30nm的MgO自外延薄膜，在MgO薄膜上再生长30nm的 $LaMnO_3$ 模板层，最后用MOCVD方法沉积掺入钆的YBCO(GdYBCO)超导层薄膜。采用该工艺已经制备出了长度大于1000m、I_c 高于280A的带材。

目前，第二代超导带材即将商品化。要实现超导带材在市场上的成功，不仅要有相当长度的带材和高的电流密度，还有机械强度和工程电流密度较大、交流损耗较小、生产成本较低等要求。因此，涂层导体还需要继续研发，不断开发出涂层导体性能更好、生产成本更低的制备技术。

7.5 新型超导材料

自从高温铜氧化物超导材料发现20多年来，众多理论模型各自能解释一部分实验事实和基本性质，但又都面临不同的困难。由于高温超导材料几乎被复杂结构的铜氧化物所垄断，高温超导的理论研究遇到了很大的瓶颈。而且铜氧化物超导体的相干长度非常短，各向异性度又很高，材质又很脆，这些都妨碍了其在工业上的大规模应用。因此科学家们都希望在铜基超导材料以外再找到新的高温超导材料，解决高温超导的机制问题，实现更高的超导转变温度。

1. 新型超导材料 MgB_2

MgB_2 是20世纪50年代就早已熟悉的材料，直到2001年3月日本科学家才发现它是超导体，其超导转变温度为39.4K。由于它具有较高的转变温度和上临界场、较大的相干长度、晶界不存在弱连接、结构简单、成本低廉等优点，引起了超导科研人员极大的关注。另外 MgB_2 是常规超导体，其超导机制可以用BCS理论解释。世界各国的研究人员利用各种研究手段对 MgB_2 及 MgB_2 基超导材料进行了广泛而深入的研究，涵盖了大块、薄膜、线材、带材样品的制备，各种替代元素对转变温度的影响，同位素效应，Hall效应的测量，热力学和动力学的研究，临界电流和磁场的关系，微波和隧道特性的研究等。

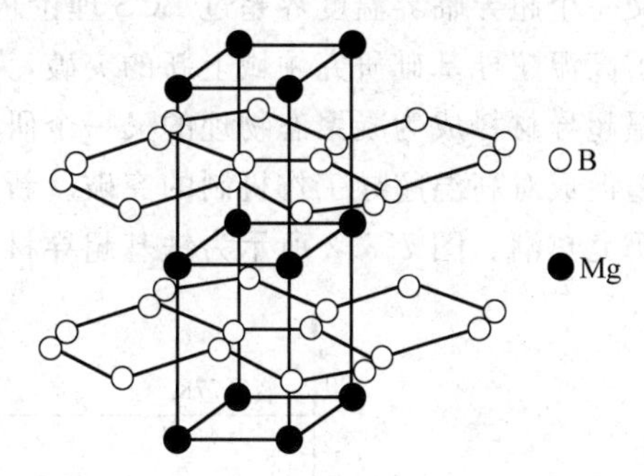

图7.5.1 MgB_2 结构图

MgB_2 具有简单六方 AlB_2 型结构，$P6/mmm$ 空间群，晶格参数 $a=0.3086$nm，$c=0.3524$nm。其结构如图7.5.1所示，这种结构含有类似石墨的硼层，硼层被六方紧密堆积的镁层隔开。镁原子处在硼原子形成的六角形的中心，并且给硼原子面提供电子。MgB_2 在B—B链长方向具有较强的各向异性，硼原子面之间的距离明显大于在硼原子面中的B—B距离。MgB_2 的超导转变温度几乎是二元超导体 Nb_3Ge 超导转变温度(23K)的2倍，是目前具有最高超导转变温度的低温超导体。MgB_2 的有效载流子为空穴型，属于以强烈的电子-声子相互作用为基础的BCS超导体，超导电性的机理与经典的BCS理论一致。在BCS理论框架内，低质量元素产生较高频率的声子模，可导致更高的转变温度。曾有人预言，最轻的元素氢在高压下具有最高的超导转变温度。MgB_2 的发现证实含有轻元素的化合物具有更高 T_c 的这一预言。MgB_2 高达39.4K的超导转变温度已超过BCS理论所预言的超导转变温度的理论上限。MgB_2 是典型的第Ⅱ类超导体，其下临界磁场 H_{c1} 在27～48mT，上临界磁场 H_{c2}^{ab} 在14～39T，H_{c2}^{c} 在2～24T；不可逆场 H_{irr} 在6～35T；零场条件下的临界电流密度 $J_c=10^6\,A/cm^2$；与高温超导体相比，MgB_2 具有更长的相干长度。

近几年来已经用各种方法制备了 MgB_2 线带材。目前的研究集中在粉末装管技术，这是因为装管工艺能很容易推广到大规模工业生产中。美国、日本以及欧洲在线材实用化方面做了大量工作，已能生产百米量级的线带材。目前国内从事 MgB_2 带材研究和开发的单位主要有西北有色金属研究所和中科院电工研究所等。

MgB_2 超导体与合金类超导体一样，没有明显的各向异性，使之在输电应用中可以避免由于各向异性而造成的损耗，其正常态电阻率较低（稍逊于金属铜），这对超导应用中的稳定性要求特别有利。另外，MgB_2 超导体的化学组成和晶格结构简单，用来合成 MgB_2 的镁和硼价格低廉，而且远比陶瓷性氧化物高温超导体容易加工成型。总之，MgB_2 超导体具有许多优越的特性，在超导电力、电子器件、国防以及医疗仪器（特别是核磁成像磁体）等方面具有广阔的应用前景。

2. 铁基超导体

超导研究的最新发展是日本科学家于 2008 年发现了铁基超导体，代表性化合物为 $LaFeAsO_{1-x}F_x$。这是高温超导研究领域的一个“重大进展”。2008 年 2 月，东京工业大学教授细野秀雄的研究小组合成了氟掺杂钐氧铁砷化合物。该化合物是一种由绝缘的氧化镧层和导电的砷铁层交错层叠而成的结晶化合物。纯粹的这种物质没有超导性能，但如果把化合物中的一部分氧离子转换成氟离子，它就开始表现出超导性，并且在 26K（－247℃）时具有超导特性。这是自 1911 年荷兰科学家 Onnes 发现 Hg 超导体以来，继铜氧化物之后，又一个超导临界温度界超过 BCS 理论极限的高温超导家族。该发现最大的意义在于实现了高温超导基础研究领域上新的突破，为新型高温超导研究指明了一个新的方向。铁基高温超导材料成为凝聚态物理的又一个研究热点，这其中的一个原因是，铁基高温超导材料有望促成对高温超导工作机制的突破。新的铁基超导材料将激发物理学界新一轮的高温超导研究热潮。图 7.5.2 所示为铁基超导材料的组成和超导温度的关系。

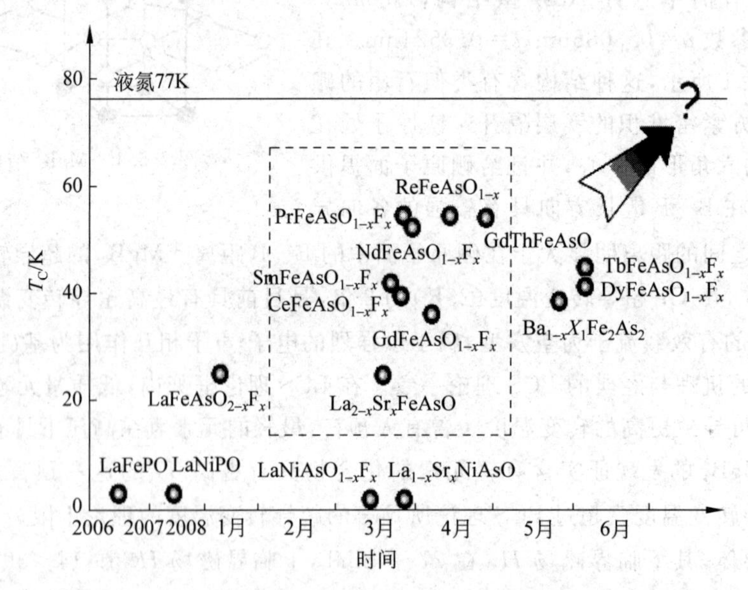

图 7.5.2 铁基超导体的发现和超导转变温度的提高

铜基超导体的母体都是类钙钛矿结构，其最显著的特点是 Cu—O 面被介于之间的阳离子氧化物层隔开，完整的 Cu—O 面的存在是该体系发生超导电性的关键之一。铁基高温超导体也具有类似的层状结构特征，不同的是，铜氧化物中的Cu—O层是一平面，而铁基超导体中的导电层则是$FeAs_4$（或$FeSe_4$）四面体单元构成的类anti-PbO结构衍生层。目前发现的铁基高温超导材料主要有以下几类：①以LaOFeAs为代表的1111相；②以$BaFe_2As_2$为代表的122相（包括AFe_2Se_2体系）；③以LiFeAs为代表的111相；④以FeSe为代表的11相。图7.5.3为这几类超导体的典型结构示意图。可以看出这类超导体都具有类似结构的FeAs面（由于FeSe面完全类似，后边不再区分As和Se），每一层铁砷层实际上是由As-Fe-As三层原子构成的，每个Fe原子位于由四个As原子构成的四面体的中心，室温下这类材料都是四方晶系，某些材料在低温下会转变为正交或单斜晶系。

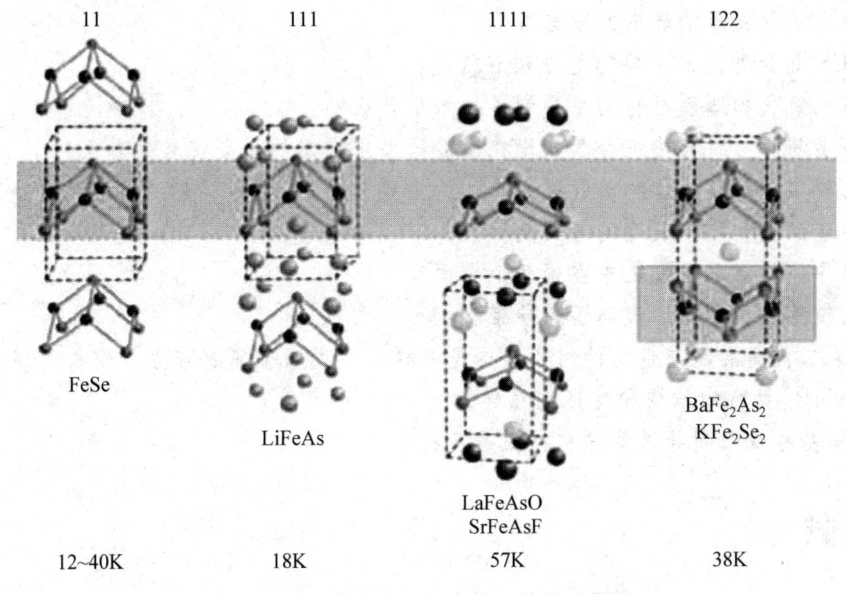

图 7.5.3　铁基高温超导体的结构示意图

表征超导态的一个重要的物理参量是临界磁场。对于像铜氧化物高温超导体等二维层状结构材料，临界磁场是各向异性的，即纵向的上临界磁场和横向的上临界磁场会相差很多倍。超导态的这种各向异性的行为是由它的准二维的电子结构所决定的，超导电流也主要局限在二维平面内。由于铁基超导体也具有与铜氧化物高温超导体类似的二维层状结构，学术界一度认为，铁基超导体的上临界磁场也应该具有"各向异性"的特征。但研究表明：低温时，铁基超导材料$(Ba,K)Fe_2As_2$的上临界磁场与外加磁场的方向几乎没有关系，即具有三维"各向同性"的特征。此外，上临界磁场对温度还表现出了很独特的依赖关系，这也是第一次在二维层状结构的超导体中发现这种超导态特征，表明铁基超导体具有与铜氧化合物高温超导体非常不一样的性质，铁基超导体的这种奇特的超导性质应该是由它的独特电子结构所决定的。实验证明，铁基超导材料虽然具有二维层状的晶体结构，但是它的电子结构可能更接近于三维，与铜氧化物高温超导体不同，对铁基超导体而言，二维电子特性并不一定是形成高温超导的必要条件。

铁基超导材料的发现吸引了凝聚态物理学家广泛的研究兴趣。除了较高的超导临界转变温度，它还表现出了很多奇异的物理性质，诸如：超导与磁性竞争共存，多能带和多能隙，可能存在的非常规超导配对机制以及量子临界行为。与最近20多年来被广泛研究的铜氧化物相比，铁基超导体具有非常高的上临界场，较低的各向异性，同时具有较高的临界电流密度。这些性质都预示了铁基超导材料具有很大的潜在应用价值。虽然目前铁基超导材料的高温超导机制尚未搞清楚，但潜力巨大。今后的重点是如何制备质量好的单晶，如何提高铁基超导材料的转变温度，以及尽可能地在理论上解释高温超导机制。

复习思考题

1. 超导体的基本电磁特性是什么？
2. 叙述超导发展的历史回顾与展望。
3. BCS超导理论的主要思想方法有哪些？
4. 多元氧化物薄膜材料的主要制备技术是什么？
5. 高温超导材料与传统金属相比在微波器件中应用的主要优势是什么？
6. 比较第Ⅰ类超导体和第Ⅱ类超导体的主要差异，哪些材料分别属于两类超导体？
7. 穿透深度和相干长度的意义是什么？
8. 超导体的应用主要集中在哪几个方面？
9. 比较第一代和第二代高温超导带材。
10. 第二代高温超导带材的组成结构是怎样的？说明金属基带立方织构的获取途径。
11. MgB_2 材料的结构和特征是怎样的？
12. 铜基和铁基超导体的结构特征是什么？

参考文献

[1] 赵柏儒. 超导电性研究发展的一百年——超导科学之集成的非凡历程[J]. 物理教学，2010，32：2-7.
[2] 张其瑞. 高温超导电性[M]. 杭州：浙江大学出版社，1992.
[3] 李言荣，恽正中. 电子材料导论[M]. 北京：清华大学出版社，2001.
[4] 杨公安，蒲永平，王瑾菲，等. 超导材料研究进展及其应用[J]. 陶瓷，2009，7：56-59.
[5] 熊杰. YBCO高温超导带材的制备和实用化研究[D]. 成都：电子科技大学，2007.
[6] 时东陆，周午纵，梁维耀. 高温超导应用研究[M]. 上海：上海科学技术出版社，2008.
[7] 韩汝珊. 高温超导物理[M]. 北京：北京大学出版社，1998.
[8] 陈仙辉. 铁基高温超导体研究进展[J]. 物理，2009，38：609-616.

第8章

半导体材料

半导体材料是指电阻率在$10^9 \sim 10^{-3}\ \Omega \cdot cm$范围，界于金属和绝缘体之间的材料。半导体材料是制作晶体管、集成电路、电力电子器件、光电子器件等的重要基础材料，支撑着通信、计算机、信息、家电与网络技术等电子信息产业的发展。

1948年巴丁(J. Bardeen)、布拉顿(W. H. Brattain)和肖克莱(W. Shakley)共同发明了锗三极晶体管，这一发明引起了整个电子工业的革命，从此人类从使用电子管的时代进入到半导体的时代。20世纪60年代初，出现了外延生长技术，它和硅的其他显微加工技术相结合，形成了硅平面器件工艺，由此诞生了硅的集成电路并取得了迅速发展。

与硅锗材料发展并行，化合物半导体材料的研制也早在20世纪50年代初就开始了。在短短的20年间，先后出现了千百种化合物半导体材料。

本章首先介绍半导体材料的基本性能，然后分别讨论元素半导体、Ⅲ-Ⅴ族化合物半导体、Ⅱ-Ⅵ族化合物半导体和其他半导体材料的基本性质和应用。

8.1 半导体材料的一般性能

8.1.1 半导体材料的分类

半导体材料的种类繁多，大体可分为无机半导体材料和有机半导体材料两类。但从不同的角度还有不同的分类方法，按化学组成分为元素半导体、化合物半导体和固溶体半导体；按组成元素分为一元、二元、多元等；按晶态可分为多晶、单晶和非晶。如按其功能及应用，可分为微电子材料、光电半导体材料、热电半导体材料、微波半导体材料、敏感半导体材料等。

大部分半导体材料由单晶制片后直接用于制作半导器件和电路，这些称“体材料”；相对应的“薄膜材料”是在半导体材料或其他材料的衬底上生长的，这样可减少体材料用量，进一步控制材料的完整性、提高纯度、生长异质结构和三维集成等。

1. 无机半导体晶体材料

无机半导体晶体材料包含元素半导体、化合物半导体及固溶体半导体。

1) 元素半导体晶体

周期表中有12种元素(Si、Ge、Se、Te、As、Sb、Sn、B、C、P、I、S)具有半导体性质，但其中

S、P、As、Sb 和 I 不稳定，易挥发；Sn 只有在某种固相下才具有半导体特性；B、C 的熔点太高，不易制成单晶；Te 十分稀缺。这样，具有实际用途的只有 Si、Ge 及 Se。现在 Se 在非晶半导体器件领域还保留一席之地，Ge 在若干种分立元件（低压、低频、中功率晶体管以及光电探测器）中还被应用，而 Si 则一直是半导体器件和集成电路中的主导材料，在 21 世纪中也仍然是主流。

2）化合物半导体及固溶体半导体

化合物半导体及固溶体半导体数量最多，据统计可能有四千多种。大体可作如下分类。

（1）Ⅲ-Ⅴ族化合物半导体，即 Al、Ga、In 与 P、As、Sb 组成的 9 种化合物半导体。如 AlP、AlAs、GaAs、GaSb、InP、InAs、InSb 等。

（2）Ⅱ-Ⅵ族化合物半导体，即 Zn、Cd、Hg 与 S、Se、Te 组成的 12 种化合物。如 CdS、CdTe、CdSe 等。

（3）Ⅳ-Ⅳ族化合物半导体，由Ⅳ族元素之间组成的化合物，如 SiC 等。

（4）Ⅳ-Ⅵ族化合物半导体，如 GeS、SnTe、GeSe、PbS、PbTe 等 9 种。

（5）Ⅴ-Ⅵ族化合物半导体，如 $AsSe_3$、$AsTe_3$、AsS_3、SbS_3 等。

（6）金属氧化物半导体，主要有 CuO_2、ZnO、SnO_2 等。

（7）过渡金属氧化物半导体，有 ScO、TiO_2、V_2O_5、Cr_2O_3、Mn_2O_3、FeO、CoO、NiO 等。

（8）尖晶石型化合物（磁性半导体），主要有 $CdCr_2S_4$、$CdCr_2Se_4$、$HgCr_2S_4$、$CuCr_2S_3Cl$、$HgCr_2Se_4$。

（9）稀土氧、硫、硒、碲化合物，有 EuO、EuS、EuSe、EuTe。

2. 非晶态半导体

非晶态半导体有非晶 Si、非晶 Ge 和非晶 Te、Se 等元素半导体以及 GeTe、As_2Te_3、Se_4Te、Se_2As_3、As_2SeTe 等非晶化合物半导体。

3. 有机半导体

有机半导体通常分为有机分子晶体、有机分子络合物和高分子聚合物。有机半导体最早研究的是酞菁类及一些多环、稠环化合物，后来又制得聚乙炔和环化脱聚丙烯腈等导电高分子，它们都具有大 π 键结构。一些有机半导体有良好的性能，如聚乙烯咔唑衍生物有良好的光电导特性，光照后电导率可改变两个数量级。

8.1.2 半导体中的电子状态

我们知道半导体材料有许多独特的特点，要了解它们的这些特点及形成，就必须知道半导体材料的载流子-电子的能量状态和运动方式。

1. 半导体的能带特征

常用的半导体材料大多是单晶，它们是由大量的原子，按一定的周期、有规则地排列成晶格。原子之间的距离很小，电子不仅受到自身原子核的作用，还受到相邻原子核的作用；特别是外壳层的电子，运动轨道重叠很多，电子不再完全局限在某一个原子上，而可以从一个原子转移到相邻的原子上去，可以在整个晶体中运动，这种运动称为电子的共有化，其状态可用能带来描述。

半导体中由价电子填充的能带称为价带。价带以上的能带基本上是空的，其中最低的一个空带常称为导带。一般情况下，价带以下的能带都填满电子，在外界作用下，这些能带中的电子分布状态一般不可能发生改变。这些能带对研究在外界作用下的半导体特性不起作用，所以通常只画出半导体的简化能带图，如图8.1.1所示。其中，E_c代表导带底的能量，E_v代表价带顶的能量，E_g代表禁带宽度。

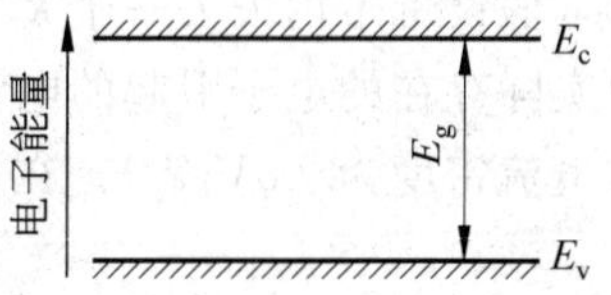

图8.1.1 半导体简化能带图

2. 半导体中的电子和空穴

1) 半导体中的电子

在外场作用下，半导体中电子运动时，还会受到晶体内部周期势场的影响，情况变得非常复杂。固体物理证明，只要将电子的静止质量m_0用有效质量m^*代替，晶体中作共有化运动的电子其运动规律基本上与自由电子相同。

电子的有效质量为

$$m^* = \hbar^2\left(\frac{\partial^2 E}{\partial \boldsymbol{k}^2}\right)_{k_0}^{-1} \tag{8.1.1}$$

其中E为电子的能量；$\boldsymbol{k}$为波矢，与电子的速度$\boldsymbol{v}$有关。

有效质量与能量E在波矢$\boldsymbol{k}$空间的分布有关。原子内层的电子，共有化运动弱，形成的能带窄，极值处二阶微商(即曲线的曲率)小，有效质量大；外壳层上的电子，共有化程度强，形成的能带宽，极值处二阶微商大，故有效质量小。不同的材料、不同运动方向($\boldsymbol{k}$方向)有效质量不同。例如：锗中导带电子的纵向有效质量m_l、横向有效质量m_t分别为

$$m_l = (1.64 \pm 0.03)m_0, \quad m_t = (0.0819 \pm 0.0003)m_0 \tag{8.1.2}$$

硅中导带电子的纵向、横向有效质量分别为

$$m_l = (0.97 \pm 0.04)m_0, \quad m_t = (0.19 \pm 0.01)m_0 \tag{8.1.3}$$

在导带底附近，电子的有效质量大于零；在价带顶附近，电子的有效质量小于零。

2) 半导体中的空穴

晶体中，同一能带的能量函数$E(\boldsymbol{k})$具有对称性：

$$E(\boldsymbol{k}) = E(-\boldsymbol{k}) \tag{8.1.4}$$

$$V(\boldsymbol{k}) = -V(-\boldsymbol{k}) \tag{8.1.5}$$

可见，$\boldsymbol{k}$和$(-\boldsymbol{k})$两种状态中的电子速度V相反。如果这样的一对状态中都有电子，它们运动产生的电流效果$-qV(\boldsymbol{k})$和$-qV(-\boldsymbol{k})$正好抵消。

在完全充满电子的能带中，在外电场力F的作用下，所有电子状态均按$\frac{d\boldsymbol{k}}{dt}=\frac{\boldsymbol{F}}{\hbar}$变化，但由于$\boldsymbol{k}$态和$-\boldsymbol{k}$态的电子成对出现，所形成的电流彼此抵消，总的电流为零，即满带电子无导电作用。

在一定的温度下，由于热运动，总有少数电子可以从价带顶附近被激发到导带。于是，导带内就有了部分电子。由于价带电子被激发，价带中就有了部分未被电子占据的能级。

但在无外界作用时，电子仍是对称分布的，晶体中不出现电流。在外场力 $\boldsymbol{F}$ 的作用下，整个电子分布将向反电场方向移动，破坏了原来的对称分布，电子的对称状态只是部分抵消，因而将产生电流，这样导带电子和价带电子均起导电作用。

假设价带内失去一个 $\boldsymbol{k}_e$ 态的电子，而价带中其他能级均有电子占据。用 J 表示该价带中实际存在的电子引起的电流密度。如果设想有一个电子填充到空的 $\boldsymbol{k}_e$ 态，这个电子引起的电流密度为 $-qV(\boldsymbol{k}_e)$。在填入这个电子后，该价带又成了满带，总电流密度应为零，即

$$J + (-q)V(\boldsymbol{k}_e) = 0$$

所以

$$J = qV(\boldsymbol{k}_e) \tag{8.1.6}$$

这就是说，价带内 $\boldsymbol{k}_e$ 态空出时，价带的电子产生的总电流，就如同一个带正电荷 q 的粒子以 $\boldsymbol{k}_e$ 状态的电子速度 $V(\boldsymbol{k}_e)$ 运动时所产生的电流。这个带正电荷 q 的粒子能描述具有空状态的价带中电子的导电作用，通常把它称为空穴。由于价带顶附近的电子比较容易被激发到导带，因此空穴都位于价带顶附近。

3. 本征半导体、杂质半导体、简并半导体和补偿半导体

半导体载流子主要来源于本征激发和杂质电离。在一定的温度下，总有一些电子获得足够的能量，从价带跃迁到导带，成为导带的自由电子，同时价带出现等数量的空穴。这种激发为本征激发。载流子主要来源于本征激发的半导体称为本征半导体。

若在半导体中掺入浅能级杂质(杂质能级位于半导体的禁带，且靠近导带底或价带顶)，如在 Si 中掺入Ⅴ族元素 P，P 的原子半径与格点的 Si 的原子半径相近，它将占据晶格格点，与周围的半导体元素形成共价键。由于 P 的价电子数比 Si 多一个，出现了弱束缚的电子，这个多余的电子只需要很少一点能量就可以摆脱束缚状态，成为在晶体中作共有运动的电子(导带中的电子)。同样，若在 Si 中掺入Ⅲ族元素，替代硅，由于它们的价电子比 Si 少一个，将形成空位。其他共价键上的电子很容易获得能量跃迁到该空位，即价带的电子获得能量跃迁到杂质能级上，在价带中产生一个空穴。通常称向导带提供电子的杂质为施主杂质，向价带提供空穴的杂质为受主杂质，该过程称为杂质电离。一般杂质的电离能很小，如在 Si 中施主的电离能为 0.04eV 左右，受主的电离能为 0.05eV 左右。因此，一般来说，在室温状态下，电子的平均热能($\sim kT$)约为 0.026eV，所以施主上的电子或受主上的空穴几乎都可能成为导带中的电子或价带中的空穴，施主或受主处于全电离状态。掺施主半导体的导带电子数主要由施主数决定，半导体导电的载流子主要是电子，对应的半导体称为 n 型半导体。同样，掺受主的半导体的价带空穴数由受主决定，半导体导电的载流子主要是空穴，对应的半导体称为 p 型半导体。

一些绝缘体尽管其禁带很宽，也可以通过掺杂来提高其电导率(即所谓半导化)。如氧化锌，它的禁带宽度约为 3.3eV，通过掺杂(如加入 Al_2O_3 等)可以获得相当高的电导率($\geqslant 10^4\,\Omega^{-1}\cdot cm^{-1}$)。

当材料中既有施主又有受主存在，这时可能有部分施主的电子进入受主能级而不是进入导带；显然这一部分电子对电导不可能做出贡献，这种情况称补偿，这样的半导体称补偿型半导体。对于补偿型半导体，当 $N_D > N_A$ 时，$n \approx N_D - N_A$，称补偿 n 型半导体；$N_A > N_D$ 时，$p \approx N_A - N_D$，称补偿 p 型半导体。$N_D - N_A$ 称有效施主浓度，$N_A - N_D$ 称有效受主浓

度。如 $N_D \approx N_A$，此时施主杂质上的电子刚好充填受主能级，杂质虽多，但对电导不作贡献，以上情况称高度补偿。这种材料有时会被误认为高纯半导体，实际上因杂质含量多，性能差，不适合作器件。

如果半导体的施主（受主）杂质浓度非常高，施主（受主）杂质的波函数发生明显的重叠，杂质能级分裂为能带，并可能与导带发生重叠，这时费米能级也会进入导带。施主杂质的电子就成为导带中的自由载流子，这时导带底部的能级全部填满，一直到 E_F 为止，成为简并 n 型半导体。同样也可能形成简并 p 型半导体。

4. 热平衡载流子与非平衡载流子

1）热平衡载流子

在一定的温度下，半导体中的大量电子不停地作着无规则的热运动，电子可以从晶格热振动中获得一定的能量，从能量低的量子态跃迁到能量高的量子态。如价带电子跃迁到导带，形成导带电子和价带空穴；价带电子跃迁到受主能级产生价带空穴；施主能级上电子跃迁到导带产生导带电子等。这些过程都导致载流子数目增加，称为载流子的热产生过程。与此同时，还存在着与之相反的过程，即电子也可以从能量高的量子态跃迁到能量低的量子态，并向晶格放出一定的能量，从而使导带电子和价带空穴不断减少，这一过程为载流子的复合过程。经过一段时间后，这两个相反过程之间将建立起动态平衡，称之为热平衡状态，在这种状态下的载流子为平衡载流子。此时载流子的产生速率等于它们的复合速率，半导体内的电子浓度和空穴浓度保持不变。一旦温度发生变化，破坏原来的平衡，它又会在新的温度下建立起新的平衡状态，载流子浓度又达到新的稳定数值。

由半导体物理可推导出，处于热平衡状态下半导体内导带电子浓度 n_0 和价带浓度 p_0 的表达式：

$$n_0 = N_c \exp\left(-\frac{E_c - E_F}{kT}\right), \quad p_0 = N_v \exp\left(\frac{E_v - E_F}{kT}\right) \tag{8.1.7}$$

式中

$$N_c = 2\,\frac{(2\pi m_e^* kT)^{3/2}}{\hbar^3}, \quad N_v = 2\,\frac{(2\pi m_p^* kT)^{3/2}}{\hbar^3} \tag{8.1.8}$$

式中，m_e^* 和 m_p^* 分别为电子和空穴的有效质量；N_c、N_v 分别为导带和价带的有效状态密度；k 为玻耳兹曼常数；E_F 为费米能级。

将式(8.1.7)中的 n_0、p_0 相乘可得

$$n_0 p_0 = N_c N_v \exp\left(-\frac{E_c - E_v}{kT}\right) = N_c N_v \exp\left(-\frac{E_g}{kT}\right) \tag{8.1.9}$$

式中 E_g 为半导体的禁带宽度，它与温度 T 有关。由式(8.1.9)可以看出，电子浓度和空穴浓度的乘积只与半导体材料本身(N_c、N_v 及 E_g)和温度 T 有关，与杂质无关。

2）非平衡载流子

对实际应用的半导体器件，在它们不工作时，体内只存在热平衡载流子。它们在工作时(加电场或光照)，常常要产生另一种载流子——非平衡载流子，器件的功能就是靠这些非平衡载流子的产生、运动、复合来实现的。例如，光敏电阻就是利用光照半导体产生光电导现象制成的；半导体二极管的整流作用、晶体管的放大作用也是直接依赖于非平衡载流子的产生和运动。

考虑一块 n 型半导体，没有光照时，半导体处于热平衡状态，载流子浓度为 n_0 和 p_0，且 $n_0 \gg p_0$。当用光子能量大于该半导体禁带宽度的光照射时，光子的能量传给了电子，使价带中的电子跃迁到导带，从而增加了导带的自由电子和价带的自由空穴，这些增加的电子和空穴称非平衡载流子。但是随着电子和空穴浓度的增加，它们在运动中相遇复合的几率也将增加，最后达到另一动态平衡，载流子浓度不变。这时电子浓度 n 和空穴浓度 p 分别为

$$\begin{aligned} n &= n_0 + \Delta n \\ p &= p_0 + \Delta p \end{aligned} \tag{8.1.10}$$

式中 Δn 和 Δp 分别为非平衡电子浓度和非平衡空穴浓度。由于电子和空穴是同时产生和成对出现的，所以

$$\Delta n = \Delta p \tag{8.1.11}$$

当光照取消后，非平衡载流子既不是永远存在下去，也不是立刻全部消失。当光照停止后，非平衡载流子的产生过程停止，但载流子的复合过程仍继续进行，使得光照停止后的一段时间内载流子的复合大于产生，原来激发到导带的电子又不断地返回到价带，使非平衡载流子的浓度不断减少，最后完全消失，半导体又恢复到热平衡态。在这一过程中，非平衡载流子在导带和价带中有一定的生存时间，有的长些，有的短些，它们的平均生存时间称为非平衡载流子的寿命。

8.1.3 半导体的电学性质

对于载流子均匀分布的半导体材料，在无外电场作用时，尽管载流子热运动的速度可能很大，甚至达到每秒上百千米，然而，由于载流子热运动是无规则的，运动速度沿各个方向机会相等。所以总的来说，它们的运动并不引起宏观迁移，从而不会产生电流。

如果在半导体的两端加上一定的电压，使载流子沿电场方向的速度分量比其他方向大，将会引起载流子的宏观迁移，从而形成电流。由电场作用而产生的、沿电场力方向的运动为漂移运动。由于载流子的漂移运动所引起的电流称为漂移电流。

1. 漂移速度和迁移率

在外电场作用下，半导体中的电子获得一个和外电场反向的速度，用 V_{dn} 表示；空穴则获得与电场同向的速度，用 V_{dp} 表示。V_{dn} 和 V_{dp} 分别为电子和空穴的平均漂移速度。以图 8.1.2 所示的柱形 n 型半导体为例，分析半导体的电输运现象。图中 ds 表示 A 处与电流垂直的小体积元的面积，小柱体的高为 $V_{dn}dt$，它表示在 dt 时间内，A、B 面之间的电子都可以通过 ds。因此，在 dt 时间内通过 ds 的截面电荷量，就是 A、B 面间小柱体内的电子电荷量，即

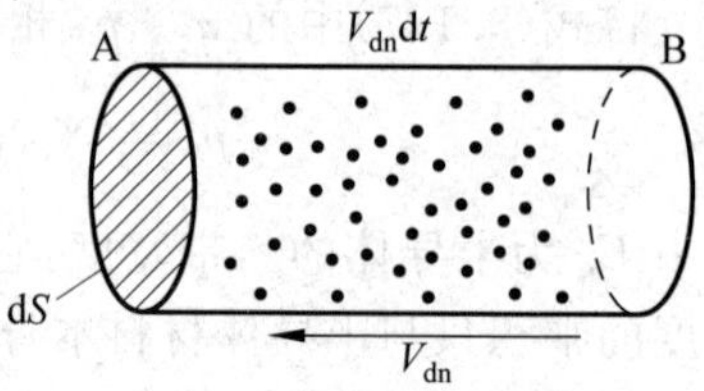

图 8.1.2 推导电流密度与平均漂移速度关系图

$$dQ = -nqV_{dn}dsdt \tag{8.1.12}$$

其中 n 是电子浓度，q 是电子电荷。所以，电子漂移的电流密度 J_n 为

$$J_n = \frac{dQ}{dsdt} = -nqV_{dn} \tag{8.1.13}$$

在电场不太强时，漂移电流遵守欧姆定律，即

$$J = \sigma E \tag{8.1.14}$$

其中 σ 为材料的电导率。由式(8.1.13)和式(8.1.14)，可得

$$\sigma \mid E \mid = nqV_{\mathrm{dn}}$$

$$\frac{V_{\mathrm{dn}}}{\mid E \mid} = \frac{\sigma}{nq} \tag{8.1.15}$$

由于电子浓度 n 不随电场变化，因此 σ/nq 是一个常数。这样，载流子的平均漂移速度与电场强度成正比。通常用 μ 表示其比例系数，即

$$\mu_{\mathrm{n}} = \frac{V_{\mathrm{dn}}}{\mid E \mid} = \frac{\sigma}{nq} \tag{8.1.16}$$

同样，对于空穴有

$$\mu_{\mathrm{p}} = \frac{V_{\mathrm{dp}}}{\mid E \mid} = \frac{\sigma}{pq} \tag{8.1.17}$$

其中 p 为空穴的浓度；μ_{n} 和 μ_{p} 分别称为电子和空穴迁移率。迁移率表示在单位电场下电子或空穴的平均漂移速度，单位为 $\mathrm{cm}^2/(\mathrm{V\cdot s})$。

2. 电导率及影响因素

电导率表示半导体材料的导电能力。由式(8.1.16)和式(8.1.17)可得电导率与迁移率之间的关系式。

对 n 型半导体

$$\sigma = nq\mu_{\mathrm{n}}$$

对 p 型半导体

$$\sigma = pq\mu_{\mathrm{p}}$$

对本征半导体

$$n = p = n_{\mathrm{i}}$$

$$\sigma = n_{\mathrm{i}}q(\mu_{\mathrm{n}} + \mu_{\mathrm{p}}) \tag{8.1.18}$$

由式(8.1.18)可以看出，电导率取决于载流子浓度和迁移率，而迁移率又与掺杂浓度和温度有关。一般固定温度，研究电导率和掺杂浓度的关系，或固定掺杂浓度，研究电导率与温度之间的关系。

1) 杂质浓度的影响

以 n 型半导体为例，材料的电阻率为

$$\rho = 1/\sigma = (nq\mu_{\mathrm{n}})^{-1}$$

在常温下，施主杂质基本上处于全电离状态，此时

$$n \approx N_{\mathrm{D}}$$

式中，N_{D} 为掺入的施主浓度。所以

$$\rho = (N_{\mathrm{D}}q\mu_{\mathrm{n}})^{-1} \tag{8.1.19}$$

可见，随着掺杂浓度的增加，电阻率下降。

2) 温度的影响

对于本征半导体，本征载流子浓度 n_{i} 随温度的上升而急剧增加，而迁移率随温度上升

而下降较慢，所以本征半导体的电阻率随温度增加而单调地下降，这是半导体区别于金属的一个重要特征。

对于杂质半导体，电阻率随温度的变化关系要复杂些。图 8.1.3 画出了 n 型半导体的电阻率随温度的变化，同时画出相应的费米能级在禁带中的位置以便对照。在低温区，费米能级略高于施主能级，施主未全部电离，随着温度上升，电离施主增多，使导带电子浓度上升；同时在此温度范围，晶格振动尚不明显，散射主要由电离杂质决定，迁移率随温度上升而增加，因此在低温区，电阻率随温度的增加而下降。温度继续升高，杂质全部电离，而本征激发尚不显著，故载流子视为一定。然而，此时晶格振动散射已起主要作用，使迁移率随温度的升高而下降，导致电阻率随温度的升高而增加。当温度进一步上升至本征区后，由于本征激发载流子浓度随温度上升而增加的作用远远超过迁移率下降的影响，故使电阻率随温度升高而急剧下降，表现出与本征半导体相似的特征。

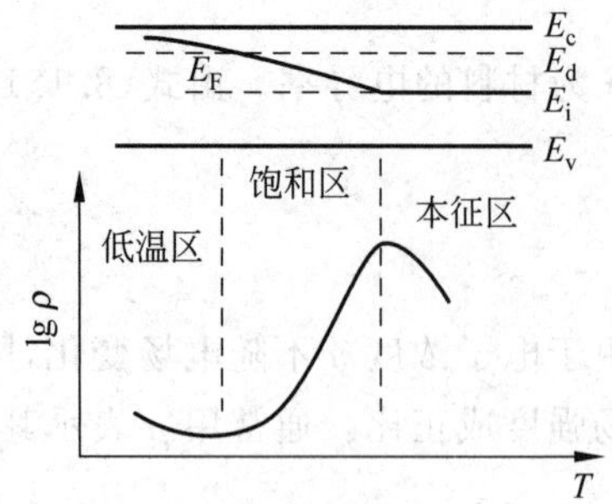

图 8.1.3 半导体的电阻率以及费米能级在禁带中的位置与温度的关系

3. p-n 结

p 型半导体中空穴是多子(多数载流子)，电子是少子；n 型半导体中电子是多子，空穴是少子。如果将同种材料的 p 型和 n 型半导体结合在一起，由于在交界处存在着电子和空穴的浓度梯度，导致了 n 区中的电子向 p 区扩散，p 区中的空穴向 n 区扩散。n 区的电子向 p 区扩散的结果是，n 区剩下电离施主，形成一个带正电荷的区域；同理，p 区空穴向 n 区扩散，结果是 p 区剩下电离受主，形成一个带负电荷的区域。称这种由 p 型和 n 型半导体接触在一起形成的界面为 p-n 结。

实际的 p-n 结不能用两块材料接触的方法来制造，而是利用在 p 型材料中掺入 n 型杂质的方法或者在 n 型材料中掺入 p 型杂质的方法来得到。根据掺杂的方法不同，杂质的分布情况也不同。如果 p 区和 n 区杂质都均匀分布，结界面两侧杂质类型及浓度突然变化，这种 p-n 结叫突变结；如果从一个区域到另一个区域杂质浓度是逐渐变化的，则称为缓变结。

1) p-n 结的空间电荷区和能带图

因为在交界面的两侧形成的带正、负电荷的区域是由不能动的电离杂质构成，因而该区域有一定的厚度，称此区域为空间电荷区，如图 8.1.4 所示。

p	⊖⊖ ⊖⊖ ⊖⊖	⊕⊕ ⊕⊕ ⊕⊕	n

图 8.1.4 p-n 结的空间电荷

空间电荷区中的正、负电荷间将产生电场，其方向由 n 区指向 p 区，这个电场称为内建电场。内建电场使载流子作漂移运动，内建电场的漂移作用和 n 区电子向 p 区扩散以及 p 区空穴向 n 区扩散的运动方向相反。接触开始时，扩散运动胜过漂移运动，空间电荷逐渐增加，因而内建电场越来越强，这就加强了漂移运动；当载流子的漂移运动和扩散运动相抵时，将达到动态平衡，这时流过 p-n 结的净电流为零，空间电荷区宽度保持一定，称这种情况为平衡 p-n 结。

从能带图来看，在接触前，n 型半导体的费米能级 $(E_F)_n$ 靠近导带底，p 型半导体的费米能级$(E_F)_p$靠近价带顶，如图8.1.5(a)所示。接触后，由于$(E_F)_n$和$(E_F)_p$不在同一高度，电子将从费米能级高的n区流向费米能级低的p区，使$(E_F)_n$不断下降，$(E_F)_p$不断上升，直至$(E_F)_n=(E_F)_p$为止，这时p-n结有统一的费米能级，处于平衡状态。事实上，$(E_F)_n$是随着n区能带一起下移的，$(E_F)_p$则随p区能带一起上升。平衡时，p区能带相对于n区整个地提高了$(E_F)_n-(E_F)_p$。能带相对移动的原因是p-n结空间电荷区内建电场的存在。因内建电场从n区指向p区，因而空间电荷区中的电位$V(x)$从n区到p区不断降低，电子电位能$-qV(x)$则由n区到p区不断升高，所以p区能带相对于n区整个地上移了，如图8.1.5(b)所示。

2) p-n结的接触势垒

从平衡p-n结的能带图可知，电子从n区到p区运动时，必须克服"势垒"，空穴从p区到n区也必须克服这一"势垒"。故空间电荷区也叫势垒区。势垒的高度qV_D正好等于$(E_F)_n-(E_F)_p$。V_D为p-n结接触电势差，它与p-n结两边的掺杂浓度、温度、材料有关：

$$V_D=\frac{kT}{q}\left[\ln\left(\frac{N_D N_A}{n_i^2}\right)\right] \tag{8.1.20}$$

可见，温度T一定，N_D、N_A越大，V_D越大；材料的禁带宽度越大，n_i越小，V_D也越大。

3) p-n结的伏安特性

p-n结的基本电学特性是单向导电性或整流特性，如图8.1.6所示。当p-n结二极管接正向偏压V_f(p区接正、n区接负)时，有较大电流通过，并且这个电流(称为正向电流)随外加电压增加而迅速增加；而当反向偏压$-V_r$(p区接负、n区接正)时，只有极小的电流(称为反向饱和电流)通过。在击穿发生之前这个反向电流随外加电压的增加无明显变化。

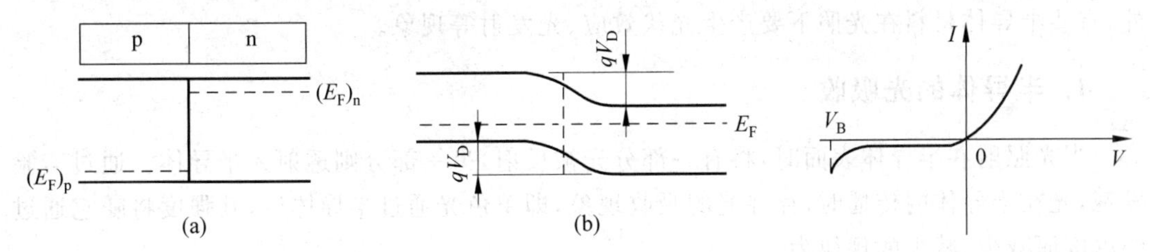

图8.1.5　平衡p-n结能带图

(a) 接触前；(b) 达平衡时

图8.1.6　p-n结的伏安特性

电流密度与外加电压的关系为

$$J=J_s\left[\exp\left(\frac{qV}{kT}\right)-1\right] \tag{8.1.21}$$

其中J_s称反向饱和电流。

4) p-n结的电容效应

当p-n结加正向偏压时，外加电场的方向与内建电场的方向相反，因而削弱了势垒区中的电场强度，空间电荷相应减少，势垒区宽度减小，势垒高度下降；相反，若加反偏，势垒区宽度增加，空间电荷相应增加；p-n结偏压的变化引起空间电荷区电荷的变化，这种关系体现了电容效应，称为势垒电容。势垒电容与结的形式、杂质浓度及偏压有关。

p-n结偏压的变化不仅引起势垒区空间电荷的变化从而体现了势垒电容，p-n结加正向偏压时由于少子的注入，在扩散区内有非平衡少子的积累和为保持电中性而带来的等量的多子的积累，而且它们的浓度随正向偏压的变化而变化。这种由于扩散区的电荷数量随外加电压的变化体现出的电容叫 p-n 结的扩散电容。在大的正向偏压下，扩散电容起主要作用。

5）p-n 结的击穿

如图 8.1.6 所示，当反偏电压达到某一值 V_B 时，反向电流突然增大，这种现象叫 p-n 结的击穿，其中 V_B 为击穿电压。

p-n 结的击穿主要有隧道击穿、雪崩击穿和热击穿三种。隧道击穿是在强电场作用下，由于隧道效应，使大量电子从价带穿过禁带而进入导带所引起的一种击穿现象，主要取决于空间电荷区中的最大电场强度，电场越强，禁带宽度越小，越易发生隧道击穿。雪崩击穿是在反向偏压很大时，势垒区中的电场很强，电子和空穴具有很大的动能，它们与势垒区的晶格原子发生碰撞时，能把价键上的电子碰撞出来，产生电子-空穴对，使势垒区单位时间内产生大量载流子，迅速增大了反向电流，发生击穿。碰撞电离除要求一定的场强外，还必须有一定的空间电荷区宽度，以提供足够的碰撞机会，才发生雪崩击穿。所以一般突变结易发生隧道击穿，缓变结易发生雪崩击穿。热击穿是当 p-n 结上所加反向电压增加时，流过 p-n 结的反向电流所引起的热损耗也增大，这将产生大量热能，如果散热条件不好，则将引起温升，最后发生击穿。

8.1.4 半导体的光电性质

半导体在光的照射下，将要吸收光子产生非平衡载流子从而改变材料的电导率，除此之外，有些半导体材料在光照下要产生光伏效应、光发射等现象。

1. 半导体的光吸收

当光照射在半导体表面时，将有一部分光被反射，另一部分则透射入半导体。通过实验发现，光在半导体内传播时，存在光的吸收现象，即单色光通过半导体后，其强度将随它通过的深度而减少，减少的规律为

$$I = I_0 \exp(-\alpha x) \tag{8.1.22}$$

式中，I 表示半导体中的光强；I_0 表示入射光强；x 为深入半导体的距离；比例系数 α 称为吸收系数，单位是 cm^{-1}。吸收系数由材料本身的性质和入射光的波长决定。α 越大，表示材料对光的吸收越强，光深入半导体的深度越小。

半导体中的光吸收是由于半导体中的电子吸收光子能量从低能态跃迁到高能态引起的。在半导体中，电子吸收光子能量后的跃迁形式主要有下列几种。

1）本征吸收

如果光子能量足够大，价带的电子吸收光子后有可能脱离价键束缚成为自由电子，同时在价带留下空穴，从而形成了电子-空穴对，这种使价带电子跃迁到导带的光吸收称为本征吸收，如图 8.1.7 中的 a 所示。本征吸收要求光子的能量不得小于半导体的禁带宽度。

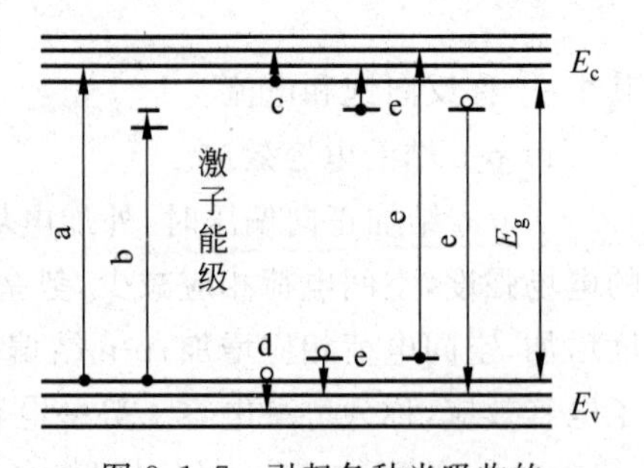

图 8.1.7 引起各种光吸收的电子跃迁过程

2）激子吸收

如果光子能量小于半导体的禁带宽度，价带电子受激后，虽然离开了价带，但还不足以进入导带成为自由电子，仍然受着空穴的库仑场作用。这种受激电子和空穴互相束缚而结合成的新系统称为激子。这样的光吸收称为激子吸收，如图 8.1.7 中 b 所示。

3）自由载流子吸收

自由载流子的吸收是导带中的电子或价带中的空穴吸收光子后在一个带内的跃迁所形成的吸收过程，如图 8.1.7 中 c、d 所示。由于能带中的能级很密，产生这种吸收所需的光子能量很小，所以这种吸收一般发生在红外区和远红外区。

4）杂质吸收

杂质吸收是束缚在杂质能级上的电子或空穴，吸收了光子能量跃迁到导带或价带所形成的光吸收过程，如图 8.1.7 中 e 所示。由于半导体中多数杂质是浅能级杂质，所以最易发生的吸收是未电离施主或受主上的电子或空穴跃迁到导带或价带的吸收，这种吸收只需要较低能量的光子，因而出现在远红外区。

5）晶格振动吸收

在这种吸收过程中，光与晶格振动相互作用，光子的能量有可能被吸收，直接转变为晶格振动能量(声子能量)，同时把光子的准动量也转变为声子的准动量。

2. 半导体的光电导

半导体吸收光子后，可能导致导带电子和价带空穴数目增加，形成非平衡载流子，引起半导体的电导率增加。这种由于光照引起半导体电导率增加的现象称为光电导。由本征吸收引起的光电导称为本征光电导，由杂质吸收引起的光电导称为杂质光电导。

1）附加电导率——光电导率

假设无光照时，半导体中的平衡载流子浓度为 n_0 和 p_0，有光照时产生的剩余电子(非平衡电子)浓度和空穴浓度分别为 Δn 和 Δp，无光照时的电导率为

$$\sigma_0 = n_0 q\mu_n + p_0 q\mu_p \tag{8.1.23}$$

光照产生的附加电导率即光电导率为

$$\Delta\sigma = \Delta n q\mu_n + \Delta p q\mu_p \tag{8.1.24}$$

将式(8.1.23)与式(8.1.24)相比，得到光电导的相对值为

$$\frac{\Delta\sigma}{\sigma_0} = \frac{\Delta n q\mu_n + \Delta p q\mu_p}{n_0 q\mu_n + p_0 q\mu_p} \tag{8.1.25}$$

对于本征光电导来说，$\Delta n = \Delta p$，引入 $b = \mu_n/\mu_p$，则得到本征光电导的相对值为

$$\frac{\Delta\sigma}{\sigma_0} = \frac{(1+b)\Delta n}{bn_0 + p_0} \tag{8.1.26}$$

光电导相对值的大小表征光敏电阻灵敏度的高低。相对电导率越大，灵敏度越高，反之则表示灵敏度小。由式(8.1.26)可以看出相对电导率与平衡载流子浓度成反比，与光生载流子成正比。因此，为提高器件的灵敏度，要尽可能选用电阻率高的材料。

2）定态光电导及其弛豫过程

当光照射到光敏器件时，光电导逐渐增大，经过一定时间后，达到一稳定值，称该稳定光电导为定态光电导。如此时停止光照，光电导也不会立刻消失，要经过一个衰减过程，使光

电导最终消失。光电导的逐渐上升和下降的过程就是光电导的弛豫过程,弛豫过程中经历的时间称弛豫时间。弛豫时间长短反映了光电导对光强反应的快慢。光电导的弛豫性质决定着在迅速变化的光强下,一个光电器件(如光敏电阻等)能否有效工作的问题。

3) 光电导的光谱分布

半导体光电导的强弱与光的波长有密切关系,所谓光电导的光谱分布就是指不同波长的光,所产生的光电导强弱如何的问题,即某一波长的光能否激发非平衡载流子,其效率多少。图 8.1.8 所示为 CdS 和 PbSe 的本征光电导的光谱分布曲线。

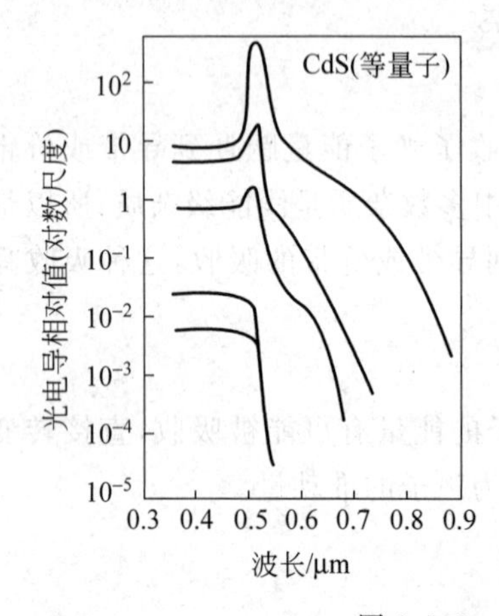

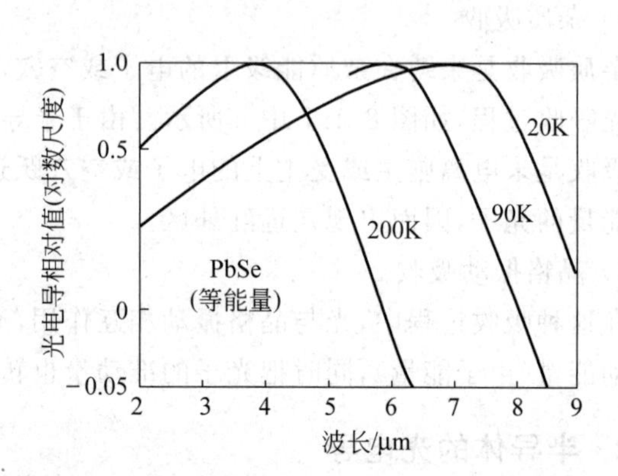

图 8.1.8 本征光电导的光谱分布曲线

分析光电导光谱曲线,可以获得许多有关半导体的特性参数。例如,从图 8.1.8 中可以清楚地看出,不同的半导体材料,由于禁带宽度的差别,对应有不同的光谱分布曲线,每条曲线都有峰值,并且分布在不同的波长范围内。PbSe 的光电导分布在直到 $10\mu m$ 的红外光波段,而 CdS 的光电导分布在零点几微米的范围内。

此外,还可看出,在光电导峰值的长波方面曲线迅速下降。这是因为在长波部分,光子能量低,不足以引起本征光吸收,所以光电导就迅速下降。因此,在光谱分布曲线上存在一个长波限,由此可确定半导体的禁带宽度。然而,光电导下降一般不是竖直的,通常选定光电导下降到峰值的一半的波长为长波限。在光电导峰值的短波方面曲线也在逐渐下降。如果光谱曲线是等能量曲线,由于短波方面照射的光子数目少,自然引起光电导下降。如果光谱曲线是等量子曲线,则短波方面光电导下降的物理机构比较复杂。可以肯定的是,波长短,样品对光的吸收系数大,光生载流子就愈集中于光照表面。这时受表面能级、表面复合与电极等影响,载流子迁移率与寿命减小,都将引起光电导下降。

4) 复合和陷阱作用

当半导体受到光照时,体内不断有非平衡载流子产生,这些电子与空穴也会不断地相遇复合而消失。研究光电导的具体过程主要是研究光生载流子的复合过程。复合过程有两种:一种是导带中的电子直接从导带跃迁到价带与空穴复合,使一对电子空穴消失,这种简单的复合形式称为直接复合;另一种是通过禁带中的能级的间接复合。

半导体中的杂质或缺陷能在禁带中形成一定的能级。其中有些能级既可接受导带电子又可接受价带空穴,即俘获电子的能力与俘获空穴的能力相近,它们对非平衡载流子的复合起促进作用,称这类杂质和缺陷为复合中心。一般光生载流子的复合过程都是通过复合中心进行的。

半导体内还可能存在另一类的杂质或缺陷，它们的能级位于费米能级附近，对电子的俘获能力大于对空穴的俘获能力，或对空穴的俘获能力大于对电子的俘获能力。一旦非平衡电子或空穴被它们俘获后，这部分载流子既不参与导电，也未被复合掉，就好像被陷住似的。称这类杂质和缺陷为陷阱。

5）杂质光电导

当光子的能量等于或大于杂质电离能时，光照能使束缚于杂质能级上的电子或空穴电离，成为自由的光生载流子，产生光电导。由于杂质原子的数目比起半导体本身的原子数目要小得多，所以杂质的光电导效应相对本征光电导来说要微弱得多。由于杂质的电离能往往很小，因此对应的光电导长波限很长，所涉及的能量都在红外范围，激发的光不可能很强。

3. 半导体的光伏效应

当用适当波长的光照射非均匀掺杂的半导体（如 p-n 结）或其他半导体结构（如金属与半导体形成的肖特基势垒、金属-氧化物-半导体结构）时，由于光激发和半导体内建电场的作用，将在半导体内部产生电势，这种现象称为光生伏特效应（简称光伏效应）。由光伏效应建立起来的电动势又称光生电动势或光生电压。如果将样品两端短路，在外电路将会产生光生电流。这种半导体结构就是光生伏特电池（简称光电池）。光伏效应最重要的实际应用是利用太阳能电池将太阳辐射能转换成电能。

8.1.5 半导体的磁学性质

1. 半导体的霍尔效应

如果在一块半导体某一方向上加有电场，并在其垂直方向上加有磁场，则载流子除了受电场作用外，还要受磁场的作用。在两种外场的作用下，载流子的运动发生变化，结果在半导体的两端产生一横向电势差，即产生一横向电场，其方向同时垂直于电流和磁场，这种现象称为半导体的霍尔效应，该横向电场称为霍尔电场。

假设在 x 方向加电场 E_x，z 方向加磁场 B_z（如图 8.1.9 所示），则在 y 方向产生的横向电场 E_y，其大小与电流密度 J_x 和磁感应强度 B_z 成正比，即

$$E_y = R_H J_x B_z \tag{8.1.27}$$

比例系数 R_H 称为霍尔系数，它表示在单位磁场作用下通过单位电流密度所产生的霍尔电场，与半导体的导电类型、掺杂浓度以及温度有关，单位是 m^3/C。

横向霍尔电场 E_y 的存在说明，在有垂直磁场时，总电场 E 和电流的方向不完全相同，它们的夹角称为霍尔角 θ。由于电流沿 x 轴，所以霍尔角也就是电场 E 和 x 轴的夹角。因此，霍尔角表示为

$$\tan\theta = \frac{E_y}{E_x} \tag{8.1.28}$$

如果认为半导体的电导率不受磁场的影响，将式(8.1.27)代入式(8.1.28)得到

$$\tan\theta = R_H B_z \left(\frac{J_x}{E_x}\right) = (R_H \sigma) B_z \tag{8.1.29}$$

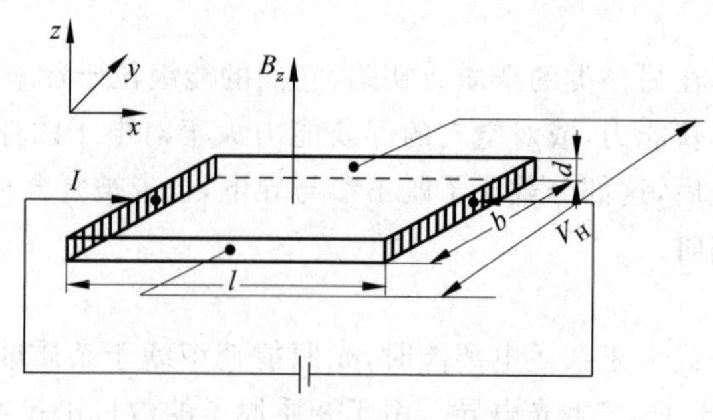

图 8.1.9　测量霍尔电场的示意图

令

$$\mu_{\mathrm{H}} = R_{\mathrm{H}}\sigma$$

则

$$\tan\theta = \mu_{\mathrm{H}} B_z \tag{8.1.30}$$

通常称 μ_{H} 为霍尔迁移率。注意，载流子迁移率与霍尔迁移率不仅所表示的意义不同，而且其数值一般也不相同。

2. 磁阻效应

前面讨论霍尔效应时，假定了样品的电导率是不因磁场存在而变化的。但是进一步的实验发现，在与电流垂直的方向加磁场后，沿外加电场方向的电流密度有所降低，即由于磁场的存在，半导体的电阻增大，此现象称为磁阻效应。在磁场中电阻的增加主要是由于电阻率的增大或样品长度增加，前者引起的磁阻效应称为物理磁阻效应，后者引起的磁阻效应称为几何磁阻效应。

8.1.6　半导体的热电性质

半导体中的载流子除了输运电荷外，还可输运能量。如果在样品中建立一个温度梯度，半导体将产生热传导、温差电等现象。

1. 热传导

当材料中存在温度梯度时，热能将由高温部分向低温部分传递。传导的热量 $\mathrm{d}Q$ 与传递方向的温度梯度、传导时间 $\mathrm{d}t$ 及热流通过的横截面积 S 成正比，以一维情况为例，则

$$\mathrm{d}Q = -\chi \frac{\mathrm{d}T}{\mathrm{d}x} S\,\mathrm{d}t \tag{8.1.31}$$

式中的负号表示热量由高温端流向低温端；比例系数 χ 称为热导率，单位为 W/(m・K)。χ 仅由材料本身的性质决定，是标志材料导热性能的参数。

2. 半导体的热电效应

由于温度梯度及电流同时存在，在半导体中将引起一些现象，如塞贝克效应、珀耳帖效应和汤姆逊效应。这些效应最先是在金属中发现的，但在半导体中观察到的这些效应更显著。

3. 塞贝克效应

将两种不同材料连成如图 8.1.10 所示的闭合回路，如果使两个接触点处保持不同温度 T_0 和 $T_0+\Delta T$，则环路中将会产生电动势，从而使电路中有电流流过，这种电流称为温差电流，产生电流的电动势称为温差电动势。实验证明，温差电动势与两个接头处的温度及材料有关。这一现象称为塞贝克效应。

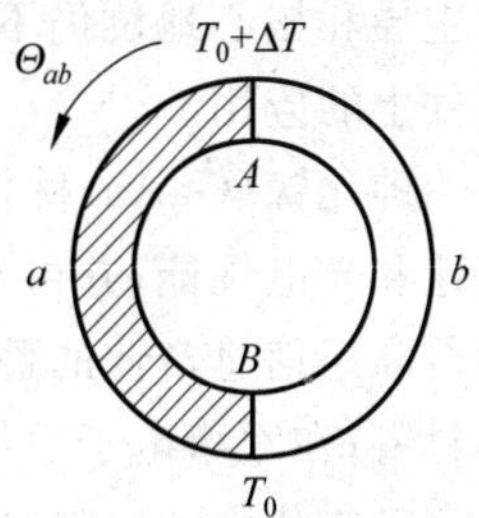

图 8.1.10 塞贝克效应

4. 珀耳帖效应

将上述方法制成的环路保持一定温度，并通以电流时，一个接头处除放出焦耳热以外还放出热量，在另一接头处则吸收热量。当电流的方向改变时，放热和吸热的接头也随之改变。此现象称为珀耳帖效应。这种效应是可逆的。

5. 汤姆逊效应

当电流通过有均匀温度梯度的半导体时，原有的温度分布将被破坏，为了维持原有的温度分布，则导体将吸热或放热，此现象称为汤姆逊效应。

8.2 三代半导体材料概述

在半导体产业的发展中，一般将硅、锗称为第一代半导体材料；将砷化稼、磷化铟、磷化镓、砷化铟、砷化铝及其合金等称为第二代半导体材料；而将宽禁带($E_g>2.3$eV)的氮化镓、碳化硅、硒化锌和金刚石等称为第三代半导体材料。硅、砷化镓和氮化镓是三代半导体材料的代表性材料，也是目前主要应用的半导体材料。三代半导体材料的主要特性如表 8.2.1 所示。

表 8.2.1 主要半导体材料的比较

比较项目		Si	GaAs	GaN
物理性质	禁带宽度/eV	1.1	1.4	3.4
	饱和速率/(10^{-7} cm/s)	1.0	2.1	2.7
	热导/(W/(cm·K))	1.3	0.6	2.0
	击穿电压/(MV/cm)	0.3	0.4	5.0
	电子迁移速率/(cm^2/(V·s))	1350	8500	900
应用情况	光学应用	无	红外	蓝光/紫外
	高频性能	差	好	好
	高温性能	中	差	好
	发展阶段	成熟	发展中	初期
	相对制造成本	低	高	高

硅材料具有储量丰富、价格相对低廉、热性能与机械性能优良、易于生长大尺寸高纯度晶体等优点，已处于成熟的阶段。目前，硅材料仍是电子信息产业最主要的基础材料，95%以上的半导体器件和99%以上的集成电路(IC)是用硅材料制作的。在21世纪中期前，它的主导和核心地位仍不会动摇。但是硅材料的物理性质限制了其在光电子和高频、高功率器件上的应用。

砷化镓(GaAs)材料的电子迁移率是硅的6倍多，其器件具有硅器件所不具有的高频、高速和光电性能，并可在同一芯片上同时处理光、电信号，被公认为新一代的通信用材料。随着高速信息产业的蓬勃发展，砷化镓成为继硅之后发展最快、应用最广、产量最大的半导体材料；在军事电子系统中的应用日益广泛，并占据不可取代的重要地位。

第二代电子材料，即Ⅲ-Ⅴ族化合物半导体，包括GaAs、GaP以及它们的合金。这些化合物半导体构成了所有光电子器件的基础，同时也开辟了高性能微波和数字电路的新市场。

宽禁带半导体材料($E_g>2.3$eV)是继Si和GaAs等III-V族化合物之后的新一代半导体材料，主要有GaN、SiC、ZnSe、金刚石等。这些材料以本身特有的禁带宽度大、介电常数小、临界击穿电场高、电子迁移率高和热导率高等优良性能，成为制作高温、高频、大功率、抗辐射、短波长发光器件及光集成的理想材料，成为微电子和光电子领域研究的热点。

与制造技术非常成熟和制造成本相对较低的硅半导体材料相比，第三代半导体材料目前面临的最主要挑战是发展适合GaN薄膜生长的低成本衬底材料和大尺寸的GaN体单晶生长工艺。主要半导体材料的用途如表8.2.2所示。

表8.2.2 主要半导体材料的用途

材料名称	制作器件	主要用途
硅	二极管、晶体管	通信、雷达、广播、电视、自动控制
	集成电路	各种计算机、通信、广播、自动控制、电子钟表、仪表
	整流器	整流
	晶闸管	整流、直流输配电、电气机车、设备自控、高频振荡器、超声波振荡器
	射线探测器	原子能分析、光量子检测
	太阳能电池	太阳能发电
砷化镓	各种微波管	雷达、微波通信、电视、移动通信
	激光管	光纤通信
	红外发光管	小功率红外光源
	霍尔元件	磁场控制
	激光调制器	激光通信
	高速集成电路	高速计算机、移动通信
	太阳能电池	太阳能发电
氮化镓	激光器件	光学存储、激光打印机、医疗、军事应用
	发光二极管	信号灯、视频显示、微型灯泡、移动电话、普通照明
	紫外探测器	分析仪器、火焰检测、臭氧监测
	集成电路	通信基站(功放器件)、永远性内存、电子开关、微波电路、导弹、卫星

8.3 锗、硅材料

8.3.1 锗、硅的物理和化学性质

锗和硅都是具有灰色金属光泽的固体，硬而脆。两者相比，锗的金属性更显著。锗的室温本征电阻率约为50Ω·cm，而硅约为$2.3\times10^5\Omega\cdot cm$，硅在切割时更易碎裂。锗和硅的有关物理性质列在表8.3.1中。

表8.3.1 锗、硅的物理性质

性能名称	性能指标	
	Ge	Si
密度/(kg/m^3)	5.327	2.333
晶体结构	金刚石结构	金刚石结构
晶格常数/nm	0.5658	0.5431
熔点/℃	936	1410
沸点/℃	2700	2600
热膨胀系数/k^{-1}	6.1×10^{-5} (0～300℃)	4.2×10^{-6} 10～25℃
热导率/(W/(m·K))	58.62(298K)	83.74×10^2(298K)
弹性系数/Pa		
	$C_{11}=12.9\times10^{10}$	$C_{11}=16.7\times10^{10}$
	$C_{12}=5.88\times10^{10}$	$C_{12}=6.52\times10^{10}$
	$C_{44}=6.73\times10^{10}$	$C_{44}=7.96\times10^{10}$
体积压缩系数/Pa^{-1}	1.3×10^{-11}	0.98×10^{-13}
磁化率	-0.12×10^{-6}	-1.3×10^{-5}
德拜温度/K	360	650
漂移迁移率/(m^2/(V·s))		
电子迁移率 μ_n		
空穴迁移率 μ_p	0.39	0.135
霍尔迁移率/(m^2/(V·s))	0.19	0.05
电子迁移率 μ_{nH}	0.359	0.19
空穴迁移率 μ_{pH}	0.34	0.043

锗和硅在空气和常温下化学性质是稳定的，但升高温度时，却很容易同氧、氯等多种物质发生化学反应。在室温下硅表面会生成极薄的氧化硅。硅在400℃与氧明显反应，在1000℃时能与氮发生反应。

锗不溶于盐酸或稀硫酸，但能溶于热的浓硫酸、浓硝酸、王水以及HF-HNO_3混合酸中。对大多数酸来说，硅比锗更稳定，硅不溶于HCl、H_2SO_4、HNO_3及王水，但很容易被HF-HNO_3混合酸所溶解，因而半导体工业中常用此酸作为硅的腐蚀液。

锗与浓碱几乎不起作用，但很容易溶解在H_2O_2-NaOH混合液中。硅比锗更容易与碱起反应。硅遇到浓碱时，在室温下就能发生反应，因为硅和NaOH或KOH能直接作用生

成相应的硅酸盐而溶于水中。

硅与金属作用能生成很多种硅化物(如 $TiSi_2$、WSi_2、$MoSi_2$、…),这些硅化物具有导电良好、耐高温、抗电迁移等特性。

硅材料分为多晶硅、单晶硅和非晶硅,单晶硅分为直拉单晶硅、区熔单晶硅和外延单晶硅片。其中直拉单晶硅的特点是直径大、机械强度高、电阻率低、氧含量较高,主要用于制造集成电路、晶体管、低电压小功率二极管、传感器和太阳能电池;区熔单晶硅的特点是电阻率高、补偿度小、少数载流子寿命长,主要用于电力电子器件高反压晶体管和射线探测器;外延单晶片的特点是气相生长的薄膜单晶,主要用于各种类型晶体管。目前硅材料制备技术已达到十分完美的程度,目前全球硅晶片已由直径 8in 逐渐过渡到 12in 晶片,研制水平达到 16in。

8.3.2 锗、硅的晶体结构与能带结构

1. 锗、硅的晶体结构

锗和硅都是金刚石结构,其晶胞如图 8.3.1 所示。它可以看作是两个面心立方晶胞沿立方体的对角线互相位移了四分之一的空间对角线长度套构而成。在室温下,锗的晶格常数为 0.5658nm,硅的晶格常数为 0.5431nm。从图 8.3.1 可以看出,每个原子有 4 个最邻近的原子,它们正好在一个正四面体的顶角位置,中心原子同四面体各顶点上的原子通过 4 个共价键结合在一起。

2. 锗、硅的能带结构

材料的实际能带结构比我们在图 8.3.1 中所见到的要复杂得多。它用波矢 $\boldsymbol{k}$ 所在的空间来表示,不同的波矢方向的能量与波矢的关系不同,它们通常在布里渊区中表示。根据能带理论计算和实验测量的结果,图 8.3.2 画出了硅和锗沿[100]和[111]方向的能带结构。图中 Γ 点为布里渊区中心,X 点为[100]轴与该方向布里渊区边界的交点,L 点为[111]轴与该方向布里渊区边界的交点。图中的上部为导带,下部为价带。

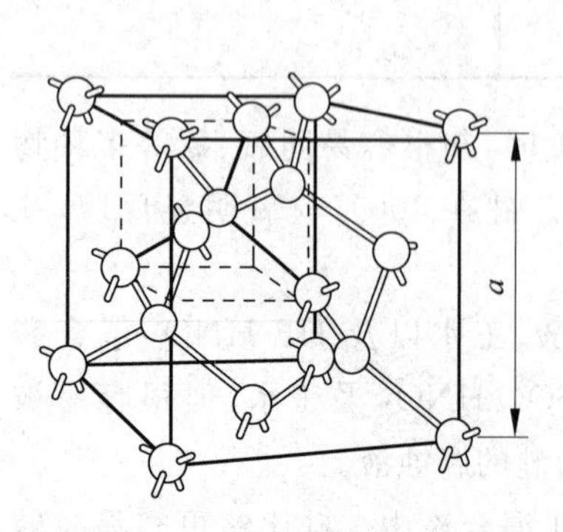

图 8.3.1 金刚石型结构的晶胞

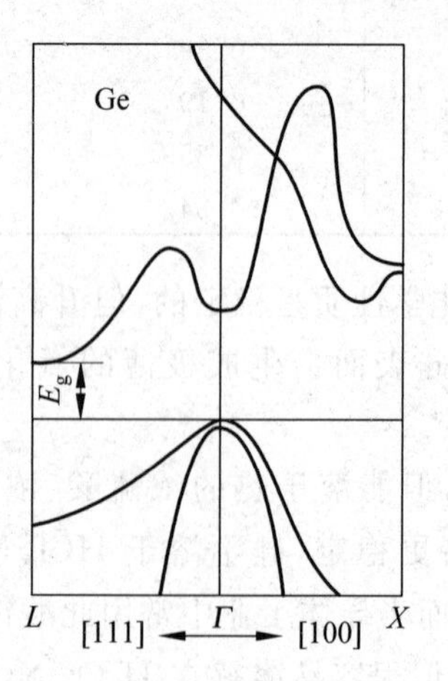

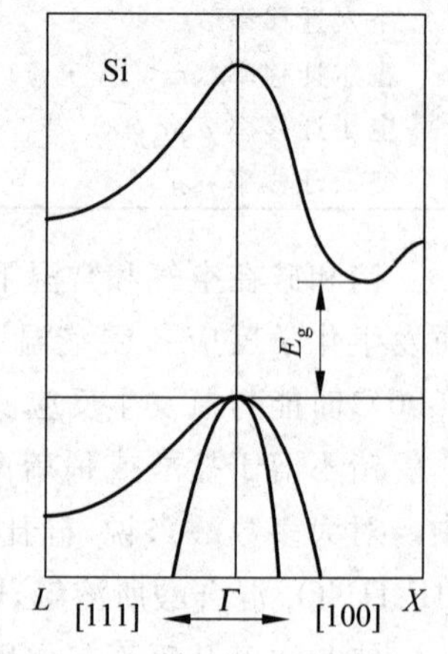

图 8.3.2 锗、硅的能带结构

由图8.3.2可以看出，锗和硅的导带最低能值分别位于[111]方向布里渊区边界和[100]方向。根据晶格的几何对称性，实际分别存在8个和6个这种能量最小值，导带电子主要分布在这些极值附近，通常称锗、硅的导带具有多能谷结构。锗和硅的价带极大值均位于布里渊区的中心($k=0$)，价带空穴主要分布在极大值附近。由图8.3.2可见，对同一k值，$E(k)$可以有两个值。在$k=0$处，能量重合。这说明存在极大值相重合的两个能带。外面的能带曲率小，对应的有效质量大，称该能带中的空穴为重空穴。内能带的曲率大，对应的有效质量小，称此能带中的空穴为轻空穴。通常价带极大值附近的等能面可近似看作球形等能面。于是，轻、重空穴的有效质量也可认为是各向同性的。

硅和锗的导带底和价带顶在k空间处于不同的k值，为间接带隙半导体。

8.3.3 锗、硅中的杂质和缺陷

杂质对锗、硅电学性质的影响与杂质能级在禁带中的位置密切相关。在锗和硅中的杂质大致可分为两类，一类是Ⅲ族或Ⅴ族元素，它们在硅和锗中，多占据晶格格点，能级只有一个，且电离能小，一个杂质原子只起一个受主或施主作用，Ⅲ族杂质起受主作用，使材料呈p型导电；Ⅴ族杂质起施主作用，使材料呈n型导电。另一类是除Ⅲ、Ⅴ以外的杂质。如IB族和过渡金属元素，它们具有多重的杂质能级而且电离能大，在室温下不会全部电离，对材料的导电性质影响较小，主要起复合中心或陷阱的作用。

多重杂质在锗、硅中的作用是非常复杂的，它与材料中原来掺入的其他杂质类型和浓度、温度等都有关系。如金在硅中有两个能级，一是$E_c-0.54$eV(受主)，另一个是$E_v+0.35$eV(施主)，它们所起的补偿作用与掺入的其他杂质浓度和温度有关。

除了多重能级杂质以外，在硅、锗中还有一些杂质是电中性的，它们不起施主和受主的作用，对材料的电阻率没有明显的直接影响，如碳、氢、氮等。

锗硅单晶中的点缺陷主要是空位和间隙原子。线缺陷位错是半导体材料中最普遍的晶体缺陷，它们是在晶体生长、加工过程中，由于存在着应力而产生的。它们对半导体材料的载流子迁移率和寿命都有影响。由于在位错线附近的原子与完整晶体中的原子不同，只有三个原子与之构成共价键，剩下有一个“悬挂键”，它往往成为受主能级，在n型半导体中俘获电子而带负电。这样位错会对载流子散射，使迁移率降低，使单晶材料的电阻率增加和减小少数载流子寿命。

晶界、孪晶界、堆垛层错、相界和晶体表面等是晶体中常见的面缺陷，其中层错这种类型的面缺陷常在气相外延生长和硅片进行热氧化及扩散时产生，特别是在具有埋层的晶片上进行气相外延时，层错密度更高。

微缺陷是无位错硅、锗单晶中广泛存在的一类缺陷，其几何尺寸多为微米或亚微米数量级。当用无位错硅单晶制作大规模集成电路时，微缺陷的存在对于它们性能的影响是十分显著的。

8.3.4 非晶硅材料

1. 非晶硅的特性

非晶硅(简称 a-Si)在结构上最基本的特性是短程有序而长程无序。就每一个原子来看,它的最近邻和次近邻原子的情况可能基本相同;但在更远一些的环境(例如在 10 个原子左右的距离)上,是完全不规则的。因而非晶硅从整体上不再具备单晶硅晶体中原子排列的晶格周期性。在能带结构上对于非晶硅,半导体的能带理论基本上可以用,但要作些修正。同晶体硅相比,非晶硅具有以下突出的特点。

(1) 可以改变材料的物性参数。在晶态时,硅和锗的激活能和带隙宽度等物性参数基本保持不变,而非晶材料的这些参数都可以通过调整组分或工艺参数等办法来改变;这样就可以根据需要来提供样品,扩大应用范围。

(2) 非晶材料从整体来说是各向同性的,因此加工时不必考虑晶向的方位,工艺简单,加工性好,大面积器件的制造比单晶材料要容易。

2. 氢化非晶硅(a-Si∶H)

非晶硅都是高阻材料,无法用掺杂的办法使它的电阻率降低以及改变它的导电类型,因此在使用上受到了很大的限制。1975 年用辉光放电分解 SiH_4 制备非晶硅,形成了氢化非晶硅,氢原子与非晶硅中的悬挂键结合,大大地降低了非晶硅中的悬挂键。氢化非晶硅是非晶硅材料在技术上的突破,扩大了非晶硅的应用范围。非晶硅氢化以后,它的禁带宽度将随着氢化程度的不同而有所变化,宽度可在 1.2～1.8eV 之间变化。氢化非晶硅在实用上与硅单晶相比有它的优点,禁带宽度及吸收系数较大,但迁移率及扩散长度较小。

8.3.5 锗硅合金

Ge 的晶格常数为 $a_{Ge}=0.5658$nm,Si 的晶格常数为 $a_{Si}=0.5431$nm,晶格失配率为 4.2%,所以 Ge 与 Si 能够以任意比例互溶生长成无限全金(无限固溶体)。在室温下,如果 Ge 的摩尔分数 x 不是很高的情况下,体 $Si_{1-x}Ge_x$ 合金的晶格常数和禁带宽度随组分 x 呈线性变化。

$Si_{1-x}Ge_x$ 薄膜能带结构在 Ge 含量 x 小于 0.85 时,$Si_{1-x}Ge_x$ 薄膜仍为类 Si 结构,禁带最小值在 X 布里渊区边界附近;当 Ge 含量 x 超过 0.85 时,$Si_{1-x}Ge_x$ 为类 Ge 结构,间接禁带的最小值在 L 布里渊区边界附近。在 Si(001)衬底上生长含有应力的 $Si_{1-x}Ge_x$ 赝晶会引起更为显著的间接禁带收缩,特别是以赝晶形式存在时,在合金层内的应力导致了其能带结构的进一步调整,这包括简并的价带和导带的劈裂,劈裂程度由 Si 及 $Si_{1-x}Ge_x$ 二层的应力决定。由于这些特性,使锗硅合金的性能发生优化。

应变度为 1%的硅,理论计算预计其室温电子迁移率将达到 3000～4000cm^2/(V·s),超过普通纯硅电子迁移率的 2 倍;在 77K 低温下,达到 20000～23000cm^2/(V·s),在 1.5K 的极低温下可达到 180000cm^2/(V·s)。

SiGe合金材料的研究始于20世纪50年代中期，由于工艺上的原因难以提高材料的品质。随着薄膜生长技术的发展，已能生长出晶格品质优良、电光性能完美的多种SiGe/Si结构。目前，SiGe/Si结构可用多种外延方法生长，近年来的报道主要集中在气体源分子束外延(GSMBE)、固体源分子束外延(SSMBE)、超真空化学气相淀积(UHV/CVD)和快速加热化学气相淀积(RTCVD)等几种方法。

SiGe是近年来兴起的新型半导体材料，它有许多独特的物理性质和重要的技术应用价值，由于优异的材料特性，并与硅的微电子技术兼容，被认为是第二代硅材料。锗硅合金与应变硅，使硅材料进入到人工设计和微结构材料的时代，硅器件进入到异质结构、能带工程时代，器件的工作速度已扩展到毫米波、超快速领域。同时在光电子领域也获得应用。目前，SiGe材料在光电子领域中的应用主要有鹰晶应变层超晶格p-i-n光探测器、雪崩光探测器、长波长光电导探测器、多量子阱光电探测器等。

SiGe材料虽然有载流子迁移率高、能带可调、禁带宽度可以精确调节等优异的物理性质，但是，也存在缺点。由于Ge的晶格常数比Si大4.2%，由此造成的晶格失配会形成应变能使薄膜的组成不均匀，会显著影响材料的能带结构、禁带宽度和迁移率等主要物理性能，SiGe层厚度较小(不能超过平衡临界厚度)，从而使其应用受到很大的限制。

为了解决晶格失配问题，人们利用固溶技术，在SiGe中掺晶格常数较小的碳，形成$Si_{1-x-y}Ge_xC_y$三元合金，当$x/y=9$时，三元合金即与Si衬底晶格完全匹配。$Si_{1-x-y}Ge_xC_y$合金的这一特点为人们开发硅基光电子技术开辟了非常广阔的前景。

8.4　Ⅲ-Ⅴ族化合物半导体

8.4.1　Ⅲ-Ⅴ族化合物半导体的一般性质

Ⅲ-Ⅴ族化合物半导体是由周期表中ⅢA族和ⅤA族元素化合而成的。Ⅲ族原子比Ⅳ族原子少一个价电子，而Ⅴ族原子则比Ⅳ族原子多一个价电子，因此Ⅲ-Ⅴ族化合物每个原子的平均电子数与Ⅳ族半导体的相同。Ⅲ-Ⅴ族化合物的晶体结构和电子性质在许多方面与Ⅳ族半导体的相似，它们的结晶都是闪锌矿结构，类似于Ⅳ族元素金刚石结构，其价键主要是共价键形式。但和Ⅳ族元素半导体相比，在性质上还是有很大差别的。这种差别的来源在于构成原子的负电性。它使键力具有离子成分。由于键力中离子成分的引入，使得Ⅲ-Ⅴ族的总能量高于相对应的Ⅳ族元素的总能量。由于这个结果，Ⅲ-Ⅴ族化合物的结合力较强，因而熔点较高，相对应的禁带宽度也较大，这是制备高温与大功率器件所需材料的必备条件。表8.4.1列出Ⅲ-Ⅴ族化合物的某些重要性质。为了便于比较，也把Ⅳ族元素Ga、Si的性质一并列出。

由表中看出，某些Ⅲ-Ⅴ族化合物具有Ⅳ族元素半导体所没有的或不及的优良性质。表现在：①迁移率高，如GaAs的电子的迁移率是Si的6倍，是制作高频、高速器件的理想材料；②禁带宽度大，可用作高温、大功率器件；③能带结构是直接跃迁型，因此转换成光的效率高，可作半导体激光器和发光二极管等。由表8.4.1可看出：GaAs和InP是很有应用价值和前途的。InP 在许多方面呈现出比 GaAs 更好的特性：如电子速度高、击穿场强高、耐辐射、可进行光化学蚀刻、频率高、导热性好等。现已证明，InP 制造的晶体管与用其他任何材料（如锗、硅）制造的器件相比其速度快 50%，InP 是制造高频器件、结型场效应晶体管、抗核辐射器件以及光电集成电路的基础材料。AlP 和 GaP 有大的禁带宽度，对制作低频高温器件有利。InAs 和 InSb，由于它们有高的电子迁移率和大的霍尔效应和磁阻效应，适于作霍尔器件；InSn 的光灵敏度甚高，在室温下其长波限可超过 7μm，是一种很有价值的红外探测器材料。

表 8.4.1 Ⅲ-Ⅴ族化合物的某些主要性质

名称	结构	晶格常数/nm	禁带宽度/eV		密度/(g/cm^3)	迁移率(300K)/(cm^2/(V·s))		熔点/℃	介电常数	折射率
			0K	200K		电子	空穴			
AlP	ZB	0.5465		2.45	2.38			2000	11.6	3.4
GaP	ZB	0.5445		2.26(I) 2.73(D)	4.13	110	70	1467	11.1	3.34 (0.54μm)
InP	ZB	0.5860		2.25(I) 1.34(D)	4.787	3000	150	1070	12.35	3.45 (0.59μm)
AlAs	ZB	0.5661		2.13(I) 2.40(D)	3.595	200	300	1740	10.9	3.3 (0.5μm)
GaAs	ZB	0.5649		1.428	5.307	8000	400	1238	13.18	3.025 (0.55μm)
InAs	ZB	0.5050	0.4	0.36(D)	5.66	2260 0	200	943	14.55	4.558 (0.52μm)
AlSb	ZB	0.6135		1.62(I) 2.22(D)	4.26	200	300	1080	14.4	1.4 (0.78μm)
GaSb	ZB	0.60940	0.8	0.70(D)	5.613	2000	800	712	15.69	1.82 (1.8μm)
InSb	ZB	0.64780	0.3	0.18	5.775	1000 00	1700 750	525 536	17.72	1.22 (0.59μm)
Si	DI	0.54310		1.119	2.328	1350	500	1420	11.6	3.4223 (5.0μm)
Ge	DI	0.53207		0.664	5.32	3900	1900	941	16.0	4.017 (4.88μm)

注：ZB—闪锌矿结构；(I)—间接带隙；(D)—直接带隙；EI—金刚石结构。

Ⅲ-Ⅴ族化合物的禁带宽度大，载流子迁移率高，为直接禁带，在光电子应用上比锗硅有许多优点。Ⅲ-Ⅴ族二元化合物之间还可形成多元系固溶体，在这些固溶体中，其能带结构和禁带宽度将随化合物间的相对比例而变化，因而适应制备多种性能器件的需要。当前许多光电器件（如发光二极管、激光器、太阳能电池、光电探测器以及场效应晶体管、雪崩二极管、肖特基二极管等微波器件）大都用Ⅲ-Ⅴ族化合物材料制作；用 GaAs 还可制得高速集成电路。目前以 GaAs、InP、GaP 为代表的Ⅲ-Ⅴ族化合物材料生产已形成工业规模，产量在逐年增加。

8.4.2 Ⅲ-Ⅴ族化合物半导体的晶体结构

1. 晶格结构

几乎所有Ⅲ-Ⅴ族化合物都具有立方闪锌矿型结构和六角纤维锌矿型结构。除少数几种Ⅲ-Ⅴ族化合物(如 BN、AlN、GaIn)的晶格为纤维锌矿结构外,大多数Ⅲ-Ⅴ族化合物(包括 AlP、AlAs、GaP、GaAs、GaSb、InP、InAs、InSn)的晶格都是闪锌矿型结构。闪锌矿型结构与 Ge、Si 等金刚石结构很相似,如图 8.4.1(b)所示。

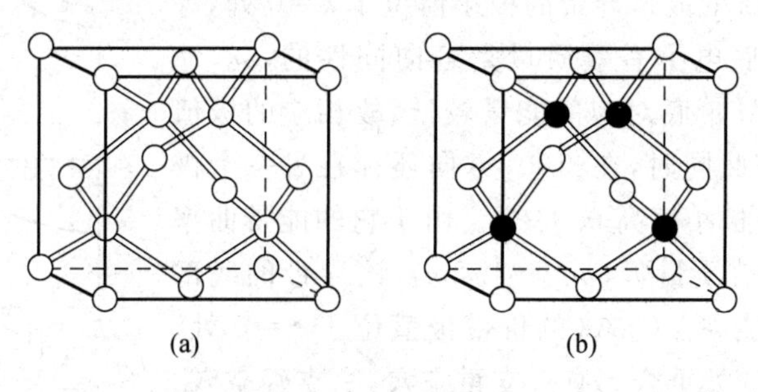

图 8.4.1 两种结构的比较

(a) 金刚石结构;(b) 闪锌矿结构

由图 8.4.1 可见,每个原子最近邻有 4 个原子,配位数为 4,若该原子处在一个正四面体的中心,则 4 个近邻原子处在四面体的顶角,这种键称为四面体键,键角为 109°28′。除去由两类不同原子占据着晶格的交替位置外,闪锌矿结构与金刚石结构是完全一样的,即金刚石结构全部由一种原子组成,而闪锌矿结构则由两种原子组成,每一个原子的近邻是 4 个异类原子。例如 GaAs 的晶格结构,每一个 Ga 原子周围为 4 个 As 原子,每个 As 原子周围近邻为 4 个 Ga 原子,正是由于二者在晶格结构上有不同之处,而引起Ⅲ－Ⅴ族化合物与金刚石结构的 Ge、Si 相比有不同的新特征。在能带结构上大都是直接禁带。

2. Ⅲ-Ⅴ族化合物半导体中的极性键

由于Ⅲ-Ⅴ族化合物晶体的Ⅲ族元素的原子 A 外层有 3 个电子,Ⅴ族元素的原子 B 外层有 5 个价电子,当组成Ⅲ-Ⅴ族化合物晶体时,B 原子中的 5 个价电子一个给Ⅲ族 A 原子,然后它们相互作用形成 sp^3 杂化,此时,A、B 原子各有 4 个外层电子(像 Ge、Si 那样),正好组成 4 个共价键,形成四面体键合。但这种键合同时形成了正负离子,会产生库仑吸引作用。这样,使Ⅲ-Ⅴ族化合物中原子的相互作用除了共价键主要成分外,还有离子键成分存在,它们的键合为混合键型。

离子键与共价键不同,电子不是完全共有,由于离子键的作用,Ⅴ族 B 原子吸引电子的能力比Ⅲ族 A 原子大,使得化学键中的电子与 B 原子键合的较强,亦即电子云密度在 B 处附近更大。这种原子电荷分布的不对称现象通常称为极化现象,结果在键合方向上产生极性。像这种具有极性的共价键叫做极性键。

Ⅲ-Ⅴ族化合物晶体的离子键成分与Ⅲ族原子和Ⅴ族原子的负电性之差有关。两者之差愈大,而共价键成分就愈小。计算表明 Ga、P 晶体中共价键成分为 71%,离子键成分29%。

8.4.3 砷化镓

自1962年用砷化镓(GaAs)制成激光器,1963年发现Gunn效应之后,GaAs成为目前除锗、硅之外研究和应用得最广泛的半导体材料。下面简要介绍GaAs的基本性质。

Ⅲ-Ⅴ族化合物半导体的禁带较宽,都是直接禁带,如图8.4.2所示。GaAs的能带导带的极小值位于$k=0$处,等能面是球形,故导带底电子有效质量是各向同性的,$m_e^*=0.068m_0$。由于这一导带底对应的能量较低,故相应的极值能谷称为下能谷。与此同时,在[100]方向还存在另一个极小值,能量比$k=0$的极小值高0.36eV。由于它的能带曲率小,故对应的电子有效质量大,$m_e^*=1.2m_0$,该导带的底部能量水平高,故称上能谷。GaAs的价带极值位于$k=0$处,而且也有两支在$k=0$处重合。有一支重空穴,一支轻空穴。重空穴所在能带,空穴有效质量为$(m_p)_h=0.45m_0$;轻空穴所在能带,空穴有效质量为$(m_p)_l=0.082m_0$。

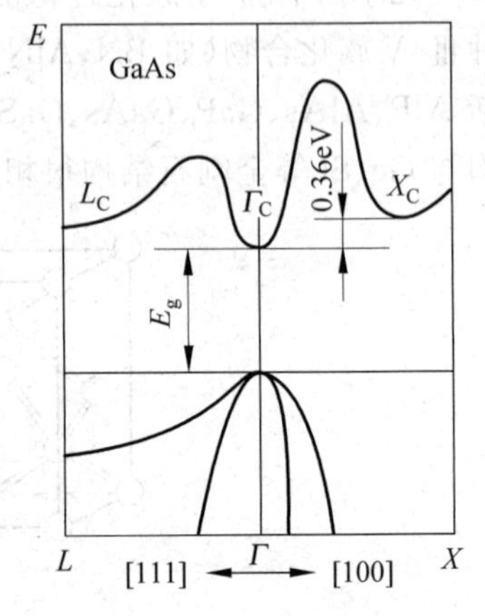

图8.4.2 GaAs能带图

GaAs的导带极小值在$k=0$处,价带极大值也在$k=0$处,为直接带隙型。GaAs由于能带是直接跃迁型,故用它作发光器件比较合适,但其发光波长在红外区。

因为GaAs在[100]方向上具有双能谷能带结构。除$k=0$处导带有极小值外,在[100]方向边缘上存在着另一个比中心极小值仅高0.36eV的导带极小值。因此电子可处于主、次两个能谷。在室温下,主能谷中的电子很难跃迁到次能谷中去。因为室温时电子从晶格得到的能量约为0.026eV。但电子在主能谷中有效质量较小,迁移率大,而在次能谷中有效质量大($m^*=1.2m_0$),迁移率小(约$100\text{cm}^2/(\text{V}\cdot\text{s})$),且次能谷中的状态密度又比主能谷大,一旦外电场超过一定的阈值时,电子就可能由迁移率大的主能谷转移到迁移率小的次能谷,而出现电场增大、电流减小的负阻现象。

GaAs禁带宽度为1.43eV,制作的器件可在450℃下工作;宽的禁带使器件的击穿电压大,适于作功率器件;此外,GaAs具有比Si大得多的电子迁移率,可用作高频和高速器件。

8.4.4 GaN材料系列

GaN材料系列包括GaN、InN和AlN及由它们构成的三元合金(如AlGaN、InGaN)。

1. GaN的基本性质

GaN化学稳定性好(几乎不被任何酸腐蚀),在室温下,GaN不溶于水、酸和碱,而在热的碱溶液中以非常缓慢的速度溶解。GaN在HCl或H_2气下,在高温下呈现不稳定特性,而在N_2气下最为稳定。

GaN具有宽的直接带隙、强的原子键、高的热导率和强的抗辐照能力，是极稳定的化合物，又是坚硬的高熔点材料(熔点约为1700℃)。尽管GaN具有纤锌矿和闪锌矿两种晶体结构，但外延生长闪锌矿的GaN较为困难，所以目前广泛研究和应用的是纤锌矿结构的GaN。

GaN的晶格常数会随着生长条件、掺杂浓度和薄膜的化学配比的不同而变化。研究表明，高的生长速率和大的Zn和Mg掺杂浓度都将导致GaN的晶格常数变大。GaN材料的研究与应用已成为目前全球高新技术研究的前沿和热点。

2. GaN的掺杂和欧姆接触

由于非故意掺杂GaN薄膜中存在着一些缺陷(通常认为是氮空位)，因而使之表现出n型半导体的特性。这种样品在室温和液氮下的电子迁移率为$600cm^2/(V\cdot s)$和$1500cm^2/(V\cdot s)$，对应的电子浓度分别为$4\times10^{16}/cm^3$和$8\times10^{15}/cm^3$。而本征GaN需要通过p型掺杂的杂质补偿获得。

Si和Ge能作为GaN的n型掺杂剂，可获得的电子浓度范围分别为$1\times10^{17}\sim2\times10^{19}cm^{-3}$和$7\times10^{16}\sim1\times10^{19}cm^{-3}$。GaN的p型掺杂较为困难，用Mg或C对GaN进行掺杂时得到的都是高阻材料。通过低能电子束辐射处理，Mg掺杂的高阻GaN薄膜，使其变为(称激活)导电的p-GaN，其中的空穴浓度可达$8\times10^{18}cm^{-3}$。除此之外，将GaN掺Mg样品在700℃的N_2气氛中热退火，也能获得p-GaN。金属有机物化学气相淀积(MOCVD)和分子束外延(MBE)是两种最常用的GaN薄膜生长方法。

由于GaN的带隙较宽，要实现低阻欧姆接触较为困难。早期的研究采用单种金属(如Au、Al)获得欧姆接触，在n-GaN上的接触电阻率为$10^{-3}\sim10^{-4}\Omega\cdot cm^2$。后来发现，使用多种金属结构可得到极低的接触电阻。例如，Ti/Al结构的接触电阻率为$8\times10^{-6}\Omega\cdot cm^2$，Ti/Al/Ni/Au (15nm/220nm/40nm/50nm)结构在掺杂浓度为$4\times10^{17}cm^{-3}$的n-GaN上获得的接触电阻为$8.9\times10^{-8}\Omega\cdot cm^2$。

3. GaN材料系列的主要应用

GaN材料系列是一种较理想的短波长发光器件材料。首先，GaN及其合金的带隙覆盖了从红色到紫外的光谱范围；其次，它们是直接带隙半导体材料，能以带间跃迁的方式获得高效的辐射复合。

GaN材料系列具有低的热产生率和高的击穿电场，因而已成为研制高温大功率电子器件和高频微波器件的重要材料。目前已用GaN制备出了金属半导体场效应管(MESFET)、异质结场效应管(HFET)和调制掺杂场效应管(MODFET)等。

GaN及其合金材料不仅具有宽的带隙，而且还具有热导率大、电子饱和速度高、击穿场强大及物理化学性质稳定等优良性质，因此，在发展短波长光电子器件、大功率、高温电子器件和高频微波器件方面有着十分广阔的应用前景。近年来，GaN短波长发光器件取得了引人瞩目的进展，世界各发达国家都把GaN材料作为优先发展的重点。

8.5 Ⅱ-Ⅵ族化合物

1. Ⅱ-Ⅵ族化合物半导体的一般性质

Ⅱ-Ⅵ族化合物半导体，是指元素周期表第Ⅱ副族元素 Zn、Cd、Hg 与第Ⅵ主族元素 S、Se、Te 组成的化合物。它包括 9 种二元化合物和更多的三元固溶体。表 8.5.1 列出了Ⅱ-Ⅵ族化合物半导体的一些性质。由表中看出，与Ⅲ-Ⅴ族化合物比较，Ⅱ-Ⅵ族化合物有以下特点：Ⅱ主族和Ⅵ主族元素在周期表中的位置相距比Ⅲ主族和Ⅴ主族大，故Ⅱ-Ⅵ族的负电性差值大，其离子键成分也比Ⅲ-Ⅴ族化合物大，禁带宽度变化范围大，且具有直接跃迁的能带结构等优点。但是由于Ⅱ-Ⅵ族化合物熔点较高，在熔点下还具有一定的气压，而且组成化合物的两组元的单质蒸气压也较高等，因此，要制备Ⅱ-Ⅵ族化合物的完整单晶比较困难；另外由于Ⅱ-Ⅵ族化合物晶体内点缺陷密度大，易发生补偿效应，故这类材料除少数外，很难制成 p-n 结。这就限制了Ⅱ-Ⅵ族化合物材料在生产方面和应用方面不如Ⅲ-Ⅴ族化合物材料普遍。

表 8.5.1 Ⅱ-Ⅵ族化合物半导体的一些性质

材料	晶格结构	晶格常数 /nm	平均原子序数 z	负电性差 Δx	离子键所占比例/%	密度 /(g/cm³)	熔点 /℃	禁带宽度 /eV	介电常数	熔点下最小蒸气压	迁移率 /(cm/(V·s))	
											电子 μ_n	空穴 μ_p
ZnO	B3	0.062	19	2.0	63							
	B4	0.324										
CdO	B1	0.468	28	2.0	63							
HgO		0.330	44	1.7	52							
ZnS	B3	0.541	23	1.0	22	4.09	1830	3.6	5.13	3.7		
	B4	0.381										
CdS	B3	0.583	32	1.0	22	4.84	1475	2.4	5.38	3.8	140	
	B4	0.413										
HgS	B3	0.582	48	0.7	12	7.72	1450	2.0		3.8	150	1.5
	B4	0.415										
ZnSe	B3	0.566	32	0.9	19	5.26	1515	2.7	8.4	0.53		
CdSe	B3	0.605	41	0.9	19	5.74	1252	1.7	11	0.41	200	15
	B4	0.430										
HgSe	B3	0.608	57	0.6	8	8.26	800	0.6	5.8			
ZnTe	B3	0.608	41	0.6	8	5.70	1290	2.3	～9	0.64	100	7
CdTe	B3	0.648	50	0.6	8	5.86	1090	1.6	～11	0.23	600	100
HgTe	B3	0.643	66	0.3	3	8.20	670	0.3				

注：B_3—立方 ZnS 或 α-ZnS(闪锌矿结构)；B_4—六方 Zns 或 β-ZnS(纤维锌矿型结构)。

2. Ⅱ-Ⅵ族化合物半导体的晶格结构和能带结构

Ⅱ-Ⅵ族化合物与Ⅲ-Ⅴ族化合物一样具有闪锌矿型和纤锌矿型两种结构。而Ⅱ-Ⅵ族化合物中的 ZnO、ZnS、CdS、HgS 是纤锌矿结构。

具有闪锌矿型晶体结构的 CdTe 和 ZnSe 等Ⅱ-Ⅵ族化合物半导体的能带图与Ⅲ-Ⅴ族化合物很相似,都是直接禁带。

3. Ⅱ-Ⅵ族化合物的主要应用

这些化合物半导体由于禁带宽度变化范围大,具有直接跃迁能带结构以及离子键成分大等特点,在制备固体发光、激光、红外、压电效应等器件方面都得到了广泛的应用,如 ZnS 是著名的发光材料,CdS 是光敏电阻材料,CdTe 是最早获得 n 型和 p 型两种导电类型的材料,能隙约 1.5eV,与太阳电池最高转换效率所要求的能隙十分接近,是制作薄膜高效光电池的理想材料。又如 $Hg_xCd_{1-x}Te$ 是最重要的红外探测器材料,改变组分 x,可以覆盖红外辐射的三个“大气窗口”: 1～3μm,3～5μm 及 8～14μm 波长。

氧化锌是近年发展起来的Ⅱ-Ⅵ族化合物半导体,是一种多功能材料,有一些材料学者认为它有可能是继硅后应用最广的一种材料。

4. 氧化锌

氧化锌(ZnO)属Ⅱ-Ⅵ族宽禁带、直接带隙化合物半导体材料,熔点为 1975℃。氧化锌晶体有三种结构: 六方纤锌矿结构、立方闪锌矿结构以及比较罕见的氯化钠式八面体结构。纤锌矿结构在三者中稳定性最高,是最常见的氧化锌结构。

在室温下,氧化锌的能带隙约为 3.37 eV,因此,纯净的氧化锌是无色透明的。高能带隙为氧化锌带来击穿电压高、维持电场能力强、电子噪声小、可承受功率高等优点。

没有掺杂的氧化锌具有 n 型半导体的特征。使用铝、镓、铟等第Ⅲ主族元素或氯、碘等卤素可以使它成为 n 型半导体。从理论上讲,添加锂、钠、钾等碱金属元素,氮、磷、砷等第Ⅴ主族元素和铜、银等金属,能使氧化锌成为 p 型半导体,但实际获得 p 型氧化锌有较大的难度。经过不断的努力,近年来这方面已取得较大进展。研究表明,通过 ZnO 与 MgO 或 BeO 形成 MgZnO 或 BeZnO 合金,可增大 ZnO 的禁带宽度;通过 ZnO 与 CdO 形成 CdZnO 合金来减小 ZnO 的禁带宽度,从而在保持单一纤锌矿结构的情况下,使氧化锌的室温禁带宽度在 1.8～10.6eV 范围内可调节。

ZnO 是一种重要的直接宽带隙半导体无机材料,ZnO 由于具有 3.37eV 的宽直接禁带和 60meV 的高激子束缚能,被认为是制备室温或高温蓝光或紫外光发光二极管以及激光二极管的理想材料。

8.6 碳化硅

1. 碳化硅的结构

碳化硅(SiC)是Ⅳ-Ⅳ族化合物,具有较强的共价性。碳化硅是由 Si 密排层与 C 密排层堆积而成,由每种同型异构体的 C/Si 双原子层的堆垛次序不同,它具有 250 种同型异构体。最常见的同型异构体为立方密排的 3C-SiC 和六方密排的 4H-SiC、6H-SiC 等。4H 等前面的数字代表堆垛周期中的双原子层数。如 3C-SiC 中原子的堆垛次序为 ABCABCA…,4H 的为 ABCBA…,6H 的为 ABCACBA…。立方结构的 SiC 常称 β-SiC,六方结构的 SiC 常称

为 α-SiC。SiC 的不同同型异构体，具有不同光学性质和电学性质。

目前碳化硅体单晶的生产已日趋完善；SiC 材料的外延生长方法主要有溅射法、激光烧结法、升华法、液相外延法（LPE）、化学气相沉积（CVD）和分子束外延法（MBE）等。大部分外延用后三种方法。SiC 材料常用的 n 型掺杂剂为 N(N_2，NH_3)，p 型掺杂剂为 Al，也有用 B 的。几乎都用生长过程中引入掺杂剂的原位掺杂方式，个别情况采用离子注入。

2. 碳化硅的基本性质

SiC 具有非常高的热稳定性和化学稳定性。在任何合理的温度下，其体内的杂质扩散都几乎不存在。室温下，它能抵抗任何已知的酸性蚀刻剂，这些性质使 SiC 器件可以在高温下保持可靠性，并且能在苛刻的或腐蚀性的环境中正常工作。表 8.6.1 中给出了几种常见的 SiC 同型异构体与 Si、GaAs 等材料的性能参数，从表中可以看出，SiC 的禁带宽度为 Si 的 2～3 倍，热导率约为 Si 的 4.4 倍，临界击穿电场约为 Si 的 8 倍，电子的饱和漂移速度为 Si 的 2 倍。SiC 的这些性能使其成为高频、大功率、耐高温、抗辐照的半导体器件的优选材料，用它制作的器件和电路可用于地面核反应堆系统的监控、原油勘探、环境检测及航空、航天、雷达、通信系统及汽车马达等领域的极端环境中。

碳化硅是第一个观察到强电场发光的半导体；并且碳化硅蓝光发光二极管早已实现了商品化。碳化硅为间接带隙材料，碳化硅 LED 不能像氮化镓、磷化镓 LED 那样有效发光，因此人们竞相研究能提高碳化硅发光效率的方法，其中包括非晶碳化硅、多孔单晶碳化硅、用 CVD 方法制备的纳米碳化硅和用离子注入方法制备的多孔碳化硅。目前研制的纳米结构的碳化硅材料已能有效发射蓝光。SiC 的 LED 可以覆盖从蓝光到紫外的波段，用于光信息显示系统及光集成电路等领域中。

表 8.6.1 Si、GaAs 等材料的性能参数

参数	Si	GaAs	3C-SiC	6H-SiC	4H-SiC	GaN	金刚石
密度/(kg/m^3)							
晶格常数/A	5.43	5.65	4.3596	3.081/15.092	3.081/10.061		
熔点/K	1420	1235	>2100 升华	>2100 升华	>2100 升华		相变
热稳定性	好	很好	极好	极好	极好	好	好
带宽/eV	1.11	1.43	2.23	3.02	3.26	3.39	5.5
最高工作温度/K	600	760	1250	1580	1580		1400
电子迁移率/($cm^2/(V\cdot s)$)	1500	8500	1000	400	1140	900	2200
空穴迁移率/($cm^2/(V\cdot s)$)	600	400	50	50	50	150	1600
饱和电子速率/(10^7 cm/s)	1.0	1.0	2.2	2.0	2.0	2.7	2.7
临界电场/(10^6 V/cm)	0.3	0.6	2.0	3.2	3.0	5	10
介电常数	11.8	12.5	9.7	10	9.6	9	5.5
热导率/($W/(cm\cdot K)$)	1.5	0.46	4.9	4.9	4.9	1.3	20

8.7 其他半导体材料

凡是能由热、电、光、磁等外界因素激发出非平衡载流子的物体都属于半导体的范畴。因此，半导体材料的研究领域是相当宽广的。前面几节所述的半导体材料是按元素及化合物的组成来分类的，除了元素半导体、Ⅲ-Ⅴ族和Ⅱ-Ⅵ族化合物半导体材料之外，其他半导体材料还有：Ⅳ-Ⅵ族窄带半导体、Ⅴ-Ⅵ族热电半导体、氧化物半导体、玻璃半导体、黄铜矿半导体、稀磁半导体和有机半导体等。本节简要介绍Ⅳ-Ⅵ族窄带半导体、Ⅴ-Ⅵ族热电半导体、氧化物半导体、玻璃半导体和稀磁半导体等其他半导体材料的性质、特点和应用。

1. Ⅳ-Ⅵ族化合物窄带半导体

通常把禁带宽度大于1.5eV的材料称为宽带半导体，而把禁带宽度小于0.3eV的材料称为窄带半导体。Ⅳ-Ⅵ族化合物大部分都是窄带半导体，例如：PbS、PbSe、PbTe等。

SnTe也是窄带半导体，而SnSe则不是窄带半导体。但是SnSe可以和窄带半导体组成固溶体，并在较大的范围内都是窄带半导体。如：$Pb_{1-x}Sn_xSe$。当PbTe与SnTe组成固溶体时，材料整体开始是窄带半导体，随着组成的改变，进而能带交叠形成零禁带半导体，而后又重新分离，直到材料整体成为一般的半导体。实际上窄带半导体材料并不局限于Ⅳ-Ⅵ族比合物材料，Ⅲ-Ⅴ族化合物中的InAs、InSb和Ⅱ-Ⅵ族化合物中的HgTe、HgSe以及一些过渡金属和稀土元素的化合物，其固溶体也属于窄带半导体。例如：$Pb_{1-x}Ge_xTe$、$Pb_{1-x}Mn_xTe$、$Hg_{1-x}Fe_xTe$、$EuAs_3$、$BaAs_3$、Cd_3P_2和$Cd_{1-x}Zn_xAs_2$等。表8.7.1列出了典型的Ⅳ-Ⅵ族化合物窄带半导体的性质。

表8.7.1　典型Ⅳ-Ⅵ族化合物的性质

名称	熔点/℃	密度/(kg/m³)	禁带宽度/eV	迁移率(300K)/(cm²/(V·s))	
				n	p
GeTe	724	5.3×10^3	0.23		130
PbS	1127	7.5×10^3	0.286	800	1000
PbSe	1081	7.5×10^3	0.156	1500	1500
PbTe	924	8.16×10^3	0.190	1600	750
SnTe	780	6.18×10^3	0.20		300

窄带半导体材料由于禁带宽度窄，对外界条件的影响反应比较灵敏，适用于制造敏感器件和传感器。由窄带半导体材料形成的固溶体的禁带宽度还可随组成改变，因而可以按需要制备各种禁带宽度的材料，尤其是用作大气窗口波长为3～5μm的红外光发射和接收器件所需要的材料。

窄带半导体材料在电子科学技术中获得了广泛的应用。目前窄带半导体已经广泛应用于红外光电探测器，红外二维成像显示器，窄带可调激光器，霍尔器件、磁阻器件、热电和热磁器件，低阈值体效应器件等光、热、电、磁自动控制和探测显示。

2. Ⅴ-Ⅵ族化合物热电半导体

Ⅴ-Ⅵ族化合物半导体是重要的热电材料，其分子式通式可以写成A_2B_3，典型化合物是Bi_2Te_3。这类化合物的性质如表8.7.2所示。除了Ⅴ-Ⅵ族化合物半导体之外，热电半导体材料还包含一些有机半导体，稀土半导体和某些金属的硫化物，以及锑、铋，过渡金属及其合金等。其中二元合金体系有Bi-Te(S,Se)、Bi-Te(Hg、AS,Au)、Sb-Te (S、Se)、Co-Si等；二元化合物有BiC、B_4Ge等；三元体系有Na-Mn-Te、Ge-Bi-Te、In-Ga-As；四元体系有Bi-Te-

Se-Sb、Pb-Sn-Ge-Te 等；五元体系有 Bi-Te-Sb-Se-S。这些材料及其合金体系形成了热电材料系列。

表 8.7.2 典型Ⅴ-Ⅵ族化合物的性质

名称	禁带宽度/eV	熔点/℃	热电导/(W/(m·℃))	热效应系数/(μV/℃)
Sb_2S_3	1.68	546	—	—
Sb_2Se_3	1.15	612	—	+1000
Sb_2Te_3	0.300	620	3.2	+100
Bi_2S_3	1.25	850	2.0	−550
Bi_2Se_3	0.36	706	1.4	−300
Bi_2Te_3	0.79	585	1.75	−230

Bi-Te 是热电器件中应用较广的半导体材料，但在高温下(400℃左右)该材料的塞贝克系数已经很小了。在高温应用时，一般采用 BP 或者稀土化合物 15%Y_2O_3+85%ZrO_2(摩尔分数)。据目前所知的实验结果，在半导体致冷方面应用较好的是 p 型材料，其组成是 $Bi_{0.52}Sb_{1.48}Te_3$+3%Te，应用较好的 n 型材料是 $Bi_2Te_{2.79}Se_{0.21}$+0.09%TeI_4。

3. 氧化物半导体材料

由于氧的负电性比较大，氧化物的化学键离子性较强，它们的熔点都比较高，禁带宽度比较大。很多氧化物离子晶体的禁带宽度 E_g>1.5eV，如 $BaTiO_3$ 的 E_g 为 2.5～3.2eV，在室温时，本征电阻率>10^{10}Ω·cm，是一种绝缘体。但是可以通过掺杂或控制烧结时的气氛，使它的电阻率达到 10^{-2}～10^9Ω·cm，成为一种氧化物半导体。以上过程称半导体化。

在离子晶体中，原子(离子)比严格满足化学分子式时(如 MX 中，M/X=1/1)，则称为化学配比化合物(stoichiometric compounds)，否则称非化学配比化合物(non-stoichiometric compounds)。在有的资料中，non-stoichiometric 也称非化学计量。

1) 氧分压对氧化物半导体电导的影响

氧化物半导体材料的导电类型由化合物中氧的浓度来决定，它的电导率正比于合成时氧分压的 1/4～1/8 次方。电导率随还原气氛而增加是由于化合物中金属成分过剩，会常常出现氧空位或间隙金属原子，它们提供电子使材料成为 n 型半导体，这类材料称还原型半导体。Cu_2O、NiO 等是 n 型半导体。

电导率随氧化气氛而增加的半导体称为氧化型半导体，这是因为金属空位电离提供空穴使材料导电类型成为 p 型。InO、CdO、TiO_2、Al_2O_3、Ta_2O_5、ThO、SnO_2 等都是 p 型半导体。也有两性半导体，如 RuO_2、Cr_2O_3 等，它们的导电类型随气氛中氧分压的大小而成 p 型或 n 型。一些金属氧化物的导电类型如表 8.7.3 所示。

2) 氧化物离子晶体中的掺杂作用和跳跃电导

(1) 氧化物中的原子价控制电导

离子晶体中，若有不等价的原子(离子)进入晶格，会产生附加的点缺陷，从而影响其电子电导。由于不等价离子的掺入而引起的电导(电子电导)称原子价控制电导。

表 8.7.3 一些金属氧化物的导电类型

导电类型	氧 化 物
金属缺位 p 型半导体	Ag_2O,CoO,Cr_2O_3($<$1520K),Cu_2O,FeO,MnO,Mn_3O_4,Mn_2O_3,NiO,PdO,UO_2,$CoCr_2O_4$,$FeCr_2O_4$,$MgCr_2O_4$,$ZnCr_2O_4$,$CoAl_2O_4$,$NiAl_2O_4$
金属过量 (氧空位)n 型半导体	$(Al_2O_3)^*$,BaO,BeO,CaO,CdO,CeO_2,Fe_2O_3,MnO_2,MnO_3,Nb_2O_5,PbO_2,$(SiO_2)^*$,SnO_2,SrO,Ta_2O_5,$(TiO_2)^*$,Tl_2O_3,$(ThO_2)^*$,U_3O_2,UO_3,V_2O_5,WO_3,ZnO,$(ZrO_2)^*$,$MgFe_2O_4$,$NiFe_2O_4$,$ZnFe_2O_4$,$ZnCo_2O_4$,$(MgAl_2O_4)^*$,$ZnAL_2O_4$
两性半导体	Cr_2O_3($>$1520K),MnO_2,PbO,RuO_2

注: 表中带"*"的化合物的导电性能极低,即电阻率很高。

如在 NiO 中,有 1 个一价金属离子(Li^+),取代某个 Ni^{2+} 后,被 Li^+ 取代的位置处将带负电,为了保持电中性,其周围必须出现一个 Ni^{3+} 离子,于是就形成 1 个 Li^+ Ni^{3+}(平均电荷还是每个离子上 2 个正电荷)缔合结构。由于 Ni 是过渡元素,它具有变价的能力,所以容易形成这样的 Ni^{3+} 离子(它应看作是 1 个空穴),这样的 Li^+ Ni^{3+} 缔合结构,相当于 1 个受主能级。当空穴在材料中传播时相当于镍的二价、三价离子间发生转移,可表示为

$$Ni^{3+} + Ni^{2+} \longrightarrow Ni^{2+} + Ni^{3+} \tag{8.7.1}$$

以上过程就等效于 1 个空穴的传播。

氧化物中氧过多时会产生金属离子空位,从电中性原理看,负离子空位带正电,这时的情况与锂加入氧化镍中的情形极为类似,形成空穴,材料成为 p 型半导体。氧化物中若氧不足,形成的负离子氧空位带正电,为了保持电中性,在其周围会出现两个负电荷(2 个电子),它们也容易被激发,对电导作出贡献。

通过以上讨论我们可以得到以下结论: 氧化物中,若氧不足,造成氧空位时,则是 n 型半导体;若氧过多,造成金属离子的空位,则是 p 型半导体。

(2) 氧化物中的跳跃电导

公式(8.7.1)表示电导过程是一种电子跳跃过程,传导时电子并没有进入导带,而是在一些不同价的离子间跳跃(它们在禁带中有各自的能级),这种电导称跳跃电导(hopping conductivity),也有文献称此为杂质电导。在输运过程中,电子在发生跳跃电导时从一个能级到另一能级(从一个离子到另一个离子)需要激活,其具体机理为声子协助下的隧穿运动,这时电子的迁移率与温度满足以下关系:

$$\sigma = N_A\mu_0 \exp(-\Delta E/kT) = A\exp(-\Delta E/kT) \tag{8.7.2}$$

式中,N_A 为可变价离子浓度;μ_0 为迁移率;ΔE 为激活能。

过渡金属氧化物的电导和温度的关系与本征半导体的一样,都是指数关系,但它们的机理有所不同: 本征半导体是载流子浓度激活,ΔE 与禁带宽度 E_g 有关($\Delta E=E_g/2$);而氧化物半导体中的 ΔE 是电子作跳跃运动时所需之激活能。电子在禁带中跳跃时受到的"阻力"较大,所以在一些过渡金属氧化物中,电子的迁移率是相当小的,如在 NiO 中,电子的室温迁移率为$(2\sim60)\times10^{-5}\,cm^2/(V\cdot s)$,远低于元素半导体,为此,这种材料称低迁移率材料。

氧化物半导体材料由于表面缺陷,杂质吸附在表面上能产生表面空间电荷层。当表面空间电荷密度大于体内电荷密度时可形成表面电荷积累层,反之形成表面耗尽层。例如 n 型 SnO_2 吸附空气中的氧则形成表面耗尽层,吸附氢则形成表面积累层,因此二氧化锡半导

体表面层的电导率与氧、氢等气氛有关，可应用这一原理来制造氧化物半导体气敏元件。

4. 硫系玻璃半导体材料

某些硫系的磷、砷体系如 As-(S,Se,Te)、Ge-(S,Se,Te)、As-Se-Te、P-Se-Te、Ge-Se-Te 等形成的玻璃态物质具有半导体性质，称硫系玻璃半导体。

硫系玻璃是含有一种或多种除氧之外的氧族元素如 S、Se、Te 等，加上 As、Ga 之类的电负性较弱的元素而形成的无机玻璃。若加上 Si、Sn、Pb、B、Ga、Zn、Tl、Ag 等元素和一些卤族元素，则称之为硫卤玻璃。硫系玻璃比氧化物玻璃的键强要弱得多，既能形成极性键又能形成共价键，因此该玻璃并不遵循化学计量比，可以含有较多的 S 或 Se，其中过量的 S 或 Se 可以形成共价型长链。硫化物玻璃在可见光部分有部分透过，而硒锑化物玻璃在可见光部分不能透过，它们仅仅在近红外和中红外区有透过性。在长波区的截止波长分别是：硫化物玻璃为 12μm、硒化物为 15μm、碲化物为 20μm。硫系玻璃的折射率比氧化物玻璃高很多，一般在 2～3 之间，具有半导体性质，而且还具有良好的红外透过性。

玻璃态半导体的结构是长程无序而短程有序。短程序的程度由材料中原子的化合价数以及延伸到第 3、第 4 近邻的状态所确定。具体结构有三种：

(1) 分子玻璃态　在分子中和原子之间有较强的共价链相联结，各分子之间以弱的范德瓦尔斯键相联结。

(2) 聚合玻璃态　以较长的共价分子链形成玻璃态单元之间以范德瓦尔斯键相联结，并构成三维固态。

(3) 网状玻璃态　所有的原子都以共价键相联结。导电性能好，表面不易受气氛影响，性能比较稳定，目前已应用。

玻璃半导体材料的抗酸性强，热膨胀系数小。硫化物玻璃和硒化物玻璃以及用于远红外区的硒锑玻璃已得到商业上的应用。这些材料在红外区可用作能量控制、热点探测、电路检测、温度监视以及夜视等。As_2S_3 玻璃具有较大的三阶非线性系数，比石英玻璃大 100 多倍，而且具有非常快的响应时间，可用作全光开关器件。此外硫系玻璃半导体材料件在开关器件、探测器、热敏电阻和太阳电池等方面也有应用。

5. 黄铜矿型半导体

一些具有黄铜矿($CuFeS_2$)的材料有半导体性质，其主要化学成分按元素周期表可以分为Ⅱ-Ⅳ-V_2 和Ⅰ-Ⅲ-VI_2 两种，例如 $BeSiN_2$、$ZnGaN_2$、$MgSiP_2$、$CuAlS_2$、$CuInSe_2$、$AgAlTe_2$ 等。黄铜矿半导体的能带结构多数是电子直接跃迁型，其禁带宽度的范围也比较大，对应的发射光波长可从红外 5μm 到紫外的 0.35μm。这类材料可以用于制造半导体激光器、发光元件、太阳能电池、非线性光学器件和高频振荡器件等。用黄铜矿型半导体材料的非线性光学特性，可制备调谐光辐射器、光辐射上变频器、光倍频器、光图像检测器和红外光辐射差频源等。

6. 稀磁半导体

磁性半导体是同时具备铁磁性和半导体特性的材料。磁性半导体通常是由常规的半导体母体材料掺杂过渡金属元素形成的，其中过渡金属元素的电子(d 电子)提供局域磁矩，母体材料中的缺陷或掺杂元素提供传导或弱局域的电荷(s、p 电子或空穴),通过 s、$p-d$ 交换作用,过渡金属元素的局域磁矩同向排列形成铁磁性,传导电荷或弱局域的电荷获得净的自旋极化,成为自旋极化的载流子。

由磁性过渡金属或稀土金属元素替代Ⅱ-Ⅵ族、Ⅳ-Ⅵ族、Ⅱ-Ⅴ族或Ⅲ-Ⅴ族等化合物半导体中的部分非磁性阳离子而形成的、具有磁性的三元或者多元的新型半导体材料,因为一般掺入的杂质浓度不能太高,磁性比较弱,因而叫做稀释磁性半导体,简称稀磁半导体(diluted magnetic semi-conductors, DMS),又可称为半磁半导体(semimagnetic semiconductors,SMSC)材料或半导体自旋电子材料。

DMS 具有许多与普通半导体截然不同的性质,如 DMS 的晶格常数和带隙可以调节;低温下能形成自旋玻璃态和磁光效应等;交换作用导致电子能级出现巨大的塞曼分裂和巨法拉第旋转等。

可以从两个角度对稀磁半导体(DMS)进行分类:①按照磁性元素的种类,可以分为磁性过渡金属元素基 DMS 和磁性稀土金属元素基 DMS;②按照半导体材料来分,可以分为化合物半导体基 DMS 和单质半导体基 DMS。目前稀磁半导体材料制备的常用方法有:MBE 法、金属有机化学气相沉积、离子注入法和激光脉冲沉积法等。

早在 20 世纪 50—60 年代,人们就开始研究 EuS 和 EuO 等磁性半导体,发现其居里温度太低;90 年代,又研究 GaMnAs 稀磁半导体,其居里温度仍太低。而具有实用价值的磁性半导体材料,需要具备高居里温度、高自旋极化率、与现有半导体工艺兼容等特性。

当前用于制备稀磁半导体的基质包括Ⅱ-Ⅵ族、Ⅳ-Ⅵ族、Ⅱ-Ⅴ族及Ⅲ-Ⅴ族化合物,通过 Mn、Fe、Co 和稀土等的磁性阳离子替代而形成 $A_{1-x}M_xB$ 型 DMS 混晶。它由组分为普通化合物半导体 AB 和组分为磁性半导体 MB 组成,其中 M 为过渡金属或稀土金属。DMS 中有两个相互作用的子系统:一个是与电性相联系的载流子(能带电子或空穴);另一个是与磁性相联系的顺磁离子(自旋)。

稀磁半导体的主要类型有 3 类。

(1) Ⅱ-Ⅵ族稀磁半导体。先前的研究大多集中在宽带隙Ⅱ-Ⅵ族化合物上,如 CdS、ZnSe、ZnTe、ZnS 等。它们具有优良的发光性能,其禁带宽度包括从整个可见光波段到紫外光波段,在紫外光或电子束激发下能产生高效的发光,在发光和光探测上已有广泛应用。在 CdTe、ZnS 等化合物中掺入 Mn、Fe 等过渡族金属元素来替代Ⅱ族阳离子,获得了大的磁光效应和可随外加磁场调制而变化的禁带宽度,这是因为这些磁性离子如过渡金属 Mn^{2+} 等原子较容易掺入晶体,占据格点位置,从而达到较高的浓度。

(2) Ⅲ-Ⅴ族稀磁半导体。Ⅲ-Ⅴ族半导体广泛应用于现代电器,如手机中的微波晶体管、CD 唱机中的半导体激光器等。

(3) Ⅳ-Ⅵ族稀磁半导体。Ⅳ-Ⅵ族化合物是介于 Si、Ge、AⅢBⅤ等传统半导体和 Bi、Sb 及其合金等半金属之间的一类半导体,一般为具有立方结构窄禁带的半导体材料。近年来,发现以 Te-Sn、Te-Ge 体系为基质的化合物具有一系列新颖的磁光、磁输运特性,写/擦迅速的可逆相变光存储特性。同时,由于Ⅳ-Ⅵ族化合物介电常数较高而可采用射频磁控溅射等常规制备方法来实现完好的铁磁有序,能制备出具有新奇磁、光性能的半导体,因此对 DMS 的研究成为电子材料领域的热点之一。

复习思考题

1. 半导体材料有哪些特征？如何将半导体材料进行分类？

2. 什么是n型半导体、p型半导体、本征半导体、补偿半导体和简并半导体？

3. 在热平衡时，影响半导体载流子浓度积的因素是什么？

4. 阐述半导体的电阻率与杂质浓度和温度的关系。什么叫有效质量？

5. 什么叫多数载流子、少数载流子和非平衡载流子？

6. 在光照下，半导体中的电子主要有哪些吸收过程？什么叫复合中心与陷阱？

7. 什么是突变p-n结和缓变p-n结？画出p-n结的伏安特曲线。p-n结有哪些电容效应？

8. Ge、Si和GaAs的能带结构及主要特征是什么？

9. 什么是第一代半导体材料、第二代半导体材料和第三代半导体材料？

10. 比较金刚石结构与锌矿结构的异同。

11. 锗硅(SiGe)有哪些优点和用处。

12. GaAs能带中的上能谷和次能谷各有哪些特点？

13. 以下的一些材料：Ge、Si、GaAs、GaN、SiC等，哪些材料是宽禁带半导体材料？哪些材料是窄禁带半导体材料？哪些是直接禁带材料？

14. 什么叫氧化性半导体材料和还原性半导体材料？什么叫原子价控制电导？

15. 什么叫稀磁半导体？有何特点？

参考文献

[1] 彭英才，Zhao X W，傅广生. 半导体物理研究的回顾与展望[J]. 自然杂志，2005，26(6)：311-317.

[2] 刘恩科，朱秉生，罗晋生. 半导体物理学[M]. 北京：国防工业出版社，2010.

[3] 李言荣，恽正中. 电子材料导论[M]. 北京：清华大学出版社，2001.

[4] 吕文中，汪小红. 电子材料物理[M]. 北京：电子工业出版社，2002.

[5] 徐毓龙. 氧化物与化合物半导体基础[M]. 西安：西安电子科技大学出版社，1991.

[6] 邓志杰，等. 半导体材料[M]. 北京：化学工业出版社，2004.

[7] 杨树人，等. 半导体材料[M]. 2版. 北京：科学出版社，2004 .

[8] 郝斌，孟凯. 浅谈化合物半导体材料[J]. 电脑知识与技术，2010(5)：1238-1239.

[9] 李言荣，等. 纳米电子材料与器件[M]. 北京：电子工业出版社，2005.

[10] 王占国. 半导体材料研究的新进展[J]. 半导体技术，2002，27(3)：213-215.

[11] 凌玲. 新半导体材料的发展现状[J]. 新材料产业，2003，6(115)：6-10.

第9章 电介质材料

电介质是指在电场作用下能产生极化的一类物质。人们通常简单地认为电介质就是绝缘体,其实这是不确切的。严格地说,绝缘体是指能够承受较强电场的电介质材料,其电阻率通常大于 $10^{10}\Omega\cdot cm$。广义上讲,电介质不仅包括绝缘材料,而且包括一些如铁电、压电、热释电、微波等功能材料。本章主要介绍电介质材料的一般性质和几类应用广泛的电介质材料。

9.1 电介质材料的一般性质

9.1.1 极化与介电常数

材料在外电场作用下有两种响应,一种是电传导,另一种是电感应。在金属和半导体材料中,体内有大量能自由运动的载流子(电子和空穴),在电场作用下,它们将沿电场力的方向作定向运动,以传导的方式来传递电的作用和影响。而在电介质内,原子、分子或离子中的正负电荷却以共价键或离子键的形式相互强烈地束缚着,通常称为束缚电荷。在电场作用下,这些正负电荷只能在微观尺度上作相对位移,而不能作定向运动,因此只能以感应的方式,即以其中正、负电荷受电场驱使形成正、负电荷中心不重合的电极化方式,来传递电的作用和影响。因此,电介质材料具有不同于金属和半导体材料的电学参数,如介电常数、介质损耗、漏电流等,本节将逐一介绍。

1. 电介质极化类型

在一个真空平板电容器的电极板间嵌入一块电介质,如果在电极之间施加外电场,那么在电介质贴近极板的两个表面上会感应出电荷,并且电荷的符号与极板所带电荷异号,这种电荷即为感应电荷或束缚电荷。电介质在电场作用下产生感应电荷的过程称电介质的极化。

电介质的极化,是电介质中的微观荷电粒子在电场作用下,电荷分布发生变化而导致的一种宏观统计平均效应。按照微观机制,电介质极化分为以下几种基本形式:电子位移极化、离子位移极化、转向极化、空间电荷极化、松弛极化和自发极化。

1) 电子位移极化

图 9.1.1 为电子位移极化模型。在无外电场作用时,原子核所带正电荷的中心与绕核

分布的电子所带负电荷的中心相重合，对外呈电中性。但在外电场作用下，原子外围的电子云相对原子核发生相对位移，正负电荷中心不再重合，使得电中性原子变为偶极子，这种极化称为电子位移极化或电子形变极化。电子位移极化几乎是瞬时完成，完成时间为10^{-16}～10^{-14} s，属于快极化。

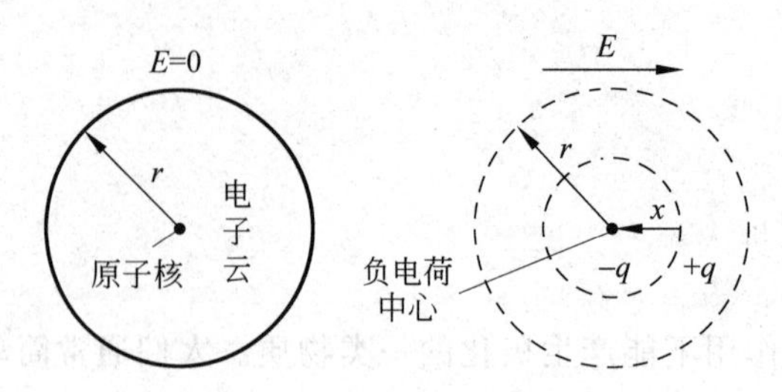

图 9.1.1　电子位移极化模型

2）离子位移极化

由不同离子组成的分子，在无外电场作用下，离子处于正常格点位置并对外保持电中性。但在电场作用下，正、负离子发生相对位移（正离子沿电场方向运动，负离子逆电场方向运动），形成感应偶极矩，如图 9.1.2 所示。具有这类机制的极化称为离子位移极化。离子位移极化建立所需时间为10^{-13}～10^{-12} s，与电子位移极化一样，属于快极化。

3）转向极化

有些极性电介质，整个分子具有非零的电偶极矩 μ_0，μ_0 不随时间而变，称为固有电偶极矩。在没有外电场的情况下，这些极性分子在空间内的分布是杂乱无章的，所有分子固有偶极矩的矢量和为零，整个介质保持电中性。但在电场作用下，每个极性分子都受到电场的作用而转动，并尽可能沿外电场的方向排列而极化。这种极化称为转向极化，如图 9.1.3 所示。转向极化由于受到分子热运动的无序化作用、电场的有序作用和分子间的相互作用，所以这种极化的建立需要较长的时间，可达10^{-6}～10^{-2} s，属于慢极化。

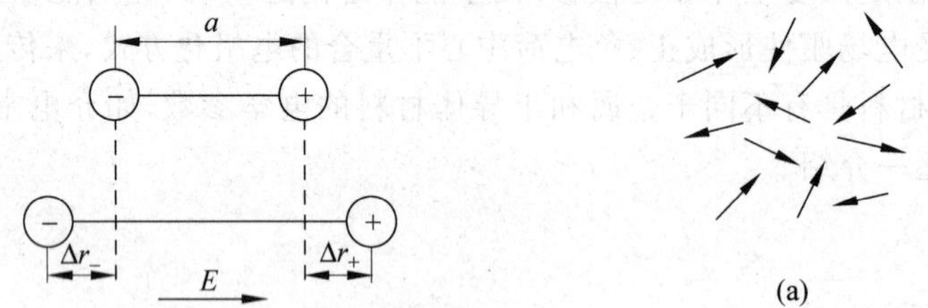

图 9.1.2　离子位移极化模型

图 9.1.3　偶极子转向极化模型

4）空间电荷极化

在非均匀介质中，在电场作用下，不均匀介质中原先混乱排布的正、负自由电荷分别向负、正极运动，使得正极附近积聚较多的负电荷，负极附近积聚较多的正电荷，从而出现电偶极矩，形成介质的极化，这类极化称为空间电荷极化。在电极附近集聚的离子电荷就称为空间电荷。在实际晶体中，存在晶界、相界、晶格畸变、杂质等缺陷区域，空间电荷运动到这些区域会被缺陷所捕获，造成电荷的局部积聚，使电荷分布不均匀，从而引起极化。空间电荷极化建立的时间很长，从几分之一秒到几个小时，一般在直流和低频下出现。

5）松弛极化

当介质中存在某些弱联系质点（如一些电子、离子和偶极子等）时，热运动使这些松弛质点混乱分布，而电场作用却力图使这些质点发生沿电场方向的运动，即按电场规律分布，最终发生极化。温度升高时，热运动增强，会阻碍这些松弛质点的定向运动，导致极化率降低。松弛极化包括离子松弛极化、电子松弛极化和偶极子松弛极化。松弛极化是一种慢极化，建立时间较长，约为 10^{-2}s，是一种非可逆过程。

6）自发极化

以上讨论的几种极化形式都是介质在外施电场的作用下产生的，称为感应式极化。没有外加电场时，这些介质的极化强度为零。对于某些具有特殊结构的晶体，其晶胞本身的正负电荷中心不重合，晶胞具有极性。由于晶体构造的周期性和重复性，当某一晶胞在某一方向出现偶极矩时，它将影响到与之相邻的其他晶胞，使之也在同一方向出现偶极矩。这种极化是在外电场为零时自发建立起来的，称为自发极化。

各种极化形式的综合比较如表 9.1.1 所示。

表 9.1.1　各种极化形式的比较

极化形式	具有此种极化的电介质	发生极化的频率范围	和温度的关系	能量消耗
电子位移极化	一切陶瓷介质	直流—光频	无关	没有
离子位移极化	离子结构介质	直流—红外	温度升高，极化增强	很微弱
离子松弛极化	离子结构的玻璃、结构不致密的晶体及陶瓷	直流—超高频	随温度变化有极大值	有
电子松弛极化	钛质瓷、以高价金属氧化物为基的陶瓷	直流—超高频	随温度变化有极大值	有
转向极化	有机材料	直流—超高频	随温度变化有极大值	有
空间电荷极化	结构不均匀的陶瓷介质	直流—高频	随温度升高而减弱	有
自发极化	温度低于居里点的铁电材料	直流—超高频	随温度变化有显著极大值	很大

2. 介电常数的意义

设真空电容器的电容量为 C_0，当以电介质代替真空时，由于介质极化使电容器的电容量增大为 C，增大的倍数就是该电介质的相对介电常数，用 ε_r 表示：

$$\varepsilon_r = C/C_0 \tag{9.1.1}$$

由此可见，介电常数是反映电介质极化行为的宏观物理量。电介质在电场作用下的极化能力愈强，其介电常数愈大。

实际上介电常数并不是一个常数，而是与频率、温度等因素有关。当外电场频率很低时，介质的各种极化都能跟上外电场的变化，介电常数达到最大值。当外加电场频率逐渐升高时，由于转向极化、空间电荷极化、松弛极化等慢极化方式在某一频率（不同极化形式对应的频率不同）开始跟不上外电场的变化，因此介电常数会降低。图 9.1.4 是介电常数与频率的关系曲线。由图可看出各种频率下不同极化形式对介电常数的贡献。

随着温度的变化，介电常数也可能会发生变化。不同电介质材料的介电常数温度系数

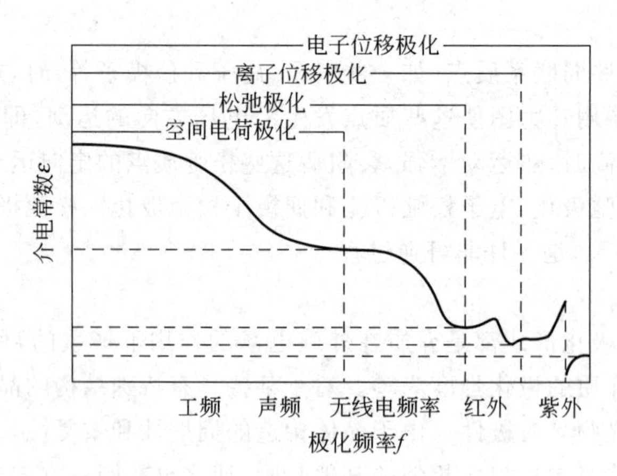

图 9.1.4 介电常数与频率的关系曲线

不同,可以为正值、负值或者在零附近。

9.1.2 绝缘电阻与漏电流

1. 电介质的电导

理想的电介质在恒定电场下其绝缘电阻为无限大,不会产生传导电流。但是,实际电介质并不是理想的绝缘体,在电场下电介质内部总是存在传导电流,而这种电流数值很小,需要用微电流计检测。

对电介质而言,导电载流子可以是离子和电子,因此电介质的电导分为离子电导和电子电导。在大多数情形下,电介质中的导电载流子主要是离子而不是电子,因此电介质的电导特性主要是离子电导。

1) 离子电导

固体介质的离子电导,其载流子可以是材料的本征离子或杂质离子及其空位等,因此离子电导分为固有离子电导(或本征电导)和杂质电导两大类。

离子晶体中,束缚在晶格结点上的正、负离子一般是不能参与导电的。对于固有离子电导(本征电导),载流子由晶体本身的热缺陷——弗伦克尔缺陷和肖特基缺陷提供。常温下,热缺陷浓度很小,对材料的电导影响不大。只有当晶体非常纯净、温度很高时,热缺陷对材料电导的影响才逐渐显示出来。

实际电介质材料中总是不可避免地存在杂质。有时为了改进材料的某些性质还有意添加各种类型的杂质,即掺杂改性。杂质在晶体中可以占据填隙位置,也可以取代基质离子。由杂质而引起的填隙离子和空位称为杂质载流子。晶体中杂质载流子的数量主要取决于材料的化学纯度以及掺杂量,与温度无关。由于杂质载流子数远高于环境温度下的热缺陷本征载流子数,因此在低温下,电介质的离子电导主要由杂质载流子浓度决定。

2) 电子电导

电子电导的载流子是电子和空穴。电介质通常是一种宽禁带的半导体,禁带宽度大于3~5eV。通过热激发由价带跃迁到导带所产生的本征载流子——电子和空穴数目很少,对于电介质的电子电导影响有限。电介质的电子电导主要是由杂质本身以及由杂质形成的各种缺陷,特别是俘获了电子或空穴的各种复合缺陷在电场作用下发生电离造成的。在制备半导体陶瓷时,利用掺杂和特殊工艺(还原气氛烧结、快速降温等),可在陶瓷内部形成各种施主或受主能级,从而使陶瓷的电子电导增大,这种过程称半导体化。有时由外部电极注入材料内部的电子所产生的影响也是不可忽视的。

2. 漏电流和绝缘电阻

在外电场的作用下,电介质中总会存在一个很小的电流,这个电流称为漏导电流或漏电流。漏电流是由电介质中的带电质点(正、负离子和离子空位、电子和空穴等载流子)在电场作用下作定向迁移形成的。

当固体电介质加上直流电场后,一部分电流从介质的体内流过,称为体内电流 I_V;一部分从介质的表面流过,称为表面电流 I_S。相应的电阻称为体电阻 R_V 和表面电阻 R_S。体电阻 R_V 的大小不仅由材料的本质决定,而且与试样尺寸有关。体电阻率 ρ_V 是由材料本质决定的,与试样尺寸无关。表面电阻 R_S 不仅与介质材料本身的性质有关,更大程度上取决于材料表面的润湿、清洁、吸附和氧化等状况。

9.1.3 介质损耗与复介电常数

由于介质极化和介质损耗与电场频率有关,因此先引入与电场频率有关的复介电常数的概念后,再讨论介质损耗。

1. 复介电常数

对于一个理想电容器,两极板间为真空,其静电容量 $C_0=\varepsilon_0 S/d$。如果在该电容器上加上角频率为 ω 的交流电压,则有

$$V = V_0 e^{j\omega t} \tag{9.1.2}$$

式中 V_0 为振幅。电极上出现电荷为 $Q=C_0V$。流过电容器的电流为电荷 Q 对时间的导数:

$$I = dQ/dt = j\omega C_0 V_0 e^{j\omega t} = j\omega C_0 V \tag{9.1.3}$$

由此可见,I 与 V 之间有 $90°$的相位差,如图 9.1.5 所示。

若在电容器的两极板间填充介电常数为 ε_r 的电介质,电容量则变为 $C=\varepsilon_r C_0$。相应的电流变为

$$I' = dQ'/dt = j\omega CV = \varepsilon_r I \tag{9.1.4}$$

但是式(9.1.4)仅适用于理想的电介质,即假设所填充的电介质是理想绝缘的非极性电介质,此时电流与电压仍然相差 $90°$相位。如果所填充的电介质是弱电导性的,或是极性的,则电容器不再是理想的,这时,观察到的电流 I 与电压 V 的相位差不再是 $90°$,而是略小于 $90°$。我们取电压 V 沿实轴方向,将实验观察到的电流 I 的实轴分量写为 $\omega\varepsilon' C_0 V$,而把虚轴分量(与 V 相位相差 $90°$)写成 $j\omega\varepsilon'' C_0 V$,则电流 I 为

$$I = \omega\varepsilon' C_0 V + j\omega\varepsilon'' C_0 V \tag{9.1.5}$$

填满介质的电容器的 I 与 V 的关系如图 9.1.6 所示。

此时引入复介电常数 ε_r^*,ε_r^* 分为实部与虚部,ε_r'为复介电常数的实部,ε_r''为其虚部。ε_r'和 ε_r''为两个实数。因此 ε_r^* 可表示为

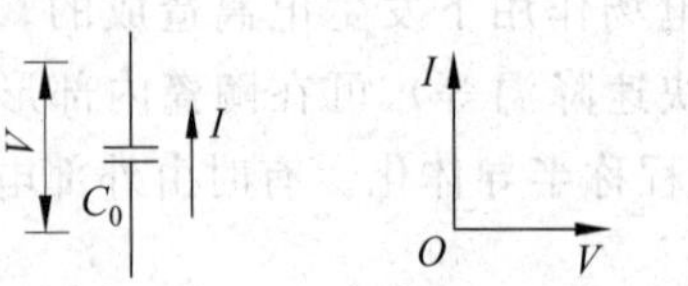

图 9.1.5 真空电容器的 I 与 V 的关系

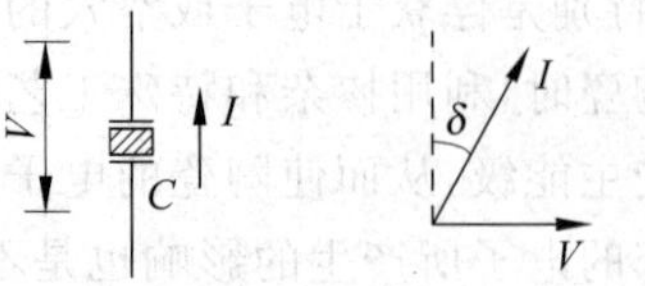

图 9.1.6 填充介质的电容器的 I 与 V 的关系

$$\varepsilon_r^* = \varepsilon_r' - j\varepsilon_r'' \tag{9.1.6}$$

2. 介质损耗

由复介电常数的定义可见，复介电常数 ε_r^* 的实部 ε_r' 与介质的静态相对介电常数 ε_r 的物理意义相同；而 ε_r'' 表示介质中能量损耗大小，称为损耗因子。在实际应用中，介质损耗常用介质损耗角 δ(如图 9.1.6 右图所示)的正切值 $\tan\delta$ 来表示：

$$\tan\delta = \varepsilon''/\varepsilon' = \varepsilon_r''/\varepsilon_r' \tag{9.1.7}$$

从宏观上讲，介质损耗是指电介质在单位时间内每单位体积内，电能转化为热能(以发热形式)而消耗的能量。介质中损耗的来源主要有漏导损耗和极化损耗两个方面。当外电场频率很低时，即 $\omega \to 0$ 时，介质的各种极化都能跟上外电场的变化，此时不存在极化损耗，介质损耗主要是由漏电导引起，和频率无关。当外加电场频率逐渐升高时，电介质中的慢极化(如转向极化、空间电荷极化、松弛极化等)在某一个频率开始跟不上外电场的变化，将产生极化滞后现象从而消耗一部分能量，形成介质损耗；若进一步升高频率，介质损耗将出现极大值。因此，慢极化造成的极化损耗是电介质在交变电场中使用时产生介质损耗的主要原因。当电场的变化频率很高时，各种慢极化完全来不及建立，此时只有快极化发生，因为快极化不产生能量损耗，因此介质损耗减小。

9.1.4 电介质的击穿

1. 强电场作用下的击穿现象

当电场强度超过某一临界值时，介质由介电状态转变为导电状态，这种现象称为介质的击穿。相应的临界电场强度称为介电强度或击穿强度。

介质发生击穿时电流会急剧增大，发生击穿处会产生局部高温、火花、开裂等现象，造成材料破坏，并且这种破坏过程是不可逆的。

2. 电介质击穿的类型

根据介质击穿的特征，主要可分为电击穿和热击穿两种类型。

1) 电击穿

电击穿是指在电场的直接作用下，介质中载流子迅速增多造成的击穿。电击穿过程发生非常快，约在 10^{-7}s 内完成。理想的晶体介质在导带中是不存在电子的，但实际晶体由于热激发等因素的影响，在导带中存在少量的电子，介质具有一定的电导。在强外电场下，导电电子从电场获得能量而被加速，同时电子与晶格碰撞失去能量。当电子从电场中获得的能量超过传递给晶格振动的能量时，电子的动能会越来越大。当电子能量足够大时，电子与晶格振动的相互作用会电离出新的电子，使导电电子迅速增加，电流迅速增大，从而导致介质的电击穿。电击穿所需的电场强度较高，为 $10^3 \sim 10^4$ kV/cm。

2）热击穿

介质中不可避免地存在一定数量的载流子，在施加外电场时，会有传导电流流过电介质，从而产生焦耳热。若处于交流电场作用下，还会出现与极化弛豫过程有关的介质损耗，它们也会以热的形式把电场能量转化为热能。这两种过程都会使电介质内部发热。当电场足够高时，内部发生的热量来不及散发到周围媒质中，因此介质的温度会越来越高，从而导致介质丧失其绝缘作用而发生介质击穿。热击穿有一个热量积累的过程，因此没有电击穿那么迅速。热击穿电场强度较低，一般为 10～100kV/cm。

3. 击穿的复杂性

介质的击穿是非常复杂的过程，它不仅与介质的结构和组成密切相关，同时还与实验条件有关，如温度、湿度、加压速度、试样形状、试样厚度、电极形状等。并且，热击穿与电击穿往往是同时发生的，很难截然区分开来。此外电介质还可能发生电化学击穿，即固体电介质中发生缓慢的电化学反应使其电导增加，介质的温度上升而击穿。电化学击穿的最终形式是热击穿。

9.2 压电、热释电和铁电介质材料

9.2.1 材料的压电性、热释电性与铁电性

1. 压电性

某些晶体在沿一定方向上受到外力的作用变形时，内部会产生极化现象，同时在其表面上产生电荷，当外力去掉后，又重新回到不带电的状态，这种现象称为"正压电效应"。作用力相反时，表面电荷符号相反，电荷密度常与外加作用力大小成正比例。与此相关的另一实验结果是：当一块具有压电效应的晶体置于外电场中，由于晶体的电极化造成的正负电荷中心位移，导致晶体形变，形变量与电场强度成正比，这便是"逆压电效应"。一般将具有压电效应的电介质称为压电材料。

在晶体结构的 32 种点群中，其中只有 20 种可产生压电效应。这是由于压电效应只能产生在无对称中心点群中。图 9.2.1 为两种晶体的压电效应示意图。图 9.2.1(a)所示为无对称中心的晶体。当晶体不受外力时，晶体的正、负电荷重心重合，整个晶体的总电矩等于零，即极化强度为零，对外不呈现极性，因而晶体表面无电荷；但在外力作用下，晶体形变，正、负电荷的重心不再重合，总的极化强度不等于零，故晶体对外表现出极性，出现表面电荷。在图 9.2.1(b)中，由于晶体结构中有对称中心，无论有无外力作用，正负电荷重心总是重合的，不会出现压电效应。所以，晶体结构中无对称中心是产生压电效应的必要条件。压电效应是由于晶体在机械力的作用下发生形变而引起带电离子的相对位移，从而使得晶体的总电矩发生改变而造成的。因此，压电晶体还必须是离子晶体或由离子团组成的分子晶体。

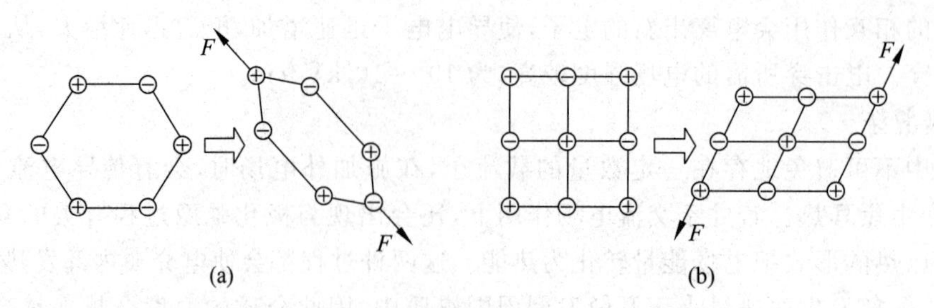

图 9.2.1 晶体的压电效应示意图

(a) 无对称中心的晶体；(b) 有对称中心的晶体

2. 热释电性

当一些晶体受热时，在晶体两端(表面)将会产生数量相等而符号相反的电荷。这种由于热(温度)变化产生的电极化现象被称为热释电效应。

图 9.2.2 为热释电晶体在温度变化时的热释电效应示意图。热释电晶体即使在没有外电场的情况下也存在电偶极矩，故热释电晶体的外表面上有由自发极化而出现的面束缚电荷。在温度恒定时，因晶体表面吸附有来自于周围空气中的异性电荷，晶体内部的束缚电荷和外来的自由电荷中和，对外不显示电性，如图 9.2.2(a)所示。但当温度发生变化时，晶体的自发极化会随温度发生改变，晶体表面的极化电荷随之变化，而它周围的吸附电荷则因跟不上它的变化使得两者来不及中和，发生电荷的变动，显现出晶体热释电现象，如图 9.2.2(b)、(c)所示。

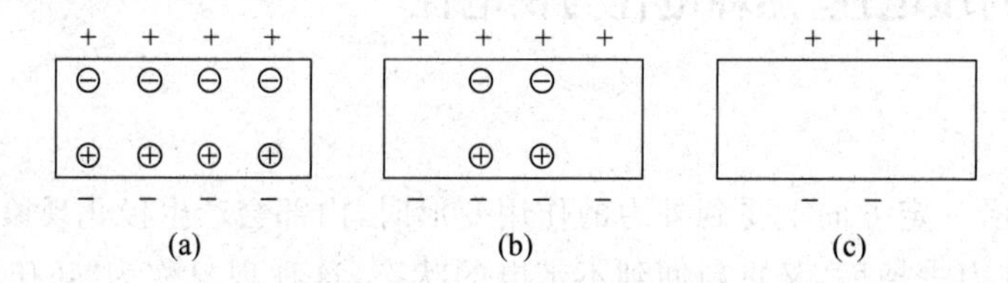

图 9.2.2 热释电晶体在温度变化时所显示的热释电效应示意图

(a) 恒温下；(b) 温度变化时；(c) 温度变化时的等效表现

热释电效应可由下式表示：

$$\Delta P_s = p\Delta T \tag{9.2.1}$$

式中，ΔP_s 为自发极化强度变化量；ΔT 为温度变化；p 为热释电系数。

热释电效应研究表明，热释电效应是由于晶体(材料)中存在自发极化而引起的，具有热释电效应的材料一定是具有自发极化的晶体，在结构上应具有极轴。因此，具有对称中心的晶体不可能有热释电效应，这一点与压电体的要求一致，但具有压电性的晶体不一定就具有热释电性。

3. 铁电性

铁电材料的特点是不仅具有自发极化，而且在一定温度范围内自发偶极矩的方向能随外电场的反向而转向。它的极化强度 P 与外电场强度 E 的关系曲线如图 9.2.3 所示。极化强度 P 滞后于电场强度 E，故称为“电滞回线”。由于电滞回线与铁磁体的磁滞回线(B-H

曲线)相似,故称这种特性为铁电性,并把具有这种性质的晶体(材料)称为铁电体。

铁电晶体中的铁电相通常是由自发极化方向不同的小区域按一定规律排列组成的,这些自发极化相同的小区域称为电畴。分隔电畴的界面称为畴壁,畴壁的厚度很薄,仅有几个晶胞的尺寸。电滞回线的出现表示铁电体中存在电畴。

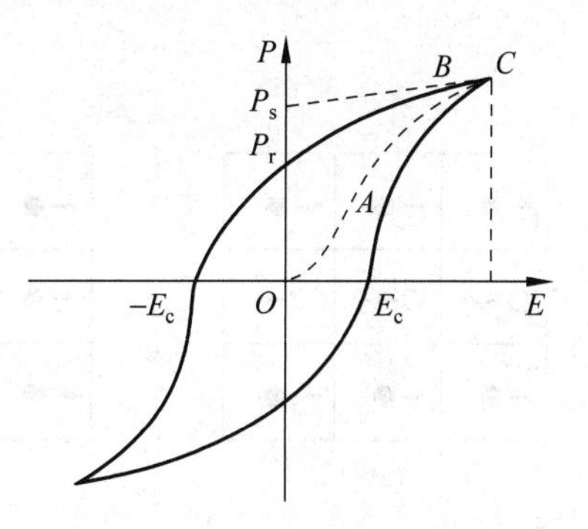

图 9.2.3 铁电体的电滞回线

假定晶体中的电畴内只存在反平行两种取向。在没有外电场的存在下,晶体的总电矩为零。当外电场施加于晶体时,极化强度沿电场方向的电畴变大,而与其反平行方向的电畴则变小。这样,极化强度 P 随外电场 E 增大而增大,如图中 OA 段曲线所示。电场强度继续增大,最后使晶体成为单畴,晶体的极化强度达到饱和,对应于图中 C 点附近的部分,将这线性部分推延至外场为零的情形,在纵轴 P 上所得的点称为饱和极化强度 P_s。如电场自图中 C 处开始降低,晶体的极化强度亦随之减小,但在零电场时,仍存在剩余极化强度 P_r。当电场反向达到矫顽电场强度 $-E_c$ 时,剩余极化才全部消失,反向电场的值继续增大时,极化强度反向。

当温度高于某一临界温度时,晶体的铁电性消失,这一温度称为铁电体的居里温度或居里点。铁电性的出现或消失,总伴随着晶格结构的改变,所以这是个相变过程。当晶体从非铁电相(顺电相)向铁电相过渡时,晶体的许多物理性质皆呈反常现象。由于在居里温度附近自发极化急剧变化,所以热释电系数也会出现极大值。而远低于居里温度时,自发极化随温度的变化相对比较小,热释电系数较小。

铁电体与铁磁体在许多其他物理性质上也具有一一相对应的类似,如电畴对应磁畴,顺电-铁电相变对应于顺磁-铁磁相变,电矩对应磁矩等。但是,铁电性与铁元素毫无关系。

铁电材料是一类具有自发极化,而且其自发极化矢量可以在外电场作用下转动的电介质材料。这类材料的主要特征是具有铁电性,即电极化强度与外电场之间具有电滞回线的关系。铁电材料具有良好的铁电性、压电性、热释电性以及非线性光学等特性,是当前高新技术材料中非常活跃的研究领域之一。

4. 反铁电性与弛豫铁电性

研究中发现,还有一些目前广泛用作于制作压电、热释电和电容器等的材料,它们具有与铁电性不同的反铁电性或弛豫铁电性。

1) 反铁电性

反铁电晶体的基本结构特征如图 9.2.4(a)所示。与铁电晶体一样,反铁电晶体子晶格中同样存在离子位移自发极化,但是相邻子晶格中离子自发极化的方向相反且大小相等,所以反铁电晶体的宏观自发极化强度为零,类似顺电体。

反铁电体的结构与铁电体相近,几乎具有铁电体的所有特性,只有在较强的电场作用下使一组自发极化转向后,才可观察到如图 9.2.5 所示的双电滞回线。反铁电体同时具有热释电效应和压电效应。从电滞回线的对比可以看出,当外电场降至零时,反铁电体没有剩余极化,而铁电体有剩余极化。在电场作用下,反铁电体可转变为铁电体,当电场强度减少或撤销时，暂稳态的铁电相又变为稳态的反铁电相。

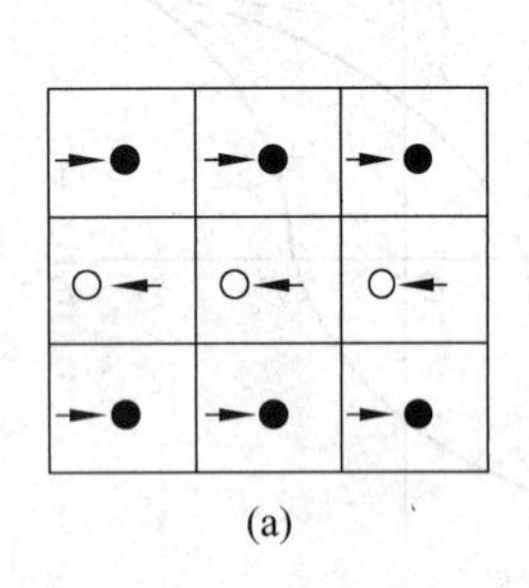
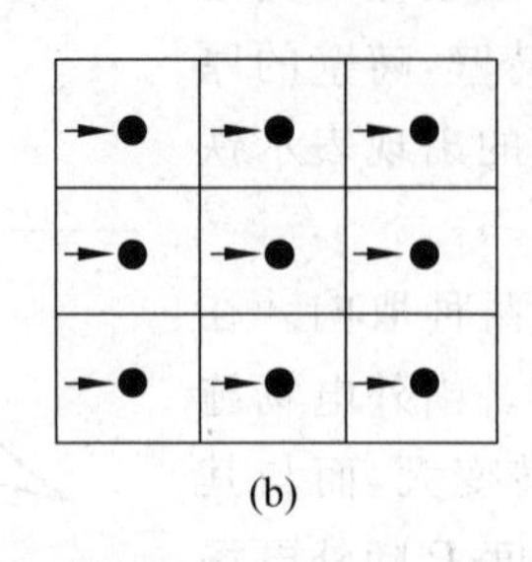

图 9.2.4 反铁电体和铁电体的离子位移自发极化
(a) 反铁电体；(b) 铁电体

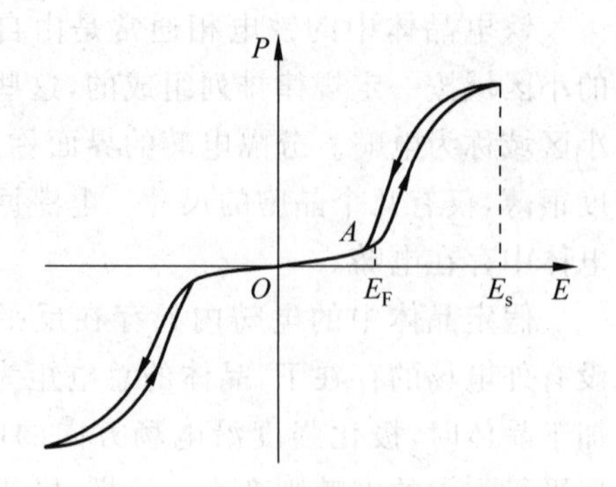

图 9.2.5 反铁电体的双电滞回线

目前已经发现 40 多种反铁电材料，其中钙钛矿结构的锆钛酸铅（$Pb(Zr,Ti)O_3$，PZT）基化合物是当前最具有应用价值的一类反铁电材料。除此之外还有铌酸钠、三氧化钨和磷酸二铵等反铁电体材料。

在通常的条件下，反铁电体能够被电场诱导转变成极化强度取向一致的铁电体；又可通过加热和加电压等方式回复成反铁电体。反铁电体材料在相变时具有大应变量和高密度电荷瞬间释放特性。反铁电材料已成为智能传感和致动系统中的一类关键材料，其可能的应用领域有：高密度储能电容器、大位移致动器、换能器、可调变压电和热释电探测器等。

2）弛豫铁电性

弛豫铁电体除了具有正常铁电体的常见性能，还具有一些特殊的结构和性能。

图 9.2.6 是普通铁电体 $BaTiO_3$ 和弛豫铁电体铌镁酸铅（$Pb(Mg_{1/3}Nb_{2/3})O_3$，PMN）的介电特性。由图可见，PMN 弛豫铁电体在顺电-铁电相变时其相变不是发生在一个温度点（居里温度 T_c），而是发生于一个温度范围（居里温度区）。所以弛豫铁电体的自发极化不像普通铁电体那样在 T_c 附近突然消失，而是缓慢衰减。因而其介电常数与温度关系曲线中介电峰明显宽化，高于居里温度附近仍存在自发极化和电滞回线，这种性质称为弥散相变。

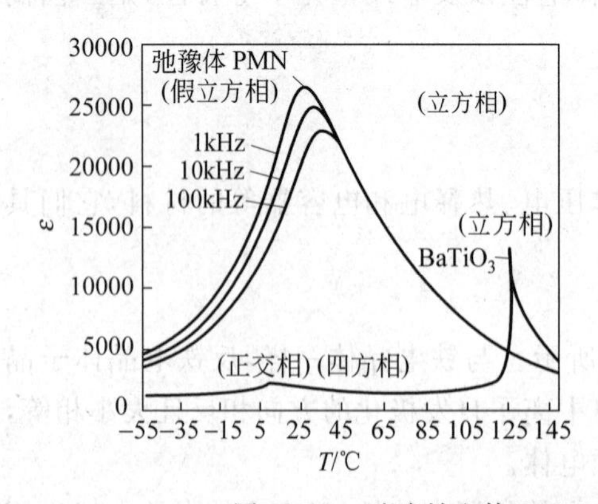

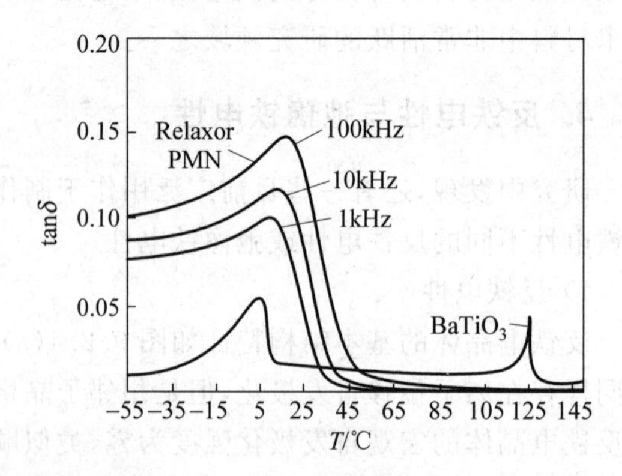

图 9.2.6 弛豫铁电体 PMN 和普通铁电体 $BaTiO_3$ 的介电特性

由图 9.2.6 还可看出，在低温侧，弛豫铁电体 PMN 的介电峰和损耗峰随测试频率的提高而略向高温方向移动，而介电峰值和损耗峰值分别略有降低和增加。介电温谱中的介电常数峰值随频率变化而变化，称为频率色散。

居里温度以下，弛豫铁电体的电滞回线与正常铁电体的相似。但是，随着温度的升高，弛豫铁电体的电滞回线慢慢地变得细长，在高于居里温度以上仍然具有电滞回线，表现出铁电相的特征。

弛豫铁电体一般为复合钙钛矿结构，其化学通式为 $A(B_1B_2)O_3$ 或 $A_1A_2(B_1B_2)O_3$，即在等同的晶格位置上存在一种以上的离子。研究最多和应用较广的弛豫铁电体主要是含铅的复合钙钛矿结构系列材料，其中 A 为较低价阳离子，如 Mg^{2+}、Zn^{2+}、Ni^{2+}、Fe^{3+} 和 Sc^{3+} 等，B 为较高价阳离子，如 Nb^{5+}、Ta^{5+} 和 W^{6+} 等。最具代表性的是 $Pb(Mg_{1/3}Nb_{2/3})O_3$、$Pb(Zn_{1/3}Nb_{2/3})O_3$ 和 $Pb(Sc_{1/2}Ta_{1/2})O_3$（分别简称 PMN、PZN 和 PST）。此外，钨青铜结构型弛豫铁电陶瓷 $Pb_{1-x}Ba_xNb_2O_6$，即 PBN，由于其良好的热释电和电光特性也正在研究开发之中。

弛豫铁电陶瓷是功能陶瓷大家族中一类十分引人注目的材料。它具有很高的介电常数，相对低的烧结温度和由弥散相变引起的较低容-温变化率，被认为是新一代多层陶瓷电容器在技术和经济上兼优的重要候选材料；同时它具有大的电致伸缩效应及小的电致应变滞后、回零性和重现性好等特点，因此在微位移器、致动器和机敏材料与器件等方面也有广阔的应用前景。

5. 压电性、热释电性与铁电性的关系

32 种对称晶体（点群）中有 21 种为非中心对称结构，其中有一种（点群 43）压电常数为零，其余 20 种具有压电效应，这其中包含 10 种点群是极性晶体，能呈现自发极化，为热释电晶体。铁电晶体一定是极性晶体，但并非所有极性晶体都具有这种自发偶极矩随外施电场转动的性质。所以具有压电性的材料，不一定具有热释电性和铁电性；具有热释电性的材料不一定具有铁电性；而具有铁电性的材料则一定具有热释电性与压电性。它们间的关系可用图 9.2.7 来表示。

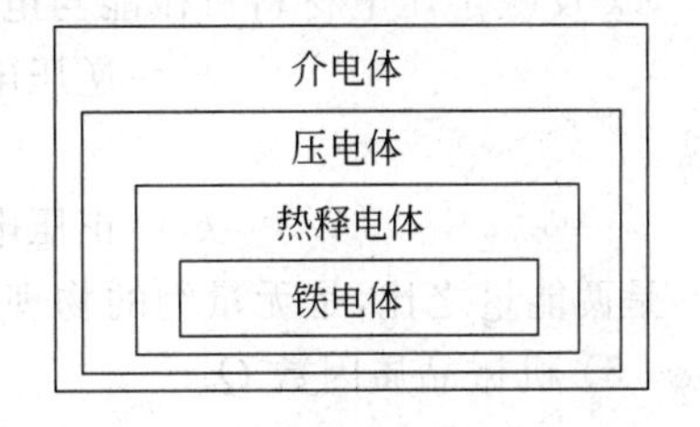

图 9.2.7 介电体、压电体、热释电体与铁电体之间的关系

9.2.2 压电参数与压电材料

1. 压电材料的参数

表征压电材料特性的主要参数包括以下几种。

1）压电陶瓷的介电常数 ε

未经“极化”的压电陶瓷是各向同性的多晶体，但经过“极化”处理后，它就变成各向异性的电介质了。设 z 轴为极化轴，x 轴和 y 轴为非极化轴，x 轴和 y 轴没有差别，xy 平面是各向同性面。根据压电陶瓷的对称性，极化后的压电陶瓷只有两个独立的介电常数，即 ε_{11} 和 ε_{33}，其中 ε 的下标的第一个数字表示电场方向，第二个数字表示电流密度方向。

2）介电损耗 $\tan\delta$

与其他介质材料一样，在电场的作用下，压电材料也会发生极化与漏导损耗，用 $\tan\delta$ 表

示。材料的 $\tan\delta$ 越大,其性能越差。大功率的换能器要求压电陶瓷材料的损耗越低越好,如果材料的损耗大,就易于发热而损坏。

$\tan\delta$ 的倒数 Q_e 称为电学品质因素,它与 $\tan\delta$ 同属无量纲的物理量。

3) 压电系数 d 与 g

压电系数 d(单位: C/N)是压电材料把机械能(或电能)转换为电能(或机械能)的比例常数,反映了应力(或应变)和电场(或电位移)间的关系,其中压电应变系数

$$d_{ij} = (\partial S_j / \partial E_i)_T \tag{9.2.2}$$

或

$$d_{ij} = (\partial D_i / \partial T_j)_E \tag{9.2.3}$$

式中,S 为压电片产生的应变;E 为电场强度;D 为电位移;T 为压电体承受的应力;$i=1,2,3$,表示电场或电位移方向;$j=1,2,\cdots,6$,表示应力或应变方向。

压电系数的完整表达式是一个三阶矩阵,共有 27 个分量,经过简化后有 18 个独立分量。对于四方钙钛矿结构的压电陶瓷只有 3 个独立分量,即 d_{31}、d_{33}、d_{15}。

压电应力系数 g 的定义是:当压电体的电位移恒定时,单位应力所产生的电场强度,或应力恒定时,单位电位移产生的应变,如式(9.2.4)和式(9.2.5)所示:

$$g_{ij} = -(\partial E_i / \partial T_j)_D \tag{9.2.4}$$

$$g_{ij} = (\partial S_j / \partial D_i)_T \tag{9.2.5}$$

4) 机电耦合系数 k

k 反映了压电材料机械能与电能间的耦合关系,被定义为

$$k^2 = \text{逆压电效应转换的机械能/输入总电能} \tag{9.2.6}$$

或

$$k^2 = \text{正压电效应转换的电能/输入总机械能} \tag{9.2.7}$$

k^2 是两能量之比,是无量纲的物理量。

5) 机械品质因数 Q_m

工业上很多压电元件是利用谐振效应而工作的,比如压电滤波器、超声换能器、压电谐振器等。当压电体所受外施电场的频率与压电体谐振频率 f_r 一致时,产生机械谐振,但由于必须克服晶格形变等内摩擦效应而消耗部分能量,即产生机械损耗。Q_m 便是描述这种能量损耗的参数,被定义为

$$Q_m = \frac{\text{谐振时谐振子储存的机械能}}{\text{每一谐振周期振子损耗的机械能}} \times 2\pi \tag{9.2.8}$$

Q_m 越大表示能量损耗越小。不同的压电器件对 Q_m 有不同要求,如陶瓷滤波器、压电振子等要求 Q_m 尽可能高,但音响器件及接收型换能器则又要求 Q_m 尽可能低。

6) 频率系数 N

频率系数 N 是压电振子的谐振频率 f_r 与振动方向上线度 L 的乘积,单位是 Hz·m:

$$N = f_r L \tag{9.2.9}$$

该值只与材料性质相关,而与尺寸因子无关。当已知材料的 N 值后便可根据要求的 f_r 值设计振子的几何尺寸。值得注意的是当压电片振动模式不同时,N 值也有变化。

2. 典型压电材料

作为重要的功能材料,压电材料在电子材料领域占据相当大的比重。作为机-电耦合的

纽带，其应用总的来说包括两个方面：一方面作为机械能与电能相互转换的机电换能方面的应用；另一方面是利用其弹性及固有振动特性，在压电谐振器（压电振子）方面的应用。压电材料产品已达数百种，如频率器件（滤波器、谐振器等）、电声器件、超声换能器、压电加速度计、变压器等。

压电材料包括压电单晶、压电陶瓷、压电薄膜和压电高分子材料等。从晶体结构角度来看，主要有钙钛矿型、钨青铜型、焦绿石型及铋层结构。但目前应用最广、研究最深入的当属钙钛矿和钨青铜结构。

压电陶瓷是多晶材料，晶粒无序排列而呈各向同性状态，在一般情况下不具有压电效应。但是铁电陶瓷通过在较高电压的直流电场中进行“预极化”处理后，使铁电陶瓷各晶粒的自发极化轴沿外电场取向而表现出极性；去掉电场后，陶瓷对外仍呈现出宏观的剩余极化。故经人工极化的铁电陶瓷变成了压电陶瓷。这里主要介绍几类典型的压电陶瓷材料。

1）一元系压电陶瓷

最典型的一元系压电陶瓷是具有钙钛矿型结构的 $BaTiO_3$ 和 $PbTiO_3$。钙钛矿型结构因存在自发极化，为无对称中心的晶体结构，在应力作用下，离子间可产生不对称位移，呈现新的电矩而使表面显示电性，从而具有压电效应。

$BaTiO_3$ 陶瓷曾广泛地应用于水声、电声换能器，通信滤波器等；但由于 $BaTiO_3$ 的居里温度低，当工作温度超过 80℃后，压电性能便显著恶化，使用上受到限制，加之后来又发现了一系列性能更好、更稳定的多元系固溶体压电陶瓷，因此 $BaTiO_3$ 的使用范围已经大幅缩小。

$PbTiO_3$ 也具有钙钛矿型结构，居里点 $T_c=490$℃。$PbTiO_3$ 的矫顽电场较大，预极化比较困难，只有在提高预极化温度后，方有利于畴壁的运动而完成预极化过程。纯 $PbTiO_3$ 用常规陶瓷工艺很难得到致密的材料，通常采用 La_2O_3、MnO_2、NiO 等氧化物对 $PbTiO_3$ 进行改性。由于 $BaTiO_3$ 与 $PbTiO_3$ 晶体在居里点前后相变时晶胞参数的变化相近，因此可引入 $PbTiO_3$ 对 $BaTiO_3$ 进行改性。

2）二元系压电陶瓷

二元系压电陶瓷中应用最广泛的是 $PbTiO_3$-$PbZrO_3$ 固溶体，即 PZT 陶瓷，其压电特性及温度稳定性明显优于一元系 $BaTiO_3$ 压电体。$PbZrO_3$ 为反铁电体，也具有钙钛矿型结构，$T_c=230$℃。$PbTiO_3$ 与 $PbZrO_3$ 结构相同，Ti^{4+}、Zr^{4+} 离子半径相近，从而可生成无限固溶体，随着钛、锆比的变化，T_c 近乎线性地从 $PbZrO_3$ 的 230℃变至 $PbTiO_3$ 的 490℃。T_c 以上是顺电立方相，不具铁电性和压电性。

在 Zr:Ti=53:47 附近，PZT 陶瓷的介电、压电性能出现突变，如 ε、k 值出现极大值，而 Q_m 值出现极小值。这个成分分界线称为 PZT 陶瓷的准同型相界。实验证明，PZT 的介电、压电参数可通过改变 Zr/Ti 比进行调节：例如要 k、d_{33} 值高，ε 大，则配方可选在准同型相界附近；如要得到高 Q 值，则材料的配方应尽量避开准同型相界。

实际生产中，为获得所需性能的 PZT 压电陶瓷，常对其进行掺杂改性，来控制共烧结温度、矫顽场和压电参数。

3）三元系压电陶瓷

三元系压电陶瓷是在 PZT 的基础上，再添加第三组元——复合钙钛矿型化合物组成的。复合钙钛矿型(A,A′),(B,B′)O_3 常以 A(B,B′)O_3 或(A,A′)BO_3 形式出现，它们大部分都是弛豫铁电体。

三元系压电材料种类繁多，成分及特性变化范围也很大。由于第三相的引入，使三元系统具有更宽广的、可供选择的组分范围，并且和二元系统相仿，也可以通过不同元素的掺杂来改善材料的压电特性。三元系压电陶瓷往往具有比 PZT 更好的压电性能，并且烧结温度低，能较好地控制含 Pb 量，从而获得均匀、致密、机械强度较高的压电陶瓷。

4）无铅压电材料

传统压电陶瓷都含有大量的 PbO。含铅压电陶瓷在制备和使用过程中，PbO 的挥发会给环境和人类健康带来极大的损害。近年来，由于环境保护和人类可持续发展的要求，无铅压电材料受到了广泛的关注。

（1）$BaTiO_3$ 基无铅压电陶瓷

$BaTiO_3$ 陶瓷的压电特性在前面已经有所介绍。由于 $BaTiO_3$ 陶瓷的压电性能只属于中等，工作温区狭窄，居里点不高，在室温附近存在相变，温度稳定性较差，很难通过掺杂来较大幅度地改善其性能。但以 Zr 取代 Ti 并添加金属氧化物（CuO、SnO_2 等）形成的 $Ba_xTi_{1-y}Zr_yO_3$ 体系，工作温区较单纯 $BaTiO_3$ 陶瓷有所拓宽（可在－30～80℃使用），压电常数 d_{33} 可达 350pC/N，机电耦合系数 k_{33} 高达 65％。

（2）$Bi_{0.5}Na_{0.5}TiO_3$(BNT)基无铅压电陶瓷体系

BNT 室温时属三角晶系，居里点为 320℃。BNT 具有铁电性强、压电系数大、介电常数小、声学性能好等优良特性，且烧结温度低（1100～1150℃），被认为是最具吸引力的无铅压电陶瓷材料体系之一。但 BNT 矫顽场高（E_c＝73kV/cm），并且在铁电相区电导率高，难以极化。因此，单纯的 BNT 陶瓷难以实用化。

多年来，人们针对 BNT 的改性开展了大量的改性研究工作。BNT 通过与 $MeTiO_3$（Me＝Ca，Sr，Ba，Pb，$Bi_{0.5}K_{0.5}$，$Bi_{0.5}Li_{0.5}$）、$ANbO_3$（A＝Na，K）、ABO_3（A＝Bi，La；B＝Fe，Sc，Cr，Sb）等形成二元或多元固溶体后，可以极大地提高 BNT 陶瓷的压电性能。文献报道的 $Bi_{0.5}(Na_{1-x-y}K_xLi_y)_{0.5}TiO_3$ 体系陶瓷具有较好的压电性能，其压电系数 d_{33} 可达 230，径向机电耦合系数 k_p 约为 37％。

（3）铌酸盐系无铅压电陶瓷体系

铌酸盐系无铅压电陶瓷主要指碱金属铌酸盐（$NaNbO_3$、$KNbO_3$、$LiNbO_3$ 等）和钨青铜结构铌酸盐（$PbNb_2O_6$、$Sr_2KNb_5O_{15}$、$Sr_2NaNb_5O_{15}$ 等）陶瓷。

碱金属铌酸盐陶瓷具有密度小、声学速度高、介电常数低、频率常数大等特点，可用于光电材料、传声介质和高频换能器。由于碱金属在高温下易挥发，因而采用传统陶瓷烧结工艺很难获得致密性较好的铌酸盐陶瓷体，需采用热压烧结或热等静压烧结工艺。近年来通过稀土元素掺杂获得了性能良好的铌酸盐陶瓷。

钨青铜化合物是仅次于钙钛矿型化合物的第二大类铁电体。早在 1953 年，就发现了钨青铜结构化合物 $PbNb_2O_6$，后来又发现了一系列碱金属和碱土金属钨青铜铌酸盐，其通式为 $B_2^{2+}A^+Nb_5O_{15}$（A 为碱金属，B 为碱土金属）。一般来说，钨青铜化合物的自发极化较大，居里温度较高，介电常数较低。

（4）铋层状结构无铅压电陶瓷体系

铋层状结构化合物是由二维的钙钛矿层和 $(Bi_2O_2)^{2+}$ 层有规则地相互交替排列而成，其化学通式为 $(Bi_2O_2)^{2+}(A_{m-1}B_mO_{3m+1})^{2-}$，其中 A 为 Bi^{3+}、Ba^{2+}、Sr^{2+}、Na^+、K^+、La^{3+} 等适合

于12配位的+1、+2、+3价离子或由它们组成的复合离子；B为Ti^{4+}、Zr^{4+}、Nb^{5+}、Ta^{5+}、W^{6+}、Mo^{6+}等适合于八面体配位的离子或由它们组成的复合离子；m为一整数，对应于钙钛矿层厚度方向的原胞数，即对应钙钛矿层$(A_{m-1}B_mO_{3m+1})^{2-}$内的八面体层数，其值可以为1～5。

铋层状结构无铅压电陶瓷具有介电常数小、居里温度高、压电性能和介电性能各向异性大、电阻率高、老化率低、谐振频率的时间和温度稳定性好、机械品质因数较高、易烧结等特点，在滤波器、能量转换及高温、高频等领域有良好的应用前景。但是，铋层状结构压电陶瓷明显的缺点是压电活性低、矫顽场高。

5) 压电薄膜

由于压电块体材料尺寸较大，一方面限制了其在高频领域的应用，另一方面也与信息技术的集成化、微型化和精确化发展趋势不相适应，所以压电材料的薄膜化成为必然趋势。压电薄膜有其独特的优点，如易于制作极薄的微波超声换能器、压电/铁电/半导体集成器件等，器件体积小，重量轻，工作频率高，易制作多层结构。压电薄膜器件在电子对抗、目标模拟、雷达、传感器以及信息显示等军事及民用产品中已获得广泛的应用。目前研究得较多的压电薄膜包括ZnO、AlN、$LiNbO_3$等。

ZnO压电薄膜具有较高的机电耦合系数和低介电常数，但其声表面波传播速度低，在超高频和微波器件中的应用受到很大限制；AlN压电薄膜凭其高的声表面波传播速度而适用于超高频和微波压电器件，但其机电耦合系数偏小。通过ZnO与AlN复合，可获得机电耦合系数大、声速高的压电薄膜。

$LiNbO_3$压电薄膜具有优异的声表面波性能，将$LiNbO_3$压电薄膜与蓝宝石、金刚石等高声速衬底材料结合所形成的多层结构，是宽带声表面波器件所需的首选材料。

9.2.3 热释电介质材料及应用

热释电材料包括热释电单晶和热释电陶瓷。热释电单晶有$LiNbO_3$、$LiTaO_3$、$(Ba,Sr)Nb_2O_6$、TGS(硫酸三甘肽)等。热释电陶瓷主要有$BaTiO_3$、$PbTiO_3$、$Pb(Zr,Ti)O_3$、$(Pb_{1-x}La_x)(Zr_yTi_z)_{1-x/4}O_3$(PLZT)、$Pb(Sc,Ta)O_3$(PST)等铁电陶瓷。铁电陶瓷与单晶相比，具有不少优点。一是易于制备大面积的材料，加工简单，力学性能和化学性能稳定；二是居里温度高，在通常条件下基本上不会退极化；三是可通过多种离子掺杂对性能进行调整。表9.2.1列出了部分典型热释电材料的性能。

表9.2.1 部分典型热释电材料的性能

材　料	居里温度 T_c/℃	相对介电常数 ε_r	介质损耗 $\tan\delta$/%	热释电系数 p/(C/(cm^2·K))
TGS单晶	49	30	1.0	3.5×10^{-7}
$LiTaO_3$单晶	660	47	0.3	2.3×10^{-7}
$PbTiO_3$陶瓷	490	220	1.1	3.8×10^{-8}
$Ba_{0.67}Sr_{0.33}TiO_3$陶瓷	30～40	5000	1.0	3.5×10^{-7}
PST陶瓷	57	8000	0.4	5.0×10^{-7}
PLZT陶瓷	100	3800	1.5	1.7×10^{-7}
PZT30/70薄膜		380	0.8	3.0×10^{-8}

热释电材料的主要应用是制作热释电红外探测器。20 世纪 90 年代以前主要采用制冷型单元红外探测器，必须用低温致冷器进行致冷，结构复杂，成本很高，其应用范围仅局限在军事上。采用热释电材料制作的非制冷型红外探测器，利用热释电效应将红外辐射转换为电信号，工作时不需要制冷，响应快，工作温区宽，成本降低，已广泛应用于火焰探测、环境污染监测、非接触式温度测量、夜视仪、安全警戒、红外摄像、军事、遥感、航空航天等领域。

9.2.4 铁电陶瓷介质材料及应用

前面所提到的压电和热释电陶瓷，很多也是铁电陶瓷。铁电陶瓷除用作压电、热释电材料外，由于具有自发极化和高介电常数（ε 可达 $10^3\sim10^4$），因此还是强介电容器瓷的重要组成，被广泛用于制作小体积、大容量的低频陶瓷电容器。但铁电陶瓷的 ε 随温度呈非线性变化，且 $\tan\delta$ 较大，所以必须通过掺杂改性减小 ε 的温度变化率，降低 $\tan\delta$。

以 $BaTiO_3$ 固溶体为主晶相的铁电陶瓷是最主要的强介电容器陶瓷材料。本节主要从电容器的角度讨论 $BaTiO_3$ 的介电特性与掺杂改性。

1. $BaTiO_3$ 的介电特性

铁电体的 ε 主要来自于自发极化强度 P_s 的贡献。ε 的大小主要取决于 P_s 的大小和 P_s 沿外电场取向的难易程度。P_s 越大，且沿外电场取向越容易，则 ε 越大。

$BaTiO_3$ 晶体的介电常数随温度的变化如图 9.2.8 所示。由图 9.2.8 可得出下列特点。

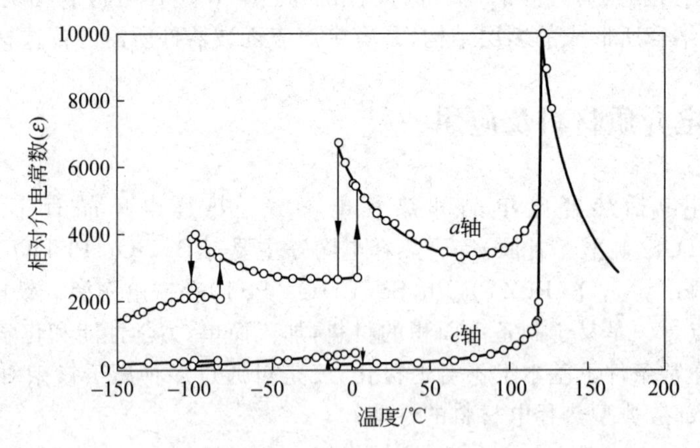

图 9.2.8 $BaTiO_3$ 晶体的介电系数随温度的变化关系

（1）$BaTiO_3$ 晶体存在介电反常现象，即在三个相变温度处 ε 发生突变，出现峰值，而且在居里温度（$T_c\approx120$℃）处峰值最高。这是因为在相变温度处，结构松弛，离子具有较大的可动性，新畴可以自发地形成，故只需要加很小的电场，就能使电畴沿电场方向取向，出现 ε 的峰值。这种反常是测量居里温度 T_c 的依据。

（2）当 $T>T_c$ 后，ε 将随温度上升按居里-外斯定律下降：

$$\varepsilon = c/(T - T_0) \tag{9.2.10}$$

式中，T_0 为居里-外斯特征温度，略低于 T_c，对 $BaTiO_3$ 而言，$T_c-T_0\approx10\sim11$℃；c 为居里-外斯常数，其值为 $(1.6\pm0.1)\times10^5$ K。

(3) $BaTiO_3$ 晶体的 ε 具有明显的方向性，沿 a 轴的 ε_a 较沿 c 轴的 ε_c 高，即 90°畴壁较180°畴壁易于在电场作用下运动；或者说和 P_s 正交的电场，易于使 P_s 转向，反平行的电场，难以使 P_s 反转。

(4) $BaTiO_3$ 晶体的 ε 随 T 的变化存在"热滞"，即在三个相变温度附近，ε 随 T 升高和降低的变化关系不重合。

由于电畴壁的运动，即新畴的成核和成长需要一定时间，所以铁电体的 ε 值受频率的影响。当 $f \geqslant 10^7$ Hz 后，ε 值随 f 增高而显著降低。$BaTiO_3$ 晶体的 ε_a、$\tan\delta$ 值的频率关系可由图 9.2.9 表征。

图 9.2.10 为 $BaTiO_3$ 晶体的 ε_a、$\tan\delta$ 与外加交流电场强度的关系。当外加电场非常小时，ε=1500；随着电场强度增大，电畴运动剧烈，定向极化增加，使 ε 增大，$\tan\delta$ 增加。在5MV/m 处接近饱和。ε 随外加电场强度的变化，说明 $BaTiO_3$ 晶体中电位移 D 与电场强度 E 之间存在非线性关系。

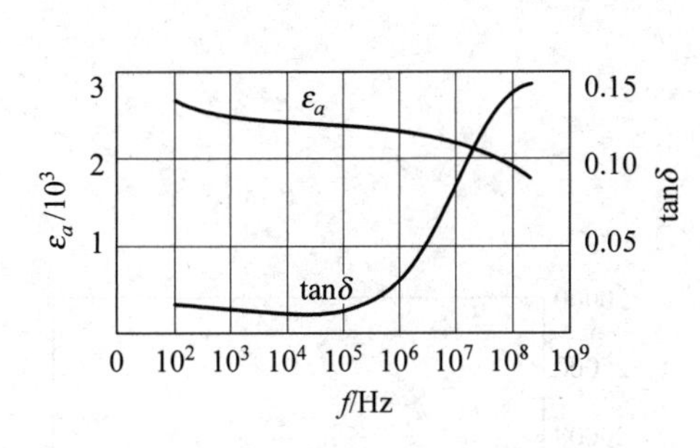

图 9.2.9 $BaTiO_3$ 晶体的 ε_a、$\tan\delta$ 的频率特性

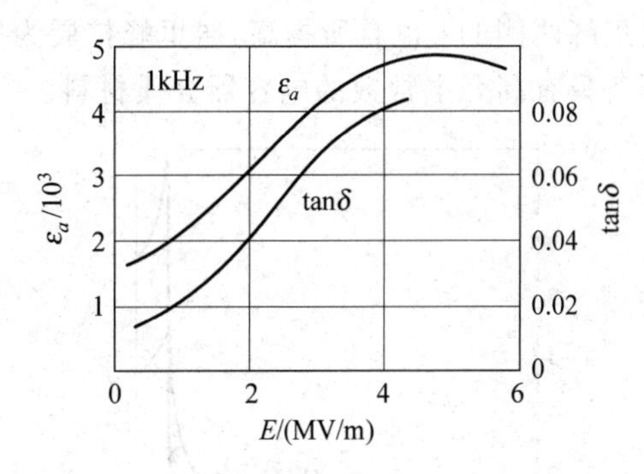

图 9.2.10 $BaTiO_3$ 单晶的 ε_a、$\tan\delta$ 随外加交流电场强度 E 的变化

研究发现，在 −70～140℃温度范围内，铁电相的击穿电场强度 E_b 并未因相变而产生异常变化。与通常电介质相仿，击穿电场强度主要决定于材料的气孔、含杂及缺陷和吸湿条件。正因为如此，铁电单晶由于结构较为完整，其击穿电场强度约为 $10^3 \sim 10^4$ kV/cm，而铁电陶瓷则要低一个数量级以上。

$BaTiO_3$ 陶瓷的介电性能主要取决于 $BaTiO_3$ 主晶相，但由于陶瓷是多晶结构，存在晶粒和晶界，晶粒大小、晶界中玻璃相、第二相等均直接影响其介电性能。纯 $BaTiO_3$ 陶瓷的 ε、$\tan\delta$ 随温度 T 的变化关系如图 9.2.11 所示，它与 $BaTiO_3$ 晶体的 ε 与 T 的关系(图 9.2.8)相比，陶瓷的 ε 值介于晶体的 ε_a 和 ε_c 之间，这是与陶瓷的多晶多畴结构及晶粒的随机取向分不开的。至于在转变点处陶瓷的 ε 峰值不如晶体中那么尖锐，主要是因为在陶瓷中的结构、缺陷、应力等关系都比在晶体中复杂之故。

2. $BaTiO_3$ 的掺杂改性

纯 $BaTiO_3$ 陶瓷具有较高的介电常数，这对于制作大容量的电容器而言，无疑是有利的。但由于其介电损耗较大，所以一般只适用于工作频率较低的场合。并且纯 $BaTiO_3$ 瓷的 ε 随温度变化很大，介电常数的峰值出现在 120℃左右，不在通常的工作温度范围内，因此必须对纯 $BaTiO_3$ 进行改性，使之满足低频电容器对介质材料的要求，即在工作温区内介电常数高，且随温度变化不大，抗电强度和介质损耗等也要满足要求。

首先可以在 $BaTiO_3$ 中掺入移动剂，将 $BaTiO_3$ 瓷的居里峰移动到工作温区的中部，以获得高的介电常数。$BaTiO_3$ 中常见的移动剂有 Pb^{2+}、Sr^{2+}、Ca^{2+}、Zr^{4+}、Sn^{4+}、Hf^{4+} 等。

通过移动剂将居里温度移动到工作温区以后，再引入一定浓度的展宽剂，压低居里峰，同时使居里峰两侧的 ε 有所提高，从而降低介电常数的温度变化率。实验发现，有一些物质引入 $BaTiO_3$ 能显著展宽居里峰，这些物质称为展宽剂，如 Ca^{2+}、Mg^{2+}、Bi^{3+}、Zr^{4+}、Sn^{4+}、Sb^{5+} 等离子构成的化合物为常用的展宽剂。一般来说，掺杂原子分数 0.1%～1%的展宽剂就可以显著改善 $BaTiO_3$ 的电容量温度特性，展宽剂合适的最大用量通常不超过 15%。图 9.2.12 所示为 $BaTiO_3$ 陶瓷掺杂前后的介电常数温度特性。图中实线为掺杂前的 $BaTiO_3$ 陶瓷的介电常数温度曲线，介电常数在居里温度（T_c≈120℃）处出现峰值，而室温的介电常数很小（ε≈1500）；虚线为掺杂后的 $BaTiO_3$ 陶瓷的介电常数温度曲线。由图可见，通过掺杂可使居里峰移动到工作温区内，室温下的介电常数大幅度提高（ε≈15000），且居里峰两侧的 ε 也有所提高，居里峰扩展为居里区。这种掺杂改性后的 $BaTiO_3$ 陶瓷可用于制备具有高介电常数的电容器介质材料。

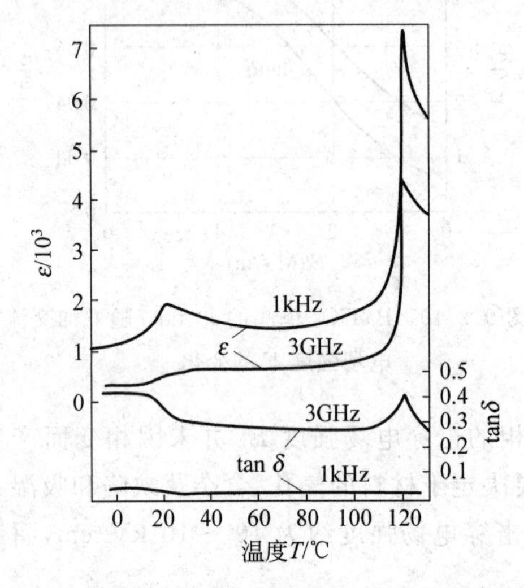

图 9.2.11 $BaTiO_3$ 陶瓷的 ε、tanδ 随温度 T 的变化关系

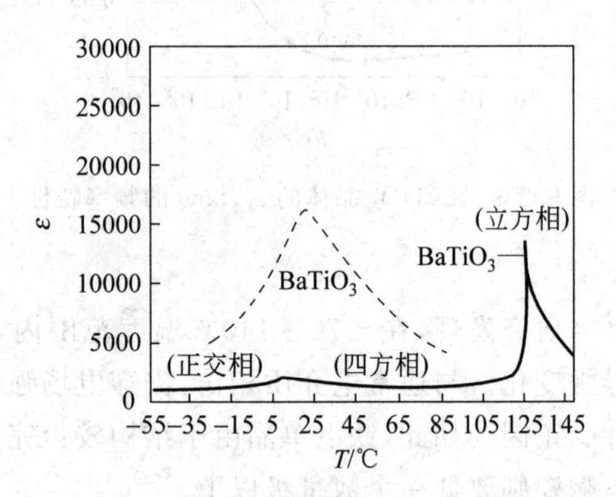

图 9.2.12 $BaTiO_3$ 陶瓷掺杂前后的介电常数温度特性对比

除了上述的加入展宽剂使 $BaTiO_3$ 陶瓷的居里峰压低并展宽之外，还有一些别的方法可使得 ε 的峰值受到压抑。实践证明，$BaTiO_3$ 陶瓷的微晶结构也对居里峰起着明显的压抑作用；加入物与主晶相生成一系列新的居里温度不同的固溶体，使原来的居里点变为居里区，也会导致介电常数峰值平坦化；此外，当晶界中含有较大量的杂质或玻璃相时，亦会使居里峰压低并展宽。

3. 铁电老化与铁电疲劳

刚制作的铁电陶瓷其某些介质参数会随储存时间而逐渐变化，通常是铁电特性变弱，称为铁电老化。铁电老化可通过热处理、机械应力或电的激励而部分恢复，如在 $T>T_c$ 和受较长时间的电场作用时，铁电老化可全部恢复，称为“去老化”。

刚制作的铁电材料，在长时间的交变电场作用下，随着电场变化次数的增加，其铁电性会减弱，称铁电疲劳。这种铁电性变弱情况，可通过热处理或强电场作用部分或全部恢复。

对铁电陶瓷，可在略低于 T_c 下，用交变电场的方式加速其老化与疲劳，使性能趋于稳定。

9.3 装置陶瓷

装置陶瓷又称做绝缘结构陶瓷，在电子设备和集成电路中用作绝缘装置零部件、集成电路基片、封装管壳、各种微电子电路基片、电真空陶瓷器件等，作安装、固定、封装、绝缘保护和隔离等用途。

这类陶瓷材料主要有滑石瓷、氧化铝瓷、高热导率陶瓷（如 BeO、AlN、SiC、BN 陶瓷）、低温共烧陶瓷等。滑石瓷是早期的一种装置陶瓷，工艺较成熟，其主晶相为原顽辉石，即偏硅酸镁（$MgO \cdot SiO_2$），是一种电性能较为优良、价格低廉、易于加工的高频结构陶瓷。但由于其热稳定性较差，滑石瓷常用于高频设备中作为绝缘零部件。本节着重介绍其他几类目前应用广泛、电器性能优良的绝缘结构陶瓷材料。

9.3.1 氧化铝陶瓷

氧化铝陶瓷是高频装置瓷中应用最广泛的一种陶瓷。氧化铝陶瓷的主要成分为 α-Al_2O_3。通常按照陶瓷中 Al_2O_3 的含量将 Al_2O_3 陶瓷进行分类：例如 Al_2O_3 含量为 99%、95%、90%左右的陶瓷分别称为“99 瓷”、“95 瓷”、“90 瓷”。一般把 Al_2O_3 含量在 85% 以上的称为高铝陶瓷，Al_2O_3 含量在 99%以上的称为刚玉陶瓷。

Al_2O_3 陶瓷的主要性能有：机械强度高，尤其是高铝瓷的机械强度很高；较大的硬度；ε 一般为 8～10；介电损耗 $\tan\delta$ 低，如刚玉陶瓷在频率 $>10^{10}$ Hz 时，$\tan\delta<1\times10^{-4}$；绝缘强度高；电阻率高；电性能随温度和频率的变化较小；导热性能良好。但是 Al_2O_3 含量增加会提高烧结温度。如 95% Al_2O_3 瓷的烧成温度一般为 1650～1700℃，而 99% Al_2O_3 瓷的烧成温度可达 1800℃或更高。表 9.3.1 所示为几种 Al_2O_3 陶瓷的主要性能。

表 9.3.1 几种 Al_2O_3 陶瓷的主要性能

颜色类别	白色 Al_2O_3 陶瓷					黑色 Al_2O_3 陶瓷	
Al_2O_3 含量/%	80	92	94	96	99.5	90	91
体积密度/(g/cm^3)	3.3	3.6	3.65	3.8	3.89	3.6	3.9
抗弯强度/MPa	22	32	31	28	49	28	21
线膨胀系数(25～800℃)/(10^{-6}/℃)	7.6	7.5	7.2	7.6	7.6	7.3	7.7
热导系数/(W/(m·K))	17	17	17	21	37	17	17
绝缘强度/(kV/mm)	10	10	10	10	10	10	10

续表

颜色类别		白色 Al_2O_3 陶瓷					黑色 Al_2O_3 陶瓷	
体积电阻率/(Ω·cm)	20℃	$>10^{14}$	$>10^{14}$	$>10^{14}$	$>10^{14}$	$>10^{14}$	$>10^{14}$	$>10^{12}$
	300℃	10^{13}	10^{13}	10^{12}	10^{14}	10^{10}	10^{9}	10^{8}
ε(1MHz)		8.0	8.5	8.6	9.4	10.6		7.9
$\tan\delta/10^{-4}$(1MHz)		13	3	3	2	<1		

Al_2O_3 陶瓷的应用非常广泛，如真空电容器的陶瓷管壳、大功率栅控金属陶瓷管、各种陶瓷基片、半导体集成电路陶瓷封装管壳、微波管的陶瓷管壳等。由于纯度高的 Al_2O_3 陶瓷其烧结温度很高，为了节约成本，国内外大多采用 75%～95%的 Al_2O_3 陶瓷制作厚膜集成电路基片、集成电路封装外壳等。而含量在 99%以上的氧化铝瓷由于具有更高的机电性能，并且经过表面处理后具有很高的表面光洁度，可用作微波大功率电子管的输出窗、微波集成电路和薄膜电路的基片等。但由于烧结温度很高，工艺难度大，成本昂贵，这就大大限制了它的应用。

Al_2O_3 陶瓷的导热性能良好，以 95 瓷而论，其室温下的热导率为 21W/(m·K)。但是，随着电子技术的发展，对某些电真空器件、集成电路陶瓷基片、陶瓷封装管壳、大功率器件的热导率提出了更高的要求，Al_2O_3 陶瓷已经无法满足要求，需要采用高热导率陶瓷。

9.3.2 高热导率陶瓷

1. 高热导率材料的特点

热导率在 200W/(m·K)以上的材料称为高热导率材料。无机非金属晶体只有金刚石、石墨、BeO、BN、SiC、AlN 等几种是高热导率材料，其结构和热导率列于表 9.3.2。

表 9.3.2 几种高纯单晶体于 300K 的热导率

材料	晶体结构	热导率/(W/(m·K))
金刚石	金刚石	2000
石墨	石墨(层状)	2000(⊥*c* 轴)
BeO	纤锌矿	370
立方 BN	闪锌矿	(1300)
六方 BN	类石墨(层状)	200(⊥*c* 轴)
AlN	纤锌矿	200(320)
SiC	闪锌矿	490

表 9.3.2 中的数值对于纤锌矿结构的晶体(BeO 和 AlN)为沿 *c* 轴及 *a* 轴方向的平均值。对于立方 BN，括号内的数值是估计值。

金属材料导热的主要机制是通过自由电子的运动来迅速实现热量的交换，因此具有较大的热导率。但由于其导电性，金属不适合制作 IC 基片。而电绝缘介质材料中的自由电子很少，其导热机理是通过晶格振动的格波(声子)来实现的。温度高，则声子数目多，浓度大，它将向温度低、声子浓度小的区域扩散，声子的扩散同时伴随着热的传递。声子在传播过程中总会受到晶体结构基元(原子、离子、分子)和缺陷的散射,并且声子之间也会相互散射,这些因素都使得热导率降低。如果晶体为完整晶体,则声子受到的散射较少,传播速度快,导热好,热导率会很高。

高热导率晶体的结构特点如下:

(1) 晶体为共价键晶体或共价键很强的晶体。由于晶体具有高的键强和键的方向性,使晶体结构基元的热起伏被限制在最低程度。

(2) 晶体结构基元的种类较少,原子量或平均原子量较低。因为结构基元种类的增多和质量增大都会增强对晶格波的干扰和散射,从而使热导率降低。

(3) 具有层状结构的某些晶体,沿层片方向强的共价键结合使沿层片方向具有高热导率,但层片间弱的结合力使晶体沿垂直于层片方向的热导率明显降低。

因此,高导热率晶体是由原子量较低的元素构成的共价键或共价键很强的单质晶体和某些二元化合物晶体。

金刚石导热性能极好,但价格非常昂贵;石墨也有良好的热导,但不是电介质材料。因此下面只介绍 BeO、BN、AlN 和 SiC 等高热导率陶瓷。

2. BeO 陶瓷

BeO 晶体为纤锌矿结构,具有较强的共价键性,其平均相对原子质量仅为 12,具有极高的热导率,比 Al_2O_3 陶瓷的热导率高一个数量级,是所有陶瓷材料中最高的。据报道,纯度 99%以上、密度达到理论密度 99%的 BeO 陶瓷,其室温热导率可达 310W/(m·K)。BeO 的熔点高达 2570℃,由于其共价键性较强,纯 BeO 陶瓷的烧结温度高达 1900℃以上。为了降低 BeO 陶瓷的烧成温度,常采用 Al_2O_3、MgO、SiO_2 等氧化物添加剂。然而添加剂的加入会使得 BeO 的热导率明显下降。表 9.3.3 列出了中国、日本、美国生产的几种 BeO 陶瓷的物理性能。

表 9.3.3 BeO 陶瓷的物理性能

主要性能		中国		日本		美国	
		95	99	K-99	K-99.5	BD-98.0	BD-99.5
BeO 含量/%		95	99	99	99.5	98.0	99.5
密度/(g/cm^3)			2.9	2.9	2.9	2.85	2.85
抗折强度/(N/mm^2)		12~18	>14	19	19	19	21
热导系数/(W/(m·K))	室温			243	255	205	251
	100℃	126~142	167	184	193		188
热膨胀系数/(10^{-6}/℃)	室温~150℃			4.6	4.4		
体积电阻率/(Ω·cm)	室温			$>10^{13}$	$>10^{13}$	$>10^{13}$	$>10^{13}$
	100℃	10^{11}~10^{12}		$>10^{13}$	$>10^{13}$		
	300℃			10^{13}	10^{13}	10^{13}	10^{13}
介电强度/(MV/m)		15~23		14	14	14	14
室温相对介电常数 ε_r	1MHz	5.6~7		6.8	7.1	6.5	6.7
	1GHz		5.7(300MHz)	6.5	6.5		
室温介质损耗 $\tan\delta/10^{-4}$	1MHz	2~4	3.5~6	5	2	1	3

BeO 陶瓷具有较高的抗弯强度和良好的介电性能，耐急冷和急热性好，是非常重要的功能陶瓷材料。BeO 陶瓷在室温附近的热导率很高，但随着温度的升高，热导率将显著下降，因此，BeO 陶瓷适合于作室温附近工作的电子整机用绝缘陶瓷散热部件。由于 BeO 粉体有剧毒，在生产中需采取特殊的防护措施。

3. BN 陶瓷

BN 晶体具有六方和立方两种晶型。六方 BN 和立方 BN 都是在高温高压下制备的较典型的共价键晶体，键强高，硬度大，平均相对原子质量为 12.41。六方 BN 具有类似石墨的层状结构，沿层片方向 B—N 呈共价键结合，层片间则由范德瓦尔斯力结合。因此，六方 BN 沿层片方向的室温热导率较高，可达 200W/(m·K)。立方 BN 为闪锌矿结构，其单晶的热导率理论估计值达 1300W/(m·K)。立方 BN 多晶陶瓷材料的热导率有报道称可达 200W/(m·K)。

BN 的优点是无毒，且具有良好的可加工性能。BN 陶瓷的制备通常采用热压烧结的工艺，可以提高其致密度和抗弯强度，降低介质损耗。热压 BN 陶瓷的介电常数低($\varepsilon \approx 4$)，介电损耗低($\tan\delta \approx 10^{-4}$)，高频介电性能好，绝缘电阻率高($\rho > 10^{14}\Omega \cdot cm$)，耐电强度高，在较高的温度下介电性能仍相当稳定。热导率随温度的升高降低缓慢，尤其在 500～600℃以上 BN 陶瓷的热导率超过 BeO 陶瓷。因此 BN 陶瓷广泛用于电子技术和国防军工等领域，特别适于用作较高温度下电子器件的散热陶瓷组件和电绝缘陶瓷组件。

4. AlN 陶瓷

AlN 为纤锌矿结构，Al—N 间的共价键很强，平均相对原子质量为 20.49。AlN 单晶的理论热导率为 320W/(m·K)，实际测定值为 200W/(m·K)。

纯度和密度是影响 AlN 陶瓷热导率的两个主要因素。因 AlN 共价键很强，采取常规烧结工艺制备的 AlN 陶瓷通常气孔率高，密度低。此外，AlN 陶瓷的热导率对杂质非常敏感，AlN 中固溶任何杂质或形成晶格空位都会显著降低其热导率，因此 AlN 陶瓷的热导率相比 AlN 单晶要低很多。采取热压烧结工艺制备的 AlN 陶瓷的热导率有报道为 74W/(m·K)。国外有一种半透明的 AlN 陶瓷，其室温热导率约为 140W/(m·K)。

具有高热导率的 AlN 陶瓷毒性小，热膨胀系数可与半导体硅片匹配，具有高的绝缘电阻和抗电强度，介电常数低，介质损耗小，机械强度高，被广泛应用于集成电路基片、高频声表面波器件用基片等。

5. SiC 陶瓷

SiC 是非天然出产而是由人工制造的陶瓷材料。SiC 是强共价键化合物，其平均分子量为 40.1。SiC 陶瓷是一种具有高热导率、电气性能优良的功能陶瓷材料。室温热导率为 100～500W/(m·K)，它与 SiC 结晶的纯度有关，纯度越高，热导率越大。热膨胀系数约为 4.3×10^{-6}/℃，与 Si 之间的热膨胀系数极为接近。SiC 陶瓷还具有优良的力学性能，特别是高温力学性能(强度、抗蠕变性等)是已知陶瓷材料中最佳的，工作温度高达 1600～1700℃。

SiC 陶瓷的缺点是电阻率和绝缘耐压值较低，介电常数偏大($\varepsilon=15$，1GHz)，作为基板材料，容易延迟信号的传输速度。因此，SiC 陶瓷常用于耐压性要求不高的低电压电路以及超大规模集成电路高散热封装用基板材料。

9.3.3　低温共烧陶瓷基板

基板的主要作用是搭载电子元件和部件，特别要实现相互间的电气连接，因此必须进行导体电路布线。陶瓷基板电路布线的形成方法有薄膜法、厚膜多次印刷法、同时烧成法（共烧法）等。目前，大规模集成电路封装及混合集成电路用基板，特别是多层电路基板，主要采用共烧法来制造，即在陶瓷生片上，丝网印刷厚膜导电浆料，陶瓷与导体金属一起烧成为一体结构。这种方法可以形成微细的电路布线，容易实现多层化，从而实现高密度布线。

1. 传统陶瓷基板的缺点

传统的陶瓷基板材料，如 Al_2O_3 瓷，由于它的烧结温度高（>1500℃），与之共烧的导体材料只能选择熔点高的 Mo、W 等难熔金属，因此存在很多缺点：

(1) 共烧必须在还原性气氛中进行，烧结温度高，需采用特殊的烧结炉，增加工艺难度；

(2) 由于 Mo 和 W 本身的电阻率较高，布线电阻大，信号传输容易失真，增大损耗，布线微细化受到限制；

(3) Al_2O_3 的介电常数偏大，会增大信号传输延迟时间，特别不适用于超高频电路；

(4) Al_2O_3 的热膨胀系数（$7.0\sim8.0\times10^{-6}/℃$）与 Si 的热膨胀系数（$2.5\times10^{-6}/℃$）相差太大，容易产生热应力。

2. 低温共烧陶瓷的特点

为了解决上述问题，开发了低温共烧陶瓷（low temperature co-fire ceramics，LTCC）基板。由于其烧成温度在 900℃左右，同时烧成的导体布线材料可采用电阻率低的 Au、Ag、Ag-Pd、Cu 等，可实现微细化布线，其中贵金属浆料可在大气中烧成。特别是共烧基板材料的介电常数较低，热膨胀系数通过调整材料成分及结构可以与 Si 的热膨胀系数接近，而且容易实现多层化。基于这些优点，LTCC 基板近年来发展很快，在微电子封装领域应用越来越广泛。

LTCC 基板材料在兼顾其他性能的基础上，必须做到能低温烧成。表 9.3.4 列出了常用导体材料的熔点、电阻率、热膨胀系数及烧成气氛。电阻率比较低的金属有 Ag、Au、Cu 等，它们的熔点都在 1000℃左右，若用共烧法制作多层基板，则基板的烧结温度必须控制在 950℃以下。由于可采用 Ag、Au、Cu 等低电阻率金属导体材料，故电路图形可以作到更加微细，便于高密度布线。

表 9.3.4　布线导体用金属的特性

金属	熔点/℃	电阻率/($\mu\Omega\cdot$cm)	热膨胀系数/(10^{-6}/℃)	烧成气氛
Ag	961	1.6	19.1	空气
Au	1063	2.2	14.2	空气
Cu	1084	1.7	17.0	还原性气氛
Ni	1452	7.2	12.8	还原性气氛

续表

金属	熔点/℃	电阻率/(μΩ·cm)	热膨胀系数/(10^{-6}/℃)	烧成气氛
Pd	1550	10.8	11.0	空气
Pt	1770	10.6	9.0	空气
Mo	2617	5.2	5.4	还原性气氛
W	3377	5.5	4.5	还原性气氛

综合起来,对LTCC基板的主要要求如下:

(1) 烧成温度必须能控制在950℃以下;

(2) 介电常数要低;

(3) 热膨胀系数要与所搭载Si芯片的热膨胀系数相接近;

(4) 有足够高的机械强度,较高的热传导率。

3. 低温共烧陶瓷材料体系

经过多年的研究,LTCC基板材料已经走向商品化。目前开发出的LTCC基板材料很多,大致可分为三类:玻璃+陶瓷系,微晶玻璃系和单相陶瓷系。

1) 玻璃+陶瓷系

玻璃加各种结晶陶瓷填充相系统,是目前最常见的LTCC陶瓷材料,其中,玻璃主要是各种可晶化玻璃,软化点低,起到助熔剂的作用,促进玻璃陶瓷复合材料致密化;陶瓷填料用来改善基板的机械强度、绝缘性和防止烧结时由于玻璃表面张力引起的翘曲。填充相主要有Al_2O_3、SiO_2、AlN、SiC、堇青石等陶瓷或几种陶瓷的混合物。玻璃+陶瓷体系属于典型的复合材料系统,工艺简单,配方容易调节,基板不易变形。此类低温共烧陶瓷介质材料具有较低的介电常数、较小的温度系数、较高的电阻率和稳定的化学反应特性。表9.3.5列出部分常见的玻璃+陶瓷体系基板材料的性能。

表9.3.5 常见的玻璃+陶瓷系的特性

基板材料	烧成温度/℃	介电常数(1MHz)	介电损耗	电阻率/(Ω·cm)	热膨胀系数/(10^{-6}/℃)	抗弯强度/10^2 MPa	共烧导体材料
Al_2O_3+硼酸铅结晶玻璃	900	7.8	0.003	$>10^{14}$	4.2	3.0~3.6	Au,Ag-Pd
Al_2O_3+硼硅酸玻璃	900	5.6	0.002	$>10^{16}$	4.6	2.5	Au,Cu
Al_2O_3+玻璃+镁橄榄石	900	6.5	0.002	$>10^{14}$	6.0	2.0	Au,Ag,Cu
Al_2O_3添加物系	1050	7.3	0.002	$>10^{14}$	5.9	2.0	Cu
SiO_2+硼硅酸玻璃	850~900	4.25~5			3~7.9	1.5	Au,Cu
硼硅酸玻璃+石英玻璃+堇青石系	900	4.4	0.002	$>10^{14}$	3.2	1.6	Au,Ag,Cu
(Al_2O_3-$CaZrO_3$)+玻璃系	850	8		$>10^{12}$	7.9	2.1	Au,Ag,Ag-Pd

2）微晶玻璃系

微晶玻璃又称为玻璃陶瓷，是将特定组成的基础玻璃，在加热过程中通过控制晶化而制得的一类含有大量微晶相及玻璃相的多晶固体材料。微晶玻璃体系一般是由硼和硅构成基本的玻璃网状组织，这些玻璃的构成物加上单价或双价碱性的难以还原的氧化物类元素可以重建玻璃的网状组织。

微晶玻璃具有很多优异的性能，其性能指标往往优于同类玻璃和陶瓷。如热膨胀系数可在很大范围内调整，机械强度高，硬度大，电绝缘性能良好，介电损耗小，介电常数稳定等。关于微晶玻璃的基本性质我们将在9.6节中讨论。下面主要介绍几种比较成熟的微晶玻璃。

(1) Li_2O-Al_2O_3-SiO_2 系统微晶玻璃

它是由 Li_2O-Al_2O_3-SiO_2 系统感光玻璃发展而来的，Li_2O-Al_2O_3-SiO_2 系统光敏微晶玻璃最早由美国Corning公司研制出。其组成范围：60%～85%二氧化硅（质量分数，下同），2%～25% Al_2O_3，5.5%～10% 氧化锂，1%～5%碱土金属氧化物，2.5%～4%碱金属氧化物。该系统微晶玻璃的热膨胀系数可以在很大的温度范围内调节。当引入4%（TiO_2 + ZrO_2）作晶核剂，玻璃中能够析出大量的钛酸锆晶核，达到晶粒细化的效果。通过控制基础玻璃结晶，形成的主晶相是β-石英固溶体和β-锂辉石固溶体。

(2) MgO-Al_2O_3-SiO_2 微晶玻璃

按照主晶相的不同，MgO-Al_2O_3-SiO_2 微晶玻璃可以分为尖晶石（$MgAl_2O_4$）微晶玻璃和堇青石（$2MgO \cdot 2Al_2O_3 \cdot 5SiO_2$）微晶玻璃。美国Corning公司最早开发出主晶相为堇青石的 MgO-Al_2O_3-SiO_2 微晶玻璃，它具有良好的热稳定性和抗热冲击性能、低介电损耗、高电阻率和较高的机械强度（250～300MPa），已成为高性能雷达天线保护罩材料。MgO-Al_2O_3-SiO_2 微晶玻璃能在850～1000℃范围内烧结，介电常数较小，为5～6。

(3) CaO-Al_2O_3-SiO_2 系统微晶玻璃

CaO-Al_2O_3-SiO_2 系统微晶玻璃的主晶相为硅灰石（$CaSiO_3$），具有独特的光学性能、良好的耐化学腐蚀性、较高的机械强度和其他优良性质，通常用作建筑装饰材料以及耐磨、耐腐蚀材料。该玻璃与陶瓷粉复合，可在850～1000℃下烧结，加入镁橄榄石、堇青石、莫来石、石英、氧化铝等中的一种或多种，最终产品的介电常数在10GHz时为7左右，介电损耗为0.001。

(4) CaO-B_2O_3-SiO_2 系统微晶玻璃

CaO-B_2O_3-SiO_2 系统微晶玻璃由美国Ferro公司研究开发，称A6系列低温共烧材料。该玻璃系统析出晶体为硅灰石（$CaSiO_3$）和硼钙石（CaB_2O_4），介电常数约为6.0，介电损耗低于0.001，热膨胀系数为 7×10^{-6}/℃左右，并且能在800～950℃的温度范围烧结。

3）单相陶瓷系

商用LTCC生片多以高性能的玻璃陶瓷体系作为基板材料为主，材料中各组分较多，组成复杂，共烧时要求各组成间的烧结特性匹配和化学性能兼容。多相系统的存在增加了与导体材料相互作用的可能性，降低了材料的可靠性。因此需要开发新的材料系统，减少LTCC生片材料组分，无玻璃组分的单相陶瓷材料引起了人们的重视。此类材料，已开发的主要品种为硼酸锡钡陶瓷 $BaSn(BO_3)_2$ 和硼酸锆钡陶瓷 $BaZr(BO_3)_2$，烧成范围都在900～1000℃。这些系统的结晶度较高，在高温高湿度状态下也不会引起Ag的迁移。

4. 低温共烧陶瓷的用途

LTCC 适用于高密度电子封装用的三维立体布线多层陶瓷基板。因其具有导体电阻率低、介质的介电常数小、热导率高、与硅芯片相匹配的热膨胀系数、易于实现多层化等优点，LTCC 特别适合于射频、微波、毫米波器件。

目前，随着电子设备向轻、薄、短、小的方向发展，设备工作频率的提高，以及军用设备向民用设备的转化，LTCC 多层基板将以其极大的优势成为高频移动通信领域、航空航天、汽车、医疗、军事及民用等领域的重要发展方向之一。

9.4 电容器介质材料

传统电容器的基本结构由两个平行的导电极板和充于其间的电介质组成。电容器的种类繁多，特性各异，其中起关键作用的是电介质材料。电容器的电介质材料主要有四个方面要求。首先，为达到高比容量的目的，应采用介电常数 ε 值尽可能高的材料。其次，为了保证电容器具有纯容抗，避免因极化过程产生能量损耗，导致发热，要求具有尽可能低的损耗角正切($\tan\delta$)值，特别要求在高频或脉冲条件使用时，$\tan\delta$ 值要低。第三，电容器电介质还应具有高的绝缘电阻值，并保证电阻值在不同频率与温度条件下尽可能稳定，避免因为杂质的分解和材料的老化等引起绝缘电阻值下降。第四，要求电介质具有高的击穿电场强度。

本节所讨论的电容器介质材料，主要是指陶瓷电容器介质材料，包括高介陶瓷、半导体陶瓷以及多层陶瓷介质。强介电容器瓷主要是 $BaTiO_3$ 及其固溶体，在 9.2 节中已有介绍，此处不再赘述。

9.4.1 电容器介质材料的分类

陶瓷电容器的介质材料又称为“介电陶瓷”。介电陶瓷的种类繁多，分类方法有多种。如可根据工作频率划分为低频、中频、高频及微波陶瓷；又可根据介电常数值划分为低介、中介、高介、强介陶瓷等，还可根据 ε 值随电场或温度的线性程度和 ε 值的温度系数以及主晶相成分等来划分。

根据 GB 5595—1985 的分类方法，介电陶瓷分为三类。

Ⅰ类瓷：用于制造Ⅰ类(高频)陶瓷电容器。

Ⅱ类瓷：用于制造Ⅱ类(低频)陶瓷电容器。

Ⅲ类瓷：用于制造Ⅲ类(半导体)陶瓷电容器。

由于Ⅰ类瓷的 $\tan\delta$ 很小，适合于制造高频电路中应用的电容器，故又称为高频瓷。而Ⅱ类瓷的 $\tan\delta$ 较大，只适用于低频条件下，因此又称为低频瓷。Ⅰ类瓷的介电常数不高，其中介电常数相对较低的称为低介瓷(如 9.3 节中介绍的氧化铝瓷和基板陶瓷)。介电常数相对较高的称为高介瓷，如本节要介绍的高介电容器瓷。Ⅱ类瓷的介电常数普遍很高，故Ⅱ类瓷又被称为强介瓷，主要是 $BaTiO_3$ 及其固溶体，在 9.2 节已有介绍。

9.4.2 高介电容器瓷

1. 高介电容器瓷的介电特性

高介电容器瓷主要成分为二氧化钛、碱土金属和稀土金属的钛酸盐。此外，还包括碱土金属的锆酸盐、锡酸盐等。高介瓷的主要特点是：介电常数较大，一般在12～600；损耗小；介电常数温度系数α_ε变化范围宽。根据α_ε的数值，高介电容器陶瓷一般可分为高频温度补偿型介电陶瓷和高频温度稳定型介电陶瓷两类。

电介质的α_ε表示温度变化1℃介电常数的相对变化率，可用下式表示：

$$\alpha_\varepsilon = \frac{1}{\varepsilon}\frac{d\varepsilon}{dT} \tag{9.4.1}$$

式中，α_ε为介电常数温度系数。

对于多相陶瓷体系，介电常数和介电常数温度系数可以通过改变各组分的含量来进行调节，满足以下“混合物”法则：

$$\ln\varepsilon = \sum_{i=1}^{n} x_i \ln\varepsilon_i \tag{9.4.2}$$

$$\alpha_\varepsilon = \sum_{i=1}^{n} x_i \alpha_{\varepsilon i} \tag{9.4.3}$$

式中，ε和ε_i分别为陶瓷和各组分的介电常数；α和α_i分别为它们的介电常数温度系数；x_i为各组分的体积百分比。

一些用于高介陶瓷的氧化物和盐类的介电性能如表9.4.1所示。利用表9.4.1中优选的化合物，参照“混合物”法则，可配制出许多具有各种介电常数和温度系数的高介陶瓷系列。

表9.4.1 一些氧化物及其盐类的介电性能

组别	化合物名称	化学式	介电常数	$\alpha_\varepsilon/(10^{-4}/℃)$		$\tan\delta/10^{-4}$
				－60～20℃	20～80℃	
$\alpha_\varepsilon>0$	偏钛酸镁	$MgTiO_3$	20		＋200	1～2
	正钛酸镁	Mg_2TiO_4	16	－10	＋40	1～2
	钛酸镍	$NiTiO_3$	18	＋40	＋70	2～3
	硅钛酸钙	$CaTiSiO_5$	45		＋1200	5
	二氧化锆	ZrO_2	18		＋160	
	锆酸镁	$MgZrO_3$	16		＋30	
	锆酸钙	$CaZrO_3$	28	＋50	＋65	2～4
	锆酸锶	$SrZrO_3$	30	＋60	＋60	2～4
	锡酸钙	$CaSnO_3$	16	＋100	＋115	3
	锡酸锶	$SrSnO_3$	12		＋180	3

续表

组别	化合物名称	化学式	介电常数	$\alpha_\varepsilon/(10^{-4}/℃)$		$\tan\delta/10^{-4}$
				−60～20℃	20～80℃	
$\alpha_\varepsilon\approx0$	四钛酸钡	$BaTi_4O_9$	40	≈0	≈0	2～4
	二钛酸镧	$La_2Ti_2O_7$	50	≈0	≈0	1～2
$\alpha_\varepsilon<0$	二氧化钛	TiO_2	100	−1000	−850	
	钛酸钙	$CaTiO_3$	150	−2300	−1500	2～4
	钛酸锶	$SrTiO_3$	270		−3000	2～4
	钛酸锆	$ZrTiO_3$	40	−120	−90	2～3
	锆酸钡	$BaZrO_3$	40	−900	−500	2～4
	锡酸钡	$BaSnO_3$	20	−80	−40	4

2. 高频温度补偿型介电陶瓷

在高频振荡回路中，由于电感器及电阻器通常具有正温度系数，为了保持回路谐振频率的稳定性，则要求电容器介质具有负温度系数。常用的这类电介质有 TiO_2、$CaTiO_3$ 和以 TiO_2 为基础的固溶体。

1）金红石瓷

金红石瓷的主晶相是金红石结构的 TiO_2。图 9.4.1 示出了不同频率下金红石瓷的 ε 和温度的关系。从曲线中可以看出，在温度不高时，ε 与温度呈直线关系缓慢下降，α_ε 为负值；而在高温下，由于离子松弛极化而使 ε 随温度的升高而急剧上升。并且，随着频率的升高，弛豫极化能跟得上频率变化所需的温度升高，因此 ε 急剧上升的温度随频率升高而向高温移动。

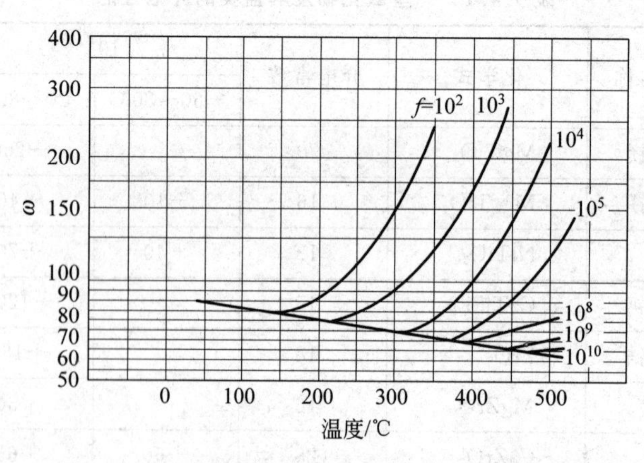

图 9.4.1 不同频率下金红石瓷的 ε 与温度的关系

金红石瓷的 $\tan\delta$ 与温度和频率的关系分别见图 9.4.2 和图 9.4.3。由于金红石瓷中主要为离子位移极化和电子位移极化，因此其 $\tan\delta$ 在低温下很小，但当温度较高并超过某一临界温度后，由于离子松弛和电子电导所引起的能量损耗，使材料的 $\tan\delta$ 急剧增大。但频率升高时，松弛极化来不及建立，又将使 $\tan\delta$ 降低。

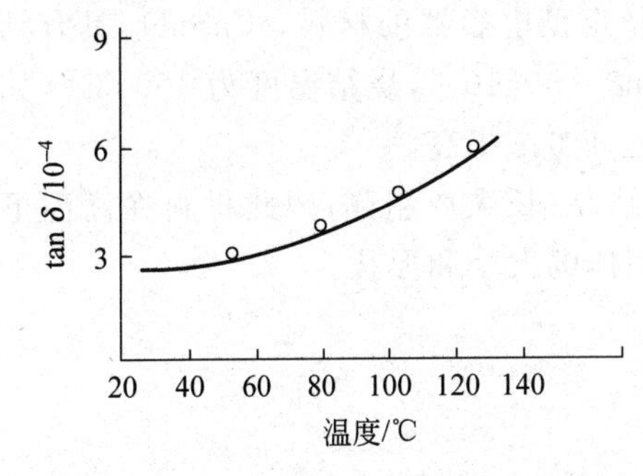

图 9.4.2 金红石瓷的 $\tan\delta$ 与温度的关系

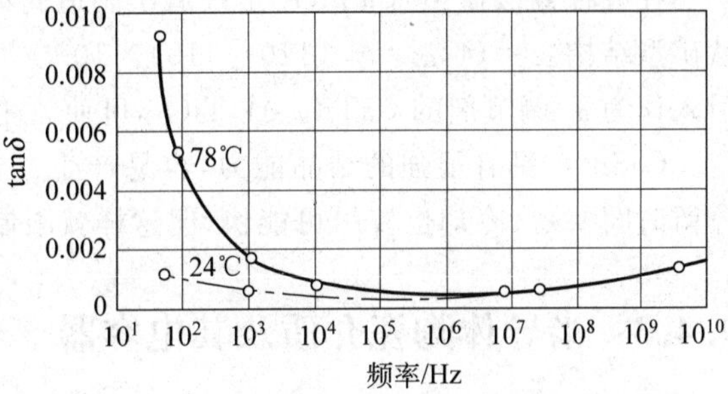

图 9.4.3 金红石瓷的 $\tan\delta$ 与频率的关系

金红石瓷是含钛陶瓷，在含钛陶瓷中共同存在的一个问题是钛离子的还原变价。钛离子还原会引起材料体积电阻率下降，介质损耗急剧增大，抗电强度降低，从而使含钛陶瓷介电性能恶化。

2）钛酸钙瓷

钛酸钙瓷以钛酸钙（$CaTiO_3$）为主晶相，具有钙钛矿结构。$CaTiO_3$ 陶瓷的介电常数为 140～150，介质损耗小，为（2～4）$\times10^{-4}$，α_ε 为 -1000～1500ppm/℃。$CaTiO_3$ 陶瓷常用作高频温度补偿电容器的陶瓷介质，还可作为各种电容器瓷料的温度系数调节剂。钛酸钙陶瓷的烧成要求在氧化气氛下进行。

3. 高频温度稳定型介电陶瓷

一些电子元件要求有很低的 α_ε，以保证使用时的稳定性，高频温度稳定型介电陶瓷能满足要求，其主要特点是 α_ε 值很低甚至接近于零。常见的有钛酸镁瓷、锡酸钙瓷等。

1）钛酸镁瓷

钛酸镁瓷以正钛酸镁为主晶相。正钛酸镁是属于 TiO_2-MgO 二元体系的化合物之一。该二元系统有三种化合物存在：正钛酸镁（$2MgO \cdot TiO_2$）、二钛酸镁（$MgO \cdot 2TiO_2$）和偏钛酸镁（$MgO \cdot TiO_2$）。

正钛酸镁的介电常数 ε（$\approx$14）和介质损耗 $\tan\delta$（$\approx3\times10^{-4}$）都较小，α_ε 为较小的正值（$\approx+60$ppm/℃）；二钛酸镁的 $\tan\delta$ 较大（$\approx8\times10^{-4}$），α_ε 为较大的正值（$\approx+204$ppm/℃），不宜作介质瓷；偏钛酸镁的介电性能较好，但烧成温度范围窄，易生成粗晶，使气孔率增大，电性能恶化。正钛酸镁和二钛酸镁都是稳定的化合物，但偏钛酸镁只有在非常特殊的条件下才能生成，通常总是倾向于生成正钛酸镁。

钛酸镁瓷很适于制造高频热稳定电容器。通常钛酸镁瓷中 TiO_2 与 MgO 的配比约为 60∶40，为了使 $\alpha_\varepsilon\approx0$，而 ε 值有所提高，常在 TiO_2-MgO 体系中添加 CaO 或 $CaCO_3$，使其与瓷料中过剩的 TiO_2 形成 $CaTiO_3$，制得 $MgTiO_3$ 和 $CaTiO_3$ 的固溶体。

钛酸镁瓷的主要缺点是烧结温度过高（1450～1470℃），且烧成温度范围过窄（5～10℃），过烧使晶粒生长过快，气孔率增加，从而使机电性能恶化。常采用萤石（CaF_2）作为熔剂，CaF_2 能与过剩的 TiO_2 生成 $CaTiO_3$，使钛酸镁瓷的 α_ε 值向负温方向移动，从而达到调整热稳定性的目的。

2）锡酸钙瓷

在各种锡酸盐中，$CaSnO_3$ 是最适于制造高频热稳定型电容器的材料。$CaSnO_3$ 具有钙钛矿型结构，$\varepsilon=14$，$\alpha_\varepsilon=+(110\sim115)\times10^{-6}/℃$，$\tan\delta=3\times10^{-4}$，烧结温度为 1500℃。如引入作为 α_ε 调节剂的 $CaTiO_3$ 或 TiO_2，可使 α_ε 值接近于 0，ε 提高。

$CaSnO_3$ 具有很强的结晶能力，容易产生二次再结晶，长大成粗晶；因此材料在高温下停留时间要短，冷却也要尽可能快，但这样就限制了坯体的大小和形状。

9.4.3 半导体陶瓷介质及其电容器

半导体陶瓷是使用陶瓷工艺制成的具有半导体特性的陶瓷材料。与一般陶瓷材料相同的是，半导体陶瓷也是由离子键的金属氧化物多晶体构成。但不同的是，一般离子键的氧化物都属于绝缘体，其禁带宽度很大，不具有导电性。而在半导体陶瓷的生产过程中，通过改变陶瓷的配方（原料纯度、掺杂）及工艺条件（烧结气氛、升温与降温速率、烧成温度、保温时间等），使陶瓷中产生各种缺陷，呈现出 n 型或 p 型半导体的特性（称半导化），大大增加了电导率。

半导体陶瓷广泛地用作传感器材料和半导体陶瓷电容器材料，本节主要介绍后者。这一类材料以半导化的 $BaTiO_3$ 和 $SrTiO_3$ 陶瓷为主。本节以 $BaTiO_3$ 陶瓷的半导化为例，重点讨论半导化的原理及方法。

1. $BaTiO_3$ 陶瓷的半导化

对于绝缘材料和衬底材料乃至电容器介质材料而言，无不要求其体积电阻率尽可能高，漏电流尽可能小，介质损耗尽可能低。如果电子陶瓷发生半导化过程，上述诸特性将会发生逆向转变。从这个角度出发，电子陶瓷应避免半导化的倾向。后来，人们从另一个角度考虑，利用了陶瓷的半导化，制造出具有新颖特性的电子器件，并得到广泛应用，使之成为电子陶瓷领域中的一个重要分支。

半导体瓷主要是在强介瓷 $BaTiO_3$ 的基础上，经过掺杂发展起来的。纯 $BaTiO_3$ 室温下的禁带宽度 $E_g=3eV$，电阻率 $\rho>10^{12}\Omega\cdot cm$，属于绝缘体范围。如果掺杂稀土元素（原子分数）仅 0.1%～0.3%（如 La、Y、Ce 等），室温电阻率即下降为 $10\sim10^4\Omega\cdot cm$，成为一种半导体。$BaTiO_3$ 的半导化可有以下几个途径。

1）施主掺杂

在高纯 $BaTiO_3$ 中掺杂微量离子半径与 Ba^{2+} 或 Ti^{4+} 相近，但电价较高的杂质离子，如 La^{3+}、Sm^{3+}、Bi^{3+} 或 Nb^{5+}、Ta^{5+}、Sb^{5+} 等，它们将取代 Ba^{2+} 或 Ti^{4+} 形成置换固溶体，在禁带中形成施主能级，构成了 n 型半导体。

实验发现，当掺杂剂含量超过一定数量后，电导率反而下降。这是因为当掺杂剂含量继续增大，为维持晶胞的电中性，会产生 Ba^{2+} 离子缺位（Ba 空位），Ba 空位为二价负电中心，起受主作用，空穴与导带中的电子补偿，使电导率降低。

2）强制还原

当 $BaTiO_3$ 陶瓷在真空、惰性或还原气氛中烧结或热处理时，由于失氧而导致瓷体中产生氧离子缺位（氧空位）。氧空位带正电，为了保持晶格结构的电中性，氧空位会吸引弱束缚电子，具有施主作用，使得氧空位附近部分 Ti^{4+} 离子俘获弱束缚电子而被还原为 Ti^{3+}。

该法得到的电导率值由烧结氧气氛(氧离子浓度)、温度等因素控制，较难获得精确结果。

3) SiO_2(Al_2O_3)掺杂

在实际应用中，$BaTiO_3$ 原料常含有有害的受主杂质(Fe、Cu、Zn 等)，能对施主掺杂起补偿作用，不利于半导化的实现。引入 SiO_2 后，在较高反应温度下，可与受主杂质形成硅酸盐玻璃相，而不令其游离存在，便限制、甚至消除了一些受主杂质对半导化的不利影响。此外，Al_2O_3 的引入也对 $BaTiO_3$ 的半导化有促进作用。

研究表明，当添加 $Al_2O_3+SiO_2+TiO_2$ 后，经过 1240～1260℃烧结，形成玻璃集结于晶界位置，不但起到促进半导化作用，还可使晶粒细化。

2. 半导体陶瓷电容器

半导化陶瓷作为电容器介质而言，是利用其外表面或晶界层形成的绝缘层作为电介质的，其实际厚度大约为基体厚度的 1/50，所以电容量值为一般陶瓷电容器的数十倍。半导体陶瓷电容器介质有三种类型：表面阻挡层型、电价补偿型(或称还原再氧化型)和晶界层型。表面阻挡层型和电价补偿型又统称为表面层型。

晶界层电容器又称为边界层电容器。晶界层电容器介电常数非常高，绝缘电阻较高($>10^{10}\Omega\cdot cm$)，额定工作电压也较高(～100V)，可靠性好，是目前应用最广泛的半导体陶瓷电容器。常见的有 $BaTiO_3$ 系和 $SrTiO_3$ 系。

在制造晶界层电容器时，为使 $BaTiO_3$ 成为电导率较高的半导体瓷，通常会加入施主杂质，并在还原气氛中烧成。在获得导电性能良好的半导瓷后，再通过在瓷体表面涂覆 Mn、Cu、Bi 等氧化物，并在氧化气氛下高温(1050～1350℃)热处理。由于杂质在 $BaTiO_3$ 半导瓷晶界中的扩散速率远大于晶粒内的速率，所以这些氧化物通过开口气孔渗入瓷体，再沿晶界进行扩散，在晶界上形成作为介质的氧化绝缘层(0.5～2μm)，该绝缘层的绝缘电阻率可达 $10^{12}\sim10^{13}\Omega\cdot cm$。晶界层陶瓷电容器相当于很多小电容器的互相串联和并联，因此介电常数非常高，目前生产的晶界层陶瓷电容器的 ε 最高可达 80000。

9.4.4　多层陶瓷电容器介质材料

随着现代电子信息技术飞速发展，电子产品的轻薄小型化、多功能一体化、数字智能化、高性能低成本化要求电子元器件短小轻薄化、标准系列化、无引线片式化、组合集成化、电路模块化，以适应自动化高密度表面组装技术的需要。电阻、电感、电容三大无源元件均已实现片式化，其中多层陶瓷电容器(multilayer ceramic capacitor，MLCC)是片式无源元件中应用最广泛的一类。

1. MLCC 的结构及特点

MLCC 是由印刷电极的陶瓷膜片经叠片、匀压、切割、排胶、烧结、研磨、电镀等工序制成的一种新型片式元件，具有独石结构，因此又称为独石电容器(mono lithic capacitor)。MLCC 的结构如图 9.4.4 所示。从图中可以看出，在 MLCC 两端，外部电极将同向引出的内部电极以并联的方式连接起来，因此，MLCC 实际上可以看成是由许多单个的薄层陶瓷电容器层叠并联而成。

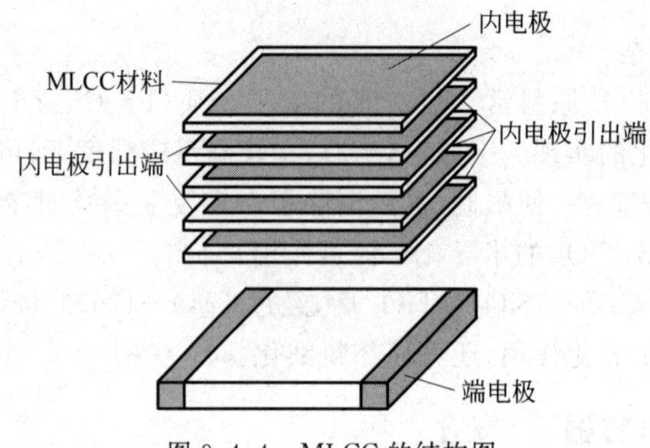

图 9.4.4 MLCC 的结构图

MLCC 不仅封装简单、密封性好，而且能有效地隔离异性电极。与传统的单片型电容器相比，具有无极性、比容(单位体积的电容量)大、等效串联电阻小、固有电感小、高频特性好、可靠性高等优点，能很好地适应表面组装技术发展的要求。

在图 9.4.4 的结构中，MLCC 的电容容量可以由下式计算：

$$C = \frac{\varepsilon_r \times \varepsilon_0 \times S \times n}{t} \tag{9.4.4}$$

式中，C 为 MLCC 的电容值；ε_r 为介质膜的相对介电常数；ε_0 为真空介电常数；S 为内电极的交叠面积；t 为介质膜的厚度。由式(9.4.4)可见，提高介质膜层的介电常数、减小介质膜层的厚度、增大内电极层数都是提高 MLCC 比容量的有效途径。

2. MLCC 的分类

MLCC 的种类繁多，根据不同的烧结温度，MLCC 材料可分为以下三类。

1) 高温烧结 MLCC 材料

此类材料的烧结温度在 1300℃以上，具有优异的介电性能，通常选用纯 Pt、纯 Pd 等贵金属或 Pd-Pt，Au-Pd 合金电极浆料制作内电极。由于其价格昂贵，不能广泛采用，大多在特殊军工产品中应用。

2) 低温烧结 MLCC 材料

此类材料的烧结温度低于 950℃，可以采用纯 Ag 电极浆料制作内电极，所以低温烧结独石电容器材料成本低廉。但 Ag^+ 离子在高温、高湿、强直流电场作用下容易向陶瓷介质中迁移，导致绝缘电阻下降，使 MLCC 的可靠性降低。

3) 中温烧结 MLCC 材料

此类材料的烧结温度约在 1000～1250℃之间，可使用 Pd-Ag 合金的电极浆料制作内电极。增高 Pd-Ag 合金电极中的 Ag 含量，可降低瓷料的烧结温度，并能降低内电极的成本；可有效阻止 Ag^+ 离子迁移，使 MLCC 的可靠性得到较大提高。中温烧结 MLCC 材料在军工和民用产品中大量使用。

3. MLCC的发展趋势

MLCC的发展趋势呈现微型化、大容量化、低成本化、宽温化、高可靠性、无铅化等特点。

1）微型化

随着集成电路工作电压的不断降低，例如由几十伏降低到几伏，片式MLCC的层厚由几十微米降至10μm以下。MLCC的外型尺寸已从0805型(2mm×1.25mm)减小到0603型(1.6mm×0.8mm)、0402型(1mm×0.5mm)及0201型(0.6mm×0.3mm)，而01005型(0.4mm×0.2mm)产品也已问世。

2）大容量化

MLCC的电容量呈现不断增大的趋势。20世纪80年代，MLCC的电容量大多低于1μF；90年代以来，MLCC的电容量提升至10μF以上；2000年，100μF的MLCC上市。目前国内外多家厂商均可提供100μF的MLCC，标志着MLCC容量已扩展进入电解电容器领域。MLCC外形尺寸减小和电容量增大，导致其比容(单位体积的电容量)也不断提高。

3）低成本化

MLCC的制作工艺要求内电极必须与介质材料进行共同烧结以形成独石结构，而常见的MLCC瓷料如$BaTiO_3$系统瓷料的烧结温度较高，对于通常的空气气氛烧结而言，只有那些熔点高、难氧化、具有低电阻率的金属才能作为内电极材料，一般选用贵金属Pt、Pd或Pd-Ag合金作为MLCC内电极，这样内电极成本较高。此外，MLCC的大比容化要求减小介质层的厚度并增加介质层数，但是随着介质层数的增加，内电极层数也相应增加，MLCC的生产成本提高。因此，MLCC的低成本化迫切要求内电极贱金属化(BME技术)，即采用镍、铜作为内电极。

由于镍、铜等金属内电极需在对铁电陶瓷性能不利的还原气氛中烧成，因此，贱金属内电极MLCC往往存在介质损耗过大、可靠性不佳等问题。20世纪末国内外厂家均已成功实现MLCC的BME化。目前的研究重点是解决N_2气氛烧结时，不同收缩率的薄介质陶瓷材料和贱金属电极高温共烧时的分层开裂问题。掌握好的共烧技术才可以生产出更薄介质(2μm以下)、更多层数(1000层以上)的MLCC。

4）宽温化

各类车载电子控制装置、航空航天设备的发动机系统、大功率相控阵雷达、石油钻探等一些极端苛刻的工作环境，要求MLCC在很高的工作环境温度下仍具有优良的介电性能和高可靠性。因此，提高MLCC的使用温度上限并保持良好温度稳定性和高可靠性是MLCC的发展趋势之一。

已有研究报道，在$BaTiO_3$-Nb_2O_5-MgO体系中添加$Pb(Ti_{0.3}Sn_{0.7})O_3$，可获得在$-55\sim210$℃温度范围内，$\varepsilon \geqslant 2300$，$\tan\delta \leqslant 1.5\%$，$\Delta C/C \leqslant \pm 15\%$的耐高温电容器介质材料。在$(1-x)BaTiO_3$-$xBiScO_3$体系中同样获得了$\varepsilon = 1500\sim1800$，$\Delta C/C \leqslant \pm 15\%$($-55\sim200$℃)的介质材料。

5）高可靠性

含银电极的一个共性缺点是银离子在高温高湿环境中易发生向瓷体中的迁移，从而导致元件绝缘电阻下降，电学性能恶化。Ni内电极有良好的电化学稳定性，并且内外电极均采用 Ni 电极时，同种金属连接可靠性高，对提高 MLCC 的可靠性十分有利。

6）无铅化

Pb 基复合钙钛矿结构材料制作的电容器具有高介电常数、低烧结温度等优点。但由于 Pb 和含 Pb 化合物属于剧毒物质，对人体和环境有极大的危害，因此含 Pb 电容器材料已被严格限制使用，包括添加剂中的 Pb 也被逐渐禁止使用。目前的发展趋势是开发不含 Pb、Cd 等重金属的环保型 MLCC 陶瓷材料，主要以 $BaTiO_3$ 材料为主。

9.5 微波介质材料

9.5.1 微波陶瓷的应用与要求

1. 微波和微波陶瓷

微波，一般是指频率介于 300MHz～300GHz、波长介于 1m～1mm 的电磁波。在整个电磁波频谱中，微波处于超短波和红外波之间。与普通的无线电波相比，微波的频率高，可用频带宽，信息容量大，可以实现多路通信；微波的波长很短，方向性极强，很适合于雷达等发现和跟踪目标；微波能穿透高空的电离层，因而特别适用于卫星通信等。鉴于微波的这些特点，微波技术在通信领域有着广阔的应用前景。

微波介质陶瓷，是指应用于微波频段电路中作为介质材料并完成一种或多种功能的陶瓷材料。微波介质陶瓷作为一种新型电子材料，在现代通信中被用作谐振器、滤波器、介质基片、介质天线、介质导波回路等，广泛应用于微波技术的许多领域，如移动电话、汽车电话、无绳电话、电视卫星接收器、卫星广播、雷达、无线电遥控等。随着低温共烧陶瓷技术的不断发展，微波介质陶瓷材料的应用前景会更好。

2. 微波陶瓷的主要参数

在微波电路中评价微波介质陶瓷介电性能的参数主要有三个：相对介电常数 ε_r、品质因数 Q、谐振频率温度系数 τ_f。

1）相对介电常数

在微波频率下，材料相对介电常数 ε_r 应较大，以便于器件小型化。根据微波传输理论：微波在介质体内传输，无论采用何种模式，谐振器的尺寸都大约在 $\lambda/2$～$\lambda/4$ 的整数倍间。微波在介质体内传输时的波长 λ 与它在自由空间传输时的波长 λ_0 和介电常数 ε_r 有如下关系：

$$\lambda = \frac{\lambda_0}{\sqrt{\varepsilon_r}} \tag{9.5.1}$$

所以，相同的谐振频率下，ε_r 越大，介质谐振器的尺寸就越小，电磁能量越能集中于介质体内，受周围环境的影响也越小。这既有利于介质谐振器件的小型化，也有利于其高品质化。另一方面，谐振频率越高，波长越短，介质谐振器的尺寸在相对介电常数不是很大的情况下也可以很小。不同的应用领域对 ε_r 的要求不同，通常要求 $\varepsilon_r > 10$。

2）品质因数

在微波频率下的介质损耗 $\tan\delta$ 应很小，即介质的品质因数 $Q(=1/\tan\delta)$ 要高，以保证优良的选频特性和降低器件在高频下的插入损耗。共振系的损耗由电介质的损耗、辐射损耗和电介质的支撑物及其周围金属容器的导体损耗组成。只有使用低损耗的微波介质陶瓷，才有可能制出高 Q 值的谐振器件。

3）频率温度系数

材料的谐振频率温度系数 τ_f 是表示温度变化时谐振器谐振频率变化的大小，用来衡量谐振器谐振频率温度稳定性的一个参数。τ_f 越大，则表明器件的中心频率随温度的变化而产生的漂移越大，将无法保证器件在温度变化着的环境中工作的高稳定性。谐振频率的温度系数 τ_f 与电介质的线膨胀系数 α、介电常数的温度系数 α_ε 存在以下关系：$\tau_f=-(\alpha+1/2\alpha_\varepsilon)$。微波陶瓷应具有接近于零的频率温度系数。

9.5.2 微波陶瓷的分类

微波介质陶瓷可以按照组成、结构、介电性能以及应用频域来加以分类。已付诸实用的微波介质材料主要有以下几个体系：①$BaO\text{-}TiO_2$ 系；②$BaO\text{-}Ln_2O_3\text{-}TiO_2$（Ln=La,Pr,Nd,Sm,Eu,Gd）系；③复合钙钛矿 $A(B_{1/3}B'_{2/3})O_3$（A=Ba,Sr；B=Mg,Zn,Co,Ni,Mn；B'=Nb,Ta）系；④铅基钙钛矿系等。

按照应用频域划分，微波介质材料可大致分为低频、中频以及高频三大类。

1. 低频微波介质陶瓷材料（0.8～4GHz）

低频微波介质陶瓷的介电常数 ε_r 一般大于 70，Q 值相对较小，主要包括钨青铜结构的 $BaO\text{-}Ln_2O_3\text{-}TiO_2$（BLT）系列、$CaTiO_3$ 改性系列和改性铅基钙钛矿系列等。它们主要在 0.8～4GHz 频率范围内的民用移动通信系统中作为介质谐振器。

$BaO\text{-}Ln_2O_3\text{-}nTiO_2$（$n=3\sim5$）系是人们研究最多的体系之一，Ln 为镧系稀土元素，主要为 La、Sm、Nd、Pr、Gd 等。当 $n=4$ 时，通式为 $Ba_{6-3x}Ln_{8+2x}Ti_{18}O_{54}$，这是该系统中性能较好的一种材料组成。BLT 系微波陶瓷现已得到广泛应用，主要特点是具有高的介电常数（$\varepsilon_r\geqslant 80$），通过适当改性 ε_r 可达 90～100。

$CaTiO_3$ 是钙钛矿型晶格结构，钛氧八面体中钛离子与氧离子的相互作用产生很强的内电场，从而使其具有较高的介电常数（$\varepsilon_r=162$）。$CaTiO_3$ 陶瓷的 Q 值不高（$Q\approx860$，1.5GHz），τ_f 偏大（≈859ppm/℃），通过掺杂改性可提高 Q 值，τ_f 减小，同时 ε_r 有所降低。

铅基钙钛矿系主要是指 $(Pb_{1-x}Ca_x)(B_1,B_2)O_3$ 系列材料。该系列综合了复合钙钛矿系列中 A 位取代和 B 位取代两种方式的优点，有以下特征：介电常数较高，频率温度系数较小，介电常数随铅含量的增加而增大，随 B 位离子半径的增大而减小。部分低频微波介质陶瓷材料的微波介电性能如表 9.5.1 所示。

表 9.5.1 部分低频微波介质材料的微波介电性能

材料	ε_r	$Q\cdot f$/GHz	τ_f/(ppm/℃)	烧结温度/℃
$BaSm_{1.8}La_{0.2}Ti_5O_{14}$	90.7	8900	4.2	
$Ba_{6-3x}Sm_{8+2x}Ti_{18}O_{54}(x=2/3)$	80.8	11330	−11	1360
$Ba_{6-3x}(Sm_{1-y}Nd_y)_{8+2x}Ti_{18}O_{54}(x=2/3, y=0.6)$	83.4	10700	11	1400
$0.3CaTiO_3$-$0.7(Li_{0.5}Sm_{0.5})TiO_3$	114	3700	11.5	1350
$0.2CaTiO_3$-$0.8(Li_{0.5}Nd_{0.5})TiO_3$	110	2600	65	1350
$(Ca_{1-x}Nd_{2x/3})TiO_3(x=0.15)$	141	11300		1300
$(Pb_{0.4}Ca_{0.6})(Fe_{0.5}Nb_{0.5})O_3$	80	6100	−25	
$Pb_{0.7}Ca_{0.3}ZrO_3$	132	1800	86	1400
$Pb_{0.65}Ca_{0.35}ZrO_3$	118	1260	29	1450

2. 中频微波介质陶瓷材料(4～8GHz)

中频微波介质陶瓷一般指介电常数 ε_r 在 30～70 之间的微波介质陶瓷材料。主要是以 $BaTi_4O_9$、$Ba_2Ti_9O_{20}$ 和 (Zr,Sn)TiO_4 等为基的微波介质陶瓷材料以及低介电常数物质与 $CaTiO_3$、$SrTiO_3$ 等的复合材料,主要用于 4～8GHz 频率范围内的微波军用雷达及通信系统中作为介质谐振器件。

$BaTi_4O_9$ 属于正交晶系,$\varepsilon_r=38$,$Q\cdot f=36000$GHz,$\tau_f=14$ppm/℃。若加入少量的 WO_3,其温度系数可以调节至零附近。$Ba_2Ti_9O_{20}$ 的 ε_r 约为 40,$Q\cdot f$ 值为 32000GHz,温度系数为 2ppm/℃。$Ba_2Ti_9O_{20}$ 的形成过程较为缓慢,而且在烧结过程中,会生成少量的 $BaTi_4O_9$ 和 TiO_2。而 $BaTi_4O_9$ 的存在对 $Ba_2Ti_9O_{20}$ 性能影响不大,但是,TiO_2($\tau_f=$ 450ppm/℃)的存在却会增大体系的 τ_f 值。在 1400℃以上,$Ba_2Ti_9O_{20}$ 将分解成 $BaTi_4O_9$ 和 TiO_2,所以在烧结时,必须保证在低于 1400℃的温度下烧出致密化的材料,才具有好的性能。

(Zr,Sn)TiO_4 体系的 $\varepsilon_r=38$,由于该体系具有高 Q($Q=7000$,7GHz)值和低 τ_f($\tau_f\approx$ 0ppm/℃)值,目前被广泛用于制作介质谐振器,用以解决频率的漂移问题,组成通式为

$$Zn_xTi_ySn_zO_4\ (x+y+z=2)$$

部分文献报道的中频微波介质材料的微波介电性能如表 9.5.2 所示。

表 9.5.2 部分中频微波介质材料的微波介电性能

材料	ε_r	$Q\cdot f$/GHz	τ_f/(ppm/℃)	烧结温度/℃
BaO-4TiO_2-0.1WO_3	35	50400	−0.5	1400
$Ba_2Ti_9O_{20}$+9%(质量分数)BaB_2O_4	36	12600	−2	1050
$BaTi_4O_9$-ZnO-Ta_2O_5+0.1%(质量分数)Mn	36	45000	0	1280
$BaTi_4O_9$+5%(摩尔分数)CuO+2%(摩尔分数)B_2O_3	36.3	30500	28.1	900
$Zr_{0.8}Sn_{0.2}TiO_3$	38	62000	0	
$Zr_{0.8}Sn_{0.2}TiO_3$+1%(质量分数)ZnO+1%(摩尔分数)Sb_2O_5	40.8	60900		1400

续表

材　　料	ε_r	$Q\cdot f$/GHz	τ_f/(ppm/℃)	烧结温度/℃
$0.65CaTiO_3$-$0.35SmAlO_3$	41	42000	−18	1450
$0.65CaTiO_3$-$0.35LaAlO_3$	41	33000	−17	1450
$0.67CaTiO_3$-$0.33NdAlO_3$	42	42900	45	1450
$0.4CaTiO_3$-$0.6Ca(Mg_{1/3}Nb_{2/3})O_3$	48	25630	8.2	1450
$0.5CaTiO_3$-$0.5Ca(Al_{1/2}Nb_{1/2})O_3$	48	32100	−2	1350

3. 高频微波介质陶瓷材料(8～30GHz)

一般指介电常数 ε_r 在 10～30 之间,品质因数 $Q\cdot f$ 值非常高的微波介质陶瓷材料。复合钙钛矿结构 $A(B'_{1/3}B''_{2/3})O_3$ 型材料是使用最广泛的一种高频微波介质陶瓷,通式中 A=Ba,Sr 等;B′=Mg,Zn,Mn,Co 或 Ni 等;B″=Ta 或 Nb 等。该系列材料的 Q 值相当高,在 10GHz 下仍高达 10000 以上,τ_f 在零附近可调,ε_r 大约为 30。其中,$Ba(Mg_{1/3}Ta_{2/3})O_3$ 性能最为优异。该类微波介质陶瓷材料由于品质因数高,具有良好的选频特征,一般应用在 10GHz 以上的卫星通信、雷达电子对抗等领域。几种 $A(B'_{1/3}B''_{2/3})O_3$ 型材料的微波介电性能如表 9.5.3 所示。

表 9.5.3　部分高频微波介质材料的微波介电性能

材料	ε_r	$Q\cdot f$/GHz	τ_f/(ppm/℃)	烧结温度/℃
$Ba(Mg_{1/3}Ta_{2/3})O_3$	25	176400	4.4	1600
$Ba(Zn_{1/3}Ta_{2/3})O_3$	30	165300	0.6	1350
$Ba(Mn_{1/3}Ta_{2/3})O_3$	27	104000	45	1600

9.5.3　低温共烧微波陶瓷

目前成为研究热点之一的微波混合集成块,由带状线谐振器、表面贴装元件和微波介质基片等构成多层共烧结构;由于谐振器导电图形采用银浆(或铜浆)烧渗,烧结温度一般<1000℃,因而需要使用新型低温共烧微波介质陶瓷。

$BiNbO_4$-CuO 系、Bi_2O_3-CaO-Nb_2O_5 系、Bi_2O_3-CaO-ZnO-Nb_2O_5 系、BaO-TiO_2-Nd_2O_3-Bi_2O_3-Al_2O_3 系等都是典型的低温共烧微波介质陶瓷。另外,通过在传统高温烧结微波介质陶瓷中添加玻璃等烧结助剂来降低烧结温度,也是获得低温共烧微波介质陶瓷的主要方法之一。

9.6　玻璃电介质材料

熔融体通过一定方式冷却成固体时,其中一些熔融体在冷却过程中,因粘度的不断增加,原子排列来不及到达其平衡状态,这种固体称为玻璃。玻璃是无定形体,是过冷的液体,熔化时没有一个固定的温度(熔点),而是只有软化温度。玻璃的化学成分是可以改变的,不是化合物,没有一定的化学分子式。

玻璃分无机玻璃和有机玻璃两大类。无机玻璃包括元素半导体玻璃、金属玻璃、卤化物玻璃、氧化物玻璃和硫族玻璃等。本节主要讨论氧化物玻璃。

玻璃可作为装置材料(如釉面涂层、基片等)和功能材料(如作为电介质材料、发光玻璃)。玻璃局部结晶化则形成"微晶玻璃",玻璃还可能是陶瓷材料中的一个组成部分(玻璃相)。为此,玻璃介质材料始终在材料科学中占据着不可缺少的地位。

9.6.1 玻璃的结构与组成

1. 玻璃的结构

石英玻璃和氧化硼玻璃是两种基础玻璃,我们对它们的结构进行简要介绍。图 9.6.1 为由 SiO_2 形成的晶体与玻璃的两种原子排列,其中图(a)为石英晶体结构,图(b)为石英玻璃,图(c)为碱硅酸盐玻璃。从整体看,石英玻璃中不存在规则的晶胞(长程序),但在小范围还是有一定规律(短程序)。石英玻璃中存在类似石英晶体的最小结构单元——硅氧四面体[SiO_4],但排列是无序的,缺乏对称性和周期性。Si 原子位于四面体中心,O 原子位于四面体的 4 个顶角,O—Si—O 键角为 109°28′。Si—O 键是极性共价键,离子性与共价性约各占 50%,键强较大。整个[SiO_4]正负电荷重心重合,不带极性。[SiO_4]之间不能以边或面相连,而只能以顶角相连,形成一种向三维空间发展的网络结构,内部存在许多空隙。在图(c)所示的碱金属硅酸盐玻璃中,碱金属离子不规则地分布于空隙中,使得硅氧四面体组成的网络部分断裂。

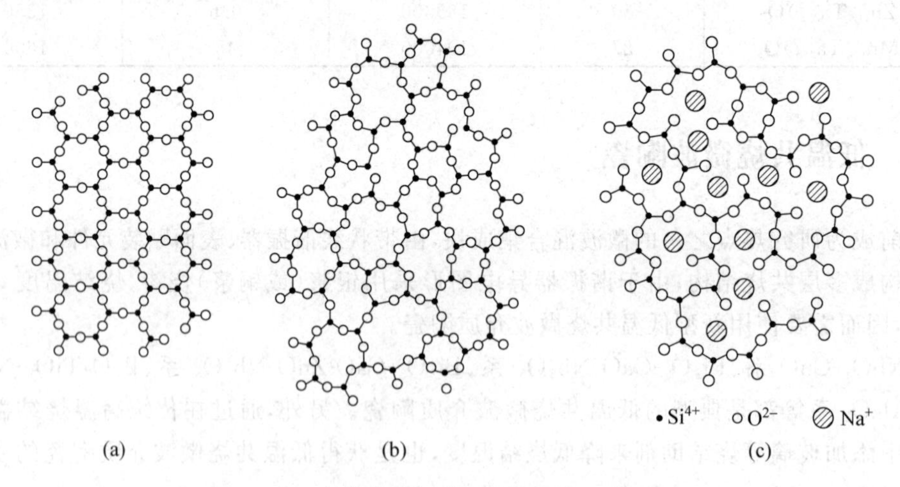

图 9.6.1 石英晶体与玻璃网络结构二维示意图

(a) 石英晶体;(b) 石英玻璃;(c) 碱硅酸盐玻璃

氧化硼玻璃中硼氧三角体[BO_3]是基本结构单元。[BO_3]是平面三角形结构。B—O 键是极性共价键,共价性成分约占 56%,键强略大于 Si—O 键。整个[BO_3]正负电荷重心重合,不带极性。由于 B_2O_3 玻璃密度与六角形结晶态的 B_2O_3 差别较大,故不能把结晶态的结构推广到玻璃中。研究证实,B_2O_3 玻璃是由[BO_3]组成的,玻璃中有[BO_3]相互连接的硼氧三元环集团。

由此可见，玻璃是长程无序、短程有序的，具有各向同性，与相应结晶态物质相比含有较大的能量，不是能量最低状态。从热力学观点看，玻璃态是不稳定的，有析晶的可能；但从动力学观点看转变速率很小，所以实际上是稳定的，可长期保持这种状态。

玻璃没有固定熔点，玻璃态从固态转变为液体是在一定的温度范围（软化温度范围）内进行的，开始软化的温度称为软化温度 T_f。当过冷液体冷却到玻璃转变温度 T_g 后，玻璃开始形成。玻璃转变温度是一个温度区域，不是固定不变的。玻璃态从熔融状态冷却（或相反加热）过程中，其物理化学性质产生逐渐和连续的变化，而且是可逆的。

自然界中绝大多数金属氧化物熔融冷却后都形成结构规则的晶体，只有少数氧化物，如 SiO_2、B_2O_3、P_2O_5 等熔体冷却后不易结晶，呈玻璃态。大部分氧化物可通过快速冷却得到玻璃。还有一部分玻璃是通过在熔融石英玻璃或硼玻璃中加入碱金属氧化物或碱土金属氧化物形成的。这些玻璃有：硅酸盐玻璃、硼酸盐玻璃、磷酸盐玻璃、锗酸盐玻璃、碲酸盐玻璃、铝酸盐玻璃等。

2. 玻璃的组成

通常将玻璃体内的各种氧化物划分为玻璃形成剂、变性剂和中间剂三种类型。

1）玻璃形成剂

这是玻璃体内的主要成分，可以由某种氧化物单独形成玻璃，也可由几种氧化物来形成成玻璃。SiO_2、B_2O_3、P_2O_5、Sb_2O_5、GeO_2、V_2O_5 等都是玻璃形成剂，它们决定着玻璃的主要机电特性。但一些形成剂（如 SiO_2）由于其高键强、高熔点，使玻璃的加工、成型困难。

2）玻璃变性剂

能显著改变玻璃特性的氧化物称变性剂。该类氧化物主要为碱金属氧化物 R_2O。由于 R_2O 离子电场强度很小，单键强度小，氧的配位数较大，在玻璃网络中引入后使桥氧断裂，但大体上仍然是一个不规则的连续网。这类氧化物在单独或共同存在时不能生成玻璃，只能插入玻璃结构网络间隙中，使玻璃体结构牢固程度减小，软化温度及粘度降低，为加工带来方便。

变性剂正离子常常未进入结构网络之中，故又称为“网络外体离子”。网络外体离子会使机械强度减弱，化学稳定性降低，热膨胀系数增大。特别是当变性离子成为弱系离子后，在外电场作用下，容易迁移并产生松弛极化，而使 ε、$\tan\delta$ 值增大，介电性能随温度变化明显。所以总的来说，变性剂对介电性能是不利的。

3）玻璃中间剂

中间剂的引入，能减小变性剂在物理、化学、机械和介电性能方面的不利影响。中间剂的正离子强度与氧多面体单键强度等介于形成剂与变性剂之间。它的化学键不是单纯的离子键，具有一定比例的共价键成分，可以参加构成连续网络，故其影响较变性剂的作用较为缓和。常用的中间剂为：碱土金属和 Zn、Pb、Al 和 Ti 等氧化物。

3. 玻璃的介电特性

1）介电常数

介电常数反映了介电材料的极化能力。氧化物玻璃的介电常数值随成分不同而变化，从石英玻璃的3.8到重铅玻璃的16.2。碱金属离子的增加使介电常数变大;而重金属氧化物对玻璃的介电常数影响更大。对氧化物玻璃而言,当温度在100℃以下时,玻璃的介电常数变化不大,超过250℃后介电常数随温度的升高而显著增加。

玻璃的介电常数还与电场频率有关。氧化物玻璃的极化主要是电子及离子位移式极化,而在约占1/3的电子位移中,主要是由大尺寸的氧离子电子云的相对位移的贡献。这两种极化均瞬间完成,基本上与频率无关。在10^{12}~10^{14} Hz频段后,因为离子松弛极化和空间电荷极化的弛豫时间大,介电常数基本是随频率的升高而降低;但频率超过10^{14} Hz后,对介电常数的影响就不太明显了。各个频率段对介电常数影响的大小还与温度密切相关,因为温度直接影响玻璃中离子和偶极子的热运动。

2) 玻璃的离子电导

(1) 碱金属变性剂离子的电导互阻(中和)效应

为了解决纯石英玻璃的工艺困难,介电玻璃中往往引入低价高配位数碱金属氧化物变性剂;由于碱金属离子是低激活能的弱系离子,离子电导明显增加,从而引起电性能的恶化。如果同时引入两种不同碱金属离子,由于它们的离子半径不同,大小离子不可能相互置换,会发生不同离子相互阻碍迁移的"互阻效应",故存在两种外加离子时,电阻率会明显增大。不同变性剂离子尺度相差越悬殊,这种互阻效应将越明显。

(2) 二价金属氧化物的电阻率压制效应

在碱金属含量一定的玻璃电介质中,引入部分二价金属氧化物PbO、BaO、MgO、ZnO、CaO等取代SiO_2后,二价离子将停留在网隙之中,并使碱离子迁移受到阻碍,从而使电阻率提高,这种现象称为"压制效应",其影响程度几乎随二价的金属离子半径的增大而增加。此外压制效应尚与离子的质量大小、价位及电子云分布状态等因素相关。

3) 玻璃电介质的损耗

在仅由网络形成体构成的所谓纯玻璃中,由于离子键强大、结构牢,在电场作用下只产生电子与离子位移极化,介电损耗很低。

但实用的玻璃往往不是纯玻璃。当玻璃中引入一价碱金属离子时,玻璃的介电损耗会增大。在频率较低时,弱束缚的碱金属离子迁移所引起的直流电导损耗占主导地位;随着频率增高,碱金属离子的松弛极化是造成介电损耗的主要原因。介电损耗也受到占据间隙位置的其他调整阳离子的影响。如果玻璃形成体系中加入二价的Ba、Pb等大离子,它们会阻碍碱金属离子的迁移,从而减小介电损耗。

4) 玻璃的抗电强度

玻璃的抗电强度E_b除与其成分和结构密切相关外,同时也与环境温度、散热条件、电场作用时间等因素有关。在环境温度低、散热条件好、电场作用时间短的情况下,玻璃具有很高的抗电强度,其E_b约900MV/m。在不考虑玻璃热击穿对E_b的影响时,可认为玻璃的抗电强度仅取决于玻璃体内的气泡以及网体结构的牢固程度。当玻璃介质受到强电场作用时,首先是玻璃中的气泡被电离,产生自由电子和离子,并进一步发展为网体结构的电离击穿。

在高温、高频情况下,玻璃的抗电强度往往由热击穿电场强度来决定,但此种情况比较复杂;可以认为,网隙中的弱束缚离子的电离,是引起热击穿的主要原因。当玻璃出现热击穿时,其抗电强度将远低于电击穿的抗电强度。

9.6.2　玻璃电介质

玻璃具有一系列的优良特性，如透明、质硬、良好的耐腐蚀、耐热、耐磨及电学、光学性能等。玻璃还是一种可设计材料，通过调整其化学组成和工艺，能大幅度地调整玻璃的物理和化学性能，使玻璃满足特殊的需求。玻璃的应用范围极其广泛，从日常生活、工农业生产到尖端科学技术，无不与玻璃有着密切的关系。下面主要介绍与微电子技术有关的玻璃。

1）石英玻璃

石英玻璃是由纯 SiO_2 组成的，电子位移极化和离子位移极化是石英玻璃的主要极化机制。石英玻璃在很宽的温度范围和电场频率范围内都能保持介电性能的稳定。室温时，1MHz 下透明石英玻璃的介电常数值为 3.7，温度升高介电常数略有增大；450℃以后，介电常数显著增加。室温下石英玻璃的介电损耗因子约为 1×10^{-4}；在高温下，石英玻璃的介电损耗随温度的升高急剧增大，这是由于电导损耗增大所造成的。

石英玻璃优异的综合性能受到了微电子领域的青睐。目前，各类石英玻璃及其复合材料在天线罩领域被广泛应用。但与其他硅酸盐玻璃相比，石英玻璃最大的缺点就是熔化温度很高，难于制备，成本较高。

2）硅酸盐玻璃

硅酸盐玻璃是应用最早、最广泛的玻璃。这种玻璃中 SiO_2 是重要的玻璃网络形成体，赋予了玻璃很多优异的性能。硅酸盐类玻璃在电子行业中有广泛应用，而且其应用领域也不断得到拓展。目前硅酸盐玻璃的研究大都集中在电子玻纤用硅铝硼酸盐玻璃(或称为 E 玻纤)。

硅酸盐玻璃的介电常数值一般为 7～8。硅作为其主要成分，决定其网络结构，其他引入的成分起调节作用。如果引入过渡元素或稀土元素阳离子，则其介电常数可有所增加，但提高有限；但要想降低其介电常数也很困难。目前对硅酸盐玻璃的科研工作主要是在 E 玻璃基础上优化其介电性能。玻璃中碱金属离子越多，离子活化能越低，玻璃的电导率就越大，其介电性能就越差。所以必须控制碱金属离子的引入，如 E 玻纤中碱金属离子含量一般应小于 0.8%(质量分数)。

3）硼酸盐玻璃

硼酸盐玻璃中 B_2O_3 是玻璃的主要网络形成剂。由单纯的硼形成的玻璃虽然介电性能很好，但是很不稳定，易在空气中潮解，热膨胀系数高；只有与其他化合物组合才能获得稳定的有实用价值的玻璃。硼酸盐主要与碱金属和碱土金属化合形成二元或三元玻璃。根据其中各成分含量的不同，硼可以以 BO_3 或 BO_4 单元存在，从而影响其中离子的运动或极化状态，致使介电性能改变。氧化硼玻璃是唯一能有效吸收慢中子的氧化物玻璃；硼酸盐玻璃对 X 射线透过率高；电绝缘性能比硅酸盐玻璃优越。硼酸盐玻璃具有的优异特性使它成为不可取代的一种玻璃材料，已愈来愈引起人们的重视。

4）电容器用玻璃与玻璃釉

电容器介质用的玻璃要求具有较高的介电常数，较低的介电损耗，工作温度范围宽，并具有稳定的温度特性和频率特性，较高的抗电强度等特性。普通玻璃的介电常数一般是很低的，不适合于用作电容器介质。当在玻璃中引入高价金属离子 Pb^{2+}、Ti^{4+}时，由于离子位移极化和电子位移极化的增加，使得介电常数增大。但由此得到的玻璃介质的介电常数仍然不够大，通常只有 12～18。要获得更大的介电常数，可通过在玻璃中析出部分具有高介电常数晶相的方法，这时玻璃将失去透明性，通常称之为玻璃釉介质，其介电常数可达几十至几百。常见的玻璃釉介质有硅-铅系、硅-钛系、硅-铅-钛系等。如在硅-钛系中添加 BaO、SrO 等，可与 TiO_2 形成 $BaTiO_3$、$SrTiO_3$ 晶相，使介电常数提高。

5）其他玻璃

还有一些玻璃，虽然用量小，但在现代科技中也起着重要作用。随着微电子领域持续、迅速地发展，一些半导体氧化物玻璃的重要性日益凸显。硫系玻璃在可见到远红外的范围内都具有良好的光学透过性能，在红外激光功率传输、热成像和化学传感等领域有着广泛的应用。但与氧化物玻璃相比，硫系玻璃的力学性能（特别是抵抗裂纹扩展的能力）、抗热震性和化学稳定性差，这是由于它弱的化学键所决定的。当参与网络形成的硫含量太少时，易于产生分相，从而耐水性变坏。

碲化物玻璃是继石英、磷酸盐、氟化物和硫化物玻璃之后，光纤设备制造中又一个重要的玻璃家族。碲化物玻璃拥有许多石英玻璃所不具有的特性，而且它比磷酸盐、氟化物玻璃稳定，比硫化物玻璃具有更高的稀土离子溶解性，所以碲化物玻璃激起了人们浓厚的兴趣。碲化物玻璃经其他氧化物改性后，还可以用作电容器材料。TeO_2-P_2O_5 形成玻璃范围广，而且该系统具有高的紫外光传输能力，是制备高折射率玻璃的基础材料。

另一类重要的玻璃粉是用于电子浆料中作为粘合剂用的玻璃。电子浆料包含了导电相、粘结相（玻璃相）和有机载体三部分，主要用于制造厚膜集成电路、厚膜开关、柔性电路导电胶、敏感元器件及其他电子元器件。在导电浆料中通常含有质量分数为 5%～10%的玻璃粘合剂，而在电阻浆料中玻璃粘合剂的质量分数有时可高达 50%以上。电子浆料中的玻璃相的主要作用是在厚膜元件的烧结过程中连接、拉紧、固定导电相粒子，并使整个膜层与基片牢固地粘结在一起。玻璃粘合剂的性能直接影响电子产品的质量：如玻璃的熔封温度影响到电子产品金属部件封装时的氧化和变形；玻璃的膨胀系数影响到它与陶瓷玻璃基板的结合性、密封性和抗拉强度；玻璃的电阻率和介电性质则直接影响到电子产品质量和寿命。以往电子浆料中的玻璃大多为含铅玻璃粉，近年来由于环保的要求，含铅玻璃已逐步被无铅玻璃粉所替代，如 Bi_2O_3-B_2O_3 玻璃、B_2O_3-ZnO-BaO-SiO_2 玻璃等。

9.6.3 微晶玻璃

微晶玻璃，又称玻璃陶瓷，是通过控制玻璃晶化获得的一类多晶材料。经过热处理后析出晶体的微晶玻璃可以认为是一种复合材料。结晶相是多晶结构，结晶体颗粒很小（尺寸为 0.1～0.5μm），比一般材料结晶体要小很多。结晶相的成分与结构对微晶玻璃性能有很大影响。在微晶玻璃中，数量巨大、粒度细微的晶体被玻璃相包裹着，并结合起来。

微晶玻璃的结构和性能与陶瓷和玻璃都不同，既有晶体性质，又有玻璃体性质，成为一种介于玻璃和陶瓷之间的特殊材料。需要注意的是，同一配方的微晶玻璃中的晶相种类、体积分数、形态甚至玻璃相的组成等并不是固定不变的。不同的热处理制度，可以使微晶玻璃中析出不同种类和数量的晶相，同时也就形成了不同组成的剩余玻璃相。玻璃的可设计性，使得微晶玻璃的性能在制备之初就能基本确定；但通过对工艺条件的控制，可获得供某些应用所需的特殊性质，这也是微晶玻璃体系最大的特点。

1. 微晶玻璃的分类和制备

微晶玻璃的分类方法很多。从外观可分为透明微晶玻璃和不透明微晶玻璃；按微晶化原理可分为光敏微晶玻璃和热敏微晶玻璃；按照性能可分为耐高温、耐热冲击、高强度、耐磨、易机械加工、低膨胀、低介电损耗、强磁性和生物相容微晶玻璃；按基础玻璃组成可分为硅酸盐、铝硅酸盐、硼酸盐、磷酸盐微晶玻璃；根据微晶玻璃的主晶相分，有硅酸盐微晶玻璃、氟硅酸盐微晶玻璃、磷酸盐微晶玻璃、氧化物微晶玻璃等。

目前微晶玻璃的制备方法主要有熔融法、烧结法和溶胶-凝胶法等。

2. 微晶玻璃的性质

(1) 热膨胀系数的变化范围大。

微晶玻璃的热膨胀系数具有很大的变化范围，上限可大于陶瓷和玻璃，下限可以小到零值，甚至负值。更有实际意义的是，微晶玻璃的热膨胀系数可以调整到与普通玻璃、陶瓷、某种金属或合金的热膨胀系数匹配，从而减小二者结合时产生的热应力。

(2) 化学性能稳定。

由于微晶玻璃析出的大量微晶体中富集较多的碱金属离子，残余玻璃相中只含有很少量的碱金属氧化物。当微晶玻璃材料与水、酸等接触时，结晶相中的碱金属离子不容易迁移出来，从而保证了玻璃的化学稳定性。大部分的微晶玻璃材料都具有足够高的化学稳定性。

(3) 力学性能优良。

微晶玻璃的力学性能比一般玻璃、陶瓷材料以及某些金属材料高得多，强度比退火玻璃至少高2倍，冲击强度和断裂韧性明显提高。弯曲强度虽还未达到金属及合金所能达到的水平，但已生产出弯曲强度高达500MPa的微晶玻璃。

(4) 介电常数稳定。

微晶玻璃中只存在少量电子和离子位移极化，所以ε值不大，一般微晶玻璃的介电常数处于5～8之间。而以$BaTiO_3$、$PbTiO_3$为主晶相的强介电性微晶玻璃(BaO-TiO_2-Al_2O_3-SiO_2、PbO-TiO_2-Al_2O_3-SiO_2)，其介电常数可大于100。微晶玻璃的介电常数随温度的变化小，在低频下，介电常数随温度(150℃之前)的升高而缓慢变大；在高频下温度升高到400～500℃，介电常数几乎没有受到影响。

(5) 介电损耗低。

当碱金属离子结合到晶相中时，其介电损耗随玻璃的晶化而显著减小，因此微晶玻璃的介电损耗普遍低于普通玻璃的介电损耗。如锂铝硅酸盐微晶玻璃中，主晶相为二硅酸锂，锂离子被结合到这个晶体中，使其迁移率减小，从而降低了该材料的介电损耗。

如果易活动的碱金属离子没有参与晶相的组成，而是富集在残余玻璃相中，就会使微晶玻璃具有较高的介电损耗。

(6) 良好的电绝缘性。

微晶玻璃析出大量的微晶体，大量碱金属离子被固定在晶格中，少量未晶化碱金属离子则被晶粒阻碍，微晶玻璃的电阻率比普通玻璃可提高3～4个数量级。析晶后还可以降低玻璃表面的碱金属离子浓度，提高玻璃的表面绝缘电阻。一些微晶玻璃经过清洗、酸洗、抛光、电镀等过程后仍能保持优良的电绝缘性。而由于微晶玻璃中晶粒结构较陶瓷更均匀细小，且熔制后气泡大为减少，所以击穿电场强度较陶瓷材料提高。

3. 微晶玻璃的应用

微晶玻璃有多方面的用处，下面简单介绍其在电子工业中的应用。

微晶玻璃的膨胀系数能从负膨胀、零膨胀，直到10ppm/℃以上，使得它能够与很多材料的膨胀特性相匹配，可以制作各种封装材料。用于低温共烧的微晶玻璃基板已在9.3节中进行过介绍。此外在高频、高稳定性电容器介质中也得到了应用。铁电微晶玻璃的介电常数随温度的增加而减少然后再增加，并且其居里点具有明显的弥散特征，在电子、精密部件、航空领域有广泛的应用前景。

9.7 透明陶瓷和远红外陶瓷材料

9.7.1 透明陶瓷材料

1. 透明陶瓷的特征与分类

透明陶瓷有类似玻璃的透光性能，同时具有耐高温、耐腐蚀、高绝缘、高强度等陶瓷特性。根据透明陶瓷的用途和功能，可将其分为透明结构陶瓷和透明功能陶瓷两大类。透明结构陶瓷主要用于高压钠光灯管、高温透视窗罩、透明装甲等方面，以Al_2O_3、Y_2O_3、ZrO_2、AlON、$MgAl_2O_4$等为主要代表。透明功能陶瓷主要用于激光、显示技术、医学等方面，其中比较常用的是电光透明陶瓷、激光透明陶瓷和闪烁体透明陶瓷等。

2. 影响陶瓷透明的因素

一般氧化物陶瓷的禁带都较宽，不会吸收可见光，从理论上讲应该是透明的；但是大部分陶瓷都是不透明的。这是因为，光线的衰减除了与材料的化学组成有关外，主要还取决于材料的显微结构。陶瓷不透明的原因是其内部存在有杂质、气孔、晶界等结构或成分不均匀的微小区域，令光产生散射，所以就不透明了。要使陶瓷具有很好的透光性，应消除造成光散射的各种因素。如图9.7.1所示，影响陶瓷透明的因素主要包括以下几个方面。

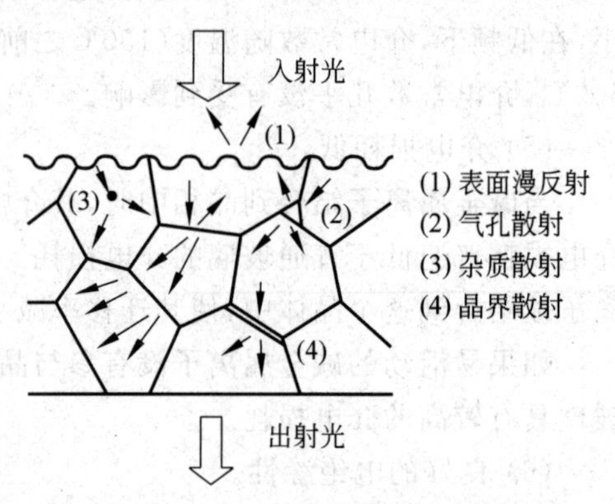

图9.7.1 影响陶瓷透明的主要因素

1）表面漫反射

烧结后陶瓷的未处理表面通常有较大的粗糙度，其表面呈微小的凹凸状。光线入射到凹凸表面时会发生漫反射。烧结陶瓷的粗糙度越大，漫反射越明显，透过率就越低。为了获得透明的陶瓷，需对陶瓷表面进行研磨和抛光等机械加工，提高其光洁度。由于陶瓷的表面粗糙度与原料的细度有关，因此还应选用超细原料。

2）气孔散射

对透明陶瓷透光性能影响最大的因素是气孔。由于气孔具有不同于多晶基体（主晶相）光学性质的界面，从而会造成入射光的强烈散射。气孔可分为晶界气孔和晶内气孔。晶界气孔位于晶界面上，相对容易排出；而晶内气孔一般为亚微米尺寸，要将其排出则比晶界气孔困难得多。普通陶瓷即使具有高的密度，往往也不是透明的，这是因为其中有很多晶内气孔，当陶瓷晶粒内部的气孔率大于1%（体积分数）时，陶瓷就不再透明了。气孔通常是在最终烧结阶段晶粒迅速长大时形成的。要制备透明陶瓷，必须消除气孔，烧结成接近理论密度的陶瓷。

3）杂质散射

透明陶瓷中的杂质与基体的光学性质不一致，往往成为光散射中心，大大降低了透光率。因此，制备透明陶瓷要求形成均匀、连续的单相结构，这就要求原料具备高纯、超细、高分散等特性，且制备过程中不能引入杂质。

4）晶界散射

晶界是引起光散射，导致材料透光率下降的重要因素之一。陶瓷材料的晶界上通常有第二相或多相，其光学性质与主晶相不同，从而破坏了陶瓷体的光学均匀性。当单位体积内晶界数量较多、晶粒配置杂乱无序，入射光透过晶界时，将引起光的连续反射、折射，从而降低光的透过率。而规则的晶粒排列则会为光线提供定向的光通路，从而减少晶界对光的反射。因此，理想的晶界应该是微薄、透过性好、具有光学性质一致性，即没有或有极少气孔、第二相、位错等存在。

3. 透明陶瓷的制备技术

透明陶瓷的制备工艺过程与一般陶瓷制品大致相同，主要包括粉体制备、成型、烧结等工艺。但是透明陶瓷的制备也有其自身的特殊性。

1）粉体制备

粉体的制备工艺是决定陶瓷透光性的重要因素之一，因此透明陶瓷对粉体的要求特别严格。透明陶瓷要求原料粉体应具有高纯、超细、分散性好、粒径分布可控、烧结活性高等特点。一般采用化学方法制备微细粉料。

2）成型技术

透明陶瓷通常采用的成型技术有：冷等静压成型、注浆成型等。冷等静压成型具有成型压力高、压力作用效果好等优点，它能使坯体的各个方向同时承受较大压力，因此坯体密度高而且分布均匀。注浆成型属于湿法成型，由于该成型工艺不经过干燥过程，因此避免了颗粒间的团聚，而且成型后的坯体内部气孔多为连通结构，这有利于烧结时气体的排出。

3）烧结方法

烧结在透明陶瓷制备过程中是核心步骤，是排除气孔、陶瓷致密化的过程。由于很多透明陶瓷材料都是选择的熔点很高的物质，因此烧结过程一般需要较高的温度。烧结温度和保温时间是影响透明陶瓷气孔率的重要因素。一般烧结温度越高，保温时间越长，陶瓷的透光率就越高。烧结气氛也直接影响陶瓷体中的剩余气孔。目前，真空烧结和氢气气氛烧结是制备透明陶瓷经常采用的烧结工艺。在真空或氢气气氛中烧结时，气孔内的气体易被置换而很快地进行扩散，因此气孔易被消除。

4. 常用透明陶瓷材料及其应用

1) Al_2O_3 透明陶瓷

Al_2O_3 透明陶瓷是研究得最早的透明陶瓷。Al_2O_3 透明陶瓷是超硬材料之一，具有与天然蓝宝石及人造蓝宝石近乎一样的物理化学性能，在1980℃之内强度保持不变，同时具有硬度高、耐磨性极佳、高温强度大、电绝缘性好、热导率高、线膨胀系数小等优点。Al_2O_3 透明陶瓷可以用作熔制特种玻璃的坩埚、红外检测窗材料、高压钠灯管、集成电路基片、高频绝缘材料、高温耐腐蚀材料及可调谐激光材料等。

2) AlON 透明陶瓷

AlON 是 AlN 和 Al_2O_3 的二元固溶体。迄今为止，二元 AlN 和 Al_2O_3 体系中，可能存在的物相有十几种，但其中只有 γ-AlON 固溶体才能实现陶瓷的透明化。γ-AlON 相的理想化学组成为 $Al_{23}O_{27}N_5$($9Al_2O_3 \cdot 5AlN$)。目前合成 AlON 的方法较多，其中高温固相反应法和氧化铝还原氮化法是研究得较多的两种方法。AlON 很难烧结达到完全致密，需加入一定烧结助剂(如 Y_2O_3)进行液相烧结。

AlON 透明陶瓷具有光学性能好(能透微波/红外、光学各向同性、透光范围宽)、介电常数低、强度高、硬度大、物理化学性能稳定等优异性能，是优良的光学窗口材料，同时还是一种潜在的发光基质材料。

3) 镁铝尖晶石($MgAl_2O_4$)透明陶瓷

$MgAl_2O_4$ 透明陶瓷在紫外、可见和红外波段(0.3～6μm)均具有优良的光学透过率。在4～6μm 波段，具有比蓝宝石和 AlON 等常用红外透波材料更好的光学透过性能。因此它是制备紫外/红外双色制导导弹整流罩的理想候选材料之一。$MgAl_2O_4$ 的常温机械性能与蓝宝石和 AlON 相比有一定差距，但高温下蓝宝石和 AlON 的机械强度下降很快，而 $MgAl_2O_4$ 仍能保持较高的机械强度。并且，它具有高熔点(2135℃)、耐磨损、耐腐蚀、抗热冲击、硬度和抗弯强度较高以及优良的电绝缘特性；被广泛用作导弹雷达头罩、红外窗口材料、透明装甲、高温高压反应设备的观察窗、厚薄膜电路基片等。

4) 电光透明陶瓷

若透明陶瓷为铁电陶瓷，则可以通过外加电场作用调控介电常数 ε，从而改变其光学性能，这就是电光透明陶瓷。电光透明陶瓷可以用作电控光阀、电控光谱滤色器、图像储存和显示器件等。目前研究得较多且已付诸实用的电光陶瓷是经过镧改性的锆钛酸铅陶瓷，即(Pb,La)(Zr,Ti)O_3(PLZT)陶瓷。

5) 激光透明陶瓷

激光材料是激光器中借以发射激光的物质，是激光器的核心。20世纪70年代，掺钕钇铝石榴石(Nd∶YAG)研发成功，固体激光技术开始大力发展。Nd∶YAG 单晶具有十分优异的光学性能，是目前应用范围最广的固体激光材料。然而 Nd∶YAG 单晶制备工艺复杂，生长周期长，难以获得光学质量均匀、大尺寸的晶体。并且 Nd^{3+} 的掺杂量有限，大大限制了 Nd∶YAG 单晶激光性能的提高。

与单晶相比，Nd∶YAG 透明陶瓷具有制备工艺简单、成本低、可实现高浓度掺杂、可大批量生产、可制备大尺寸形状复杂的器件和多层多功能陶瓷等优点。近年来已研制出了高质量的透明 Nd：YAG 陶瓷，其吸收、发射和荧光寿命等光学特性与 Nd：YAG 单晶几乎一样，最高输出功率可达 1.46kW，完全有希望替代 Nd：YAG 单晶激光材料。迄今为止，已开发出来的激光介质有 Nd：YAG、Tm：YAG、Er：YAG、Yb：Y_2O_3、Nd：Y_2O_3 等透明陶瓷。

6) 闪烁体透明陶瓷

闪烁体是指一种吸收高能粒子或射线后发出紫外光或可见光的光电功能材料。20 世纪 80 年代以前，闪烁体材料主要是单晶；但是一些潜在应用的闪烁体材料用传统的单晶生长方法无法生长。透明陶瓷的制备技术使得制备多晶透明陶瓷闪烁体成为可能。其中，稀土离子掺杂的透明陶瓷材料是一类重要的闪烁体材料，如$(Y,Gd)_2O_3$：Eu、$(Y,Gd)_2O_3$：Pr 等。

闪烁体透明陶瓷材料被广泛应用于高能物理(如精密电磁量能器)、核医学(如 X-CT 机)、工业应用(CT 探伤)、空间物理、地质勘探等领域。特别是作为医疗诊断的重要手段，为早期癌症的发现作出了重要贡献。

9.7.2 远红外陶瓷材料

1. 远红外的概念

红外辐射，俗称红外线，是一种不可见的射线，它在电磁波谱中占很宽的波段，波长介于可见光和微波之间。红外辐射的波长范围为 0.75～1000μm。人们习惯将红外区分为“近”、“远”或者“近”、“中”、“远”红外线。所谓远、近是指该段红外线在电磁波谱中与可见光谱的距离。一般将波长为 3～1000μm 的红外线称为远红外线。

红外辐射是一种热辐射，红外辐射能在射程范围内被物体吸收并转换成热，其热效应是红外辐射被吸收的结果。任何温度高于绝对零度的物体，都会时刻不断地辐射能量，同时也不断地吸收其他物体辐射出来的能量，并且把吸收的能量转化成热能再辐射出去。温度低于 500℃时，一般物体不会发出可见光，只会辐射红外线。

2. 远红外陶瓷材料的基本性能

能够辐射特定波长远红外线的陶瓷材料称为远红外陶瓷。对于远红外陶瓷，根据使用条件不同，对其性能要求也各有差异，但总的来说，一般必须满足以下几个条件。

(1) 发射率要高。发射率是衡量远红外陶瓷性能的重要指标。发射率也称为辐射率或黑度，就是实际物体与同温度黑体在相同条件下的辐射出射度之比，即

$$\omega(T)=M(T)/M_{\mathrm{b}}(T) \tag{9.7.1}$$

式中，$\omega(T)$为物体在温度 T 时的发射率；$M(T)$为实际物体在温度 T 时的出射度；$M_{\mathrm{b}}(T)$为黑体在温度 T 时的出射度。发射率介于 0～1 之间，实际物体的发射率数值越接近于 1，它们的辐射也越接近黑体辐射。

(2) 辐射率高的波长范围与相对应物质的高吸收率的波长范围要一致。

(3) 单位面积的辐射能大。

(4) 定向发射的性能好、辐射能分布较均匀，并能根据使用要求，方便地将发射的红外

线进行指向、聚集等技术处理。

(5) 耐热性、耐热冲击性优良。

(6) 机械强度高,耐腐蚀,抗氧化性能好。

3. 远红外陶瓷材料分类及应用

根据材料的远红外性能,即远红外发射率和远红外发射率随光谱的分布情况,远红外辐射材料可分为高效远红外辐射材料、选择性红外辐射材料和低发射率材料三大类。

(1) 高效远红外辐射材料　材料的红外发射率接近于黑体的发射率,并且在红外全波长范围的辐射值均接近于1。这种材料适用于各种加热、烘干、烤箱和较高温度的红外医疗等。

(2) 选择性红外辐射材料　指材料的红外发射率随波长而改变,并且在 $8\mu m$ 以后具有较高辐射率值的材料。这种材料特别适合在常温下使用,如用于饮用水的活化处理。

(3) 低发射率材料　材料的红外发射率低于0.5的材料,适用于军事的红外伪装和太阳能工业等特殊用途。

不同的远红外辐射陶瓷有着不同的红外光谱特性,这是由于它们的晶格振动频率不同所致。研究表明,由两种或多种化合物的混合物构成的远红外陶瓷,有时具有比单一物质更加显著的辐射效果。使用最多的远红外陶瓷是金属氧化物和金属碳化物,有时也用金属氮化物;其中以氧化铝、氧化镁、氧化锆和碳化锆最好。常见的远红外陶瓷如下:

(1) 氧化物:MgO、Al_2O_3、CaO、TiO_2、SiO_2、Cr_2O_3、Fe_2O_3、MnO_2、ZrO_2、堇青石、莫来石等。

(2) 碳化物:B_4C、SiC、TiC、MoC、WC、ZrC、TaC 等。

(3) 氮化物:BN、AlN、Si_3N_4、ZrN、TiN 等。

(4) 硅化物:$TiSi_2$、$MoSi_2$、WSi_2 等。

(5) 硼化物:TiB_2、ZrB_2、CrB_2 等。

复习思考题

1. 什么叫电介质?何谓介质的极化?
2. 介质极化有哪几种常见的形式?各有何特点?
3. 介质损耗的物理意义是什么?介质损耗的主要来源是什么?
4. 何谓电介质的电导?它有哪几种基本类型?如何降低介质的电导率?
5. 何谓固体介质的电击穿和热击穿?击穿电压与哪些因素有关?
6. 何谓压电效应?正压电效应与逆压电效应有何不同?哪类晶体才可能具有这种效应?
7. 压电陶瓷为何要预极化?如何预极化?
8. 何谓热释电效应?何谓铁电性?铁电、热释电、压电晶体之间存在何种关系?
9. $BaTiO_3$ 晶体的介电常数随温度的变化有何特点?
10. $BaTiO_3$ 陶瓷改性的目的是什么?常见的改性方法有哪些?
11. 电介质材料与金属材料的导热机制有何区别?

12. 高热导率晶体应具备哪些特点?

13. 低温共烧的优点有哪些? 低温共烧陶瓷的主要体系包括哪些?

14. 电容器瓷的主要分类(Ⅰ、Ⅱ、Ⅲ)及其各自的特点是什么?

15. 含钛陶瓷中钛离子变价的实质及其对介电性能的影响如何? 在配方及工艺控制上采取哪些措施来防止?

16. 何谓陶瓷半导体? 如何使 $BaTiO_3$ 陶瓷半导化?

17. 何谓微波介质陶瓷? 评价微波介质陶瓷介电性能的主要参数有哪些?

18. 为什么介质谐振器用的微波介质陶瓷要求高的 ε_r、高的 Q 值及 τ_f 值尽可能接近于零?

19. 玻璃的通性是什么? 玻璃形成剂、玻璃变性剂和玻璃中间剂等氧化物在玻璃中各起何作用?

20. 影响玻璃介电性能(介电常数、介质损耗和抗电强度)的主要因素有哪些?

21. 影响陶瓷透明的因素有哪些?

22. 何谓远红外? 远红外陶瓷的基本性能有哪些?

参考文献

[1] 陈鸣. 电子材料[M]. 北京: 北京邮电大学出版社, 2006.

[2] 贾德昌, 宋桂明. 无机非金属材料性能[M]. 北京: 科学出版社, 2008.

[3] 李翰如. 电介质物理导论[M]. 成都: 成都科技大学出版社, 1990.

[4] 李标荣, 王筱珍, 张绪礼. 无机电介质[M]. 武汉: 华中理工大学出版社, 1995.

[5] 田莳. 材料物理性能[M]. 北京: 北京航空航天大学出版社, 2004.

[6] 关振铎, 张中太, 焦金生. 无机材料物理性能[M]. 北京: 清华大学出版社, 1992.

[7] 李言荣, 恽正中. 电子材料导论[M]. 北京: 清华大学出版社, 2001.

[8] 田民波. 高密度封装基板材料[M]. 北京: 清华大学出版社, 2003.

[9] 董显林, 毛朝梁, 姚春华, 等. 非致冷红外探测器用热释电陶瓷材料研究进展[J]. 红外与激光工程. 2008, 37(1): 37-41.

[10] 李龙土. 弛豫铁电陶瓷研究进展[J]. 硅酸盐学报, 1992, 20(5): 476-483.

[11] 张栋杰, 姚熹. 弛豫铁电体结构起伏与弛豫性研究[J]. 化学学报, 2005, 63(12): 1095-1099.

[12] 赁敦敏, 肖定全, 朱建国, 等. 无铅压电陶瓷研究开发进展[J]. 压电与声光, 2003, 25(2): 127-132.

[13] 程金树, 李宏, 汤李缨, 等. 微晶玻璃[M]. 北京: 化学工业出版社, 2006.

[14] 王俊波. 多层陶瓷电容器的技术现状及未来发展趋势[J]. 绝缘材料, 2008, 41(3): 30-32.

[15] Sebastian M T. Dielectric Materials for Wireless Communication [S]. Elsevier, ISBN: 008045330, 2008.

[16] 徐言超, 于晓杰, 岳云龙, 等. 氧化物玻璃介电性能及研究现状[J]. 济南大学学报: 自然科学版, 2007, 21(1): 20-24.

[17] 王学荣, 米晓云, 卢歆. 透明陶瓷的研究进展[J]. 硅酸盐学报, 2007, 35(12): 1671-1674.

[18] 李红涛, 刘建学. 高效远红外辐射陶瓷的研究现状及应用[J]. 现代技术陶瓷, 2005, 104: 24-28.

第 10 章

磁性材料

磁性材料是电子功能材料的关键组成部分,已成为现代工业和科学技术发展的支撑性材料之一。种类繁多的磁性材料,广泛应用于通信、自动化、电机、仪器仪表、广播电视、计算机、数码电器以及生物医学等领域。产品种类覆盖了大部分电子、电器,如各类变压器、电感器、滤波器、磁头和磁盘,各类磁体、换能器以及微波器件等。本章将介绍这些材料的分类、组成和磁性特点,讨论磁性应用及影响因素。

10.1　概述

10.1.1　物质的磁性

1. 磁性的起源和磁学基本量

所有物质都是由原子组成的,而原子由原子核及核外电子构成,电子在原子核周围作轨道运动和自旋运动。由于电磁相互转化,无论轨道运动还是自旋运动都会产生磁性,即使原子核,由于带电,其运动也会产生磁矩,只是其磁矩很小。例如,氢核质子产生的磁矩仅为电子自旋磁矩的 1/658 左右。与物质磁矩相关联的各种现象称为磁现象。磁现象与物质的磁性有关。因此原子磁矩是物质磁性的起源。所有物质都具有磁性,为了实现对磁性的基本描述,在此引入一些磁学基本量:

(1) 磁场强度　描述空间某处磁场强弱和方向,用 H 表示,它的单位是安/米(A/m)。

(2) 磁化强度　指宏观磁体单位体积内的磁矩矢量和,用 $\boldsymbol{M}$ 表示,单位是安/米(A/m)。如果一个原子的磁矩标记为 $\boldsymbol{\mu}_{原子}$,那么 $\boldsymbol{M}=V^{-1}\sum\boldsymbol{\mu}_{原子}$,式中 V 为磁体体积。

(3) 磁感应强度　在磁性物质中,在外磁场作用下,其内部原子磁矩有序排列形成一个附加磁场。因此在物质内部确定磁场效应的量是外磁场和附加磁场的总和,称为磁感应强度,以 $\boldsymbol{B}$ 表示。在真空中,$\boldsymbol{B}$ 与 $\boldsymbol{H}$ 间的关系为:$\boldsymbol{B}=\mu_0\boldsymbol{H}$。在物质内部,$\boldsymbol{B}=\mu_0(\boldsymbol{H}+\boldsymbol{M})$,其中 μ_0 为常数,表示真空导磁率。磁感应强度又称磁通密度,单位是特斯拉(T)。

(4) 磁化率 χ　将物体置于外加磁场中,物体就会磁化,其磁化强度 $\boldsymbol{M}$ 与磁场强度 $\boldsymbol{H}$ 的关系可写为 $\boldsymbol{M}=\chi\boldsymbol{H}$,其中 χ 称为磁化率。被磁化了的物体可称为磁性物体。由于磁结构不同,物质放入磁场中会表现出不同的磁特性,所以可以根据材料的磁化率(χ)大小和符号来划分磁性的种类——抗磁性、顺磁性、铁磁性、反铁磁性和亚铁磁性。图 10.1.1 和图 10.1.2 分别给出了五种磁性能的 χ-T 曲线和基本磁结构。

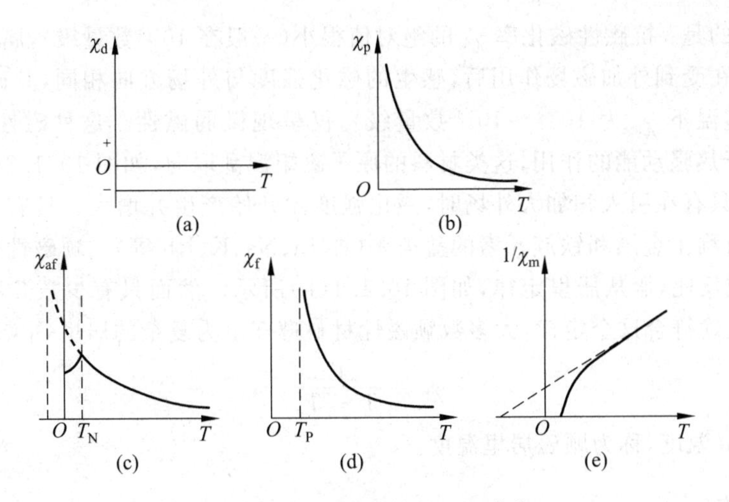

图 10.1.1　五种磁性的 χ-T 曲线

(a) 抗磁性；(b) 顺磁性；(c) 反铁磁性；(d) 铁磁性；(e) 亚铁磁性

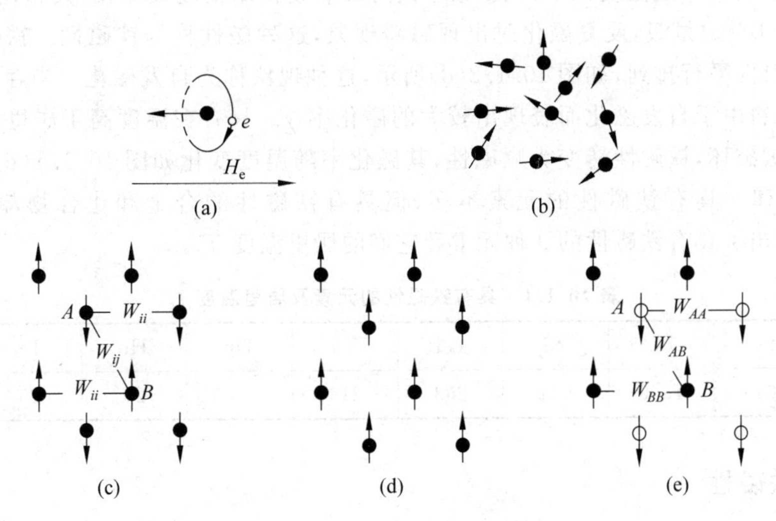

图 10.1.2　五种磁性的基本结构

(a) 抗磁性；(b) 顺磁性；(c) 反铁磁性；(d) 铁磁性；(e) 亚铁磁性

(5) 磁导率　磁导率的定义式为 $\boldsymbol{B}=\mu\boldsymbol{H}$，表示磁感应强度与外磁场的关系。实际上体现了物质被磁化的容易程度，或者说是物质对外部磁场的灵敏程度。其中 μ 为绝对磁导率，单位为 H/m，μ_r 为相对磁导率，$\mu_r=\mu/\mu_0$。根据磁感应强度与磁化强度的关系，$\mu_r=1+\chi$，μ_r 和 χ 均为无量纲物理量。

磁学量中，除了前面所用到的国际单位制(SI)以外，还有一种高斯(Gauss)单位制。本书采用 SI 单位制。

2. 抗磁性和顺磁性

有些材料在受到外加磁场作用后，感生的磁化强度与外场方向相反，即磁化率 $\chi_d<0$ 且与温度无关，如图 10.1.1(a)所示，这种磁性称为抗磁性。惰性气体的磁性是典型的抗磁性，许多有机化合物、部分金属(如 Bi、Zn、Ag 等)和非金属(如 S、P、Si 等)也是抗磁性的。

值得特别指出的是：抗磁性磁化率 χ_d 的绝对值很小(一般在 10^{-5} 数量级)，属于弱磁性。

有些材料在受到外加磁场作用后，感生的磁化强度与外场方向相同，其磁化率 $\chi_p>0$，但数值很小(室温下 χ_p 为 $10^{-3}\sim10^{-6}$ 数量级)，仅呈现微弱磁性。这种磁性称为顺磁性。无外场时，由于热骚动能的作用，这类材料的原子磁矩混乱取向，如图 10.1.2(b)所示，对外不显示磁性。只有在引入和加大外场时，磁化强度才开始产生并增大。具有顺磁性的材料很多，典型的有稀土金属和铁族元素的盐类等(如 Li、Na、K、Rh 等)。顺磁性材料的磁化率 χ_p 与温度 T 成反比，服从居里定律，如图 10.1.1(b)所示。然而只有少数几种顺磁性材料(如 O_2、NO)准确符合这个定律，大多数顺磁性材料遵守更为复杂的居里-外斯定律，即

$$\chi_p=\frac{C}{T-T_p} \tag{10.1.1}$$

式中，T_p 为临界温度，称为顺磁居里温度。

3. 铁磁性

有一类材料在一定温度以下，只要很小的外加磁场作用就能被磁化，其磁化率 $\chi>0$，且数值为 $10^1\sim10^6$ 数量级，反复磁化时出现磁滞现象，这种磁性称为铁磁性。铁磁性材料内部原子磁矩自发平行排列，如图 10.1.2(d)所示，这种现象称为自发磁化。当存在外加磁场时，铁磁性材料由于自发磁化而表现出较大的磁化率 χ。只有在温度高于居里温度 T_c 时，这种排列才被破坏，铁磁性转变为顺磁性，其磁化率随温度变化如图 10.1.1(d)所示，满足居里-外斯定律。具有铁磁性的元素不多，但具有铁磁性的合金和化合物却种类繁多，表 10.1.1 列出了具有铁磁性的 9 种元素和它们的居里温度 T_c。

表 10.1.1 具有铁磁性的元素及居里温度 T_c

元素	Fe	Co	Ni	Gd	Tb	Dy	Ho	Er	Tm
T_c/K	1043	1396	631	293	219	89	20	20	32

4. 反铁磁性

另外有一类材料，如图 10.1.1(c)所示，当温度达到临界值 T_N 以上时，磁化率与温度的关系遵从居里-外斯定律，但 T_p 常小于零。这种磁性称为反铁磁性，其临界温度 T_N 称奈耳(Neel)温度。这类材料内部相邻次晶格的离子磁矩反平行排列，且大小相等，如图 10.1.2(c)所示。由于反向离子磁矩相互抵消，其宏观磁性等于零，只有在很强的外加磁场作用下才呈现出微弱磁性。属于反铁磁性的材料有过渡族元素的盐类及化合物，如 MnO、CrO 和 CoO 等。

5. 亚铁磁性

如果反平行排列的次晶格磁矩大小不同，从而出现未被抵消的净磁矩，其宏观磁性与铁磁性相同，这类磁性称为亚铁磁性，其磁化率的大小较铁磁性稍低一些，为 $10^1\sim10^4$ 数量级。铁氧体就是典型的亚铁磁性材料。

此外，随着磁学和磁性材料研究的深入，在稀土元素合金中相继发现了原子磁矩的螺旋型非共线排列，在稀土过渡族非晶态合金中发现了散磁性磁结构，它们的磁特征有待进一步研究。

10.1.2　磁性材料的技术磁性参量

1. 磁化曲线

磁性材料对外加磁场有明显的响应特性,这说明磁性材料的磁化状态随外磁场强度的变化而发生变化,这种变化可以用磁化曲线和磁滞回线来表征。磁化曲线表示的是磁场强度 H 与所感生的磁感应强度 B 或磁化强度 M 之间的关系,其中 B-H 曲线常用于工程技术中,而 M-H 曲线则常用于磁学研究。图 10.1.3 所示为磁性材料的 B-H 曲线和 M-H 曲线。当 $H \leqslant H_m$ 时,B-H 和 M-H 两条曲线基本重合,当 $H > H_m$ 时,它们就分开了,其中 M 逐渐趋于一个确定的值 M_s,称为饱和磁化强度。而 B 在 $H > H_m$ 之后将继续上升,因此所谓饱和磁感应强度 B_s 只是工程技术上的习惯说法而已。

2. 磁滞回线

如图 10.1.4 所示,磁性材料在磁化饱和之后,如果外加磁场 $H=0$,则 $M=M_r$,$B=B_r$,M_r 称为剩余磁化强度,B_r 称为剩余磁感应强度,两者简称剩磁。如果要使 M 和 B 下降,则必须在反方向加磁场 H,当 $H={}_MH_c$ 时,$M=0$,而 $H={}_BH_c$ 时,$B=0$,${}_MH_c$ 称为内禀矫顽力,${}_BH_c$ 称为磁感强度矫顽力,一般有 $|{}_MH_c|>|{}_BH_c|$。矫顽力的物理意义是表征材料在磁化之后保持磁化状态的能力,也是划分软磁、永磁、半永磁材料的一个依据。通常将 ${}_BH_c<(8\times10\sim8\times10^2)$ A/m 的材料称为软磁材料,${}_BH_c>(8\times10^3\sim8\times10^5)$ A/m 的材料称为永磁材料,而 ${}_BH_c$ 介于两者之间的材料称为半永磁材料。如果继续加大反方向的磁场,材料的 B 和 M 将反转方向并最终磁化到饱和;重复上述步骤,B-H 或 M-H 形成闭合曲线,称为磁滞回线。

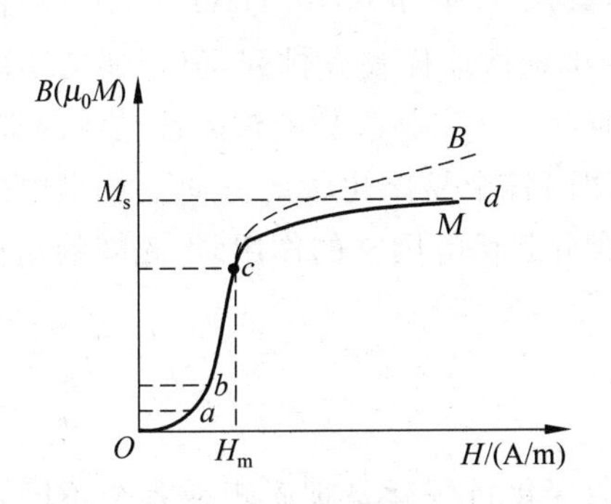

图 10.1.3　磁性材料的磁化曲线

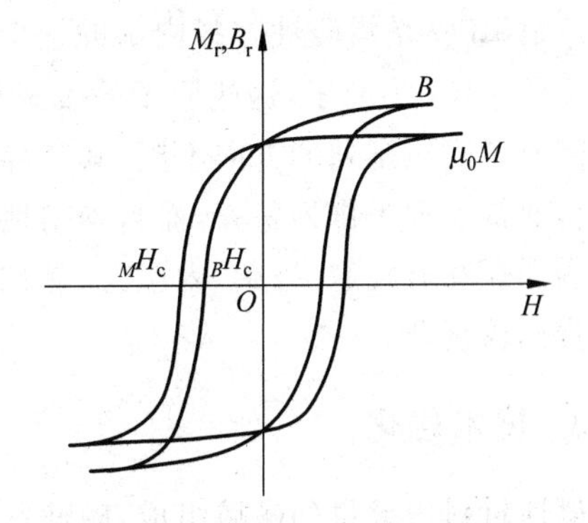

图 10.1.4　磁性材料的磁滞回线

10.1.3　磁性材料的分类和特点

磁性材料的范畴比较广泛,确切来讲,是指能对磁场作出某种方式反应,即能由磁场来磁化或改变其磁化强度的材料。磁性材料可以按照物质的磁性来分类:抗磁性、顺磁性和反铁磁性是弱磁性,在工程上无法应用;通常所说的磁性材料是铁磁性和亚铁磁性两类强磁性材料。从材质和结构上讲，磁性材料可分为“金属及合金磁性材料”和“铁氧体磁性材料”两大类，铁氧体磁性材料又分为多晶结构和单晶结构材料两类。从应用功能上讲，磁性材料分为：软磁材料、永磁材料、半硬磁材料、磁记录材料、磁致伸缩材料、巨磁电阻材料、巨磁阻抗材料、磁光材料、微波磁性材料、磁性液体、磁制冷材料等种类。

10.1.4 磁性材料的磁化

1. 磁性材料的基本物理效应

（1）磁晶各向异性　在测量单晶体的磁化曲线时，发现磁化曲线的形状与单晶体的晶轴方向有关，即磁性随晶轴方向显示各向异性，这种现象称为磁晶各向异性。我们称容易磁化的方向为易磁化方向，对应晶轴为易轴；不容易磁化的方向为难磁化方向，对应晶轴为难轴。磁晶各向异性的大小通常用磁晶各向异性常数 K 来衡量。

（2）磁致伸缩效应　磁性材料由于磁化状态的改变，其长度和体积都要发生微小的变化，这种现象称为磁致伸缩效应。磁致伸缩效应的大小通常用磁致伸缩系数 λ 来衡量。外磁场达到饱和磁化场时，磁致伸缩为一确定值，以 λ_s 表示，称为饱和磁致伸缩系数。不同材料的 λ_s 不同，$\lambda_s>0$ 称为正磁致伸缩，如铁；$\lambda_s<0$ 称为负磁致伸缩，镍就属于这一类。

（3）退磁场和形状各向异性　磁性材料经外磁场磁化后，材料内部将产生一种与外场方向相反或接近相反的磁场，称为退磁场。退磁场与磁化强度、样品的几何形状和坐标的选取有关。对于非球形磁性材料，沿不同方向磁化时退磁场大小不同，退磁场产生的退磁能也不同。这种由形状造成退磁能随磁化方向的变化称形状各向异性。

2. 磁畴

所谓磁畴，是指磁性材料内部的一个个小区域，其尺寸为 $1\mu m \sim 0.1mm$，每个区域内部包含 $10^{10} \sim 10^{17}$ 个原子，这些原子的磁矩都像一个个小磁铁那样整齐排列，但相邻的不同区域之间原子磁矩排列的方向不同，其交界面称为磁畴壁。在完整理想的铁磁性晶体内部，磁畴结构通常表现为排列整齐，而且均匀地分布在晶体内各个易磁化轴的方向上。当铁磁性晶体内部存在有气泡、掺杂、内应力、晶粒边界以及成分起伏等因素的作用时，磁畴的结构将会变得比较复杂。

3. 技术磁化

磁性材料由大量的磁畴组成，磁畴在外磁场中的变化过程就是把磁矩从各个不同方向取向改变到最接近外磁场方向的过程，称为技术磁化，它一般通过磁畴的畴壁位移和磁矩转动来完成。磁化曲线可以分为 4 个阶段，如图 10.1.3 所示。在 Oa 段，磁化过程主要是由磁畴畴壁的可逆位移引起，阻碍畴壁移动的主要是磁晶各向异性能和磁弹性能。这时的磁化率和磁导率一般称为起始磁化率和起始磁导率。在 ab 段，磁感应强度随磁场的强度增加而迅速增加，磁化过程主要是由不可逆畴壁位移所驱动。在 bc 段，磁畴磁矩转动起主要作用，阻力主要来自磁晶各向异性能和退磁场能，因此这两种能量的大小直接影响了矫顽力。在 cd 段，磁化过程趋近饱和，磁畴的磁矩已经转到外场或接近外场的方向。

4. 动态磁化

铁磁体在周期性变化的交变磁场中磁化时，其磁化强度也周期性地反复变化，构成动态磁滞回线。图10.1.5为钼-坡莫合金片(厚度为50μm)在三种不同频率下的动态磁滞回线。由图可见，随着频率增加，回线逐渐变为椭圆状。为了表征动态磁化状态下 **B** 在时间上落后于 **H** 一个相位角 δ 的关系，需要采用复磁导率的概念。因此，根据磁导率的定义 $\mu = B/H$，在交变磁场下，它由两部分组成：

$$\mu = \frac{B}{H} = \frac{B_0}{H_0}\cos\delta - \mathrm{j}\,\frac{B_0}{H_0}\sin\delta = \mu' - \mathrm{j}\mu'' \tag{10.1.2}$$

这样，磁导率分成两部分：一是和磁场相位相同的部分，称为复数磁导率的实部，代表材料磁化时所能够储存的能量；二是和磁场相位成90°的部分，称为复数磁导率的虚部，代表材料在动态磁化时所消耗的能量。磁导率为复数，不仅是磁场大小的函数，还是磁场频率的函数，称磁频谱，如图10.1.6所示。磁导率实部随频率增加而下降，磁导率虚部呈波浪形曲线，根据各种损耗机制在多个频率段(图中标号1～5)出现损耗峰。

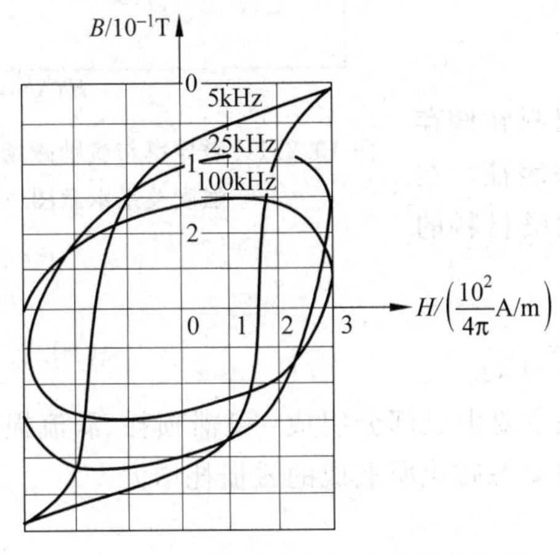

图10.1.5 钼-坡莫合金动态磁滞回线

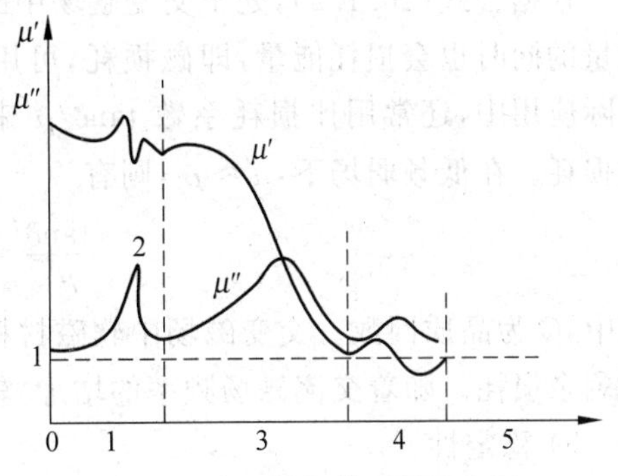

图10.1.6 铁氧体磁谱示意图

10.2 软磁材料

10.2.1 软磁材料的特性

软磁材料能够迅速响应外磁场变化，既容易获得也容易失去磁性；它的磁滞回线窄而长，起始磁导率 μ_i 和饱和磁化强度 M_s 高。因此，软磁材料主要应用于能量或信号传递和转换器件的关键部位。按电阻率的不同，软磁材料可分为金属软磁材料和铁氧体软磁材料两大类。

软磁材料在工业中的应用始于19世纪末。随着电力工业和电信技术的发展，开始使用低碳钢制造电机和变压器，在电话线路电感线圈的磁芯中使用了细小的铁粉、氧化铁、细铁丝等。到20世纪初，研制出硅钢片代替低碳钢，提高了变压器的效率并降低损耗。直至现在，硅钢片在电力工业用软磁材料中仍居首位。20年代无线电技术兴起，促进了高导磁材料的发展，出现了坡莫合金及坡莫合金磁粉芯等，随后出现了软磁合金薄带及软磁铁氧体材料。到70年代，随着通信、自动控制、计算机等行业的发展，研制出磁头用的晶态及非晶态软磁合金，而纳米技术的崛起，带来了纳米晶软磁合金等纳米磁性材料的蓬勃发展。

1. 软磁材料的性能指标

衡量软磁材料性能优劣的主要参数是起始磁导率、磁损耗、稳定性以及截止频率。

1）起始磁导率

磁导率是软磁材料的重要参数，从使用要求上看，主要是起始磁导率(μ_i)。起始磁导率是指当激励磁场强度 $H\to 0$ 时的磁导率，如图10.2.1所示。材料的 μ_i 越高，磁性材料器件体积可以越小，越有利于减小漏磁。实际应用中还常用到有效磁导率 μ_e、最大磁导率 μ_m 及增量磁导率 μ_Δ 等。一般情况下，μ_i 高的材料，其 μ_e、μ_m、μ_Δ 也较高。因此，通常把 μ_i 作为软磁材料的基本特性参数之一，它是一个没有量纲的系数。

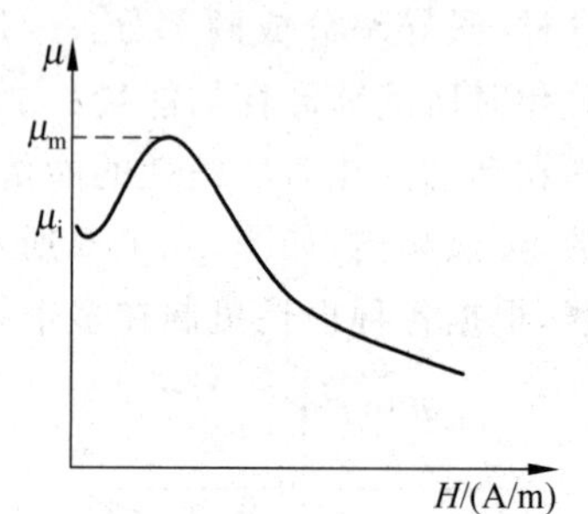

图10.2.1　磁导率与激励磁场强度关系示意图

2）磁损耗

根据公式(10.1.2)，处于交变磁场中的软磁材料在储存能量的同时也会损耗能量，即磁损耗，可用 $\tan\delta$ 来表征。在实际应用中，还常用比损耗系数 $\tan\delta/\mu'$ 来表征软磁材料的磁损耗。在低频弱场下，$\mu'\approx\mu_i$，则有

$$\frac{\tan\delta}{\mu'}=\frac{\tan\delta}{\mu_i}=\frac{1}{\mu_i Q} \tag{10.2.1}$$

式中，Q 为品质因数。交变磁场中软磁材料的损耗主要由三部分组成：磁滞损耗、涡流损耗和剩余损耗。随着交流磁场频率的增加，软磁材料动态磁化所造成的磁损耗增大。

3）稳定性

高科技特别是高可靠工程技术的发展，要求软磁材料不但要有高 μ_i、低损耗，更重要的是稳定性，即 μ_i 和损耗随温度的变化不明显。软磁材料的高稳定性是指磁导率的温度稳定性要高，随时间的老化要尽可能小，以保证在太空、海底、地下和其他恶劣环境下长寿命工作。

4）截止频率

由于磁损耗的影响，软磁材料的 μ' 值下降为起始值的一半或 μ'' 达到峰值时的频率，称为截止频率 f_r。各类软磁材料的截止频率 f_r 不同，其应用频率上限与 f_r 有关，f_r 越高则应用频率的上限越高。

软磁材料的性能参数还有饱和磁致伸缩系数 λ_s、居里点 T_c、密度 d、电阻率 ρ 以及介电常数 ε 等，这些会因特定的需要而提出相应的要求。

2. 提高起始磁导率的方法

高起始磁导率是软磁材料的基本特性要求。理论和实践都证明：起始磁导率与材料的饱和磁化强度 M_s 的平方成正比；与材料的磁晶各向异性常数 K_1 和 λ_s 成反比；与材料中的

内应力 σ 和杂质浓度成反比。因此提高起始磁导率的主要方法如下。

1）提高饱和磁化强度 M_s

可选择合适的配方来提高材料的 M_s 值，但是在选择配方时不仅要考虑 M_s 对 μ_i 的影响，更要考虑 K_1、λ_s 的综合作用。

2）降低磁晶各向异性常数 K_1 和磁致伸缩系数 λ_s

根据磁性材料的性能特点，可以从配方和工艺上使 $K_1 \to 0$，$\lambda_s \to 0$。例如，在金属材料中，FeNi 合金的 K_1 和 λ_s 值随成分和结构的不同而变化，选择适当合金成分和热处理条件可以控制 K_1 和 λ_s 在较低水平。对于铁氧体软磁材料，首先选用 K_1 和 λ_s 很小的配方，如 $MnFe_2O_4$ 和 $CuFe_2O_4$ 等；然后采用正负 K_1 和 λ_s 补偿掺杂或添加非磁性金属离子减弱磁性离子间耦合。

3）改善材料的显微结构

材料的显微结构是指结晶状态、晶界状态、杂质和气孔的大小与分布等。通过原材料选择、烧结温度及热处理条件的控制等措施来降低杂质、气孔的含量；适当地提高烧结温度可以使晶粒长大、密度提高，μ_i 增大。材料的织构化也是提高 μ_i 的一种方法，通常有结晶织构和磁畴织构两种方法提升材料磁化能力，前者使各晶粒易磁化轴排列一致，后者令磁畴沿磁场取向。

4）降低内应力 σ

由磁化过程的磁致伸缩引起的内应力 σ 与 λ_s 成正比，可通过降低 λ_s 来减小 σ；烧结后冷却太快造成晶格畸变，产生内应力，可采用低温退火来处理；气孔、杂质、晶格缺陷等因素形成的应力可通过原材料的优选及工艺控制来消除。

10.2.2 铁氧体软磁材料

1. 铁氧体软磁材料的结构及磁性

铁氧体(Ferrite)是铁和其他一种或多种适当的金属元素的多元氧化物，其磁性属于亚铁磁性，取决于铁氧体的晶体结构、化学键及离子分布等。

从晶体结构来看，实用的铁氧体有三大类型：立方晶系的尖晶石型、石榴石型和六角晶系的磁铅石型。其中作为软磁材料的主要是尖晶石(spine)型，磁铅石(magnetoplumbite)型主要用作永磁材料(将在10.3节中介绍)和高频软磁材料，而石榴石(garnet)型则大量用作旋磁材料(将在10.4节中介绍)。

2. 尖晶石铁氧体

尖晶石铁氧体的化学分子式为 $MeFe_2O_4$，其中 Me 为二价金属离子，如 Mn^{2+}、Ni^{2+}、Zn^{2+}、Co^{2+}、Fe^{2+} 等，三价离子 Fe^{3+} 可部分由 Al^{3+} 或 Cr^{3+} 取代。因此分子式也可写为 AB_2O_4，其中 A、B 为金属离子，其晶体结构与天然尖晶石矿 $MgAl_2O_4$ 相同，单位晶胞由氧离子面心立方密堆而成，具有立方对称性。如图10.2.2所示，单位晶胞分为8个小立方，金属离子半径较小，进入由氧离子构成的八面体位置(简称B位)和四面体位置(简称A位)。尖晶石结构中 A—B 间的超交换相互作用最强，使 A、B 位上的金属离子磁矩反平行排列，形成亚铁磁性。

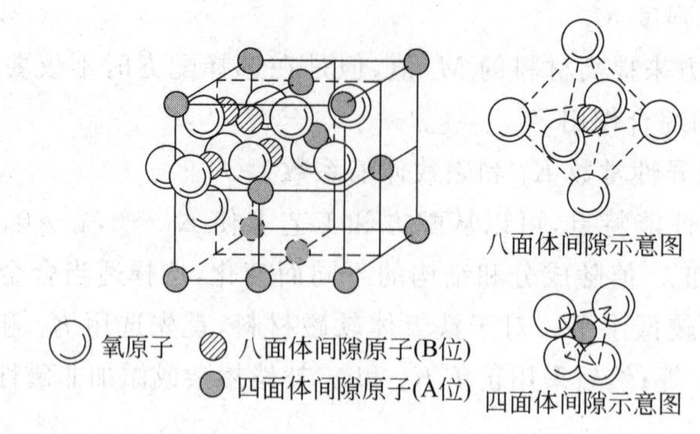

图 10.2.2　尖晶石晶胞的部分结构

1) MnZn 铁氧体材料

锰锌铁氧体，即分子式为 $Mn_xZn_{(1-x)}Fe_2O_4$ 的尖晶石型铁氧体(随后的命名法相同，只由非铁金属元素命名铁氧体)，该类材料的主要特性是：高 μ_i、高 Q(品质因素)和 B_s(饱和磁通)、低 α_μ(磁导率温度系数)、低 D(磁导率减落)，其应用频率范围是 1kHz～3MHz。尤其在低频段 MnZn 铁氧体应用极广，在 500kHz 频率下较其他铁氧体具有更多的优点，如：磁滞损耗低，磁导率较高，且价格低廉。

一般而言，MnZn 铁氧体主要分为高磁导率 μ_i 铁氧体和高频低损耗(高 B_s)功率铁氧体，前者主要用作通信设备、测控仪器、家用电器及节能灯具的宽频带变压器、微型低频变压器、小型环形脉冲变压器和微型电感元件等，后者主要用于以各种开关电源变压器和彩色回扫变压器为代表的功率型电感器件。

2) NiZn 铁氧体材料

镍锌铁氧体具有优良的高频性能，加上电阻率 ρ 可达 $10^8\Omega \cdot m$，高频损耗小，特别适用于高频 1～300MHz 应用，而且 NiZn 材料的居里点较 MnZn 高，常温下 B_s 也可高至 0.5T，易实现大的 λ_s，所以适合于高频大功率以及磁致伸缩器件等场合应用。随着电子产品向高频、高速、高组装密度发展，它在新的技术领域中的应用越来越广泛。镍锌铁氧体的分子式为 $Ni_xZn_{(1-x)}Fe_2O_4$，根据使用要求的性能，x 值可以进行调整。

3) NiZnCu 铁氧体材料

随着表面安装技术(SMT)对传统插装技术的替代，电子元件实现了片式化，并继续向小型化、高性能、多功能、高可靠性方向发展。由低温共烧铁氧体技术用流延工艺制备的叠层片式电感问世后，使电感元件小型化迅速发展。低温烧结铁氧体是制造叠片式电感的关键材料，具有以下特点：①烧结温度低，在 900℃以下的共烧温度下完全致密化；②电阻率高，符合在铁氧体上直接印刷 Ag 导体的要求；③电磁性能(如 μ_i、$\tan\delta$、T_c 等)良好；④共烧时不与 Ag 发生化学反应；⑤粒度细且均匀。

NiCuZn 铁氧体可以满足以上要求，是该类材料的主体种类。国内生产的 NiCuZn 软磁粉室温下 $\mu_i=800\times(1\pm10\%)$，$Q=125$，温度系数 $\alpha=(3\sim6)\times10^{-6}$/℃。由于 NiCuZn 铁氧体的磁致伸缩系数大，在内导体应力作用下或在表面安装过程中吸嘴压力作用下会令片式元件性能恶化，故对低 λ_s 的 NiCuZn 材料也开展了研究，可在保持磁导率数量级的情况下，减低损耗至 300mW/cm³ 左右(50kHz，150mT，100℃)。

3. 六角型铁氧体

由于晶体结构的限制,立方晶系铁氧体的应用频率只能在数百兆赫之下,而六角晶型铁氧体的晶体结构对称性较低,具有较高的磁各向异性,可以解决高频应用的需求。根据不同的配方,六角型铁氧体可呈现单轴型各向异性和平面型各向异性。对于单轴型六角晶系铁氧体,利用很高的单轴各向异性,可用作永磁材料、磁记录材料以及超高频和极高频旋磁材料;对于平面型六角铁氧体,由于具有很高的共振频率,可用作 VHF 和 UHF 软磁材料。目前这类材料主要包括含 Co 的 Z 型和 Y 型结构,其性能见表 10.2.1。

表 10.2.1 Co_2Z、Mg_2Y 与 $NiFe_2O_4$ 性能比较

材　料	μ_i(室温)	M_s/(A/m)	H_φ/(A/m)	H_θ/(A/m)	f_r/MHz
$Co_2Z=Ba_3Co_2Fe_{24}O_{41}$	8	215×10^3	8×10^3	8.8×10^5	2500
$Mg_2Y=Ba_2Mg_2Fe_{12}O_{22}$	10	716×10^3	2×10^3	9.5×10^5	1000
$NiFe_2O_4$	13	1960×10^3	-5.2×10^3		250

10.2.3 金属软磁材料

金属软磁材料性能好、种类多,是磁性材料中应用最广的一类,其磁特性取决于它的成分和结构,因此,制备工艺对金属软磁材料的性能有重要的影响。

1. 工业纯铁

工业纯铁也称为工程纯铁或电工纯铁,实质上是一种含有少量杂质(如 C、P 等)的合金。工业纯铁中 Fe 含量(质量分数)在 99.95%以上,具有体心立方结构,其饱和磁感应强度 B_s 可达 2.15T,居里温度 770℃,最大磁导率 μ_m 约为 20×10^3,是一种非常优异的恒稳磁场中的磁导体(如磁极)和磁屏蔽材料。但由于其电阻率低,$\rho=0.1\times10^{-6}\ \Omega\cdot m$,从而限制了它在交变磁场中的应用。工业纯铁除了在特殊钢、功能材料等领域作为原材料大量使用外,还用于制造电磁铁芯、极头、继电器、磁屏蔽罩等直流用电磁元件。

工业纯铁的碳的质量分数是影响磁性能的主要因素。随着碳的质量分数增加,μ_m 减少,H_c 上升。因此,为了提高磁导率,要在高温下用 H_2 处理去除碳,以消除不利影响。此外,可以通过退火、淬火工艺来改善软磁性能。

2. 铁硅合金

铁硅合金通常称硅钢片或电工钢片,是电气技术中重要的基础材料之一,用于制造微电机,大、中、小型电机和变压器等。织构化铁硅合金的晶体结构仍属体心立方结构,Si 以替代式原子存在于铁合金之中,一般含量(质量分数)为 1.5%~4.5%,铁硅合金性能优良,用途很广。Si 加入能带来磁滞损耗下降、μ 值升高、电阻率上升、涡流损耗下降、老化现象减小等优点;但 Si 的加入也会造成材料 M_s 及居里温度 T_c 下降,硬度提高、延伸率及韧性降低、加工困难等不利影响。在 FeSi 合金的制备工艺中,应予充分重视的是退火和磁性织构化。退火的目的是消除应力和去除杂质。磁性织构化是将已经退火的 FeSi 合金在高温磁场下处理，然后缓慢冷却，获得合金材料在磁场处理的方向上的织构，处理后 μ_m 可提高 1.5～2.0 倍，损耗降低约 10%，但工艺难度较高。

3. 铁镍合金

这类合金也常称为坡莫合金（permalloy）或巨姆合金，是指含 Ni 量（质量分数）为 35%～90%的 Ni-Fe 系二元合金，或添加 Mo、Cu、Cr 等元素的多元系合金。这种合金为面心立方结构的铁磁性无序固溶体，在弱磁场下具有非常高的磁导率，并且很容易进行机械加工；主要缺点是饱和磁感应强度不如 FeSi 合金高，而且价格较贵。

坡莫合金在 Ni_3Fe 成分附近，在 490℃会发生有序—无序转变。缓冷会形成有序相，使磁晶各向异性 K 增大，磁导率下降，因此必须急冷以抑制有序相出现。同时，通过添加 Mo、Cu、Cr 元素也可有效抑制有序相形成。当坡莫合金中 Ni 含量（质量分数）在 75%～83%范围内可获得 λ_s 和 K 的极小值而具有超高磁导率的材料。坡莫合金在工业中有广泛的用途：如用作高灵敏导磁元件、探头，各类电子变压器、磁屏蔽、磁放大器、继电器、微电机及录音录像磁头等铁芯材料。

坡莫合金除了形成超高磁导率合金外，还可添加 Nb 和 V 以及 Ti、Ta、Si 等元素形成高硬、耐磨 Fe-Ni 合金，用作磁记录系统中的磁头材料。

利用铁镍合金磁滞回线的高矩形比（B_r/B_s 接近 1），利用两个方向上的剩磁可用来表示计算机二进制的“0”和“1”，用于制成“记忆”元件，这种合金称为矩磁合金。

4. 铁铝合金和铁硅铝合金

1）铁铝合金

Fe-Al 合金不含有贵重金属 Ni，成本低，成分范围（质量分数，下同）为 10%～16%Al，余为 Fe，其 B_s 和 T_c 随 Al 含量增加而下降。当 Al 含量大于 2%时，合金为体心立方结构的均匀固溶体，但不同的热处理工艺将会影响合金的有序程度。Fe-Al 合金的磁晶各向异性常数 K_1 和磁致伸缩系数 λ_{100} 也随 Al 含量变化。含 Al 量为 12%和 16%的 Fe-Al 合金大致能满足 $K_1=0$，$\lambda_s=0$ 的条件，从而成为性能优良的高磁导率软磁材料（见表 10.2.2）。

表 10.2.2 FeAl 和 FeSiAl 合金的典型磁性能

合金	成分(质量分数)%	$\mu_i/10^3$	$\mu_m/10^3$	$H_c/(A/m)$	B_s/T	$T_c/℃$	$\rho/(10^{-8}\Omega\cdot m)$
12Al-Fe	$Fe_{88}Al_{12}$	3	16	8.0	1.0	680	100
16Al-Fe	$Fe_{84}Al_{16}$	6	60	2.0	0.8	400	140
FeSiAl	$Fe_{85}Si_{9.5}Al_{5.5}$	3.5	120	1.6	1.0	500	80
Super-FeSiAl	$Fe_{84.8}Si_8Al_4Ni_{3.2}$	10	300	1.6	1.6	670	100

Fe-Al 合金的电阻率 ρ 为 $1.4\times10^{-6}\Omega\cdot m$，是金属高磁导率材料中最高的，可用于音频范围，并且也可通过磁场热处理获得戈斯织构和立方织构，热处理中在合金表面形成的致密 Al_2O_3 膜起着绝缘和保护合金的作用。所以 FeAl 合金具有在高温下不易氧化、在潮湿的介质中不易被浸蚀、时效稳定性较好的特点。

2）铁硅铝合金

铁硅铝合金又称为仙台斯特合金，其成分为 $Fe_{85}Si_{9.5}Al_{5.5}$。在该成分时，合金的磁致伸缩系数和磁各向异性常数几乎同时趋于零，具有较高磁导率和低矫顽力。同时，不需要高价的Co和Ni，电阻率高、耐磨性好，所以作为磁头磁芯材料比较理想。

为了进一步改善铁硅铝合金的磁性能和加工性能，可以在合金中添加Ni，成分为4%～8%Si，3%～5%Al，2%～4%Ni，其余为铁的合金，成为超铁硅铝合金。有关FeSiAl合金的磁性能参数已在表10.2.2中列出。另外，添加6.5%Cr可显著改善合金耐磨性，并且耐腐蚀性也提高；添加稀土元素(如Ce、La等)可显著细化晶粒，减小高频损耗和改善加工性能。

10.2.4 非晶及纳米晶软磁材料

1. 非晶态软磁材料

非晶态材料也叫无定型或玻璃态材料，其组成的原子、分子的空间排列不呈现周期性和平移对称性，令晶态的长程有序受到破坏；只是由于原子间的相互关联作用，在几个原子(或分子)直径的区域内具有短程有序，因而具有一些特殊性质。非晶态合金的电阻率比纯铁和铁镍等晶态合金要高3～4倍，有利于降低材料交流应用时的涡流损耗。同时，由于非晶态软磁合金中不存在磁晶各向异性，只要把磁致伸缩系数降低，就可以得到高磁导率的材料，其优异的软磁性能完全可以和晶态Fe-Si和Fe-Ni合金相媲美。此外非晶态材料还具有较高的机械强度和硬度，抗化学腐蚀、γ射线及中子辐射能力强。获得非晶态软磁合金的工艺方法主要有电沉积、化学沉积、真空蒸镀以及溅射等。目前，在技术上得到重要应用的非晶态磁性合金主要有以下三类。

1) 3d过渡金属——类金属

主要包括：Co基、Fe基和Fe-Ni基非晶软磁合金。部分材料的典型性能参数见表10.2.3，其中Fe基非晶态合金具有较高的饱和磁感应强度，Fe-Ni基非晶态合金具有较高磁导率，Co基非晶态合金适宜作为高频开关电源变压器。这些材料已在配电变压器、磁性放大器、滤波电感、磁屏蔽以及磁记录等领域大量应用。

表10.2.3 非晶态软磁合金的典型性能

类型	合金成分	B_s/T	H_c/(A/m)	$\mu_m/10^4$	ρ/(μΩ·cm)	T_c/℃	$\lambda_s/10^{-6}$
Fe基	$Fe_{81}B_{13.5}Si_{3.5}C_2$	1.61	3.2	26	130	370	30
	$Fe_{79}B_{16}Si_5$	1.58	8.0		125	405	27
	$Fe_{78}B_{13}Si_9$	1.56	2.4		130	415	27
Co基	$Co_{70}Fe_5Si_{15}B_{10}$	0.84	0.16	12	180	250	
	$Co_{66}Fe_4(MoSiB)_{30}$	0.55	0.32	30	135	250	
	$Co_{64.2}Fe_{3.8}V_2B_{22}Si_8$	0.69	0.24	165	120	315	
	$Co_{38}Ni_{30.4}Fe_{7.6}B_{18}Si_6$	0.62	0.48	49	120	319	
FeNi基	$Fe_{40}Ni_{40}P_{14}B_6$	0.78	0.48	88	200	250	11
	$Fe_{40}Ni_{38}Mo_4B_{18}$	0.88	0.56	50	160	353	9
	$Fe_{29}Ni_{49}P_{14}B_6Si_2$	0.49	1.2	79	173	135	5

2) 3d过渡金属——其他金属

这些金属有Ti、Zr、Nb、Ta等。例如Co-Nb-Zr系溅射薄膜、Co-Ta-Zr系溅射薄膜主要用于VTR磁头和薄膜磁头。

3) 3d过渡金属——稀土金属

其中稀土金属为Gd、Tb、Dy、Nd等。例如GdTbFe、TbFeCo等可用于磁光薄膜材料。

2. 纳米晶软磁材料

纳米晶软磁材料是指晶粒尺寸减小到纳米量级(小于100nm),界面、气孔及其他缺陷也具有同样尺度的多晶合金材料,是一类重要的纳米材料。目前,纳米晶软磁材料正沿着高频、多功能方向发展,逐步占领铁氧体等传统块材的市场。图10.2.3所示为各类软磁材料的起始磁导率和饱和磁感应强度的对比,从图中可以看出,纳米晶软磁材料由于纳米晶粒结构而具有高于传统软磁材料的饱和磁感应强度和磁导率。

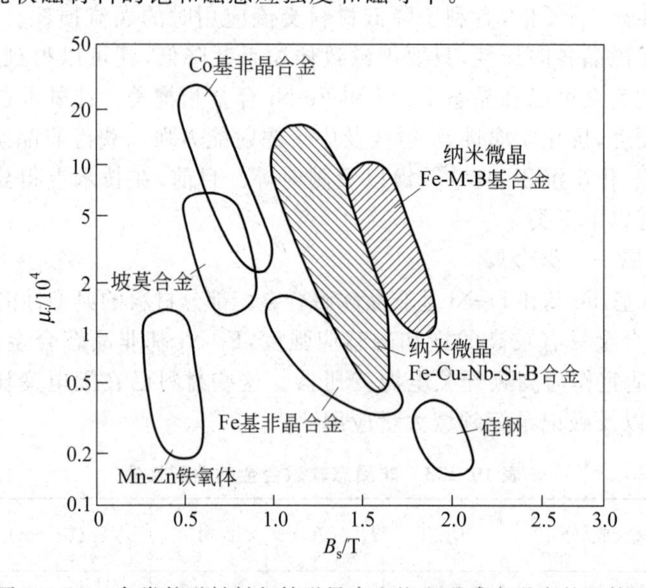

图10.2.3 各类软磁材料起始磁导率和饱和磁感应强度的比较图

制备纳米晶材料有很多种方法,但纳米晶软磁合金目前主要还是通过非晶晶化法获得。对于纳米晶/非晶双相耦合以及多相耦合的纳米晶材料,通过有效控制各种晶化工艺条件,使非晶前驱物中某一相或几相析出,即可得到纳米微晶镶嵌在非晶体的目标结构。

这种材料形成多个成分系列,其中最受瞩目的包括:具有优异软磁性能的Fe-Cu-Nb-Si-B系Finemet合金,低磁致伸缩系数、高磁导率的Nanoperm——Fe-M-B-Cu系,以及适用于高磁通、高温条件的Hitperm即(Fe,Co)-M-B-Cu系合金。表10.2.4列出了典型纳米晶、非晶、铁氧体材料的磁性能。目前,铁磁纳米晶材料在磁记录、高频器件、宽带天线、噪声衰减以及雷达吸波等电子信息的诸多领域已经展现出强大的应用实力。

表 10.2.4　铁氧体、非晶材料与纳米晶材料的特性对比

性　能	铁氧体 MnZn	非　晶		纳米晶 FinemetFT-1KM FeCuNbSiB
		铁基(FeMSiB)	钴基(CoFeMSiB)	
μ_i　10kHz	5300	4500	90000	≥50000
100kHz	5300	4500	18000	16000±30%
B_s/T	0.44	1.56	0.53	1.35
H_c/(A/m)	8.0	5.0	0.32	1.3
B_r/B_s	0.23	0.65	0.50	0.60
P_c/(kW/m³)	1200	2200	300	350
$\lambda_s/10^{-6}$		27	~0	2.3
T_c/℃	150	415	180	570
ρ/(Ω·m)	0.20	1.4×10^{-6}	1.3×10^{-6}	1.1×10^{-6}
d_s/(10^3kg/m³)	4.85	7.18	7.7	7.4

10.3　永磁材料

10.3.1　永磁材料的特性

永磁材料，是指材料被外磁场磁化以后，去掉外磁场也仍然保持着较强剩磁的一类磁性材料。按照制造工艺和应用特点，永磁材料可以分为铸造金属永磁材料、铁氧体永磁材料、稀土永磁材料和其他永磁材料。利用永磁体在某一特定空间产生的静态磁场或者动态磁场、均匀磁场或者梯度磁场，能够设计出不同性能、体积、形状的材料来实现各种磁场从而制造出各类功能器件。这些器件有电机、开关、磁盘驱动器、计算机读写磁头、电子束(离子束)聚焦设备、传感器、微波器件、医疗设备等。

1. 永磁材料的性能指标

永磁材料的剩余磁感应强度在周围空间产生磁场，而矫顽力体现了材料保持这种磁场的能力。显然，为了建立相对稳定的磁场，要求永磁材料具有高的剩余磁感应强度 B_r 和矫顽力 H_c(包括${}_MH_c$和${}_BH_c$)。除此以外，磁滞回线位于第二象限的这一段称为退磁曲线，如图 10.3.1 所示，我们定义退磁曲线上每一点的 B 和 H 的乘积(BH)为磁能积，它表征着材料内部储存的能量大小。常用最大磁能积$(BH)_{max}$来衡量材料性能好坏，$(BH)_{max}$越大，永磁材料性能越好。

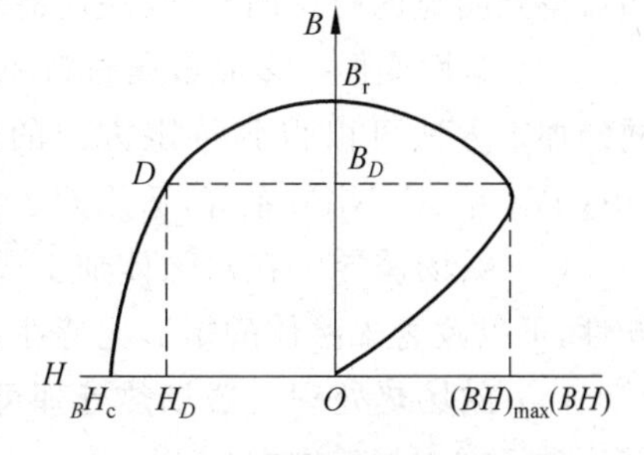

图 10.3.1　永磁材料的退磁曲线和磁能曲线

因此，总结起来，对永磁材料的特性要求主要有：①高 B_r；②高 H_c(包括${}_MH_c$ 和${}_BH_c$)；③高$(BH)_{max}$；④稳定性好(包括温度、磁场和时间的稳定性)。表 10.3.1 列出了常用永磁材料及室温下的磁性能。为使材料的最大磁能积$(BH)_{max}$尽可能大，要求材料的剩磁 B_r 和矫顽力 H_c 高。

表 10.3.1 常用永磁材料和室温下的磁性能

类别		系列	B_r/T	$_MH_c$/(kA/m)	$(BH)_{max}$/(kJ/m^3)	T_c/℃
铸造永磁材料		$AlNiCo_5$ 系	0.7～1.32	40～60	9～56	890
铸造永磁材料		$AlNiCo_8$ 系	0.8～1.05	110～160	40～60	860
铁氧体永磁材料		Ba 铁氧体 Sr 铁氧体 粘结铁氧体	0.3～0.44	250～350	25～36	450
稀土永磁材料	稀土钴系	$SmCo_5$	0.9～1.0	1100～1540	117～179	720
稀土永磁材料	稀土钴系	Sm_2Co_{17}	1.0～1.3	500～1400	160～240	800～810
稀土永磁材料	稀土铁系	烧结钕铁硼	1.1～1.5	800～2600	240～440	310
稀土永磁材料	稀土铁系	粘结钕铁硼	0.6～1.1	800～2100	56～460	310
稀土永磁材料	稀土铁系	纳米复合永磁材料	1.0～1.4	240～2300	80～400	
其他		FeCrCo 系	1.29	70.4	64.2	500～600
其他		FeNiCu 系	1.30	4.8	50～60	500～600
其他		PtCo 系	0.79	320～400	50～80	520～530
其他		FePt 系	1.08	340	154	520～530

2. 提高剩磁的方法

从磁滞回线的形状特征来看，剩磁 B_r 的提高，要求材料有高的饱和磁化强度 M_s，同时矩形比 B_r/B_s 接近于1。由于 M_s 是物质的固有属性，主要由材料的成分决定，大幅提高不易，所以提高矩形比成为关键。根据目前永磁体的工业生产技术，提高 B_r/B_s 的基本途径有四种。

(1) 铸件柱状晶化　控制铸件的冷却条件就可以得到不同的晶粒结构。例如铁的柱状晶沿[100]方向延伸，而该方向正好是铁的易磁化方向。因此，对于这类材料通过柱状晶化即可得到明显的磁各向异性，从而提高剩磁。

(2) 塑性变形　多晶金属材料经拔丝、轧板、挤压、压缩等塑性变形，形成织构。通过不同的加工方法可以得到特定方向的变形织构而诱导磁各向异性。析出硬化型永磁材料(FeCrCo 系、CuNiFe 系等)适用此法。

(3) 磁场诱导　在永磁体加工成型过程中，通过施加外部磁场，形成织构，诱导磁各向异性，可以改善永磁体的矩形比特性。钡铁氧体、锶铁氧体等常采用该法。

(4) 磁场热处理　磁场热处理可以控制热处理过程中铁磁性相颗粒的析出形态，并使其沿磁场方向择优取向(织构)。

3. 提高矫顽力的方法

在磁化过程中，材料的矫顽力主要由畴壁的不可逆位移或者磁畴的不可逆转动所引发。永磁材料矫顽力的大小主要由各种因素对以上两类磁畴运动的阻碍作用来决定。

磁畴的不可逆转动所引起的矫顽力，可以通过形成单畴颗粒增强磁各向异性来提高。单畴颗粒是指颗粒内部只含有一个磁畴，即所有磁矩都沿一个方向取向的磁性材料。在单畴块材中，当所有单畴颗粒易磁化方向一致时，永磁性能最高。适用于此方法的重要永磁材料包括：Al-Ni-Co 合金、Fe-Cr-Co 合金、Nd-Fe-B 合金和 Ba 铁氧体等。

在磁畴畴壁位移产生磁化的过程中，约束因素包括内应力起伏、掺杂、晶界等。为了提高矫顽力，可以适当增大非磁性掺杂含量并控制其形状和弥散度，选择磁晶各向异性高的材料；或增加材料中应力的起伏，选择高磁致伸缩材料；对于由畴壁钉扎形成高矫顽力的永磁合金，如何形成有效的钉扎中心是提高矫顽力的关键。晶体中各种点缺陷、位错、晶界、堆垛层错、相界等都可以是钉扎点的来源。

10.3.2　金属永磁材料

金属永磁材料按形成高矫顽力的机理可分为四类：淬火硬化型、析出硬化型、时效硬化型和有序硬化型。

1. 淬火硬化型磁钢

淬火硬化型磁钢（马氏体磁钢）是发现和应用最早的金属永磁材料，主要包括碳钢、钨钢、铬钢、钴钢和铝钢等。这类材料矫顽力较低，结构和稳定性较差，除了在磁路较长、气隙较小的情况下外，已经很少使用。

2. 析出硬化型永磁合金

这类永磁材料包括 AlNiCo 系和 AlNiFe 系合金。其中以 AlNiCo 系最为著名，它是金属永磁材料中最主要、应用最广泛的一类。AlNiCo 系主要用于温度稳定性要求高的某些特殊领域，如精密测量、精密仪器等；但现在逐渐被稀土永磁及铁氧体永磁所代替。

1） AlNiFe 系合金

主要成分（原子分数）是 Fe55％～70％，Ni20％～35％，Al10％～16％，还可添加少量其他元素。在 AlNiFe 系合金的制造工艺中，可以通过控制冷却速度来实现 AlNiFe 相的分解。在非磁性相中析出单畴高矫顽力磁性相从而控制永磁性能，其中最佳的冷却速度、AlNiFe 相分解的相变温度和合金成分是三个重要的因素。

2） AlNiCo 系合金

这类合金是在 AlNiFe 系的基础上添加 Co、Ti、Cu 等元素发展起来的。铸造后的 AlNiCo 系磁钢经锻造在 1000～1300℃经固溶处理使元素均匀化，形成 AlNiFe 单相固溶体。再继续冷却并适当控制冷速的情况下，于 850℃以下发生分解，析出磁性相和非磁性相；由于外加磁场的存在，使直径 400nm、长 100nm 左右的单畴微粒沿磁场方向在非磁性基体相中整齐排列，形成磁性织构。在 600℃进行时效处理时，两相之间的成分和磁化强度差别增大，合金能获得良好的永磁性能。

AlNiCo 合金有 $AlNiCo_5$ 和 $AlNiCo_8$ 两种，通过适当的工艺措施获得柱状晶合金（具有结晶织构）并结合磁场热处理，可获得双重织构，合金永磁性能显著提高。

3. 可加工永磁合金

这类永磁材料包括 Fe-Cr-Co 合金、Fe-Co-V 合金、Fe-Mo-Co 合金(其矫顽力机理属时效硬化型),以及 Pt-Fe、Pt-Co、Mn-Al-C 等合金(其矫顽力机理属有序硬化型),其显著特点是机械性能好,可以通过冲压、轧制、车削等手段加工成带材、片材和板材等。

(1) Fe-Cr-Co 永磁合金:基本成分(原子分数)为 Co23%~26%、Cr27%~28%,余为 Fe,并添加 Mo、Si、V、Nb、Ti、W、Cu 等元素,合金可获得双重织构。该类合金永磁性能类似于中等性能的 AlNiCo 合金,但机械性能好,用于扬声器、电度表、转速表、空气滤波器等方面。

(2) Fe-Co-V 永磁合金:该合金的成分范围(质量分数)为 Co50%~54%、V8%~14%,余为 Fe,材料的磁性能是可加工永磁合金中较好的,磁能积在 24~33kJ/m^3,用于制造微型电机和录音机磁性零件。

(3) Pt-Co 永磁合金:Pt-Co 合金在 825℃发生有序转变,在无序相中(面心立方)出现弥散分布的有序相(面心正方),该合金 M_s 低,但单轴各向异性极大,当有序度为 50%时,永磁性能最佳。如 $B_r=0.63T$,$H_c=320kA/m$,$(BH)_{max}$ 可达 70kJ/m^3。

(4) Mn-Al-C 永磁合金:该合金基本成分(质量分数)为 Mn70%、Al29.5%、C0.5%,其显著优点除了机械加工性能优良之外,还有成本低以及耐酸性好、组织稳定等。

10.3.3 铁氧体永磁材料

在永磁体的大家族中,铁氧体永磁的综合磁性能虽然较低,但是由于原材料丰富、性价比高、工艺简便成熟、抗退磁性能优良,又不存在氧化问题,在很多领域仍是理想的永磁材料。

1. 铁氧体永磁材料的结构及磁性

铁氧体永磁材料主要包括钡铁氧体和锶铁氧体两大类。两类铁氧体的晶体结构及磁结构完全相同、磁性质相似。因此下面以钡铁氧体为例,介绍它们的结构与磁性。

钡铁氧体的化学组成为 $BaFe_{12}O_{19}=BaO\cdot 6Fe_2O_3$,晶体结构为六角晶系磁铅石结构,称为 M 型,简写为 BaM。其晶体结构如图 10.3.2 所示,图中第 5 层含有一个半径与氧离子相近的 Ba 离子,称为 Ba 层。Ba 层与其上下两个氧离子层一起构成 R 块,而 R 块之间的两层为立方密堆(称为 S 块)。Ba 层均为镜面,故 M 型晶体结构可以按 RS 及其镜像对称层的重复排列堆垛而成。

对于 BaM 而言,可以通过离子取代来改善其电磁性能,这种离子取代有两种情况:①取代不需要电荷补偿,如用 Sr^{2+} 和 Pb^{2+} 以及适量的 Ca^{2+} 取代 Ba^{2+},用 Al^{3+}、Ga^{3+} 或 Cr^{3+} 取代 Fe^{3+};②取代需要电荷补偿,如稀土离子(La、Pr、Nd 等)与离子半径较大的一价金属离子(Na^+、K^+、Rb^+)同时取代部分 Ba^{2+} 离子,对于 Fe^{3+} 可以用二价金属离子与 Ti^{4+} 或 Ir^{4+} 同时取代,这些离子取代将改变材料的 M_s、T_c 以及矫顽力等参数。

除此之外,通过磁场取向成型制成各向异性材料并尽可能地减少气孔、增大密度,能有效地提高铁氧体永磁材料的剩磁 B_r;将材料做成单畴集合体,可以提高矫顽力。

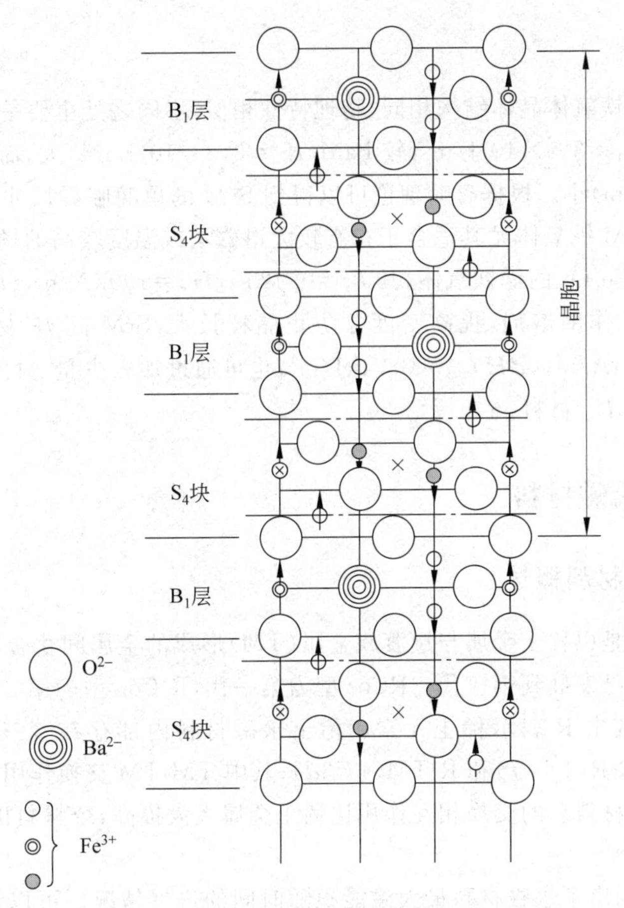

图 10.3.2 M型铁氧体晶体结构沿(110)面剖视

2. 常用铁氧体永磁材料

1) 各向同性钡铁氧体

BaM是用得最多的铁氧体永磁材料，分为各向同性和各向异性两种。各向同性材料工艺简单、成本低廉，在磁场强度要求不高的场合如电声器件和磁力机械中应用，在制备中要注意以下两个问题。

(1) BaO与Fe_2O_3的比例。按分子式，两者的摩尔数比应为1∶6，而实际配方中Fe_2O_3低于6(约为5.5)。缺铁配方有利于晶界出现第二相阻止晶粒长大，提高密度，使B_s和B_r上升，并且可以补偿球磨时铁的加入及在烧结中碱土氧化物的挥发。

(2) 烧结温度的影响：BaO与Fe_2O_3在低温首先生成中间化合物$BaO \cdot Fe_2O_3$，在高温时再与Fe_2O_3发生固相反应生成BaM；因此，BaM采用二次烧结工艺以及添加助熔或矿剂(如Bi_2O_3、B_2O_3、WO_3等)来细化晶粒，提高密度。

2) 各向异性钡铁氧体

通过磁场中取向成型，使各晶粒的易磁化轴趋于一致排列，则B_r将比各向同性材料约提高1倍，$(BH)_{max}$将近提高4倍，如各向异性BaM材料的$(BH)_{max}$可达$36kJ/m^3$。

要使各向异性铁氧体永磁材料的性能提高，应当注意：成型粉体必须具有铁磁性；每个颗粒应是单畴。

3）锶铁氧体

锶铁氧体与钡铁氧体晶体结构相同，物理特性相似，不同之处主要是：SrM 铁氧体的磁晶各向异性常数 $K_1=3.5\times10^5\mathrm{J/m^3}$，较 BaM($K_1=3.3\times10^5\mathrm{J/m^3}$)大，而 $M_s=366\mathrm{kA/m}$ 较 BaM($M_s=378\mathrm{kA/m}$)小。根据磁畴理论可以得到 SrM 的单畴临界尺寸较 BaM 大，烧结时容易得到单畴。SrM 铁氧体尤其适合于在有较大退磁场或温度较高的场合应用：如成分为 $Sr_{0.95}Ca_{0.05}O\cdot5.6Fe_2O_3$ 的锶铁氧体，其 $B_r=0.42\mathrm{T}$，${}_BH_c=190\mathrm{kA/m}$，$(BH)_{max}=36\mathrm{kJ/m^3}$。如再添加少量 PbO 作助熔剂，提高密度并防止晶粒长大，SrM 高 B_r 材料性能可达 $B_r=0.449\mathrm{T}$，${}_BH_c=192\mathrm{kA/m}$，$(BH)_{max}=38.4\mathrm{kJ/m^3}$；也可通过加入少量 Al、Cr、Ga 等三价离子置换 Fe^{3+}，获得高${}_MH_c$ 材料。

10.3.4 稀土永磁材料

1. 稀土永磁材料概述

稀土永磁材料是以稀土金属与过渡族金属(TM)形成的金属间化合物为基础的永磁材料。稀土永磁材料已发展到第三代。RCo_5 型为第一代，R_2Co_{17} 型为第二代，R-Fe-B 为第三代稀土永磁材料，其中 R 表示稀土元素。稀土永磁材料内部存在着三种交换相互作用：TM-TM($3d$-$3d$)、R-R($4f$-$4f$)和 R-TM($4f$-$3d$)；其中 TM-TM 交换作用最强，R-R 间最弱，从而使得稀土永磁材料总的交换相互作用比稀土金属大大提高，令材料出现高 B_s、高 T_c 的优良特性。

图 10.3.3 中列出了永磁材料最大磁能积随时间的进展情况。可以看出稀土永磁材料的永磁性能与其他材料相比明显高出许多。

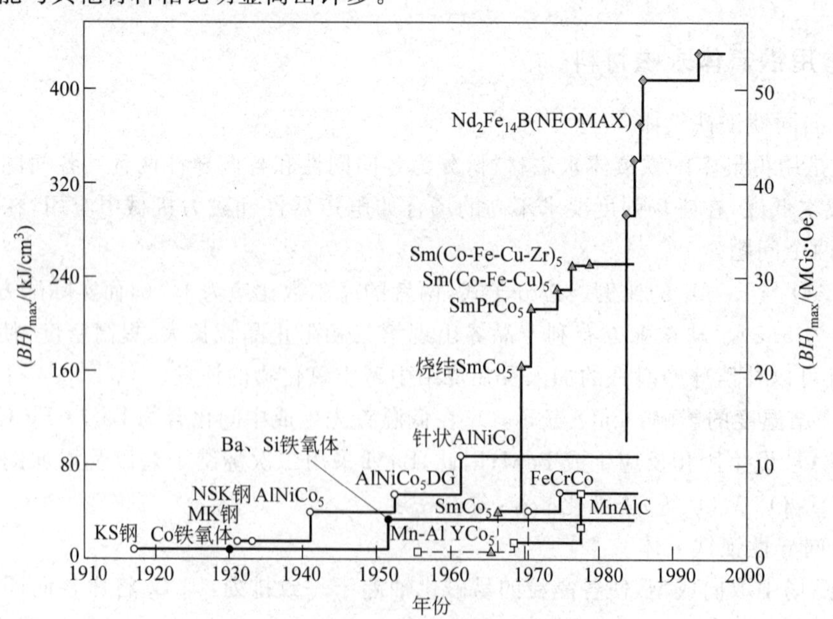

图 10.3.3　永磁材料的磁能积随年代的变化关系

最近形成了两类新的稀土永磁材料，一类是 $R_2Fe_{17}N_{3-\delta}$ 型($\delta=0\sim3$)，其晶体结构与 R_2Co_{17} 相同，但 N 原子作为间隙原子进入晶胞中，晶格膨胀 6%～7%，并使得 T_c 和 B_s 显著提高($T_c=476$℃，$B_s=1.54$T)，磁晶各向异性场 H_A 约为 Nd-Fe-B 的两倍；另一类是 $RFe_{12}M_x$ 型，其中 M=Ti，V，Cr，Mo，W 和 Si 等。$RFe_{12}M_x$ 型具有 $ThMn_{12}$ 型四方结构，M 的加入促使晶体结构稳定，并可提高材料的饱和磁化强度 M_s。但是这两类材料由于制备、成本、综合性能等原因应用不及以上三代广泛。

2. 钴基稀土永磁材料

1) RCo_5 型稀土永磁材料

RCo_5 型稀土永磁材料具有 $CaCu_5$ 型晶体结构，属六角晶系，如图 10.3.4 所示。它由 Co 原子层和 Co、R 混合原子层相间重叠而成，其 c 轴为易磁化轴。在 RCo_5 型中，$SmCo_5$ 具有最高的磁晶各向异性常数，$K=(15\sim19)\times10^3\,\text{kJ/m}^3$，$H_A=31840$kA/m，$T_c=740$℃，$M_s=890$kA/m。当在制造中采用强磁场取向、等静压和低氧工艺时，$SmCo_5$ 永磁的最高性能可达 $B_r=1.07$T，$_BH_c=851.7$kA/m，$_MH_c=1273.6$kA/m，$(BH)_{max}=227.6\,\text{kJ/m}^3$，可在−50～150℃范围内工作。

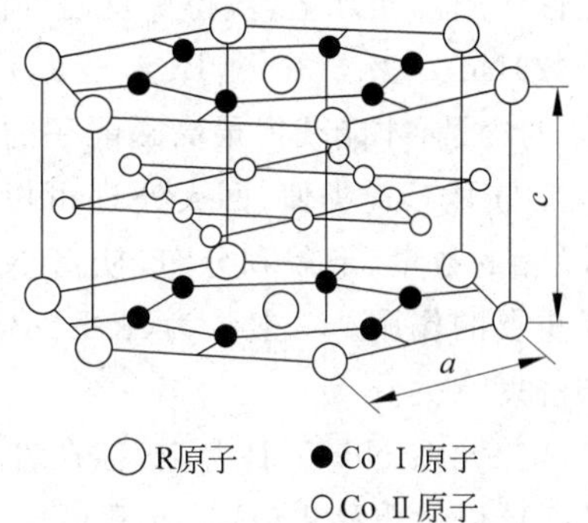

图 10.3.4 RCo_5 型晶体结构

$SmCo_5$ 永磁性能优良，但由于其中含稀缺、昂贵的 Sm 和 Co，价格较高，故而人们努力用储量较多的富稀土元素取代 Sm，用 Cu、Fe 等取代 Co，因此相继发展了如 $PrCo_5$、$MMCo_5$(MM 表示混合稀土金属)、$Sm_{0.5}Pr_{0.5}Co_5$、$(Ce,MM)Co_5$、$(Sm,MM)Co_5$ 以及 $Ce(Co,Cu,Fe)_5$ 等永磁材料。通过加入适量的重稀土元素(如 Gd，Dy 等)并通过温度补偿作用获得 M_s 几乎不随温度变化的高稳定性永磁材料，而且 $Ce(Co,Cu,Fe)_5$ 合金属于时效硬化型永磁。

2) R_2Co_{17} 型稀土永磁材料

R_2Co_{17} 型化合物中，首先研究的是 Sm_2Co_{17} 和 $Sm_2(Co_{1-x}Fe_x)_{17}$ 合金，当 $x=0.7$ 时，B_s 可达 1.63T，$(BH)_{max}$ 理论值可达 $525.4\,\text{kJ/m}^3$。但两者均为单相合金，通过加入其他元素，形成时效硬化型 Sm-Co-Cu-Fe-M 系永磁材料，代表了第二代稀土永磁，其中 $Sm_2(Co,Cu,Fe,Zr)_{17}$ 合金磁性能最好，$B_r=0.9\sim1.197$T，$_BH_c=493.5\sim796$kA/m，$_MH_c=525.3\sim2388$kA/m，$(BH)_{max}=175.1\sim251.5\,\text{kJ/m}^3$，$T_c=840\sim870$℃，$\alpha_{Br}=-0.002\%$℃$^{-1}$，可在−60～350℃范围工作；其缺点是 Sm 和 Co 的含量仍然较高，并且工艺复杂。

$R_2(TM)_{17}$ 化合物在低温区大多具有 Th_2Zn_{17} 型结构(其中 TM 表示过渡族金属元素)，低温时属于菱方晶系；在高温区，由 Th_2Zn_{17} 型转变为 Th_2Ni_{17} 型结构，属六角晶系。

$Sm_2(Co,Cu,Fe,M)_{17}$ 系永磁合金的成分可表示为 $Sm(Co_{1-u-v-w}Cu_uFe_vM_w)_z$，其中 $z=7.0\sim8.3$，$u=0.05\sim0.08$，$v=0.15\sim0.30$，$w=0.01\sim0.03$；M=Zr，Hf，Ti，Ni 等金属原子。Sm 含量对材料的矫顽力和退磁曲线影响很大，Fe 的加入有利于合金 B_s 和矫顽力的提高，过量 Fe 则易导致软磁性 Fe-Co 相出现；Cu 的加入有利于获得时效硬化特性，使矫顽力随 Cu 含量的增加而迅速提高，但由于 Cu 为非磁性原子，会使合金的 B_r 和 K 下降；Zr 对于提高合金的矫顽力和退磁曲线的凸出系数起着关键作用，同时 Zr 的加入可使合金中 Fe

含量增加,这对于提高性能和降低成本都是十分有利的。此外,时效处理通过改变合金微结构对永磁性能影响很大。

3. Nd-Fe-B稀土永磁材料

Nd-Fe-B系被称为第三代铁基稀土永磁,由于其组成中不含Co,并且Nd的储量是Sm的10~16倍,故成本较低,其$(BH)_{max}$已达407.6kJ/m^3,$_MH_c$=2244.7kA/m,B_r=1.48T,最高工作温度可达150℃,制备工艺也有烧结法、快淬法等多种工艺方法,是当今磁能积最高的永磁材料之一。

Nd-Fe-B永磁以$Nd_2Fe_{14}B$化合物为基体,富Nd相和富B相分布在基体周围。$Nd_2Fe_{14}B$的晶体结构为四方晶系结构,类金属B等元素的加入对$Nd_2Fe_{14}B$的形成起了决定性作用。实际上,获得优良磁性能的Nd-Fe-B永磁的组成大约为$Nd_{15}Fe_{77}B_8$,当含(原子分数)Nd 29%~33%,B1%~1.3%时,合金的B_r和$_MH_c$都达到最佳值;只有尽可能增加Fe的含量,才能获得最高磁能积的永磁材料。

与R_2Co_{17}类似,回火处理可以显著提高Nd-Fe-B合金的磁性能。回火处理能改变富Nd相的数量、形貌和分布,使富Nd相把基相$Nd_2Fe_{14}B$晶粒包覆起来,对合金的磁硬化起了重要的作用。一般认为,R-Fe-B系永磁的矫顽力取决于反磁化畴的形核场和扩张场,且与温度有关。

三元系Nd-Fe-B合金,存在着$_MH_c$、T_c较低的缺点,因而温度稳定性较差,可通过添加Co、Al以及重稀土(HR)元素(Dy、Tb等)来提高矫顽力和改善温度稳定性;通过富Pr、Nd以及富Ce的混合稀土取代Nd来降低原料成本;通过C代B,制成R-Fe-C系或R-Fe-(C、B)系合金来降低工艺成本。

4. 双相复合永磁材料

硬磁性相$Nd_2Fe_{14}B$的高磁晶各向异性和高矫顽力使得各种NdFeB永磁材料在高退磁场的环境中得到了广泛应用。然而永磁材料不仅要求高的矫顽力,还要求高的饱和磁化强度,以获得高的磁能积。软磁相α-Fe、Fe_3B等具有高的饱和磁化强度,如果把它和硬磁性相复合得到复合材料就可能得到优良的磁性能。$Nd_2Fe_{14}B/Fe_3B$双相复合永磁合金就是在这一思路下研制出来的。由于在合金中有纳米级大小的软磁相Fe_3B晶粒,它和硬磁相$Nd_2Fe_{14}B$晶粒之间存在强烈的交换耦合作用,导致了高剩磁和高磁能积。

在双相/多相复合材料中,为了实现相结构间的交换耦合作用,要求晶粒尺寸小于交换长度——通常在几十纳米左右,因此又称为双相/多相纳米晶合金。理论计算表明,$Nd_2Fe_{14}B$/α-Fe型复合磁体的$(BH)_{max}$可达到662kJ/m^3。从相的组成来划分,NdFeB系双相复合永磁材料可分为三类。它们分别是以硬磁相$Nd_2Fe_{14}B$为基体,软磁相α-Fe弥散分布在基体中的$Nd_2Fe_{14}B$/α-Fe型;以软磁相Fe_3B为基体,含有少量$Nd_2Fe_{14}B$硬磁相的$Fe_3B/Nd_2Fe_{14}B$型;以软磁相α-Fe为基体,含有少量$Nd_2Fe_{14}B$硬磁相的α-Fe /$Nd_2Fe_{14}B$型。三类材料中,$Nd_2Fe_{14}B$/α-Fe型永磁合金的磁化与反磁化过程具有单一的硬磁性相特征,软磁性相特征已经消失,因此具有较高的矫顽力,剩磁增强效应比较明显,综合性能最好。另两类合金由于硬磁相含量较少,因此具有较高的剩磁且成本较低,但矫顽力不高,限制了应用范围。

目前，双相复合永磁材料可以通过熔体快淬法、机械合金法或机械球磨-HDDR(hydrogenation-disproportionation-deposition-recombination，吸氢-歧化-脱氧-再复合)法来制备。其中熔体快淬法已广泛应用于工业生产，是制备 $R_2Fe_{14}B/\alpha\text{-}Fe$ 系列复合永磁材料使用较多、研究比较深入的一种工艺方法。根据交换耦合作用的原理，提高纳米复相 NdFeB 材料磁性能主要有以下几种方法。

1) 添加合金元素

在快淬 NdFeB 材料中，添加元素主要起两种作用：一是添加的元素原子直接进入硬磁、软磁晶粒或者晶界中，改变其内秉磁学性质；二是添加元素会起到细化晶粒、调整晶化相分布形态的作用。

2) 快速退火

用极快的升温速度(一般高于 600℃/min)，将非晶薄带升温到硬磁相晶化温度后进行短时间保温，并快速冷却，让硬磁相和软磁相同时析出，有利于减小 α-Fe 相的晶粒尺寸，提高永磁性能。

3) 磁场热处理

在非晶晶化的过程中施加磁场，可以细化晶粒并使晶化相均匀分布。

10.3.5 永磁薄膜

永磁薄膜因其特有的磁性能和材料形状，成为微电子与信息技术的关键材料。在已研究的永磁薄膜材料中，几乎包括了所有高性能永磁材料，如 FePt/CoPt 永磁薄膜、SmCo 类永磁薄膜、$Nd_2Fe_{14}B$ 类永磁薄膜、铁氧体永磁薄膜、永磁多层膜等。制备手段基本囊括了大部分的薄膜制备方法，如化学还原法、磁控溅射法、脉冲激光沉积和分子束外延法等。永磁薄膜可以用来制备微型电机和马达，在信息技术、垂直磁记录、微型机械等方面有广阔的应用前景。

10.4 旋磁材料与磁记录材料

10.4.1 旋磁性和旋磁材料

1. 旋磁特性

旋磁材料是指适用于微波频段(10^2～10^5 MHz)的旋磁媒质，其中主要是旋磁铁氧体材料，也称微波铁氧体材料；实际应用中有尖晶石型、石榴石型以及应用于毫米波段的磁铅石型铁氧体材料。

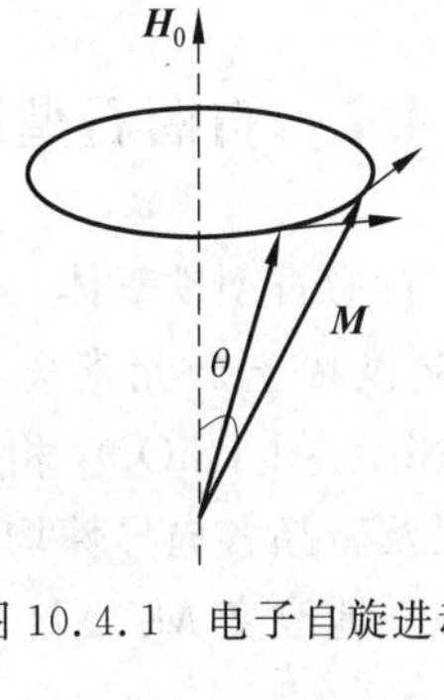

铁氧体的旋磁效应来自电子自旋运动。如图 10.4.1 所示，电子自旋磁矩 $\boldsymbol{M}$ 受到直流恒定磁场 $\boldsymbol{H}_0$ 的作用时，围绕 $\boldsymbol{H}_0$ 按右旋方向进动，进动角频率为 $\omega_0=\gamma H_0$(γ 为旋磁比)。由于进动有能量损耗，$\boldsymbol{M}$ 与 $\boldsymbol{H}_0$ 的夹角 θ 会逐渐变小致使 $\boldsymbol{M}$ 完全重合在 $\boldsymbol{H}_0$ 的方向上。如果在垂直于 $\boldsymbol{H}_0$ 的方向上加一高频交变磁场 $\boldsymbol{h}$，则能弥补进动的能量损耗，使 $\boldsymbol{M}$ 的进动可以维持下去。这样，进动

H_0 M θ

图 10.4.1 电子自旋进动

的$\boldsymbol{M}$不但在$\boldsymbol{h}$方向而且在与$\boldsymbol{h}$垂直的方向出现微波磁化强度分量，导致复数磁导率成为张量，其形式为

$$\mu_{ij}=\begin{bmatrix}\mu_{xx} & \mu_{xy} & \mu_{xz}\\ \mu_{yx} & \mu_{yy} & \mu_{yz}\\ \mu_{zx} & \mu_{zy} & \mu_{zz}\end{bmatrix} \tag{10.4.1}$$

这种张量磁导率性质称为旋磁性。当交变磁场的频率ω与M进动频率ω_0相等时，进动的幅度达到最大，这就是铁磁共振现象。考虑表征损耗吸收的曲线μ'-H_0，当旋磁张量磁导率的对角分量虚部为极大值的一半时对应的两个磁场强度之差ΔH称为铁磁共振线宽，是定量描述材料损耗的重要参量。

2. 旋磁材料的应用

由于旋磁材料具有各向异性的特性，电磁波在这种介质中传播就会产生一系列新的效应，如非互易场移效应、共振吸收及张量磁导率改变等。当把铁氧体介质置于电磁波传输线的某些特殊位置时，上述效应有可能对正反向传输的电磁波在场形上、位相上或者能量损耗上产生相同或者不同的特殊影响，利用这些影响就可以制作微波铁氧体器件。

对于互易性器件，当电磁波沿正反两个方向传输时具有相同的效能，如衰减器、调制器和滤波器等；对于非互易性器件，当电磁波沿正反两个方向传输时具有不同的效能，例如，利用正反向传输的电磁波在能量损耗方面的不同制造隔离器，利用正反向传输的电磁波在场强分布方面的不对称制造环行器，利用正反向传输的电磁波在位相分布方面的不同制造非互易相移器。这类器件的适用频率范围、结构形式及其用途很不相同，不论是否互易，通常可分为两类：线性器件和非线性器件。

线性器件是指在微波功率较小的条件下($\boldsymbol{h}\ll\boldsymbol{H}_0$，$\boldsymbol{h}$为微波磁场，$\boldsymbol{H}_0$为外加恒定磁场)只考虑微波磁场$\boldsymbol{h}$和微波磁感应强度分量$b$线性项的器件。这类器件只影响微波的传输和衰减，不会造成频率的变化。相移器、环行器、隔离器、滤波器等都属于这类器件。在线性器件中，按它们所应用的恒定磁场大小又可分为低场器件(所加的恒定磁场低于共振磁场)、高场器件(所加的恒定磁场高于共振磁场)和共振式器件(所加的恒定磁场为共振磁场)三种。一般来说，当微波信号的频率较低时(在1GHz以下)多采用高场方式；当微波信号的频率较高时(在1GHz以上)多采用低场方式。

非线性器件是指在微波功率较大的情况下不仅要考虑h和b的线性项，还要考虑其高次方项的器件。这时将发生频率的变化，即倍频效应。混频器、倍频器、检波器和限幅器等都属于这类器件。

10.4.2 石榴石型旋磁材料

石榴石型铁氧体，分子式为$R_3Fe_5O_{12}$，常称为RIG(Rare-Earth Iron Garnet)，其中R为Y、Sc及稀土族元素离子(如Sm、Eu、Gd、Tb、Dy、Ho、Er等)，晶体结构与天然石榴石矿$(FeMn)_3Al_2(SiO_4)_3$相同。这类材料具有优异的共振特性，非常低的铁磁共振线宽，介电损耗以及磁晶各向异性均很小，降低M_s时仍可保持较高的居里点T_c，而且通过离子的置换能较独立地改变M_s、ΔH等参量。

1. YIG铁氧体

当R为Y时,$Y_3Fe_5O_{12}$叫做YIG,即钇铁石榴石。由于Y^{3+}为非磁性离子,所含的磁性离子仅为S态的Fe^{3+}($3d^5$),因此YIG成为研究其他RIG的基础。YIG的电阻率很高,单晶YIG室温电阻率达$10^{10}\Omega\cdot m$,导电性质仍属半导体类型,加之其他方面的优异性能而成为最重要的一类旋磁材料。

石榴石型铁氧体属于立方晶系,具有体心立方晶格,每个单位晶胞含有8个$R_3^{3+}Fe_5^{3+}O_{12}$分子,间隙位置有三种:四面体位24个(称为24d),八面体位16个(称为16a),十二面体位24个(称为24c),这三种间隙都是畸变了的不等边多面体,因此$R_3Fe_5O_{12}$的占位结构式可以表示为:$\{R_3\}[Fe_2](Fe_3)O_{12}$,其晶体结构的简化形式如图10.4.2所示。

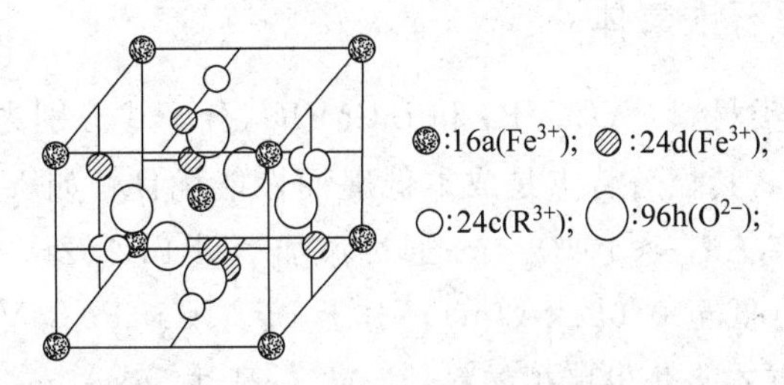

图10.4.2 石榴石晶体结构中金属离子的空间分布(1/8晶胞)

对于多元石榴石铁氧体而言,通过Gd^{3+}等离子置换YIG中的Y^{3+}离子,可以导致抵消点T_N的出现,从而在一定的温度范围内提高M_s的温度稳定性,利用Bi、Ca、V等离子的置换,则可降低材料的成本,满足不同频段器件的要求。而Cr^{3+}、In^{3+}、Sc^{3+}等金属离子置换YIG中的Fe^{3+},主要倾向于占a位,可使饱和磁矩上升,Al^{3+}、Ga^{3+}等对Fe^{3+}的取代,主要是进入d位,因此将导致M_s下降。需要特别指出的是:这种对YIG中Fe^{3+}的取代,不论是进入a位还是d位,都将使材料的居里温度T_c下降。

YIG的磁晶各向异性和磁致伸缩系数均很小,室温时YIG单晶的$K_1\approx-6.2\times10^2J/m^3$,而$M_s$约为140kA/m,共振线宽$\Delta H$为32A/m,适用于4~12GHz的频率范围,材料纯度、晶格缺陷以及表面粗糙度对性能的影响很大。

多晶YIG的共振线宽ΔH与空气度密切相关,随着材料密度增加,ΔH近于线性减少。此外多晶YIG的共振线宽ΔH还随温度下降而增加,发生非线性效应的临界场与材料的平均粒度有关。实验表明,细颗粒材料有较高的微波效率。

2. YAlIG铁氧体

$Y_3Al_xFe_{5-x}O_{12}$系列中,非磁性的Al^{3+}主要进入四面体位置,所以材料的M_s和居里点均随x的增加而下降,可以适应低频段微波器件的要求,是C波段以下频率范围内的一种很好的微波铁氧体材料。

与YIG一样,YAlIG($Y_3Al_xFe_{5-x}O_{12}$)的共振线宽ΔH随温度下降而增加,此外x的增多造成M_s下降减弱了退磁场,所以ΔH随之有少量的减弱。YAlIG的电阻率很高,介电损耗也很小,介电常数为15。

3. YGdIG 铁氧体

在 YIG 中用 Gd^{3+} 取代部分 Y^{3+} 离子而获得 $Y_{3-x}Gd_xFe_5O_{12}$ 系列旋磁材料，这类材料在应用上的主要目的是降低室温时的饱和磁化强度 M_s，尤其是获得在使用温度范围内 M_s 温度稳定性很好的材料。当 Gd^{3+} 离子含量 x 增加时，抵消温度由低温向室温靠近，当 $x=1.8$ 时，可获得在 $-25\sim125$℃范围内 $\Delta M/\Delta T$ 很小的材料，这一成分的其他参数为：ΔH 约为 1.26kA/m（室温，在 X 波段测量），$g=2.08$，$\varepsilon=13$，$\tan\delta$ 约为 0.004。并且这类材料与 YAlIG 相比可用于较高的微波功率，如 $Y_{0.6}Gd_{2.1}Ca_{0.3}Fe_{4.7}Sn_{0.3}O_{12}$ 用作 C 波段微波器件，可承受 500W 峰值功率。

4. 钙钒系列石榴石铁氧体

该系列包含如下两类材料：YCaVIG 和 BiCaVIG，分子式分别为 $Y_{3-2x}Ca_{2x}Fe_{5-x}V_xO_{12}$ 和 $Bi_{3-2x}Ca_{2x}Fe_{5-x}V_xO_{12}$，其显著特点是成本低廉而性能优良。如 $Y_2Ca_1Fe_{4.5}V_{0.5}O_{12}$ 材料，$M_s=72$kA/m，$\Delta H=6$kA/m，$\rho\approx10^7\Omega\cdot$m；通过添加少量 In^{3+}、Zr^{4+}、Sn^{4+}、Ti^{4+} 等离子，可进一步降低材料的 ΔH（低至 0.064kA/m）。对于 $Bi_{3-2x}Ca_{2x}Fe_{5-x}V_xO_{12}$ 材料，研究表明只有 $0.96\leqslant x\leqslant1.5$ 的配方才能获得单相材料，其 M_s 最高达 56kA/m，ΔH 约 8kA/m，适用于微波低频波；通过添加 Ge^{4+}、In^{3+} 等离子，可降低 ΔH。如配方为 $Ca_{3-x}Bi_xFe_{3.5+0.5x-0.5y}Ge_yV_{1.5-0.5x-0.5y}O_{12}$ 的材料，当 $x=0.2$，$y=0.3$ 时，ΔH 为 3.2kA/m；当 $x=0.2$，$y=0.5$ 时，ΔH 可降至 0.48kA/m，$M_s=60$kA/m，$T_c=160$℃。

10.4.3 其他旋磁材料

1. 六角晶系铁氧体（磁铅石型）

在毫米波及亚毫米波段，利用六角晶系高磁晶各向异性所决定的内场来降低所需的外加恒定磁场，通过缺铁加锰的配方，来提高电阻率、降低介电损耗 $\tan\delta_\varepsilon$。该类材料目前在应用上主要有 M 型、W 型等，其基本磁性能如表 10.4.1 所列。

表 10.4.1 部分应用于毫米波段的六角晶系铁氧体（H_A 为材料的各向异性场，f 为工作的截止频率）

类型	组 成	M_s/(kA/m)	H_A/(kA/m)	f/GHz	$\tan\delta_\varepsilon/10^{-4}$(9GHz)
M 型	$SrAl_xFe_{11.8-x}O_{19}$				
	$x=0.4$	262	1590	64	10
	$x=0.8$	193	1870	70	10
	$x=1$	165	1990	73	10
	$x=1.6$		2470	86	
	$BaZn_{0.3}Ti_{0.3}Fe_{11.4}O_{19}$	296	1090	45	20

续表

类型	组　成	M_s/(kA/m)	H_A/(kA/m)	f/GHz	$\tan\delta_\varepsilon/10^{-4}$(9GHz)
W 型	$BaNi_{2-x}Co_xFe_{15.6}O_{27}$				
	$x=0.1$		857	37	
	$x=0.5$		560	23	
	$BaNi_2Al_xFe_{15.6-x}O_{27}$				
	$x=0.8$		1210	49	10

2. 尖晶石型

1) Mg 系铁氧体

该类材料具有较低的磁损耗与介电损耗，且价格低廉。由 $MgFe_2O_4$ 与 $MnFe_2O_4$ 以适当比例组成的 MgMn 固溶体，其 K_1 值很小，ΔH 较小，大约为 3000A/m(9370MHz)，通过调整 MgMn 的成分可控制其 M_s 在$(2\sim3.7)\times10^4$A/m 内变化。

为了适合较低频段的应用，可用 Al^{3+} 取代 Fe^{3+}，形成 MgMnAl 铁氧体，其 M_s 降低且电阻率增至 $10^8\Omega\cdot m$ 以上，但缺点是居里点 T_c 要下降。如用 10%(原子分数)CuO 替代 MgO 起助熔作用，可使烧结温度下降 100℃左右，并可提高电阻率和密度。除此以外，还可用 Cr^{3+} 取代 Fe^{3+} 组成 MgCr 铁氧体，如 $MgFe_{1.36}Cr_{0.64}O_4$ 的 $M_s\approx7500$A/m，$\Delta H\approx(3\sim3.5)\times10^3$A/m，$T_c\approx160$℃，$Mg_{0.8}Cu_{0.2}Fe_{1.36}Cr_{0.64}O_4$ 的性能为 $M_s\approx7000$A/m，$\Delta H\approx1800$A/m，$T_c\approx130$℃。

2) Ni 系铁氧体

多晶 $NiFe_2O_4$ 在室温时的主要特性为 $M_s=4\times10^4$A/m，$T_c=587$℃，$\Delta H=5600$A/m(9370MHz)，$\varepsilon=8.9$，$\tan\delta_\varepsilon=0.017$，$\rho=10^2\Omega\cdot m$，具有良好的温度稳定性，适用于高功率或环境温度高的器件；通过添加少量 Mn、Co、Cu 等成分，可提高电阻率、降低 ΔH。除此之外，还可在 $NiFe_2O_4$ 中固溶 $ZnFe_2O_4$，如 $Ni_{0.06}Zn_{0.035}Cu_{0.005}Fe_{1.9}O_4$ 的 $M_s\approx6.2\times10^4$A/m，$\Delta H\approx1500$A/m，$T_c=375$℃，$\varepsilon=12.5$，$\tan\delta_\varepsilon\approx0.001$。在 $NiFe_2O_4$ 中用 Al^{3+} 取代部分 Fe^{3+} 形成 NiAl 铁氧体，其 M_s 降低，可应用于微波低频段，但 NiAl 铁氧体在抵消温度 T_N 附近 ΔH 会发生剧变，如 $NiAl_{0.5}Fe_{1.5}O_4$ 在抵消温度附近的 ΔH 高达 3.8×10^4A/m，使得温度稳定性降低，所以实用中应避开这种配方成分。

3) Li 系铁氧体

$Li_{0.5}Fe_{2.5}O_4$ 的居里温度 $T_c=670$℃，是旋磁铁氧体中居里温度最高的材料，因此温度稳定性好。材料的磁致伸缩系数 λ_s 小，磁晶各向异性常数 K_1 较大，适于作微波锁式相移器及高功率器件材料。但由于 Li 易挥发，所以烧结比较困难。通过多种离子进行置换(如 Ti、Al、Zn、Mn、Co、Ni、Bi 等)，尤其是附加微量低熔点 Bi_2O_3，在 1000℃烧结，密度可达 99%，并可防止氧的损失和锂的挥发，其介电损耗及磁损耗降低，H_c 降低，并可根据需要改变 M_s 及 ΔH 的大小，从而成为重要的一类微波材料。

10.5 磁记录材料

磁记录材料是指利用磁特性和磁效应输入(写入)、记录、存储和输出(读出)声音、图像、数字等信息的磁性材料,分为磁记录介质材料和磁头材料。前者主要完成信息的记录和存储功能,后者主要完成信息的写入和读出功能。

10.5.1 磁记录原理

记录信号时,磁记录介质(磁带)以恒定的速度沿着与一个环形电磁铁相切的方向运动,工作缝隙对着介质。在磁头线圈中通入信号电流,就会在缝隙产生磁场。如果磁记录介质与磁头的相对速度保持不变,介质通过磁头后,剩磁沿着长度方向变化,且变化规律完全反映了信号的特征,这就是记录信号的基本过程。当信息输出时,将磁记录介质以与记录时相同的速度通过磁头的气隙,介质的磁化状态便在磁头中感生一个相同的磁通量变化,从而在磁头线圈中产生微弱的交变电压;这个电压经放大后即可获得输出信息,完成读取。

根据记录信息的形态,磁记录可分为模拟式磁记录和数字式磁记录两大类。从记录和再生的质量、变频技术的难易等角度看,磁记录的总体趋势是从模拟式向着数字式方向发展。根据磁化强度与记录介质的取向,数字式磁记录又可分为水平磁化模式和垂直磁化模式两类。从小器件、高密度存储的角度来看,数字式磁记录的总体趋势是由水平磁化模式逐渐过渡到垂直磁化模式。

10.5.2 磁记录的特点

同其他记录方法(如光学摄影胶片记录、唱片录音记录等)相比,磁记录具有以下特点。

(1) 记录和存储的信息密度大,信息容量大。目前磁盘存储器的道密度已超过2000TPI(TPI表示磁盘半径方向单位长度包含的磁道),位密度已超过44000BPI(BPI表示在每一个磁道内单位长度内所能记录的二进制信息数),存储容量已超过10^8B。

(2) 输入和输出信息的速度快。对于磁盘,数据的存取时间在毫秒量级。

(3) 磁记录的重放(读出)过程属于非破坏性,可以反复重放上千次,不会破坏存储的信息;如果需要,可以随时将信息抹去,另存新的信息。

(4) 记录和存储信息的稳定性高,不易丢失;对环境(如温度、湿度、辐照等)要求不高,抗干扰能力强。

(5) 磁记录能够适用较宽的信号频率范围,从直流一直扩展到15MHz;它的动态范围很宽,可以超过40dB。

(6) 磁记录的使用寿命长,无“疲乏、老化”等现象,可以长时间和多次(10^3~10^5)使用。

(7) 磁记录的成本较低,维护简单,适于大量的生产和应用。

由于磁记录具有以上特点，因而广泛应用于广播、电影、电视、医疗、自动控制、地质勘探、电子计算技术、军事、航天及日常生活等方面。

10.5.3　磁头及磁头材料

磁头是指能对磁记录介质进行信息记录、再生及读取功能的部件。关于磁头种类，如图10.5.1所示。

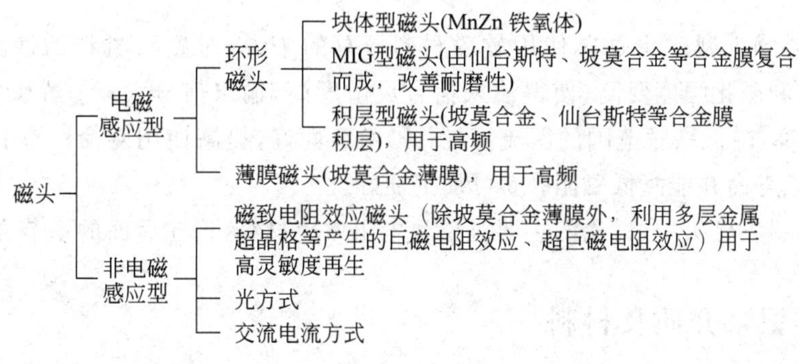

图10.5.1　磁头种类

现在广泛使用的磁头为环形磁头。这类磁头最先发展起来的是块体型磁头，其主要结构为电磁铁，一般是在MnZn铁氧体磁芯的周围绕有导体线圈构成。为使磁记录介质处于饱和磁化状态，磁头对记录介质应施加相当于其矫顽力 H_c 数倍的磁场。随着磁记录介质矫顽力不断提高，要求磁芯材料的饱和磁化强度进一步提升。MnZn铁氧体的饱和磁化强度逐渐不能适应用途的要求，因此开发出了新的磁头材料，包括由合金膜复合而成的隙含金属MIG(metal in gap)磁头、积层磁头等。表10.5.1列出了用于环形磁头的主要磁芯材料及其性能。此外，随着高密度存储技术的发展，磁头薄膜化将是重要的发展方向，表10.5.2列出了薄膜磁头所用的材料及其性能。

表10.5.1　用于环形磁头的主要磁芯材料及其性能

磁头磁芯材料	B_s/T	μ/MHz	ρ/($\mu\Omega\cdot$cm)	备　注
MnZn 铁氧体	0.5	≥2000	约 10^6	电阻率高，耐磨，耐腐蚀 VTR，音频磁头
坡莫合金(NiFe)	0.85	≥1000	60	耐磨性、耐蚀性差(多用于薄膜形式) 价格优势明显
仙台斯特合金(FeSiAl)	1.0	≥2000	80	高饱和磁通密度 耐磨性、耐蚀性及高频特性不如MnZn铁氧体好(多用于薄膜形式) 音频磁头
非晶态材料CoFeBSi(金属-非金属系)	0.8	≥3000	140	超急冷薄带 音频磁头
非晶态材料CoNbZr(金属-金属系)	0.9	≥3000	120	耐磨性、耐蚀性好 溅射薄膜，VTR，薄膜磁头

表 10.5.2 用于薄膜磁头的主要磁芯材料及其性能

成　分	H_c/(A/m)	B_s/T	μ/MHz	ρ/($\mu\Omega\cdot$cm)	厚度/μm
坡莫合金($Ni_{16}Fe$)	~16	1.0	~3000	~20	1~2
仙台斯特合金(FeSiAl)	~16	1.1	1000~3000		1~2
Co 系非晶态合金	~16	1.0~1.3	~3000	120	1~2
FeC/NiFe 多层膜	~40	2.0	~3000(5MHz)		
FeMC(M:V, Nb, Ta 等)	16~160	1.3~1.6	~3000	100	1~2
$Co_{11}Nb_4Zr_2TaN$	~40	~1.0	~3000	120	~1

显然,电磁感应型磁头磁芯使用软磁材料。总的来说,对磁头材料的性能要求如下:①磁导率及饱和磁化强度要高,使得输入信号灵敏度高,输出信号大;②矫顽力低,提高效率;③电阻率高,降低高频范围的涡流损耗;④耐磨性好,提高使用寿命;⑤小型、轻量,从而使用方便、长寿命并能降低磁阻;⑥可加工性好。

在非电磁感应磁头中,讨论的主要是磁致电阻效应材料,将在后面的章节介绍。

10.5.4 磁记录介质及材料

磁记录材料是以其磁化状态作为记录和存储信息的材料,属于永(硬)磁材料,目前广泛应用的磁记录介质及材料以水平磁化模式为主。

1. 磁记录介质的技术指标

(1) 矫顽力 H_c 必须适当高,以便有效地存储磁性信号,抵抗外界干扰,减少磁记录介质本身所存在的自退磁效应,提高信息密度。目前一般所用磁介质的 H_c 在 16~80kA/m。如果 $H_c>80$kA/m,目前的磁记录磁头将难以把信息输入磁记录介质中。

(2) 饱和磁化强度 M_s 要足够高,以便获得高的输出磁信号,提高单位体积内的磁能密度。同时,高的 M_s 也会提高由形状各向异性导致的矫顽力。但 M_s 太高会增大自退磁效应,所以目前所用的铁氧体微粉的 M_s 在 200~2000kA/m,金属微粉和金属薄膜的 M_s 在 2000kA/m 左右。

(3) 矩形比 M_r/M_s 高,以减小自退磁效应,提高信息记录效率。目前所用材料的矩形比一般在 0.7~0.9。

(4) H_c/M_s 比值应尽量高,磁滞回线陡直,提高记录信息的密度和分辨率,减小自退磁效应。

(5) B_r 和 H_c 的温度系数低,老化效应小,以提高磁记录的稳定性和材料的使用寿命。

2. 磁记录材料

实际应用中,磁记录介质有磁带、磁盘和磁卡等多种形式。就磁性记录层而言,磁记录介质可以分为颗粒状涂布介质和薄膜型磁记录介质两大类。涂布介质由磁性颗粒与粘合剂复合形成磁性涂覆层,附着在带基上;薄膜型介质则直接沉积在基底上。目前可用的磁记录材料主要分为三类:铁氧体和其他强磁氧化物微粉;强磁金属微粉;磁性薄膜介质。

1) 铁氧体和强磁氧化物

这类材料主要有 γ-Fe_2O_3 磁粉、CrO_2 磁粉和包 Co 的 γ-Fe_2O_3 磁粉等 3 种。

(1) γ-Fe_2O_3 磁粉

γ-Fe_2O_3 又称磁赤铁矿，呈黄褐色，其晶体结构为 B 位上有空缺的反尖晶石结构，可表示为 $Fe_8[(Fe_{4/3}\square_{8/3})Fe_{12}]O_{32}$。其中□为空位，[ ]为八面体晶位，( )为八面体晶位中 1∶3 有序分布的一种组元。室温下的比饱和磁化强度 σ_s 为 $73Am^2/kg$，居里温度 T_c 为 675℃，磁晶各向异性常数 $K_1=-4.64\times10^3 J/m^3$，易磁化方向为[111]轴方向。

用作磁记录介质的 γ-Fe_2O_3 为针状微粉，长轴长 $0.25\sim1.00\mu m$，短轴长 $0.1\sim0.3\mu m$。由形状各向异性和磁晶各向异性计算的矫顽力分别为 80kA/m 和 8kA/m，实验值为 24～32kA/m。

(2) CrO_2 磁粉

CrO_2 为金红石型四角晶系结构，比饱和磁化强度 σ_s 为 $95\sim100A\cdot m^2/kg$，居里温度为 121℃，磁晶各向异性常数 $K_1=3\times10^3 J/m^3$，易磁化轴为 c 轴。矫顽力主要来源于形状各向异性，因而在制备过程中非常重视颗粒的轴长比。

和 γ-Fe_2O_3 磁粉相比，CrO_2 磁粉的优点是 M_s 高，结晶完整光滑，轴比高引起高矩形比和矫顽力，从而提高了磁介质的分辨率和信噪比；缺点是居里点低、易发生变价，因而稳定性、可靠性较弱。

(3) 包 Co 的 γ-Fe_2O_3 磁粉

包 Co 的 γ-Fe_2O_3 磁粉是在不断改性 γ-Fe_2O_3 磁粉表面处理的过程中发现的。这种材料的最大优点是大幅度地提高了 γ-Fe_2O_3 磁粉的矫顽力。表 10.5.3 列出了几类主要磁记录介质的性能比较。

表 10.5.3　磁记录介质的特性

材　　料	B_r/T	H_c/(kA/m)	B_r/B_s	磁性层厚度/μm
γ-Fe_2O_3 磁粉	0.16～0.23	24～32	0.75	磁带：5～12；磁盘：1～2
包 Co 的 γ-Fe_2O_3 磁粉	0.16～0.23	40～50(～80)		
CrO_2 磁粉	0.16～0.23	35～50(～80)	0.86	盒式录音带：5
金属粉(Fe)	0.23～0.35	80～120(～200)		
连续膜 CoNiP	0.7～0.9	44～55(～110)	0.80	磁鼓 0.1

注：括号中的数据表示技术上可能的范围。

2) 金属磁粉

目前，已经实用化的金属磁粉是以 Fe 为主的针状磁粉。这类材料具有高的饱和磁感应强度和矫顽力，因而可以改进脉冲分辨率，提高磁记录密度。但是该类材料在空气中化学稳定性差，易腐蚀，且容易与粘合剂发生反应。

制备方法主要有三种：将针状氧化物(γ-Fe_2O_3、α-Fe_2O_3)或针铁矿(α-(FeO)OH 磁粉)颗粒在氢气流中高温下还原；在 Fe、Co、Ni 等盐的水溶液中加入 $NaBH_4$ 等硼氢化物使金属还原沉淀；在惰性气氛中施加磁场蒸发磁性金属，沉积得到磁粉。

3) 磁性薄膜

磁性薄膜的磁体密度高，磁层薄而均匀，附着力强，稳定性好，可有效地提高磁记录密度，因而特别受到重视。薄膜型磁记录介质按其材料又分为氧化物(硼化物)薄膜和合金薄膜两大类。

γ-Fe_2O_3 具有良好的磁记录特性，在 γ-Fe_2O_3 薄膜中添加少量 Co、Ti、Cu 等元素则可进一步提高这种材料的矫顽力、剩余磁感应强度和矩形比。采用射频溅射法制备的掺 Co 的 γ-Fe_2O_3 薄膜性能为：H_c 为 39.8～119.4kA/m，B_r 为 0.25T 左右，属于高性能磁性膜。另一方面，CoP 和 CoNiP 薄膜可通过形成单畴微晶提高矫顽力，常采用电镀法或化学镀法制备。在薄膜制成后，通常添加一层保护层，如镀铬、镀镍或涂覆 SiO_2 等，磁性能如表 10.5.3 所示。

金属和合金膜具有氧化物等无法比拟的高饱和磁化强度，常采用溅射和斜射真空蒸镀法制备。对单一金属膜来说，钴膜和铁膜的性能最好。特别是钴膜，由于具有很强的单轴各向异性，容易控制结晶生长状态，因而受到广泛重视。CoNi、CoCrPt 等系的合金膜已实用化。

3. 垂直磁记录介质及材料

为了提高磁记录密度，另一条新途径也受到广泛的重视，这就是垂直磁记录。它同目前实际应用的水平磁记录的区别，主要是将记录信息的磁化状态从平行于磁记录介质膜面改变为垂直于磁记录介质膜面。这就要求磁记录介质的自发磁化沿垂直于膜面的方向。此外，为了降低记录信息转变时的退磁场，要求膜的厚度和饱和磁化强度不要太低，矫顽力不要太高，同时也要求磁化强度具有高的热稳定性和高的居里温度。最近在这方面受到广泛重视的垂直磁记录介质是具有垂直磁各向异性的 Co-Cr 系磁性合金。

正在进行研究的具有高垂直磁各向异性、低噪声和高稳定性的垂直磁记录介质材料有 Co-Cr、Co-Cr-Nb 和 Co-Cr-Ta 系磁性合金，此外还有 Co/Pd 多层磁膜等。利用电子束蒸镀方法和二极管直流溅射方法制成了 Co-Cr 系磁膜，又采用多种电镜和磁性测量研究了这两种制膜方法制成磁膜的晶粒形貌、磁畴结构和宏观磁性等。适当选择制备条件，利用蒸镀法和溅射法都可制得结构和性能优良的垂直磁记录介质薄膜。例如利用电子束蒸镀法制得含(质量分数)21.0%Cr 厚 2.05μm 的 Co-Cr 垂直磁各向异性薄膜的饱和磁化强度 M_s、剩余磁化强度 M_r 和矫顽力 H_c 分别为 273kA/m、86kA/m 和 48.4kA/m；而利用二极直流溅射法制得的含(质量分数)19.5%Cr 厚 0.80μm 的 Co-Cr 垂直磁各向异性薄膜的 M_s、M_r 和 H_c 分别为 375kA/m、132kA/m 和 47.8kA/m。

10.6 其他磁功能材料

10.6.1 磁制冷材料

1. 磁制冷原理

磁制冷是一项绿色环保制冷技术。与传统的依靠气体压缩与膨胀的制冷技术相比，磁制冷是采用磁性物质作为制冷工质，对大气臭氧层无破坏作用，无温室效应，而且磁性工质的磁熵密度比气体大，因而磁制冷装置得以做得更紧凑。

磁制冷的基本原理是磁卡效应(magnetocaloric effect, MCE)，即磁性材料在等温磁化时向外界放出热量，而绝热退磁时从外界吸收热量。磁制冷采用永磁体、电磁体或超导磁体提供所需磁场，无须压缩机，没有运动部件的磨损问题，因此机械振动及噪声较小，可靠性高，寿命长。在热效率方面，磁制冷可以达到卡诺循环的 30%～60%，而依靠气体的压缩-膨胀的制冷循环一般只能达到 5%～10%。

2. 磁制冷材料

在磁制冷领域，一般按照磁制冷介质的工作温度，可以划分为以下几个温区：超低温(<20K)、低温(20～80K)、中温(80～250K)及室温附近。

工作在超低温(<20K)的磁制冷材料主要是一些顺磁盐，如铁铵钒、铬钾钒等，是利用它们的绝热去磁来获得超低温。在低温范围内(20～80K)的材料主要是镧(La)系金属及其合金，如 Nd、Er、Tm 等。主要是利用其居里温度 T_c 附近的磁热效应来制冷。纯 Dy 以及一些非晶合金则主要用于中温范围内(80～250K)的磁制冷。它们也是利用在居里温度附近的磁卡效应来制冷。室温附近的磁制冷，现在主要采用 Gd、Ga、Ge 等元素的化合物来实现。表 10.6.1 列出了不同温区下常用的磁制冷材料。

表 10.6.1 不同温区下的磁制冷材料

温区范围	材 料	备 注
<20K	$Gd_3Ga_3O_{12}$(GGG)、$Dy_3Al_5O_{12}$(DAG)、$Y_2(SO_4)_2$、$Dy_2Ti_2O_7$、$Gd_2(SO_4)_3$、$Gd(OH)_2$、$Gd(PO_3)_3$、$DyPO_4$、Er_3Ni、ErNi、$DyNi_2$、$HoNi_2$、$Er_{0.6}Dy_{0.4}$、Ni_2ErAl_2	GGG、DAG 最为常用，GGG 适用于 1.5～10K 范围，DAG 适用于 15～20K 范围，且性能优于 GGG
20～80K	RAl_2、RNi_2 型(如 $Dy_{0.4}Er_{0.6}Al_2$、$HoAl_2$、$Dy_{0.6}Al_{0.4}$、$DyAl_2$、$NiMn_2Si_2$)和一些重稀土元素多晶材料	RAl_2 型材料复合化后得到了较宽的居里温度，如$(Dy_{1-x}Er_x)Al_2$ 复合材料，磁矩大、工作温区宽
>80K	重稀土及合金、稀土-过渡金属化合物、过渡金属及合金、钙钛矿化合物	

3. 磁制冷技术及其应用

磁制冷除了应用在极低温及液化氦等小规模的制冷外，在民用领域有巨大的潜在应用市场。另外磁制冷在空间和核技术等国防领域也有广泛的应用前景。在这个领域里要求冷源设备的重量轻、振动和噪声小、操作方便、可靠性高、工作周期长、工作温度和冷量范围广。磁制冷机完全符合这些条件，例如冷冻激光打靶的氘丸、核聚变的氘和氚丸、红外元件冷却、磁窗系统冷却、扫雷艇超导磁体冷却等。

10.6.2 磁光材料

1. 磁光效应

当光透过透明的磁性物质或者被磁性物质反射时，由于存在自发磁化强度 M_s，可以观测到各种特殊的光学现象(如偏振状态发生变化等)，这些现象总称为磁光效应，例如塞曼效应、法拉第(Faraday)效应、克尔(Kerr)效应等。

1) 塞曼效应

对发光物质施加磁场,光谱发生分裂的现象称为塞曼效应。

2) 法拉第效应和科顿-莫顿效应

法拉第效应是光与原子磁矩相互作用而产生的现象。当 YIG($Y_3Fe_5O_{12}$)等一些透明材料透过直线偏光时,若同时施加与入射光平行的磁场,如图 10.6.1(a)所示,透射光将在其偏振面上旋转一定的角度射出,称此现象为法拉第效应;若施加与入射光垂直的磁场,如图 10.6.1(b)所示,入射光将分裂为沿原方向的正常光束和偏离原方向的异常光束,称此为科顿-莫顿效应。

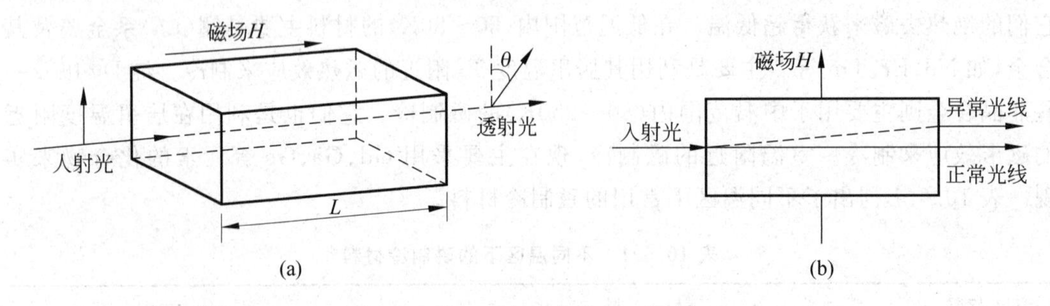

图 10.6.1 光与磁场的相互作用

(a) 法拉第效应;(b) 科顿-莫顿效应

3) 克尔效应

当光入射到被磁化的物质,或入射到外磁场作用下的物质表面时,其反射光的偏振面发生旋转的现象称为克尔效应。

2. 磁光记录和读出原理

磁光记录(magneto-optical recording)的基本原理是利用热磁效应来改变微小区域的磁化矢量取向。磁光记录介质膜在室温时具有大的矫顽力,并且磁化矢量垂直于膜面。记录时,用聚焦激光局部照射希望记录的部位,该处温度升高,矫顽力下降,与此同时,在该处施加反向磁场,使该部位磁化发生翻转,从而实现磁记录。

磁光记录读出原理是利用磁克尔效应或法拉第效应读出。在磁光盘中,磁化反转部分与其周围基体的磁化方向是相反的,因此,如图 10.6.2 所示,记录部分反射光(如果是法拉第效应则是透射光)偏振面旋转角与基体部分反射光偏振面旋转角之差等于磁克尔旋转角(或法拉第旋转角)的 2 倍,为 $2\theta_k$。调制检偏片角度使由基体反射的光被截止,仅能通过由记录位反射的旋转了 $2\theta_k$ 的偏光。然后由光电二极管进行光电转换,光信号变为电信号,这样记录介质中的信号得以读出。

3. 磁光记录材料

垂直磁各向异性(单轴各向异性和易磁化轴垂直膜面)是磁光记录媒介的必要条件。Mn-Bi 合金是最早研究的磁光记录介质。目前,满足以上基本使用要求,可用作磁光记录的材料有:稀土-过渡族金属非晶态材料(如 TbFeCo 等),金属合金铁磁性磁光多晶薄膜(如

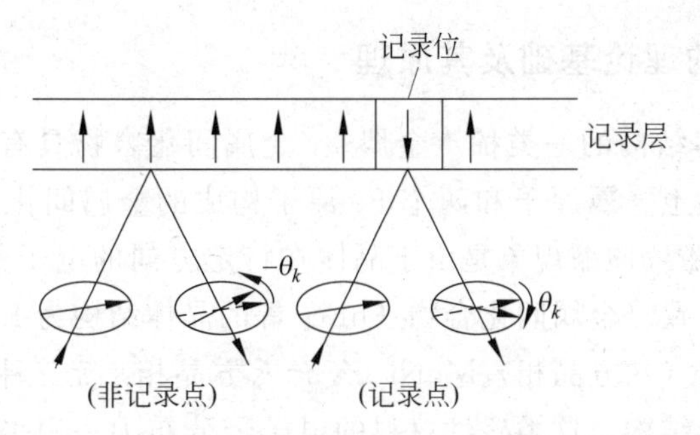

图 10.6.2 光盘利用磁克尔效应进行光磁记录的原理

Pt/Co 多层膜),氧化物系列磁光存储薄膜(如 Co 铁氧体薄膜等)。主要的磁光记录材料的性能如表 10.6.2 所示。

表 10.6.2 主要磁光记录材料的性能

材料		晶体结构	沉积方法	退火温度/℃	居里温度/℃	H_c/(10^5 A/m)	克尔角/(°)
金属	MnBi	六角晶	真空蒸发	300	360	2	0.6(633nm)
	MnCuBi	立方晶	真空蒸发	400	180	1～2	0.43(830nm)
	PtCo	四角晶	溅射	600	400		
	TbFeCo	非晶	溅射	室温	150～250	4	0.2(830nm)
	Pt/Co	立方晶	真空蒸发	室温	250～300	1	0.36(410nm)
氧化物	BiDyIG	石榴石	热分解	500～600	250	2	
	Co-ferrite	尖晶石	热分解	500～600			

10.6.3 超磁致伸缩材料

1. 磁致伸缩材料概述

具有显著磁致伸缩效应的磁性材料称为磁致伸缩材料。类似压电材料,磁致伸缩材料由于对压力敏感也可以定义为压磁材料。目前国内外磁致伸缩材料主要有以下三大类:①金属与合金磁致伸缩材料,如 Ni 金属、NiCo 合金、NiCoCr 合金等镍和镍基合金,FeNi 合金、FeAl 合金和 FeCoV 合金等铁基合金;②铁氧体磁致伸缩材料,如 NiCo 和 NiCoCu 等铁氧体材料;③稀土金属间化合物磁致伸缩材料,因其磁致伸缩系数是传统磁致伸缩材料的近百倍,所以被称为稀土超磁致伸缩材料。磁致伸缩材料中以稀土超磁致伸缩材料的研制开发最为成功。

目前超磁致伸缩材料已进入实用化阶段,广泛应用于各种尖端技术和军事技术中。研究开发的内容多以制作工艺、检测评价等为中心。从实用的角度来看,磁致伸缩材料应具备以下特性:①变位量及产生的应力要大;②响应速度快;③可在低磁场下驱动;④居里温度高;⑤在使用中磁致伸缩特性对温度不敏感;⑥高可靠性;⑦环保性能优良,兼备市场竞争力。

2. 超磁致伸缩的理论基础及其原理

具有 Lavas 相晶体结构的一类稀土金属-Fe 金属间化合物具有最高的磁致伸缩系数，其典型代表是由一个稀土金属原子和两个 Fe 原子构成的金属间化合物，如 $TbFe_2$、$SmFe_2$ 等。目前普遍认为，超磁致伸缩现象是由于晶体在特定方向的电子分布受磁场的影响较传统磁致伸缩材料更大所致。金属间化合物 $TbFe_2$ 等的晶体结构为 Laves 相。Laves 相中有 $MgCu_2$（立方晶）、$MgZn_2$（六方晶相）、$MgNi_2$（复合六方晶相）等三种不同的结构类型；每种结构都具有原子最密排结构。这类磁性材料的电子云分布为一扁平区域，若从外部施加磁场，电子云的状态会发生变化，从而使原子间的作用力发生变化。也就是说，由于磁场引起稀土原子的电子空间分布发生变化，使构成四面体的原子间的引力增强，从而稀土原子之间的距离略有缩短；从另一方面讲，磁场引起联系四面体和四面体的引力减弱，从而造成较大的伸长。与收缩量相比，伸长量要大得多，从而产生超磁致伸缩效应。

3. 超磁致伸缩材料

到目前为止，已发现的超磁致伸缩材料主要有以下几类。

1）稀土金属

稀土金属特别是重稀土金属在低温下具有很大的磁致伸缩，在 0K 和 77K 下达 10^{-3}～10^{-2}的数量级。由于稀土原子的电子云呈现各向异性的椭球状，当施加外磁场时，随自旋磁矩的转动，轨道磁矩也要发生转动，它的转动使稀土金属产生较大的磁致伸缩。但稀土金属的居里温度较低，在室温下不能直接应用。近年来，由于低温工程的发展，使这种材料的应用成为可能，人们对其又产生了新的兴趣。一些稀土金属的磁致伸缩和居里温度如表 10.6.3 所示。

表 10.6.3 几种稀土金属的磁滞伸缩和居里温度

稀土金属	结构	$\lambda_s/10^{-6}$	测量温度/K	T_c/K	轴向压力/MPa
Tb	hcp	1230	78	219.5	
Dy	hcp	1400	78	89.5	
$Tb_{0.5}Dy_{0.5}$	hcp	5300(单晶 *b* 轴)	77		4.89
$Tb_{0.6}Dy_{0.4}$	hcp	6400(单晶 *b* 轴)	77		7.4
		6300(单晶 *b* 轴)	77		4.4
$Tb_{0.67}Dy_{0.33}$	hcp	5750(单晶 *b* 轴)	77		8.1

2）稀土-过渡金属间化合物

为了解决稀土金属居里温度低的问题，根据过渡金属电子云的特征，通过形成稀土-过渡金属化合物来提高居里温度。图 10.6.3 表示了代表性的稀土类金属-Fe 化合物的磁致伸缩与磁场强度的关系。

此外，还有一种新的基于非晶金属的磁致伸缩材料，采用快淬方法合成；主要成分有铁、镍、钴合金，同时包括硅、硼、磷等其中一种或几种，商品名为金属玻璃，通常制成薄带状。由于具有超高耦合系数，金属玻璃是用于机械能转换为电流或电压的探测器用材料的首选。铁磁性形状记忆合金是另一种类的智能材料，具有巨大的应变，有较好的应用前景。目前正在研制通过磁场驱动由形状记忆材料和磁致伸缩材料组合成的制动器。有希望的材料为 Ni_2MnGa 系统和铁基合金。

4. 超磁致伸缩材料的应用

超磁致伸缩材料的应用领域主要包括：各类伺服机构、磁致伸缩振子、滤波器件和各种传感器。

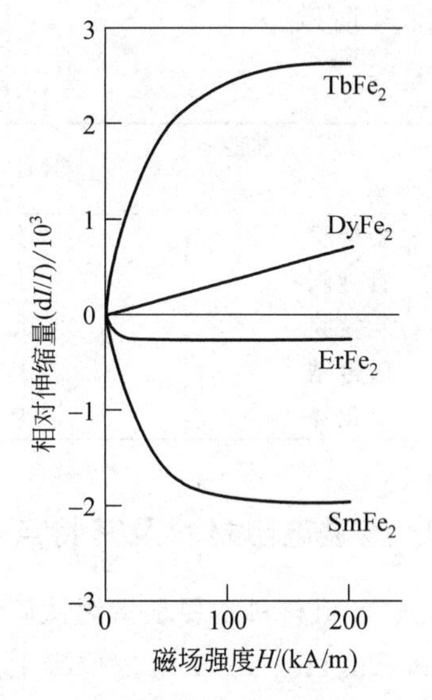

图 10.6.3　代表性的稀土类金属-铁金属间化合物的磁致伸缩特性

10.6.4　磁电阻材料

1. 磁电阻效应

磁电阻(magnetoresistance,MR)效应是指铁磁性材料在受到外磁场作用时引起电阻变化的现象。目前,已被研究的磁性材料的磁电阻效应可以大致分为：正常磁电阻、各向异性磁电阻、巨磁电阻及庞磁电阻等。

正常磁电阻(ordinary magnetoresistance, OMR)效应普遍存在于所有磁性和非磁性材料中。由于磁场对电子的洛伦兹力,载流子运动发生偏转或产生回旋运动,使电子的散射几率增加,电阻率增大。OMR 在低场下数值一般很小,但在某些非磁性材料如金属 Bi 膜中可观察到较大的 OMR 效应。

在铁磁金属及其合金中,MR 效应与磁化有关,是由铁磁性磁畴在外场作用下各向异性运动造成的。由于电流和磁化方向的相对方向不同而导致的 MR 效应,称为各向异性磁电阻(anisotropic magnetoresistance, AMR)效应。室温下,坡莫合金 $Ni_{81}Fe_{19}$ 的 AMR 可达 2.5%。由于 AMR 具有小的饱和场、相对较大的磁电阻值和高的磁场灵敏度,可应用于读出磁头及各类传感器中。

尽管 OMR 和 AMR 效应有一定的应用,室温下数值毕竟很小。而磁电阻器件的输出信号与 MR 值成正比关系,因此 MR 数值比 AMR 大一个数量级以上的巨磁电阻(giant magnetoresistance,GMR)效应的发现才真正推动了该领域的发展。巨磁电阻效应是在磁性/非磁性多层膜交叠结构中的一种量子力学效应,当不同铁磁层的磁矩之间相互平行时,载流子自旋相关的散射截面小,材料表现低阻态;当不同铁磁层磁矩相互反平行时,载流子自旋相关散射截面大,表现高阻态。

钙钛矿锰氧化物,在特定的掺杂条件和一定的温度范围内,它的磁电阻远大于磁性多层膜的 GMR,要高 3～4 个数量级,故称为庞磁电阻效应。目前,理论上认为 CMR 钙钛矿锰氧化物的磁电阻来源于锰离子导电电子自旋和局域电子自旋间的强烈耦合作用。

2. 巨磁电阻材料及其特点

目前已发现的几类巨磁电阻材料各有特点,主要有过渡金属多层膜、自旋阀、纳米尺寸颗粒膜、磁性隧道结和氧化物超巨磁电阻薄膜五类。各类巨磁电阻材料及其性能特点如

表 10.6.4 所示。

表 10.6.4 各类磁电阻材料及其性能

材料种类 \ 性能	GMR 值	外加磁场	灵敏度
多层膜	小	大	低
自旋阀	小	小	高
颗粒膜	大	大	低
隧道结	大	小	高
氧化物	大	极大	低

3. 庞磁电阻材料及其特点

庞磁电阻材料主要是指钙钛矿锰氧化物，通式为 $RE_{1-x}AE_xMnO_3$，其中 RE 为 La、Pr、Nd、Sm、Eu、Ho、Tb、Y 等三价稀土元素或 Bi^{3+}；AE 为 Sr、Ca、Ba 等二价碱土元素或 Pb^{2+}。在特定的掺杂条件和一定的温度范围内，系统的磁电阻远大于磁性多层膜的巨磁电阻，高 3～4 个数量级。钙钛矿锰氧化物的庞磁电阻效应与磁性多层膜巨磁电阻材料相比有很大区别，主要特点如下：

(1) 庞磁电阻效应发生在钙钛矿锰氧化物材料的载流子掺杂的特定浓度区域。

(2) 庞磁电阻效应为系统的本征属性，无论是单晶、薄膜或陶瓷晶体。

(3) 通常在 T_c 附近，可以得到非常大的负磁电阻效应，一般情况下，最大的磁电阻值随系统的 T_c 增加而降低。因此，锰氧化物系统的室温磁电阻不很高。

(4) 磁电阻大多呈现各向同性，与电流和磁场的相对取向无关。

(5) 与多层膜巨磁电阻效应相比，锰氧化物庞磁电阻材料的驱动磁场很大。但锰氧化物的庞磁电阻效应可以弥补该方面的不足。

4. 磁电阻材料的应用

磁电阻材料的主要应用包括巨磁电阻传感器、巨磁电阻硬盘读出磁头、巨磁电阻随机存储器、磁场传感器、场效应器件以及自旋极化粒子注入器件等。

10.6.5 磁性液体

1. 磁性液体概述

磁性液体又称为磁流体、铁磁性流体或磁性胶体，是由直径为纳米量级的磁性固体颗粒均匀分散到基载液中而形成的一种稳定的胶状液体。磁性微粒为铁磁性或亚铁磁性的纳米颗粒，如 Fe_3O_4、Fe、Co、Ni、Fe-Co-Ni 合金、FeN 和 $MnFe_2O_4$ 等，使液体稳定、呈现磁性；表面活性剂有油酸、丁二酸、油酸钠等，是具有两亲性结构的有机物，包覆在磁性微粒表面防止团聚和沉淀；基载液是磁性微粒存在的介质，应该满足低蒸发速率、低粘度、高化学稳定性等特性，它的性质决定着磁性微粒的用途，如具有生物活性的水基磁性液体可用于靶向药物，而油溶性磁性液体可用于对熔点和粘度要求很高的真空密封。

磁性液体中的磁性微粒通常小于10nm，以致在基液中呈现混乱的布朗运动。这种热运动足以抵消重力的沉降作用，并且削弱粒子间电磁的相互作用，在重力场、电场或者强磁场的长期作用下也不会出现凝聚和沉淀现象。它既具有固体的磁性，又具有液体的流动性，从而显现出许多独特的性质。

2. 磁性液体的特性

磁性液体的特性是磁性颗粒、界面活性剂及载液性能的综合表征。作为一种特殊的胶体体系，磁性液体同时兼有软磁性和流动性，因此它具有特殊的物理特性、化学特性及流体特性。

磁性液体特殊的物理特性包括了磁学、力学、声学、催化、光学等。考虑磁学特性，磁性液体中的磁性颗粒是单畴或近单畴的，故具有自发磁化的特性；其处于布朗运动状态，故它们的磁矩是混乱无序的，显超顺磁性。

磁性液体的化学特性包括磁性液体的胶体稳定特性、磁性液体的抗氧化特性、界面活性剂与母液及磁性颗粒的化学匹配特性和蒸发特性等，而流体特性则包括流动性、润滑性和密封性等。

3. 磁性液体的制备及种类

磁性液体的制备过程中，根据是否存在化学反应，可以分为物理法和化学法。同时可以先合成磁性纳米粒子再制备磁性流体，也可以直接制备磁性液体。常用的制备方法包括机械研磨法、化学共沉淀法、热分解法、等离子体CVD法、真空蒸镀法、气相液相反应法等。

磁性液体按材料、超微颗粒制作、分散方法等不同，分成很多具体种类。按磁性颗粒的种类，磁性液体一般分为三类。

1）铁氧体磁性液体

以金属氧化物为磁性微粒，制备方法有化学共沉淀法和机械球磨法。这种磁性液体出现较早，比较成熟。如日本早期的T081A磁性液体，其$4\pi M_s$为14kA/m，相对密度为1.4，粘度为40Pa·s，使用上限温度为140℃。

2）金属磁性液体

以金属或合金作为磁性微粒，制备方法包括金属羰基化合物热分解法、等离子CVD和蒸发冷凝法等。按基载液不同又可分为非导体型和导体型。如用气体蒸气法制备的分别以Fe、Co、Ni为微粒的非导体型金属磁液，其$4\pi M_s$分别为13.13 kA/m、21.49 kA/m、16.84kA/m。所谓导体型的金属磁性液体，是指用液态金属（常用汞）或低熔点合金（如镓合金、锡合金、铅铋合金等）作基液的磁性液体。微粒在液态金属基液中很不稳定，而且也不能用有机的表面活性剂，而只能用非磁性的金属膜（或合金膜，如Sn、Sb和Na等）覆盖金属微粒。

3）氮化铁磁性液体

以氮化铁作为磁性微粒，制备方法有热分解法和等离子CVD法。日本研制的以氮化铁为微粒的分别分散于甲苯和煤油的两种磁性液体，其B_s分别为0.022T和0.233T。

4. 磁性液体的应用

磁性液体既能发挥固体磁性材料所无法发挥的作用，又能依据磁性液体特有的某些性能去开辟广阔的应用领域，其应用上的工作原理如下：

(1) 通过磁场检测或利用磁性液体的物性变化；

(2) 随着不同磁场或分布的形成，把一定量的磁性液体保持在任意位置或者使液体悬浮；

(3) 通过磁场控制磁性液体的运动。

具体的应用主要包括：磁液密封、磁液阻尼、磁液泵、磁液悬浮和磁液器件等。

复习思考题

1. 解释以下名词：

(1) 磁场强度和磁感应强度；

(2) 磁化曲线和磁滞回线；

(3) 磁化率和磁导率。

2. 强磁性材料与弱磁性材料的根本区别是什么？

3. Ni 如何取代磁铁矿 Fe_3O_4 中的 Fe 形成镍铁氧体 $NiFe_2O_4$？分析其中原因和取代前后两类材料磁性的变化情况。

4. 常用的金属软磁材料有哪几种？在磁性和应用上，各具有什么特点？

5. 为什么说纳米晶材料的发明是软磁材料的一个突破性进展？纳米晶软磁合金为何具有优异的软磁性能？

6. 如何提高永磁材料的剩磁和矫顽力？

7. 按形成高矫顽力的机理来划分，金属永磁材料可分为哪几类？其各自代表性的材料有哪些？

8. 铁氧体永磁材料的矫顽力机理是什么？有什么特点？有哪些应用？

9. 简述稀土永磁材料的发展历程。你认为哪种材料最有可能成为继 NdFeB 磁体后的新一代稀土永磁材料？并说明理由。

10. 说明旋磁铁氧体的特性和主要应用的材料。

11. 说明磁记录的基本原理，磁记录材料的分类和发展情况。

12. 什么是磁光效应？磁光记录材料有何特点？

参考文献

[1] 都有为. 磁性材料新近进展[J]. 物理，2006，35(9)：730-739.

[2] Aharoni A. 铁磁性理论导论[M]. 杨正，译. 兰州：兰州大学出版社，2002.

[3] 过壁君，等. 磁性薄膜与磁性粉体[M]. 成都：电子科技大学出版社，1994.

[4] 严密，彭晓领. 磁学基础与磁性材料[M]. 杭州：浙江大学出版社，2006.

[5] 田民波. 磁性材料[M]. 北京：清华大学出版社，2001.

[6] 陈仲，黄崇祺，等. 电气工程材料及器件——中国电气工程大典(第 3 卷)[M]. 北京：中国电力出版社，2009.

[7] 凯索尔(Kelsall R W). 纳米科学与技术——影印版[M]. 北京：科学出版社，2007.

[8] Moser A, Takano K, et al. Magnetic recording: advancing into the future[J]. J. Appl. Phys. D, 2002, 35: R157.

[9] Lagakov A N, Rozanov K N. High frequency behavior of magnetic composites[J]. J. Magn. Mater., 2009, 321 (19): 2082-2092.

[10] 周佩珩，邓龙江. 磁性纳米晶颗粒电磁特性研究进展[J]. 功能材料，2006，37(9)：1366-1368.

[11] Cullity B D, Graham C D. Introduction to magnetic material[M]. New Jersey: John Wiley & Sons Inc., 2009.

[12] 李玉平，胡连喜，郭斌. NdFeB系纳米双相复合永磁材料研究现状及发展趋势[J]. 稀有金属材料与工程，2007，36：138-142.

[13] 李乐中，兰中文，等. MnZn功率铁氧体的研究进展及发展趋势[J]. 材料导报，2008，22(2)：93-99.

[14] Yu B F, Gao Q, et. al. Reviews on research of room temperature magnetic refrigeration[J]. International Journal of Refrigeration, 2003, 26(6): 622-636.

[15] Amold D P. Review of microscale magnetic power generation[J]. IEEE Trans. Magn., 2007, 43 (11): 3940-3951.

[16] Gschneidner K A Jr, Pecharsky V K, Tsokol A O. Recent developments in magnetocaloric materials [J]. Rep. Prog. Phys., 2005, 68: 1479-1539.

第 11 章

光电材料与热电材料

光电材料是一类用于发光、光电转换、探测等领域的功能材料。光电功能材料是微电子、光电子、通信、航天及现代军事技术等高科技领域中的关键材料。热电材料(又称温差电材料)是一种将热能和电能进行转换的功能材料。由热电材料制作的器件,具有体积小、重量轻、无传动部件、无噪声运行、精确可靠等优点,适应 21 世纪绿色环保主题。

本章就发光材料、激光材料、光电转换材料、光电探测材料和非线性光学材料等光电材料和热电材料作简单介绍。

11.1 发光材料

11.1.1 材料的发光机理

发光是物体内部以某种方式吸收能量后转化为光辐射的过程。物体吸收了能量后,偏离了原来的平衡状态;物体在向平衡状态回复的过程中,将多余的能量以光辐射的方式进行发射称发光。

发光材料的发光方式是多种多样的,主要类型有光致发光、电致发光、阴极射线发光、热释发光、光释发光和辐射发光等。

1. 发光材料中的激活剂

根据半导体理论,晶体中的一些缺陷和杂质都会在禁带中产生附加的深能级,它们起着陷阱和复合中心的作用。电子-空穴在复合中心复合时,有可能引起发光。

由于发光材料基质中存在缺陷(如不可控的杂质、空位和位错等),所引起的发光叫非激活发光(或叫自激活发光)。由于这些缺陷是不可控制的,所以发光的波长不确定,发光效率也非常低。

在发光材料中,通常要向基质晶格中掺入一种(或数种)元素的离子或原子,这时将会出现杂质等缺陷;由这些缺陷引起的发光叫激活发光,而这些添加杂质叫激活剂,这种发光称激活发光。实际上,非常重要的发光材料大部分是激活型的,即有选择地在基质中掺入可控的微量杂质的发光材料。这类发光材料的微量杂质一般都充当发光中心(有些杂质是用来改变发光体的导电类型的)。因此,发光中心的概念是和激活剂相联系的。

掺杂到基质晶格中的激活剂的价态、在晶格中的位置(晶格离子的置换、点阵的位置)、激活剂周围的情况是否有共激活剂(和激活剂一起加入的与之有关的杂质)等,决定了发光中心的结构的性质和材料的发光效率。

某些材料的发光(能量的吸收和能量的辐射)只和发光中心内的电子跃迁有关,这种材料叫做"特征型"发光材料。过渡元素和稀土金属离子以及类汞离子等是这种发光材料的激活剂。

2. 发光的能带模型

图 11.1.1 是半导体型发光材料的能级简图,分布在禁带中的能级 E_1 和 E_2 对应激活剂能级。在禁带中同时还存在着电子的俘获能级 E_t,起陷阱作用。陷阱能级是由各种缺陷(特别是杂质)产生的。由于陷阱的性质不同,所以俘获能级具有不同的深度。能级 E_1 对应于激活剂的未激发态(基态),在这种状态(电子)是基本填满的,而能级 E_2(激发态)和能级 E_t 是未满的自由状态。在发光材料被激发的情况下,光能无论在激活剂能级上还是在基质中都会被吸收,一般可能有两种情况。

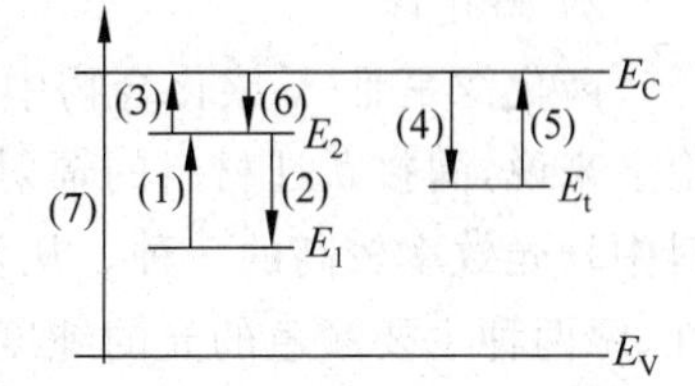

图 11.1.1 半导体型发光材料的能级图

在第一种情况下,光的吸收伴随着自激活剂基态能级 E_1 到激发态能级 E_2 的电子跃迁(1),而光辐射发生在跃迁(2)的情况下,这相应于电子返回到基态能级。在这种情况产生"荧光",其延续时间为 $10^{-9}\sim10^{-8}$ s。由光的激发而逃逸出的一些电子能够跃迁到导带(3),并被限制在陷阱里(4)。如果再把必需的能量传递给这些电子(例如对发光材料加热或在红外光的作用下),电子能由陷阱中释放出来(5)。这时电子或者会重新被陷阱俘获,或者通过导带跃迁到激活剂能级(6),并与发光中心复合。这引起了长时间的发光(磷光),这种发光一直持续到所有被陷阱俘获的电子都被释放出并与离化中心复合为止。

第二种情况是,在发光材料基质中,吸收光时电子由价带跃迁到导带(7),在价带中形成一些空穴会迁移并可能被限制在激活剂的能级上。在这种情况下,由于导带中的电子与激活剂能级上的空穴的复合产生了辐射。如果晶格中的一些其他杂质吸收了能量,而这种杂质的辐射光谱和激活剂的吸收光谱一致,那么这种杂质所吸收的能量就可能传递给激活剂,这种杂质称敏化剂。

发光材料中激活剂对应的能级 E_1 靠近价带,而激发态能级 E_2 在导带底下。在光激发而形成电子与空穴之后,对于能级 E_1 来说最大可能是从价带俘获空穴,而对能级 E_2 来说是从导带俘获电子。电子自能级 E_2 到能级 E_1 的跃迁会产生发光,这种模型被叫做"施主-受主"模型,在很多情况下,可用它来解释发光过程。

11.1.2 电致发光材料

电致发光是由电场直接作用在物质上所产生的发光现象;电能转变为光能,且无热辐射产生,是一种主动发光型的冷光源。电致发光器件可分为两类:注入式发光和本征型发光。半导体发光二极管等是目前研究最多和应用最广的一种注入式发光,它是由电子-空穴对在 p-n 结附近复合,而产生的发光现象。本征型发光是通过高能电子与发光中心碰撞激发,而产生的发光现象。在 10^5 V/cm 电场下的发光称高场电致发光。

通常所说的半导体发光材料，大部分是指用于制作发光二极管的材料。常用的半导体发光材料有砷化镓、磷化镓、磷砷化镓、镓铝砷、镓铟磷等，它们主要是Ⅲ-Ⅴ族化合物半导体以及由它们组成的三元、四元固溶体。

1. Ⅲ-Ⅴ半导体材料

1）砷化镓

砷化镓是一种重要而且研究得最多的Ⅲ-Ⅴ族化合物半导体，是典型的直接跃迁型材料，它直接跃迁发射的光子能量为1.4eV左右，相应波长在900nm左右，位于近红外区。

2）磷化镓

磷化镓是Ⅲ-Ⅴ族化合物中最重要的可见光发光材料。它是典型的间接跃迁发光，从理论上来说，间接跃迁材料的辐射复合几率小，然而磷化镓为基的半导体材料却是目前发光材料中发光效率较高的一种。从发光颜色来看，磷化镓可以发出红、绿、黄三种颜色的光，其中红、绿两种主要颜色的光的纯度都很高。磷化镓以其效率高、颜色丰富等优点，在发光材料市场上占主导地位。磷化镓商品器件能发出红、橙红、橙和黄色的光。

3）Ⅲ族氮化物

Ⅲ族氮化物，主要包括 GaN、AlN、InN、AlGaN、GaInN、AlInN 和 AlGaInN 等，其禁带宽度覆盖了红、黄、绿、蓝、紫和紫外光谱范围。在通常条件下，它们以六方对称性的铅锌矿结构存在，但在一定条件下也能以立方对称性的闪锌矿结构存在。氮化镓(GaN)是Ⅲ族氮化物中的基本材料，也是目前研究最多的Ⅲ族氮化物材料。

氮化镓的晶体结构是纤锌矿型，是一种直接跃迁型半导体，室温带隙宽 $E_g=3.39$eV。在作为三基色之一的蓝光器件材料，已取得了较大进展，制得了可以实用的蓝色发光器件，发光波长490nm，典型工作电压11.5V。利用GaN材料体系，可以制备蓝LED、绿光LED、蓝紫LED和紫外光LED及紫外(UV)光探测器。

2. Ⅲ-Ⅴ族固溶体发光材料

由Ⅲ-Ⅴ族材料组成的固溶体，是一类重要的发光材料，它们主要有以下一些类型。

1）磷砷化镓

磷砷化镓($GaAs_{1-x}P_x$)具有闪锌矿型结构，它是由直接跃迁型的GaAs与间接跃迁型的GaP组成的固溶体，是目前应用较为广泛的发光材料。在室温下，当 $x<0.38\%$(原子分数，下同)时为直接跃迁型，发光效率高；当 $x>0.38\%$时，能带结构开始从直接跃迁型向间接跃迁型过渡，当 $x=0.40\%$时，发出波长为650nm的红光，发光效率较高；当 $x>0.45\%$时能带结构完全转变成间接跃迁类型，发光效率大幅度降低。但采用磷化镓作衬底，并在外延层中掺入氮后，由于氮等电子陷阱的作用，可使发光效率大为提高。从而使 $GaAs_{0.35}P_{0.65}$：N/GaP、$GaAs_{0.25}P_{0.75}$：N/GaP 和 $GaAs_{0.15}P_{0.85}$：N/GaP 等成为发光效率相当高的橙红、橙色和黄色发光材料。

2）镓铝砷

$Ga_{1-x}Al_xAs$ 是 GaAs 和 AlAs 的固溶体。当 $x=0.35\%$时，由直接跃迁变成间接跃迁，$E_g\approx1.90$eV。与 $GaAs_{1-x}P_x$ 相比稍许靠近 GaAs 端，其带隙宽度、发光波长、效率及其与组

分 x 间的关系均与 $GaAs_{1-x}P_x$ 类似。

3）镓铟磷

$In_{1-x}Ga_xP$ 是 InP 和 GaP 的固溶体，这种材料的带宽直至 2.2eV（$\lambda=560$nm）都是直接跃迁型结构，因而有希望获得从红外到绿色的多色直接跃迁型发光。

4）镓铟氮

镓铟氮在整个组分范围内全是直接跃迁结构，带隙宽度的范围为 1.95～3.4eV，覆盖了整个可见光谱。从彩色显示角度来看，它是一种较理想的材料。镓铟氮的晶体结构是闪锌矿或纤锌矿结构，目前主要生长在蓝宝石或石英衬底上。

3. Ⅱ-Ⅵ族化合物

Ⅱ-Ⅵ族化合物是由Ⅱ族元素锌、镉、汞和Ⅵ族元素硫、硒组成的化合物。其中较为重要的有硫化锌、硒化锌等。它们都是较好的发光材料，尤其是硫化锌，其粉末场致发光已应用多年。由于大部分Ⅱ-Ⅵ族化合物带隙宽度宽，如 ZnS 带宽是 3.6eV，ZnSe 带宽是 2.67eV，可望实现从红外到紫外的发光；而且都是直接跃迁，复合发光效率高。但由于杂质的自补偿，杂质溶解度低和受主、施主态电离能高等原因，Ⅱ-Ⅵ族化合物往往不易用一般工艺制成 p-n 结，在 LED 应用上受到一定限制。

硼注入的硒化锌 MIS 结构的发光二极管，在 $10A/cm^2$ 下发光效率较高，发出波长为 552nm 的绿光；铝注入的硒化锌二极管发光波长为 590nm。ZnS：Al 低阻 n 型晶体，在真空中加热处理而形成高阻层的 MIS 结构的蓝色发光二极管，发光波长 465nm。

Ⅱ-Ⅵ族化合物中的 ZnO 是一种宽禁带半导体材料，ZnO 有很高的激子结合能，为 60meV，远高于其他宽禁带半导体材料（如 GaN 为 25meV，ZnSe 为 22meV），也高于室温的平均热能 26meV，因而 ZnO 激子室温下是稳定的，可以实现室温或更高温度下的激子受激紫外辐射发光。与电子-空穴对的复合发光相比，激子发光效率更高，所需的激射阈值更低。ZnO 在室温下的紫外受激辐射时具有较高的光学增益，高的能量转换效率，光响应特性和单色性也很优良。它最大的用途是作为短波长半导体激光器材料，还可用作白光的起始材料。在蓝紫波段 LED 和固体发光、紫外光探测器、光信息存储、信号探测及通信等领域，ZnO 有着广阔的应用前景和巨大的市场潜力。

11.1.3　光致发光材料

光致发光是指用紫外光、可见光或红外光激发发光材料而产生的发光现象。它大致经历吸收、能量传递和光发射等三个主要过程。光的吸收和发射发生在能级之间的跃迁，都经过激发态；而能量传递则是由于激发态的运动。

激发光辐射的能量可直接被发光中心（激活剂或杂质）吸收，也可被发光材料的基质吸收。在第一种情况下，发光中心吸收能量向较高能级跃迁，随后跃迁回到较低能级或基态能级而发光。对于这些激发态能谱性质的研究，涉及杂质中心与晶格的相互作用，可以用晶体场理论进行分析。随着晶体场作用的加强，吸收谱及发射谱都由宽变窄，温度效应也由弱变强，使得一部分激发能变为晶格振动能，发光效率下降。

用紫外光、可见光及红外光激发发光材料而产生发光的现象称为光致发光。这种发光材料称为光致发光材料或光致发光荧光材料。

当外界激发源对材料的作用停止后，发光还会持续一段时间，称余辉。一般以余辉持续时间为分界，短于 10^{-8} s 的称为荧光，长于 10^{-8} s 的称为磷光。

1. 荧光粉材料

发光二极管(LED)是固体光源，具有节能、环保、全固体化、寿命长等优点，是21世纪人类解决能源危机的重要途径之一。白光LED以其省电(为白炽灯的1/8，荧光灯的1/2)、体积小、发热量低、可低压或低电流起动、寿命长(120000h以上)、响应快、抗震耐冲、可回收、无污染、可平面封装、易开发成轻薄短小产品等优点得到了迅猛的发展。白光LED广泛应用于城市景观照明、液晶显示背光源、室内外普通照明等多种照明领域，被认为是替代白炽灯、荧光灯的新一代绿色照明光源。下面主要介绍白光LED用的荧光粉。

1) 获取白光LED的方法

获取白光LED的主要途径有以下三种。①利用三基色原理和目前已能生产的红、绿、蓝三种超高亮度的LED，按光强1∶2∶0.38的比例混合而成白色。但由于LED器件光输出会随温度升高而下降，不同的LED下降程度差别较大，结果造成混合白光的色差，限制了用三基色LED芯片组装实现白光的应用。②蓝色LED芯片与可被蓝光有效激发的发黄光荧光粉结合，组成白光；这时LED用荧光粉吸收一部分蓝光，受激发后发射黄光，发射的黄光与剩余的蓝光混合，通过调控二者的强度比后，可以获得各种色温的白光。③采用发紫外光的LED芯片和可被紫外光有效激发而发射红、绿、蓝三基色的荧光粉，产生多色混合组成白光LED。此外，也可选用两基色、四基色，甚至五基色荧光粉来获得白光。

荧光粉性能的好坏直接影响白光LED的性能。制备白光发光二极管大多离不开稀土荧光粉，主要有黄色荧光粉和三基色荧光粉等。因此获得化学性质稳定和性能优异的荧光粉是实现白光LED的关键。

2) LED用黄色荧光粉

蓝色LED芯片和一种或多种能被蓝光有效激发的荧光粉有机结合可组成白色LED。其中发展最成熟的是蓝色LED与黄色荧光粉的组合，一部分蓝光被荧光粉吸收后，激发荧光粉发射黄光，发射的黄光和剩余的蓝光混合，调控它们的强度比，即可得到各种色温的白光。这种方法驱动电路设计简易、生产容易、耗电量低。

当今使用最多的是InGaN蓝光LED，发射峰值450～480nm，采用蓝光LED激发黄光荧光粉获得白光。荧光粉使用的是三价铈激活的稀土石榴石体系(YAG)荧光粉，它的吸收和激发光谱与InGaN芯片的蓝色发光光谱匹配较佳，发射光谱覆盖绿—黄(橙黄光)的光谱范围，缺少红色成分，色调偏冷，不能达到室内照明的要求。为解决这一问题，可以在YAG黄色荧光粉中掺入适量的红色荧光粉。

近年来，开发成功的LED黄色荧光粉主要有硅酸盐(Me_2SiO_4∶Eu，Me_3SiO_5∶Eu，$Me_2Sc_2Si_3O_{12}$∶Ce；Me＝Mg，Ca，Sr，Ba)、硅基氮氧化物(a-Sialon∶En)等，它们除了可以被蓝光LED激发外，还可以被紫外或紫光LED有效激发。

3) LED用红色荧光粉

在白光LED的产生中，红色荧光粉除了用于与蓝光LED及绿色荧光粉配合产生白光，或者与绿、蓝色荧光粉及紫光或紫外LED配合产生白光之外，还常用于补偿“YAG∶Ce蓝光 LED”中的红色缺乏，以提高显色指数和降低色温。

一直以来，LED 用红色荧光粉主要采用碱土金属硫化物系列。这种荧光粉物理化学性质很不稳定，热稳定性差，光衰减大，影响了白 LED 产品的质量。近年来已开发出来许多 LED 用新型红色荧光粉，如硅酸盐、钨钼酸盐、铝酸盐及氮（氧）化物荧光体等。其中硅酸盐、钨钼酸盐、铝酸盐的稳定性较好，但它们的有效激发范围比较窄，对芯片要求苛刻，发光效率比较低。

硅基氮（氧）化物荧光粉是近年来发展起来的一类新型荧光粉，稳定性和发光效率等方面，均能很好地满足 LED 的要求。它是采用氮元素（N）部分或全部代替硅酸盐中的氧元素（O），或同时用铝（Al）来置换部分硅元素（Si）而形成的，具有结构多样、性质稳定、高共价性等特点。这类材料的发光颜色极为丰富，可覆盖整个可见光区域，同时其激发范围较宽，可以被紫外、紫光甚至蓝光等有效激发，温度特性也相当稳定。具代表性的红色荧光粉有 $M_xSi_yN_z$：Eu（M＝Ca，Sr，Ba，$z=2x/3+4y/3$）和 $CaAlSiN_3$：En 等，这两类荧光粉均可被紫外、紫光或蓝光 LED 有效激发。$M_xSi_yN_z$：Eu 可通过改变碱土金属 M 的种类或激活剂 Eu 的浓度等进行调整，发射波长在 590～650nm 之间。

4）LED 用绿色荧光粉

LED 绿色荧光粉既是组成白光 LED 基色中的一个重要组分，也可以直接与 LED 封装制得绿光 LED，采用这种方式制作的绿色 LED 的发光效率要大大超过绿色 LED 芯片，因而成为目前制作高亮度绿色 LED 的重要方式。

目前 LED 用绿色荧光粉主要有 MN_2S_4：Eu（M＝Ba，Sr，Ca；N＝Al，Ga，In）、$Ca_8Mg(SiO_4)_4Cl$：Eu 和 $BaMgAl_{10}$：En，Mn 等。其中以 MN_2S_4：Eu 的发光效率最高，发光波长也可通过调整其中碱土金属离子比例，在 507～558nm 范围变化，但因含硫元素的缺点，较大地限制了它的应用。有文献报道，硅基氮氧化物绿色荧光粉，如（β-SiAlON：Eu、$SrSi_2O_2N_2$：Eu 等，同样可以被紫外、紫光或蓝光 LED 有效激发，无硫的污染，显示出了很大的优越性。

5）LED 用蓝色荧光粉

目前应用的蓝色荧光粉主要还是些传统的荧光粉，如 $BaMgA_{10}O_7$：Eu 和 $Sr_5(Po_4)_3Cl$：Eu 等，这二类荧光粉在 365nm 以下的紫外光波段的激发效率尚可，但当激发波长再延长时，其效率明显下降。蓝色荧光粉主要用在紫外 LED 中。

近年来在硅基氮氧化物系列中开发出了一些蓝色荧光粉，LaAlNO：Ce（常简写为 JEM：Ce）、Y-Si-O-N：Ce、$BaAl_{11}O_{16}N$：Eu 等是其中的代表。JEM：Ce 在 368nm 激发下的发光效率较高，随着其中氧含量或铈含量的提高，荧光粉的激发和发射光谱均出现红移。

6）近紫外转换型荧光粉

由于蓝色转换型 LED 荧光粉系统所用的荧光粉比较少，而紫外转换型荧光粉系统的电转换效率较低，因此人们又开始探索新的近紫外型白光 LED 系统。近紫外型白光 LED 可分为两种类型。

（1）单种荧光粉型

此系统采用的荧光粉在近紫外到蓝光范围（315～480nm）的激发下，能得到绿色到黄色的较宽波长范围的光（499～590nm），与 LED 所发出的光混合得到白光。此系统的荧光粉主要为 $(Tb_{1-x-y}A_xRE_y)_3D_zO_{12}$，其中 A＝Y，La，Gd，Sm；RE＝Ce，Pr，Nd，Sm，Eu，Gd，Dy，

Ho,Er,Tm,Yb,Lu(或者是它们的组合);D=Al,Ga,In(或者它们之间的组合);$0<x<0.5$,$0.0005<y<0.2$,$4<z<5$。

(2) 多种荧光粉型

利用近紫外LED和蓝、黄色荧光粉或者由近紫外LED与红、绿、蓝三色荧光粉一起得到白光。对于前一种系统的蓝色荧光粉目前研究开发的主要为$Ca_{10}(PO_4)_6Cl_2:Eu^{2+}$,黄色荧光粉主要为$(Y_{1-a}Gd_a)(Al_{1-b}Ga_b)_5O_{12}:Ce^{3+}$。对于后一种系统来说,红色、绿色、蓝色荧光粉通常分别采用$Y_2O_3:Eu^{3+}$、$SrGa_2S_4:Eu^{3+}$、$BaMgAl_{14}O_{23}:Eu^{3+}$。

2. 长余辉发光材料

长余辉发光材料是在自然光或人造光源照射下能够存储外界光辐照的能量,然后在某一温度下(指室温),缓慢地以可见光的形式释放,是一种存储能量的光致发光材料。长余辉发光材料称做蓄光材料或夜光材料。长余辉发光材料在弱光显示、照明、特殊环境(交通、航天、航海、印染、纺织、艺术品等)等方面有重要的应用。

1) 长余辉发光材料的应用与发光机制

目前稀土离子掺杂的碱土铝(硅)酸盐长余辉材料已进入实用阶段。市场上可见的产品除了初级的荧光粉外,主要有夜光标牌、夜光油漆、夜光塑料、夜光胶带、夜光陶瓷、夜光纤维等,主要用于暗环境下的弱光指示照明和工艺美术品等。长余辉材料的形态已从粉末扩展至玻璃、单晶、薄膜和玻璃陶瓷;对长余辉材料应用的要求也从弱光照明、指示等扩展到信息存储、高能射线探测等领域。

长余辉发光材料属于电子俘获材料,其发光现象是由材料中的陷阱能级所致。由于能级结构的复杂性以及受测试分析手段所限,长余辉材料的发光机理目前还没有十分清晰、统一的理论模型。比较典型的理论模型有空穴模型、电子陷阱模型和位型坐标模型等三种,其中位型坐标模型是目前得到较多认可的。

如图11.1.2所示,其中A与B分别为激活离子(如Eu^{2+})的基态和激发态能级;C为缺陷能级,它可以捕获电子。缺陷能级C可以由掺杂离子(如Re^{3+})导致的应力畸变而产生,也可以是基质中的一些其他缺陷如氧空位等所产生。C能级位于A与B能级之间。当电子受激发从基态到激发态后(图中实线1所示的过程),一部分电子跃迁回到低能级而产生发光(图中实线2所示的过程),另一部分电子通过弛豫过程储存在缺陷能级C中(图中实线3所示的过程)。当C中的电子吸收能量(热能)时,重新受激发回到激发态能级B,然后跃迁回基态A而产生发光(余辉)。余辉时间的长短与储存在缺陷能级C中的电子数量和电子返回激发态能级B的速率有关。余辉强度取决于缺陷能级C中电子在单位时间内返回激发态能级B的速率。陷阱能级与激发态能级之间的能量间隔为E_T,若平均热能大于E_T,则电子可能一次性从C返回B,再到基态而发光,不会产生长余辉;若平均热能明显小于E_T,则电子不能直接从C返回B,只能通过热涨落缓慢地回到B后,再向A跃迁,从而产生长余辉。

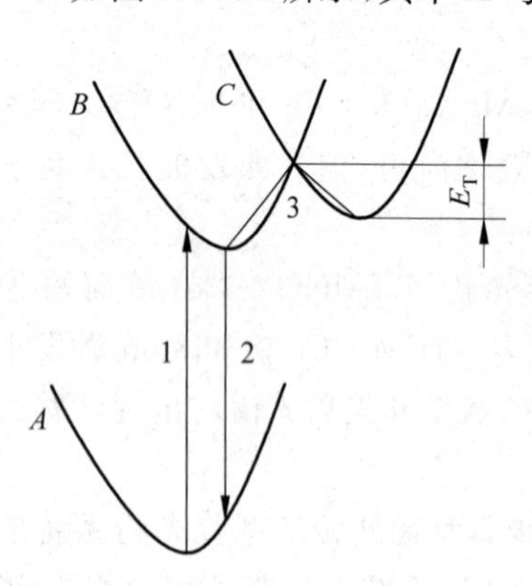

图11.1.2 位型坐标模型

2）主要的长余辉材料

长余辉发光材料的类型通常从基质成分的角度划分，目前主要包括硫化物型、碱土铝酸盐型、硅酸盐型及其他基质型长余辉发光材料。

（1）硫化物基质长余辉材料

人们研究较早的长余辉材料是硫化物材料，硫化物材料的典型代表是碱土金属硫化物，如硫化锌和硫化钙等。研究表明，ZnS：Cu的发光性能较为稳定，可用镉来调节发光颜色。在暗视觉环境条件下，人眼可辨别出发光源存在时间约为200ms，ZnS：Cu的发光可达40min，为了能延长其持续发光时间，往往在ZnS：Cu等材料中加入放射性元素（金属元素钴、铒等），余辉时间可增大到500min左右。考虑到安全和环境因素，在ZnS：Cu的研究基础上，经过不懈努力，相继又发现如ZnCdS：Cu、ZnCdS：Ag、ZnS：Eu^{2+}、CaS：Eu、CaS：Cl、SrS：Eu、SrS：Er等性能更好的非放射性荧光材料，这些材料具有很好的化学稳定性、更高的初始亮度，但其余辉时间只有数小时。

到目前为止，传统的硫化物系列长余辉发光材料已经得到了较大发展，其显著的特点就是发光颜色多样，可覆盖从蓝色到红色的发光区域。从总体上看，硫化物体系长余辉材料发光亮度低、余辉时间短、化学稳定性差、易潮解；虽然可以通过添加放射性元素、材料包膜处理等手段来克服这些缺点，但放射性元素的加入对人身健康和环境都造成危害，因而在实际使用中受到很大程度的限制。

（2）碱土铝酸盐基质长余辉材料

1968年，首次发现掺铕铝酸锶（$SrAl_2O_4$：Eu^{2+}）的长余辉现象。通过对碱土铝酸盐的多种掺稀土激活研究，得到了发黄绿光的$SrAl_2O_4$：Eu^{2+}，Dy^{3+}和发蓝绿光的$Sr_4Al_{14}O_{25}$：Eu^{2+}，Dy^{3+}等目前性能最好的长余辉发光材料。其中，$SrAl_2O_4$：Eu^{2+}，Dy^{3+}，发射520nm绿光，余辉16h；$CaAl_2O_4$：Eu^{2+}，Nd^{3+}，发光波长450nm，持续时间超过一个晚上。铝酸盐长余辉发光材料的化学和光学性能稳定，安全无毒，不含放射性物质，发光强度高，余辉时间长，不用电源，使用简便，能利用太阳光能蓄光。它们的发光亮度、余辉时间和化学稳定性，是第一代硫化物体系长余辉材料所无法比拟的。不过铝酸盐体系长余辉材料也存在抗湿性差、生产中对原料的纯度要求高、烧结温度高、发光颜色单一、蓝色发光的长余辉发光性能不佳等缺点。

目前铝酸盐体系发光性能优异的长余辉发光材料主要是MAl_2O_4：Eu^{2+}，RE^{3+}（M＝Ca，Sr，Ba；RE＝Nd，Dy，Tm等），其发射峰主要集中在蓝绿光波段，已知的性能最好的蓝绿色长余辉材料有$SrAl_2O_4$：Eu^{2+}，Dy^{3+}；蓝色长余辉材料有$CaAl_2O_4$：Eu^{2+}，Nd^{3+}。长余辉材料$SrAl_2O_4$：Eu^{2+}，Dy^{3+}用紫外光或日光激发后，能发射明亮持久的绿色长余辉，余辉发射峰位于520nm。

（3）硅酸盐基质长余辉材料

碱土铝酸盐材料存在有发光颜色单一、合成温度高、遇水易潮解等不足。近年来，人们逐渐把研究范围拓展到了其他基质的长余辉发光体系，其中以硅酸盐材料研究最多。

硅酸盐体系作为另一类新型长余辉材料，由于其化学性质较铝酸盐体系稳定，发光颜色与铝酸盐长余辉发光材料可以互补，而且高纯二氧化硅原料价廉、易得，烧结温度比铝酸盐体系低100℃以上，是一类极有前途的新型长余辉材料。Eu、Ln共激活的镁黄长石结构的焦硅酸盐系列长余辉发光材料的发光颜色覆盖从469nm的蓝色光区到536nm的黄色光区，余辉时间长达10h以上，且耐水性及温度特性好。以硅酸盐为基质的长余辉材料，具有化学稳定性好、耐水性强、紫外辐照性稳定、余辉亮度高、余辉时间长、应用特性优异等特点，弥补了铝酸盐体系的不足，拓展了长余辉材料的应用领域。近年来在硅酸盐基质中实现白色长余辉材料 $Sr_2MgSi_2O_7:Dy^{3+}$，余辉时间40min。

但总体来说，硅酸盐体系的发光性能尚未达到铝酸盐体系水平，已达到应用水平的只有焦硅酸盐体系，含镁的正硅酸盐性能还未能得到应用，进一步提高硅酸盐体系的发光性能，还需做更深入的工作。

3. 上转换发光材料

1）上转换发光材料的特点和应用

上转换发光材料是一种吸收低能光辐射，发射高能光辐射的发光材料。上转移发光，是指两个或两个以上低能光子转换成一个高能光子的现象。上转换发光材料的发光机理是由于双光子或多光子的耦合作用；其特点是所吸收的光子能量低于所发射的光子能量，这种现象违背斯托克斯(Stokes)定律，因此这类材料又称为反斯托克斯发光材料。在一些文献中上转换发光材料特指将红外光转换成可见光的材料。

上转换主要的应用领域有全固态紧凑型激光器件（紫、蓝、绿区域）、上转换荧光粉、三维立体显示、红外量子计数器、温度探测器、生物分子的荧光探针、光学存储材料等。

自20世纪60年代发现上转换发光材料以来，人们对上转换发光进行了广泛的研究。90年代后，随着应用领域的拓宽，上转换发光的研究又重新活跃起来；特别是纳米微粒的上转换发光的研究，引起了世界各国的高度重视。目前，国内外研究方向主要集中在以氧化钇为发光基质材料，掺杂稀土金属镱、铒等离子的纳米微粒材料的制备方法以及其发光机制、发光效率改进等方面。

2）上转换发光机理

上转换机制由于激活离子（稀土离子）能级跃迁特性而定，基质材料和受激离子的不同，光子跃迁的机制也不完全相同，一般认为有两种发光机制。

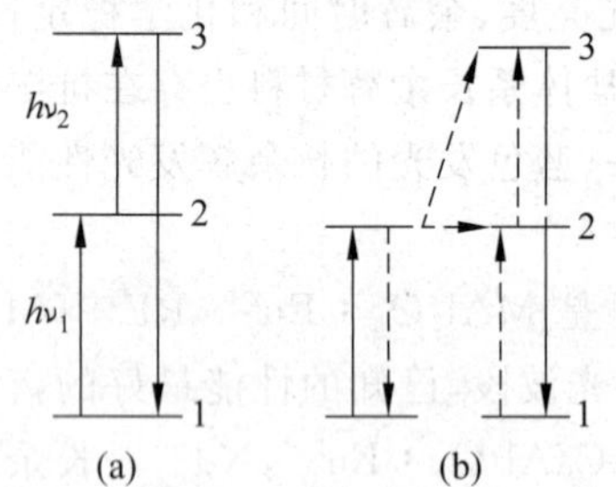

图 11.1.3 上转换发光机制示意图
(a) 激发态吸收；(b) 能量传递

图11.1.3所示为两种最重要的上转换机制。图11.1.3(a)为激发态吸收机制：基态离子1吸收一个光子 $h\nu_1$ 到亚稳激发态2，然后再吸收一个光子 $h\nu_2$ 到更高一级激发态3，当激发态3至基态跃迁而发光时，完成了光子能量增加的过程。图11.1.3(b)为能量转移上转换机制：两个处于亚稳态2的受激金属离子通过非辐射耦合以交叉弛豫等方式进行能量转移，一个回到基态，另一个跃迁到更高的激发态3后再发光。能量转移上转换经常存在于电偶极子和磁偶极子的跃迁以及多声子的弛豫等过程中。

3）主要上转换材料

上转换发光材料由基质和激活剂组成。基质材料主要有氟化物、氯化物和氧化物等，激活剂为稀土元素。

(1) 氟化物基质材料

利用稀土离子在氟化物中的上转换特性，可以获得许多可在室温下工作的上转换材料或激光器。氟化物基质材料具有很多优点：①氟化物玻璃从紫外到红外(0.3～7μm)都是透明的；②作为激活剂的稀土离子能很容易地掺杂到氟化物玻璃中去；③氟化物材料具有低的声子能量(约500/cm)。稀土掺杂氟化物晶体、玻璃材料等具有较高的发光效率，是广泛应用的氟化合物材料体系。

利用稀土离子在氟化物中的上转换特性，可以获得许多可在室温下工作的上转换材料或激光器。

氟化物上转换材料研究得相当多，从化合物组成来分析大体有以下类型：Cs_2GeF_6：2%Re^{4+}晶体材料，具有高分辨吸收功能，能从近红外激发源1100nm和1700nm处产生有效的可见上转换发光；掺Nd^{3+}氟砷酸盐玻璃，激发源802nm和847nm上转换成蓝光和红光；掺Er^{3+}氟氧化玻璃(Al_2O_3,CdE_2,PbF_2,YF_3：Er^{3+})，激发源975nm，上转换发光波长为545nm及800nm。另外，Nd^{3+}：M_3F_{19}(其中M为Al、Ti、V、Cr、Fe、Ca)、Ho^{3+}：BaY_2F_8、K_2YF_5等玻璃均是较好的上转换材料。

(2) 卤化物材料系

掺杂稀土离子的重金属卤化物，晶格振动频率较低，能进一步降低多声子弛豫过程的影响，增强交叉弛豫过程，提高上转换效率。$Cs_3RE_2X_9$类化合物(RE为稀土离子，X为Cl、Br、I)是较好的上转换材料。如Cs_3Lu_2Br：Er^{3+}能将激发波长为980nm上转换至500nm的可见绿光；$Cs_3R_2X_9$：Yb^{3+}将1500nm上转换至可见区域。目前还发现过渡金属离子Ti^{3+}、Ni^{2+}、Mo^{3+}、Re^4＋、Os^{4+}、Mn^{2+}、Cr^{3+}等掺杂的卤化物也具有上转换功能。因此，此类化合物在上转换激光及磷光体材料的应用中具有相当的潜力。

(3) 氧化物材料体系

氧化物上转换材料虽然声子能量较高，但制备工艺简单，环境条件要求较低。采用溶胶-凝胶法制得的$Eu^{3+}Yb^{3+}$共掺杂的多组分硅酸玻璃上转换材料，可将973nm近红外光上转换成橘黄色光；掺Tm^{3+}硅酸盐玻璃能将红光转换成蓝光。$Nd_2(WO_4)_3$晶体，在室温下可将808nm激光上转换成457nm及657nm处发光。Er^{3+}：YVO_4单晶，室温下能将925～950nm激发上转换至可见光区域。

已报道了多种稀土与过渡金属离子共掺杂氧化物上转换材料，特别是Yb^{3+}与Mn^{2+}或Cr^{3+}的共掺杂，导致了许多新的、高效率的上转换材料的出现。如Er^{3+}离子掺杂纳米材料的上转换发光，使用的基质有Y_2O_3、Gd_2O、Lu_2O_3、ZrO_2、TiO_2、$BaTiO_3$、ZnO、$LaPO_4$等。在980nm激光激发下，观测了Tm^{3+}、Yb^{3+}共掺，Er^{3+}掺杂和Er^{3+}、Yb^{3+}共掺的纳米Gd_2O_3中蓝色(488nm)、绿色(564nm)和红色(661nm)上转换发光，这样在稀土离子掺杂的纳米Gd_2O_3中就得到了三基色上转换发光。纳米上转换发光材料成为上转换发光材料和纳米材料领域中一个新的研究热点。

11.2 激光材料

11.2.1 激光的特点及发光原理

光电信息技术在近数十年来得到的重大发展与激光技术的发展密切相关。激光与普通光的根本区别在于它具有极高的光子简并度(即在同一量子态中有很多的光子)。一般光源

的光子简并度小于 10^{-3}，即平均在 1000 多个量子态中才有一个光子；而在激光的一个量子态中，可多达 10^{17} 个光子。正因为如此，激光表现出一系列优异性能。

(1) 方向性好，亮度高，能量集中，可在微米大小圆斑内产生几万乃至几百万度的高温。

(2) 单色性好，谱线宽度小于 10^{-17} m，这是普通光源光谱线所无法比拟的。

(3) 相干性好，即相干长度很长。激光束的相干长度比普通光束要长数十倍，甚至数百倍。

(4) 传递信息的容量大。低简并度的普通光束相当于噪声光，不可能传递大容量信息，只有简并度高的激光束才能实现微波和光通信。

(5) 高简并度的强激光，其场强远大于分子、原子内的库仑场强，与物质发生相互作用时，会引起倍频、和频、差频等许多新的物理效应。

激光的特点是由其发光机制所决定的。普通光源的发光机制主要是自发辐射；而从激光器中射出的激光却主要由受激辐射产生。当频率为 ν 的光子作用在具有相同能级的原子系统时，发生两个不同作用：一是光子与已处于高能级的激发原子作用时，会产生受激辐射，光子增殖；另一是当光子与低能级原子作用时，低能级原子被激发到高能级，入射光子被吸收，光子数减少。因此，当光子射入原子系统时，系统使光子增殖还是减少，完全取决于该原子系统中处于高能态与低能态原子的比率。若以 N_1 和 N_2 分别表示系统中处于低能态和高能态的原子数，则当 $N_1 > N_2$ 时，光被吸收；反之，$N_1 < N_2$，光便增殖。原子的能级分布遵循玻耳兹曼统计：

$$N_1 = N_0 e^{-E/kT} \tag{11.2.1}$$

在通常的热平衡条件下，N_1 总是大于 N_2 的。为了使受激辐射成为主导，必须使高能级粒子数超过低能级粒子数，即要求实现"粒子数反转"。激光材料(laser material)也称激光工作物质，实质上就是具有适当的能级结构(三能级或四能级)，可实现粒子数反转的工作物质。

通过激励使粒子从低能级跃迁至高能级，通常称为"泵浦"。激光材料是指能把各种泵浦(电、光、射线)能量转换成发激光的材料。目前激光材料(工作物质)主要是凝聚态物质，并以固体激光物质为主。固体激光材料分为两类。一类是以电激励为主的半导体激光材料，一般采用异质结构用外延方法和气相沉积方法制得，根据激光波长的不同，采用不同掺杂半导体材料。另一类是通过分立发光中心吸收光泵能量后转换成激光输出的发光材料。这类材料以固体电介质为基质，分为晶体、非晶态玻璃和透明激光陶瓷等三种。

激光晶体中的激活离子处于有序结构的晶格中，玻璃中的激活离子处于无序结构的网络中，激光陶瓷是一种透明的无气孔的多晶体。以下对这两种材料分别进行简要介绍。

11.2.2 激光晶体

1. 激光晶体的要求

晶体为激光基质的材料种类繁多，大约有 100 余种，作为激活离子的大约有 20 几种。从激光工作状况来看，一种好的基质材料应满足如下几点：①硬度大，可机械加工，端面可抛光，加工后使用时不发生断裂；②热传导率高，过剩的热量能很快从材料中散发出来；

③热膨胀系数低，工作材料可以刚性安装，在泵浦时光子畸变很小；④没有与泵浦和发射激光的激活离子相干扰的其他激活离子存在；⑤与 O_2、N_2、CO_2 和 H_2O 不起化学反应。

至今具有实用价值的激光晶体还是以 YAG：Nd^{3+} 及 Al_2O_3：Cr^{3+} 为主，特别是 YAG：Nd^{3+} 在实用激光材料中占90%左右。

2. 典型激光晶体材料

要得到十全十美的激光晶体材料是极其困难的，只能根据实际要求，选取符合主要条件的材料。以下着重介绍两种最成熟的典型激光晶体。

1）红宝石激光晶体

红宝石激光晶体是以 α-Al_2O_3 单晶为基质，Cr^{3+} 为激活离子组成的晶体激光材料。将铬原子掺杂至 α-Al_2O_3 晶格中后，铬原子失去 $3d^5$、$4s^1$ 三个电子，只剩下 $3d^3$ 三个外层电子，成为 Cr^{3+}。从激光器对工作物质的物化性能和光谱性能要求来看，红宝石激光晶体是一种较为理想的三能级激光材料，在激光领域中应用很普遍。现常用作大功率激光器的工作物质，尤其用以产生可见光输出的激光材料。

2）钕-钇铝石榴石激光晶体

钇铝石榴石（$Y_3Al_5O_{12}$，YAG）属立方晶系，（Nd^{3+}：$Y_3A_{l5}O_{12}$）：Nd^{3+} 的 YAG 激光跃迁能级属于四能级系统，晶体的效率和光束破坏阈值都较高，热导性能亦佳，是当前激光晶体材料的主流。

3. 其他激光晶体材料

1）钇铝酸钇晶体（Nd^{3+}：$YAlO_3$）

钇铝酸钇晶体（Nd^{3+}：$YAlO_3$）在1969年首次研制而得，它是用于获得线性偏振激光和参量振荡的较理想的材料。

2）钕氟磷酸钙（Nd^{3+}：$Ca_3(PO_4)_3F$）

该晶体出现于1968年，其阈值低、效率高，晶体易于生长，因此引起了普遍重视。

3）硅氧磷灰石（SOAP）晶体

硅氧磷灰石晶体的通式为 $MeLn_4(SiO_4)_3O$，其中 Me 为二价碱金属（如 Mg^{2+}、Ca^{2+}、Sr^{2+}），Ln 是三价稀土离子（如 Y^{3+}、La^{3+}、Gd^{3+}）。与氟磷酸钙（FAP）相比，这种基质晶体改变了激活离子的离子环境，从而提高了储能容量，并改善了材料的强度和热学性能，同时亦保留了 FAP 的高效率特性。

已有激光输出的硅氧磷灰石有 $SrLa_4(SiO_4)_3O$：Nd^{3+}、$CaLa_4(SiO_4)_3O$：Nd^{3+}、$CaY_4(SiO_4)_3O$：Ho^{3+} 等。

4）硫化氧化镧晶体（La_2O_2S，LOS）

这类晶体具有较高的输出效率，如 Nd^{3+} 激活的 LOS 连续激光输出效率是 Nd^{3+} 激活的 YAG 的8～12倍。在 LOS 同类物质中还有 Y_2O_2S。

11.2.3　激光玻璃

1. 激光玻璃的主要特点

激光玻璃的基质材料是透明玻璃，其激活离子的行为与在晶体中有所不同。晶体基质对激活离子的影响主要取决于晶体场的作用，而玻璃基质却主要取决于玻璃介质的极化作用，因此表现出来的光谱特性便有差异。在光谱和热学性能上，激光玻璃与激光晶体相比，主要有以下区别。

(1) 在玻璃基层中的激活离子与配位体之间，不仅存在着离子键的相互作用，而且还有一定的共价键作用，因此玻璃基质对激活离子的影响要比晶体为大。例如 Cr^{3+} 在 α-Al_2O_3 晶体基质中能出现特征荧光；而在玻璃中，基质的极化作用破坏了 Cr^{3+} 的 $3d$ 能级跃迁过程，便不出现荧光。只有稀土激活离子，因其有 $4f$ 层电子的较好屏蔽，才易于在玻璃基质中得到较窄的荧光。

(2) 玻璃基质的网络体是无序结构，激活离子在网络中所处的位置是不等价的，处于不同环境中的离子发生不同的能级移动，故出现了一系列中心频率稍有差别的离子线的叠加，引起离子的谱线非均匀加宽。一般来说，玻璃材料的激光阈值较高，但其储能则比晶体材料好。

(3) 玻璃的热学性能较晶体为差，它的热膨胀系数(约 10×10^{-3}/℃)要比晶体(红宝石：6×10^{-6}/℃；石榴石：7×10^{-6}/℃)大三个数量级，所以玻璃材料的受热畸变更严重；又因玻璃的热导率较小，在室温时仅为 0.002cal/(cm·s·℃)，要比晶体小一个数量级(如红宝石为 0.077cal/(cm·s·℃)，石榴石为 0.03cal/(cm·s·℃))，这会影响其冷却速度。

(4) 玻璃具有某些不同于晶体材料的特点。如易于获得高光学质量和大尺寸材料；各向同性，且能均匀掺入高浓度激活离子；玻璃的性质随其成分在很大范围内变化等。所以激光玻璃极受重视，发展很快。

激光玻璃的光谱特性主要取决于稀土离子的性质，但玻璃基质对激活离子的影响亦不容忽视。稀土离子等以离子键和高配位数状态处于结构网络的空隙，称为网络外体。目前，对于稀土离子在玻璃中的能级结构了解得还不很充分，仅对 Nd^{3+} 等少数几种离子有较系统的研究。

2. 实用的激光玻璃系统

在激光玻璃中，最重要的是钕玻璃。Nd^{3+} 几乎能在所有的无机玻璃中产生荧光，于许多玻璃系统中都能产生受激发射。但具有实用意义的玻璃基质却只有以下三种玻璃系统。

1) 硅酸盐系统玻璃

硅酸盐系统玻璃是目前使用范围最广的激光玻璃。按成分来看，有 K_2O-BaO-SiO_2 系统的钡冕玻璃、R_2O-CaO-SiO_2 系统的钙冕玻璃(R 为碱金属)和 Li_2O-CaO(MgO)-Al_2O_3-SiO_2 系统的高弹性玻璃等。硅酸盐系统钕玻璃具有荧光寿命长、量子效率高、物化性能好(失透倾向小、化学稳定性好、机械强度高)、生产工艺较简单且成熟等特点，一般用于高能和高功率输出激光器。

2) 硼酸盐及硼硅盐系统玻璃

含硼玻璃的荧光寿命较短、量子效率较低，但 Nd^{3+} 在其中的吸收系数较高，热膨胀系数较低。因脉冲振荡的阈值能量与荧光寿命成正比，硼玻璃虽荧光寿命短而吸收系数高，可得到较低的阈值能量，适合于高重复率脉冲工作的激光器。

3) 磷酸盐系统玻璃

磷酸盐系统玻璃的荧光寿命较短，荧光谱线窄，Nd^{3+} 在其中的近红外吸收较强，有利于光泵能量的充分利用。由于在制造工艺上的困难，如其对耐火材料坩埚的侵蚀严重、光学均匀性差等，限制了它的广泛应用。然而，通过调整玻璃的成分可获得热光系数很小的磷盐玻璃，因此近来颇受关注，已用于重复频率器件上。

11.2.4　透明激光陶瓷

1. 透明激光陶瓷的优点

激光技术的一个重要发展方向是高平均功率、高峰值功率的固体激光器。固体激光器的核心是固体激光工作物质。

玻璃基质虽然能得到大尺寸样品，但其热导率太低，很难实现大功率激光器；单晶的热导率要比玻璃高，但是单晶生长周期长，成本昂贵，而且很难获得高品质、大尺寸的晶体。相对于单晶和玻璃，陶瓷具有以下优点：①可以掺杂高浓度的激活离子，而且掺杂均匀；②制备周期短，成本低，可以大批量生产；③可以制备大尺寸、形状复杂的材料；④可以制备多层多功能陶瓷材料。

2. 透明激光陶瓷制备

因为陶瓷中存在的晶粒晶界、气孔、杂质等结构与组织对光产生散射与吸收严重，故一般的陶瓷是不透明的。要使陶瓷变得透明，必须将陶瓷中的晶粒晶界、气孔、杂质等降到很低的水平，并控制其晶粒尺寸。通过粉体制备过程、成型与烧结过程的优化与精密控制，获得透明激光陶瓷的工艺目前已基本成熟。如在Nd：YAG陶瓷中，已达到的水平为：晶粒晶界约1nm，气孔大小约5μm，孔积率在ppm(10^{-6})量级，晶粒大小均匀，尺寸约几十微米，杂质控制在很低的程度。

陶瓷中晶粒尺寸在几十微米量级，其化学成分更接近于理想的成分组成，而光学性能、机械性能、导热性能等类似于晶体或优于晶体。而且在陶瓷中，激活离子随机分布在晶粒的内部与表面，没有明显的偏聚现象，激活离子受到的晶场作用、激活离子的能级结构、激活离子的电子能级跃起等类似于晶体中的情况。

3. 研究中的透明激光陶瓷

激光陶瓷大致可以分为氧化物陶瓷、氟化物陶瓷(包括Ⅱ-Ⅵ族化合物陶瓷)、金属酸化物陶瓷等三类。

氧化物陶瓷类似于晶体，其硬度、脆性等机械性能好，热传导率高，化学性能稳定，适于稀土离子(Ln^{3+})和过渡金属离子(TM^{3+}、TM^{4+})掺杂，是非常重要的基质材料。人工石榴石和一些倍半氧化物等的晶粒具有立方结构，是典型的氧化物陶瓷的代表。

人工石榴石包括钇铝石榴石($Y_3Al_5O_{12}$，YAG)、钇钪铝石榴石($Y_3ScAl_4O_{12}$，YSAG)和钆镓石榴石($Gd_3Ga_5O_{12}$，GGG)等，已在前两种氧化物中进行了Nd^{3+}、Er^{3+}、Yb^{3+}、Tm^{3+}、Cr^{4+}等离子掺杂，并实现了激光振荡，掺这些离子的YAG陶瓷目前也已获得了商业应用。Nd：YAG透明陶瓷具有制备工艺简单、成本低、可实现高浓度掺杂、可制作大尺寸等优点。1995年，成功制备了Nd：YAG透明陶瓷，并首次实现了Nd：YAG透明陶瓷的激光输出。

2006年,曾用5块100mm×100mm×20mm的Nd:YAG透明陶瓷组成的固体激光器获得了67000W的激光输出,这是迄今固体激光技术发展的最高水平。

立方结构的倍半氧化物陶瓷有Y_2O_3、Lu_2O_3、Sc_2O_3、$YGdO_3$等,它们是一些难以进行单晶生长的高熔点激光陶瓷,在这些基质中已掺杂了Nd^{3+}或Yb^{3+}离子并实现了激光振荡,这些激光陶瓷在物理化学性能、激光性能等方面,有优于YAG陶瓷的地方,在高功率激光和超短脉冲应用上有很大的潜力。

已报道的氟化物激光陶瓷还只有掺镝的氟化钙(Dy^{2+}:CaF_2),激光波长是2.36μm,它也是最早研究的激光陶瓷。Ⅱ-Ⅵ族化合物激光陶瓷目前也只有掺铬的硒化锌(Cr^{2+}:ZnSe)被报道,它在中红外有一个宽的可调谐波段(2000～3100nm),未来在高分辨率光谱、医疗、激光雷达、光参量振荡器(OPO)中有重要应用。

11.3 光电转换材料

光电转换是指将光能转化为电能。目前通常指的光电转换材料大都指将太阳能转换为电能的材料。

11.3.1 太阳能电池概述

太阳能电池是一种将光能转换为电能的器件。太阳能电池最初用于人造卫星、宇宙飞船以及军事通信等装置的电源。随着太阳能电池的成本逐渐降低,其应用范围日益扩大,目前已试用于电视机、冰箱制冷、电动汽车、计算器等方面。

太阳能是人类取之不尽、用之不竭的可再生能源,全球一年的能量消耗总和只相当于太阳40min内投射到地球表面的能量。因此开发利用太阳能成为世界各国政府可持续发展能源的战略决策。更重要的是,因为它对环境没有污染,是理想的清洁能源。各国都制订了各种太阳能利用规划,在有效利用太阳能的过程中,太阳能的光电利用是近些年来发展最快、最受瞩目的项目,是最具活力的一个研究领域。

现在已有许多种类的太阳能电池,半导体太阳能电池是最常见的,应用最为广泛。目前制作太阳能电池主要是以半导体材料为基础,其工作原理是利用光电材料吸收光能后发生的光电子转移反应。根据所用材料的不同,可分为:①硅(单晶硅、多晶硅和非晶硅)太阳能电池;②砷化镓、硫化镉、铜铟硒等多元化合物为材料的电池和纳米晶太阳能电池等。

不论以何种材料来制作电池,对太阳能电池材料一般的要求有:①半导体材料的禁带不能太宽,这样才可以充分吸收不同波长的太阳光能;②要有较高的光电转换效率;③材料本身对环境不造成污染;④材料便于工业化生产且性能稳定。从设计角度来说,要求光电转化材料与金属电极相匹配,内阻小,与透明导电薄膜相匹配,有利于载流子的传输等。

从太阳电池的发展来看,第一代太阳能电池为单晶硅、砷化镓等太阳能电池,第二代为多晶硅、非晶硅等太阳能电池,第三代太阳能电池就是化合物薄膜太阳能电池及薄膜Si系太阳能电池。

11.3.2　单晶和多晶光电池材料

目前单晶光电池的材料主要是硅和砷化镓。砷化镓(GaAs)为Ⅲ-V 化合物材料，具有十分理想的光学带隙以及较高的吸收效率，抗辐照能力强，对温度不敏感，适合于制造高效单结电池。GaAs 化合物电池的转换效率可达 28%，但是 GaAs 材料的价格不菲。GaAs 电池很难普及，主要用在航天和特种军用设备上。

单晶硅光电池是当前开发最快的一种太阳电池，它以单晶硅棒为原料，纯度要求99.999%。目前单晶制备以及 p-n 结的制备都有成熟的集成电路工艺作保证。

硅的密度低，材料轻；即使是 50μm 以下厚度的薄片也有很好的强度；与多晶硅、非晶硅比较，转换效率高；电池工作稳定，已实际用于人造卫星等方面，并且可以保证 20 年以上的工作寿命。

单晶硅光电池的结构和工艺已定型，通过各种结构的改进，其转换效率可达 20%以上，产品已广泛用于空间和地面。

单晶硅太阳能电池因为资源丰富，转换效率高，所以是现在开发最快的产业。但因其制造工艺复杂，需消耗大量的能源，所以有成本高、能源回收周期长的缺点。

多晶硅太阳能电池由定向凝固的方法铸造而成。目前多晶太阳能电池用废次晶硅材料和冶金级硅材料熔化浇注而成，也可注入石墨铸模中成晶带，故原材料成本比较低；电池的制造工艺基本上与单晶硅太阳能电池类似。这种低成本的多晶硅太阳能电池已经大量生产，目前多晶硅太阳能电池的转换率可以做到比单晶硅太阳能电池的转换率低 1.5%，它在太阳能电池工业中所占的份额也相当大。

11.3.3　薄膜光电池材料

目前市场上应用的太阳电池仍以单晶硅、多晶硅电池为主，但薄膜太阳电池被公认为是未来太阳电池发展的主要方向，并已成为国际上研究最多的太阳电池技术之一。这是因为薄膜太阳电池具有生产制造成本低、能量回收期短、便于大面积连续生产等突出优势。它的另外一个特点是，可被制成柔性可卷曲形状，使得其应用环境更加广泛，例如在建筑光伏一体化、荒漠电站等领域均具有广阔的应用前景。

薄膜太阳电池在降低成本方面比晶体太阳电池具有更大的优势：一是薄膜化可极大地节省昂贵的半导体材料；二是薄膜电池的材料制备和电池同时形成，因此能节省多道工序。为此，自 20 世纪 70 年代以来，世界各国政府纷纷制定了中长期规划，并投入巨资研发，这样使得薄膜太阳电池在研究和开发应用两个方面均取得了长足的进展。

1. 多晶硅薄膜电池

多晶硅薄膜电池既具有晶体硅电池的高效、稳定、无毒、材料资源丰富，又具有薄膜电池的用材少、成本低的优点，是第二代光伏电池的主要代表。

薄膜太阳电池所用衬底材料主要为冶金级硅片、石墨、玻璃、陶瓷等价格相对便宜的材料，低温(550～600℃)等离子体法和 CVD 法通常能在硅基片获得高质量的硅膜。目前多晶硅薄膜太阳电池的效率可达 19%（$1cm^2$）。

2. 非晶硅太阳电池

非晶硅太阳电池是 20 世纪 70 年代中期才发展起来的一种新型薄膜太阳电池。由于这种电池采用了低温工艺技术（约 200℃），用材少（活性层厚度小于 1μm），材料制备与器件同时完成，便于工业化生产，价格低廉，因而普遍受到人们的高度重视，并得到迅速发展。

非晶硅电池的转换效率已从 1976 年的 1%～2%提高到时间稳定的 12%～14%。其中 10cm×10cm电池的转换效率为 10%，小面积的单结的电池转换效率已超过 13%。

3. CdTe 薄膜太阳电池

CdTe 是Ⅱ-Ⅵ族化合物，直接带隙材料，禁带宽度为 1.45eV。在较高的环境温度下也能正常工作，具有很好的抗辐射性能。此外，碲化镉太阳电池由多晶的薄膜所构成，制备工艺相对简单。由于 CdTe 是直接带隙材料，其能隙宽度与太阳光谱有很好的匹配，其光吸收系数极大，厚度 1μm 的薄膜就可以吸收能量大于其禁带宽度光能的 99%，就降低了对材料扩散长度的要求，且其光谱响应与太阳能光谱十分吻合，是十分理想的太阳电池吸光材料，已成为公认的高效、稳定、廉价的薄膜太阳电池材料。

从 20 世纪 90 年代中期以来，以不锈钢柔性材料为衬底的 CdTe 太阳电池越来越引起人们的兴趣。由这种材料制造的太阳电池，不仅具有一般 CdTe 电池的优点，而且由于衬底材料厚度可以做到 50mm 或更薄，可显著减轻太阳电池的重量。由于制备的 CdTe 薄膜电池需通过高温（500℃）退火工艺使其重结晶和晶型转换，而一般的太阳电池所用的衬底都是导电玻璃，玻璃在此温度会发生形变及熔化；并且玻璃的导热性较差，在制作大面积电池时会因传导热量不均产生热应力，这些应力可导致玻璃形变甚至断裂。金属柔性衬底可耐高温，其导热性能好，所以民用的潜力很大。

CdTe 多晶薄膜太阳电池转换效率理论值为 29%。面积为 706 cm^2 的组件，其效率已超过 10%。从多晶 CdTe 薄膜已达到的转换效率、可靠性和价格因素等方面看，它在地面太阳能光伏转换应用方面发展前景较为广阔。

4. CuInSe 系薄膜太阳电池

$CuIn_{1-x}$—Ga_xSe_2（CIGS）具有黄铜矿相结构，是 $CuInSe_2$ 和 $CuGaSe_2$ 的混晶半导体。由于可通过改变 x 而使半导体的禁带宽度在 1.04～1.68eV 范围变化，非常适合调整和优化禁带宽度。例如通过调整薄膜中 Ga 的含量，形成梯度带隙半导体材料，会产生表面背场效应（back surface field ，BSF），可获得更多的电流输出；使 p-n 结附近的带隙提高，形成 V 形带隙分布等。可进行带隙剪裁（band tailoring）是 CIGS 系相对于其他系列电池如 CIS、Si 系和 CdTe 系等的最大优势。

CuInSe 薄膜的生长方法主要有真空蒸发法、Cu-In 合金膜的硒化处理法（包括电沉积法和化学热还原法）、封闭空间气相输运法、喷涂热解法、射频溅射法、丝网印刷法、电镀法、激光烧蚀法、卤素输运法和金属有机物化学气相沉积法等。目前只有真空蒸发法和硒化法能制得高效率太阳电池。

CIGS太阳电池对于宇宙射线具有很强的抗辐射能力，CIGS太阳电池的抗辐射能力远高于InP系、GaAs系和Si系太阳电池。由宇宙射线造成的CIGS晶格缺陷，能被其中的Cu和In复合缺陷吸收，而Cu和In组成的复合缺陷对CIGS光电池的电性能没有影响，所以CIGS太阳电池有极强的抗辐射能力。

柔性CIGS薄膜太阳电池多沉积于金属箔（不锈钢、金属钛等）或高分子聚合物（多为聚酰亚胺）薄膜基底上，具有质轻、可卷曲折叠、不怕摔碰、抗辐射能力强等特点，而且允许以卷带方式连续化沉积，其材料成本和生产成本都会明显降低，是目前太阳电池研究的一个热点。目前结构为glass/Mo/CIGS/CdS/ZnO的电池已经达到了与多晶Si太阳电池相当的18.8%的转换效率；不锈钢基板CIGS太阳电池效率也达到了17%。

从前面介绍的各种薄膜太阳电池看，CIGS可能具有更大发展空间。这是因为：①非晶硅太阳电池虽然制造成本低，但稳定性差，转换效率在光照下会衰减；②多晶硅膜太阳电池，其膜厚并不能做到像CdTe、CIGS那样十几微米级，所以在降低材料成本方面潜力并不比CIGS大；③CIGS既可用于地面，也可用于太空中，所以用途比其他薄膜电池要广泛；④能进行带隙剪裁是CIGS相对于Si系和CdTe系太阳电池的最大优势，其禁带宽度可在1.04～1.7eV范围调整，这就为太阳电池最佳带隙的优化提供了新的途径；⑤CIGS可在玻璃衬底上形成缺陷很少的、晶粒很大的高品质结晶体，而这种晶粒尺寸是一般的多晶薄膜根本无法达到的（晶粒尺寸大有利于光生载流子的迁移）；⑥对Si系半导体来说，Na等碱金属会严重减少子寿命，是半导体的“杀手”，而在CuInSe系和CIS系中，微量的Na却能提高转换效率和成品率，用钠钙玻璃作为CIS系的衬底，不仅成本低，膨胀系数相近，还会因微量的Na掺杂而提高电池的转换效率和成品率；⑦CIGS系在已知的半导体材料中是光吸收系数最大、最适合薄膜化的，并且没有光致衰退效应的半导体材料。为此各国科学家都加强了对CIGS材料和光电池结构的研究。

5. 染料敏化太阳电池材料

染料敏化太阳电池（dye-sensitized solar cells，DSC）是新型薄膜太阳电池中最具有代表性的一类电池。其工作原理是光电化学过程。这种新型太阳电池以生产成本低、易于工业化生产的工艺技术、较短的资金回收周期以及广阔的应用前景，吸引众多科学家与企业投入很大力量进行理论研究和产业化研究。

染料敏化太阳电池中的几个重要组成部分为纳米半导体多孔薄膜、染料光敏化剂、电解质体系和对电极等。其中纳米半导体多孔薄膜是DSC的关键组成部分之一，它不仅影响着染料光敏化剂的吸附、入射光在多孔薄膜内的传输，还承担了光生电子在膜内收集和传输的媒介作用。目前多孔薄膜主要采用纳米TiO_2，并在DSC上取得较好的成果后，还加强了对ZnO、Nb_2O_5、SnO_2、WO_3、CeO_2、In_2O_3和ZrO_2等宽禁带氧化物半导体的应用研究。用于DSC的染料光敏化剂按其结构中是否含有金属原子或离子，分为有机和无机两大类。无机类的染料光敏化剂主要集中在钌、锇类的金属多吡啶配合物、金属卟啉、酞菁、无机量子点等。有机染料包括合成染料和天然染料。

理论上讲，染料敏化电池的生产成本最低，但其产业化尚需时日。

11.4 光电探测材料

光电探测材料是利用光电、电光转换功能进行探测的材料。光电探测材料按探测器工作方式和探测器机理可分为光电导型、光生伏打型、热释电型和量子阱型等。本节主要介绍红外探测器材料与紫外探测器材料。

11.4.1 光电探测器概述

光电探测器是利用半导体材料的光电导效应制成的一种光探测器件。所谓光电导效应，是指由辐射引起被照射材料电导率改变的一种物理现象。光电探测器在军事和国民经济的各个领域有广泛用途。在可见光或近红外波段主要用于射线测量和探测、工业自动控制、光度计量等；在红外波段主要用于导弹制导、红外热成像、红外遥感等方面。光电导体的另一应用是用作摄像管靶面。为了避免光生载流子扩散引起图像模糊，薄膜靶面都用高阻多晶材料，如 PbS-PbO、Sb_2S_3 等。其他材料可采取镶嵌靶面的方法，整个靶面由约 10 万个单独的探测器组成。

随着半导体微电子技术的发展，各种新的光电导材料不断出现。在可见光波段方面，到 20 世纪 50 年代中期，性能良好的硫化镉、硒化镉光敏电阻和红外波段的硫化铅光电探测器都已投入使用。60 年代初，中远红外波段灵敏的 Ge、Si 掺杂光电导探测器研制成功，典型的例子是，工作在 3～5μm 和 8～14μm 波段的 Ge：Au（锗掺金）和 Ge：Hg 光电导探测器。60 年代末以后，HgCdTe、PbSnTe 等可变禁带宽度的三元系材料的研究取得进展。

通常，凡合适的禁带宽度或杂质离化能半导体材料都具有光电效应。但是制造实用性器件还要考虑性能、工艺、价格等因素。目前光电探测器所用材料一般有Ⅲ-Ⅴ族、Ⅱ-Ⅵ族、Ⅳ-Ⅵ族、Ⅳ-Ⅳ族化合物半导体材料、硅元素半导体材料及热释电材料。常用的光电探测器材料在射线和可见光波段有 CdS、CdSe、CdTe、Si、Ge 等；在近红外波段有 PbS、PbSe、InSb、$Hg_{0.75}Cd_{0.25}Te$ 等；在长于 8μm 波段有 $Hg_{1-x}Cd_xTe$、Pb_xSn_{1-x}、Te、掺杂 Si、掺杂 Ge 和 CdS、CdSe、PbS 等多晶薄膜材料。

可见光波段的光电导探测器 CdS、CdSe、CdTe 的响应波段都在可见光或近红外区域，通常称为光敏电阻。它们具有宽的禁带宽度（远大于 1eV），可以在室温下工作，因此器件结构比较简单，一般采用半密封式的胶木外壳，前面加一透光窗口，后面引出电极。

由于光电探测器的工作波段覆盖电磁波谱中的紫外、可见、红外波段，对应的探测器材料又可分为紫外探测器材料、可见探测器材料和红外探测器材料几类。

11.4.2 红外探测器的类型

红外光是波长较可见光波长更长的不可见光，波长范围为 0.75～1000μm，室温附近的物体发射的光波多属于红外波段的 8～10μm 红外光。随着红外技术的发展及在各个领域的广泛应用，红外探测器材料是目前研究、发展、应用最为成熟的探测器材料。

从现在应用的探测器的工作机理看，红外探测器可大致分为热探测型、光子探测型和热释电型三大类。按工作物质的材料可将红外探测材料分为半导体探测材料、热释电探测材料、超导材料和超巨磁阻探测材料。其中半导体红外探测材料发展时间较长，较为成熟。超导探测探测相对来说比较新，其技术及制备工艺还不成熟；而超巨磁阻探测材料更是刚刚发展起来的新兴结构。但超导(包括低温和高温超导)和超巨磁阻都有半导体材料所不具备的优势。下面将对前两种材料进行介绍。

半导体红外探测器主要有四种类型：①光导型，又称光敏电阻型；②光伏型，利用的是 p-n 结的光生伏特效应；③光发射-Schottky 势垒探测器；④量子阱探测器。

1. 热探测器

热探测器是利用材料吸收红外辐射后，产生温度变化的热效应引起材料物理性质的变化而工作的。这种变化可以是固体或液体的体积膨胀(如高莱探测器)，也可以是电阻变化而引起的负载电阻两端电压的变化(如金属薄膜测辐射热计、半导体薄膜测辐射热计和超导薄膜测辐射热计)，也可以是两种不同温差电动势材料结点上电压的变化(如热电偶和热电堆)。在 19 世纪和 20 世纪上半叶，都是利用热效应创制的多种“热敏型”红外探测器来探测红外辐射的。

这类探测器对各种红外波长原则上都有相同的探测率。但是，热敏型探测器要等到敏感元的温度上升到稳定值后才能给出准确的响应，因而它的响应时间较长。

2. 光子探测器材料

光子探测器材料是利用光子直接与电子相互作用产生光电效应的原理而工作。半导体材料制作的红外探测材料大都属于光子探测型。

由于电子可以被束缚在晶格原子周围，也可以是自由电子，因而光子与物质的作用存在多种形式。一种是入射光子引起吸收光的物质表面所发生的光电效应，该效应称为外光电效应或光电发射效应。利用此种效应的典型是光电管与光电倍增管探测器的阴极发射材料，这层材料决定了这类探测器的光谱响应和量子效率，大多数阴极材料都只能在可见光区有良好的灵敏度，光谱响应范围一般小于 1.5μm。

另一种是入射光子引起吸收光的物质体内所发生的光电效应，该效应称为内光电效应。该种效应可以是价带电子激发至导带的本征光电效应，也可以是杂质能带上的电子或空穴激发至导带或价带的非本征光电效应，还可以是利用肖特基势垒的内光电发射效应。与之相对应的红外探测器材料分别称为本征探测器材料、非本征探测器材料和内光电发射材料。因此光子探测器又称光电型探测器。

红外波段的光电导探测器材料中，PbS、$Hg_{1-x}Cd_xTe$ 的常用响应波段在 1～3μm、3～5μm、8～14μm 三个大气透过窗口。由于它们的禁带宽度很窄，因此在室温下，热激发足以使导带中有大量的自由载流子，这就大大降低了对辐射的灵敏度。响应波长越长的光，电导体这种情况越显著，其中 1～3μm 波段的探测器可以在室温工作(灵敏度略有下降)。3～5μm 波段的探测器分三种情况：①在室温下工作，但灵敏度大大下降，探测度一般只有 1～7×10^8cm·Hz/W；②热电致冷温度下工作(约－60℃)，探测度约为 10^9 cm·Hz/W；③77K 或更低温度下工作，探测度可达 10^{10}cm·Hz/W 以上。8～14μm 波段的探测器必须在低温下工作，因此光电导体要保持在真空杜瓦瓶中，冷却方式有灌注液氮和用微型制冷器两种。

红外探测器的时间常数比光敏电阻小得多，PbS 探测器的时间常数一般为 50～500μs，HgCdTe 探测器的时间常数在 10^{-6}～10^{-8}s 量级。红外探测器有时要探测非常微弱的辐射信号，例如 10^{-14}W；输出的电信号也非常小，因此要有专门的前置放大器。

3. 热释电型红外探测器

热释电型红外探测器是利用材料的热释电效应，即利用因红外吸收引起元件温度变化所造成的表面电荷的变化（自发极化的变化）来进行探测目标的。此类探测器因不需要制冷，可在室温工作，且其灵敏度与红外辐射波长无关，所以，日益受到世界发达国家的重视。

表 11.4.1 列出了一些重要的红外探测器材料的工作原理、工作波段、主要特点及应用领域。

表 11.4.1　常用红外探测器材料的特征

探测器材料	类型	工作波段/μm	主要特点	主要应用领域
PbS	本征光导型	1～5	E_g 随温度升高而升高，且响应波长移向短波	红外测温、跟踪、制导、预警等
PbSe	本征光导型	1～5		手提式热像仪
PbSnTe		8～14	改变固溶体的组分比可改变材料的截止波长	红外热成像、夜视、跟踪
InSb	光导型	3～5	可在室温和低温下工作	天文观察、红外热成像、跟踪、制导等
	光伏型		零偏压下工作探测率和响应率都很高	
	光磁电型		可在室温下工作、响应速度快、不需偏置	
Pt：Si 肖特基势垒（SBD）	内光电发射效应	3～5	可用硅超大规模集成电路工艺制成阵列密度最高的大面积探测器，且探测器红外响应均匀性好、分辨率高、结构简单、生产成本低	红外热成像、制导等
HgCdTe	本征光导型 光伏型	1～14	适当选择固溶体的组分可调节响应波长，量子效率高、热激发速率小、光电导增益和响应率较高，热膨胀系数与硅接近，可制备集成器件	夜视、火控、侦察、监视、精密制导、光电对抗等
硅掺杂 In、S、Ti	非本征光导型	3～5	探测器可与硅信号处理电路集成在同一硅片上	空间探测技术
硅掺杂 Al、Ga、Bi、Mg		8～14		
AlGaAs/GaAs InAsSb/InSb HgTe/CdTe	超晶格量子阱	8～12	通过组分与厚度控制响应波长	红外焦平面器件
$LiTaO_3$、SBN、 $PbTiO_3$、PLZT	热释电型		化学和机械性能稳定、容易加工	焦平面探测器、热像仪等

11.4.3　光电型探测器材料

光电效应是半导体中的电子直接吸收光子而引起电学性质的变化，因而它的响应很快，比热敏型红外探测器的响应要快好几个数量级。光电效应要求光子的能量大于一定值，因而光电型红外探测器的响应波长都有一个长波限。

根据半导体能带理论，价带中的电子只有接收外界能量才会越过禁带进入导带。当电子受到光子作用，光子能量大于禁带宽度时，则电子被激发到导带，变成传导电子，对半导体导电性能有贡献，这部分电导称光电导。因此，给定的半导体材料，根据它的能带性质，它的光电导体所敏感的光波长是固定的，λ_0 为截止波长，即波长大于 λ_0 的光子不能将电子激发到导带，对光电导不做贡献：

$$\lambda_0 \leqslant 1.24/E_g(\mu m) \tag{11.4.1}$$

式中，E_g 为禁带宽度，eV。由于热涨落、热激发也会使电子跃迁到导带对光电导起着干扰作用，为了使热激发不发生或不显著，许多光子探测器要求在特定的低温条件下工作。这种探测器称为本征光电导，许多化合物半导体探测器，如硫化镉（CdS）、硫化铅（PbS）、硒化铅（PbSe），Ⅳ-Ⅴ族的锑化铟（InSb）、砷化铟（InAs）和三元化合物半导体碲镉汞（$Hg_{1-x}Cd_xTe$）、碲锡铅（$Pb_{1-x}Cd_xTe$）等都属于这一类。三元化合物通过调整 x 数值（即改变成分）可以制成各种禁带宽度（E_g）的半导体，用它们制成的探测器可以响应各种波长辐射。

还有一种光电导材料是掺入杂质的半导体，利用在杂质能级上电子（或空穴）受光子激发跃迁到导带，从而探测辐射，称为杂质光电导。例如锗掺杂材料，锗掺汞（Ge∶Hg）响应8～14μm 辐射，工作温度35K；锗掺铜（Ge∶Cu），峰值响应波长23μm，工作温度4.2K。硅掺杂材料，硅掺镓（Si∶Ga），工作温度29K，响应8～14μm 辐射。

11.4.4　热释电探测器材料

热释电型红外探测器是利用材料的热释电效应，即利用因红外吸收引起元件温度变化所造成的表面电荷的变化（自发极化的变化）来达到探测目标的。此类探测器因不需要制冷，可在室温工作，且其灵敏度与红外辐射波长无关，所以，日益受到世界发达国家的重视。

该类红外探测器灵敏度、反应速度等在很大程度上取决于材料的热释电性能的好坏，因此不断提高材料的热释电性能或开发研制新型热释电材料是研制高性能红外探测器的关键。欲制造性能优异的红外探测器，对材料特性有以下要求：

（1）热释电系数 π 要大，且 π 的温度系数比较小，居里温度 T_c 要高；

（2）介电常数 ε_r 要小，噪声源的介质损耗角正切 $\tan\delta$ 也应小；

（3）品质因数 $Q=\dfrac{\pi}{C_V\varepsilon_r^{\frac{1}{2}}}$ 要大（C_V 为定体热容）；

（4）良好的加工性能；

（5）良好的耐水溶性，耐酸性、耐碱性等物理化学稳定性；

（6）大生产条件下，重复性、均一性好，可靠性高。

目前热释电红外探测器所用材料主要有两大类：一类是单晶体材料，另一类是陶瓷材料。

由于陶瓷材料的制造、加工都较单晶体容易，通过调整成分较容易获得各种性能的制品，而且还能制成耐环境性能好、可靠性也高的红外探测器。从生产成本来看，具有热释电效应的陶瓷材料更适宜。目前用陶瓷材料制造的红外探测器正在走向实用化。在热释电陶瓷材料中，以钛酸铅($PbTiO_3$)(PT)和锆钛酸铅($Pb(ZrTi)O_3$)(PZT)系陶瓷材料研究较为成熟，已商品化。目前无铅热电陶瓷材料也是亟待开发的一种新材料。关于热释电材料我们已在 9.3 节介绍过。表 11.4.2 列出了一些热释电材料的性能对比。

表 11.4.2 热释电材料的性能对比

类别	材料名称	居里点 T_c/℃	介电常数 ε_r	热释电系数 $\pi/10^{-8}C/(cm^2 \cdot K)$	定体热容 $C_V/(J/(cm^3 \cdot K))$	品质因数 $Q=\pi/(C_V \cdot \varepsilon_r^{1/2})/(10^{-10}C \cdot cm/J)$	备注
单晶体	TGS	49.5	38	3.5	2.4	24	
	$LiTaO_3$	618	54	2.3	3.1	10	
	$Sr_{1-x}Ba_xNb_2O_6$	115	380	6.5	2.3	14	作大单晶体重复性、均一性差
陶瓷材料	P_bTiO_3	460	190	6.0	3.2	14	已商品化
	PZT	328	1400	3.7	3.0	3.3	
	PLZT(4/65/35) $Pb(Sn_{0.5}Sb_{0.5})TiZrO_3$ 系	241 220	680 380	5.2 18	2.6 2.4	7.6 38	正在开发研究阶段
	钽铌酸锂钠系	155	<100				

11.4.5 紫外探测材料

1. 探测紫外辐射的意义

地球表面附近最大的紫外光源是太阳。由于臭氧等大气气体的强烈吸收作用和部分散射作用，波长在 280 nm 以下的紫外线几乎不能到达地球表面，因此，200～280nm 波段的紫外光又称为太阳盲紫外或日盲紫外(solar blind)，只有波长为 300～400nm 的近紫外线能透过大气层到达地面。

由于没有太阳的背景辐射，在地球上或臭氧层以下的大气层中波长为 220～300nm 的辐射就非常容易被探测到。而其他波段的光探测器就会受到太阳辐射的干扰，特别是在白天。工作在 220～300nm 波段的探测器称为“盲阳(日盲)”探测器。

正是基于紫外线的“日盲”特性以及它在地球大气层中因均匀散射而呈现的背景条件，紫外探测器可对导弹等飞行器的尾焰或羽烟中能释放出大量紫外辐射的飞行目标进行实时探测或有效跟踪，在微弱的背景下探测出导弹。因此，“太阳光谱盲区”的紫外告警为反辐射导弹逼近告警提供了一种极其有效的手段。紫外探测技术是继红外和激光探测技术之后发展起来的又一军民两用光电探测技术。

2. 紫外探测器的主要类型和应用

紫外探测器有真空二极管、光电倍增管、固体探测器、电子成像型探测器等多种形式。目前主要使用的是光电倍增管，它的探测灵敏度高；但由于其本身体积大、功耗大、工作电压高，成本高，因此限制了紫外成像系统的应用。发展新型的Ⅲ-Ⅴ族氮化物等半导体光电材料的紫外探测器，成为人们关注的目标。

紫外探测器在很多领域有着重要的应用，主要包括火焰传感、臭氧监测、污染监测、水银灯消毒监控、激光探测器、导弹和太空飞船的监视和识别、空间通信、定位焊接以及引擎和燃烧室的监控。

3. 主要的新型紫外探测器材料

除光电真空二极管、光电倍增管等紫外探测器用块材料外，新型的紫外探测器为了减少尺寸和重量，目前通常采用薄膜型。GaN 和 ZnO 是两种研究得最多的紫外探测器材料，TiO_2 也见报道，但其成熟程度不及前两种。

1) GaN 基材料

GaN 材料在制造蓝光、紫光和紫外光大功率短波长耐高温器件方面已经商品化，但 GaN 基紫外探测器处于研究阶段，它对于波长大于 365nm 的可见光和红外光是不敏感的，而对于波长小于 365nm 的紫外光却有很大的光响应，从而使探测器有更高的灵敏度。因此 GaN 紫外光探测器被认为是和蓝光发光二极管、蓝光激光器同样重要的 GaN 器件。

GaN 基半导体材料具有直接带隙、低介电常数、耐高温、耐腐蚀、抗辐射等特性，非常适合制作抗辐射、高频、大功率和高密度集成的电子器件，尤其是三元合金 AlGaN，随着 Al 组分的改变，禁带宽度在 3.4～6.2eV 范围可调，使其制备的探测器可覆盖 200～365nm 的探测范围。

日盲型紫外探测器 $Al_xGa_{1-x}N$ 材料的组分 x 需要达到 0.4 以上，也就是所谓的高铝组分 AlGaN 材料，在制作上有较大的难度。

日盲型 AlGaN 紫外探测器利用太阳光谱盲区的紫外波段探测目标，其背景干扰小，且不需要低温制冷、体积小、质量轻，与硅紫外探测器、光电倍增管等紫外探测器相比具有独特的优势。因而其应用备受关注，是当今半导体探测器的研究热点。

2) ZnO 材料

氧化锌(ZnO)是一种Ⅱ-Ⅵ族宽带隙半导体材料，具有优异的光学、电学性能，在蓝光发光二极管、激光器、紫外探测器、太阳电池等器件领域有着广阔的应用前景。ZnO 有很好的成膜特性，能在较低的温度下制备出有较好晶体质量的 ZnO 薄膜。ZnO 薄膜的原料丰富、成本低、无毒、对环境无污染等。

ZnO 膜的生长温度可低于 700℃，比 GaN(生长温度 1050℃)要低得多。ZnO 薄膜在室温下光致发光和受激辐射有较低的阈值功率，有较高的能量转换效率。

目前文献记载的 ZnO 紫外探测器是光电导型 ZnO 紫外探测器。通常用蓝宝石衬底，故其价格昂贵，也见石英衬底上制备了 MSM 结的报道。

11.5 光电显示材料

光电显示材料用于各类光电显示器件或光电显示仪表。光电显示技术是多学科的交叉综合技术，主要有以下一些类型：①阴极射线管(cathode ray tube,CRT)。阴极射线管是传统的光电信息显示器件，它显示质量优良，制作和驱动比较简单，有很好的性价比，但同时它也有一些明显的缺点，如使用电压高、会发射软X射线、体积大、笨重、可靠性不高等。②液晶显示(liquid crystal,LC)。液晶是一种介于固体与液态之间的有机化合物，兼有液体的流动性与固体的光学性质，是液晶显示器(LCD)中的主要部分。③等离子体显示(plasma display panel,PDP)。等离子体显示是利用气体放电发光进行显示的平面显示板，可以看作是由大量小型日光灯排列构成的。等离子体显示技术成为近年来人们看好的未来大屏幕平板显示的主流。④电致发光(electro luminescence)。它是将电能直接转换成光能的一种物理现象。由电致发光原理制作致发光显示器(field emitting tube,FET)是另一种很有发展前途的平板显示器件。

11.5.1 阴极射线管用显示材料

阴极射线管(cathode ray tube,CRT)是将电信号转变为光学图像的一类电子束管，人们熟悉的电视机显像管就是这样的电子束管。它主要由电子枪、偏转系统、管壳和荧光屏构成。CTR的结构如图11.5.1所示。

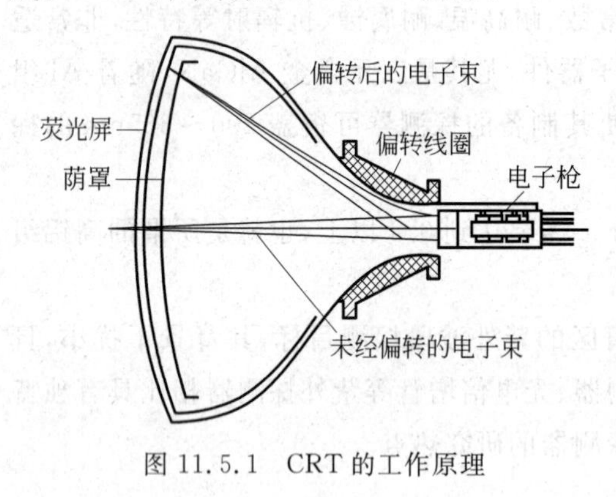

图11.5.1 CRT的工作原理

荧光屏是阴极射线管中的显示部分，它是用荧光粉涂敷在玻璃底壁上制成的。常用沉积法涂敷荧光粉。对荧光粉的性能要求是发光颜色满足标准白色，发光效率高，余辉时间合适以及寿命长等。黑白电视机采用浅蓝色与白色配合作为发光颜色，具有这种发光颜色的荧光粉通常通过两种荧光粉的合理调配而获得。其中最好的一个配方是ZnS：Ag^+(发黄光)与$Zn_{0.5}Cd_{0.5}S$：Ag^+或者$Zn_{0.9}Cd_{0.1}S$：Cu,Al的配合。

彩色电视的色彩是由彩色显像管中发射红、绿、蓝光的三种基色荧光粉在电子束作用下发出不同亮度的三色光搭配而成的。在此，对于这三种荧光粉不仅要求它们具有流明效率高、颜色饱和度大等特性，而且还要求它们的亮度相应匹配。在这三种荧光粉中，作为蓝基色和绿基色的荧光粉以前用的是非稀土的硫化物荧光粉。最好的一种蓝色荧光粉是ZnS：Ag^+，它的辐射效率非常高，已接近于理论极限。彩色电视机超额完显示器中常用的绿色荧光粉是硫化物ZnS：Cu,Cl(或Al)。其他两种颜色的荧光粉都是稀土荧光粉。

彩色电视机显像管和计算机显示器都是用CTR，但显像管注重颜色再现性，而计算机显示器优先考虑亮度。目前彩色显像管中使用的红色发光粉主要是 Y_2O_2S：Eu 荧光粉，绿色荧光粉为 YAG：Tb 和 $Y_3(AI,Ga)_5O_{12}$：Tb；计算机显像管为 Y_2O_2S：Tb，Dy 和 Gd_2O_2S：Tb，Dy。蓝色荧光粉是 $BaMgAl_{10}O_{17}$：Eu。

11.5.2　液晶显示

液晶显示材料是液晶显示器件(LCD)的核心和基础。液晶显示器件具有微功率、低驱动电压、可以与 CMOS 电路直接匹配、色调柔和无闪烁、无软 X 射线以及易于实现大规模集成等优点。为了满足各种显示方式的要求，对液晶的各种物理、化学参数，如熔点、清亮点(液晶由液晶相转变为各向同性时的温度)、电阻率、粘度、光学各向异性 Δn(液晶的非寻常光折射率 n_e 与寻常光折射率 n_o 之差)、介电各向异性 $\Delta\varepsilon$(液晶分子长轴方向的介电常数 $\varepsilon_{/\!/}$ 与短轴方向的介电常数 $\varepsilon_{\perp}$ 之差)、弯曲弹性常数/展曲弹性常数(K_{33}/K_{11})、阈值电压等都有不同的要求。例如要实现响应速度快，要求材料的 Δn 大、K_{33}/K_{11} 和粘度要小。但 K_{33}/K_{11} 的降低将导致对比度的降低。所以单种液晶化合物是不可能满足显示对各参数的要求的，因而在实际应用中不是使用单体液晶，而是使用由多种单体液晶组成的液晶混合物。在调制混合液晶的过程中，通过优化组合各种单体液晶的组成和含量来协调对各参数的要求。

不同的显示方式对液晶材料特性的要求是不同的，所以液晶材料研究的一个重要工作就是如何调制出满足不同显示要求的混合液晶。调制混合液晶时需要考虑的因素很多，一般来讲，以具有低熔点和适当向列温度范围的液晶材料作为混合物的基础。如加入大 $\Delta\varepsilon$ 的单体液晶可以降低混合液晶阈值电压；加入具有高清亮点的单体液晶能增大混合液晶向列相的介晶相温度范围；选用高电阻率的单体液晶可以保证显示器在高光强下工作。表 11.5.1 列出了常用的几种单体液晶及其主要特征。

表 11.5.1　几种单体液晶的主要特征

单体液晶	主 要 特 征
联苯类	粘度较低，Δn 较大
苯基环己烷类	粘度较低、Δn 和 $\Delta\varepsilon$ 较小，三环和四环具有较高的清亮点和较宽的介晶相温度
己烷类	粘度较低、Δn 和 $\Delta\varepsilon$ 较小，Δn 的温度系数小；多氟液晶是薄膜晶体显示用混合液晶的主要成分之一，且粘度低，Δn 和 $\Delta\varepsilon$ 适中，电阻率高，电荷保持率高
炔类	Δn 高达 0.45，是非极性液晶材料(Δn 小)为主体的混合液晶的添加剂
含氟类	粘度较低，$\Delta\varepsilon$ 适中，电阻率高，电荷保持率高，能有效调节混合液晶的 $\Delta\varepsilon/\varepsilon_{\perp}$。可用于需要 $\Delta\varepsilon$ 为负值的液晶显示中
嘧啶类	粘度较大，Δn 较大，用这类液晶调制的混合液晶的 Δn 一般大于 0.2

11.5.3　场致发光材料

某些物质加电压后会发光，这种固体发光材料在电场激发下发光的现象称为场致发光或电致发光(EL)。由于薄膜晶体管(TFT)技术的发展，EL 在寿命、效率、亮度、存储上的缺点得到部分克服，成为大型显示技术三大最有前途的发展方向之一。

1. 场致发光的分类

按照场致发光激发过程的不同将其分为注入式电致发光和本征电致发光两类。

1）注入式电致发光

它指由直接装在晶体上的电极注入电子和空穴，当电子与空穴在晶体内再复合时发光的现象。注入式电致发光的基本结构是结型二极管(LED)。LED是注入式电致发光的典型例子。

p型和n型半导体接触时，在界面上形成p-n结，并由于扩散作用而在结两侧形成耗尽层，当给p-n结加正电压时，耗尽层减薄，注入到p区和n区的电子和空穴分别与原空穴和电子复合，并以光的形式辐射出能量。复合发光可以发生在导带与价带之间，称直接带间跃迁复合；也可发生在杂质能级上，称间接带间跃迁复合。直接带间跃迁复合具有概率大、发光效率高、发光强度高、发光波长随多元化合物组分连续变化等优点。间接跃迁过程较复杂：如果是单杂质材料，在常温下杂质大部分被电离，若杂质能级靠近导带底，则导带电子被杂质能级俘获并落入价带与空穴复合；若杂质能级靠近价带顶，则价带空穴被杂质能级俘获，并与导带电子复合后落回价带。

2）本征电致发光

本征电致发光是材料中不存在界面(如p-n结或异质结等)，在外加电场下的发光。它又分高场电致发光与低能电致发光。其中高场电致发光是荧光粉中的电子或由电极注入的电子在外加强电场的作用下在晶体内部加速，碰撞发光中心并使其激发或离化，电子在回复基态时辐射发光，而低能电致发光是指某些高电导荧光粉在低能电子注入时的激励发光现象。

2. 高场电致发光显示材料

高场电致发光显示一般分为交流粉末电致发光(ACEL)、直流粉末电致发光(DCEL)、交流薄膜电致发光(ACTFEL)及直流薄膜电致发光(DCTFEL)。

ACEL是将荧光粉(通常为ZnS∶Cu)悬浮在介电系数很高、透明而绝缘的胶合有机介质中，并将其夹持在两电极(其中之一为透明电极，另一个是真空蒸镀金属电极)之间而构成，实质上是大量几微米到几十微米的微小发光粉晶体悬浮在绝缘介质中的发光现象，又称德斯垂效应。加以正弦电压时，每隔半个周期，器件以短脉冲方式发光一次，激励电压有效值常需数百伏，发光持续时间约10^{-3}s。ACEL不是体发光，而是晶体内的发光线发光，发光线上的亮度可达$3.4\times10^{5}cd/m^{2}$，总体光亮度约$40cd/m^{2}$，功率转换效率约1%，寿命约1000h。采用不同的荧光粉可获得红、蓝、黄、绿等各色光显示。

11.5.4 微胶囊电泳显示及材料

微胶囊电泳显示是一种柔性显示材料，它是融合了物理、化学、电子学等学科的一种显示材料。把微粒和深色颜料包裹在微囊内，利用电泳显示原理，在微囊内实现电泳显示。采用微囊结构可抑制电泳胶粒在电泳过程中发生团聚、沉积等缺点，提高材料的稳定性，延长使用寿命。这种显示系统又称电子墨水。

电子墨水是由无数透明微囊悬浮在透明基液中而形成的悬浮体系。这些微胶囊内包含着黑色的颜料和一些更为微小的白色粒子，染料使包裹着它的透明颗粒呈现染料色，那些更为微小的白色粒子由于双电层效应而带电（如白色二氧化钛微粒带正电），在静电场作用下会向某一方向运动。当它们集中向某个方向运动时，就能使原本看起来呈黑色的微囊的某一面呈白色。由图 11.5.2 可看出，在没有电场作用时，电子墨水中的微胶囊随机分布，如图 11.5.2(a)所示，此时，白色带电微粒均匀分布在微胶囊内，显示混合色。当将电子墨水注入到两个电极之间时（上极板为透明电极，下极板为不透明电极），在电场作用下单个微胶囊内的白色粒子的运动情况如图 11.5.2(b)、(c)所示。当上极板带正电，下极板带负电时（图 11.5.2(b)），带正电的二氧化钛白色微粒在静电力的作用下向下运动，使上极板处呈现蓝色；当上极板带负电，下极板带正电时（图 11.5.2(c)），带正电的二氧化钛白色微粒在静电力的作用下向上运动，使上极板处呈现白色。电子墨水是一种墨水状的悬浮物，在外电场作用下可以实现可逆、双稳态、柔性显示，具有良好的可视性、制造成本低廉等优点。利用电子墨水制成的电子纸张，可用于报社、杂志刊物和计算机或其他设备等传递信息，实现电子报纸、杂志的更新。

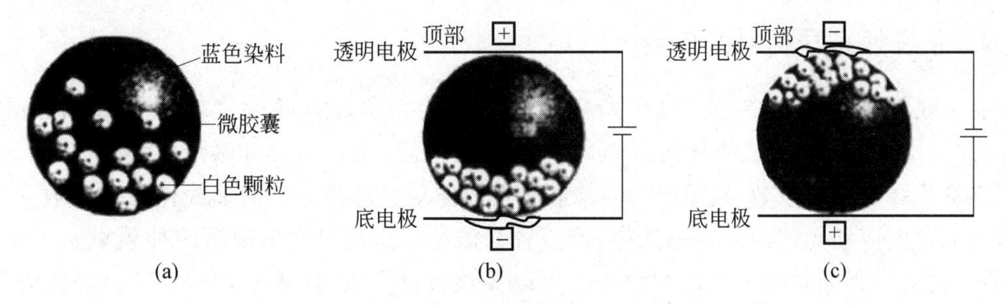

图 11.5.2　电子墨水显示示意图

(a) 没有外电场时，电子墨水微胶囊内的白色微粒随机分布；

(b) 上极板带正电何时，白色二氧化钛微粒向下极板运动，使得上极板呈观置色；

(c) 上极板带负电何时，白色二氧化钛微粒向上极板运动，使得上极板呈现白色

所谓"电子纸张"是一种薄而柔软的纸状物，由电子墨水薄层与塑料晶体管薄层压在一起而成。当电子墨水薄层与矩阵寻址相结合时，其显示器件由微胶囊电泳显示材料和附加的驱动电路来实现。撤去外电场时，由于白色微粒间及微粒与微囊壁间的相互作用，微粒能维持其加电场时的状态，不需要电场能量来维持其显示；当想改变所显示的内容时，施加适当的电场，即可实现新的显示内容。

11.6　非线性光学材料、电光材料和闪烁材料

11.6.1　非线性光学材料

非线性光学材料是指一类在受到外部光场、电场和应变场的作用后，会引起折射率、光吸收、光散射等变化的材料。在用激光作光源时，激光与介质间相互作用产生的这种非线性光学现象会导致光的倍频、合频、差频、参量振荡、参量放大等效应。

1. 非线性光学现象

在线性光学范围内，介质的极化强度 P 与入射光的电场强度 E 有如下关系：$P=\varepsilon_0\chi E$，即极化强度与电场强度有简单的正比关系。式中的 ε_0 为真空介电常数，χ 为极化率。而非线性光学则要考虑 E 的高次项对 P 的影响。P 和 E 的关系更常见的表示式为

$$P=\varepsilon_0\chi^{(1)}E+\varepsilon_0\chi^{(2)}EE+\varepsilon_0\chi^{(3)}EEE+\cdots \tag{11.6.1}$$

式中，$\chi^{(1)}$，$\chi^{(2)}$，$\chi^{(3)}$，…分别称一阶（线性）、二阶、三阶、……极化率（极化系数）；其中 $\chi^{(2)}$，$\chi^{(3)}$，…分别为二阶、三阶、……张量。二阶及其以上各阶极化率称非线性极化率。有的资料中将式(11.6.1)表示成标量形式：

$$P=\alpha E+\beta E^2+\gamma E^3+\cdots \tag{11.6.2}$$

式中，β、γ 分别称二级和三级非线性系数。

光波通过非线性材料时，极化率的非线性响应产生，产生了和频、差频等谐波。由于 β、γ 的绝对值非常小，只有电场很强时，才明显表示出非线性效应。这种情况通常只有在激光下才会发生。

2. 非线性光学材料的应用

在非线性高次项中，二次项 $\chi^{(1)}$ 所引起的非线性光学效应最为显著，主要有光的倍频($\omega_3=\omega_1+\omega_2$ 且 $\omega_1=\omega_2$)、和频($\omega_3=\omega_1+\omega_2$)、差频($\omega_3=\omega_1-\omega_2$)和参量放大效应等。

二阶非线性光学系数 $\chi^{(2)}$ 值越大，其非线性光学效应越强。三阶非线性极化系数 $\chi^{(3)}$ 则引起三倍频效应和光的四波混频效应（当三种光波相互作用时会出现第四种频率 ω_4 的极化波，进而辐射出相同频率的光波现象），还可以导致如自聚焦、自散焦、光学双稳态、双光子吸收和相干拉曼效应等。

利用二阶非线性效应可拓宽激光的波长范围，倍频效应可获得更短波长的激光；如将 1.06μm 的激光通过倍频后可变成 0.53μm 的绿光，它可用于激光雷达、激光导航、海底探测等方面。利用和频效应可使激光辐射波长达到远紫外光谱区，也可将红外波段激光有效地上转换到可见光区，如 CO_2 激光辐射($\lambda=10.6\mu m$)可转换到可见光区，且转换效率已达30%～40%。利用差频效应可使激光辐射波长下转换，由此可获得红外和远红外及毫米波段的相干光源。激光材料的非线性光学效应已广泛应用于激光核聚变系统、激光医疗、水下摄影、光通信及激光测距等方面。

非线性光学材料包括许多种类，如频率转换材料、电光材料和光折变材料等。在现代激光技术中，频率转换材料特别是倍频材料由于能有效拓宽激光的波长范围而备受关注。利用材料的倍频效应、混频效应和可调谐光参量振荡器和放大器，可产生强的可调谐的相干光输出，这是获得新激光光源的重要手段。人们正在利用这种途径来填补各类激光器件发射波长的空白光谱区。例如在激光技术领域内，需要一种能从红外区到紫外区连续可调的激光光源，尽管目前的激光基质材料已经能够产生在一定范围内可调的相干光输出，但它们可调谐的范围及其效率受到相当大的限制，远不能满足激光技术发展的需要。因而目前一般是采用非线性光学材料，对激光波长进行频率变换，拓宽激光器的频率范围。此外，目前固体激光器还不能产生波长短于 200nm 的紫外激光光源，因此也只有利用非线性光学材料并通过各种变频技术把范围有限的激光光源扩展到紫外区。非线性光学材料是固体激光技

术、红外技术、光通信技术与信号处理技术等领域发展的重要支柱，在科研、工业、交通、国防和医疗卫生等方面发挥越来越重要的作用。

3. 对非线性光学材料的要求

对非线性光学材料的要求有：①非线性光学系数大；②能够相位匹配(理想是 90°相位匹配)；③透光波段宽，透明度高；④抗光损伤阈值和光转化效率高；⑤物化性能稳定、硬度大、不潮解，温度变化带来的影响小；⑥易于加工，价格低廉。

当然，全面符合上述条件的材料很少，实际应用时要根据制造器件的具体要求来进行选择，尽量满足最基本的性质要求。

4. 非线性光学材料的分类

可从不同角度对非线性光学材料进行分类：从非线性性质来分，可分为二阶非线性光学材料(即倍频材料)和三阶非线性光学材料两类；就加工方式，又可以分为晶体、薄膜、块材、纤维等多种形式。

若按晶体所产生的效应来分类，则可分为①频率转换(倍频、和频和差频等)晶体；②电光晶体(线性电光材料)和③光折变晶体(信号处理材料)等三类。若从化学的角度来分类，可分为：①无机盐类晶体，其中包括磷酸盐、碘酸盐、硼酸盐、铬酸盐、钛酸盐等盐类晶体；②有机非线性光学晶体，包括有机化合物、有机盐类、金属有机配(络)合物和某些晶态的高聚物晶体等。

目前应用较广泛的非线性光学材料有磷酸钛氧钾(KTP)、磷酸二氢钾(KDP)、钽酸锂(LT)、铌酸锂(LN)、铌酸钾(KN)等无机材料。使用中发现这些无机非线性光学材料易潮解、脱水，力学性质和热稳定性不太理想，限制了它们的应用。

从 1970 年以来，有机聚合物非线性光学材料的研究取得了很大的进展。这些材料大都是苯环类有机物或芳杂环化合物。它们的非线性系数大，透光波长宽，本征开关时间短，光学损伤阈值高，加工性能优良，备受科学界的注目。

5. 常用非线性光学材料

一般来说，一种激光器只能输出一种特定波长的激光，依靠非线性光学效应获得多种波长激光是目前最常用的手段。应用最广泛的非线性光学晶体是激光频率转换晶体。激光频率转换晶体通常按其频率转换类型称为倍频(包括高阶倍频、和频及差频)晶体、频率上转换和下转换晶体、光学参量振荡(放大)晶体；按频率转换范围称为紫外(深紫外)、可见及红外非线性光学晶体。近年来，还发展了太赫(THz)非线性光学晶体。以下为一些常用的非线性光学晶体。

1) KDP(磷酸二氢钾)晶体

人工生长的 KDP 晶体已有半个多世纪的历史，由于这种晶体具有多功能性，所以它是一种经久不衰的水溶性非线性光学晶体。作为非线性光学晶体材料，KDP 晶体具有较大的非线性光学系数和较高的抗激光损伤阈值，从近红外到紫外波段都有很高的透过率，可对 1.06μm 激光实现二倍频、三倍频和四倍频，也可对染料激光实现二倍频。另外，KDP 晶体也是一种性能较好的电光材料，它在电光调制、光电开关的应用等方面也起着重要作用。

2) KTP(磷酸钛氧钾)晶体

KTP具有以下特点:大的非线性光学系数(是KDP晶体的5～20倍),在室温下能够实现相位匹配,对温度和角度变化不敏感。KTP晶体在0.34～4.5μm波段透光性能良好,机械性能优良,化学性质稳定,不潮解,耐高温,并能长出较大尺寸的光学均匀性优良的单晶。

KTP晶体主要用于YAG激光器的腔内、腔外倍频,以获得高功率的绿色激光光源。蓝绿激光在国防、科研、医疗等方面得到广泛的应用;还可用于参量振荡、光混频以及制作光波导器件等。

3) BBO(偏硼酸钡)晶体

BBO晶体透光波段为189～3300nm,也是可见和近红外的倍频晶体。它主要用于YAG激光器的二倍频、三倍频及四倍频泵浦的参量振荡器和光参量放大器等,也可用于Ti:Al_2O_3、铜蒸气、Ar^+、Cr:Al_2O_3激光的二倍频。

4) LN(铌酸锂)晶体

铌酸锂($LiNbO_3$)晶体简称LN晶体,它是一种重要的多功能晶体,具有较大的非线性光学系数,而且能够实现非临界相位匹配。但由于其激光损伤阈值较低,因此降低了其激光二次谐波发生作用。LN晶体主要用于制作激光倍频器件、光参量振荡器和集成光学元件等。

5) BNN(铌酸钡钠)晶体

铌酸钡钠($Ba_2NaNb_5O_{15}$)晶体简称BNN晶体,它是应用最早的激光变频材料之一,主要用于制作激光倍频器件、光参量振荡器等。

6) $AgGaS_2$(硫镓银)晶体

硫镓银($AgGaS_2$)晶体是一种半导体型非线性光学晶体,是红外波段的激光倍频混频和参量振荡的非线性光学材料之一,主要用于制作红外波段的激光倍频、混频等器件。

7) Ag_3AsS_3晶体

Ag_3AsS_3晶体也是一种半导体型非线性光学晶体,主要用于制作红外波段的激光变频器件。

8) 近年发现的一些非线性光学晶体

偏硼酸钡(BBO)、三硼酸锂(LBO)、硼铝酸钾(KABO)和氟硼铍酸钾(KBBF)等是一些新型的非线性光学晶体,我国在这些晶体的研制中处于国际领先水平。BBO和LBO得到了广泛应用,KBBF是目前国际上唯一在Nd激光器1.064μm六倍频得到实际应用的晶体。目前,国际上非线性光学晶体的研制,仍然是为获得有更高非线性光学系数,更大块晶体的紫外、深紫外晶体,特别是三倍频、六倍频晶体。另一方面,要进一步发展长波段的非线性光学晶体,包括中远红外直至THz波段可用的非线性光学晶体。

从更广泛的范围来看,作为广义非线性光学晶体的电光晶体及拉曼位移晶体的探索和研究,近年来也受到广泛重视。

综合性能优异的磷酸钛氧钾($KTiPO_4$,KTP)晶体,由水热法生长,作为中红外激光光源,在成像激光雷达、温室气体检测、毒品稽查及激光制导等方面有重要的应用。红外非线性晶体研究是非线性光学晶体研究的一个热点。磷锗锌($ZnGeP_2$,ZGP)是实际应用最多的红外晶体。硫铟锂($LiInS_2$)晶体透过波长为0.35～12.5μm,其热导率为AGS的5倍,抗光损伤阈值比其他红外非线性晶体高出1～2个数量级。

11.6.2 电光材料

1. 电光效应

材料因电场作用引起光学性质的变化的现象称为电光效应。折射率和电场的关系可表示为

$$n = n_0 + aE + bE^2 + \cdots \tag{11.6.3}$$

式中，n_0 为 $E=0$ 时的折射率；a 和 b 为常数。其中电场一次项引起的变化称为线性电光效应，由普克尔(Pokels)于1893年发现，故也称为普克尔效应，一般发生于无对称中心晶体中。由电场的二次项引起的变化称为二次电光效应，由克尔(Kerr)于1875年发现，也称克尔效应。在无对称中心晶体中，一次效应比二次效应显著得多，所以通常讨论一次线性效应。

实际上，电光效应引起晶体折射率的变化一般并不很大，但已足以改变光在晶体中传播的特性，故可以通过外场实现光电信号互相转换或光电相互控制、相互调制的目的。

工程上，将能产生电光效应的敏感功能材料称为电光材料。其中呈现普克尔效应的材料有KDP($K_2H_2PO_4$)、ADP($NH_4H_2PO_4$)、KDA(KH_2 ∶ AsO_4)、ADA($NH_4H_2AsO_4$)、CuCI、ZnSe、ZnTc和CaAs等；呈现电光克尔效应的材料有腈基丁二烯苯、苯乙酮、苯甲醇、$BaTiO_3$、$SrTiO_3$、$KTaO_3$ 等。电光材料目前已初步形成了非线性光学的一个重要分支，即光折变非线性光学。

2. 电光材料的应用

电光材料可制作多种电光器件，如电光调制器、电光偏转器、电光开关、双稳态器件等，它们广泛用于光通信、测距、显示、信息处理以及传感器等许多方面。

光调制是一种将信息载入光载波的物理过程，由此便形成了一系列调制技术，其中电光调制则是最重要的一种，它具有调制速率高、工作稳定可靠、使用方便、可集成等一系列优点。电光偏转器的主要功能是：利用电光效应改变光束的传播方向，亦即改变光点的空间位置，因此从这种意义上说，光偏转器是一种空间型的光调制器，它是对光波传播空间方位(角度)的调制。

电光材料还可制作成用于相控阵雷达天线的电光相移器，以改变相邻天线的相位差值，使相控阵天线的波束能在空间进行扫描，而天线不必转动。电光相移器的传输频率可达30～300GHz，有高的扫描速度和穿透烟雾、尘雨和雾的传播特性，从而加强了雷达的抗干扰性、反隐身、反低空突防和反导弹的能力，军事用途十分广泛，受到各发达国家的重视。

3. 对电光材料的要求

从实际应用来考虑，真正实用的电光材料应具有下列光学、电学、力学和热学性能：①在所应用的光谱范围内要求材料应具有良好的透光性、光学损耗小；光学均匀性好，要求折射率的梯度小于 10^{-6}；电光效应大($\Delta n \geqslant 10^{-4}$)；要求材料拥有大折射率 n 和大的电光系

数。②要具有高阻抗（$\geqslant 10^3\Omega$），以减小空间电荷效应和热损耗；低介电损耗，以减小热应变和降低调制功率。③热传导要大，以减小热梯度，减小热感应双折射，而双折射或电光系数的温度变化率要小，以便获得良好的热感应双折射。④要求晶体的尺寸足够大，易于切割、研磨、抛光和运输等机械加工处理。此外，还要求晶体材料易于生长、价格便宜等。

4. 常用电光材料

1）KDP 和 ADP 及其同晶型体电光材料

KDP 和 ADP 分别是磷酸二氢钾（KH_2PO_4）和磷酸二氢氨（$NH_4H_2PO_4$）的简称。KDP 中的K、H 和 P 原子可被周期表中相应列中的某些元素的原子所取代，而且 KDP 和 ADP 中的氢也可用较重的氚来代替，它们的晶体结构相同，形成同晶型体。

KDP 和 ADP 是在室温下由水溶态生长成的，因此它们不像在高温下生长的晶体那样存在附加应力，不会产生应力双折射。这类材料虽然是水溶的，而且易碎，但并不难加工（如切割、抛光等），是有名的电光材料，具有良好的电光性能，广泛地用来研制电光器件。

2）类钙钛矿 ABO_3 型晶体电光材料

有一大群晶体具有类似于钙钛矿（$CaTiO_3$）的结构，它们是由理想的立方结构的晶格变形而派生出来的，具有不同的点群。基本上可分为两大类：属于立方晶系的类钙钛矿和铁电相的类钙钛矿。

（1）立方晶系中的类钙钛矿

$BaTiO_3$、$SrTiO_3$ 和 $KTa_{0.65}Nb_{0.35}O_3$（KTN）等是立方晶系，具有中心对称点群，因此没有一次电光效应。这类晶体的电光效应实际上是在外加电场作用下折射率的变化，外加电场对介质折射率的函数关系（电光系数）对所有的立方晶型类钙钛矿大体相同。

但是，由于 $SrTiO_3$ 和 $KTaO_3$ 的居里温度远低于室温，而 $BaTiO_3$ 的居里温度又远高于室温，因此，实际上人们一般不用这些晶体来制作电光器件。

$KTaO_3$ 和 $KNbO_3$ 两种材料的居里点相差较大，前者是 4K，而后者却高达 698K，但由 $KTaO_3$ 和 $KNbO_3$ 所形成的固熔体 $KTa_{0.65}Nb_{0.35}O_3$（KTN）的居里点却在 10℃左右。KTN 有较高的电光效应，能在室温下工作，是一种常用的电光材料。

（2）铁电相钙钛矿

$BaTiO_3$、$LiNbO_3$、$LiTaO_3$ 等都是重要的铁电相钙钛矿，也是广为应用的电光材料，其中 $BaTiO_3$ 是研究得最早，也是得到广泛应用的铁电材料。$BaTiO_3$、$LiNbO_3$ 和 $LiTaO_3$ 晶体都具有良好的光学性能和电学性能。就它们的电光学应用来说，$LiNbO_3$ 和 $LiTaO_3$ 比 $BaTiO_3$ 更易于加工，更容易买到；$LiNbO_3$ 和 $LiTaO_3$ 的压电谐振效应较小，它们的 Q 值比 $BaTiO_3$ 的高；$LiNbO_3$ 和 $LiTaO_3$ 在电光器件中的应用比 $BaTiO_3$ 广泛。

$(BaSr)TiO_3$、$(PbSr)TiO_3$ 和 $(PbCa)TiO_3$ 系等铁电电光材料系列，是目前相移器中的主要材料。其中 $(BaSr)TiO_3$ 研究得较深入。这些材料通过加入添加剂进行改性后，可在－70～230℃温度范围内获得不同居里温度的电光材料。

3）AB 型二元化合物电光晶体材料

GaAs、ZnTe、ZnS、CdS 和 CdTe 等二元化合物，具有闪锌矿结构或铅锌矿结构，它们也是重要的电光材料。它们之中，有的还是重要的半导体材料、荧光材料、光电探测器材料或注入式激光器材料。这些材料覆盖的光谱范围很大（从可见光区到红外光区），因而提供了各种各样的光学应用材料。

这些材料的电光系数虽然不大，典型值小于或等于前面两类的 10%，但是，它们的折射率较大，而且有的具有光学各向同性，能获得较大的接收角，对电偏转特别有用。表 11.6.1 所示为室温下一些常用电光材料的有关参数。

表 11.6.1　室温下一些电光材料的有关参数

晶　体	折射率			半波电压/kV			电光系数/(10^{12}(m/V))
	n_o	n_e	波长/μm	纵向	横向	波长/μm	(室温)
磷酸二氢铵(ADP)	1.526	1.481	0.546	9.0	7.65	0.546	$\gamma_{41}=28.0$，$\gamma_{63}=8.5$
磷酸二氘钾(KD*P)	1.508	1.468	0.546	2.98	8.0	0.546	$\gamma_{63}=23.6$
铌酸锂($LiNbO_3$)	2.297	2.208	0.633	2.940	2.5	0.633	$\gamma_{13}=86$，$\gamma_{33}=30.8$，$\gamma_{22}=3.4$
钽酸锂($LiTaO_3$)	2.183	2.188	0.633		2.8	0.633	$\gamma_{13}=7.5$，$\gamma_{33}=30.3$
砷化镓(GaAs)	3.42		10.6		4.5	1.0～1.7	$\gamma_{41}=1.6$
石英	1.54	1.55	0.589		325	0.546	$\gamma_{41}=0.2$，$\gamma_{63}=0.93$

11.6.3　闪烁体材料

某些材料在射线(X 射线、γ 射线)或者高能量粒子的轰击作用下会发出紫外光或者可见光，即此种材料在吸收高能射线或高能粒子后会使原子或分子激发，然后通过发射可见光或紫外光快速衰减，这种材料称为闪烁体或闪烁体材料。

1. 闪烁体材料的主要应用

闪烁晶体一般对自己发出的荧光是透明的，因而如果将闪烁晶体与 CCD 成像板或光电倍增管等光接收器件结合，便可制成晶体闪烁探测计数器。闪烁材料(晶体)可用于 X 射线、γ 射线、中子及其他高能粒子的探测。用闪烁晶体为核心材料的探测器的探测和成像技术已经在核医学、高能物理、安全检查、工业无损探伤、空间物理及核探矿等方面得到了广泛的应用。例如，在医学领域，以闪烁探测器为核心的医疗成像设备用于肿瘤诊断，代表了目前的最高医学诊断水平(如 PET/CT)，在 γ 手术刀应用中，也是采用闪烁体监测 γ 射线；在地球物理探矿中，可以用 ^{60}Co 放出的 γ 射线通过矿床后的闪烁信号分析矿床分布的情况；在大型航空航天部件以及其他大型工业部件等无损探伤方面，闪烁体起着关键作用；在机场、地铁等各种安全检查站以及货运集装箱的检查中，也广泛采用闪烁体作为探测器。

近年来，随着核物理、核医学和高能物理的迅速发展，对高质量、高性能的无机闪烁晶体的需求越来越迫切。在大型正负电子对撞机工程中和高级医疗设备正电子发射照相技术(PET)等方面，闪烁晶体也有迫切的需要。

若能在石油勘探、地质探矿、医疗设备的 γ 射线的探测器中，采用新型快速闪烁晶材料代替传统的闪烁晶体，将会大大提高探测效率和分辨率，使上述行业的发展产生巨大的飞跃。

2. 闪烁体材料的主要参数

一般情况下闪烁体应具备下列特性：密度较大，这样对带电粒子阻止本领大，对射线有很高的吸收系数，发光效率高，发光强度与入射线的能量有良好的线性关系，荧光衰减快，光学均匀性好以及对产生的荧光透明性好等；在中子探测中还要求含有对中子敏感的元素等。闪烁体材料的主要参数如下。

1）光输出

光输出是表征闪烁体发光效率的一个参量，通常用 S 表示，它表示在一个闪烁过程中发出的平均光子数 n 与损失在闪烁体中的能量 E 之比。

2）发光时间和余辉

闪烁材料的发光时间是指闪烁脉冲的上升和衰减时间。衰减时间越短，则图像分辨率越高。一般要求发光衰减时间(余辉)<100ns。

3）辐射损伤

辐射损伤是指在一定剂量的辐射下，闪烁材料内部产生缺陷，这些缺陷会影响闪烁效率，一般要求产生的缺陷数目越少越好。

4）透光性

透光性是指光能通过闪烁材料的程度，应该是越多越好。一般是通过测定闪烁材料光波长范围内可见光直接透过率的方法来表征，透光性越好，闪烁材料的性能就越好。

3. 主要闪烁体材料

目前应用的闪烁体材料主要是晶体材料，近年来也开始对陶瓷闪烁体材料进行研制。

1）卤化物闪烁晶体

NaI(Tl)晶体自1948年问世以来至今仍是探测X射线、γ射线和α射线最重要的闪烁体，具有以下特点：①密度大(3.67g/cm^3)，平均原子序数53，对γ射线和X射线有较大的阻挡本领；②能量转换效率高，是已知无机闪烁体中发光强度最高的材料；③发射峰值波长为415nm，晶体在发光范围是透明的，与光电倍增管的匹配较好，一直到γ射线能量大于150keV时，效应是线性的；④发光衰减时间短，室温下，对^{137}Csγ射线激发，$\tau<230$ns。存在的主要问题有：易潮解，机械强度差和对温度冲击很灵敏，一般只能在0～40℃温度范围内使用，环境温度变化不得超过5℃/h。

CsI(Tl)晶体除发光效率低于NaI(Tl)以外，其他性能均优于NaI(Tl)。CsI(Tl)的发射波长为565nm，与半导体光电二极管匹配得很好，在安检领域采用较多，但余辉较长，在快速检查车载货物时，图像较模糊。

2）氧化物闪烁体

(1) 锗酸铋(BGO)

锗酸铋($Bi_4Ge_3O_{12}$，BGO)晶体密度为7.13g/cm^3，发射波长在480nm，易与光电倍增管匹配，不潮解，是重要的闪烁体材料之一。

(2) 钨酸盐闪烁体

在闪烁体中钨酸盐占有重要地位，主要有以下几种。

① 钨酸钙($CaWO_4$)　主要应用在X射线显示屏，发射蓝光，图像清晰。

② 钨酸锌($ZnWO_4$)及掺杂钨酸锌　掺杂钨酸锌是改善晶体质量、提高闪烁性能的有效措施，$ZnWO_4:Gd$ 的发光效率比纯钨酸锌可提高 40%，光致发光效率接近 CsI(Tl)的水平。钨酸锌晶体已用于 γ 射线探测及能谱测量、离子鉴别和反康普顿屏蔽等方面。

③ 钨酸镉($CdWO_4$)　该晶体的闪烁性能优异，是钨酸盐系列中的佼佼者，是核仪器探测、γ 相机、XCT 断层扫描成像仪用探测元件的主要材料。但是，CdO 有剧毒，单晶生长也较困难。

④ 钨酸铅($PbWO_4$)　具有白钨矿结构，密度高达 8.28g/cm^3，辐射长度短于 0.87cm。因其荧光寿命短(10ns)，在高能物理研究上具有独特价值。$PbWO_4$ 已被选作欧洲核子中心探测阵列中的关键性材料，该晶体还是观察切伦柯夫辐射的重要材料。

3) 高温稀土闪烁体

高温稀土闪烁体是近年来的研究热点，主要有以下几种材料。

(1) 掺铈硅酸钆($Gd_2SiO_5:Ce^{3+}$，GSO:Ce)　该晶体对 X 射线和 γ 射线的转换效率高，是 NaI(Tl)的 1.3 倍。GSO:Ce 比 BGO 有更快的衰减，比 NaI(Tl)有更高的密度和良好的能量分辨率，可用于 γ 相机的闪烁体。

(2) 掺铈硅酸镥($Lu_2SiO_5:Ce^{3+}$)　其主要特点是光产额大，为 NaI(Tl)晶体的 75%，是 BGO 晶体的 5～6 倍；荧光时间短，为 40ns 左右，不到 BGO 的 1/7，荧光发射峰为 393nm，在光电倍增管的探测敏感范围内。有效原子序数 $Z=66$，密度为 7.4g/cm^3，对 γ 射线具有良好的探测效率，仅比 BGO 稍差($Z=75$)，能量分辨率与 BGO 差不多，化学性质稳定，不潮解，机械强度高，在高能物理、核医学特别是正电子发射层析照相(PET)等方面有广阔应用前景。

(3) $GdVO_4:Bi^{3+}$　当 Bi^{3+} 的浓度为 1%时，量子效率达到最大值，发射谱位于 520～525nm。光致发光效率比相同测试条件下的 CsI(Tl)高 10%。$GdVO_4:Bi^{3+}$ 的发射波长为 540nm，它可以作为 X 射线形貌显示屏用，是 $CaWO_4$ 的很好替代产品。

4) 闪烁陶瓷

闪烁陶瓷是一种新型的功能陶瓷材料，是近年来闪烁体研究和开发的一个重要方向。与闪烁单晶相比，闪烁陶瓷具有物理化学性质稳定、制备工艺简单、成本低、容易实现均匀掺杂、良好的机械加工性能等特点，是替代闪烁单晶的理想材料。与闪烁粉体相比，闪烁陶瓷可以提高其致密度，减小光散射，使闪烁光完全透射出，还可加工成有一定间隙的微米级小条，可提高图像的分辨率。

闪烁陶瓷的制备工艺包括粉体的合成与制备、成型工艺、烧结工艺以及抛光、切割等后处理工艺。其中，粉末前驱体的合成和高温烧结是两个关键步骤。闪烁陶瓷是一类透明陶瓷，克服了陶瓷体中的气孔、杂质、晶界等缺陷造成的光散射，是获得良好的透光性闪烁陶瓷的关键。

已经研究过的闪烁陶瓷有：①YGO 闪烁陶瓷$(Y,Gd)_2O_3$(YGO)；②GOS 闪烁陶瓷，$Gd_2O_2S:Pr,Ce,F$(GOS)；③GGG 闪烁陶瓷 $Gd_3Ga_5O_{12}:Cr,Ce$(GGG)，即钆镓石榴石；④$Lu_2O_3:Eu^{3+}$ 闪烁陶瓷；⑤BGO 闪烁陶瓷 BGO($BiGe_3O_{12}$)，即锗酸铋；⑥碱土铅酸盐 $MHfO_4$(M-Ca,Sr,Ba)等。

闪烁陶瓷的研究仍处于初始阶段，目前投入到实际应用的仅有 YGO、GOS 等。闪烁陶瓷材料正在向高密度、高光输出、快衰减、低辐射损伤的方向发展。

11.7 热电材料

热电材料是一种能将电能与热能相互转换的功能材料：热电材料通入电流之后，会产生冷热两端，故可以用来冷却也可以用来保温；在两端接触处有不同温度时，则会在内部回路形成电流。热电材料使用时无须传动部件，工作时无噪声、无废弃物，和太阳能、风能、水能等二次能源的应用一样，对环境没有污染，并且这种材料性能可靠，使用寿命长，是一种具有广泛应用前景的环保材料。

11.7.1 热电效应和热电优值

当两种不同的导体连接构成闭合回路，当接点两端有不同温度时，在接点两端出现电位差，在回路中产生电流的现象称为塞贝克(Seebeck)效应；帕耳帖(Peltier)效应是指在两种不同材料构成的回路上加上直流电压，相交的节点上会出现吸热或放热的现象。

热电效应是塞贝克效应、帕耳帖效应以及汤姆孙(Thompson)效应的总称。这三个效应不是独立的，三者可以通过 Kelvin 关系式联系在一起。塞贝克效应可用来发电，帕耳帖效应则可以实现制冷或温度控制。

好的热电材料必须具有大的塞贝克系数，从而保证有较明显的热电效应；同时应有较小的热导率，使能量能保持在接头附近，此外还要求电阻较小，使产生的焦耳热最小。对这几个性质的要求，可由热电优值 Z 描述。其定义为

$$Z = \alpha^2 \sigma / k \tag{11.7.1}$$

式中，α 和 σ 分别为塞贝克系数和电导率；k 为热导率。通常将热电优值作为评价热电效率的标准。

由式(11.7.1)可知，为了增大热电优值 Z，就要增大塞贝克系数和电导率，减小热导率。

塞贝克系数的定义式为：$S=\mathrm{d}V/\mathrm{d}T=-(V_\mathrm{h}-V_\mathrm{c})/(T_\mathrm{h}-T_\mathrm{c})$，式中，$V_\mathrm{h}-V_\mathrm{c}$ 为热电材料高温区与低温区的电位差，$T_\mathrm{h}-T_\mathrm{c}$ 为温度差。

优值系数 Z 和温度 T 的乘积 ZT 是评价热电材料性能的常用标准。

就半导体制冷而言，如果其制冷性能要达到能和机械制冷相媲美，无量纲参数 ZT 要达到 3 以上。目前常用的热电材料的 ZT 为 0.4～1.3，正在研究的目标是，希望 ZT 能达到 1.3～4。

塞贝克系数的符号同载流子带电符号一致，是载流子浓度的函数。热电材料两端存在温度差时，较高温度区域电子被激发到导带中，而热的载流子趋向于扩散到较冷区域，当这两种效应引起的化学梯度和电场梯度相等且方向相反时，就达到稳定状态。多数载流子扩散到冷端，就会在材料的两端产生温差电动势。

热电材料的电导率大小主要取决于载流子的浓度 n 和迁移率 μ，可通过掺杂增加载流子浓度和增大迁移率来增加材料的电导。载流子的数目由费米能级与导带底或满带顶的距离来决定。

材料的导热主要是由晶格振动的格波(声子)和自由电子的运动来实现。金属材料中有大量的自由电子，所以热导率比较大；在非金属晶体中，自由电子很少，因此，晶格振动(声

子)是它们的主要导热机构。声子间碰撞引起的散射,是晶格中热阻的主要来源,晶格间的耦合作用促使声子产生碰撞,使声子的平均自由程减小,碰撞几率增大,从而使热导率减小。为了降低热导率,必须减小声子的平均自由程。

11.7.2 主要的热电材料

1. 半导体合金

目前研究较成熟并已应用于热电器件的合金热电材料主要有 Bi_2Te_3、PbTe 和 SiGe 合金。碲化铋(Bi_2Te_3)及其合金的最佳运作温度<450℃,是目前室温下 ZT 值最高的块体热电材料,主要用于制冷器。碲化铅(PbTe)及其合金目前广泛使用于热电产生器的热电材料,其最佳工作温度大约为 1000℃,主要适用于 400~800K 作温差电源。

碲化铋一直被认为是具有最高 ZT 的材料,如 Bi_2Te_3 在室温下 ZT 值为 0.25,$Sb_{1.5}Te_3$ 的 ZT 值则为 1.0。

SiGe 合金最显著的特点是可以形成连续固溶体,其禁带宽度、晶格常数等物理性质随组分变化而连续改变。当 Si 和 Ge 形成合金后,由于 Si 原子和 Ge 原子的随机性分布,造成晶格畸变,在原晶格点阵中引入了大量的点缺陷,这种点缺陷仅在短程范围内引起晶格形变,不会改变晶格的长程有序状态,其结果是使对热导率起主要作用的高频短波声子(光学声子)被强烈散射,使热导率下降,而导电载流子迁移率的下降则不太明显,可使热电优值提高。

SiGe 合金主要适用于 700K 以上的高温,在 1200K 时,无量纲的温差电优值 ZT 近似等于 1。SiGe 合金是当前用于航空器温差电源的主要热电材料,它是利用放射性同位素 ^{238}Pu 自然衰变所释放的能量作为发电热源。硅锗合金还常应用于热电产生器,其最佳运作温度大约为 1300℃。

2. 填充 Skutterudite 化合物

Skutterudite 是方钴矿材料,由于首先在挪威的 Skutterudite 发现而得名。Skutterudite 是一类通式为 AB_3 的化合物,其中 A 是金属元素,如 Ir、Co、Rh、Fe 等;而 B 是Ⅴ族元素,如 P、As、Sb 等。Skutterudite 化合物属立方晶系晶体结构,具有比较复杂的结构,每个金属原子都被临近的六个非金属原子所包围,这六个非金属原子形成了八面体结构。同时与每个非金属原子相邻的两个金属原子和两个非金属原子又构成了四面体结构。这样在八个 A 组成的简单立方子晶胞中,有两个子晶胞的中心空着,称为笼状空隙,这个空隙也可看作是由 B 构成的二十面体空隙,这个空隙位允许半径较大的间隙质点进入。

Skutterudite 材料具有良好的热电性能,包括很高的载流子迁移率和中等的塞贝克系数,虽然热导率比目前常用的热电材料偏高,但它具有特殊的晶体结构,可以通过合金化、置入填充原子等途径使晶格热导率得到显著降低,很有可能实现"电子晶体-声子玻璃"类新型热电材料的构想,取得热电性能的突破,因此,Skutterudite 材料是当前热电材料家族中具有发展前途的热电材料之一。

3. 电子晶体-声子玻璃(PGEC)热电材料

电子晶体-声子玻璃是指其材料导电性能方面像典型的晶体,有较高的电导率;热传导方面如同玻璃,有很小的热导率。在这种化合物材料中,原子或分子以弱束缚状态存在于由原子构成的笼状超大型空隙中能产生一种局域化程度很大的非简谐振动,称为振颤子,这种振颤子能有效地降低材料热导率的作用。在某一特定温度区间内,材料热导率降低的程度受振颤子浓度、质量分数及其振颤频率的影响。由于这种振颤仅降低热导率的声子导热部分,而对材料的电子输运状况影响较小,所以使得这类材料有很高的 ZT 值。

4. Half-Heusler 合金

Half-Heusler 化合物具有 MgAgAs 型结构,由两个相互穿插的面心立方和位于中心的简单立方构成,其结构式为 MNiSn 或 MCoSb(M=Zr,Hf,Ti)。这类化合物及合金有优良的电学性能,室温赛贝克系数可达 $400\mu V/K$。禁带宽度相对较大的 TiCoSb 室温赛贝克系数可达 $-500\mu V/K$,如若分别用 Pt 取代 Co,Sn 取代 Sb,ZrCoSb 的 Seebeck 系数仅约为 $-100\mu V/K$,电阻率下降了一个数量级,但室温热导率也仅为 3.0W/(m·K),这是在 Half-Heusler 合金中所获得的最低热导率。目前,Half-Heusler 合金的最佳成分还在研究之中,这类材料的热电应有较大的应用前景。

5. 氧化物热电材料

氧化物热电材料具有使用温度高、不氧化、无污染、使用寿命长、制备方便等优点,因此在中温区热电发电领域的应用潜力很大。此外,氧化物热电材料还具有原料资源丰富、制样时可在空气中直接烧结、无须抽真空、成本低等方面的优势,在民用上有重要价值,因而备受人们的关注。

ZnO、In_2O_3、NiO 等常规半导体氧化物也具有热电性能,但不很显著。随着新材料合成技术的发展,目前氧化物热电材料的研究有较大的进展,以下是一些正在研制中的氧化物热电材料。

1) 钴酸盐类氧化物

钴酸盐类氧化物是一种层状结构过渡金属氧化物,主要有 $NaCo_2O_4$ 和 $Ca_3Co_4O_9$ 等。$NaCo_2O_4$ 为层状结构(图 11.7.1),一层由 $Na_{0.5}$ 无规则占据,另一层由 CoO_2 占据;它们沿 c 轴交替排列。$Na_{0.5}$ 层会引入无序度,降低热导率;CoO_2 层为导电层,并起着稳定晶体结构的作用。Co 位于氧密堆积的八面体的中心,使 $NaCo_2O_4$ 具有类似于钙钛矿的结构。由于八面体间的间隙较大,因此,可以让某些元素来填充(掺杂),形成晶格畸变,增大对声子的散射,减少热导,提高热电优值。

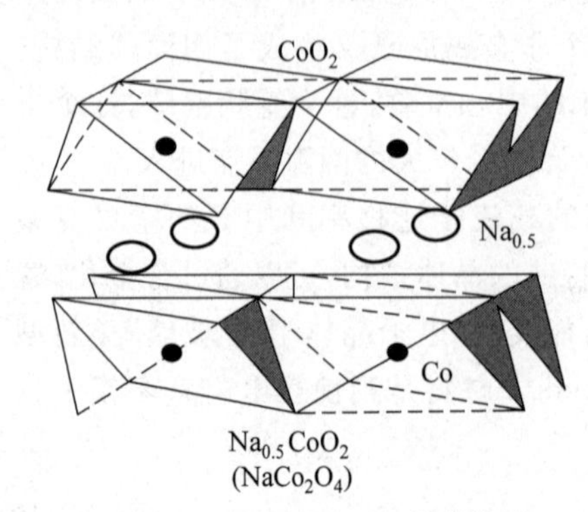

图 11.7.1 $NaCo_2O_4$ 的结构

已研究的有掺 Ba 的 $Na_{0.95}Ba_{0.05}Co_2O_4$、掺 Ca 的 $Na_{1-x}Ca_xCo_2O_4$ 和掺 Ag 的 $Na_{1-x}Ag_xCo_2O_4$ 等材料。其中具有层状结构的 $Bi_2Sr_3Co_2O_x$ 和 $Ca_3Co_4O_{9+\delta}$ 热电材料的热电优值 Z 均大于 $10^{-4}/K$,是优良的候选

材料；$NaCo_2O_4$ 是一种很有前途的氧化物热电材料，尽管 $NaCo_2O_4$ 具有良好的热电性能，但温度超过 1073K 后，Na 会挥发，限制了该材料的应用温度范围。

2）Bi-Sr-Co-O 系及其掺杂材料

$Bi_2Sr_3Co_2O_x$ 材料与 $NaCo_2O_4$ 的结构相似，是一种 p 型半导体，由 CoO_2 与 $Bi_2Sr_2O_4$ 沿 c 轴交替排列。在 CoO_2 层中，Co 周围有六个氧原子，构成共边的八面体。岩盐层 $Bi_2Sr_2O_4$ 由 SrO-BiO-BiO-SrO 四层按序排列。研究发现，$Bi_2Sr_3Co_2O_x$ 晶须的功率因子随温度的升高而增大，当温度为 973K 时达到 0.9mW/mK。与一般半导体不同，其塞贝克系数随着温度的升高而增大，而电阻率随温度的升高而降低（一般半导体的塞贝克系数和电阻率都随着温度的升高而降低）。这是由于这种材料中费米能级处存在几个 meV 宽的赝隙，赝隙的形成，能有效地提高 S 值。掺 Pb 的 $Bi_{1-x}Pb_xSr_2Co_2O_y$ 热电材料从半导体的特性转变为金属的导电行为；Pb^{2+} 替代 Bi^{3+}，提高了 S 值，增大了载流子的浓度，降低了电阻率。

3）Ca-Co-O 系及其掺杂材料

$Ca_3Co_4O_9$ 材料由绝缘层 Ca_2CoO_3 和导电层 CoO_2 交替沿 c 轴排列组成，沿层方向的电导率是其垂直方向电导率的 2 倍。此类材料有低的电阻率：300K 时电阻率 ρ 为 40～60mΩ·cm，塞贝克系数 $S=140\mu V/K$，$ZT=0.066$。其中 CoO_2 层是八面体的结构，Co 原子位于八面体的中心，O 原子位于八面体的阵点上。该层中的 O 负离子是与 Ca 离子和 Co 离子以离子键的形式结合，不能提供导电载流子，因此该层是绝缘层，但有利于降低材料的热导率。而 CoO_2 层作为导电层，提供导电所需的载流子（空穴）。与 $NaCo_2O_4$ 相比，此类半导体在 1000K 以上仍有较高的热电优值，这是传统热电材料无法比拟的。

$Ca_2Co_2O_5$ 具有类似于 $Ca_3Co_4O_9$ 的层状结构，其电阻率 ρ 随温度的升高而下降，赛贝克系数随温度的升高而增大，当 $T\geqslant 873K$ 时，S 值大于 $200\mu V/K$，ZT 为 1.2～2.7。日本通产工业技术院大阪工业技术研究所开发出了热电转换效率达 15%～20% 的 p 型热电氧化物的纤维状单结晶，这是目前世界上性能最高的热电材料。该材料通过连接高温部和低温部来获得高发电功率。

11.7.3 提高热电材料性能的主要方法

1. 降低维数

低维材料可增加费米能级附近的态密度，从而提高塞贝克系数，故降低维数可以提高热电材料的 ZT 值。理论研究表明，量子线材料具有更高的热电品质因子，且品质因子随纳米线直径的减小而增大。如当铋纳米线的直径为 5nm，载流子浓度为 $10^{18}cm^{-3}$ 时，预计其 $ZT_{77K}=6$。这是由于纳米线本身所引起的电子态密度在量子化的能量值处以峰的形式存在，使得材料的塞贝克系数更大。

超晶格热电材料中的多界面性和结构的周期性等特性有助于增加费米能级附近的态密度，从而提高材料的塞贝克系数；界面结构会增加声子散射，但电子可通过隧穿通过界面，不会显著地增加电阻，故超晶格结构在降低材料热导率的同时，可保持材料的电性能。由于电子态密度的增大，单量子阱的 ZT 值随阱宽的变窄而增大。

据报道 n 型碲化铅(PbTe)量子阱的 ZT 值为 1.2（室温），是体材的 3 倍（体材的 ZT 值为0.4)；以PbEu为阻挡层(1.7～5.5nm)的PbTe量子阱其ZT值能增大5倍。

利用分子束外延方法制备的碲化铅量子点的ZT为0.9，高温下的ZT为2，是碲化铅体材的2倍。所以，低维热电材料是一类很有应用前景的热电材料。

2. 制作功能梯度材料

任何一种温差电材料的性能都与温度有关，也就是说，某种温差电材料的高优值只出现在特定的温度范围，因而才有高温、中温、低温材料之分。热电材料梯度化的主要目的就是使不同温度区域的热电材料在各自温度区域内保持最高的热电转化效率，充分发挥不同材料的作用。

热电功能梯度材料(FGM)就是把适于不同温度区域的热电材料，通过复合而形成梯度结构。功能梯度温差电材料有两种。其一为载流子浓度FGM：整体材料中沿着材料的长度方向载流子浓度被优化，以使材料的每一部分在各自工作温度区达到最大的优值；其二为分段FGM：由不同材料连接构成，每段材料工作在其最佳温区。这样功能梯度材料能优化热电材料性能，可大大提高温差电器件的换能效率。理论计算表明，梯度材料的综合热电转换效率达15%～16%，比均质热电材料高出一倍以上。

复习思考题

1. 什么叫发光？有哪些发光类型？
2. 说明长余辉材料的发光机理。它有哪些用途？
3. 说明上转换发光材料的发光机理与应用。
4. 激光有哪些特点？有哪些主要类型的激光材料？
5. 陶瓷激光材料与晶体激光材料相比有哪些优点？
6. 对太阳电池材料有哪些要求？比较三代太阳电池材料的特点。CIGS材料有哪些优点？
7. 红外光电探测有哪些类型？有哪些材料制作的红外光电探测器需要在低温下工作？有哪些可在常温下工作？
8. 什么叫太阳光谱盲区？紫外探测有哪些用途？新型紫外探测器材料的特点是什么？
9. 什么是光电显示？有哪些主要类型？
10. CTR显示器中有哪些类型的荧光粉？
11. 简述微胶囊电泳显示的原理。
12. 什么是非线性光学效应？对非线性光学材料有哪些要求和应用？
13. 近年发现的非线性光学晶体有哪些？说明它们的主要用途。
14. 主要的电光效应有几种？它们有哪些应用？
15. 什么是闪烁体？它们有哪些重要应用？
16. 有哪些现在应用的热电材料？如何提高热电材料的性能？
17. 氧化物热电材料有什么优点？

参考文献

[1] 王继扬,吴以成. 光电功能晶体材料研究进展[J]. 中国材料进展,2010,29(10):1.

[2] 张中太,张俊英. 无机光致发光材料及应用[M]. 北京:化学工业出版社,2005.

[3] 李言荣,恽正中. 电子材料导论[M]. 北京:清华大学出版社,2001.

[4] 胡运生,庄卫东,叶信宇,等. 半导体照明用荧光粉的研究进展[J]. 新材料产业,2008,5:50-54.

[5] 孙继兵,王海容,安雅琴,等. 长余辉发光材料研究进展[J]. 稀有金属材料与工程,2008,37(2):189-194.

[6] 何捍卫,周科朝,熊翔,等. 红外-可见光的上转换材料研究进展[J]. 中国稀土学报,2003,21(2):123-128.

[7] 张凯,刘河洲,胡文彬. 白光LED用荧光粉的研究进展[J]. 材料导报,2005,19(9):50-53.

[8] 徐军,苏良碧,徐晓东,等. 激光晶体的现状及发展趋势[J]. 无机材料学报,2006,21(5):1025-1030.

[9] 郭志球,沈辉,刘正义,等. 太阳电池研究进展[J]. 材料导报,2006,20(3):41-51.

[10] 赵颖,戴松元,孙云,等. 薄膜太阳电池的研究现状与发展趋势[J]. 自然杂志,2011,32(3):156-160,142.

[11] 吕宇强,胡明,吴淼,等. 热红外探测器的最新进展[J]. 压电与声光,2006,28(4):407-410.

[12] 张春霞,张鹏翔. 红外探测材料的发展状况及未来发展[J]. 云南冶金,2004,33(1):35.

[13] 李向阳,许金通,汤英文,等. GaN基紫外探测器及其研究进展[J]. 红外与激光工程,2006,35(3):276-280.

[14] 王秀峰,朱宛琳. 显示材料的重要性与显示技术的新进展[J]. 功能材料信息,2005,2(6):30-36.

[15] 吴祖垲,李勇军,段诚. 真空电子技术CRT显示技术的最新进展[J]. 真空电子技术,2002,5:1-7.

[16] 赵乾,郭慧林. 一种新型显示材料——电子墨水的研究进展[J]. 材料导报,2002,16(1):39-41.

[17] 吴林,赵波. 非线性光学和非线性光学材料[J]. 大学化学,2002,17(6):21-28.

[18] 李言荣,等. 纳米电子材料与器件[M]. 北京:电子工业出版社,2005.

[19] 董孝义,高希才. 电光学及其应用(续一)[J]. 半导体光电,1991,12(3):303-311.

[20] 臧竞存,刘燕行. 闪烁发光与闪烁晶体研究动态[J]. 人工晶体学报,2004,33(2):266-271.

[21] 巴学巍,柏朝晖,张希艳. 闪烁陶瓷材料的研究进展[J]. 材料导报,2005,19(8):25-27.

[22] 刘艳春,曾令可,任雪潭,等. 热电材料的研究现状及展望[J]. 陶瓷学报,2006,27(1):116-119.

[23] 李燕,张丽鹏,于先进. 氧化物热电材料的研究进展[J]. 现代技术陶瓷,2010,1(总第123期):3-8.

[24] 厉英,王淑兰,张大勇,等. 热电材料的研究现状及发展[J]. 材料导报,2005,19(9):23-25.

第 12 章 敏感材料与吸波材料

历来人们都是通过感觉器官去获得外界信息的。随着社会发展的需要，希望能获取的信息数量不断增多，范围不断扩大，许多信息仅靠人类的感觉器官是难以获取的，如超高压力、非常规的温度、磁场、一氧化碳之类的无色无味的气体、非可见光等。因而，能获取更多信息，帮助人们扩大感觉器官功能范围的传感器便应运而生。

传感器能感知某种被测量，并按照一定的规律将其转换成输出信号。传感器通常由敏感元件和转换元件组成。敏感元件直接感知（响应）环境变量的各种变化；转换元件将敏感元件感知（响应）到的被测量转换成适于传输、测量的电信号。这里，最基本的是敏感元件，而敏感材料又是构成敏感元件的基础。

本章首先对主要的无机敏感材料进行简单的分类；然后分别讨论力敏、热（温）敏、磁敏、气敏、湿敏、离子敏、电压敏等敏感材料；最后对吸波材料进行简要介绍。

12.1 敏感材料的分类

按照材料的物理、化学特性和结构特征，敏感材料可分为金属、半导体、陶瓷、有机聚合物和复合材料等，见表 12.1.1～表 12.1.3；按其功能，可分为力敏、热敏、磁敏、气敏、湿敏、离子敏、电压敏等敏感材料。

表 12.1.1 半导体敏感材料

检出对象	物理效应	传感器	材料
应力	压电效应	应力计	Si、Ge、GaP、InSb
	p-n 结接合部变化	感压二极管、晶体管	Si、Ge
温度	电阻变化	热敏电阻	金属氧化物、Si、Ge、有机半导体
		辐射量热计	金属氧化物、Si、Ge、有机半导体、InSb、Hg-Cd-Te、Sn-Pb-Te
	p-n 结二极管、晶体管整流变化特性	p-n 结二极管、晶体管	Si、Ge、GaAs
	p 和 n 间电动势	热电偶	Bi_2Te_3、Bi_2Se_3 InSb、Hg-Cd-Te、Se-Pb-Te

续表

检出对象	物理效应	传感器		材料
光	光导电效应	摄像管	紫外光	Se 系、As_2Se_3 系(X 射线 PbO)
			可见光	Sb_2S_3、PbO、CdSe、As-Te
			红外光	PbO、Sb_2S_3、PbO- PbS
		光电管	可见光	CdS、CdSe、ZnO、Se(X、γ 射线 CdS)
			红外光	PbS、InSb、CdHgTe、Ge
	光电效应	光二极管 CCD 光三极管	紫外光	Au-ZnS、Ag-ZnS、Si
			可见光	Si、Ge
			红外光	Ge、Si、InP、GaAs、InSb、InAs
磁	霍尔效应	霍尔元件 霍尔 IC MOS 霍尔 IC		Si、Ge、GaAs、InAs、InSb Si Si
	p-n 结二极管中的磁阻效应	磁二极管		Ge
	磁阻效应	磁阻元件		In-Sb、In-As
射线	在 p-n 结的电动势	p-n 结二极管		Si、Ge
	表面势垒的电动势	表面势垒二极管		Au-Si
	二次电子倍增作用	沟道型二次电子倍增管		玻璃半导体(PbO 系陶瓷半导体)
	人工表面势垒的电动势	MIS 二极管		金属-聚酯-Ge

表 12.1.2　陶瓷敏感材料

传感器	输出	效应		材料	备注
温度传感器	电阻变化	载流子浓度随温度变化	NTC	NiO、CoO、SiC、CoO- Al_2O_3、MnO_2	温度计
			PTC	半导体 $BaTiO_3$ 烧结体	恒温发热体
		半导体—金属相变		VO_2、V_2O_3	温度开关
	磁变化	Fe 等的磁—常磁变化		Mn-Zn 系铁氧体	温度开关
	电动势	氧浓差电池		ZrO_2	高温耐蚀温度计
位置速度传感器	反射波的波形变化	压电效应		PZT(锆钛酸铅)	鱼群深测计、血流计
光传感器	电动势	热电效应		$LiNbO_3$、$LaTaO_3$、PZT	红外线检出
	可见光	反斯托克斯定律		LaF_2(Yb,Er)	红外线检出
		荧光		ZnS(Cu,Al)、Y_2O_3ZnS(Cu,Al)	彩电显像管 X 射线记录管
		热荧光		CaF_2	热荧光线量计

续表

传感器	输出	效应	材料	备注
气体传感器	电阻变化	可燃性气体接触燃烧反应热	Pt/催化剂/Al_2O_3/Pt线	可燃性气体检测
		由于氧化物半导体吸附气体引起电荷迁移	SnO_2、In_2O_3、ZnO、WO_3、γ-Fe_2O_3、α-Fe_2O_3	气体报警
		氧化物半导体化学计量比变化	TiO_2、CaO-MgO	汽车排气检测
		由于热传导放热导致热敏电阻温度变化	热敏电阻	高浓度气体检测
	电动势	高温固体电解质氧浓差电池	ZrO_2-CaO-MgO(Y_2O_3-LaO_3)、ThO_3-Y_2O_3等	汽车尾气、钢水氧含量
	电量	库仑滴定	稳定化ZrO_2陶瓷	
湿度传感器	电阻	吸湿后离子传导	LiCl、P_2O_5、ZnO-Li_2O	湿度计
		氧化物半导体质子导电	TiO_2、$NiFe_2O_4$、ZnO、$MgCr_2O_4$-TiO_2、V_2O_3-TiO_2	湿度计
	介电常数	由于吸湿，介电常数变化	Al_2O_3	湿度计
离子传感器	电动势	固体电解质浓差电池	AgX、LaF_3、Ag_2S、玻璃薄膜、CdS、AgI	离子浓差电池
	电阻	栅极吸附MOSFET	Si(对H^+，栅极用Si_2N_4/SiO_2；对S^{2-}用Ag_2S；对X用AgX、PbO)	离子敏FET

表 12.1.3 有机敏感材料

测定量	输出	效应	材料
温度	电动势	热电动势	聚丙烯腈分解物
	电阻	载流子浓度、迁移性随温度变化	有机半导体
		相变点	TCOQ络合物
		软化点	炭黑＋石蜡
	表面电荷	热电效应	PVDF、TGS、压电性高分子复合材料
	透过率	透过率的温度变化	液晶
		通过率的温度变化	石蜡＋光纤
	反射/透过光波长	反射/透过光波长的温度变化	胆甾醇液晶
	介电损失	主链分子热运动变化	高分子体型结构物
应力(变)	光强度	形变引起传输光泄漏	塑料光纤
	电压	压电效应	PVDF
电场	应变	电致伸缩效应	PVDF
	颜色	选择波长反射	胆甾醇液晶
	散射光强度	电光学散射	向列结构液晶
	偏光吸收	红外线偏光吸收的二色性	向列结构液晶

续表

测定量	输出	效应	材料
光	表面电荷	热电效应	PVDF
	电阻	光导电效应	PVK
放射线	光脉冲	荧光体闪烁检测器	1,2-二苯乙烯、芪、蒽
湿度	电阻	吸水膨胀电阻变化	离子交换树脂、纤维素、亲水高分子+炭黑
	介电常数	吸湿后介电常数变化	醋酸纤维等
	电压	吸湿后电阻变化	磺化钛菁铜 L-B 膜(CuTiPc)
O_2	电流	氧的选择性透过	氧透过性高分子膜+氧电极
CO_2、NH_3	电动势	CO_2、NH_3 选择性透过	多孔高分子膜+pH 电极
NO_2	电流	吸附后电流变化	磺化钛菁铜(纵向)
各种离子	电动势	选择性膜	高分子膜
抗生素、糖、BOD	电流	微生物反应	微生物固定化膜+电极

对传感器用敏感材料的基本要求如下。

(1) 对于某种特定变量(物理、化学、生物等变量)具有较高的敏感性,能迅速将微小的变化准确地、可重复地变换为相应的电信号输出。

(2) 在一定条件下,除了对所指定的一种变量敏感外,对其他变量都不敏感,在环境中同时存在有多种变量信息的复杂情况下,准确提取所指定的变量信息,即具有良好的选择性,且响应速度要快。

(3) 具有良好的耐环境稳定性。在温度、湿度、辐射强度等发生改变的环境下,其敏感特性不发生明显劣化,并对环境中存在的酸、碱、盐雾等有害气体具有良好的耐受性。

12.2 力敏材料

力敏材料用于力学量传感器,主要是测量力、加速度、扭矩、压力、流量等物理量。这些物理量的测量都与机械应力有关,所以把这类传感器称为力学量传感器。力学量传感器的种类繁多,不同类型的力学量传感器所涉及的原理、材料、特性及工艺也各不相同。本节主要讨论金属、半导体力敏材料以及厚膜、薄膜力敏材料。

1. 金属力敏材料

金属材料的电阻值随其形变(伸长或缩短)而发生改变的现象称为电阻应变效应。通过对电阻值改变的测定,可以感知外界作用力的大小。电阻值的相对变化量($\Delta R/R$)在一定范围内与材料的灵敏度系数 K 成正比。K 值的大小标志着材料的力-电转换能力,K 值越大,表明材料对应变响应能力越强。对具体材料而言,K 是一个常数。K 的定义式为

$$K = \frac{\frac{\Delta R}{R}}{\varepsilon} \tag{12.2.1}$$

式中,R 为无外力作用时的电阻值;ΔR 为外力所引起的电阻值变化量;ε 为材料的轴向应变

量(线应变量)。

丝状金属材料未受外力作用时,其电阻值可表示为

$$R=\rho\frac{l}{S} \tag{12.2.2}$$

式中,ρ 为材料的电阻率;l 为金属丝的长度;S 为金属丝的截面积。当受外力作用(例如拉伸)发生形变后,其电阻值变化量为 ΔR,长度变化量为 Δl,截面积变化量为 ΔS,电阻率变化量为 $\Delta\rho$。将式(12.2.2)微分,近似得到电阻值的相对变化量

$$\frac{\Delta R}{R}=\frac{\Delta l}{l}-\frac{\Delta S}{S}+\frac{\Delta\rho}{\rho} \tag{12.2.3}$$

式中,$\Delta l/l=\varepsilon$ 为材料的轴向应变;$\Delta S/S=-2\mu\varepsilon$,$\mu$ 为材料的泊松比。代入式(12.2.3),则有

$$K=\frac{\frac{\Delta R}{R}}{\varepsilon}=1+2\mu+\frac{\frac{\Delta\rho}{\rho}}{\varepsilon} \tag{12.2.4}$$

由式(12.2.4)可知,材料的灵敏度系数 K 受两个因素影响:一是材料的应变,二是材料电阻率的变化。对金属材料而言,前一项是主要的,而半导体力敏材料以后一项为主。

利用金属(合金)材料的电阻应变效应制成的应变计结构简单使用方便,性能稳定可靠,易于实现测试过程自动化,广泛用于测量力、压力、转矩、位移、加速度和称重等场合。金属(合金)应变计大都采用箔式应变片,材料以 Cu-Ni 合金和 Ni-Cr 合金为主,厚度在 5～20μm,应变电阻的阻值为 120～600Ω。常用的应变片合金材料及其特性见表 12.2.1。箔式应变片在使用时,需用粘合剂将其粘贴在弹性体的表面,粘合剂中含有相当数量的有机物,会使应变片发生零漂、蠕变和机械滞后,还会限制应变片的上下限工作温度及在高压力测量方面的应用。

表 12.2.1 常用应变片合金材料

合金种类	牌号或名称	成分		电阻率 ρ/(Ω·mm²/m)	电阻温度系数 α_ρ/(10^{-6}/K)	灵敏度系数 K	对铜的热电势率 E_{Cu}/(μV/K)	线膨胀系数 α(10^{-6}/K)	最高使用温度 T/℃
		元素	质量分数/%						
铜镍合金	康铜	Cr Ni	55 45	0.45～0.52	±20	1.9～2.1	43	15	+250(静态) +400(动态)
镍铬合金	镍铬	Ni Cr	80 20	1.0～1.1	110～130	2.1～2.3	3.8	14	+400(静态) +800(动态)
	卡玛合金(6J22)	Ni Cr Al Fe	74 20 3 3	1.24～1.42	±20	2.1～2.4	3	13.3	+400(静态) +800(动态)
	镍铬锰硅	Ni Cr Mn Si Al	73.6 19.2 3 1.2 3	1.4	±10	2.1～2.3	0.36		
	6J23	Ni Cr Al Cu	75 20 3 2	1.24～1.42	±20	2.4～2.6	3	13.3	

续表

合金种类	牌号或名称	成分		电阻率 $\rho/(\Omega\cdot mm^2/m)$	电阻温度系数 $\alpha_\rho/(10^{-6}/K)$	灵敏度系数 K	对铜的热电势率 $E_{Cu}/(\mu V/K)$	线膨胀系数 α $(10^{-6}/K)$	最高使用温度 T/℃
		元素	质量分数/%						
镍铬铁合金	恒弹性合金(Ni36Cr8Mo0.5Fe 余量)	Ni Cr Mo Fe	36 8 0.5 55.5	1.0	175	3.2		7.2	+230(动态)
铁铬铝合金	Cr25Al5.4V2.6Ti0.2Y0.3Fe 余量	Fe Cr Al	70 25 5	1.3～1.5	30～40	2.8	2～3	11	+800(静态) +1000(动态)
贵金属及合金	铂	Pt	100	0.09～0.11	3900	4～6	7.6	9	+1000(静态)
	铂铱	Pt Ir	80 20	0.32	850	6		13	+700(静态)
	铂钨	Pt W	92 8	0.68	227	3.5	12.1	9	+800(静态) +1000(动态)
	铂钨铼镍铬			0.75	174	3.2		9	+700(静态) +1000(动态)

2. 半导体力敏材料

作为半导体力敏材料使用的主要是单晶硅。当外力作用在单晶硅上时，其电阻率发生显著变化，称为压阻效应。半导体力敏材料的力-电转换指标是压阻系数 G。单晶硅的灵敏度系数 K 与压阻系数 G 和弹性模量 E 之间有以下关系：

$$K = 1 + 2\mu + GE \tag{12.2.5}$$

金属材料的 GE 项很小，泊松比 $\mu=0.25\sim0.50$，故灵敏度系数 $K=1+2\mu=1.5\sim2.0$。半导体材料的 GE 项比 $(1+2\mu)$ 大得多，压阻系数 $G=(40\sim80)\times10^{-11}\,m^2/N$，弹性模量 $E=1.67\times10^{11}\,Pa$，则灵敏度系数 $K\approx GE=50\sim100$，比金属材料的灵敏度系数大 50 倍左右。

单晶硅的压阻系数是各向异性的，因此在制作力敏传感器时，为了使灵敏度尽可能地高，应使扩散电阻的方向与压阻系数大的晶向一致。n 型硅在〈100〉方向压阻系数最大，p 型硅则在〈111〉方向压阻系数最大，见表 12.2.2。

表 12.2.2 单晶硅的压阻系数 G

晶向	压阻系数 $G/(10^{-11}\,Pa)$		弹性模量 $E/10^{11}\,Pa$
	n 型硅(10Ω·cm)	p 型硅(10Ω·cm)	
〈100〉	−102	+6	1.30
〈110〉	−32	+71	1.67
〈111〉	−8	+93	1.87

3. 厚膜力敏材料

厚膜力敏传感器利用厚膜电阻的压阻效应研制而成。厚膜电阻是由导电相(RuO_2、

Pd-Ag 合金、钌酸盐等）与玻璃相（硼-硅-铅玻璃）组成的多相体系，其微观结构为：玻璃相涂层覆盖在导电相颗粒表面，在烧结过程中玻璃相软化，形成厚约 10nm 的粘结层，将导电相颗粒紧紧粘结在一起。这些导电相颗粒连接起来组成曲折的导电长链，并相互交织形成导电网络。当受拉伸或压缩应力影响时，电阻体的几何形状发生变化，从而使厚膜电阻的电阻率发生变化。

由于厚膜电阻是采用厚膜工艺直接印刷、烧结在弹性体上，而不需要像金属应变片那样粘贴在弹性体上，因此即使在使用过程中长期承受压力，电阻体与弹性体仍然保持为一个不可分割的“整体”，这就避免了在金属应变片中存在的长期工作后因粘合剂的老化或变质引起力敏元件性能劣化的问题。厚膜电阻的应变系数大于金属应变片，温度特性优于半导体力敏元件，并且具有良好的耐酸碱腐蚀性，能在更严酷的场合（石油、地质、航空等）下使用。另外，厚膜力敏元件还具有结构简单、成本低、性价比较高等优点。

4. 薄膜力敏材料

薄膜应变片是采用真空蒸发、溅射、离子镀、化学气相沉积等方法，把金属、合金、半导体或氧化物材料直接淀积在弹性体上制成的，不需要贴片工序，减少了应变片的零漂、蠕变和机械滞后，增加了应变片的可靠性。

1）金属（合金）薄膜

金属（合金）薄膜应变片一般是用真空蒸发或溅射工艺制取的，用得最为普遍的是溅射工艺。利用溅射制成的薄膜应变片与传统箔式应变片的性能比较见表 12.2.3。

表 12.2.3　溅射薄膜应变片与箔式应变片的性能比较

项　目	薄膜应变片	箔式应变片	项　目	薄膜应变片	箔式应变片
灵敏度系数	1.9	2.1	耐热冲击/℃	−196～300	−196～150
应变极限	8000×10^{-6}应变	$25\,000\times10^{-6}$应变	耐湿性	优	良
高温下的蠕变	小	良	高阻化	优	良
滞后	小	良	小型化	优	良
耐热性/℃	250	150			

用作金属（合金）薄膜应变片的材料比较多，可根据不同的性能要求选择相应的材料，常用的主要有锰、康铜、镍铬、镍铬硅、卡玛（镍铬铝铁合金）、伊文（镍铬铝铜合金）、钯铬及铂钨合金等。

2）半导体薄膜

用作半导体薄膜应变片的材料主要是多晶硅、非晶硅和锗薄膜，它们具有灵敏度系数大的优点。

3）氧化物薄膜

一些非晶态氧化物具有很强的压阻效应，灵敏度系数在 20～30 之间，接近于半导体材料。而且这种薄膜的生长技术适宜大批量生产，有利于降低成本，因此也用来制作薄膜应变片。例如采用热淀积方法在玻璃基片上沉积 Bi_2O_3-V_2O_5 氧化物，其灵敏度系数特性如图 12.2.1 所示，方阻越大，灵敏度系数就越高。

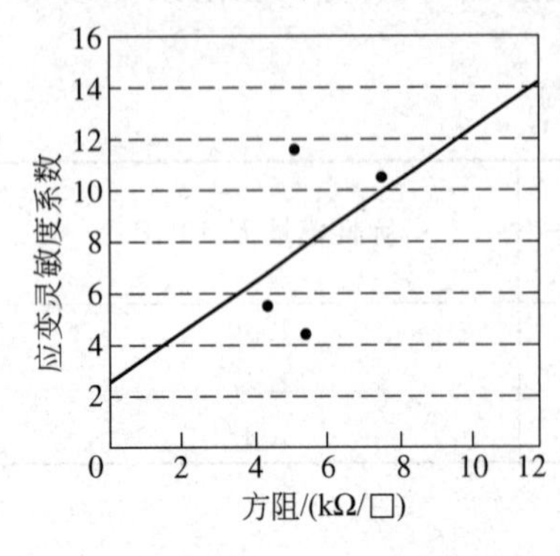

图 12.2.1　Bi_2O_3-V_2O_5 氧化物的灵敏度系数和方阻的关系

12.3　热(温)敏材料

热(温)敏材料是指随着温度的改变,其电学特性(如热电势、电阻率)发生显著变化的材料。常见的热敏材料及热敏(或温度)传感器如表 12.3.1 所示。在各种热敏传感器中,以利用材料热电势测温的热电偶、利用材料电阻率随环境温度变化而测温的金属电阻温度计以及氧化物半导体热敏电阻器的应用最为普遍。前两种所用材料多为金属和合金。

表 12.3.1　热敏传感器及其敏感材料

元件名称	应用的物理效应	材　料
热电偶	塞贝克效应	铜/康铜、NiCr/NiAl、PtRh/Pt 等
电阻温度计	电阻率随温度变化	Pt、Cu、Mn、康铜等
NTC 热敏电阻	负温度系数、电阻率随温度减小	Mn、Co、Ni、Cu、Cr 等的混合氧化物
PTC 热敏电阻	正温度系数	掺杂的 $BaTiO_3$
	电阻率随温度增大	半导体
CTR(临界温度电阻器)	临界温度特性	VO_2 系列
晶体管热敏传感器	p-n 结的温度特性	Si
磁热敏传感器	在居里温度附近磁特性的变化	热敏铁氧体 Mn-Cu-Fe、Mn-Zn-Fe 等
电容型热敏传感器	在居里温度附近电容的变化	陶瓷电容器 $(BaSr)TiO_3$
压电型热敏传感器	振动频率与温度的依赖关系	水晶
热电型热敏传感器	热电效应	$PbTiO_3$、$LiTaO_3$
光型红外线传感器	光电效应	PbS、Ge、InSb、HgCdTe
NQR 型热敏传感器	核四极矩共振吸收	$KClO_3$
热噪声温度计	约瑟夫森效应	Nb
光纤热敏传感器	双折射变化等	石英玻璃

12.3.1　热电偶材料

工业测量上常用的热电偶材料,有一般金属材料如铜-康铜、镍铬-镍硅等,贵金属材料如铂铑 10-铂、铱铑 60-铱等和难熔金属材料如钨铼 3-钨铼 25 等,见表 12.3.2。

作为热电偶电极材料(敏感材料)的金属丝一般都很细,强度较差,因而工业用热电偶大多采用由热电偶丝(热电极)、绝缘材料和套管(金属或耐高温陶瓷)组合成的“铠装”热电偶。另外,钨铼 3-钨铼 25 等热电偶不宜在氧化性气氛中使用,只能在还原性气氛或真空中使用。

除热电偶丝外,还有将两热电极以薄膜形式沉积在被测表面的薄膜热电偶。与热电偶丝相比,薄膜热电偶具有热容量小、响应速度快、结构尺寸薄、对测量环境干扰小、对测试部件的物理性能影响小和不需要特殊机械加工手段进行固定等优点,广泛应用于表面测温。如采用电子束蒸发和磁控溅射法制备的 NiCr-NiSi 薄膜热电偶可用于发动机涡轮叶片表面

表 12.3.2　标准热电偶丝

热电偶	分度号	正极代号	正极名义成分的质量分数/%	负极代号	负极名义成分的质量分数/%	使用最高温度/℃		分度表温区/℃	标准号
						长期	短期		
铜-铜镍(康铜)	T	TP	100Cu	TN	Cu45Ni	350	400	−270～400	GB 2903—82
铜-金铁	Cu-AuFe	Cu	100Cu	AuFe	Au0.07(原子)Fe	0		−270～0	GB 2904—82
铁-康铜	J	JP	100Fe	JN	Cu45Ni	600	750	−210～1200	GB 4994—85
镍铬-康铜	E	EP	Ni10Cr	EN	Cu45Ni	750	900	−270～1000	GB 4993—85
镍铬-金铁	NiCr-AuFe	NiCr	Ni10Cr	AuFe	Au0.07(原子)Fe	0		−273.15～0	GB 2904—82
镍铬-镍硅	K	KP	Ni10Cr	KN	Ni3Si	1200	1400	−270～1373	GB 2614—85
镍铬硅-镍硅	N	NP	Ni14.5Cr1.5Si	NN	Ni4.5Si	1200	1300	−270～1300	ZBN 05004—88
铂铑 10-铂	S	SP	Pt10Rh	SN	100Pt	1300	1600	−50～1769	GB 3772—83
铂铑 13-铂	R	RP	Pt13Rh	RN	100Pt	1400	1600	−50～1769	GB 1598—86
铂铑 30-铂铑 6	B	BP	Pt30Rh	BN	Pt6Rh	1600	1800	0～1820	GB 2902—82
钨铼 3-钨铼 25	WRe3-WRe25	WRe3	W3Re	WRe25	W25Re	2300		0～2315	ZBN 05003—88
钨铼 5-钨铼 26	WRe5-WRe26	WRe5	W5Re	WRe26	W26Re	2300		0～2315	ZBN 05003—88

部位的温度测量。如图12.3.1所示，NiCr-NiSi薄膜热电偶的热电势与温度的关系在25～600℃范围内具有良好的线性度，塞贝克系数达到37.5μV/K，接近于K型标准热电偶的塞贝克系数为40.0μV/K。

另外，采用反应溅射法制备的透明薄膜热电偶可用于激光反射器、太阳窗以及大型望远镜的透镜上，既可进行热监控，又不影响玻璃基底材料的光学性能。常用的热电偶材料有氧化铟、铟锡氧化物(ITO)和锑锡氧化物(ATO)等。铂-ITO和铂-ATO薄膜热电偶的热电势曲线分别如图12.3.2和图12.3.3所示。同样采用反应溅射法制备的IrO_2-RuO_2薄膜热电偶具有极佳的耐蚀能力，非常稳定，能在50%HCl(6mol/L)+50%HNO_3(8mol/L)溶液中稳定工作24h。图12.3.4为IrO_2-RuO_2薄膜热电偶200℃退火后的热电势曲线，热电势和温度几乎呈线性关系，塞贝克系数为1.8μV/℃，750℃退火后的塞贝克系数为4.2μV/℃。

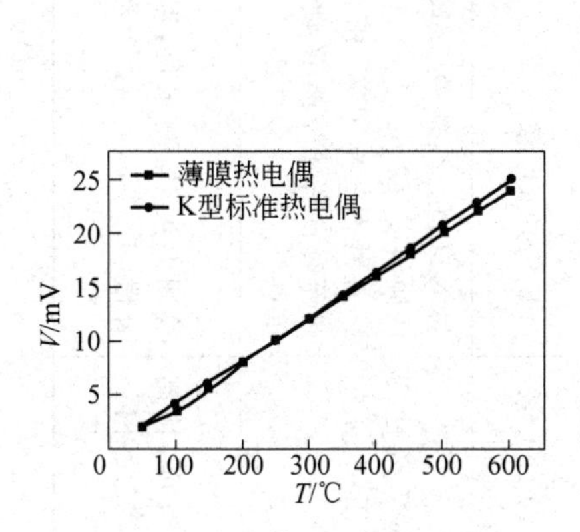

图12.3.1 NiCr-NiSi薄膜热电偶热电势与温度的关系

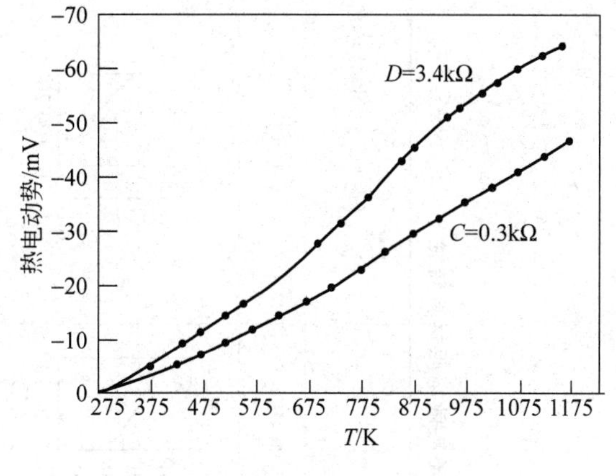

图12.3.2 铂-ITO薄膜热电偶的热电势曲线

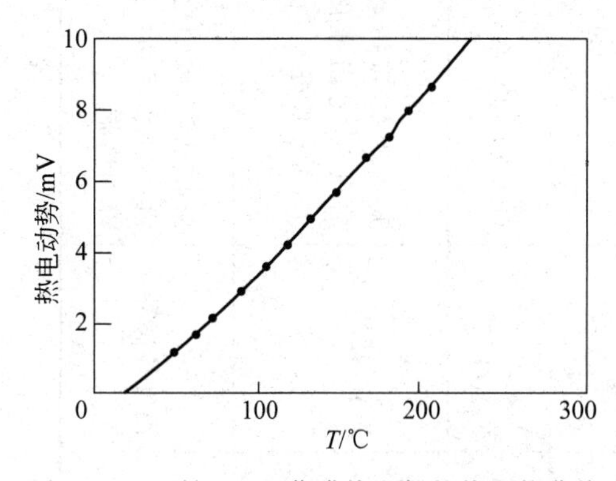

图12.3.3 铂-ATO薄膜热电偶的热电势曲线

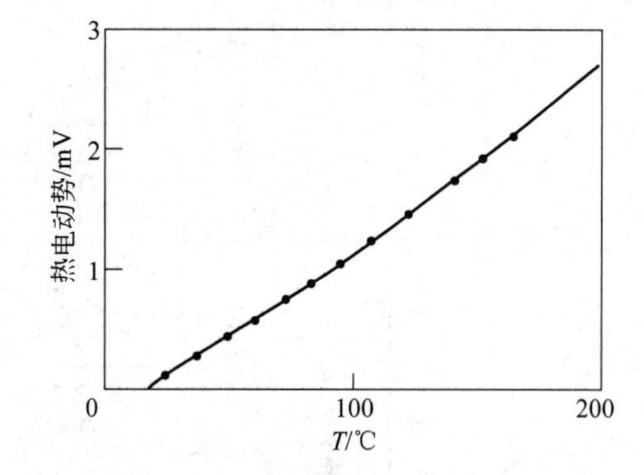

图12.3.4 IrO_2-RuO_2薄膜热电偶的热电势曲线

12.3.2 氧化物半导体热敏电阻材料

电阻率随着温度改变而发生显著变化的材料称为热敏电阻材料，这种材料广泛用于制造各种热敏电阻器。常见热敏电阻器的特性及电阻材料见表12.3.3。

表 12.3.3　各类热敏电阻材料特性

项　目	NTC 热敏电阻材料		PTC 热敏电阻材料		(NTC＋PTC)热敏电阻材料		CTR(临界温度电阻)热敏电阻材料
	常温用	高温用	阶跃型 PTC	线性 PTC	V 型	L 型	
温度特性	R/Ω: 10^2, 10^4, 10^6, 10^8; $T/℃$: 0 200 400	R/Ω: 10^2, 10^4, 10^6, 10^8; $T/℃$: 0 200 400	R/Ω: 10^2, 10^4, 10^6, 10^8; $T/℃$: 0 100 200	R/Ω: 10^2, 10^4, 10^6, 10^8; $T/℃$: 0 100 200	R/Ω: 10^2, 10^4, 10^6, 10^8; $T/℃$: 0 100 200	R/Ω: 10^2, 10^4, 10^6, 10^8; $T/℃$: 0 100 200	R/Ω: 10^2, 10^4, 10^6, 10^8; $T/℃$: 0 100 200
代表性材料	MnO-NiO-CoO 系	Mg(CrAl-Fe)$_2$O	(Ba,Y)TiO_3 系	(Ba,Y)TiO_3 系	(Pb,Sr)TiO_3 系	VO_2	
主要特征	灵敏度高,适于大量生产,价格低廉,使用温度范围宽(－20～500℃)	可在 750℃ 使用	开关动作,可拓宽居里点,电阻变化大,可靠性好	0～50℃ 线性变化过压时的自保护	与 NTC 相比:能改变 NTC 的倾斜度((2%～8%)/℃),呈直线性;与 PTC 相比:过压时自保护,能移动居里点	与 CTR 相比,制作简单,能移动居里点	适当掺杂可移动转变温度
典型应用	温度测量,温度补偿	温度传感器	防止过热,限制电流,大电流启动,定温加热器	检测温度,检测水位,温度补偿	检测温度,检测水位,温度补偿	温度报警,防止过热;检测水位	电气开关,温度测量

1. 负温度系数(NTC)热敏材料

通常将电阻率随温度升高而下降的材料称为负温度系数材料,简称 NTC 材料。NTC 材料的类别见表 12.3.4。NTC 热敏电阻器是研究较早、应用广泛的半导瓷热敏元件之一。这类热敏电阻大都是用 Mn、Co、Ni、Fe 等过渡金属氧化物按一定比例混合,采用陶瓷工艺制备而成。按使用温区大致分为低温(−60～300℃)、中温(300～600℃)和高温(>600℃)三种类型。它具有灵敏度高、热惰性小、寿命长、价格便宜等优点,因而深受使用者欢迎。

表 12.3.4　NTC 材料的分类

系 别	主 要 成 分	特性常数 B/K	使用温度/℃	备　注
氧化物系化合物	Mn-Ni 系氧化物	4000～7000	<200	
	Mn-Co-Ni 系氧化物	2000～7000	<200	NTC、体型、厚膜
	ZrO_2-Y_2O_3 系	约 12 000	700～2000	
	CoO-Al_2O_3-$CaSiO_4$ 系	6500～16500	300～1000	NTC、体型(高温用)
	Mg(Al,Cr,Fe)$_2$O$_4$ 系			
非氧化物系化合物	SiC	2000～3000	−100～450	NTC、体型单晶
	SnSe	约 2000	−130～30	NTC、真空蒸发薄膜
	TaN	约 1200	35～40	NTC、溅射薄膜(体温计用)
单体	Ge	2000～4500	<250	NTC、真空蒸发薄膜

1) NTC 热敏材料的导电机理

NTC 半导瓷一般均为尖晶石结构,其通式为 AB_2O_4,式中 A 为二价正离子,B 为三价正离子,O 为氧离子。当 A 位全部被 A 离子占据,B 位全部被 B 离子占据时,称为正尖晶石结构;当全部 A 位被 B 离子占据,而 B 位由 A、B 离子各半占据时,称为反尖晶石结构;当只有部分 A 位被 B 离子占据时,称为半反尖晶石结构。通常在尖晶石型氧化物中必须有两种可以变价的异价阳离子存在,而且它们必须同时存在于 B 位,才能形成半导体。这是由于 B 位上的离子间距较小,两种异价离子产生电子云重叠,可以实现电子的交换。因此只有反尖晶石结构及半反尖晶石结构的氧化物才是半导体,正尖晶石结构的氧化物则是绝缘体。

一般 NTC 热敏电阻材料通常都以 MnO(或 MnO_2)为主材料,同时引入 CoO、FeO、CuO 等,在高温下形成全反或半反尖晶石结构的半导体材料,其电子过程可描述为

$$Mn^{2+} + F^{3+} \longrightarrow Mn^{3+} + F^{2+} \tag{12.3.1}$$

或

$$F^{2+} + Mn^{4+} \longrightarrow F^{3+} + Mn^{3+} \tag{12.3.2}$$

式中 F 为 Co、Fe、Cu 等变价离子。式(12.3.1)表示 B 位离子取二、三价的形式,式(12.3.2)表示 B 位离子取二、四价的形式。此外,当引入非变价 F 离子,将使 B 位同时存在 Mn^{3+} 和 Mn^{4+},其电子过程为

$$Mn^{4+} + Mn^{3+} \longrightarrow Mn^{3+} + Mn^{4+} \tag{12.3.3}$$

上述无论哪种过程,都能形成电子传输的条件(半导体化)。

这类材料的电导率 σ 与材料特性常数 B、激活能 ΔE 之间满足下式：

$$\sigma = Ae^{-B/T} = Ae^{-\Delta E/2kT} \tag{12.3.4}$$

式中，A 为常数；k 为玻耳兹曼常数；T 为热力学温度，K。其中

$$B = 2.303\frac{\lg R_{T_1} - \lg R_{T_2}}{\dfrac{1}{T_1} - \dfrac{1}{T_2}}$$

式中，R_{T_1}、R_{T_2} 为温度 T_1、T_2 时的电阻值。与电阻率一样，材料特性常数 B 为 NTC 热敏电阻的一个重要参数。

2）普通 NTC 热敏材料

NTC 热敏电阻材料通常用两种或两种以上的过渡族金属氧化物（Mn、Co、Ni、Fe、Cu、Cr 等的氧化物）经混合均匀，加压成型后烧结而成。这类材料的常温电阻率范围很宽，材料特性常数 B 为 2000～7000K。

早期 NTC 热敏电阻材料，大多用 Cu-Mn、Cu-Co、Cu-Ni 等二元系统（见表 12.3.5），但这些材料的电特性（电阻率、材料特性常数 B 等）对烧结、热处理等工艺条件非常敏感。制备高性能 NTC 热敏电阻材料，现在多选用对制备工艺不太敏感的三元系（Mn-Co-Ni、Mn-Cu-Ni、Mn-Co-Fe等）或四元系（Mn-Co-Fe-Cu、Mn-Co-Ni-Fe 等），见表 12.3.6。这些材料的电特性由材料的化学组分、显微组织结构、粉体材料的特性等因素所决定。其中 Mn-Co-Ni 三元系由于 Mn 的氧化物的作用，其材料特性常数 B 对组分不敏感，容易确保电特性的一致性，是目前常用的一个配方系列。以下分别对 Ni、Mn、Co 的氧化物性能及各元素在材料中的作用进行简单介绍。

表 12.3.5 和表 12.3.6 为常用的二元系和三、四元系 NTC 材料。

表 12.3.5　二元系 NTC 材料

二元系材料	电导率 σ_{20} 范围/(1/(Ω·cm))	激活能 ΔE 范围/eV	激活能 ΔE 中心值/eV	与 ΔE 中心值 ±5%对应的 σ_{20}/(1/(Ω·cm))	与 ΔE 中心值对应的 B/K	与 ΔE 中心值±5% 对应的配比质量分数/%
Cu-Mn	$10^{-2}\sim10^{-7}$	0.16～0.38	0.23	$10^{-2}\sim10^{-4}$	2670	含 Cu 10～30
Co-Mn	$10^{-3}\sim10^{-9}$	0.20～0.62	0.37	$10^{-3}\sim10^{-4}$	4290	含 Co 25～50
Ni-Mn	$10^{-3}\sim10^{-7}$	0.30～0.40	0.35	$10^{-4}\sim10^{-5}$	4060	含 Ni 30～70
Co-Cu	$10^{-4}\sim10^{-8}$	0.18～0.36	0.25	$10^{-5}\sim10^{-6}$	2900	含 Co 30～60
Co-Ni	$10^{-1}\sim10^{-8}$	0.10～0.38	0.1	$10^{-1}\sim10^{-3}$	1160	含 Co 50～70

注：σ_{20} 为 20℃时材料的电导率。

（1）NiO

NiO 是一种具有低载流子迁移率的 $3d$ 过渡金属氧化物，常温下为 p 型半导体。在 470K 以上为 NaCl 结构，低于 470K 时其结构有微小的菱形畸变且沿(111)轴缩短 0.15%。NiO 的密度为 7.45g/cm^3，熔点为 2230K。

NiO 是典型的金属缺位型半导体，当晶格中存在镍空位或低价外来杂质时，会使 Ni^{2+} 离子变成 Ni^{3+} 离子而产生空穴导电。但导电并不是空穴在满带中运动的结果，而是通过其在能级间跳跃进行的，即所谓跳跃式导电。关于 NiO 的导电机理目前尚无统一的意见，一般认为可用“极化子”理论来解释。所谓极化子理论，是指载流子（电子或空穴）在离子晶体中运动时，由于离子带电荷，载流子与离子之间相互作用而产生极化，并使载流子处于半束缚状态，这种极化状态称为极化子。极化子又有大极化子（电子云重叠较多，可认为载流子

表 12.3.6 三、四元系 NTC 材料

材料系	电导率 σ_{20} 范围 /(1/(Ω·cm))	激活能 ΔE 范围/eV	特性常数 B/K	常数 A(1/(Ω·cm))	组分配比范围
Mn-Co-Ni	$1\times10^{-3}\sim5\times10^{-4}$	0.25～0.30	2900～3480	$10^1\sim1.5\times10^2$	$30\%<w_{Mn}<50\%$；$25\%<w_{Co}$
Mn-Co-Fe	$10^{-3}\sim10^{-4}$	0.26～0.34	3000～4000		$25\%<w_{Mn}$，$33\%<w_{Co}$
Mn-Co-Cu	$5\times10^{-3}\sim1\times10^{-1}$	0.20～0.26	2320～3000	$0.5\times10^2\sim1\times10^3$	$40\%<w_{Mn}$，$20\%<w_{Cu}$
Mn-Ni-Fe	$10^{-3}\sim10^{-4}$	0.26～0.34	3000～4000		$33\%<w_{Mn}$，$25\%<w_{Ni}$
Mn-Cu-Ni	$5\times10^{-1}\sim1\times10^{-1}$	0.10～0.20	1160～2320	$10^1\sim5\times10^2$	$30\%<w_{Mn}$，$20\%<w_{Cu}$
Mn-Cu-Fe	$10^{-1}\sim10^{-3}$	0.26～0.34	3000～4000		$20\%<w_{Mn}$，$33\%<w_{Cu}$
Co-Fe-Ni	$10^{-6}\sim10^{-8}$	0.34～0.60	4000～7000		$30\%>w_{Co}$，$30\%<w_{Ni}$
Cu-Fe-Co	$10^{-3}\sim10^{-5}$	0.26～0.34	3000～4000		$30\%>w_{Co}$，$17\%<w_{Cu}$
Cu-Fe-Ni	$10^{-4}\sim10^{-5}$	0.17	2000		$30\%<w_{Cu}$，$17\%<w_{Fe}$
Mn-Co-Ni-Fe	$10^{-3}\sim10^{-4}$	0.26～0.34	3000～4000		$50\%>w_{Fe}$，$33\%<w_{Mn}$
Mn-Co-Ni-Cu	$10^{-1}\sim10^{-2}$	0.17～0.26	2000～3000		$30\%>w_{Cu}$，$33\%<w_{Mn}$
Mn-Co-Fe-Cu	$10^{-2}\sim10^{-3}$	0.22～0.26	2500～3000		$17\%>w_{Cu}$，$30\%>w_{Fe}$
Mn-Ni-Fe-Cu	10^{-1}	0.17	2000		$17\%>w_{Cu}$；$20\%>w_{Fe}$

注：w 为质量分数。

在能带中运动)和小极化子之分。NiO 在适当的温度区间，载流子的迁移现象可用大极化子理论来解释，或用介于大极化子与小极化子中间的新模型才能合理解释其跃迁电性能。这方面的理论尚有待进一步研究。

在材料中 Ni 的作用和影响比较单一。Ni^{2+} 离子不易转变为高价或低价离子，其主要作用是进入 B 位形成全反或半反尖晶石结构，促使载流子的形成。当 Ni^{2+} 浓度过高时，NiO 以第二相析出，对材料性能有很大影响。

(2) MnO

MnO 在高于 120K 时具有 NaCl 结构，是金属缺位型 p 型半导体，高温下随氧分压的变化电导出现极小值，发生 p 型→n 型电导转变。其电导为跳跃模型，并有小极化子特性。室温迁移率约为 $3\times10^{-5}cm^2/(V\cdot s)$。

Mn 是材料中的核心元素。在 Mn 含量较低时，随着 Mn 含量的增加，B 位 Mn^{3+}-Mn^{4+} 离子对的浓度随之增加，导致材料的电阻率下降；随着体系中 Mn 离子浓度的进一步提高，由于 Jahn-Teller 效应① Mn^{3+} 离子导致八面体晶格畸变，立方尖晶石转变为四方尖晶石，使材料的电阻率上升，即材料的电阻率随 Mn 含量的增加呈 U 型变化趋势，Mn 的含量大致应控制在 20%～60%(原子分数)的范围内。

---

① 晶体中的离子的基态在没有微扰存在时，如果是轨道简并的，则晶体将畸变至低对称相，以降低轨道的简并度，使体系的能量进一步下降，这种效应称为 Jahn-Teller 效应。

(3) CoO

CoO是类似于NiO的低载流子迁移率的p型半导体，在284K以上为NaCl结构，低于此温度时发生微小的晶格畸变。CoO的密度为12.43g/cm³，熔点为2080K。

CoO也是典型的金属缺位型非化学计量半导体，其导电机理，一般认为在1200K以上存在小极化子的跳跃电导的作用。

Co属于可变价元素，可以存在Co^{3+}离子，形成$Co^{2+}+Mn^{4+}\rightarrow Co^{3+}+Mn^{3+}$的导电机构。但相对于Mn，Co是不易变价的元素，上述导电机构不是材料的主要导电机构。因此Co在材料中的作用与Ni大体相似。另外，由于Mn-Co二元体系有较大的电子迁移激活能，所以Co的加入有利于材料特性常数B值的提高。

当化学组分确定后，工艺是控制显微组织结构和粉体材料特性的主要手段。采用液相合成法中的共沉淀法或溶胶-凝胶法可以制备超微细纳米粉体，经等静压成型后烧结。烧结体经切片、烧电极、划片、焊引线、密封等工序后即可制成NTC热敏电阻。纳米粉体比传统制粉的烧结性能优良，具有烧结体显微结构晶粒细小、均匀、气孔少且分布均匀等特点。纳米化使NTC热敏电阻的阻值和B值的一致性和可控性有很大提高。

3）低温NTC热敏材料

工作温度在−60℃以下的材料称为低温热敏电阻材料。这类材料要求稳定性好、抗磁场、抗带电粒子辐射等。通常使用掺La、Nb、Nd、Pd等的Mn-Cu-Co、Mn-Ni-Cu、Mn-Ni-Cu-Fe等系列材料，其工作温度最低可达4K。Ge、Si等单晶材料也是常用的低温热敏电阻材料。

4）中、高温NTC热敏材料

通常将使用温度在300℃以上的热敏电阻称为中、高温热敏电阻。可供选择的材料是碱土金属系尖晶石结构、钙铁矿结构的氧化物及稀有金属氧化物，见表12.3.7。

表12.3.7 高温NTC热敏电阻材料的化学组成及使用温度范围

结晶形态	化学组成	使用温度/℃	烧结温度/℃
尖晶石系	Al_2O_3-CoO-MnO_2-NiO-$CaSiO_3$	1000	1400～1500
	MgO-CrO_2、MgO-Fe_2O_3、MgO-Al_2O	30～1000	
	$(Mg_{1-p}Ni_p)(Al_xCr_yFe_z)_zO_4$	300～1300	1500～1700
	ZnO-Bi_2O_3-CoO、ZnO-Sh_2O_3-CoO、	500	＜1400
	ZnO-Bi_2O_3-Cr_2O_3		
	MgO-Al_2O_3-Cr_2O_3-LaO	300～1000	1600～1700
	Al_2O_3-Cr_2O_3＋少量MnO_2、CoO等	1100	1670
	Fe_2O_3-Al_2O_3-MnO_2	300～900	1200～1300
	Al_2O_3-NiO＋少量SiO_2、LaO、Y_2O_2等	700～1100	1600
稀土氧化物	ZrO_2-Y_2O_3	1500	1600～1700
	ZrO_2-CeO	900	1400
	Pr、Er、Tb、Nb、Sm、Th等的氧化物	300～1500	1600～1700
	ZrO_2-LaO＋Mg、Al_2O_3等	1100	1650(中性气氛)

续表

结晶形态	化 学 组 成	使用温度/℃	烧结温度/℃
单晶	SiC	700	
	B	700	
	BN		
钙钛矿系	$BaO\text{-}TiO_2\text{-}MgO\text{-}Fe_2O_3\text{-}Mn_2O_3$		
	$PbO\text{-}TiO_2\text{-}MgO\text{-}Fe_2O_3\text{-}Mn_2O_3$		
多晶压缩体	金刚石、CBN、SiC 等	−100～700	1300(>10^6 Pa)
A^{II}、B^{IV}、C^{V} 化合物	ZnSiAs 等	1100	

上面介绍的几种半导瓷热敏电阻温度传感器，它们的电阻-温度特性基本上呈指数变化，实际应用时有些不便。因此，长期以来人们就致力于研究电阻-温度特性呈线性变化的热敏元件，如 $CdO\text{-}Sb_2O_3\text{-}WO_3$、$MnO\text{-}CoO\text{-}CuO\text{-}RuO_2$ 等系线性 NTC 热敏电阻及 $BaTiO_3$、NiO-ZnO-TiO 等线性 PTC 热敏电阻。图 12.3.5 和图 12.3.6 分别是 $CdO\text{-}Sb_2O_3\text{-}WO_3$ 系线性 NTC 热敏电阻的室温电阻率与组分的关系和电阻-温度特性。可见其常温电阻为 $10^2 \sim 10^5\,\Omega$，温度系数为 $-(0.5\% \sim 0.8\%)/℃$，线性温区在 $-20 \sim 200℃$，非线性偏离≤2%。温度系数越小，线性温区越宽。

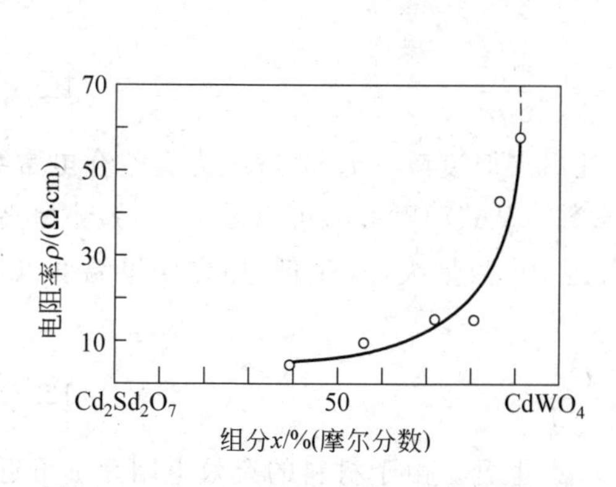

图 12.3.5　$CdO\text{-}Sb_2O_3\text{-}WO_3$ 系半导瓷室温电阻率与组分的关系

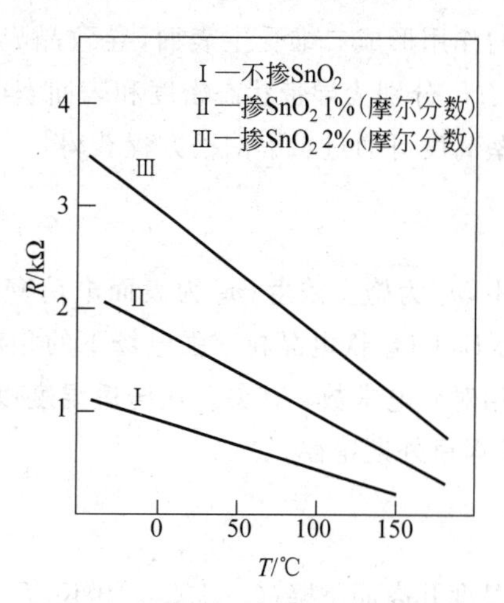

图 12.3.6　$CdO\text{-}Sb_2O_3\text{-}WO_3$ 系线性热敏电阻的电阻-温度特性

2. 正温度系数(PTC)热敏材料

电阻率随温度升高而增大的材料称为正温度系数(PTC)热敏材料。应用最普遍的 PTC 热敏材料之一是在 $BaTiO_3$ 陶瓷中掺入稀土元素(如 La^{3+}、Nb^{5+}等)使之半导化而获得的。$BaTiO_3$ 基 PTC 热敏电阻的电阻-温度特性曲线如图 12.3.7 所示，图中 R_b 为开关电阻，相应的温度为开关温度 T_b，是电阻产生阶跃增大时的温度，与居里温度相对应。表征电阻-温度特性的重要参数电阻温度系数 α_t，定义为 $\alpha_t = dR/RdT$。

1) PTC 效应的理论解释

为了解释施主掺杂的 $BaTiO_3$ 陶瓷在居里温度以上电阻率异常增大的现象，研究者提出了多种理论模型，主要有 Heywang 晶界势垒模型、Jonker 铁电补偿模型、Daniels 晶界钡缺位模型和 Desu 界面析出模型等。这里主要以 Heywang 晶界势垒模型为例，对 PTC 效应进行解释。

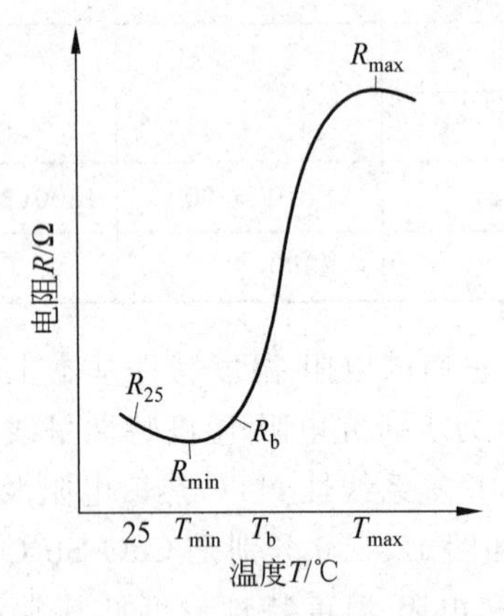

图 12.3.7 $BaTiO_3$ 基 PTC 热敏电阻的电阻-温度特性

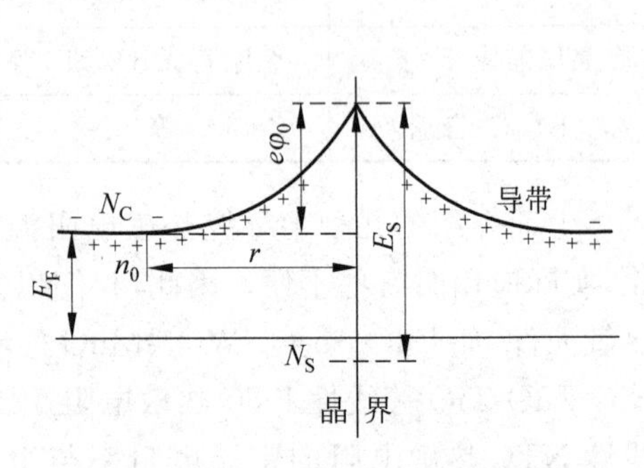

图 12.3.8 晶界表面势垒能带图

Heywang 模型的基本假设是在施主掺杂的 $BaTiO_3$ 陶瓷的晶粒边界上，由于缺陷与杂质的作用形成二维受主表面，导致晶界表面肖特基势垒的形成，如图 12.3.8 所示。图中，N_C、N_S 分别为导带状态密度和表面态密度，E_S 为表面态距导带底的距离，E_F 为费米能级。势垒高度可通过求解泊松方程获得：

$$\varphi_0 = \frac{e^2 n_0 r^2}{2\varepsilon_0 \varepsilon} = \frac{e^2 n_S^2}{2\varepsilon_0 \varepsilon n_0} \tag{12.3.5}$$

式中，n_0 为施主浓度；n_S 为表面电荷密度；r 为耗尽层厚度（$r=n_S/n_0$）；ε_0 为真空介电常数，ε 为 $BaTiO_3$ 铁电晶粒在强电场下的相对介电常数。从式(12.3.5)可以看出，晶界势垒高度与相对介电常数 ε 有关。在居里温度以下，ε 高达 10^4 数量级，φ_0 很低；而在居里温度以上，ε 按居里外斯定律

$$\varepsilon = \frac{C}{T - T_c} \tag{12.3.6}$$

随温度升高而下降（$C=1.2\times10^5$K，$T_c=380$K），φ_0 上升。由于材料的有效电阻率 ρ 可近似认为由晶粒电阻率 ρ_V 和晶界表面势垒电阻率 ρ_S 构成，假设载流子通过热激发越过势垒，可得 $\rho_S=\rho_V\alpha\exp(\varphi_0/kT)$，则有效电阻率可表示为

$$\rho = \rho_S + \rho_V = \rho_V[1 + \alpha\exp(\varphi_0/kT)] \tag{12.3.7}$$

式中，α 为几何因子；k 为玻耳兹曼常数。由于 φ_0 在居里温度以上随温度升高而上升，从而使材料的电阻率增大几个数量级。

2) $BaTiO_3$ 系 PTC 热敏材料

纯净的 $BaTiO_3$ 是一种良好的绝缘材料，微量稀土元素的加入使其电阻率大幅度下降，成为氧化物半导体，居里温度约为 120℃。通过添加杂质可以改变 $BaTiO_3$ 的居里温度以适应不同的需要，如掺杂 Pb 可使居里温度向高温方向移动，掺杂 Sr、Zr、Sn 等则使居里温度

向低温方向移动，并且移动的幅度随掺杂量的不同也会有所不同，见表 12.3.8 和图 12.3.9。$BaTiO_3$ 系材料的电阻温度系数通常为(3%～20%)/K，最大可达 70%/K。

表 12.3.8 $BaTiO_3$ 系 PTC 材料的居里温度与添加杂质的关系

杂质	单位添加量(摩尔分数为 1%时)	添加效果(T_c 变化情况)	极限添加量摩尔分数/%
Pb^{2+}	1	升高 4℃	70
Sr^{2+}	1	降低 2.5℃	40
Zr^{4+}	1	降低 4℃	20
Sn^{4+}	1	降低 7.5℃	25

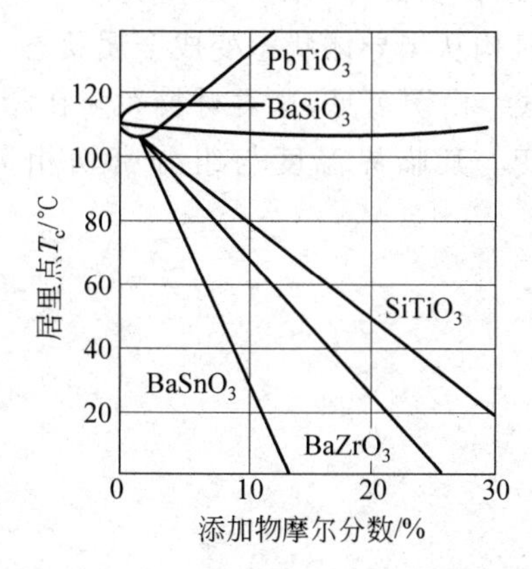

图 12.3.9 $BaTiO_3$ 系 PTC 材料的居里温度与添加杂质的关系

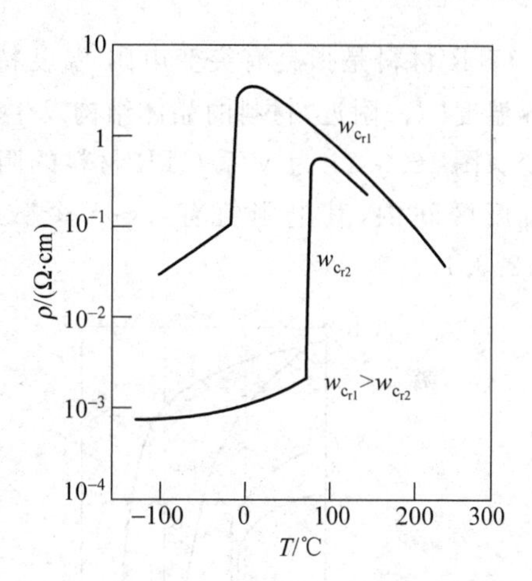

图 12.3.10 Cr 含量对 V_2O_3 电阻-温度特性的影响

3) V_2O_3 系 PTC 热敏材料

$BaTiO_3$ 系材料由于室温电阻率较高(一般在 10Ω·cm 左右)，在应用上受到一定局限。而 V_2O_3 系 PTC 材料的室温电阻率比 $BaTiO_3$ 小，且击穿电阻受温度影响较小，见表 12.3.9。掺杂 Cr 的 V_2O_3 材料在−100～200℃温度范围出现 PTC 特性，如图 12.3.10 所示。

表 12.3.9 V_2O_3 系与 $BaTiO_3$ 系 PTC 材料的性能比较

性 能	V_2O_3	$BaTiO_3$
电阻率 ρ(20℃)	约 1～3Ω·cm	3Ω·cm～1000kΩ·cm
可达到的阻值	约 50μΩ～0.2Ω	0.2Ω～100kΩ
转变温度/℃	−20～150	−30～240
最大负载电阻的增加/Ω	5～30	约 150
温度系数/(%/K)	约 4	约 20
无负载电阻的增加/Ω	5～400	10^3～10^7
最大额定电流密度/(A/mm²)	约 1	约 0.1
最大电流密度/(A/mm²)	约 400	
最大温度脉动/℃	约 500	
最小脱扣时间/μs	< 100	
高温特性	PTC	PTC
电压/频率相关性	无/无	有/有

4）复合 PTC 热敏材料

将热膨胀系数较大的高分子聚合物（如聚乙烯、聚丙烯等）与导电性好的无机材料（如石墨、氧化物半导体、金属粉末等）均匀混合，成为复合材料。当导电性材料的浓度达到某一临界值后，形成导电网络，在常温下呈现低阻状态（电阻率可低至 $10^{-1}\Omega\cdot cm$）。而当温度升高到接近聚合物的软化点时，聚合物体积膨胀，使无机导电网络受到破坏，电阻值突然升高，出现 PTC 特性。与 $BaTiO_3$ 系半导瓷材料相比，这种复合 PTC 材料具有常温电阻率低、易于加工成形等特点，但其稳定性较差，电阻率随使用时间延长发生剧烈跳变，因此还有待于完善。

3. 临界温度电阻（CTR）热敏材料

CTR 材料是指具有突变电阻-温度特性曲线的材料，主要有 Ag_2S-CuS 系和 V 系。在临界温度（T_c）附近，材料的晶体结构发生转变，导电机构从半导体状态变成金属状态，电阻突变。图 12.3.11 为 V 系 CTR 材料的阻温特性曲线。由图可见，这类材料大多在相当窄的温度区间内，其电阻值有 3～5 个数量级的突变。其临界温度与组分密切相关，见表 12.3.10。

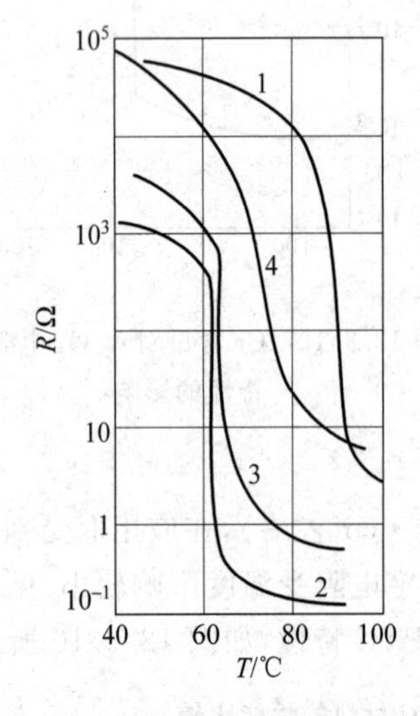

图 12.3.11 V 系 CTR 材料的电阻-温度特性

按组成的摩尔比计：

1—VO_2：$Pb(VO_3)_2$=1：1；2—VO_2：$AgVO_3$=3：2；

3—VO_2：$Sr(VO_3)_2$=2：1；4—VO_2：$Ba(VO_3)_2$=3：2

表 12.3.10 CTR 材料的 T_c 和组分对照表

材料组成	临界温度 T_c/℃
$V_{60}Ag_{30}Sr_{10}$	65
$V_{71}P_{11}Sr_{18}$	65～68
$V_{90}P_{10}$	68
$V_{80}Ge_{10}P_{10}$	80
$V_{80}Ge_{10}Sr_{10}$	82
$V_{70}Ge_{20}Ag_{10}$	82
$V_{70}Ti_{20}P_{10}$	83

12.4 磁敏材料

磁敏材料的有关参数对磁场具有敏感性，因此可用于制作磁敏传感器。磁敏电阻器就是利用磁敏材料的磁阻效应制成的一种磁电变换元件。所谓磁阻效应，是指在外加磁场的作用下材料的电阻值发生变化的现象。研究者早在 1883 年就发现了金属导体的磁阻效应，1951 年研究了强磁性薄膜的磁阻效应。20 世纪 50 年代对Ⅲ-Ⅴ族化合物半导体的研究，特别是发现锑化铟（InSb）和砷化铟（InAs）等材料具有极高的迁移率，以及 80 年代末期巨磁阻效应的发现，进一步促进了磁阻材料的开发。

1. 半导体磁阻材料

当在半导体磁阻材料上沿与电流流向相垂直的方向加以磁场时，由于霍尔电场和洛伦兹力的作用，电流与合成电场成一霍尔角 θ 流动，从而电流路径增长，阻值增大。其中的电流分布随磁场而异，阻值也就随着磁场而变化，这种磁阻效应称为物理磁阻效应。对于只有一种载流子的半导体，其电阻率的变化可用下式表示：

$$\frac{\rho-\rho_0}{\rho_0}=\frac{\Delta\rho}{\rho_0}=0.275\mu^2B^2 \tag{12.4.1}$$

式中，ρ 和 ρ_0 分别表示磁感应强度为 B 和 0 时的电阻率；μ 为载流子的迁移率。当有电子和空穴两种载流子时，由于磁场的作用，电子电流和空穴电流因相对倾斜而抵消了在垂直方向上的总电流，即减小了电流方向上的总电流，从而使电阻率增大。这时的电阻率变化为

$$\frac{\Delta\rho}{\rho_0}=\frac{p}{n}\mu_n\mu_p B^2 \tag{12.4.2}$$

式中，n 为电子密度；p 为空穴密度；μ_n 为电子迁移率；μ_p 为空穴迁移率。因此，为了使磁敏电阻的磁阻效应更为显著，即灵敏度更高，必须选用载流子迁移率大的材料。

对于主体材料一定的半导体磁敏电阻，当长宽比或形状不同时，其电极间电流流向的偏斜角不同，因此电流路径的长短有所差异，即磁阻效应的大小不同，这种磁阻效应称为形状磁阻效应或几何磁阻效应。

常用的半导体磁阻材料有 InSb、InAs 以及它们的某些共晶材料。

1）InSb

InSb 是Ⅲ-Ⅴ族化合物半导体，它的禁带宽度小，电子迁移率高。室温下 InSb 的禁带宽度为 0.18eV，本征载流子浓度约为 $1.1\times10^{16}/\text{cm}^3$，电子有效质量约为 $0.13m_0$（m_0 是电子的质量）。室温下高纯 n 型 InSb 的电子迁移率可高达 $78000\text{cm}^2/(\text{V}\cdot\text{s})$，与温度的关系为 $\mu_n=7\times10^8\,T^{-1.6}\,\text{cm}^2/(\text{V}\cdot\text{s})$。

InSb 磁敏电阻按其结构分为体型（或称为块型）和薄膜型。前者是直接将厚度为 300～600μm 的InSb 单晶片粘贴在绝缘基片上，然后经过机械或化学加工，使其厚度减小到 5～10μm；后者是通过真空蒸发或溅射工艺在基片上制成 InSb 薄膜和电极薄膜。与体型磁敏电阻相比，薄膜型磁敏电阻有如下优点。

（1）通过真空镀膜工艺很容易将 InSb 制成厚度为 1μm 以下的薄膜。

（2）薄膜的表面积大，能有效地解决热耗问题，因此温升小，温度特性较好。

（3）可制造图形复杂的磁敏电阻。

（4）在体型磁敏电阻中，由于单晶片较厚，电流路径不是在任何地方都与磁场垂直，所以电极不能很有效地起到短路作用。但在薄膜情况下，则可大为改善上述现象，提高灵敏度。

（5）可得到无感图形，使磁敏电阻适用于高频。

（6）可进一步微型化和集成化。

2）InSb-NiSb 共晶体

在磁阻效应中，形状效应起着很大的作用。长宽比越大，元件的灵敏度越高。基于这一原理，由 InSb-NiSb 共晶体制作的磁敏电阻能增加灵敏度。在这种共晶体中，NiSb 以针状

结晶的形式定向排列，长约 100μm，直径约 1μm，它的电阻率远小于 InSb，因此相当于无数金属丝或金属界面。沿不同的方向切片时，材料的磁阻效应会有所不同。在磁场为 1.0T 时，其电阻率可增大近 20 倍，大大提高了元件的灵敏度。

InSb-NiSb 共晶体的载流子浓度和迁移率受温度的影响很大。高温时的载流子浓度约为 $1.7\times10^{16}/cm^3$，迁移率约为 $60000cm^2/(V\cdot s)$。为了改善温度特性，可在其中掺入 n 型施主杂质碲或硒。虽然迁移率会有所降低(约为 $40000cm^2/(V\cdot s)$)，但温度系数可降低 1～2 个数量级，达－0.01%左右，而未掺杂时约为 1%。

3）其他

采用真空蒸发技术可形成 InSb-In 共晶薄膜，其中 In 以针状结晶定向排列，从而增强材料的磁阻效应。采用电子束蒸发工艺可制备 InAs 薄膜，其温度特性比 InSb 好，温度系数为 0.1%。

2. 强磁性薄膜磁阻材料

强磁性材料的磁阻效应的基本特征是各向异性，即磁化方向与电流方向的夹角不同时，材料的阻值会有所变化。当磁化方向平行于电流方向时，阻值最大；而磁化方向垂直于电流方向时，阻值最小。

与半导体磁阻材料相比，强磁性薄膜材料有如下特点：对于弱磁场的灵敏度很高；灵敏度具有方向性；具有磁饱和特性；温度特性好，使用温度范围宽；可靠性高。常用的强磁性薄膜材料是镍基合金，见表 12.4.1。

表 12.4.1 一些镍基合金的 $\Delta\rho/\rho_0$ 值

合金组成	$(\Delta\rho/\rho_0)$/%	合金组成	$(\Delta\rho/\rho_0)$/%
Ni	2.66	Ni83-Fe17	4.3
Ni99.4-Co0.6	2.1	Ni76-Fe24	3.79
Ni97.5-Co2.5	3	Ni70-Fe30	2.5
Ni94.6-Co5.4	3.6	Ni90-Cu10	2.6
Ni90-Co10	5.02	Ni83.2-Pd16.8	2.32
Ni89.3-Co10.7	4.9	Ni69-Pd31	2.03
Ni80-Co20	12.48	Ni97-Sn3	2.28
Ni70-Co30	5.53	Ni99-Al1	2.4
Ni60-Co40	5.85	Ni98-Al2	2.18
Ni50-Co50	5.05	Ni97.8-Mn2.2	2.93
Ni40-Co60	4.3	Ni94-Mn6	2.48
Ni30-Co70	3.4	Ni95-Zn5	2.60
Ni99-Fe1	2.7	Ni92.2-Fe2.4-Cu4.5	3.65
Ni97.8-Fe2.2	3.0	Ni69-Fe16-Cu14	3.3
Ni91.7-Fe8.3	5.4	Ni35.5-Fe49.6-Cu15.3	3.3
Ni85-Fe15	4.6	Ni80-Fe16.3-Mn3.7	2.2

注：$\Delta\rho/\rho_0$ 表示强磁性薄膜材料的灵敏度大小，各元素后的数字为该元素的质量分数。

1）Ni-Co 合金薄膜

Ni-Co 合金的晶体结构随其组成而异。当 Ni 含量(质量分数，下同)少于 25%时为密集六方结构，Ni 含量大于 30%时为面心立方结构，而 Ni 含量在上述两者之间时则形成混合相。磁敏电阻所用的 Ni-Co 合金薄膜通常是用块状合金材料进行真空蒸发或溅射而形成的。这时要考虑薄膜的两种形状效应，即薄膜的厚度效应和晶粒的尺寸效应。

2）Ni-Fe 合金薄膜

当 Ni 含量低时，Ni-Fe 合金的结构与 α-Fe 一样，为体心立方结构；在 Ni 含量大于 30%后，其结构则与 Ni 相同，为面心立方结构。Ni 含量为 50%时，合金的磁化曲线为线性。Ni 含量减少时，饱和磁化强度急剧减小。在显示出异常磁性的同时，Ni 含量为 36%的 Ni-Fe 合金呈现出在室温附近热膨胀系数为零的因瓦(Invar)特性。

3. 巨磁阻材料

巨磁阻材料的特点是非常弱小的磁场变化就能导致材料的电阻值产生大的改变，可高达百分之几十，甚至百分之几百。具有巨磁阻效应的材料主要有以下几种类型。

1）磁性金属多层膜

磁性金属多层膜由铁磁层(Fe、Ni、Co 及其合金)和非磁层(3*d*、4*d* 和 5*d* 非磁金属)交替重叠而构成，其中每层膜的厚度均在纳米量级。常用的制备多层膜的方法主要有真空蒸发、磁控溅射以及分子束外延，其中应用最普遍的是磁控溅射法。不同于各向异性磁阻效应，磁性金属多层膜的磁阻效应与磁场的方向无关，只依赖于相邻铁磁层的磁矩的相对取向，外加磁场的作用就是改变相邻铁磁层的磁矩的相对取向。当磁矩反向平行时电阻最大，平行时电阻最小。而且磁阻效应随着多层膜周期数的增加而增大，当总膜厚与平均自由程相当时趋于饱和。最早被发现具有巨磁阻效应的多层膜是单晶 Fe/Cr/Fe 三层膜，当 Cr 层的厚度为 0.9nm 时，在 4.2K 下 20kOe (1Oe≈(1000/4π)A/m)的外磁场可以使相邻 Fe 层的磁矩方向平行排列，电阻变化率高达 50%。此外在 Co/Cu、CoFe/Cu 等多层膜结构中也发现了巨磁阻效应。

2）金属颗粒膜

金属颗粒膜是指铁磁性金属(如 Fe、Co 等)以微颗粒的形式弥散于非磁性金属(如 Ag、Cu 等)薄膜中所构成的复合薄膜。其巨磁阻效应被普遍认为来源于自由传导电子在磁性颗粒内部及界面上的自旋相关散射，外加磁场的作用是改变磁性颗粒磁化强度的方向，从而改变自旋相关散射的强度。目前以 Co-Ag 颗粒膜的磁阻效应最高，在液氮温度可达 55%，室温可达 20%。与多层膜相比，颗粒膜的优点是制备方便，一致性、重复性高，成本低，热稳定性好；但饱和磁场通常高于多层膜，使其应用范围受到一定限制。

3）锰氧化合物薄膜

锰氧化合物是以金属-氧化物为基的化合物，主要有类钙钛矿结构的稀土掺杂锰氧化合物和烧焦绿石结构的铊系锰氧化合物，如 $La_{2/3}Ba_{1/3}MnO_3$、$La_{2/3}Ca_{1/3}MnO_3$、$Tl_2Mn_2O_7$ 等。比如在 110K、6T 附近 $La_{2/3}Ca_{1/3}MnO_3$ 薄膜的巨磁阻效应达到 99.9%。大量实验研究表明，化合物中 Mn^{3+}/Mn^{4+} 混合价态的存在是导致其巨磁阻效应的主要原因。

12.5　气敏材料

直接将环境中的气体浓度变化信息转变为电气参数输出的元件称为气敏元件。常用的气敏材料大多以金属氧化物半导体为主，如表 12.5.1 所示。

表 12.5.1 常用的气敏材料

材料种类	被测气体及工作温度	材料种类	被测气体及工作温度
SnO_2	还原性气体	γ-Fe_2O_3	丙烷,350℃
SnO_2+Pd	一氧化碳	γ-Fe_2O_3+Pt,Ir	可燃性气体,250℃
SnO_2+Pd,Pt	还原性气体	WO_3	可燃性气体,200～250℃
SnO_2+Rh	甲烷,350℃	In_2O_3+Pt	氢、烷烃
SnO_2+Ti,Nb	丙烷,280℃	$BaTiO_3$+SnO_2	还原性气体
SnO_2+Cr_2O_3	还原性气体	$BaTiO_3$+Nb_2O_5	可燃性气体
SnO_2+Na_2O	丁烷	ZrO_2,TiO_2 CoO	氧,650～700℃ 氧
SnO_2+ThO_2	一氧化碳,200℃,氢,150℃	$Co_{1-x}Mg_xO$	氧
ZnO	还原性气体	NiO	氧
ZnO+Pd,Pt	还原性气体	V_2O_5+Ag	二氧化氮
ZnO+V_2O_5+Ag_2O	酒精,250～400℃	Cu+酞青	二氧化氮、一氧化氮
α-Fe_2O_3	还原性气体,400℃		

1. 半导体气敏材料的感应机理

一些金属氧化物半导体的表面吸附气体后,其电学特性(如电导率)会发生明显变化,因此可用于检测气体。关于半导体气敏材料的感应机理,主要有以下几种定性的模型。

1) 原子价控制模型

很多化学反应性强、容易发生还原作用的氧化物半导体,即使在温度不太高的情况下,与某些化学性质较活泼的还原性气体接触时,也容易发生价态变化,导致材料体电阻的改变。而且,氧化物半导体气敏材料一般都具有多孔结构,气体比较容易深入到材料体内,使其体电阻发生明显改变。例如,Fe_2O_3 气敏材料与可燃性气体接触时,三价铁离子(Fe^{3+})从还原性气体分子中夺取电子,被还原成二价铁离子(Fe^{2+}),从而形成一种电阻率很低的铁的混合氧化物。这种铁的混合氧化物是由 Fe^{3+} 与 O^{2-} 生成的三氧化二铁(Fe_2O_3)和被还原成的 Fe^{2+} 与 O^{2-} 生成的氧化亚铁(FeO)所组成的固溶体,习惯上称为四氧化三铁(Fe_3O_4)。而且,对于 γ-Fe_2O_3 气敏材料,它与 Fe_3O_4 之间的这种反应是可逆的,即当被检测的还原性气体脱离气敏材料后,Fe^{2+} 又可被空气中的氧氧化成 Fe^{3+},Fe_3O_4 恢复为 γ-Fe_2O_3,如下式所示:

$$\gamma\text{-}Fe_2^{+3}O_3^{-2} \longleftrightarrow Fe^{+2}O^{-2}\cdot Fe_2^{+3}O_3^{-2}(Fe_3O_4) \tag{12.5.1}$$

这种原子价控制模型还可以用来解释钙钛矿(ABO_3)型氧化物半导体的导电过程。一般认为 ABO_3 型材料的导电过程是通过 B 元素与氧组成的三维网络结构进行的。例如,当 $NdCoO_3$ 中的部分钕离子(Nd^{3+})被锶离子(Sr^{2+})置换后,生成 $Nd_{1-x}Sr_xCoO_3$,其电荷补偿方式为 $Nd_{1-x}^{3+}Sr_x^{2+}Co_x^{4+}Co_{1-x}^{3+}O_3^{2-}$,随着 Sr 含量的增加,系统中的四价钴离子($Co^{4+}$)将增加。$Co^{3+}$ 与 Co^{4+} 之间互换电子,对电导做出贡献。同时,也可能产生氧空位,析出活性氧。当与还原性气体作用时,氧化物半导体的体电阻将明显下降。

2) 表面电荷层模型

半导体材料的表面吸附气体分子时,由于接受电子的能力不同,材料与气体分子之间会产生电子交换。如果气体分子从半导体获得电子,成为带负电荷的离子,则称为负离子吸附;如果气体分子向半导体提供电子,成为带正电荷的离子,则称为正离子吸附。正离子或负离子吸附会使表面能带产生弯曲,形成表面电荷层,从而导致材料电导率的变化。

以 n 型半导体为例,其吸附气体前后能级的变化如图 12.5.1 所示。图中,C 为被吸附的气体分子。当其电子亲和力 A 大于半导体的功函数 Φ 时,即气体分子的能级低于 n 型半导体的费米能级 E_F 时,气体分子从半导体内获得电子,成为负离子 C^-。此时,电子从半导体内部向表面迁移,表面的静电场增加,使能带向上弯曲,形成表面空间电荷层 l(图 12.5.1(b))。该电荷层的形成会阻止电子继续向表面迁移,随着 C^- 离子的增加,电子向表面的迁移越来越困难,最后当表面与半导体内部的费米能级间达到一种新的平衡时,吸附停止(图 12.5.1(b)中 E_F' 为平衡后的费米能级,U_0 为表面空间势垒)。因此,当 n 型半导体发生负离子吸附时,表面的电子浓度降低,电导率下降,称为耗尽型吸附;同样,当 n 型半导体发生正离子吸附时,能带向下弯曲,表面的电子浓度增大,电导率上升,称为累积型吸附。p 型半导体的情况则与之相反。

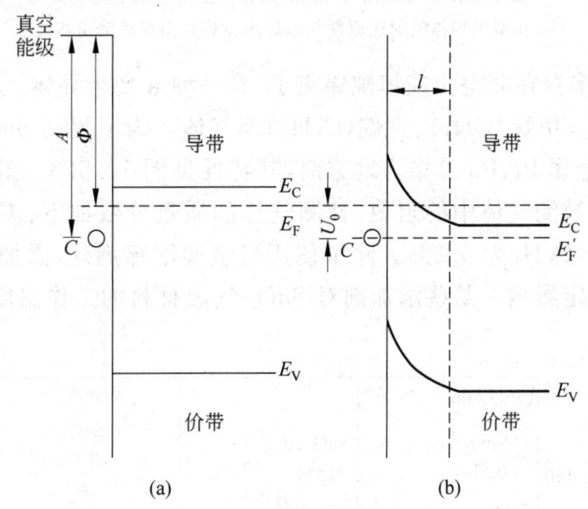

图 12.5.1　n 型半导体吸附气体前后能级的变化

(a) 吸附前; (b) 吸附后

常用的半导体气敏材料,不论是 n 型或 p 型,对于氧气多数发生负离子吸附,而对于一氧化碳(CO)、氢(H_2)、碳氢化合物、酒精等还原性气体多数发生正离子吸附。

3) 晶界势垒模型

氧化物半导体气敏材料大多具有多晶多相结构,晶粒之间存在着晶粒间界(晶界)。当与环境气氛接触时,吸附的气体在晶粒表面即晶界上形成空间电荷层。例如,二氧化锡(SnO_2)、氧化锌(ZnO)等 n 型半导体材料在空气中吸附氧后,由于氧具有较高的电子亲合能,可以从材料中获得电子,成为 O_2、O^-、O^{2-} 等受主表面态(用 $O^{n-}_{吸附}$ 表示),在晶界形成一定势垒(图 12.5.2(a)),阻碍电子在晶粒间的移动,使材料的电阻率升高。当这些半导体气敏材料与 CO、H_2 等还原性气体接触时,气体与材料表面的吸附氧发生反应,$O^{n-}_{吸附}$ 的浓度下降,从而使晶界势垒的高度降低(图 12.5.2(b)),材料的电阻率亦随之下降。因此,由材料电阻率的变化情况可以检测空气中还原性气体的浓度变化。

2. SnO_2 气敏材料

SnO_2 是目前应用最广泛的气敏材料。纯净的 SnO_2 是良好的绝缘体,而用一般方法制

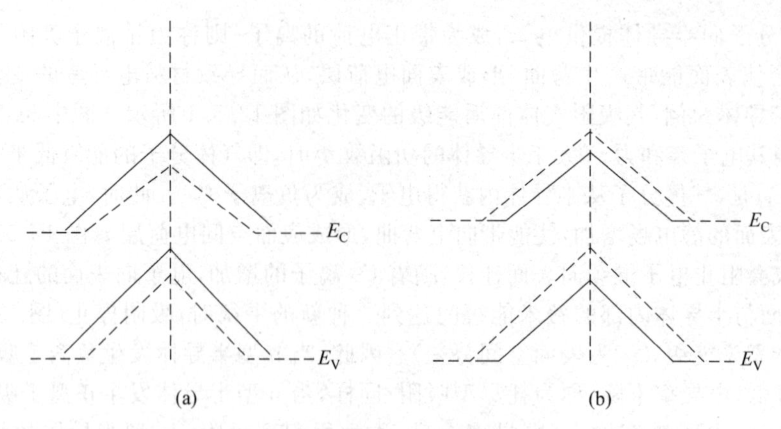

图 12.5.2　n型半导体吸附氧化性与还原性气体后晶界势垒的变化

(a) n型半导体吸附氧化性气体后晶界势垒由虚线上升到实线；

(b) n型半导体吸附还原性气体后晶界势垒由虚线降至实线

备的 SnO_2 晶体中大多存在氧空位或填隙锡离子，是一种 n 型半导体。SnO_2 气敏材料的主要检测对象是 CO、H_2、甲烷(CH_4)、丙烷(C_3H_8)等气体。为了提高 SnO_2 的灵敏度与选择性，常常加入微量贵金属 Pt、Pd 等作为增感剂，其特性见图 12.5.3。图中 R_a 和 R_g 分别是气敏元件在空气中和被测气体中的阻值，被测气体的质量分数如下：CO 为 0.02%，H_2 为 0.8%，CH_4 为 0.5%，C_3H_8 为 0.2%。除了使用贵金属增感剂外，添加 Cu、Ni 等对其工作温度和灵敏度也有一定影响。某些添加剂对 SnO_2 气敏材料的工作温度和灵敏度的影响见表 12.5.2。

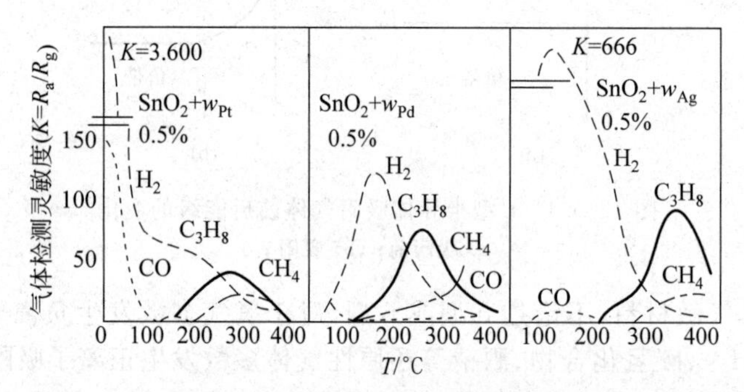

图 12.5.3　SnO_2 中添加 Pt、Pd、Ag 作增感剂后的灵敏度-温度关系

表 12.5.2　某些添加剂对 SnO_2 工作温度和灵敏度的影响

添加剂	CO			H_2			CH_4			C_3H_8		
	质量分数/10^{-4}%	工作温度/℃	灵敏度 R_a/R_g	质量分数/10^{-4}%	工作温度/℃	灵敏度 R_a/R_g	质量分数/10^{-4}%	工作温度/℃	灵敏度 R_a/R_g	质量分数/10^{-4}%	工作温度/℃	灵敏度 R_a/R_g
不添加	200	350	4	8000	200	37	5000	450	20	2000	350	49
Pt	200	室温	136	8000	室温	3000	5000	300	19	2000	275	38
Pd	200	室温	12	8000	150	119	5000	325	20	2000	250	75
Ag	200	100	8	8000	100	666	5000	400	24	2000	350	89
Cu	200	200	7	8000	300	98	5000	350	20	2000	325	48
Ni	200	200	7	8000	250	169	5000	350	9	2000	300	67

3. ZnO气敏材料

作为气敏材料的ZnO晶体中有氧空位及填隙锌离子，是一种n型半导体。以ZnO为主要原料制成的气敏元件对CO、H_2、C_2H_6、C_3H_8、异丁烷(C_4H_{10})等可燃性气体敏感。加入某些增感剂可以改善其灵敏度，见图12.5.4和表12.5.3。由图12.5.4可见，以Pt为增感剂，ZnO系气敏材料对C_2H_6、C_3H_8、C_4H_{10}等分子中含有两个以上碳原子的可燃性气体灵敏度较高，而对CO、H_2、CH_4等不含碳原子或含碳原子少的可燃性气体灵敏度较低。如用Pd作增感剂，则可获得相反的结果(但CH_4例外)。

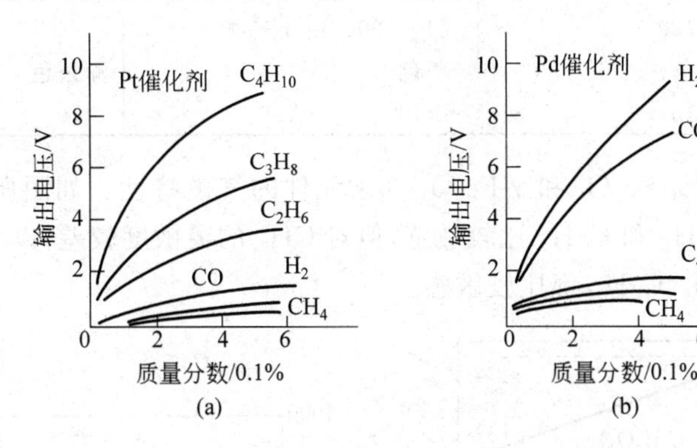

图12.5.4 ZnO系气敏材料的灵敏度
(a) 添加Pt作增感剂；(b) 添加Pd作增感剂

表12.5.3 ZnO气敏材料的添加剂

主体材料	添加剂	检测气体种类	工作温度/℃
ZnO	Pt	乙烷、丙烷、异丁烷	250～400
ZnO	Pd	一氧化碳、氢	250～400
ZnO	V_2O_5、Ag_2O	酒精、丙酮、苯	250～400
ZnO-Cr_2O_3	Pt	一氧化碳、氢、丙烷、异丁烷	250～400
ZnO-Sb_2O_3	Pt	酒精	250～400

与SnO_2系气敏材料相比，ZnO系气敏材料的工作温度较高。相同质量分数的同种气体，如欲获得相近的灵敏度，ZnO的工作温度一般要高100℃左右，如图12.5.5所示。

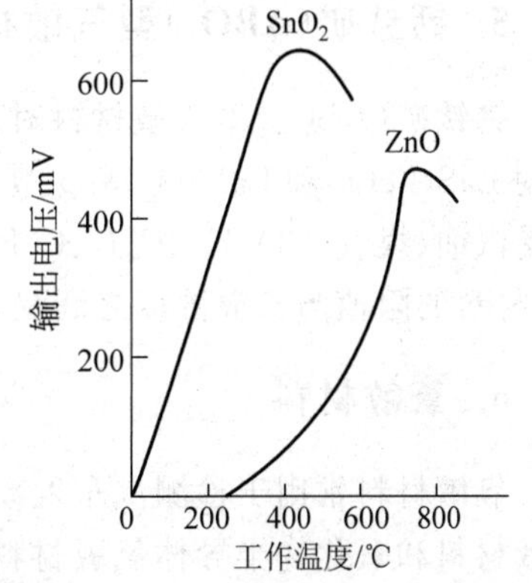

图12.5.5 SnO_2与ZnO气敏材料的灵敏度-工作温度关系

4. 氧化铁系气敏材料

氧化铁包括FeO、Fe_2O_3、Fe_3O_4，作为气敏材料用的主要是Fe_2O_3。常见的Fe_2O_3有刚玉结构的α-Fe_2O_3和尖晶石结构的γ-Fe_2O_3，电阻率都很高($\geqslant 10^8\Omega\cdot cm$)，见表12.5.4。在一定温度下(620～900K)，γ-Fe_2O_3与还原性气体接触后，表面的部分γ-Fe_2O_3被还原，生成Fe_3O_4。Fe_3O_4的电阻率很低($\leqslant 10^{-2}\Omega\cdot cm$)，因此气敏元件的电阻值下降，下降程

度与还原性气体的浓度有关。γ-Fe_2O_3 与 Fe_3O_4 之间的这种转变是可逆的，在一定条件下 Fe_3O_4 又可被氧化成 γ-Fe_2O_3。而对于 α-Fe_2O_3，它可被还原为 Fe_3O_4，但 Fe_3O_4 不能氧化成 α-Fe_2O_3。它们之间的关系如下式所示：

$$\alpha\text{-}Fe_2O_3 \xrightarrow{\text{还原}} Fe_3O_4 \underset{\text{还原}}{\overset{\text{氧化}}{\longleftrightarrow}} \gamma\text{-}Fe_2O_3 \tag{12.5.2}$$

表 12.5.4 氧化铁的结构与物性

名 称	Fe_3O_4	γ-Fe_2O_3	α-Fe_2O_3
结晶结构/nm	尖晶石 $a=0.284$	尖晶石 $a=0.834$	刚玉 $a=0.503, c=1.373$
结晶转变温度 T/K	<120	640～900(由 $\gamma\rightarrow\alpha$)	
颜色	黑色	茶色	赤茶色
电阻率 $\rho/(\Omega\cdot cm)$	$\leqslant 10^{-2}$	$\geqslant 10^8$	$\geqslant 10^8$

图 12.5.6 给出的是 α-Fe_2O_3 和 γ-Fe_2O_3 气敏元件的气敏特性。如图所示，以 γ-Fe_2O_3 为主体的气敏材料对 C_3H_8 和 C_4H_{10} 比较敏感，但对 CH_4 的灵敏度较差；以 α-Fe_2O_3 为主体的气敏材料则对 H_2、CH_4、C_4H_{10} 都比较敏感。

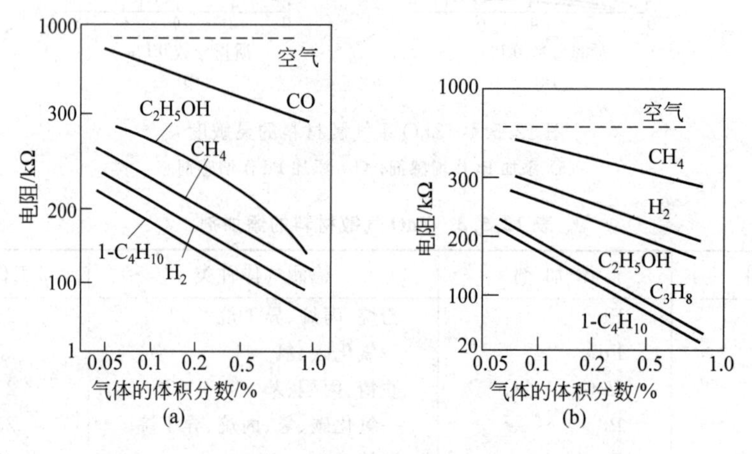

图 12.5.6 α-Fe_2O_3 和 γ-Fe_2O_3 气敏元件的气敏特性

(a) α-Fe_2O_3；(b) γ-Fe_2O_3

5. 钙钛矿(ABO_3)型气敏材料

钙钛矿(ABO_3)型气敏材料对乙醇有极好的选择性。如图 12.5.7 所示，用共沉淀法制备的 $LaSrFeO_3$ 和 $LaFeO_3$ 等 p 型半导体材料对乙醇具有很高的灵敏度和选择性，基本上不会受汽油、煤气、CO、H_2、CH_4、C_4H_{10} 等可燃性气体的干扰。当乙醇浓度范围为 10^{-4}～10^{-1} 时，材料的阻值与乙醇浓度之间呈近似线性的关系，工作温度为 350～400℃。

6. 氧敏材料

氧敏材料常用于检测汽车发动机的空燃比和工业锅炉的燃烧情况，主要有固体电解质氧敏材料和氧化物半导体氧敏材料。

1) ZrO_2 基固体电解质氧敏材料

固体电解质是具有离子导电性能的固体物质。在高温下(但远未达到熔融的温度)，二

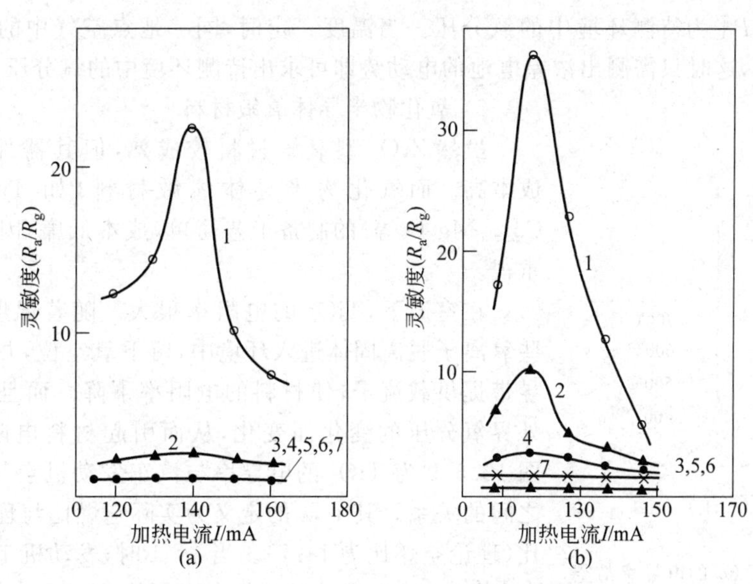

图 12.5.7　ABO_3 型气敏材料的灵敏度

(a) $LaSrFeO_3$；(b) $LaFeO_3$

1—乙醇；2—汽油；3—煤气；4—CO；5—H_2；6—CH_4；7—C_4H_{10}

氧化锆(ZrO_2)具有氧离子传导性。纯净的 ZrO_2 在常温下属于单斜晶系，随着温度的升高会发生相变。在 1100℃下为正方晶系，2500℃下为立方晶系，2700℃下熔融。ZrO_2 中加入氧化钙(CaO)、三氧化二钇(Y_2O_3)、氧化镁(MgO)等添加剂后，成为稳定的正方晶系，具有萤石结构，称为稳定化 ZrO_2。并且由于添加剂的加入，在 ZrO_2 晶格中产生氧空位，其浓度随添加剂的种类和添加量而改变，因此离子电导性也随添加剂的种类和添加量而变化。如图 12.5.8 所示，在 ZrO_2 中添加 CaO、Y_2O_3、三氧化二镱(Yb_2O_3)等后，其离子电导都将发生改变，其中以添加 CaO 的效果最佳。当 CaO 的添加量为 15%(摩尔分数)左右时，离子电导出现极大值。但是，ZrO_2-CaO 固溶体的离子活性较低，要在高温下氧敏元件才有足够的灵敏度。而 ZrO_2-Y_2O_3 固溶体的离子活性较高，在较低的温度下，其离子电导都较大。因此，通常采用这种材料制作固体电解质氧敏元件。添加 Y_2O_3 的 ZrO_2 固体电解质材料称为 YSZ 材料。

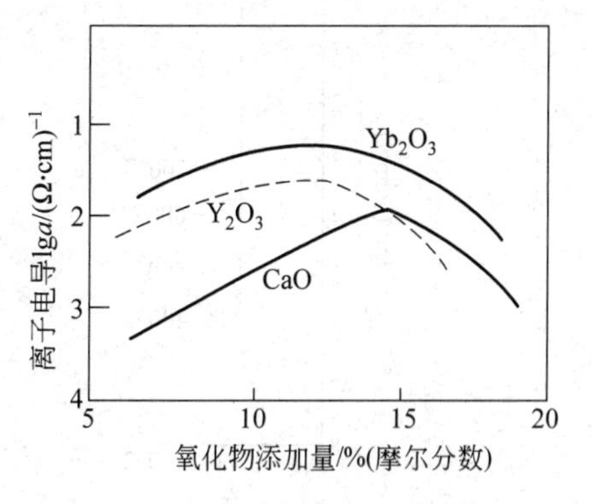

图 12.5.8　ZrO_2 中杂质种类和添加量与离子电导的关系

ZrO_2 基固体电解质氧敏元件是以浓差电池的形式使用，以被测气体作为浓差电池的一方，已知浓度的参考气体作为另一方，其组成如下：

$$(+)\mathrm{Pt}, P_{O_2} \mid \mathrm{YSZ} \mid P_{O_2}, \mathrm{Pt}(-)$$

电池的电动势 E_0 可表示为

$$E_0 = \frac{RT}{4F}\ln\frac{P_{O_2}^{\mathrm{I}}}{P_{O_2}^{\mathrm{II}}} \tag{12.5.3}$$

式中，R 为气体常数；T 为热力学温度；F 为法拉第常数；$P_{O_2}^{\mathrm{I}}$ 为参考气体(多数情况下是空气中)的氧分压;$P_{O_2}^{II}$为待测环境中的氧分压。当温度一定时,同一地点空气中的氧分压可以看成是一常数,这时只需测出浓差电池的电动势即可求出待测环境中的氧分压。

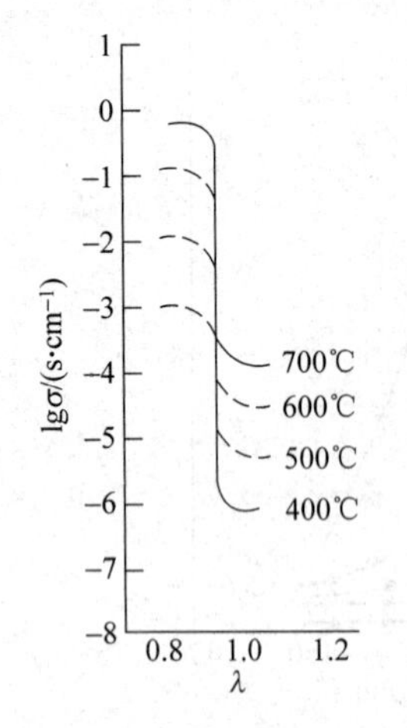

图 12.5.9 TiO_2 的电导率与空气过剩系数的关系

2) 氧化物半导体氧敏材料

虽然 ZrO_2 型氧敏材料较成熟,但其器件工艺复杂,成本高。而氧化物半导体氧敏材料(如 TiO_2、Nb_2O_5、$Co_{1-x}Mg_xO$ 等)的制备工艺简单,成本低廉,因而日益受到重视。

在室温下,TiO_2 的电阻率很大。随着温度的升高,某些氧离子脱离固体进入环境中,留下氧空位,并作为施主为导带提供载流子,使材料的电阻率下降。而且氧空位会随外界氧分压的变化而变化,从而引起材料电阻率的改变。图 12.5.9 为 TiO_2 的电导率与汽车发动机空气过剩系数 λ 之间的关系。其中,λ 的定义为实际空燃比与理论空燃比之比(理论空燃比为 14.7)。当 $\lambda<1$ 时,发动机工作在缺氧状态;当 $\lambda>1$ 时,发动机工作在富氧状态。

除了 TiO_2 外,还有其他氧化物半导体材料,也可用于制作氧敏元件,检测汽车发动机的空燃比。Nb_2O_5 的电导率与空气过剩系数的关系如图 12.5.10 所示。与 TiO_2 相比,Nb_2O_5 在 $\lambda=1$ 时的电导率变化更大,且在 $\lambda<1$ 时电导率随温度的变化较小。图 12.5.11 给出的是 $Co_{0.3}Mg_{0.7}O$ 的电阻与空燃比的关系,在理论空燃比附近阻值发生显著变化。

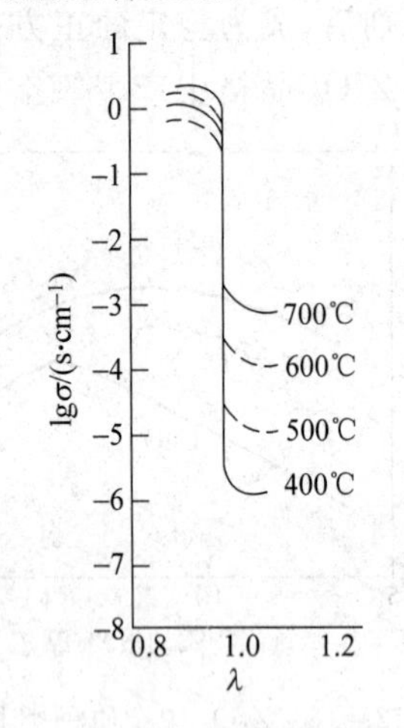

图 12.5.10 Nb_2O_5 的电导率与空气过剩系数的关系

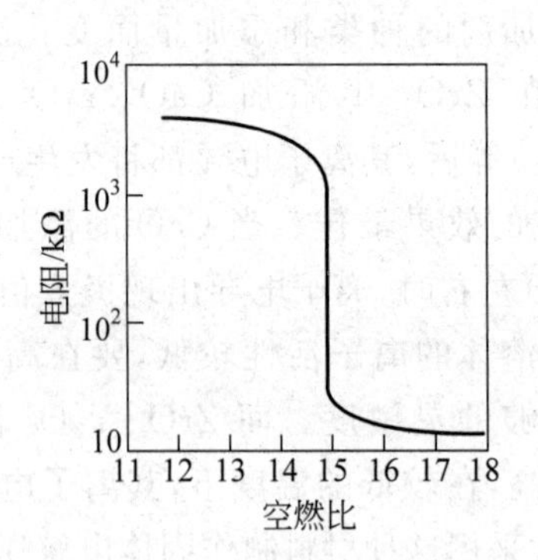

图 12.5.11 $Co_{0.3}Mg_{0.7}O$ 的电阻与空燃比的关系

12.6 湿敏材料

湿敏材料在吸附水分子后,其电学特性会发生改变,因此能够检测环境中湿度的变化。常用的几类湿敏材料见表 12.6.1,本节主要介绍电解质系湿敏材料和金属氧化物陶瓷系湿敏材料。

表 12.6.1　常用的湿敏材料

类　别	材　料	检出方法
电解质系	LiCl＋聚乙烯醇	电阻
	聚苯乙烯磺酸膜	电阻
	偏磷酸钾	电阻
	P_2O_5 膜	电参量
	LiCl 饱和盐溶液	电阻(温度)
金属及金属氧化物系	Si、Ge 蒸发膜、Si 烧结膜	电阻
	Cr_2O_3、Ni_2O_3、Fe_2O_3、Al_2O_3、ZnO 等金属氧化物涂布膜	电阻
	Fe_3O_4 胶体涂布膜	电阻
	$Ni_{1-x}Fe_{2+x}O_4$ 陶瓷	电阻
	玻璃-陶瓷厚膜、Cr_2O_3 微裂纹	电阻
	Fe_2O_3-K_2O、V_2O_5-TiO_2 系陶瓷	电阻
	$MgCr_2O_4$-TiO_2、$ZnCr_2O_4$-$LiZnVO_4$ 系陶瓷	电阻

1. 电解质系湿敏材料

电解质的水溶液(或熔融态)具有离子导电能力。LiCl 饱和水溶液 25℃时的平衡蒸气压很低,仅为 12%RH(RH 表示相对湿度),因此具有很强的吸湿能力。而聚乙烯醇是水溶性高分子材料(作为湿敏材料以聚合度 1650 左右为宜)。含有一定质量分数 LiCl 的聚乙烯醇膜与空气接触后,吸附空气中的水分,部分 LiCl 解离,生成导电离子,从而使材料的电阻值降低。图 12.6.1 为含有不同质量分数 LiCl 的 LiCl-聚乙烯醇湿敏材料的感湿特性。由图可见,当 LiCl 的质量分数不同时,量程会有所不同,但电阻值均随空气湿度的增加而线性下降。如欲获得宽量程的湿度传感器,可将不同量程的湿敏元件组合使用。

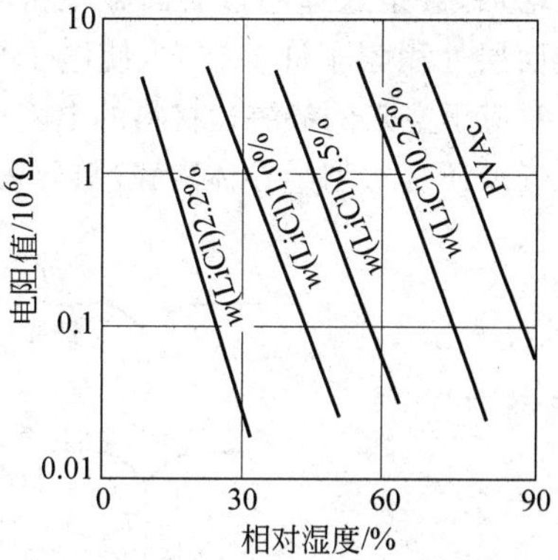

图 12.6.1　LiCl-聚乙烯醇湿敏材料的感湿特性(24℃)
(PVAc 为聚乙酸乙烯酯,w 为质量分数)

2. 金属氧化物陶瓷系列湿敏材料

陶瓷湿敏材料主要是利用陶瓷烧结制备时形成的多孔结构,吸附或凝聚水分子作用导电通路,从而改变陶瓷本身的电学特性。常用的陶瓷湿敏材料种类繁多,按其晶体结构可分为尖晶石型、金红石型、钙钛矿型等;按其工艺特点则可分为烧结体型、厚膜型和薄膜型。

1) 感湿机理

对于陶瓷湿敏材料的感湿机理,目前尚缺乏一种能适合任何情况的理论来加以解释。较常见的理论解释是电子导电机理和质子导电机理,前者适合于低湿情况(＜40%RH),后者适合于高湿情况(＞75%RH)。

(1) 电子导电机理

半导体陶瓷的晶粒内部和表面正、负离子所处的状态不同。内部正、负离子对称分布，而表面离子处于未受异性离子屏蔽的不稳定状态，其电子亲合力发生变化，表现为表面附近能带上弯(n型)或下弯(p型)，形成表面势垒。半导体陶瓷的晶界处由于界面态的作用形成如图12.6.2所示的双势垒，导致晶界电阻比晶粒内部电阻高得多。

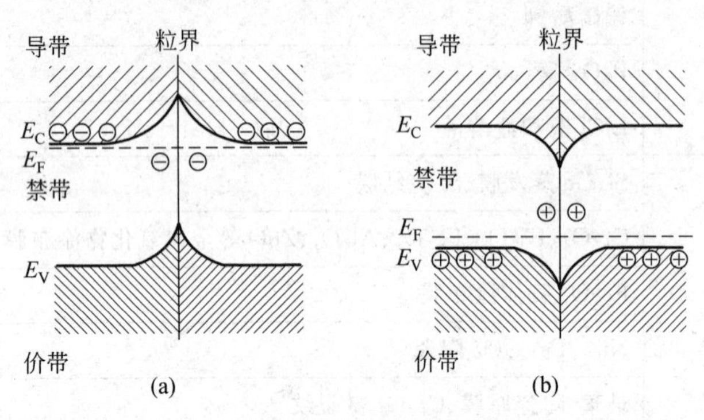

图12.6.2 (a)n型和(b)p型半导体陶瓷中的晶界势垒

水分子是一种强极性分子，其分子结构不对称，氢原子一侧具有很强的正电场，这使吸附的水分子可能从半导体表面的O^{2-}或O^-离子中吸取电子，甚至从满带中直接俘获电子，从而引起晶粒表面电子能态的变化，进而导致材料电阻率的改变。

以p型半导体为例，由于表面态费米能级比受主能级高，表面态上的电子可能为价带空穴所接受，即表面态俘获空穴，形成表面正空间电荷，能带下弯(见图12.6.3(a))，空穴的势垒升高。当水蒸气很少(<40RH%)时，表面的氧离子吸引水中的H^+，而H^+从晶粒表面态获得电子，使电子与丢失电子的氧复合，把空穴留给价带，因此耗尽层变薄，能带变平(见图12.6.3(b))，空穴的势垒降低，材料的电阻率下降。当空气中水蒸气多时，表面受主态密度增加，甚至远远超过表面施主密度，表面受主态俘获电子，使表面负空间电荷增多，因而近表面层处积累了许多空穴，使电子势垒升高上弯(见图12.6.3(c))，空穴浓度增加(电子势垒对应于空穴的势阱)，材料的电阻率下降。n型半导体的感湿机理也可予以类似解释。不论是n型还是p型半导体陶瓷，只要表面吸附水分子，其电阻率均随湿度增加而下降。

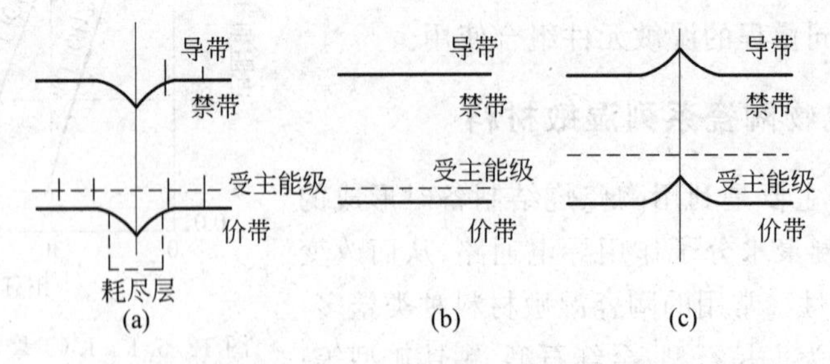

图12.6.3 p型半导体的能带变化

(a) p型半导体陶瓷中的晶界势垒；(b) 水蒸气量很少(<40%RH)时；(c) 水蒸气量多时

(2) 质子导电机理

质子导电理论把水分子在晶粒表面的吸附分为三个阶段。第一阶段，少量水分子化学吸附在晶粒之间的颈部，水分子的一个羟基首先与高价金属阳离子结合，离解出的H^+与表面的氧离子形成第二个羟基。羟基离解后质子(H^+)由一个位置向另一个位置移动，形成质子导电。第二阶段，水蒸气物理吸附在羟基上，形成多水分子层。由于水分子的极化，水分子层越多，介电常数越高。介电常数的增加，导致离解水分子所需的能量减少，促进离解。第三阶段，不仅在颈部，而且在平表面以及凹部吸附大量水分子，在两电极间形成连续电解质层，导致电导随湿度增加而增加。

其实，这两种机理都有其不足之处：质子导电机理只考虑了水分子吸附在陶瓷表面后表面的活性质点对水的作用，促使其离解，生成正负离子。湿度越大，则吸附的水分子越多，离解生成的离子越多，电导增大。但没考虑到吸附在陶瓷表面的水分子会对材料的表面势垒产生影响，导致电导率发生变化。电子导电机理则对陶瓷表面吸附水分子后水离解产生的正负离子具有较强的导电能力没有给予充分的考虑。一般认为，在高湿环境下（>75%RH），陶瓷表面吸附较多的水分子，这时以质子导电为主；在低湿环境下（<40%RH），以电子导电为主；在中湿环境下（40%～75%RH），两种导电机构同时存在。

2）烧结体型陶瓷湿敏材料

烧结体型陶瓷湿敏材料按其结构可分为尖晶石型、金红石型和钙钛矿型三类。尖晶石型是目前应用最广的一类，典型的有 $MgCr_2O_4$-TiO_2（MCT）系和 $ZnCr_2O_4$-$LiZnVO_4$ 系陶瓷。MCT 系湿敏材料是以 MgO、Cr_2O_3、TiO_2 为原料制备的多孔 p 型半导体陶瓷。不同组成的 MCT 湿敏材料的感湿特性见图 12.6.4，其响应特性见图 12.6.5。以 ZnO、Cr_2O_3、V_2O_5 及 Li_2CO_3 为原料，按摩尔分数配比为 11∶9∶1∶1，在 800℃预烧、1300℃烧结 2h 后，可获得气孔率大于 12%、孔径 300nm、晶粒尺寸 2μm 的多孔陶瓷烧结体，其感湿特性见图 12.6.6。以 TiO_2 和 V_2O_5 为主要原料制备的金红石型多孔陶瓷，典型配比是 V_2O_5 的摩尔分数为 1%～5%，其气孔率大于 40%，晶粒尺寸约为 1μm。如图 12.6.7 所示，在不同温度下，感湿特性曲线稍有不同，但在 0～100%RH 范围内，电阻变化均为三个数量级。图 12.6.8 和图 12.6.9 分别为 $La_{0.1}Ba_{0.9}TiO_3$ 钙钛矿型陶瓷的感湿特性和响应特性。随着相对湿度的增加，阻值的下降幅度在三个数量级以上。

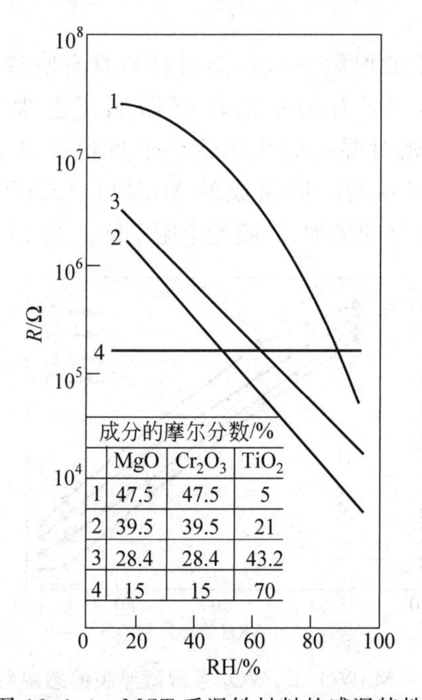

图 12.6.4　MCT 系湿敏材料的感湿特性

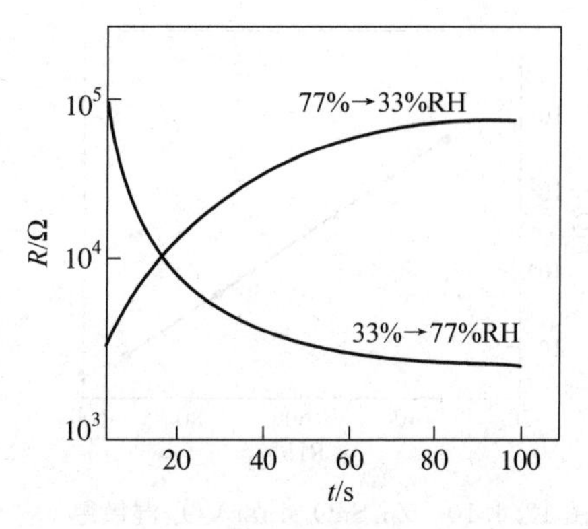

图 12.6.5　MCT 湿敏材料的响应特性

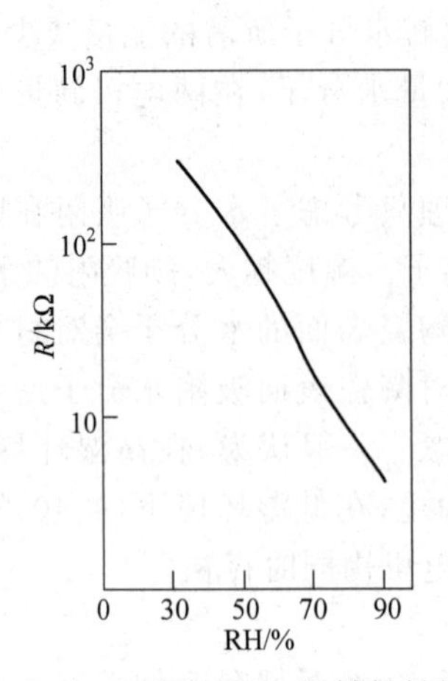

图 12.6.6　$ZnCr_2O_4$-$LiZnVO_4$ 湿敏材料的感湿特性

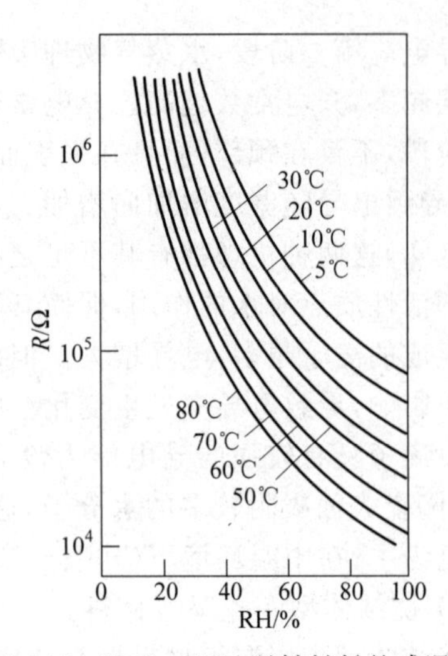

图 12.6.7　V_2O_5-TiO_2 湿敏材料的感湿特性

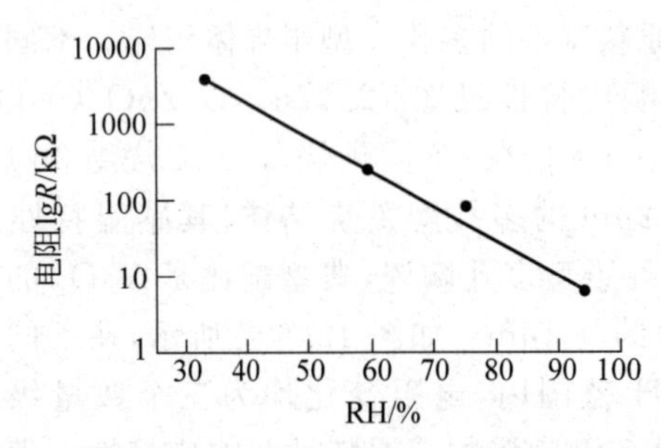

图 12.6.8　$La_{0.1}Ba_{0.9}TiO_3$ 湿敏材料的感湿特性

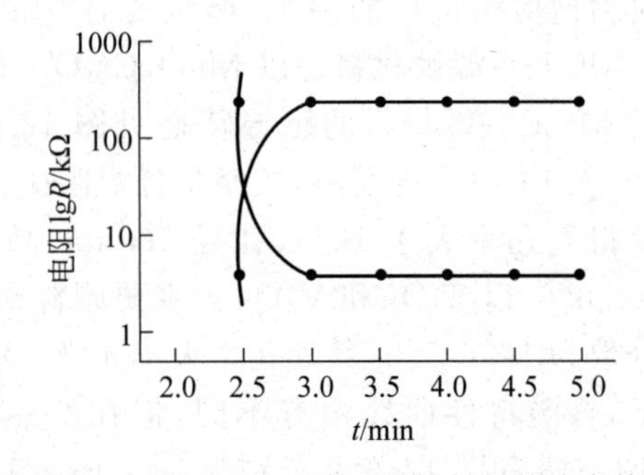

图 12.6.9　$La_{0.1}Ba_{0.9}TiO_3$ 湿敏材料的响应特性

3）厚膜型陶瓷湿敏材料

与烧结体型相比，采用丝网印刷或涂覆工艺制成的厚膜型陶瓷湿敏材料具有响应时间短、性能一致性、适于批量生产等特点。图 12.6.10 为用平面丝网印刷工艺制备的 Zn_2SnO_4-$LiZnVO_4$ 厚膜的感湿特性曲线，其电阻随相对湿度的变化达三个数量级以上，并且具有良好的感湿线性。同样采用丝网印刷工艺制备的不同组成的 $MnWO_4$-Li_2WO_4 厚膜，其感湿特性如图 12.6.11 所示。随着 Li_2WO_4 含量的增加，厚膜的电阻下降。当 Li_2WO_4

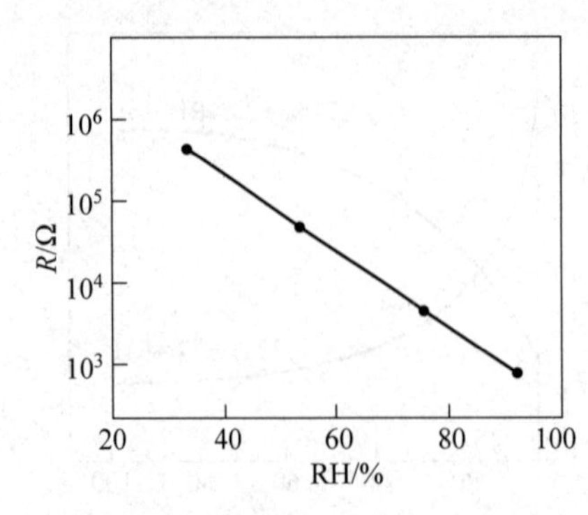

图 12.6.10　Zn_2SnO_4-$LiZnVO_4$ 湿敏厚膜的感湿特性

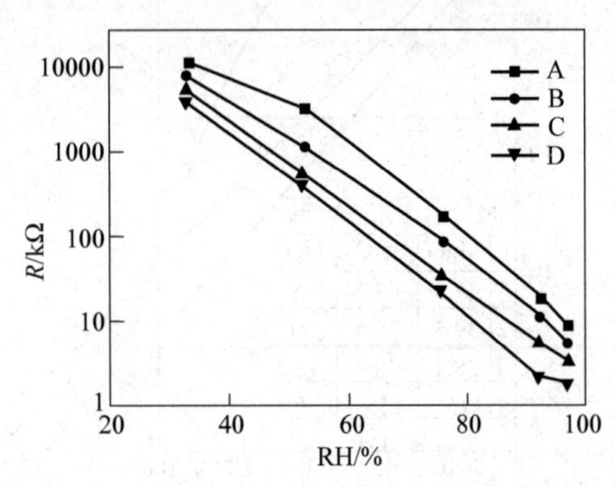

图 12.6.11　$MnWO_4$-Li_2WO_4 系湿敏厚膜的感湿特性

Li_2WO_4 的摩尔分数：A—0；B—10%；C—30%；D—50%

的摩尔分数为30%时，电阻值适中，在33%～98%RH范围的电阻变化超过四个数量级，且感湿线性度好。图12.6.12为Li_2WO_4的摩尔分数为30%时，厚膜在60%RH和97%RH之间两次吸湿、脱湿的响应特性。由图可见，吸湿和脱湿速度均较快，吸湿过程仅需3s即可达到稳定值的90%以上，脱湿过程在20s内也可达到稳定值的90%。

4）薄膜型陶瓷湿敏材料

用溶胶-凝胶法、真空蒸发、溅射、化学气相沉积等技术制备的薄膜型陶瓷湿敏材料是今后陶瓷湿敏材料的发展方向。图12.6.13为利用溶胶-凝胶法制备的TiO_2-SnO_2系薄膜的感湿特性曲线。由图可见，在20%～90%RH范围内，感湿特性曲线几乎呈线性，且电阻变化约三个数量级。同样采用溶胶-凝胶法制备的K_2O-Al_2O_3-SiO_2湿敏薄膜，其感湿特性和响应特性见图12.6.14和图12.6.15。在40%RH和85%RH之间，当取稳态阻值变化的63%时，吸湿和脱湿响应时间分别为2s和3s，响应速度均较快。

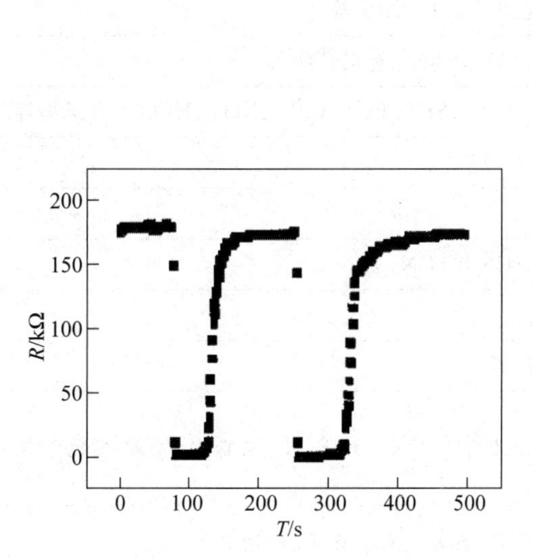

图12.6.12 $MnWO_4$-Li_2WO_4湿敏厚膜的响应特性（Li_2WO_4的摩尔分数为30%）

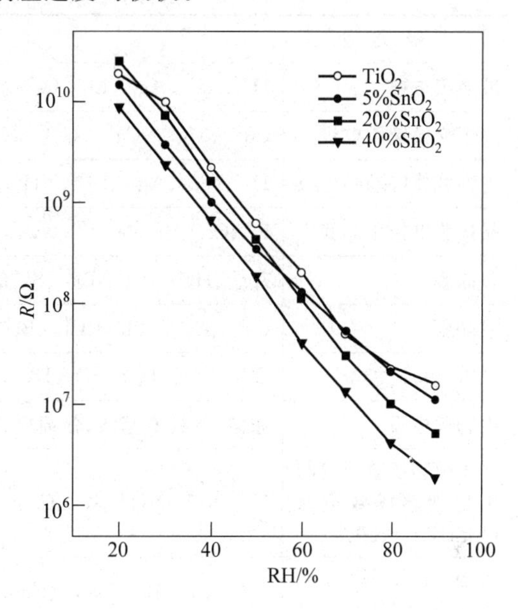

图12.6.13 TiO_2-SnO_2系湿敏薄膜的感湿特性

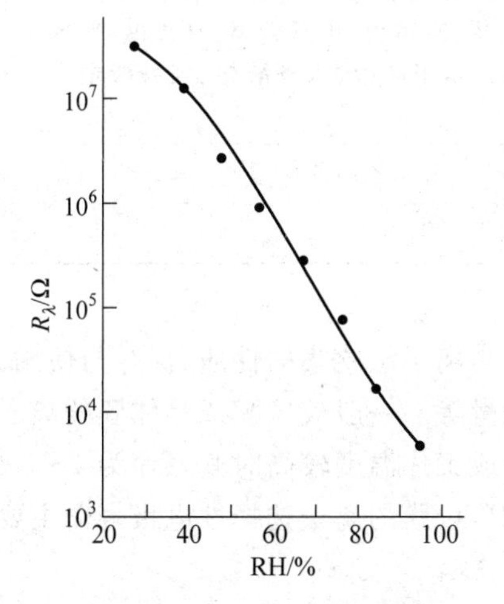

图12.6.14 K_2O-Al_2O_3-SiO_2湿敏薄膜的感湿特性

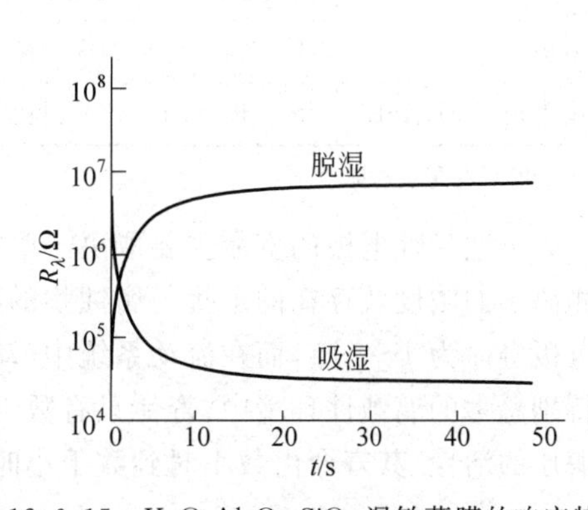

图12.6.15 K_2O-Al_2O_3-SiO_2湿敏薄膜的响应特性

12.7 离子敏材料

离子敏(离子选择性)材料主要用于制成离子选择性电极,并进一步制成电化学敏传感器。这类传感器是由离子选择性电极、待测物溶液和电极电位一定的参比电极(如 Ag/AgCl 电极)构成的原电池。它通过离子选择性电极中的离子敏感膜对溶液中的待测离子进行选择,并产生膜电位,测定两电极间的电位差 E 或电流 I 即可检测出待测物的浓度。电化学敏传感器结构简单,选择性好,响应速度快,目前在环境监测、生物医疗、工业生产等领域正逐步实用化。常见的离子选择性电极和电化学敏传感器见表 12.7.1 和表 12.7.2。

表 12.7.1 常见的离子选择性电极

电极类型	测定的典型离子
玻璃膜电极	H^+、Na^+、Ag^+、Li^+、Cs^+、NH_4^+、K^+、Tl^+、Al^{3+} 等
离子交换液膜电极	Cu^{2+}、Mg^{2+}、Ca^{2+}、UO_2^{2+}、Cl^-、NO_3^-、ClO_4^-、有机药物等
中性载体(液膜)电极	H^+、Na^+、Ag^+、Li^+、NH_4^+、K^+、Ca^{2+}、Sr^{2+}、Ba^{2+}、Cd^{2+}、NO_2^-、HCO_3^-、有机物等
晶体膜电极单晶膜	F^-、Cl^-、Br^- 等
多晶膜	Ag^+、Hg^{2+}、Cl^-、Br^-、S^{2-} 等
混晶膜	Cu^{2+}、Cd^{2+}、Pb^{2+}、Cl^-、Br^-、I^-、CN^-、SCN^- 等
气敏(膜)电极	CO_2、NH_3、H_2S、SO_2、HCN 等
生物膜电极	尿素、各种氨基酸、葡萄糖、BOD 等
离子敏感场效应管与生物敏感场效应管(ISFET &BSFET)	H^+、Na^+、NH_4^+、K^+、Ca^{2+}、F^-、Cl^-、I^-、CN^-、H_2S、H_2、青霉素、尿素、葡萄糖等
涂丝与涂膜电极(CWE& CME)	Fe^{3+}、Cl^-、Br^-、NO_3^-、ClO_4^-、SCN^-、SO_4^{2-}、有机离子、药物等
聚合物基质电极(PVC 膜电极等)	Cs^+、NH_4^+、Cu^{2+}、Ca^{2+}、Co^{2+}、Cl^-、NO_3^-、BF_4^-、TaF_6^-、$SbCl_4^-$、$Ag(CN)_2^-$、$FeCl_4^-$、$AuCl_4^-$、$TiBr_4^-$、CrO_3F^-、$GaCl_4^-$、S^{2-}、SO_4^{2-}、茜素 S、邻苯二酚紫、碱性染料、荧光镓、溴胺 T、VB_6、VB_1、辛可宁、异丙嗪、麻黄素、山莨菪碱、乌头碱、普鲁卡因、咳必清、苯海拉明、糖精、乙基黄原酸根、苯甲酸根、水杨酸根、阿魏酸根、十一烯酸根及阴、阳离子表面活性剂等
微电极	H^+、Na^+、Li^+、NH_4^+、K^+、Mg^{2+}、Ca^{2+}、Cl^-、乙酰胆碱等
薄膜电极(TFE、ISE)	Na^+、K^+、Cl^-、CO_2、胆红素、总蛋白等

注:PVC 为聚氯乙烯。

离子选择性电极的寿命主要取决于电极的类型与离子敏感膜的性质、保存与使用条件、待测离子的浓度及存在的干扰与腐蚀物的种类与数量等。一般玻璃膜或晶体膜的离子选择性电极寿命为 1～3 年,而在流动系统中(动态检测)或工作温度较高时其寿命为 1～3 个月,在特别恶劣的腐蚀性环境中,寿命只有数天。使用 PVC 膜的离子选择性电极寿命主要取决于酶层的活性,其寿命由数小时到数千小时。

表 12.7.2　常见的电化学敏传感器

名　称	检测项目	测定方式	敏感膜	参比电极
电解质传感器	Na、K、Cl、Ca	电势测定法	液膜型 PVC 膜	Ag/AgCl 电极
气体传感器	pH	电势测定法	pH 感应玻璃	Ag/AgCl 电极
	P_{O_2}	电流测定法	O_2 透过膜	Pt 电极
	P_{CO_2}	电势测定法	CO_2 透过膜	pH 玻璃电极
酶传感器	GLU	电流测定法	固定化酶膜	H_2O_2 电极
	BUN	电势测定法		NH_4^+ 电极

12.8　电压敏感材料

电压敏感(压敏)材料是指电阻值随电压而变化的材料,具有非线性伏安特性,用于制作压敏电阻器。由于压敏电阻器不属于非电量与电量变换类型,而且主要应用领域不是信息的摄取,国外一般未将其计入传感器范畴。但国内在制定规划时,一般都将其列入传感器类型。压敏电阻器在电路中可起到特殊的保护作用,大量应用于电气设备的过流(或过压)保护电路以及避雷器等。制作压敏电阻器的材料主要有 Si、Ge 等单晶半导体以及 ZnO、TiO_2、SiC、SnO_2、$BaTiO_3$、$SrTiO_3$ 等半导体陶瓷。

1. 压敏电阻材料的性质

压敏电阻材料具有非线性伏安特性,如图 12.8.1 所示。在某一临界电压以下,压敏电阻的电阻值非常高,几乎没有电流通过;但当超过临界电压时,电阻急剧变小,并且有电流通过。随着电压的少许增加,电流很快增大。电流和电压之间的关系服从下式:

$$V = CI^{\alpha} \quad 或 \quad I = KV^{\beta} \qquad (12.8.1)$$

式中,I 为流过压敏电阻的电流;V 为加在压敏电阻器两端的电压;β 为电流指数(非线性系数);α 为电压指数(非线性系数);C、K 为常数。

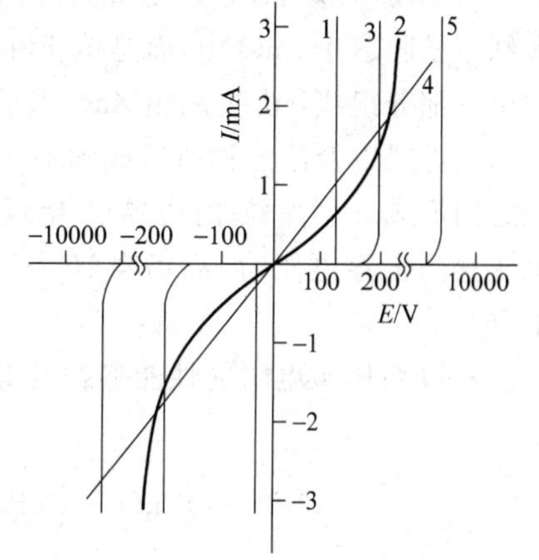

图 12.8.1　压敏电阻的 I-V 特性曲线

1—齐纳二极管;2—SiC 压敏电阻;
3—ZnO 低压敏电阻;4—线性电阻;
5—ZnO 高压敏电阻

α 值越大,非线性越强,即电压增量所引起的电流相对变化大,压敏特性越好。在临界电压以下,α 值逐步减小。到电流很小的区域,$\alpha \to 1$,表现为欧姆特性,压敏电阻成为欧姆器件。

C 值在一定电流范围内为一常数。当 $\alpha=1$ 时,C 值同欧姆电阻值 R 对应,即式(12.8.1)与欧姆定律对应,C 值称为非线性电阻值。但是,C 值的精确测定十分困难,所以一般采用一定电流时的电压 V_C 代替 C 值。为了比较不同材料的 C 值大小,在压敏电阻上流过 $1mA/cm^2$ 电流时,将电流通路每毫米长度上的电压降定义为该压敏电阻

材料的 C 值。因此，在厚度为 1mm 的样品上通过 1mA 电流时所产生的电压降，称为压敏电压 V_C。

通常用 α 和 V_C 来表征压敏电阻的特性。各种压敏电阻的特性列于表 12.8.1 中。

表 12.8.1 各种压敏电阻的特性

种类	SiC	ZnO	$BaTiO_3$	釉-ZnO	Se 系	Si 系	齐纳二极管
材料	SiC 烧结体	ZnO 烧结体	$BaTiO_3$ 烧结体	ZnO 厚膜	Se 薄膜	Si 单晶	Si 单晶
特性	晶界的非欧姆特性	晶界的非欧姆特性	晶界的非欧姆特性	晶界的非欧姆特性	界面的非欧姆特性	p-n 结	p-n 结
电压-电流特性	对称	对称	非对称	对称	对称	非对称	非对称
压敏电压 V_{1mA}/V	5～1000	22～9000	1～3	5～150	50～1000	0.6～0.8	2～300
非线性系数 α	3～7	20～100	10～20	3～40	3～7	1～20	6～150
浪涌耐量	大	大	小	中	中	小	小
用途	灭火花 过电压保护 避雷器	灭火花 过电压保护 避雷器 电压稳定化	灭火花	灭火花 过电压保护	过电压保护	电压标准	电压标准 电压稳定化

2. ZnO 系压敏电阻材料

ZnO 系压敏电阻材料，是压敏半导体陶瓷中性能较好的一种材料。其主要成分是 ZnO，经添加 Bi_2O_3、Sb_2O_3、Co_2O_3、MnO_2、SiO_2、CrO_3 等改性氧化物烧结而成。这些氧化物大都不是固溶于 ZnO 中，而是偏析在晶界上形成阻挡层。因此 ZnO 系压敏材料的显微结构由三部分组成：由主晶相 ZnO 形成的导电良好的 n 型半导体晶粒，晶粒表面形成的耗尽的内边界层以及添加物所形成的绝缘晶界层。内边界层与晶粒形成肖特基势垒，晶粒与晶粒之间形成 n 型晶粒-内边界层-绝缘层-内边界层-n 型晶粒的 n-c-i-c-n 五层结构。当外加电压达到击穿电压时，高场强（$E>10^5$ kV/m）使界面中的电子穿透势垒层，引起电流急剧上升。

ZnO 系压敏电阻的性能参数与其材料配方密切相关。下式是生产中使用的典型配方之一：

$$(100-x)\text{ZnO}+\frac{x}{6}(\text{Bi}_2\text{O}_3+2\text{Sb}_2\text{O}_3+\text{Co}_2\text{O}_3+\text{MnO}_2+\text{CrO}_3) \tag{12.8.2}$$

式中 x 为添加物的摩尔分数。当工艺条件不变时，改变 x 值，其 α 值和 C 值的变化见表 12.8.2。由表可见，在 $x=3$ 时，α 值出现最大值 50，此时 C 值为 150V/mm。

在 ZnO 压敏电阻的制造过程中，最重要的是要保证生产工艺的一致性，特别是烧结工艺对压敏电阻的性能影响最大，因此应根据性能参数的要求来选择烧结温度。图 12.8.2 是当式(12.8.2)中 $x=3$ 时 α 值和 C 值与烧结温度之间的关系。由图可见，C 值随烧结温度的升高而降低，而 α 值在 1350℃附近出现峰值。

表 12.8.2 ZnO 系压敏电阻的性能参数

添加物含量(摩尔分数)x/%	非线性系数 α	非线性电阻 C/(V/mm)
0.1	1	0.001
0.3	4	40
1.0	30	80
3.0	50	150
6.0	48	180
10.0	42	225
15.0	37	310
20.0	20	700
30.0	3	106
40.0	1	109
100.0	1	109

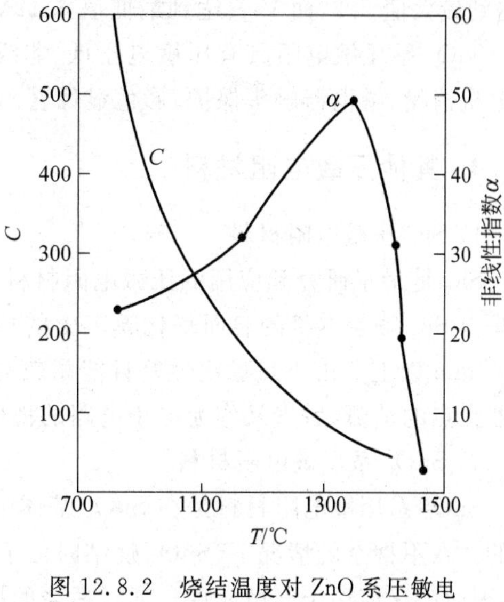

图 12.8.2 烧结温度对 ZnO 系压敏电阻性能的影响

ZnO 系压敏电阻从 1968 年首先由日本松下电气公司开发应用以来，发展极为迅速。从超小型的(尺寸不到 $1mm^2$)到巨型的(单个 ZnO 瓷片即重达数千克)，通流容量从几安的到 10 万安以上的，浪涌吸收能量从焦耳级的到高达几十万焦的，工作电压从几伏的到几十万伏的都有。其应用领域也从电力(交、直流输配电)系统扩及到通信、交通、工业保护、消费电子学及军事电子学等各个系统。

3. TiO_2 系压敏电阻材料

TiO_2 有金红石、板钛矿、锐钛矿三种晶型，通常选用有良好结构稳定性的金红石型 TiO_2 作为压敏电阻的主体材料。表 12.8.3 给出的是添加不同改性氧化物的 TiO_2 系压敏电阻的性能参数。

在 TiO_2 系压敏电阻的制备过程中，烧结工艺特别是烧结温度对其性能有显著的影响。图 12.8.3 为 Nb_2O_5、La_2O_3、SiO_2 掺杂的 TiO_2 压敏电阻的 α 值和 V_{1mA} 值与烧结温度之间的关系。由图可见，随着烧结温度的升高，α 值和 V_{1mA} 值分别有增大和降低的趋势。在 1400℃时，

表 12.8.3 TiO_2 系压敏电阻的性能参数

添加物	非线性系数 α	非线性电阻/C/(V/mm)
Sb_2O_3、Bi_2O_3、SiO_2	3	7～30
Nb_2O_5、BaO	3～4	30
Nb_2O_5、Bi_2O_3	7～8	50
Y_2O_3	7～8.8	6～8.8
WO_3	9.6	42.5

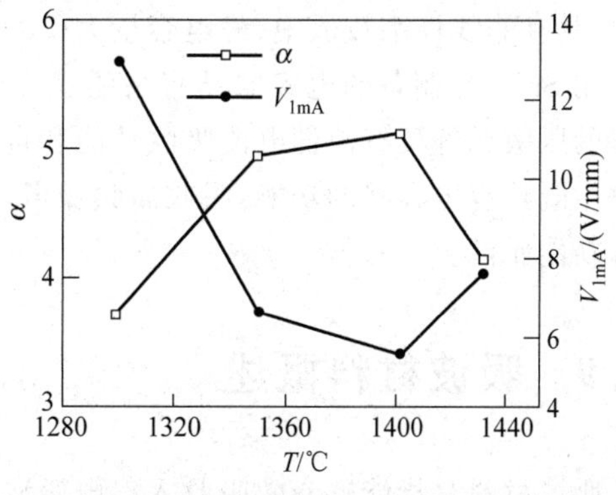

图 12.8.3 烧结温度对 TiO_2 系压敏电阻性能的影响

α 达到最大值 5.2，而 V_{1mA} 达到最低值 5.12V/mm。

TiO_2 系压敏电阻具有压敏电压低、非线性特性较好和介电常数高的特点，目前已经在微电机消噪、继电器触头保护、彩色显像管回路放电吸收等方面得到了实际应用。

4. 其他压敏电阻材料

1) SiC 压敏电阻材料

SiC 是最早研究和应用的压敏电阻材料之一。SiC 压敏电阻的电压非线性特性，可以认为是由 SiC 颗粒本身的表面氧化膜产生的接触电阻所引起的，其 α 值为 3～7，V_{1mA} 值可达 10V/mm 以上。由于热稳定性好且能耐较高电压，SiC 压敏电阻首先应用于电话交换机继电器接点的消弧，后来又作为电子电路的稳压和异常电压控制元件得到广泛应用。

2) SnO_2 系压敏电阻材料

SnO_2 系压敏电阻材料是在 SnO_2 基体中引入 Nb_2O_5、CoO、MgO 等多种添加物制备而成的。在不掺杂的情况下，SnO_2 烧结时由于内部蒸气压过高，导致内部结构疏松，致密度下降，因而广泛应用于气敏元件。通过适当的掺杂，可提高其致密度，且具有源于晶界势垒的压敏性。SnO_2 系压敏电阻的 α 值为 6～40(多数为 10 左右)，V_{1mA} 值在数百到数千 V/mm 之间(多数大于 200V/mm)，相对介电常数较小(1kHz 下在 10^3 数量级)。

3) $BaTiO_3$ 系压敏电阻材料

$BaTiO_3$ 系压敏电阻材料是在 $BaCO_3$ 和 TiO_2 的等量摩尔分数混合物中添加微量 AgO、SiO_2、Al_2O_3 等金属氧化物，加压成型后，在 1300～1400℃ 惰性气氛中烧结而获得的电阻率为 0.4～1.5Ω·cm 的半导体陶瓷。在其一个面上于 800～900℃ 在空气中烧覆 Ag 电极，在另一面上制成欧姆电极，因此 $BaTiO_3$ 系压敏电阻是利用半导体化的 $BaTiO_3$ 烧结体与电极形成界面势垒的非对称结型压敏元件。由于 $BaTiO_3$ 的半导体特性，其压敏电压被限制在几伏以下。$BaTiO_3$ 系压敏电阻具有并联电容大(0.01～0.1μF)、寿命长、价格便宜、易于大量生产等优点。

4) $SrTiO_3$ 系压敏电阻材料

$SrTiO_3$ 系压敏电阻材料是以 $SrTiO_3$ 为基础，添加少许 Nb_2O_5、Y_2O_3 等杂质使之半导化，在 1200～1500℃ 还原气氛(H_2、N_2)中烧结后，再在 900～1200℃ 氧化处理获得的。$SrTiO_3$ 系压敏电阻的 α 值在 3～35 之间，V_{1mA} 值在 3～250V/mm 之间，介电常数达 10^5 数量级，具有非线性系数适中、静电容量大(3300～27000pF)等特点，应用范围广泛。

用 $SrTiO_3$ 制备的电容器具有高频噪声吸收功能和前沿快速脉冲噪声吸收功能，用其制作的压敏元件具有浪涌电流吸收功能和自我恢复功能。因而用这种材料制成的元件，在电路中既具有电容器的功能，吸收高频噪声，又具有压敏电阻的吸收浪涌电流的功能，是一种多功能元件。

12.9 吸波材料概述

吸波材料是指能够有效吸收入射电磁波并使其散射衰减的一类材料。各种吸波材料广泛应用于军事隐身，又称为隐身材料。随着现代电子工业的发展，电磁波应用产生的电磁辐射和电磁污染日益严重，不仅形成对射频、微波电子设备等的干扰，还严重影响人体健康。吸波材料在电子通信、电子器件、节能减排及辐射防护等领域的应用，使其成为关系到国计民生的一种电子功能材料。

1. 简介

随着科学技术的进步，现代电子工业的高速发展，各种商用、家用、军用电子设备和通信设备数量激增，给人们带来了极大的便利。但是，这些电子设备都会不同程度辐射电磁波，导致有限空间内的电磁能量密度不断增大，电磁环境日益恶化，形成了电磁污染。电子设备和通信设备等工作时所辐射出的电磁波会影响和干扰周围其他电子仪器的正常工作，导致其性能下降甚至失效。电磁污染还会对人类身体健康带来威胁。另外，消除电磁辐射也是适应现代战争的需要。吸波材料已作为现代飞行器、武器装备的基础材料，是现代隐身技术的重要支撑。隐身材料在武器中已有广泛的应用，海湾战争之后，电磁波吸收材料在军事上的用途引起各国的高度重视。

防止电磁辐射的方法主要有两种：一是远距离保护；二是利用吸波材料。前者主要是适当增加辐射源到被照体之间的距离，来大幅度地衰减电磁波，在某些场合这是一种简单可行的方法，但会受到空间和布局等各方面的限制，因此更多采用的是后者。

吸波材料应具备两个基本特点：①入射电磁波能够进入到材料内部，从而减少电磁波的直接反射；②对入射到材料内部的电磁波能有效吸收，即产生电磁损耗，使电磁波能量转化为热能或其他形式能。

2. 电磁波吸收

电磁波在传播过程中经常会遇到不同的媒质的分界面，一部分电磁波能量在界面上被射射回来，另一部分电磁波能量则透过分界面继续传播。通常定义反射波电场与入射波电场的比值为分界面上的反射系数，用 R 表示；透射波电场与入射波电场的比值为分界面上的透射系数，用 τ 表示。可以用吸收率 A 表征吸波材料的吸波性能，它定义为吸波材料吸收的能量与入射的能量的比值。这三者之间的关系为

$$A = 1 - |R|^2 - |\tau|^2 \tag{12.9.1}$$

根据上式，材料具有良好吸波性能必须满足以下两个条件：①材料的输入阻抗应尽量与空气特性阻抗匹配，这样电磁波能够进入材料内部，减少电磁波的直接反射；②材料应具有较高的损耗，进入到材料中的电磁能被转化为其他能量，减少电磁波的透射。

材料的输入阻抗和损耗与材料的电磁参数和厚度密切相关。对于无限厚的材料，材料的输入阻抗 $Z_{材料}$ 也就是该材料的特性阻抗，可以表示为

$$Z_{材料} = \mu_r/\varepsilon_r \tag{12.9.2}$$

其中 μ_r 和 ε_r 为材料的相对磁导率与相对介电常数，一般为复数。对于空气，$\mu_r = \varepsilon_r = 1$，$Z_{空气} = 1$。这样，空气入射到无限厚材料的反射系数可以表示为

$$R = \frac{Z_{材料} - Z_{空气}}{Z_{材料} + Z_{空气}} \tag{12.9.3}$$

此外，无限厚的材料透射系数为 0，结合式(12.9.1)和式(12.9.2)可以得到无限厚材料的吸收率。

3. 吸波材料的分类

吸波材料有许多分类方法，主要有以下三种。

1）按损耗机理分类

按损耗机理，吸波材料可分为电阻损耗型、介电损耗型和磁损耗型三类。

电阻型吸波材料的电磁波能量损耗为电阻热损耗，属于欧姆损耗，吸收率主要取决于材料的电导率和介电常数。对于电导率较高的电阻型材料，其阻抗匹配情况较差，反射较大，电磁波难以进入到材料中；而对于电导率较低的电阻型材料，其电磁波能量损耗能力较差，透射较大。因此，电导率在一定范围内（10^{-4}S/cm$<\sigma<$1S/cm）的电阻型材料作为吸波材料性能较好。电阻型吸收剂主要有非磁性金属粉末、碳纤维、导电性石墨粉、导电纤维、导电高聚物等。

介电型吸波材料主要通过介质极化弛豫损耗来吸收电磁波，其吸波机理是依靠介质的电子极化、离子极化、分子极化或界面极化等弛豫损耗吸收电磁波。介电型材料，其特点是电导率低，材料中几乎没有自由电子。在外电场的作用下，材料不会形成宏观电流。但是介电型材料中有很多具有固有振动频率的电偶极子会受到激发，当外界的电磁场的振动频率与材料的固有振动频率相一致的时候，材料的虚部将达到最高值。介电型吸波材料主要包括碳化硅、金属-陶瓷、钛酸钡等。

磁损耗型材料又称磁介质型吸波材料，它的磁损耗机制主要包括磁滞损耗、铁磁共振和涡流损耗等。磁介质型吸收剂主要有铁氧体、磁性金属微粉、稀土单质及其氧化物、磁性纤维等。

实际上吸波材料可能在具有某种损耗机理的同时还具有另一种损耗机理。如一些磁介质型吸波材料同时具有较高的介电常数及磁导率，通常以其主要的损耗机理来将它们归为磁介质类吸波材料。

2）按成型工艺和承载能力分类

按成型工艺和承载能力，吸波材料可分为涂敷型和结构型两类。涂敷型吸波材料是将粘合剂与金属或合金粉末、铁氧体粉末、导电纤维等吸波剂混合后形成吸波涂层。此外，国外还在研制含放射性同位素的涂料和半导体涂料，其特点是吸收频带宽，反射率高，使用寿命长。隐身兵器几乎都是用的涂覆型吸波材料。

结构型吸波材料则同时具有承载和吸波的双重功能，其结构形式有蜂窝状、角锥状和波纹状，可成型成各种形状复杂的部件，如机翼、尾翼和进气道等。结构型吸波材料具有涂敷材料无可比拟的优点，是当代隐身材料的主要发展方向。

3）按吸收原理分类

按吸收原理，吸波材料又可分为吸波型和干涉型。吸波型是利用材料本身对电磁波的损耗吸收作用。

干涉型吸波涂层是按电磁波相干原理设计的。当电磁波垂直入射到涂层表面时，一部分被反射出去，称为第一反射波。其余透入涂层，在自由空间与涂层间的界面和涂层与金属的界面之间来回反射。在每次返回自由空间与涂层的界面时，都有一部分波穿出此界面，返回自由空间。这部分波叠加后形成第二反射波。如果这两种反射波处于同一偏振面上，相位差为180°，则发生干涉抵消，总的反射波能量急剧衰减。其缺点是吸收频段很窄。

4. 吸波材料的应用

吸波材料最初是应用于军事的隐身领域。然而，随着电子工业的高速发展，电子产品已经越来越广泛地应用于国民经济以及日常生活的各个领域。在给人们带来便利的同时，各类电子设备也带来了日益严重的电磁问题，如危害健康、信息泄露、电磁辐射和电磁干扰等。因此，吸波材料的应用已远远超出其最初的军事隐形与对抗领域，而是更广泛地应用在人体安全防护、通信系统的抗电磁干扰、电磁兼容等诸多方面。

实际应用中，除了要求吸波材料在较宽频带内对电磁波具有较高的吸收外，还要求材料重量轻、耐温、耐湿、抗腐蚀，并具有良好的力学性能。现实中对吸波材料的综合要求可以概括为“薄、轻、宽、强”。“薄”是对吸波材料的厚度的要求；“宽”是对吸波材料的工作频带的要求；“轻”是指吸波材料的密度小、质量轻。“强”是指吸波材料要有高的力学性能和良好的环境适应性及理化性能。

12.10　重要的吸波材料

吸波材料由吸收剂、基体材料、粘合剂、辅料等复合而成，其中吸收剂起着将电磁波能量吸收衰减的主要作用。吸收剂是吸波材料的主要和关键成分。在很多文献上讨论的吸波材料实际上就是吸波剂，在下面的讨论中我们也按照这种方式来称呼。

12.10.1　磁性吸波材料

1. 铁氧体吸波材料

铁氧体一般是指铁族和其他一种或多金属元素的化合物。铁氧体磁性材料和金属或合金磁性材料之间最重要的差别就在于导电性，一般铁氧体的电阻率是 $10^2 \sim 10^8 \Omega \cdot cm$。铁氧体的相对介电常数与相对磁导率相近，所以作为匹配材料具有明显的优势。在千赫到吉赫的频率范围内，可以分别获得具有较高磁导率不同种类铁氧体材料，而且电阻率也较大，电磁波易于进入和吸收掉。

按晶体结构的不同，铁氧体可分为尖晶石型、石榴石型和磁铅石型，均可作吸波材料，其中六角晶系磁铅石型吸波材料的性能最好，具有较高的吸收频率。

铁氧体吸波材料涂层厚度薄、质量轻、稳定性好，具有吸收强、频带较宽及成本低等优点，因而广泛应用于飞行器隐身、电子器件噪声抑制等领域。如 B-2 隐身轰炸机的机身和机翼蒙皮最外层涂敷有镍钴铁氧体吸波材料；TR-1 高空侦察机上也使用铁氧体吸波涂层。当面密度约 $5kg/m^2$、厚度约 2mm 时，铁氧体吸波涂层在 8～18GHz 频带的反射系数可低于 −10dB。

铁氧体吸波材料存在密度大、高温性能差等缺点。当温度由 25℃变化至 100℃时，铁氧体吸波材料的吸波性能呈明显下降趋势。而高速飞行器（如米格 25），要求吸波材料在 600℃以上工作，铁氧体吸波材料无法满足这类武器系统的需要。

为了满足应用对吸波材料的综合要求，使用时经常把铁氧体与其他材料混合制成复合吸波材料，主要包括：

(1) 铁氧体与介电材料之间的复合。从理论上讲，磁损耗型铁氧体与电损耗型介电材料复合能制备出具有电磁损耗、质轻且宽频等性能优异的吸波材料。如碳纤维表面涂覆钡铁氧体、PZT-NiZn铁氧体复合材料。

(2) 铁氧体与金属粉末的复合。在电磁波作用下，导电金属粉末材料将产生涡流，而导磁的铁氧体则产生磁损耗，将二者复合，能得到同时具有较大涡流损耗及磁损耗的复合材料，从而提高材料对电磁波的吸收性能。如Ni粉和NiZn铁氧体的导电导磁复合材料。

(3) 掺杂的铁氧体复合吸波材料。大多数稀土元素具有较强的磁晶各向异性和高的饱和磁化强度，如掺稀土的六角铁氧体和在NiZn铁氧体中掺杂少量镧氧化物均能提高吸波性能。

2. 金属微粉和纤维吸波材料

金属微粉吸波材料主要以磁性金属微粉为主。磁性金属微粉是指粒度在10μm甚至1μm以下的磁性金属粉末。一方面由于粒子的细化使组成粒子的原子数大大减少，活性大大增加，在微波辐射下，分子、电子运动加剧，促进磁化，使电磁能转化为热能；另一方面，具有铁磁性的金属微粉具有较大的磁导率，与高频电磁波有强烈的电磁相互作用，从而具有高效吸波性能。总的来说，金属微粉吸收剂具有以下优点：①温度稳定性好；②微波磁导率较高；③介电常数较大。

金属微粉吸波材料主要有两类：①羰基金属微粉吸波材料，包括羰基铁、羰基镍、羰基钴，粒度一般为0.5～20μm，其中羰基铁微粉是最为常用的一种；②通过蒸发、还原、有机醇盐等工艺得到的磁性金属微粉吸波材料，包括Co粉、Ni粉、CoNi粉、FeNi粉等。

目前，虽然金属微粉吸波材料已广泛应用于隐身技术，但金属微粉抗氧化、耐酸碱能力差，远不如铁氧体；介电常数较大且频谱特性差，低频段吸收性能较差；密度大，其吸收剂体积占空比一般大于50%。金属微粉吸收剂在实际应用中也存在一些缺点，如频率特性不够好、吸波频带窄、低频磁导率低、抗氧化能力差、耐酸碱能力差以及密度大等问题，因此需要与其他吸收剂配合使用来改善和提高其吸波性能。

金属磁性纤维的研究始于20世纪80年代中期，是一种新型轻质的磁性雷达波吸收剂。这种金属磁性纤维包括Fe、Co、Ni及其合金纤维。它具有与金属磁性颗粒一样的高饱和磁化强度，同时具有较大的形状各向异性，能提高微波段的磁导率，且在高频下还具有较大的涡流损耗、欧姆损耗等，是一种强电磁波吸收剂。磁性纤维由于其独特的各向异性，能突破各项同性材料的磁导率和频率使用极限，使高频下的磁导率大大提高，同时导电的磁性纤维具有较高的介电常数，是一种强损耗吸收剂。磁性纤维具有力学性能好、质量轻、频带宽等优点，并且可通过调节纤维长度、直径及排布方式调节其电磁参数。但金属磁性纤维的电导率太高，高频趋肤深度过小，高频磁性能较差，在使用时纤维可能会搭接在一起形成导电网络，从而反射电磁波。为了降低纤维的电导率，研制了铁氧体纤维吸波材料。

铁氧体纤维不仅具有铁氧体的低介电常数、高电阻率、易于匹配等优点，而且利用其形状各向异性，可以克服铁氧体的共振频率过低和高频磁导率过低的缺点，大大提高其在微波段的磁导率和磁性能。铁氧体纤维的缺陷在于本身较脆的力学性能。

12.10.2　导电型吸波材料

1. 碳系吸波材料

碳系吸波材料是无机导电型吸波材料，有以下类型。

1）导电炭黑

炭黑是一种无定形碳，是轻、松而极细的黑色粉末。它是由一些有机物在空气不足的条件下，经不完全燃烧或受热分解而得的产物。它是一种价格便宜、易得、具有较高的耐酸耐磨性且质轻的导电材料，用作结构吸波材料时，能满足工程应用上的要求。炭黑的种类，根据其制备方式，有槽法炭黑、热裂法炭黑、灯法炭黑、炉法炭黑和乙炔炭黑等。对不同的导电要求，炭黑有较大的选择余地（如聚合物-炭黑复合物的电阻率可以在 $10^0 \sim 10^8 \Omega \cdot cm$ 之间调整）。

2）石墨

石墨是碳的一种同素异构体。根据其制备方式，有等静压石墨、模压石墨、挤压石墨等。石墨在“二战”期间就填充在飞机蒙皮的夹层中，吸收雷达波。用纳米石墨作为吸波剂制成石墨-环氧树脂复合材料，称为“超黑粉”纳米吸波材料，不仅对雷达波的吸收率大于99%，而且可以在低温下（-53℃）仍然保持很好的韧性。

3）碳纤维

碳纤维材料是功能与结构一体化的优良微波吸收材料，不仅广泛应用于一般飞行器和导弹，在隐身兵器中也日益显露头角。

碳纤维是由有机纤维经碳化处理而得到的微晶石墨材料，具有一般碳素材料的特性，如耐高温、耐摩擦、导电、导热及耐腐蚀等。但与一般碳素材料不同的是，其外形有显著的各向异性、柔软、可加工成各种织物，沿纤维轴方向表现出很高的强度。因此，碳纤维材料除具有高强、高模、轻质的特点外，还具有承载重物和吸收电磁波的双重功能，既能减轻质量，又能提高有效载荷，使成本大为降低。

碳纤维材料吸收辐射热，而不反射辐射热，既能降低雷达波特性，又能降低红外特征，用它可制作发动机舱蒙皮、机翼前缘以及机身前段。碳化硅纤维中含硅，不仅吸波特性好，能减弱发动机红外信号，而且具有耐高温、相对密度小、韧性好、强度大、电阻率高等优点，是国内外发展很快的吸波材料之一；但仍存在一些问题，如电阻率太高等。

碳纤维和碳化硅纤维系列材料主要包括含碳纤维、碳化硅纤维以及它们之间混杂纤维的复合材料，主要是通过欧姆损耗来实现吸波功能的。

2. 金属-陶瓷

由金属微粉和陶瓷微粉共烧而成的以金属为分散相、陶瓷为连续相的金属-陶瓷复合材料，可将它们归为导电型吸波材料。

金属-陶瓷吸波材料由导电相金属和绝缘相陶瓷复合而成。对吸波性能起决定性作用的是彼此相隔的金属微粒间的漏泄电导和金属微粒的磁性。尽管纯金属对电磁波具有强烈的反射，但当金属颗粒均匀分散到绝缘介质中时，导电的金属相就被绝缘相有效地隔断，只形成漏电电导，从而使材料对电磁波产生有效的吸收。此外，在微波电磁场作用下，绝缘相与金属相的界面上会产生电荷积累，形成空间电荷极化，产生弛豫作用，从而吸收电磁波。

金属-陶瓷是国内外在实际中应用得较多的一种大功率微波吸收陶瓷。它们的制备方法多以金属粉末与陶瓷基体按比例复合制备出机械强度高、导热性好、能金属化和焊接、易于机械加工成所需形状的金属-陶瓷。常用金属粉末除 W、Mo 外，也可以用 Cr、Ni 或者其他合金粉。陶瓷基体除 Al_2O_3 外，也可以用蓝宝石、石英以及 AlN、BN、BeO、TiO_2 等陶瓷粉。

3. 导电高聚物

导电高分子吸波材料主要是利用某些具有共轭主链的高分子聚合物，通过化学或电化学方法与掺杂剂进行电荷转移作用，来设计其导电结构，实现阻抗匹配和电磁损耗。

聚苯胺、聚乙炔、聚吡咯、聚对亚苯、聚苯硫等都属于导电高分子吸波材料。它们的结构多样化、密度低，具有独特的物理、化学特性。其电导率可在绝缘体、半导体和金属态范围内变化，不同的导电率呈现不同的吸波性能，其机理类似于电损耗型，吸波效率对频率的依赖比较大。

导电高聚物材料根据其导电机理可以分为结构型和复合型。结构型本身具有导电因素（如 π 共轭结构），但是这种导电因素需要通过激发才能使其具有导电性，一般要利用化学或电化学掺杂形成新的载流子（孤子或极化子）使其导电。复合型导电高聚物吸波材料是利用物理化学方法（共混或表面镀层等）在普通高分子材料中填充导电材料而形成的，既具有一定力学性能，又具有导电性的高分子材料。填充的导电材料主要有金属类和非金属类。金属类填充材料主要有镍、银、铜、锌及铁等；非金属类填充材料主要有炭黑、石墨、碳纤维、导电金属氧化物等。

作为电磁吸波材料，导电高聚物具有三个优点：①导电高聚物的导电性可以在绝缘体、半导体、金属导体之间广泛地变化（$10^{-10}\sim10^{3}$ S/cm），不同的电导率呈现不同的吸波性能；②导电高聚物的密度小，一般在 $1.0\sim2.0$ g/cm^3 的范围内，可使材料质量轻，移动灵活；③可溶性的导电高聚物作为吸收剂，因其良好的加工性能而可以实现多层化。另外，导电高聚物均具有良好的热稳定性，在空气中开始热分解的温度均在 300℃以上，可以较好地适应环境。用导电黄基席夫碱（含有亚胺或甲亚胺基团（—RC ═N—）特征结构的一类有机物）制成的吸波涂层可吸收高达 80%的电磁波，而密度只有铁氧体的 10%。

12.10.3 电介质型吸波材料

电介质型吸波材料，其特点是电导率低，材料中几乎没有自由电子。在外电场的作用下，材料不会形成宏观电流，但是材料中有很多具有固有振动频率的电偶极子，当外界的电磁场的振动频率与材料的固有振动频率相一致的时候，材料的虚部将达到最高值。

介电损耗型吸波材料，主要包括碳化硅、Si_3N_4、莫来石、钛酸钡、Al_2O_3、AlN、堇青石、硼硅酸铝、粘土和炭黑等一类陶瓷材料。同铁氧体、复合金属粉末等比较，这一类材料的吸波性能好，而且还可以有效地减弱红外辐射信号，能有效损耗雷达波的能量。由于它们密度小、耐高温，介电常数随烧结温度有较大的变化范围，是制作多波段吸波材料的主要成分，有可能通过对显微结构和电磁参数的控制来获得所希望的吸波效果。

1. 碳化硅

碳化硅(SiC)的电阻率介于金属和半导体之间，属于杂质型半导体。碳化硅材料不仅吸波效能好，还能减弱红外信号，而且具有耐高温、相对密度小、韧性好、强度大、电阻率高等特性。碳化硅吸波材料主要有碳化硅粉和碳化硅纤维，其中碳化硅纤维应用较多。

碳化硅吸波材料的损耗机理较为复杂，一般认为是多种损耗机制的共同作用。在不同条件下(如热处理、晶粒大小、形貌以及掺杂等)，碳化硅的损耗机制可能不同；在通常情况下，碳化硅的损耗机制以介电极化为主。

目前，碳化硅吸波材料的应用形式多以碳化硅纤维为主。这种吸波材料在强度、耐热和耐化学腐蚀方面的性能较好，并且能得到满意的宽频带吸收性能。碳化硅纤维的电阻率可在 $10^{-3} \sim 10^{3} \Omega \cdot m$ 范围内变化。常规制备的碳化硅纤维电阻率太高，要通过改性(如采用表面改性、掺杂、高温处理等方法)来调整其电阻率，进一步提高吸波性能。制备碳化硅纤维时，在先驱体中加入具有良好导电性或磁性的物质(如沥青和磁性金属微粒)或有机金属化合物，均可以调节碳化硅纤维的电磁参数，提高其电磁损耗和吸波性能。高温处理碳化硅纤维，使其析出更多的游离碳，可以大大降低 SiC 纤维的电阻率，增强吸收性能。此外，与圆形截面碳化硅纤维相比，异形截面碳化硅纤维的力学性能、纤维与基体的复合性能等都有较大的改善，且具有良好的吸波性能。碳化硅纤维也是一种耐高温的吸波材料。

碳化硅是制作多波段吸波材料的主要成分，通过它能实现轻质、薄层、宽频带和多频段吸收的目的，应用前景广阔。

2. 钛酸钡陶瓷

钛酸钡是具有钙钛矿结构的铁电体，具有优良的介电、压电、铁电、耐压和绝缘性能。它在不同温度下具有不同类型的晶体结构，属于介电损耗型吸波材料。钛酸钡的复介电常数主要与偶极子极化和界面极化有关，且其介电常数的实部和虚部随频率的增大有逐渐减小的趋势。钛酸钡-环氧树脂复合平板对电磁波有较好的损耗特性。钛酸钡与炭黑形成的复合材料，有助于提高电导率，提高材料的损耗能力。在钛酸钡中掺杂铁氧体、羰基铁粉或稀土元素等可以引入磁损耗，提高材料的吸波性能。

3. 莫来石陶瓷

莫来石陶瓷具有耐高温、抗氧化、低热导率、低膨胀系数、低蠕变、低弹性模量、高温下强度不会衰减等优良特性。莫来石具有适中的介电常数，复介电常数无明显频散效应。复介电常数的实部和虚部与莫来石陶瓷的烧结致密度、烧结助剂有关。烧结致密度升高，莫来石陶瓷复介电常数的实部和虚部均升高；添加 MgO 烧结助剂后，莫来石陶瓷复介电常数的实部和虚部也会增加。莫来石陶瓷的化学稳定性好、抗腐蚀、耐磨、来源方便、价格便宜，可作为优质的高温结构材料，在航空航天领域有着极好的应用前景。

12.10.4 其他吸波材料

1. 手性材料

手性(chiral)材料是指不存在镜像几何对称性,并且不能使用任何方法使其与镜像重合的材料。在实际应用中,手性材料可分为本征型和结构型两种,前者自身的几何形状就使其具有手性;后者是通过在普通介质中埋入随机取向分布的手性小微体如小螺线圈等,使其成为手性材料。

手性材料的根本特点是在材料中电磁场间的交叉极化,即电场不仅能引起材料的电极化,且能引起材料的磁极化;同理,磁场也能引起材料的磁极化和电极化。在理论上讲可以通过控制手性参数(ξ)使材料无反射。

手性材料与普通吸波材料相比有两个优点:一是调整手性参数比调整介电常数和磁导率容易;二是手性材料的频率敏感性小,易于实现宽频吸收。与一般吸波材料相比,手性材料具有吸波频率高、吸收频带宽的优点,并可通过调节旋波参量来改善吸波特性;在提高吸波性能、扩展吸波频带方面具有很大潜能。

制作手性吸波材料的关键在于制备高手性参数的手性材料,迄今还未发现天然微波范围内的手性材料,现在用于制作手性吸波的小螺线圈大都是手工制作的,难以大量制备。

2. 纳米材料

纳米材料是指材料组分的特征尺寸为纳米量级的材料,它具有独特的量子尺寸效应、宏观量子隧道效应、小尺寸和界面效应。由于尺寸小、比表面积大、表面原子比例高、悬挂键多,从而使界面极化和多重散射成为纳米材料重要的吸波机制。而且,量子尺寸效应会使纳米粒子的电子能级发生分裂,分裂的能级间隔正处于微波的能量范围内,从而导致新的吸波通道。纳米吸波材料具有高吸收、宽频带、兼容性好、质量轻和厚度薄等特点。

纳米吸波材料的种类多种多样,有以下一些类型:①纳米金属与合金的复合材料,主要以 Fe、Co、Ni 等纳米金属与纳米合金粉体为主;②纳米金属氧化物,主要有 Fe_2O_3、Fe_3O_4、ZnO、Co_3O_4、TiO_2、NiO、MoO_2、WO_3 和 $LaFeO_3$、$LaSrFeO_3$ 等纳米磁性超微粉;③纳米导电聚合物,主要有聚乙炔、聚吡咯、聚噻吩和聚苯胺等;④纳米碳化硅、纳米石墨、纳米金属膜、纳米铁氧体等。

3. 超材料

超材料是指自然界中不存在的,具有超常物理特性和电磁特征的人工复合材料。严格来说,它并非通常意义上的“材料”,而是经过特殊设计的、具有任何自然材料以及自然材料的混合物所不具备的可控电磁和光学特性的人工结构。传统材料中所呈现的一些物理性质往往和材料结构中的关键物理尺度(如晶格常数和晶体结构)有关,使其具备了独特的性质。因此,在微波段,人们可以把毫米或厘米级的结构当作“人工原子”,进行有序排列,使其整体性能表现出独特的电磁参数。鉴于超材料所表现出的奇妙特性,利用超材料来实现对电磁波的高吸收,为吸波材料研究开辟了一个全新的领域。例如由导电铜线组合成的周期结构,在窄频带范围内能达到近 100%的吸收。电磁超材料的一个显著特点是，能够容易、方便地实现对介电常数和磁导率的单独控制，进而达到优化匹配、提高吸波性能的目的。

4. 等离子体吸波材料

利用放射性同位素发射的高能离子，将周围的空气电离，形成数密度近似相等的自由电子和正离子及少量负离子形成的等离子区。等离子区中的自由电子在入射雷达波的电场作用下产生频率等于雷达波载波频率的强波振荡，在振荡过程中，运动的电子与中性分子、原子及离子发生碰撞，增加了这些粒子的动能，从而把电磁场的能量转变为媒质的热能。这些自由电子是主要的电磁波吸收剂。等离子体隐身技术是指利用等离子回避探测系统的一种技术，如在飞机的特定部位(如强散射区)涂覆一层放射性同位素，对雷达波进行吸收。

等离子体这种技术具有很多优点：吸波频段宽、吸收效率高、隐身技术好、使用简便及使用时间长等。一般涂料中以钋-210、锔-242 和锶-90 等放射性同位素为原料，在飞行器飞行过程中放出强射线，高能粒子促使空气电离形成等离子体层，其吸收性能在 1～20GHz 范围内衰减可达 17dB。

复习思考题

1. 简述敏感材料的分类。
2. 金属应变材料的灵敏度系数 K 受什么因素影响?
3. 比较厚膜力敏材料与薄膜力敏材料的异同。
4. 常见的热敏材料有哪几种?
5. 什么是正、负温度系数热敏电阻材料?
6. NTC 热敏材料的特性常数 B 的意义是什么?
7. 试对二元系与多元(三、四元)系 NTC 热敏材料进行比较。
8. 简述 Ni、Mn、Co 等元素在 NTC 热敏材料中的作用。
9. 如何调整 $BaTiO_3$ 系 PTC 热敏材料的居里温度?
10. 什么是磁阻效应? 常用的磁阻材料有哪些?
11. 半导体气敏材料的感应机理主要有哪几种定性的模型?
12. SnO_2、ZnO、Fe_2O_3 三种气敏材料各有何特点?
13. 氧敏材料主要有哪些?
14. 常用的湿敏材料有哪几种?
15. 简述陶瓷湿敏材料的分类。
16. 什么是压敏电压 V_C?
17. 常见的压敏电阻材料有哪几种?
18. 吸波材料是怎么分类的?
19. 根据电磁波在材料中的传输特性，吸波材料必须满足哪些条件?
20. 吸波材料有何应用?

参考文献

[1] 陈艾.敏感材料与传感器[M].北京：化学工业出版社,2004.

[2] 倪星元,张志华.传感器敏感功能材料及应用[M].北京：化学工业出版社,2005.

[3] 李言荣,恽正中. 电子材料导论[M]. 北京：清华大学出版社,2001.

[4] 尹福炎.薄膜应变片与传感器[J].传感器世界,1997,(6)：30-36.

[5] 叶方伟.薄膜热电偶的发展及其应用[J].材料导报,1995,(5)：28-32.

[6] 姚飞等.金属基 NiCr-NiSi 薄膜热电偶的制备及性能研究[J].电子元件与材料,2010, 29(9)：6-8.

[7] 王卫民,等.NTC 热敏电阻材料组成及制备工艺研究进展[J].材料科学与工程学报,2005, 23(2)：286-289.

[8] 孙晓龙,等.PTC 材料发展概况[J].化学工业与工程,2002,19(4)：320-324,334.

[9] 吴红忠,范福康.氧化物半导体氧敏材料的发展[J].火花塞与特种陶瓷,1996,(3)：27-31.

[10] 傅刚,等.Zn_2SnO_4-$LiZnVO_4$ 系厚膜湿敏元件的制备和性能研究[J].功能材料与器件学报,2001, 7(1)：41-44.

[11] 彭振康,等.$MnWO_4$-Li_2WO_4 系厚膜湿敏元件的性能[J].功能材料与器件学报,2009,15(2)：189-192,200.

[12] Weon-Pil Tai, Jae-Hee Oh. Fabrication and humidity sensing properties of nanostructured TiO_2-SnO_2 thin films[J]. Sensors and Actuators B,2002, (85)：154-157.

[13] 王天宝,等. 溶胶-凝胶法制备薄膜湿敏元件的研究[J]. 无机材料学报,1995,10(3)：371-376.

[14] 范积伟,等.新型压敏陶瓷材料的研究与进展[J].功能材料,2009(40)：58-62.

[15] 张小文,等.TiO_2 压敏电阻的现状与展望[J].材料导报,2003,17(8)：41-43,50.

[16] 陈海芳,等.烧结温度对 TiO_2 压敏陶瓷性能的影响[J].材料导报,2006,20(2)：135-136,142.

[17] 刘顺华,刘军民,董星龙,等.电磁波屏蔽及吸波材料[M].北京：化学工业出版,2007.

[18] 康青.新型微波吸收材料[M].北京：科学出版社,2006.

[19] 孟建华,杨桂琴,严乐美,等.吸波材料研究进展[J].磁性材料及器件,2004,35(4)：11-14.

[20] 王磊,朱保华.磁性吸波材料的研究进展及展望[J].电工材料,2011(2)：37-40.

[21] 张健,张文彦,奚正平.隐身吸波材料的研究进展[J].稀有金属材料与工程,2008,37(4)：504-508.

第 13 章 电子封装材料

电子封装材料用于承载电子元器件及其连接线路,并具有良好的电绝缘性。封装对芯片具有机械支撑和环境保护作用,封装还能避免大气中的水汽、杂质及各种化学气氛对芯片的污染和侵蚀,使集成电路芯片能稳定地发挥正常电气功能,对器件和电路的热性能乃至可靠性起着举足轻重的作用。目前,电路的封装成本几乎已和芯片的成本相当。对于一些大功率半导体器件和压敏电阻器等无源元件,在有的文献中也将封装称包封。

作为微电子工艺中重要的一环,电子封装技术随着芯片工艺逐步发展起来。微电子器件的核心是做在硅或其他晶圆片上的独立元器件——芯片,但是仅仅在晶圆片上完成芯片制造,离实际应用还有一段距离。为了能在电路中实现器件的基本功能,保证芯片正常工作,芯片需要封装。因此,电子封装材料在电子材料中同样具有十分重要的地位。

本章将针对以硅基为主的分立器件、集成电路芯片和混合集成电路封装等用的封装材料作简要的介绍。

13.1 封装技术简介

电子器件封装的特点决定了它在整个微电子工艺中占据重要的地位。作为从芯片级到电路级之间承上启下的连接者,它直接影响最终器件的质量和可靠性。

1. 电子封装的功能

对微电子器件而言,器件封装需要实现以下几个方面的功能。

(1) 驱动电源。通过封装的引线、引脚将外部电源传输到芯片,驱动器件工作。

(2) 传送信号。无论是从电路板传入的信号或者是由器件工作产生的信号,都需要通过封装线路进行传送。

(3) 散热。器件在工作状态下产生的热量需要通过封装散出,使得芯片上的晶体管可以处于正常工作的温度范围内,随着芯片集成度的逐步提高,对器件封装散热功能的要求也逐步提高。

(4) 抗腐蚀和具有一定的机械强度,起到保护芯片的作用。

(5) 作为具有特征尺寸为微米量级的芯片与特征尺寸为毫米量级的电路板之间的过渡。

对于一些特殊的应用,在封装设计中还要考虑到器件在辐射状态、极端温度等极端苛刻条件下的应用。

2. 电子元器件封装的层次与分类

在微电子工业中，对应于不同的应用有着相应的封装技术。下面首先介绍电子元器件封装的层次与分类。在本章范围内，我们将电子元器件的范围主要限于在硅晶圆片上制造的分立器件和集成电路器件。

从微观到宏观，按互连先后顺序，可以把封装分成不同层次。零级互连封装（zero level interconnect）是指在晶圆片上，通过各种金属及其他互连材料将在晶圆片上面的三极管、二极管连接起来，以实现器件功能。一级互连封装（first level interconnect）是指将晶圆片上的独立单元切割下来，然后从裸露的芯片引出引脚，并对整个器件进行封装。本章将重点介绍这一部分。

二级互连封装（second level interconnect）是指将封装完毕的集成电路（IC）安装到设计好的印制电路板上，以实现系统的子功能。三级互连封装（third level interconnect）则是对应将各个电路板组装到系统的主机板上，构成一个具有完整功能的系统。依此类推，对于更为复杂的系统，还有将子系统集成在一起的更高层次的互连封装。

根据用户所关注的器件性能的不同，电子封装有不同的分类方式。常用的分类方式如表 13.1.1 所示。

表 13.1.1　电子封装的分类

分类方式	类　别
基板材料	陶瓷基板封装
	有机基板封装
	柔性基板封装
二级互连方式	插孔式封装（through hole mount，THM）
	表面贴装（surface mount technology，SMT）
	板上芯片封装（direct chip attach，DCA）
一级互连方式	引线互连（wire bond）
	倒装焊技术（flip chip）
	载带自动焊（tape automated bonding，TAB）
I/O 排布方式	周边式封装（peripheral array，如 DIP、QFP）
	局域阵列封装（partial area array，如 BGA）
	全阵列封装（full area array）

3. 微电子封装的发展过程

集成电路最早采用的是 DIP（dual in-line package）封装，也就是双列直插式封装，封装好的器件有两排引脚。DIP 的引脚的长度适合于穿过印制电路板，并通过焊料将器件焊接在电路板上。由于 DIP 的结构限制，随着引脚数目的上升，器件面积和体积也迅速增加，芯片/器件面积比也较低,不利于高效使用电路板的面积。所以引脚数一般都不超过80。随着集成电路的进一步发展,DIP不能满足高密度引脚的需要。

随后在20世纪90年代发明了塑料方型扁平式封装(quad flat package,QFP)。这是一种表面贴装器件,和DIP相比,由于引脚引线不需要穿过印制电路板,所以引脚相应的几何尺寸缩小很多。和DIP相比,QFP同时在四个侧面引出引脚,提高了器件单位面积的引脚数目。根据不同面积和应用的芯片,相应的引脚数目从32到304不等。

集成电路的高速发展遵循摩尔定律,随着芯片内晶体管数目的迅速增加,芯片对外的引脚数目也在增加。QPF也无法满足集成度进一步提高的需要,随后发明了球栅阵列封装(ball grid array,BGA)。BGA封装一改传统的封装结构,将引线从封装基板的底部以阵列球的方式引出,这样不仅可以安排更多的I/O,大大提高了封装密度,而且改进了电性能。如果再采用倒装片技术或MCM(多芯片模块)封装,可以进一步提高封装密度。从DIP发展到BGA,一方面引脚间距逐步缩小,引脚的几何尺寸也相应减小;另一方面引脚位置从器件两侧扩展到器件四周,并发展到整个器件的底部。

1994年,出现了一个新的封装概念:芯片级封装(chip scale package,CSP)。CSP器件满足封装器件的面积小于或等于芯片面积的120%。CSP对于传统的其他封装形式在封装密度上有显著的提高,因此对设计、材料和工艺也提出了更高的要求。

封装技术的进一步发展即系统级封装(system in package,SIP),指将多种功能芯片,包括处理器、存储器等功能芯片集成在一个封装内,从而在一个封装单元内实现一个基本完整的系统功能。SIP的特点就是在一个封装基板上实现多个芯片互连。1999年Tummala Rao在此基础上提出了系统封装(system on package,SoP)的概念,将无源器件薄膜化后集成到封装基板中,进一步提高封装密度。

如Intel、AMD等各大半导体公司,近年来都在封装技术研发上投入了更多的资金和人力,由于硅工艺的迅猛发展,落后的封装工艺被认为是制约器件性能进一步提高的瓶颈。从各大公司历年来封装技术的发展进程中可以看到:封装技术经历了从陶瓷基板到有机基板,从引线连接式封装到球阵列封装,从周边型封装到芯片尺寸级封装的历程。不难看出,微电子封装的趋势是轻、小、薄,力图在有限的空间内,实现更多器件与功能的集成。集成度的提高、功能的多样化和成本的降低,是推进封装技术发展的三大源动力。

4. 电子封装材料概述

电子封装技术的重要支撑是电子封装材料。电子封装材料分类有多种,一般可以按照封装结构、形式和材料组成来进行分类。

按封装结构分,电子封装材料主要包括基板、布线、层间介质和密封材料。基板一般分为刚性板和柔性板两种。柔性板电路具有轻、薄、可挠曲等特点,适用于便携式电子产品和无线通信市场。基板金属化就是通过金属布线把芯片安装在基板上,布线要求具有较低的电阻率和良好的焊接性。层间介质分为有机(聚合物)和无机(SiO_2、Si_3N_4和玻璃)两种,起着保护电路、隔离绝缘和防止信号失真等作用。环氧树脂系密封材料目前占整个电子密封材料的90%左右。环氧树脂成本低、产量大、工艺简单,近年来发展迅速。

从封装形式分,可分为气密封装和实体封装。气密封装是指封装腔体内在管芯周围有一定气氛的空间并与外界相隔离;实体封装则指管芯周围与封装腔体形成整个实体。

从材料组成分,可分为金属基、塑料基和陶瓷基封装材料。

作为封装技术的基础,电子封装材料的发展也始终围绕着提高封装密度、降低封装质量和尺寸、降低成本等中心目标,并紧密配合硅工艺的发展。电子封装材料涉及金属、陶瓷、高分子等多种材料领域,材料本身的电、热、机械等性能以及各种材料之间的性能匹配对器件的性能都具有重大的影响。不同的封装形式对材料的要求也有所不同,在本章有限的篇幅里难以全部覆盖,因此仅对两种主流的封装形式——引线互连和倒装片封装中所涉及的主要材料作简要的介绍。

图 13.1.1(a)、(b)所示分别为引线互连和倒装片封装器件。根据材料在封装中所起的作用,可以看到涉及的主要封装材料包括框架和引线、焊锡、密封材料、散热材料和基板材料等。

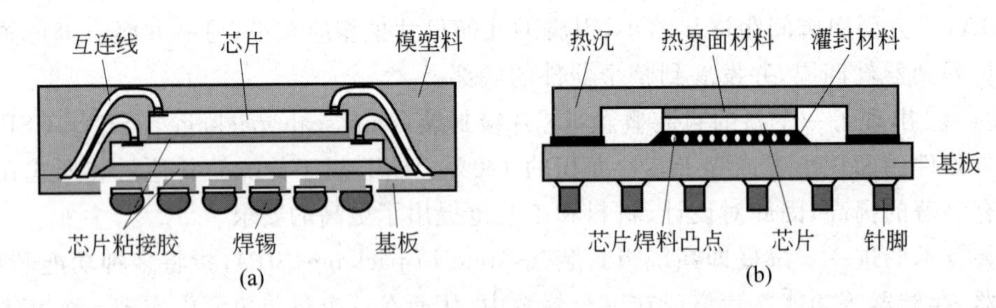

图 13.1.1

(a) 引线互连示意图;(b) 倒装片封装器件示意图

在下面的章节中,将逐一对这几类材料进行介绍。

13.2 框架材料与互连材料

框架材料和互连材料是实现封装中电信号传输的基础。除倒装片封装(flip chip)以外,其他如引线键合(wire bonding)等传统的封装方式都是先将芯片固定在框架上,然后再通过引线将芯片上的金属焊盘和框架上的引脚连接在一起。倒装片封装则是将芯片通过焊锡或导电胶直接与基板焊接在一起。因此互连材料包括引线、焊锡和导电胶等。

对框架和互连材料的要求通常应满足:①在功率循环和热循环下,保证器件电流的正常传输,同时在器件中牢固地固定芯片;②导热方面要尽可能地把在工作状态下芯片产生的热量传递出去,保持芯片的结温度在许可的范围以内。

13.2.1 框架材料

对于器件封装中的框架,优先考虑的特性参数为材料的导电率、热传导率、热膨胀系数、屈服强度、疲劳特性、抗腐蚀性和可焊性等。

材料良好的屈服强度和延展性确保了框架本身的结构寿命;疲劳特性和热膨胀系数决定了框架在负载振动或温度循环下的寿命;材料的导电性是衡量框架及其所带的引脚优劣的另一个重要的指标,因为它承担了整个封装结构中传递信号和电流的作用。另外,器件在特定恶劣环境下工作，框架和引脚需要良好的抗腐蚀性；封装器件在参与电路工作中，必须通过引脚焊接到印制电路板上，因此材料的可焊性以及与无铅焊料的兼容性也是重要的评估参数；同时，考虑到封装成品器件的散热问题，选择框架和引脚材料的时候，必须考虑材料的热传导率；此外，从框架加工的角度，还要求框架材料具有冷热加工性能良好，弯曲、微细加工和刻蚀性能好，电镀性能好以及与树脂的粘附性好等优良性能。

按照材料组分来划分，可以将框架材料分作铜基和铁基两大系列。

科瓦(kovar，铁钴镍)合金和 42 合金(铁镍)合金是封装工艺中常用的两种铁基材料。在 30～300℃温度范围，这两种合金的线膨胀系数分别为 4.9ppm/℃和 5.3ppm/℃，与陶瓷基板的热膨胀系数(4.3～7.4ppm/℃)非常接近。基于这一特性，这两种铁基材料广泛应用于基于陶瓷基板的器件封装中，尤其是在器件工作在很宽的温度范围内，并对膨胀系数有严格要求的情况下。为了提高铁基合金材料的可焊性及抗腐蚀性，在实际应用中通常在框架和引脚上依次镀上金属镍和金。镀镍层可提高和焊料的可焊接性，而镀金层则是为了提高抗腐蚀性。

和铁基材料相比，铜基材料的最大优点是低电阻率和高热导率。从高纯的无氧铜到掺杂的铜基合金，电阻率多在 2～5$\mu\Omega \cdot cm$，远远小于铁基合金。在要求大电流的应用、或者系统的响应速度对电阻有严格要求的情况下，铜基材料是很好的选择。同时铜基材料的热导率也比铁基合金的高出一个量级，例如 C19400 合金的热导率为 209W/(m·K)，而铁基材料中具有较高热导率的科尔合金仅为 40W/(m·K)。高热导率有利于将芯片在工作状态下生成的热量通过框架和引脚释放出来。因此，在不需要使用陶瓷基板封装以及对热膨胀系数要求不高的情况下，铜基材料被广泛应用。常见的框架材料见表 13.2.1。

由于微电子器件要求越来越轻、薄、短、小，从而在封装工艺中要求越来越薄的框架和更小的焊点及引线间距，因此框架材料需要具有更高的强度。目前，通过合金材料设计和加工来提高材料强度是国际上的主流方法。从材料设计原理出发，采用的手段主要包括形变强化、固溶强化、晶粒细化强化、沉淀强化、第二相强化、快速凝固析出强化、弥散强化等。加工工艺上则主要采用加工硬化的方法，即通过冷塑性变形以提高强度。采用结合加工硬化与固溶强化、固溶-时效硬化以及复合强化等方法均可在一定程度上改进材料性能。在通过合金化来提高框架性能的同时，还可以通过复合材料的方法来提高材料的强度。例如，日本大同特殊钢公司开发出了由铜/高强度因瓦合金/铜三层复合材料制作的框架材料。其中高强度因瓦合金为 $FeNi_{38}Co_5Ti_{2.5}$，属于析出强化型合金，线膨胀系数较低，它的两面复合上铜层后，机械强度和导电导热性均比 $FeNi_{42}$ 合金高一倍。

同时，随着集成电路功率密度增加，对材料散热性能也提出了更高的要求。在改善热失配性能方面，采用低膨胀特性而导热率高、密度小的材料作增强相，与铜制成复合材料，可在保持低膨胀特性的同时，获得较高的导热率和强度。采用负膨胀材料与铜复合，可在低膨胀材料的体积分数较小的情况下，获得与硅或砷化镓芯片相匹配的热膨胀系数，而铜的导热和导电率却损失较小。基于铁基材料和铜基材料的优良性质，开发铜和铁的混相合金也是很有潜力的发展方向。

表 13.2.1 常见框架材料及其主要物性参数

合金		名称	组分/%	密度/(g/cm³)	线热膨胀系数/(1/℃)	淬火特性	热导率/(W/(m·K))	电阻率/(μΩ·cm)	电导率/%IACS	弹性模量/GPa	抗拉强度/MPa	屈服强度/MPa	延伸率	硬度/HV
铜基	Cu	C10100												
		C10200												
		C10100		8.9	17.7	半淬火	383	1.71	101	125	245～314		15%	75～90
		C10200	O_2<10ppm			全淬火	383	1.71	101	125	275～343		4%	90～105
		TAMAC1	Cu	8.9	17.7	半淬火	379	2.03	100	125	245～314		15%	75～90
		C10700	P0.02			全淬火	379	2.03	100	125	275～343		4%	90～105
		TAMAC2	Cu	8.9	17.7	半淬火	322	1.72	85	125	245～314		15%	75～90
			Ag0.1											
			O_2<10ppm			全淬火	322	1.72	85	125	275～343		4%	90～105
	Cu-Zr	EFTEC647												
		CCZ												
		C151	Cu0.1Zr	8.94	17	$\frac{3}{4}$淬火	360	1.9	95	120.7	325～385	345	5%最小值	100～120
	Cu-Ni	C7025	96.2Cu3.0Ni 0.65Si0.15Mg	8.8	17.2	TR02	170	4.3	45	131	605 最小值	550～655	6%最小值	180～220
						TR04	133	4.9	35	131	790 最小值	750～850	1%标准值	250 标准值
		KLF125	3.2Ni0.7Si 1.25Sn0.3Zn											
		C19010	1.0Ni0.2Si 0.03P											

续表

合金		名称	组分/%	密度/(g/cm³)	线热膨胀系数/(1/℃)	淬火特性	热导率/(W/(m·K))	电阻率/(μΩ·cm)	电导率/%IACS	弹性模量/GPa	抗拉强度/MPa	屈服强度/MPa	延伸率	硬度/HV
铜基	Cu-Fe	C19400	Cu2.35Fe 0.12Zn0.03P	8.92	17.1	Hard SOIC&PLCC	277	2.54	60	120.7	415～480	415	4%最小值	125～145
						Spring(RA) DIP	277	2.54	60	120.7	480～525	435	4%～8%	140～155
						超弹性淬火(RA) DIP & QFP	277	2.54	60	120.7	530～570	470	5%最小值	150～165
		C19500	Cu1.5Fe0.8Co 0.6Sn0.05P											
		CDA19520	Cu0.085Fe 0.8Sn0.03P	8.9	16.7	全淬火	133	3.59	48	131	451～510		4%	140～160
						超硬淬火	133	3.59	48	131	490～569		2%	150～170
						弹簧淬火	133	3.59	48	131	549～628		0	160～180
		C19700												
		C19710	Cu0.3Fe 0.1P0.04Mg	8.84	17.1	Hard SOIC &PLCC	284	2.38	75	119	400～470	380	3%最小值	140～155
						ExSpring(RA) DIP & QFP	284	2.38	75	119	520～565	470	3%最小值	150～165
		C19210												
铁基	Fe-Ni	ALLOY42	58Fe42Ni	8.12	4.5(25～200℃)	半淬火	11	66.3	3	156	620～724		3%	
		ASTM F30			6.0(25～400℃)	$\frac{3}{4}$淬火	11	66.3	3	156	690～828		1%	
	Fe-Ni-Co	Kovar	54Fe29Ni17Co	8.36	5.5(25～200℃)									
		ASTM F15			4.9(25～400℃)									

13.2.2 引线材料

芯片固定在框架上以后,需要将金属焊盘和框架上的相应引脚通过引线连接起来,以实现电流和信号的传输。引线材料的质量以及与金属焊盘之间的结合是保证器件电学性能的关键。线材的选择不仅仅要考虑线材本身的导电性,而且需要综合考虑器件应用、芯片材料和框架材料等因素进行最优选择。引线材料关键的特性参数包括电阻率、热导率、热膨胀系数、剪切应力、屈服强度、硬度、延展性、断裂特性、疲劳特性等。根据金属线材的材质,可以将引线分为三大类:金线系统、铝线系统和铜线系统。

同时,应用在芯片上金属焊盘的材料对于改善封装芯片的电学性能也非常重要,常见的金属焊盘的材料有金、铝、银、镍、铜和钯。在实际应用中并不是使用单层金属,为了提高金对硅芯片的附着性,通常需要先生长一层 Ti 或者 Cr 薄膜;为了降低成本,还会在贵金属焊盘层下面先生长几微米的铝或铝硅合金。

1. 金线系统

金线由于具有优良的抗腐蚀性、抗氧化性、延展性和导电性,在引线键合体系中被广泛应用。比如基于其延展性,可以将金拉成直径仅为 25μm 的细线,并且金线可以形成各向同性的热压焊球。然而,高纯度的金是非常柔软的,对实验性的低速键合没有影响,但在高速自动化键合中是不利的。工业化高速键合需要金线具有较高的强度,否则就容易出现金线意外拉断,导致设备暂停。掺杂是提高金强度的主要手段,掺入(30～100)ppm(质量分数)的铜,在提高强度的同时可以保证足够的延展性;掺入(5～10)ppm(质量分数)的铍,同样直径的铍金线的强度比铜金线提高 15%左右。

金线和金焊盘是可靠性最高的组合,因为线和焊盘都是选用同种金属,不会有界面腐蚀,也不会形成金属间化合物。根据 Jellison 的研究结论,随着时间和温度的增加,金-金键合的强度会增强,因此金-金键合主要应用在需要工作在高温区的器件中。

在工业化生产中大规模采用金线和铝焊盘的组合,使用廉价的金属铝作为焊盘,从而有效地降低了生产成本。在金铝体系中主要存在的问题是 Kirkendall 效应生成的空洞。Kirkendall 效应是指两种扩散速率不同的金属在置换扩散过程中形成空穴或空洞。对金-铝体系,当温度高于 125℃时,会在界面处形成大量的脆性金属间化合物和空洞。这一类的金属间化合物和空洞随着时间的增加和温度的作用,连接处的抗机械疲劳特性大幅度降低,同时,直接增加了连接处的电阻率。因此,金-铝键合不适用于器件工作温度高于 125℃的情况。

金线还可以选择铜焊盘作为器件键合。和铝类似,铜也是廉价金属。对于金-铜体系,主要的问题是在低于 320℃时,金和铜之间容易形成多种金属间化合物:Cu_3Au、CuAu、$CuAu_3$,与在界面处形成的 Kirkendall 空洞一起,直接导致键合强度降低,影响器件的可靠性。为了提高器件的可靠性,实验研究表明键合前焊盘和金线的表面清洁度与键合的质量密切相关,选用适当的清洁方法,可以有效地提高金-铜体系的键合质量。

另外一种在工业上采用的是金线和银焊盘的组合,在很宽的温度范围以内(150～450℃),金-银键合非常稳定。同时,在这个温度范围内,金和银不会形成金属间化合物,也不会出现界面腐蚀。在键合时，适当提高温度和超声能量会有利于金线在银表面上的键合。

2. 铝线系统

虽然金线有良好的性能，但是作为贵金属，它的应用具有局限性。出于在大规模应用中降低成本的考虑，选择铝作为替代品。铝是非常柔软的材料，但受限于其延展性，纯铝是无法直接满足封装需求的。在铝中掺入其他元素，可改善铝的延展性能。一般掺入质量分数1%的硅或者1%的镁就可以很容易地通过拉丝机制造出直径为几十微米的线材。

铝线和镀镍焊盘的组合可靠性较高，这是因为铝-镍的 Kirkendall 效应较弱，不易形成相应的空洞。同时该二元金属体系不容易有电化学腐蚀，因此被大量应用在需要高温应用的器件封装中。同质体系铝线-铝焊盘是铝线体系中最为稳定的。和金线-金焊盘体系相似，在它们之间不会有界面腐蚀，并且同质材料之间没有其他金属间化合物生成。

3. 铜线系统

铜质线材的主要优点是成本低、导电率高、热导率高。此外，与金线、铝线相比，铜与不同框架不容易生成金属间化合物。因为铜的硬度要高于金和铝，所以在进行键合的时候需要优化温度、时间和能量，防止因芯片冲击力过大而造成损坏。此外，金属铜易氧化，键合时需要在保护性气氛下进行。铜线最常见的是和铝焊盘键合，虽然铜、铝之间也存在金属间化合物，但不容易出现 Kirkendall 空洞。

在引线键合系统中，铜引线键合将成为主流技术，铜线与传统晶片上的铝焊盘键合，可降低成本，并使高产、细间距的焊丝更牢固和坚硬。尤其当前微电子工艺中逐步将铝焊盘用铜焊盘替代后，铜线与铜焊盘键合是解决精细间距封装的最佳方案。为了保持铜引线优良的导电性能，需要超纯度的铜单晶，而为了提高成型性能和力学性能，则需要对超纯铜进行微合金化，如加入极少量的 Ag、Fe、Ca 等元素。一般情况下，超纯铜合金化之前的纯度应达到99.999%以上，微合金化控制在50ppm 以下。因此，在材料加工工艺方面，超纯铜和单晶铜的制备、微量合金化、保护气氛下的拉丝工艺是引线材料发展的关键。

13.2.3 焊锡材料

焊锡材料是电子封装中极其重要的一类材料。器件封装工程中金属材料的连接基本上都是由焊锡材料通过钎焊实现的。焊锡在微电子封装中起到机械连接、电路连接和提供热传导的作用；同时，焊锡材料韧性较强，有利于吸收封装过程中产生的应力；而且焊锡材料的熔点较低，可使整个封装工艺控制在比较低的温度范围内，以免对半导体芯片的性能造成影响。传统的焊锡材料以铅和锡为主要成分，近年来，随着人们对绿色封装材料的要求日益明确，无铅焊锡逐渐被推广，成为学术界和产业界研发的重要方向。

1. 焊锡材料的基本特性参数

为了更好地了解焊锡材料的基本特性参数，首先简要介绍钎焊的基本概念。钎焊是一种焊接方法，它把熔点比焊件低的焊锡和焊件连接，一同加热，焊锡熔化后，渗入并填满连接处间隙，且与焊件在界面处形成金属间化合物。钎焊时，为了形成牢固的连接，通常须使用助焊剂，以保护金属表面和焊料在加热时不氧化，同时，去除原有的氧化物，以提高焊锡对焊件的浸润能力。

焊锡材料对焊件表面的良好浸润性是实现钎焊的基本要求。两种材料之间的浸润特性是由它们的表面能决定的。要实现焊锡材料对焊件表面的良好浸润，要求熔融的焊锡材料具有较低的表面能而焊件表面具有较高的表面能，同时二者之间具有较低的界面能。

根据钎焊的要求和微电子封装中焊锡所起的作用，焊锡材料的性能参数包括熔点、表面能、电阻率、电导率、热膨胀系数、剪切强度、弹性模量、断裂强度、韧度、屈服强度、延展性、蠕变特性、疲劳特性等。

焊锡的温度曲线中，液相线温度相当于熔化温度，固相线温度相当于软化温度。对给定的化学成分，液相线与固相线之间的范围叫做粘滞区。一方面，希望熔化温度低一些，使封装的工艺温度尽可能地低，以减小对半导体芯片的影响和降低热失配应力；另一方面，焊锡作为连接材料必须具有比最高使用温度至少高两倍的液相线，因为当使用温度接近于液相线时，焊锡通常会变得机械上与冶金上的"脆弱"。表面能决定了焊锡的可焊接性，电阻率和热导率决定了焊锡的导电和导热性能。热膨胀系数影响封装后产生的热失配应力。剪切强度、弹性模量、断裂强度、韧度、屈服强度、延展性等力学参数决定焊接后的应力应变情况。蠕变是指在一定温度和应力下随时间发生的缓慢的塑性形变。在任何温度下，蠕变都可能发生，在高温和在1/2熔点温度附近时，蠕变最明显，因此对于较高工作温度的器件，选择高熔点的焊锡材料可以减弱蠕变行为造成的影响。疲劳是指在交变应力下的合金失效。在循环负荷下合金所能忍受的应力比静态负荷下小得多。通常疲劳断裂开始于几个微小的裂纹，在重复应力作用下增长，造成焊接点截面的承载能力下降。温度机械疲劳，即通过温度循环来测试疲劳特性，是用来界定焊锡特性的另一种测试模式。

2. 使用无铅焊锡的必要性

传统的焊锡以铅和锡为主要成分，使用最广泛的是相图上处于共融点的铅锡比为37：63的合金，其熔点为183℃。无铅焊锡的研发源于人类对健康和环境保护的日益重视。由于铅对人体健康具有极大的危害，欧盟于2006年7月1日正式实施的RoHS法令，对包括铅等六种严重危害人体健康的化学物质的使用作出了严格的限制。ROHS规定，除少量规定的豁免产品外，其他所有产品的含铅量必须低于0.1%(质量分数)。因此，作为重要的封装材料，铅锡焊锡必须被无铅焊锡取代。

3. 无铅焊锡的材料特性

适用于微电子封装的无铅焊锡材料，需具备以下几点特征：

(1) 使用的材料在现在和未来都不能对环境产生不良的影响；

(2) 所使用的元素在现在和未来都应该有足够的资源；

(3) 熔点应该接近传统的63/37的铅锡合金，最好在200℃左右；

(4) 热导率和电导率优于或接近传统焊锡；

(5) 足够的连接强度和抗热循环疲劳特性；

(6) 成本低；

(7) 与现有工艺相兼容。

具有较低熔点的金属元素有 Hg、Cs、Ga、Rb、K、Na、In、Li、Sn、Bi、Tl、Cd、Pb、Zn、Sb、Mg 等，如表 13.2.2 所示。其中 Hg、Tl、Cd、Pb 有毒，而 Cs、Rb、K、Na、Li、Mg 是过于活泼的碱金属或碱土金属。

表 13.2.2　低熔点的金属材料

元素	熔点/℃	注释	元素	熔点/℃	注释	元素	熔点/℃	注释
Hg	−38.9	有毒	In	156.9		Pb	327.5	有毒
Cs	28.5	碱金属	Li	179.0	碱金属	Zn	419.4	
Ga	29.8		Sn	231.9		Sb	630.5	
Rb	38.9	碱金属	Bi	271.3		Mg	651.0	碱土金属
K	63.7	碱金属	Tl	303.5	有毒			
Na	97.8	碱金属	Cd	320.8	有毒			

如果考查其余几种元素在地球上的储量，则会发现 Ga 与 In 的储量较少。另外，Zn 是易氧化的金属，In 则很容易与空气中的 O_2、HCl、CO_2 发生腐蚀反应，Bi 元素在生产的过程中很难彻底去除其中的铅杂质，并因此影响其机械性能。因此，无铅焊锡的主体成分仍然应以 Sn 为主，适当掺入其他金属调整其性能。表 13.2.3 所示为已商业化的一些无铅焊锡及它们存在的问题。

表 13.2.3　一些商业化的无铅焊锡

组　分	熔点/℃	存在的问题
In52/Sn48	118	价格高，存在腐蚀性、连接强度和疲劳特性方面的问题
Sn42/Bi58	138	脆性，热疲劳性问题。如果有 Pb 杂质，则性能大幅度下降
Sn42/Bi57/Ag1	138	基本同 Sn42/Bi58，疲劳特性有所改善
In97/Ag3	143	价格高，存在腐蚀性、连接强度和疲劳特性方面的问题
Sn91/Zn9	199	极易氧化，需要特殊的助焊剂，寿命短
Sn/Ag2.5/Cu0.8/Sb0.5	217	SAC 家族中熔点和价格最低，与现有工艺兼容，可靠性较好
Sn/Ag3/Cu0.5	217～218	JEIDA 推荐材料，在纯 SAC 家族中价格最低
Sn/Ag3.5/Cu0.5	217～218	基本同上
Sn/Ag3.8～4/Cu0.5～0.7	217～218	基本同上，可能存在银锡相析出的问题
Sn96.5/Ag3.5	221	热可靠性和浸润性不够好，比 SAC 要求更高的焊接温度
Sn95/Ag5	221～240	焊接温度高，价格高
Sn99.3/Cu0.7	227	价格低，浸润性较差
Sn97/Cu3	227～300	高温焊接材料
Sn97/Sb3	232～238	焊接温度高，浸润性差
Sn95/Sb5	221～240	焊接温度高，浸润性差
Au80/Sn20	281	价格高，主要用于金与金之间的焊接
Sn/Ag25/Sb10	260～300	高温焊接材料，价格高
Au88/Ge12	356	高温焊接材料，价格高

相对 Pb37/Sn63 的铅锡焊锡，无铅焊锡的熔点普遍较高（大多数高于 217℃），且无铅焊锡的表面能较高，因而与焊件表面的浸润性较差。另外，无铅焊锡多为非共晶合金，不能直接从固态转变为液态（或相反），焊接时要求较长的高温驻留时间。因此，从铅锡材料转到无铅焊锡材料之后，由于焊接温度升高会带来应力增大、化学反应和互扩散加剧等一系列问

题,在封装设计和工艺研发的过程中要更加缜密地加以考虑。

综合性能、价格、资源、环保等各方面的考虑,Sn与Ag及少量的Cu构成的合金,即SAC合金是目前工业界接受程度最高的无铅焊锡材料,而其中较普遍使用的SAC焊锡是SAC305,即Sn/Ag3/Cu0.5,它是日本电子工业发展协会(JEIDA)推荐的无铅焊锡材料,其特点是:没有大的Ag_3Sn析出物;在纯的SAC家族中具有最低熔点和最低成本;微结构比较稳定;没有专利的问题。但SAC305浸润性不够好。

完美的无铅焊锡应该具有更低的熔点(200℃以下)、更低的弹性模量(从51GPa降到40GPa)、更好的浸润特性(浸润时间<0.5s)、微结构稳定而无析出相、低屈服强度和低工作硬化速率以提高疲劳特性、与Cu具有低互溶性以防止溶蚀铜布线。

无铅焊锡依然是当前封装领域的主要研发方向之一。从目前的研发趋势来看,未来的无铅焊锡中,Sn仍然会是主体材料。一些研究小组发现通过降低Ag的比例可以降低弹性模量,例如SAC105比SAC405低11%。通过掺少量的Ni、Co等元素可以降低Cu的溶解度。如果解决了Bi金属中Pb杂质污染的问题,则SnAgCuBi合金颇具吸引力。

另外,纳米无铅焊锡也是一个有趣的研究方向。发展纳米无铅焊锡的动机是降低熔点、增加强度和减小互连焊点尺寸。多年以来的研究表明,一些金属纳米材料的熔点随颗粒尺寸减小而降低。这一现象也可以在无铅焊锡等合金材料上观测到,如在SAC405纳米合金中发现,当晶粒尺寸小于20nm时,其熔点会快速下降。一些实验数据显示添加适量的纳米颗粒后,焊锡材料的强度增强。如在Sn-3.5Ag焊锡中添加Cu_6Sn_5纳米粉,在Sn-3.0Ag和Sn-1.0Ag焊锡中添加Co、Ni、Pt、Al、P、Cu、Zn、Ge、Ag、In、Sb、Au等纳米颗粒均有一定的增加强度的效果。但是由于纳米焊锡材料的比表面大大增加,增加了表面氧化层的比例,所以在焊接过程中需要采取更有力的去除氧化层的措施,如使用特殊的助焊剂等。随着近年来纳米材料的合成及性能控制技术的深入发展,通过对材料和工艺的进一步改进,纳米无铅焊锡将展现出它的巨大潜力。

13.2.4 导电胶

由于使用无铅焊锡对封装技术提出了更高要求,业界也在研制取代传统焊接的新型连接材料。目前最有望取代焊锡的材料是导电胶。导电胶是通过在有机聚合物基体中添加导电填料,获得与焊锡一样的导电和连接功能。使用导电胶可避免焊接高温,工艺简单。

导电胶的主要成分是树脂基体、导电粒子、稀释剂、交联剂、催化剂和其他添加剂。体系在储存条件下具有流动性,通过加热或其他方式固化后,树脂基体形成导电胶的分子骨架结构,提供力学性能和粘接性能保障,并使导电填料粒子形成导电通道。导电粒子本身要有良好的导电性能,粒径要在合适的范围内,能够添加到基体中。导电填料可以是金、银、铜、铝、锌、铁、镍的粉末和石墨及一些导电化合物。

导电胶可分为各向同性导电胶(ICA)、各向异性导电胶(ACA)和芯片粘接剂(die attach adhesive)。ICA在各个方向导电能力基本一致;而ACA只在z方向导电,在x、y方向上电阻很大或几乎不导电;芯片粘接剂则作为固定芯片、导电或导热使用。ACA的特性是能提高微互连精密度,适应三维封装,发展潜力巨大。当前实用化的ACA有两种:薄片、粘结膜形态呈现的各向异性导电膜(ACF)和膏状形态呈现的各向异性导电胶

(ACP)。

ACA的原理是将镀金属的树脂粒子(或金属粒子、熔融金属粉等导电性微粒)分散于树脂绝缘热压胶中制成的一种特殊薄膜,在外包覆一层绝缘保护膜。导电微粒从内到外由有机聚合物小球、镀镍层和镀金层构成。当在z方向施加压力时,导电微粒的金属表面层相互接触而导电。ACA各向异性和质量较轻的特性极适合于精细间距线路的互连、平板显示器(包括LCD及PDP等显示元器件)电极的连接、倒装芯片和精细间距表面的互连等,对低温基材、温度敏感元件的连接效果也很好。

日本和美国是研发和应用ACA最早、规模最大的国家,如日立、住友、索尼、3M公司都在竞相研制粘结性优异、可低温(140℃以下)快速固化、可靠性高、储存稳定、易修复的ACF和ACP。国内,上海合成树脂研究所等少数单位正在从事导电胶方面的研制、生产与销售。低温甚至室温连接是未来连接材料的发展趋势,导电胶这一新固化方式材料的出现将推动这一进程。

13.3　密封材料

密封材料的作用是保护芯片、互连引线和焊点,避免受到外界的机械损伤或者化学腐蚀。密封材料应具有良好的绝缘性,随着封装技术的发展,高热导率和介电常数也逐渐成为密封材料的衡量指标。根据材料性质不同,密封材料包括塑封料、金属封料和陶瓷封料;根据封装工艺的不同,塑封料又可以分为模封料和灌封料。下面分别对这类材料进行介绍。

1. 塑封料

塑封料是集成电路器件封装中最常见的密封材料,在多种封装形式中广泛使用。塑封材料的优点在于其较低的成本,质量比金属和陶瓷轻,具有优良的化学和机械性能,性能可以通过改变组分进行调节,而且易于加工成复杂的形状。但是,塑封材料也具有局限性,例如:不能承受高温(通常要求低于260℃),性能受环境影响较大,会随时间老化,与其他封装材料相比,热胀冷缩更严重且更不均匀,强度比金属和陶瓷差。

塑封材料的有效成分包括基体材料和添加材料。添加材料根据具体功能还可以分为填充剂、固化剂、阻燃剂等。

塑封材料的基体通常是高分子材料。高分子材料包括热塑性和热固性材料。热塑性材料是指材料在加热软化后,具有一定的流动性,当冷却后可以固化,但是再次加热依然可以软化流动。经过多次热循环以后封装材料不能在电路板上流动,所以选择热固性材料作封装材料。这一类材料在第一次加热时会软化流动,但是当温度高于临界点时,在材料内部会产生硬化反应。这个硬化过程是不可逆的,在冷却以后,随着再次的升温,材料已经失去了流动性。塑封材料的基体材料一般选用树脂,如环氧树脂、硅酮树脂、聚丁二烯树脂等。

在添加材料中占有最大比例的成分就是填充剂。由于树脂材料的热膨胀系数比硅高很多,所以填充剂的主要作用是降低热膨胀系数,减小与硅片之间的热失配。另外,它还可以提高散热特性、提高机械强度、降低吸水性和提高隔水性(填充剂通常会将水吸附在其表面而阻挡水的进一步扩散)。另一方面,填充剂会提高熔融时的粘度,因此填充剂所能添加的剂量受该粘度的限制。按质量比来计算,填充剂一般占有塑封材料总质量的50%～85%。

填充剂的性能会直接影响塑封材料的特性。

目前最常用的填充剂是和硅的性能最接近的二氧化硅类材料。按照其制备方法，可以分为结晶型和熔融型。结晶型是通过机械方法，直接将高纯石英粉末化。这种方法的最大优点就是低成本、获得的材料热导率高，但是相对热膨胀系数较高，目前只是在分立器件和小规模集成电路器件封装中采用。熔融型是先将高纯石英加热到2000℃以上高温，使其转变成无定形态，然后再进行粉碎。熔融型二氧化硅和结晶型二氧化硅的区别是其具有较低的热膨胀系数，由于其颗粒为无定形态，热导率要差一些，一般用在大规模集成电路器件的封装中。在通常使用的石英石中有微量的放射性元素，放射元素在衰变中所产生的 α 粒子极容易使 MOS 存储元件失效，所以在选择原料时需要低铀含量的石英石，或者通过化学方法将四氯化硅水解来制备氧化硅。

随着器件的功能和功率逐年提高，利用功能性材料来替代传统的二氧化硅作填充剂以调控塑封材料的性能是近年来的研究热点。氧化铝、氮化铝等高热导率材料就是典型代表。表 13.3.1 所示为近年来研发较多的一些填充剂材料，并列出了环氧树脂的相关参数作为比较；从表格中可以看到，与树脂基体相比，这些填充材料的热导率要高很多，因此可以有效地提高塑封材料的导热性能。

表 13.3.1 填充剂材料和环氧树脂的部分参数

材料	热导率/(W/(m·K))	热膨胀系数/(10^{-6}/K)	电阻率/(Ω·cm)	介电常数
结晶硅微粉	2～10	9	10^{16}	5～7
氧化铝	30	5.5	10^{14}	9.5
氮化铝	320	4.5	5×10^{13}	8.8
氮化硼	250	6.3	10^{14}	6.7
氮化硅	155			
环氧树脂	0.02～0.04	50～90	10^{14}	6～8

阻燃型塑封材料就是通过掺入阻燃剂从而提高电子系统的整体安全性。阻燃剂的材料也有多种选择，常用的为红磷类、卤素类和多芳环烃聚合物类阻燃剂。随着绿色环保封装概念的提出，封装材料要求无卤化，因此卤素类阻燃剂近年来已逐渐被其他类的阻燃剂所代替。

塑封材料又可分为模封材料和灌封材料，由于封装工艺条件对材料的要求不同，它们组分上也略有差别。

1）模封材料

模封材料一般用于引线键合封装和载带键合封装，它的主要功能是保护芯片和引线。大多数模封材料在室温下是固态的，加热到一定温度后开始软化，进一步加热会变成液态，当温度继续升高，交联反应发生，材料出现胶化并随温度逐渐变成固态。

基于模封材料粘度与温度的关系，它很适合用于模封工艺。典型的模封工艺是：首先将芯片、框架置于模具中；然后将预热后的固态模封料投入模具入口，模具温度升至 175℃左右，模封料熔融，活塞加压流入模具中；将模封料加压成型热硬化后，打开模具，取出成品。

模封材料在相当宽的一个温度范围内都会发生交联反应，在反应发生的过程中，粘度随时间的变化曲线呈现澡盆形状，且温度越高“澡盆宽度”越窄，即模封材料在不同温度下其粘度随时间特性是温度越高，模封材料交联反应越快，因而工艺流程中的转移时间和凝胶化时间应相应缩短。

选择或研发模封材料时，需要重点考虑的材料要求应该包括粘度、交联反应速度、填充剂尺寸、低热膨胀系数、高玻璃化温度、低吸潮性、与硅片和基板材料及引线之间很好的粘附性、低辐射、低成本。

表 13.3.2 列出了典型的模封材料的组成及各组分的功能。

表 13.3.2 典型的模封材料组成及各组分的功能

组 分	质量分数	固态模封材料	液态模封材料	功 能
环氧树脂	10%～15%	OCN 型 双苯酚型 DCP 型 多功能型	双酚 A 型 环脂型	控制硬化速率、耐热性、电气特性、模封特性、机械特性、耐湿性、尺寸稳定性
硬化剂	5%～10%	Novalak 树脂	酐	控制硬化速率、耐热性、电气特性、模封特性及机械特性
加速剂	0.2%～0.3%	TPP	咪唑	控制硬化速率与硬化收缩
二氧化硅	65%～85%	碎粒/球形颗粒	球形颗粒	控制降低热膨胀系数、增加刚性、降低溢胶及流动性
耐燃剂	1%	Sb_2O_3/溴代环氧		阻燃
脱模剂	0.2%～0.3%	石蜡		脱模
着色剂	0.2%～0.4%	炭黑	炭黑	降低老化与文字印刷
应力缓和剂	2%～4%	橡胶或硅树脂	橡胶或硅树脂	降低弹性模数、防止翘曲与龟裂
稀释剂	1%～5%		电抗型	粘度控制

模封器件中常出现的失效模式中，与材料相关的主要原因通常包括模封材料与金属和硅片的热失配太大、粘附性不好、吸潮性太高和隔水性较差。因此对模封材料的改进主要集中在这几个方面。另外，近年来，随着器件功率的增加以及对抗辐照器件的需求增大，提高模封材料的热导率和抗辐射性也分别成为重要的研发方向。

2) 灌封材料

灌封材料(underfill material)是随着倒贴片技术而发展出来的。通常在器件中芯片的热膨胀系数大约为 $2.8\times10^{-6}/℃$，有机基板材料的约为 $17\times10^{-6}/℃$，二者差别较大。当倒贴片技术通过焊点将芯片和基板焊接在一起以后，热失配会导致芯片和基板之间在热循环中产生应力。作用在焊点上的应力将直接导致机械疲劳引起焊盘脱落。利用毛细作用原理，液态的灌封材料可以从芯片的边缘渗透到倒装芯片底部。固化以后，在基板和芯片间起到重要的应力缓冲作用，有效保护焊点并提高焊点的机械强度，从而提高芯片的可靠性。除了降低芯片和基板之间的热失配以外，和模封材料类似，灌封材料还需要保护器件免受化学、离子污染物、阻挡辐射，并保护芯片和器件不因机械拉伸力、剪切力、扭曲力、振动等因素而失效。

灌封工艺的基本流程包括预烘、灌胶和固化等过程。预烘是在填入灌封料之前，将倒装焊接好的器件置于烘烤炉，去除前面工序和环境带入的水汽。灌胶就是在芯片和基板之间填入灌封料的过程，这一过程利用的是毛细现象，将涂在芯片边缘的灌封料拉入芯片与基板之间的缝隙。最后的固化过程是将完成了灌胶过程的器件在硬化温度下，通过交联反应完成固化过程。

因为灌封材料是利用毛细作用，所以就要求材料要有适当的流动性和固化速度，固化温度低。另外，从器件的可靠性出发，要求材料的固化物无缺陷、无气泡、耐热性能好、热膨胀系数低、模量低、粘接强度高、内应力小、翘曲度小、吸潮性低、隔水性好、低辐射等。

表 13.3.3 列出了典型灌封材料的基本组成及各组分的主要功能。

表 13.3.3　典型灌封材料的基本组成及各组分的主要功能

材 料	基 本 功 能
树脂	基体材料，决定玻璃化温度，对各项物理性能起主要作用
填充剂	调制物理性能：热膨胀系数、弹性模量、韧性、流动性
硬化剂	固化剂，影响交联速度和密度
偶联剂	改善树脂与填充剂及 Si 和基板界面之间的粘附性
增韧剂	提高韧性
添加剂	调节粘度、固化速度、表面张力和颜色等

灌封材料在器件中常见的失效模式包括边角裂纹和内部出现气孔。前者主要和应力以及灌封料与芯片的粘附性有关，后者与灌封工艺、放气率等相关。

由于塑封材料在价格和质量方面的极大优势，在普通民用器件中，塑封将占据大部分市场。通过改进填充剂来调节并改进塑封料的各种物理性能是塑封料研发领域的主要方向。近年来，随着纳米材料的发展，纳米填充剂成为研究热点。纳米填充剂对提高材料的均匀性有显著效果。由于填充剂在基体中的沉淀速度可以表示为：沉淀速度$=2g(d_S-d)B^2/9A$（其中 g 为重力加速度，d_S 为填充剂密度，d 为基体密度，B 为填充剂直径，A 为基体粘度），因此，填充剂直径越小其沉淀速度就越慢，塑封料也就越均匀。另外，研究表明，纳米填充剂对提高粘附性和韧性也有一定的作用。而使用具有高导热和高机械强度的碳纳米管和石墨烯等碳基纳米材料，对提高塑封材料的热导率和机械性能也会有较明显的作用。

2. 金属封料和陶瓷封料

与塑封不同，陶瓷或者金属封料属于气密性封装，主要应用在航空、航天、核能、军事以及对器件工作环境有着严格要求的环境。气密性的设计可以有效地阻止湿气或其他化学离子对芯片的腐蚀。

金属是此类封装中最为常用的材料。通常芯片粘贴在陶瓷基板上，或者直接粘贴在金属外壳上。引脚通过陶瓷或玻璃绝缘穿过金属壳体。所以用作壳体的金属材料需满足一些基本条件。首先壳体材料的热膨胀系数要尽量和芯片、框架接近，这样可以降低在热循环过程中产生的热失配应力；良好的导热性可以为芯片提供有效的散热；另外，还要求具有良好的电磁和射频干扰屏蔽性、易焊性、易加工性和耐腐蚀性。

由于 Kovar 合金(Fe-Ni-Co)的 CTE 为$(5.1\sim5.9)\times10^{-6}$/℃，与大多数的密封玻璃的 CTE 接近，所以 Kovar 被广泛采用；但是 Kovar 合金的热导率仅为 16W/(m·K)，和铜基合金相比要低很多，所以更多用于低功率器件，或者需要另有散热回路设计。对于大功率器件而言，热导率高达 200W/(m·K)的铜基合金是更为合理的选择。

陶瓷也是一种常见的密封材料。与金属材料相比，其主要特点就是在保持气密性的同时成本要低得多。通常的陶瓷材料为氧化铝,一般以90%(质量分数)的氧化铝为基体,适当掺入一定成分的二氧化硅、氧化镁和氧化钙。因为这类氧化物的电阻率都在$10^{11}\Omega\cdot cm$以上,所以陶瓷封装都有绝缘性。陶瓷材料的CTE和常用的芯片材料非常接近,这样可以大大减小热循环中导致的热失配应力。但是氧化铝的热导率很低,只能用在小功率的器件封装中。对于大功率应用就需要考虑其他材料,比如BeO、AlN和SiC。

BeO虽然具有很高的热导率,但是BeO有毒性。所以只在必要的时候使用。更多时候是使用AlN,它在保持较高热导率(170～260W/(m·K))的同时,也有着和硅芯片相当的热膨胀系数。

另外一种新的密封材料为金属基复合材料(metal matrix composite,MMC),一般是以金属或合金为连续的基体而以颗粒、晶须或纤维形式的第二相组成的复合材料。

金属封料和陶瓷封料的研发也多以复合材料为主,例如,可以把碳纤维嵌入铝基体中,以提高强度并降低密度,当然为了避免Al和C发生反应,通常要在碳纤维表面覆盖Ni或TiB。也可以将金属和陶瓷复合而获得性能可调的密封材料。

13.4 基板材料

封装基板是电子封装的重要组成部分,是芯片与外界电路之间的桥梁。基板在封装中起到以下作用:①实现芯片与外界之间进行电流和信号的传输;②对芯片进行机械的保护和支撑;③是芯片向外界散热的主要途径;④是芯片与外界电路之间空间上的过渡。从材料的角度出发,常用的封装基板包括金属基板、陶瓷基板和有机基板。下面分别对它们进行介绍。

13.4.1 金属基板

金属基板是指由金属薄板、绝缘介质层和铜箔复合制成的金属基覆铜板。金属基板以其优异的散热性能、机械加工性能、电磁屏蔽性能、尺寸稳定性能、磁力性能及多功能性,广泛应用于电子元器件和集成电路支承材料和热沉(heat sinks)等方面,在功率电子器件(如整流管、晶闸管、功率模块、激光二极管、微波管等)、微电子器件(如计算机CPU、DSP芯片)中和微波通信、自动控制、电源转换、航空航天等领域发挥着重要作用。

1. 传统的金属基板

传统的金属基电子封装材料包括因瓦(Invar)合金、可伐(Kovar)合金、W、Mo、Al、Cu等,这些材料可以部分地满足上面所提到的要求,但仍存在许多不足。Invar是铁-钴-镍合金,Kovar是铁-镍合金,它们的加工性能良好,具有较低的热膨胀系数,但导热性能很差;Mo和W的热膨胀系数较低,导热性能远高于Invar和Kovar,而且强度和硬度很高,所以,Mo和W在电力半导体行业得到了普遍的应用。但是,Mo和W价格昂贵,加工困难,可焊性差,密度大,而且导热性能比纯Cu要低得多,这就限制了其进一步应用。Cu和Al的导热导电性能很好,可是热膨胀系数过大,容易产生热应力问题。目前的金属基板是指由金属薄板、绝缘介质层和铜(或铝)箔复合制成的金属基覆铜板。表13.4.1所示为Si、GaAs和几种传统封装材料的性能，其中 CTE 是热膨胀系数。

表 13.4.1　Si、GaAs 和几种传统封装材料的性能

材　料	热膨胀系数/(10^{-6}/K)	热导率/(W/(m·K))	密度/(g/cm^3)	材　料	热膨胀系数/(10^{-6}/K)	热导率/(W/(m·K))	密度/(g/cm^3)
Si	4.1	135	2.3	Mo	5.0	140	10.2
GaAs	5.8	39	5.3	Cu	17.7	400	8.9
Invar	0.4	11	8.1	Al	23	221	2.7
Kovar	5.9	17	8.3	环氧树脂	60	0.3	1.2
W	4.4	174	19.3				

按金属基板的主要成分可划分为铝基板、铁基板、铜基板、钼基板和铝合金基板等。铝基板具有散热性高、机械强度高、加工性好和质量轻等优点。但铝基板与其他金属基板相比，相对线膨胀系数较大。铁基板具有其他金属基板所不具备的电磁特性，并且尺寸稳定性好、价格低的优点。它也存在着质量大、不耐腐蚀，热传导性比铝、铜基板差等问题。铁基板主要分为三大类：①不锈钢基板，其机械强度高于陶瓷基板，但热冲击和机械冲击性较差；②镀铝或镀锌处理的铁基板；③低碳钢板作芯外表为釉材包覆型铁基板。而铜基板具有高散热性、作为底基板的接地连接性好的优点，但存在着质量大、难于进行端面防氧化处理等缺点。

2. 复合金属基板

用于电子封装的金属基复合材料（简称 MMC）是目前金属封装的主流应用材料，主要有以下三类。

1）铜基复合材料

(1) CIC 和 CMC 铜基复合材料

在因瓦合金板上，双面覆以纯铜，制成 Cu/Invar/Cu 复合板（简称 CIC），就兼备了 Cu 的高导热导电特性和因瓦合金的低膨胀特性与电磁屏蔽特性。CMC 的结构与 CIC 一样，是三明治结构；芯材为金属 Mo，双面覆以无氧铜或弥散强化无氧铜，形成 Cu/Mo/Cu 复合材料（简称 CMC）。CMC 的膨胀系数同样具有可设计性，而硬度、热导率却比 CIC 要高得多。因此，它经常应用在一些比较重要的场合，用作热沉、引线框架和多层印制线路板（PCB）的低膨胀层与导热通道。表 13.4.2 是 CMC 和 CIC 的性能比较。CMC 已应用在 B-2 隐形轰炸机和其他先进飞行器的电子元件中。以上两种材料共有的缺点是：①密度较大；②由于 Cu 的屈服性而导致迟滞（hysteresis）现象。

表 13.4.2　CIC 和 CMC 的性能比较

材　料	密度/(g/cm^3)	硬度(硬态)	热膨胀系数/(10^{-6}/K)	热导率/(W/(m·K))	
				x、y 方向	z 方向
CIC20/60/20	8.4	90～120HB	5.2	160	24
CMC20/60/20	9.7	≥300HV	6.8	244	197

(2) W-Cu 和 Mo-Cu 复合材料

W-Cu 和 Mo-Cu 复合材料同时融合了 W、Mo 的低膨胀、高硬度特性和 Cu 的高导热导电特性，表面可涂镀 Ni 等镀层，从而具有非常良好的综合性能。W-Cu 和 Mo-Cu 复合材料

已实现了商业化生产。目前,这两种复合材料主要用作大功率微波管、大功率激光二极管以及某些大功率集成电路模块的热沉,它们的主要性能如表 13.4.3 所示。

表 13.4.3　W-Cu 和 Mo-Cu 封装材料的主要性能

材 料	密度/(g/cm^3)	热膨胀系数(10^{-6}/K)	热导率/(W/(m·K))	材 料	密度/(g/cm^3)	热膨胀系数(10^{-6}/K)	热导率/(W/(m·K))
W90Cu10	17.0	5.6～6.5	140～170	Mo85Cu15	10.0	6.5～7.1	150～170
W85Cu15	16.4	6.3～7.0	160～190	Mo80Cu20	9.9	7.2～8.0	160～190
W80Cu20	15.6	7.6～9.1	180～210	Mo70Cu30	9.7	7.6～8.5	170～200

(3) Cu/C 纤维封装材料

C 纤维的纵向热导率高(1000W/(m·K)),热膨胀系数很小(1.6×10^{-6}/K),因此Cu/C纤维封装材料具有优异的热性能。C 纤维连续分布的铜基封装材料,其热导率受 C 纤维含量的影响,而且呈各向异性。采用粉末冶金法制备的 Cu/C 短纤维封装材料,其热性能则是各向同性的。C 纤维体积分数为 13.8%、17.9%和 23.2%时,对应的热导率分别为 248.5(W/(m·K))、193.2(W/(m·K))和 157.4(W/(m·K)),热膨胀系数分别为 13.9(1×10^{-6}/K)、12(1×10^{-6}/K)、10.8(1×10^{-6}/K)。Cu 与 C 的润湿性差,固态和液态时的溶解度小。Cu/C 纤维封装金属基复合材料以其高热导率、低热膨胀系数、易加工等优点成为理想的封装材料,特别是用于大功率器件的封装,其高热导率满足了即时快速大量散热的要求。

(4) Cu/SiC 和 Cu/Si 封装材料

SiC 与 Si 的热导率高,分别为 120W/(m·K)和 135W/(m·K);热膨胀系数低,分别为 5.4×10^{-6}/℃和 4.1×10^{-6}/℃;密度小,分别为 3.2g/cm^3 和 2.3g/cm^3。因此 Cu/SiC 与 Cu/Si 封装材料在具备低热膨胀系数和相对较小密度的同时保持高的热导率。

Cu/SiC 封装材料的热物理性能受 SiC 的质量分数、颗粒尺寸及 SiC 形态等因素的影响。随 SiC 的质量分数的增加,Cu/SiC 的热导率显著下降,热膨胀系数也随之下降。

作为 Cu/SiC 的延伸,Cu/Si 不仅具备与其类似的众多优点,而且还具有低成本、易加工等特点和优势,因而 Cu/Si 封装材料将成为铜基封装材料研究的新方向。但是,目前 Cu/Si 封装材料的应用还没有 Cu/SiC 那样广,这主要是因为 Cu 与 Si 之间的反应扩散,这是制约 Cu/Si 封装材料制备及性能研究的难点,必须通过一定方法加以抑制。

2) 铝基复合材料

铝基复合材料密度小,在航空航天电子设备和移动电子设备领域具有很大的吸引力。目前,应用最广泛的是 SiC/Al 复合材料。铝基复合材料不仅具有比强度、比刚度高的特点,而且导热性能好、CTE 可调、密度较小。常用的增强体包括 C、B、Si、金刚石、碳化物(如 SiC、TiC)和氮化物(如 AlN、Si_3N_4)等;基体金属则可为纯 Al,或 6061、6063、2024 等铝合金。

(1) 铝碳化硅封装材料

铝碳化硅(AlSiC,在有的文献中其英文缩略语为 SiC_p/Al 或 Al/SiC、SiC/Al)是一种颗粒增强金属基复合材料。采用 Al 合金作基体,按设计要求,以一定形式、比例和分布状态,用 SiC 颗粒作增强体,构成有明显界面的多组相复合材料,可具备比单一金属高的综合优越性能。

采用 Al 粉与 SiC 颗粒或晶须混合,然后真空热压成条坯、条坯的复合材料,可进行切削、挤压、锻造等加工。这种 SiC/Al 复合材料的导热性和热膨胀系数可通过调整 SiC 的相对含量来控制。用于封装的 AlSiC 材料的 SiC 颗粒大小多在 1～80μm 范围,要求具有低密度、低 CTE、高弹性模量等特点,其热导率因纯度和制作方法的差异,可在 80～200W/(m·K)之间变化。基体是强度的主要承载体,一般选用 6061、6063、2124、A356 等高强度 Al 合金,SiC 的体积分数通常为 50%～75%。

AlSiC 的 CTE 能够与介电衬底、焊球阵列、低温烧结陶瓷以及印制电路板相匹配,同时还具有高热传导率、高强度和硬度,是倒装焊盖板的理想材料,为芯片提供高可靠保护。它可用作微波管的载体(microwave carrier)、多芯片组件的热沉(MCM heat sinks)以及印制线路板的热沉(PCB heat sinks),还可在倒装芯片封装、功率器件封装和光电封装等方面得到应用。

(2) 铝硅封装材料

铝硅封装材料是一种硅颗粒增强铝基复合材料,一般表示为 Al/Si 或 Si_p/Al。可通过调节硅的体积分数从而获得不同性能的铝硅封装材料。具有低的热膨胀系数 CTE($(7\sim17)\times10^{-6}$/℃)、轻量化(最大可比纯铝轻 10%)、高的热导率(最大可达 180W/(m·K))、好的导电性(具优异的电磁干扰/射频干扰屏蔽性能)、高硬度(最大可达 54GPa·cm^3/g)、优良的热机械稳定性(最高可达 500℃)、致密性高(氦泄漏率小于 1×10^{-9} atm·cm^3/s)、容易机加工(硬质合金刀具或金刚石刀具)、易镀涂保护(可镀 Ni、Au、Ag、Sn 等)、与标准的微电子组装工艺相容(胶粘、锡焊、金丝键合、金带键合、激光焊)等特点,能够满足电子封装技术新发展的需求,是国内外电子封装用金属基复合材料研究的热点。

13.4.2 陶瓷基板

陶瓷基板以其优良的性能,广泛应用于电子封装领域。与有机基板和金属基板相比,用于封装的陶瓷基板的主要优点为:①绝缘性能好;②介电系数较小,高频性能好;③机械强度高;④热膨胀系数小,热导率高,抗热冲击和温度循环性能好;⑤气密性好,化学性能稳定。因而特别适用于航空、航天和军用的气密性强、高频、耐高温、高可靠的器件封装。目前陶瓷基板的技术已经从单层陶瓷基板发展到叠片多层陶瓷基片。但由于陶瓷基片制备技术要求高、设备所需投资大,不容易实现大规模产业化生产,其核心制造技术主要集中在日本和德国少数几家企业,其中,日本占据了全球 50%左右的生产份额。

1. 按主体材料分类

集成电路对所用陶瓷基片封装材料的要求是高电阻率、高热导率、低介电常数、低介电损耗、与硅或砷化镓有良好的热匹配性、易成型、表面平整度高、易于金属化、有良好的机械性能、易于加工、成本低及易于产业化生产等。目前,研究最为成熟并广泛用于实际生产的陶瓷基片材料是 Al_2O_3,此外,可用于陶瓷基片材料的还有 AlN、BeO、SiC、BN 等。下面分别对这几种较常用的电子封装陶瓷基片材料进行介绍。

1) Al_2O_3 陶瓷基片

Al_2O_3 陶瓷具有原料来源丰富、价格较低廉、机械强度和硬度较高、绝缘性能良好、耐热冲击性能及抗化学侵蚀性能良好、尺寸精度高、与金属附着力好等优点，广泛用于厚膜电路基片、片式器件等方面。

目前使用的Al_2O_3陶瓷基片大多为多层基片，Al_2O_3的含量占85%～99.5%(质量分数)。Al_2O_3室温下的热导率为29W/(m·K)；随着氧化铝含量的提高，氧化铝陶瓷基片的电绝缘性能、热导率等都会有所提高，但同时也会导致烧结温度上升，能源消耗增加，制造成本增加。一般来说，氧化铝陶瓷的烧结需要高的温度。为了降低烧结温度，同时保证Al_2O_3陶瓷基片的机电性能，往往需要加入一定量的助烧剂和改性剂，如滑石粉、碱土金属氧化物等，在1500～1700℃烧结而成。

虽然Al_2O_3陶瓷基片是目前产量最多、应用最广的陶瓷基片，但由于其热膨胀系数($(7\sim8)\times10^{-6}$/℃)和介电常数(20℃、1MHz时约为9)相对Si单晶偏高，热导率(约17W/(m·K))仍然不够高，导致Al_2O_3陶瓷基片不很适合在高频和微波频段、大功率、超大规模集成电路中使用。因此，开发高热导率、性能更为完善的基片材料，如AlN、BeO、BN、SiC等成为大势所趋。

2) BeO陶瓷基片

BeO具有钎锌矿结构，其中氧离子按六方密堆积方式排列形成六方晶格。BeO具有很强的共价键且平均相对分子质量只有25，这使得它具备高热导率，其禁带宽度达10.6eV，绝缘性强，具有压电性质、高机械强度、低介电损耗等，成为人们关注的材料之一。BeO的熔点为2570℃，纯BeO瓷的烧结温度达1900℃以上。为了降低其烧结温度，常采用Al_2O_3和MgO等作为添加物助烧剂。

BeO陶瓷基片的一个显著特点就是它是有极高的热导率。在现今实用的陶瓷材料中，BeO室温下的热导率最高，其导热性能与金属材料十分接近。据报道，纯度大于99%、理论密度达99%的BeO陶瓷，其室温热导率可达350W/(m·K)。同时，它又是一种良好的绝缘材料。BeO介电常数低、介质损耗小，而且封装工艺适应性强。随着BeO含量的提高，BeO陶瓷的热导率会增大。但随着工作温度的升高，其热导率会下降：在0～600℃的工作温度范围内，BeO陶瓷平均热导率为206.67W/(m·K)；当工作温度达到800℃左右时，其热导率已与Al_2O_3陶瓷相差无几。BeO最大的缺点是具有很强的毒性，在制备时要采取特殊的防护措施，并需要很高的加工温度，这使得BeO基板的成本很高并且会对环境产生较大污染，限制了它的生产和推广应用。目前，BeO基板主要应用于以下几个方面：高功率晶体管的散热片、高频及大功率半导体器件的散热盖板等；在航空电子设备和卫星通信中，为了追求高导热和理想高频特性，也采用BeO陶瓷基片。

3) AlN陶瓷基片

AlN是具有纤锌矿结构的Ⅲ-Ⅴ族化合物，以很强的共价键结合，其晶格常数：$c=0.493$nm，$a=0.311$nm，$c/a=1.60$，平均相对原子质量为20.49，是原子量比较小的二元化合物。理论上单晶AlN的热导率可以高达320W/(m·K)，而实际获得的多晶AlN陶瓷的热导率为30～260W/(m·K)；热膨胀系数($(3.8\sim4.4)\times10^{-6}$/℃)与Si的热膨胀系数($(3.5\sim4)\times10^{-6}$/℃)和GaAs的热膨胀系数($6\times10^{-6}$/℃)相近；介电损耗可以低至$3\times10^{-4}$。而且，AlN的热膨胀系数变化规律与Si极为相似。

AlN陶瓷材料具有热导率很高、介电性能优良、电绝缘强度高、化学性能稳定、抗腐蚀能力强、机械性能好，热膨胀系数与硅较匹配等优点，使其能够作为理想的半导体封装基板材料，可以广泛应用于集成电路、微波功率器件、毫米波封装、高温电子封装等领域。

AlN 化合物的共价键非常强，在常压下没有固定的熔点，在 2450℃升华分解，没有液相形成，难以致密化烧结，导致其基片制造工艺难度和成本都较高，所以目前仍难以大规模批量生产。尽管 AlN 存在一些缺点，但由于 AlN 封装材料综合性能优良，比 Al_2O_3 更易机械加工，在半导体封装领域潜力巨大，从而受到了国内外众多研究者的高度重视。

4) BN 陶瓷基片

BN 有两种不同的结晶形式：六方晶型和立方晶型。其中立方晶型 BN 硬度很高，耐温度高达 1500～1600℃，适用于超硬材料；六方晶型 BN 在正确的热处理作用下，在很高的温度仍能保持很高的化学及机械稳定性，但由于其结构与石墨相似，硬度较低(莫氏硬度 2)，呈现各向异性，在沿一平面方向测得热导率大于 300W/(m・K)，而在贯通此平面方向上，热导率只有约 3W/(m・K)。

BN 材料具有较高的热稳定性、化学稳定性和电绝缘性。BN 陶瓷的热导率常温下与不锈钢相等，且导热性能几乎不随温度变化，900℃以上超过 BeO。另一方面，BN 比大多数陶瓷的脆性小，并且热膨胀系数小，有很强的抗热震性，可以承受 1500℃以上的温差急剧变化。常温下，BN 陶瓷的电阻率为 $10^{12}\sim10^{14}\,\Omega\cdot cm$，绝缘性能好，且介电常数小。因此，BN 陶瓷基板适用于大功率晶体管的封装。但立方 BN 价格昂贵，不宜用于一般性器件；而其热膨胀系数与硅不匹配也限制了其应用。

5) SiC 陶瓷基片

SiC 陶瓷的热导率很高，室温下为 100～490W/(m・K)，抗氧化性能好，分解温度在 2500℃以上，在氧化气氛中 1600℃仍可以使用。SiC 陶瓷的热膨胀系数也较低且与 Si 较接近，电绝缘性能良好；SiC 硬度为莫氏硬度 9.75，仅次于金刚石和立方 BN，机械强度高。

由于 SiC 陶瓷有很强的共价键特性，较难烧结，通常要添加少量的硼或铝等的氧化物作助烧剂来提高致密度。SiC 最大的缺点就是介电常数太高，而且介电强度低，从而限制了它的高频应用，只适于低密度封装。

2. 多层陶瓷基片

电子陶瓷封装基片的性能与其制备工艺息息相关，多层陶瓷基片制备工艺技术比单层陶瓷要求更高。对多层基板而言，多层叠合及金属化工艺是决定基本性能的关键。按照制备工艺来分，多层陶瓷基片又可分为共烧多层陶瓷基板、直接敷铜/铝基板、直接镀铜基板等。

1) 共烧陶瓷基板

共烧多层陶瓷基板是由单片陶瓷基板经过叠层、热压、排胶、烧结等工艺制成。由于其层数可以做得比较多，因此布线密度较高，互连线长度也能得到尽可能的缩短，从而组装密度和信号传输速度均得以提高，能适应电子系统小型化、高可靠、高速度、大功率的要求。共烧多层陶瓷基板分为高温共烧陶瓷(HTCC)和低温共烧陶瓷(LTCC)两类。

(1) 高温共烧陶瓷(HTCC)基板

高温共烧主要适用于 Al_2O_3、AlN 等高温烧结材料，温度在 1650～1850℃；采用钨、钼、锰等高熔点金属为导电金属材料。高温共烧陶瓷具有机械强度较高、热导率较高、材料成本较低、化学性能稳定、布线密度高的优点。但由于所用难熔金属导体钨、钼的电阻率较高，会引起较大的电路损耗，不适于在高速电路中应用。

(2) 低温共烧陶瓷(LTCC)基板

低温共烧陶瓷采用低温(800～900℃)烧结。将陶瓷料与有机粘合剂/增塑剂按一定比例混合，通过流延生成生坯带；在生坯带上打孔，通孔金属化形成层间电连接、印制导线图案，然后进行叠片、热压、排胶；最后于 980℃以下低温烧结制成多层布线基板。

LTCC 基板与 HTCC 基板的区别是陶瓷粉体配料和金属化材料不同，在烧结上控制更容易，结构尺寸精度较高，烧结温度更低，工艺成本较低，可与 Cu、Ag、Ag-Pd 和 Au 等共烧。

一些低温共烧陶瓷基板用材料，已在 9.4.4 节多层陶瓷电容器介质材料中作过介绍。低温共烧陶瓷基板的介电常数低(6.5～7.2，1MHz)、介电损耗小、热膨胀系数小($(5.3\sim5.6)\times10^{-6}/℃$)、抗弯强度大(250MPa)和可以无源集成等，尤其是它具有特别优良的高频性能，使其成为许多高频应用的理想材料。

2) 金属化陶瓷基板

(1) 直接敷铜陶瓷基板

直接敷铜(DBC)技术是利用铜的含氧共晶液相直接将铜敷接在陶瓷上。其基本原理是敷接过程前或过程中，在铜与陶瓷之间引入适量的氧元素，在 1065～1083℃范围内，铜与氧形成 Cu-O 共晶液相，DBC 技术利用该共晶液相与陶瓷基板(常用氧化铝)发生化学反应生成 $CuAlO_2$ 或 $CuAl_2O_4$ 相浸润铜箔，实现陶瓷基板与铜板的结合，形成敷铜陶瓷基板。

直接敷铜陶瓷基板具有如下优点：①高导热率、与 Si 相匹配的热膨胀系数、使用温度宽(−55～850℃)；②介电性能好、高绝缘性能、载流能力强；③机械应力强、强度高、形状稳定；④结合力强，防腐蚀，可刻蚀出各种图形的结构；⑤无污染、无公害。直接敷铜陶瓷基板由于同时具备铜的优良导电、导热性能和陶瓷的机械强度高、低介电损耗的优点，所以得到广泛的应用。

但是，由于金属铜的膨胀系数室温时为 $113.0\times10^{-6}/℃$，氧化铝陶瓷基板的热膨胀系数室温时为 $6.0\times10^{-6}/℃$，有较大差距，在氧化铝敷铜时温度较高(高于 1000℃)，界面会形成比较硬的产物 $CuAlO_2$，所以敷铜的氧化铝基板的内应力较大，抗热震动性能相对较差，在使用中常常因疲劳而损坏。

(2) 直接敷铝陶瓷基板

直接敷铝基板借鉴了直接敷铜陶瓷基板技术。尽管它的特性在很多方面与直接敷 Cu 基板相似，但这类新型的直接敷 Al 基板比直接敷铜陶瓷基板有更好的特性。

铝和铜相比，具有较低的熔点、低廉的价格和良好的塑性。纯铝的熔点只有 660℃，纯铝的膨胀系数在室温时为 $23.0\times10^{-6}/℃$，金属铝和氧化铝陶瓷基板敷接是物理湿润，在界面上没有化学反应；而且纯铝所具有的优良的塑性，能够有效缓解界面因热膨胀系数不同引起的热应力，所以 Al/Al_2O_3 陶瓷基板具有非常优良的抗热震性能，同时金属铝和氧化铝陶瓷之间的抗剥离强度也较大。直接敷铝复合材料作为基板，对提高在极端温度下工作器件的稳定性十分明显，特别适合于高可靠性和有特殊要求的功率电子器件和航空航天系统。

(3) 直接镀铜陶瓷基板

这类基板工艺是利用真空镀膜的薄膜制造技术将铜沉积在陶瓷基板上，然后涂光刻胶，曝光、显影、蚀刻、去膜等，完成线路制作，再用电镀或化学镀的沉积方式增加线路的厚度，最后除去光刻胶，完成金属化线路制作。直接镀铜陶瓷基板散热效率高，且其工艺温度仅需

250～350℃，完全避免了高温对于材料所造成的破坏或尺寸变异的现象，杜绝了LTCC、HTCC的烧结收缩比例及厚膜工艺的网版张网等问题。这类基板采用薄膜微影工艺制作线路，具备线路高精准度与高表面平整度的特性，再利用电镀或化学镀沉积方法增加线路的厚度，其厚度可依产品实际需求（金属厚度与线路分辨率）而设计。一般，直接镀铜陶瓷基板金属线路的分辨率在金属线路深宽比为1∶1的条件下为10～50μm。因此，直接镀铜陶瓷基板很适合于高封装密度、高功率微电子器件的发展需求。

13.4.3 有机基板

1. 有机基板简介

以有机材料为主的封装材料其主要组成包括以下部分。

（1）基体材料　主要包括玻璃纤维、环氧树脂，构成基板材料的骨架，对基板材料的机械性能和介电性能有很大的影响。

（2）层压的绝缘层　分有机（聚合物）和无机（SiO_2、Si_3N_4和玻璃）两种，起保护电路、隔离绝缘和防止信号失真等作用。

（3）通孔内的填充材料　一般为环氧树脂类，用于降低与基体材料的热失配。

（4）通孔内壁及金属布线层的金属材料　用于提供电学连接。

（5）阻焊层　在基板材料的最外层保护下层金属导线，露出焊点部位。

（6）焊盘　用于与外界电路的焊接连接。

2. 有机封装基板的基板材料

有机基板按状态可以划分为刚性与挠性两大类。刚性基材通常采用含有纤维增强的环氧树脂基材等；挠性基材主要有薄膜类聚酞亚胺树脂薄膜、其他特殊性树脂薄膜和玻璃布/环氧树脂卷状薄型覆铜板、液晶聚合物薄膜等。

一般有机封装基板的基板材料在生产中各部分所用的主要原材料有铜箔、玻璃纤维布和树脂类材料。

1）铜箔

铜箔包括电解或压延铜箔。在有机基板中关注的主要性能包括厚度、外观、抗拉强度与延伸率、剥离强度、耐折性、表面粗糙度、质量电阻率、刻蚀性、抗高温氧化性等。

2）玻璃纤维布

玻璃纤维布是由玻璃纤维纺织而成的。基板材料所用的玻璃布通常采用平纹布。它与其他织法的玻璃布（斜纹、缎纹等）相比，具有断裂强度大、尺寸稳定性好、不易变形和质量厚度均匀等优点。玻璃纤维布根据玻璃的成分不同，分为不同种类，可应用于不同的场合。如E型（高绝缘性）、D型或Q型（低介电常数）、S型（高机械强度）、H型（高介电常数）等。常用的E型玻璃的性能指标：体积电阻率为10^{14}～$10^{15}$$\Omega \cdot g/m^2$；在1MHz，介电常数（$\varepsilon_r$）为6.2～6.6；介质损耗因数（$\tan\delta$）为（1.0～2.0）$\times 10^{-3}$；热膨胀系数（$\alpha$）为2.39$\times 10^{-6}$/℃；导热系数为1.0W/（m·K）；吸湿率为0.2，在相对湿度为91%～96%RH的条件下，吸湿率可达到1.7%～3.8%。

3）树脂类材料

在一般型 FR-4 基材的树脂组成体系中，最主要的树脂是溴化型环氧树脂。溴化型环氧树脂的构成，是双酚 A 缩水甘油醚（DGEBA）型环氧树脂中的双酚 A 结构全部或部分地由四溴双酚 A（TBBPA）替代，由此构成具有阻燃性能的溴化双酚 A 型环氧树脂。环氧树脂的固化剂为潜伏型碱性胺类的双氰胺。固化促进剂是咪唑类或是苄基二甲胺。

其他较普遍应用高 T_g、低 α、低 ε 性基板材料的树脂主要有聚酰亚胺树脂（PI）、双马来酰亚胺三嗪树脂（BT）、聚苯醚树脂（PPE）、高性能环氧树脂（EP）等。

3. 对塑料基封装材料的要求

有机基板中的基体材料主要为有机高分子塑料。理想的塑料基封装材料应具有以下性能：①材料纯度高，离子型杂质极少；②与器件及引线框架的粘附性好；③吸水性、透湿率低；④内部应力和成形收缩率小；⑤热膨胀系数小，热导率高；⑥成型、硬化快，脱模性好；⑦流动性、充填性好，飞边少；⑧阻燃性好。

塑料基封装材料多为热固性塑料，主要包括环氧类、酚醛类、聚酯类和有机硅类（硅酮塑料）。塑料封装工艺步骤主要有：芯片切割等前段制作、芯片互连、引线键合、铸模成型、烘烤硬化、引脚镀锡切割成块。常用的塑料基封装材料有环氧模塑料、硅橡胶和聚酰亚胺等。

4. 常用的塑料基封装材料

1）环氧模塑料

环氧模塑料（EMC）是由酚醛环氧树脂、苯酚树脂和填料（SiO_2）、脱模剂、固化剂、染料等组成，具有优良的粘结性、优异的电绝缘性、强度高、耐热性和耐化学腐蚀性好、吸水率低、成型工艺性好等特点，以 EMC 为主的塑料封装占到封装行业的 90%以上。据报道，将负热膨胀材料 ZrW_2O_8 粉体按一定比例与 E-51 环氧树脂混合，通过超声波处理，可以使 ZrW_2O_8 粉体均匀分散在环氧树脂基体中。随着 ZrW_2O_8 的质量分数增加，封装材料的热膨胀系数降低，玻璃化温度升高，拉伸、弯曲强度提高。

环氧树脂材料是塑料封装中应用最广泛的，约占 90%。环氧树脂在电子器件制造中如此重要，以至于有“没有环氧树脂就没有 IC”的说法。

2）硅橡胶

硅橡胶具有较好的耐热老化、耐紫外线老化和绝缘性能好等优点，主要应用在半导体芯片涂层和 LED 封装胶上。据报道，将复合硅树脂和有机硅油混合，在催化剂条件下发生加成反应，得到的无色透明有机硅封装材料，可用于大功率白光 LED 上，其透光率可达 98%，白光 LED 的光通量可达 42.65lm。环氧树脂作为透镜材料，耐老化性能明显不足，与内封装材料界面不相容，导致 LED 的寿命急剧降低。硅橡胶则表现出与内封装材料良好的界面相容性和耐老化性能。

3）聚酰亚胺

聚酰亚胺（PI）是一类在主链上兼有芳香环及亚胺环的聚合物材料。聚酰亚胺的介电常数为 3.1，介电损耗小于 0.0012，具有优良的微细加工特性，在高频微波领域大量采用。聚酰亚胺可耐 350～450℃的高温，具有绝缘性好、介电性能优良、抗有机溶剂和潮气的浸湿等优点，在半导体及微电子工业中得到了广泛的应用。

作为绝缘材料的聚酰亚胺，如果同时具有光敏性能，可直接光刻成细微图形。光敏聚酰亚胺可直接光刻显影成型，省去了掩膜层的制作和刻蚀，使得整个复杂的微细加工工艺得以简化。特别是用在多芯片组件和多层板的制造中，能使加工精度、成品率大幅度提高，成本大大降低。

聚酰亚胺主要用于芯片的钝化层、应力缓冲和保护涂层、层间介电材料、液晶取向膜等，特别用于柔性线路板的基材。通过分子设计可以进行材料改性，如提高粘附性，可以引入羟基或环氧基团；提高柔韧性、降低固化应力，可以引入硅氧键等。

5. 有机基材的优缺点

有机基材与陶瓷材料和金属基板相比，有如下优点：①不需要进行高温烧结，从而节省能源；②介电常数(ε_r)低，有利于降低信息传输延时；③密度低，因而基材更轻；④更易实现微细图形电路加工；⑤比陶瓷材料易于机械加工，外形加工较自由和可制作大型基板；⑥易于大批量生产；⑦成本较低。

但是，有机基板也存在以下不足：气密性和耐湿、耐高温性能不如陶瓷基板，与 Si 片的热失配较大等。

塑料封装的散热性、耐热性、密封性虽逊于陶瓷封装和金属封装，但塑料封装具有低成本、薄型化、工艺较为简单、适合自动化生产等优点，它的应用范围极广，从一般的消费性电子产品到精密的超高速计算机，也是目前微电子工业使用最多的封装方法。塑料封装已占到整个封装材料的 95%以上(以个数为基础)，民用器件几乎占到 100%、工业元器件将近 90%都采用塑料封装，陶瓷封装只应用于航空航天、军事等少数部门。

塑料封装的成品可靠度虽不如陶瓷，但数十年来，随着材料与工艺技术的进步，这一缺点已获得相当大的改善，塑料封装在未来的电子封装技术中所扮演的角色越来越重要。

6. 今后对有机基板的要求

随着电子技术的发展，对基板材料的要求也越来越高。对有机基板而言，其主要性能要求包括以下几个方面。

1) 具有高耐热性、高玻璃化温度(T_g)

高 T_g 基材所制成的基板，可以提高封装的耐回流焊性，如高温回流焊的适用性、倒装芯片微组装的回流焊反复性、回流焊接稳定性等，还可以提高封装基板通孔的可靠性，可以使它在热冲击、超声波作用下的金属线压焊时，基板保持稳定的物理特性(如平整性、尺寸稳定性、稳定的弹性模量和硬度变化等)。

2) 具有高耐湿性

极性有机分子易于吸附水分子，因此有机树脂材料比陶瓷材料在高湿条件下易吸湿。

在耐湿性方面，需要采用耐压力锅蒸煮性试验(PCT)等测试，以作为对它的耐湿性可靠性的评价。基材耐湿性的提高，还有利于增强耐金属离子迁移性。

3) 具有低热膨胀性

基材热膨胀系数的大小，是影响基板尺寸稳定性和热失配应力的重要因素。基板与芯片的热失配会产生热应力，应力中的很大部分会传递到基板与芯片的界面上，并由连接二者的焊球来承担，极易引起焊球断裂而失效。另一方面，为了保证封装基板微细电路的精度，应尽量选用低热膨胀系数的基材制作封装基板。

一般 FR-4 基板材料的热膨胀系数 α 为(13～18)$\times10^{-6}$/℃(纵、横方向)。而目前认为 α 小于 8×10^{-6}/℃的低热膨胀系数的基材才是封装基板材料较理想的基材。

4) 具有低介电常数特性

有机封装基板用基材,一般具有较低的介电常数 ε_r,与陶瓷基材相比,更适用于高频信号的传输,因此更适应电路信号高速化的发展趋势。尽管如此,随着高速电路封装技术的发展,以及封装体内信号传输速度的提高,对降低有机封装基板用基材的介电常数,仍提出更高的要求。

总体而言,金属基板、陶瓷基板和有机基板各有其优缺点,适用于不同的应用场合。在封装基板不断发展的过程中,始终需要关注的问题包括越来越小的金属线宽和越来越高的布线精度、低介电常数材料的使用、降低与芯片之间的热失配应力、提高越来越小的通孔的可靠性、提高与芯片级主板形成互连时的可靠性、互连处的电迁移、降低成本。这些问题的不断解决,推动着封装基板材料的发展升级。

13.5 散热材料

在国内外微电子行业,散热问题已被认为是微电子封装领域的一个重大问题。Intel 公司发表的数据表明,目前 IC 器件的失效有 55%是由于温度过高即散热问题引起的。同时,大功率器件的芯片功率迅速增长,如果没有更有效的散热措施,芯片功率所产生的热量将严重影响器件的正常工作。因此,提高器件的散热性能不仅是提高现有器件可靠性的关键,也是未来高集成度、高功率器件进一步发展急需解决的问题。电子封装材料中与散热性能最为密切相关的材料包括热沉材料和热界面材料。本节对它们作简要的介绍。

13.5.1 热沉材料

在电子封装中使用热沉(heat sinks)的目的是增大散热面积,从而提高散热效率。热沉包括与芯片集成在一起的集成热沉片或者是外接的热沉,如图 13.5.1 所示。

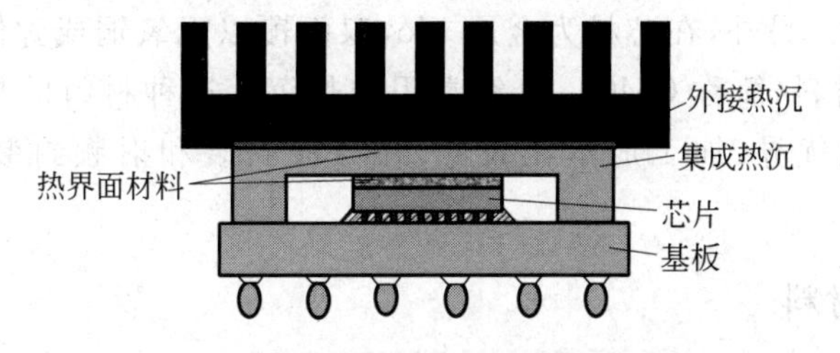

图 13.5.1 倒装焊封装的器件截面示意图

热沉材料必须具备高热导率,用于集成热沉片上的热沉材料还需要与芯片的热膨胀系数尽可能接近,避免应力的产生。有些器件封装中的基板就同时起到热沉的作用,尤其对于金属基板而言,其本身就相当于一个热沉。因此传统的热沉材料和部分高导热基板的材料类似。传统的热沉材料有金属基和陶瓷基。常用的金属基热沉材料包括铝基材料和铜基材料。近年来,在传统的热沉材料的基础上,一些复合增强型材料表现出更优异的热性能和机械性能,并且各种性能参数可以通过组分进行调制,因此在热沉方面展现出巨大的应用前景。表 13.5.1 所示为一些常见的高导热材料,它们是热沉材料的主要组成成分。

表 13.5.1 常见的高导热材料

材料	热导率/(W/(m・K))	材料	热导率/(W/(m・K))	材料	热导率/(W/(m・K))
银	418.0	氧化铍	310	石墨	129
铜	388.0	氮化铝	320	碳纳米管	3500
铝	167.0	碳化硅	490	石墨烯	5000
锌	112.2	氧化铝	60		
铁	55.0	金刚石	2200		

1. 铝合金热沉材料

铝合金是最常见的铝基热沉材料,它的优点是热导率较高、质量轻,而且价格较低。其中,铝合金 1050A 有较高的热导率,达到 229W/(m・K),但是它机械强度较弱,受到外力时易变形。铝合金 6061 和 6063 也是常用的热沉材料,热导率分别达到 166W/(m・K)和 201W/(m・K),它们的机械性能优于 1050A。

2. 铜合金热沉材料

铜的热导率大约是铝的两倍,但是密度约为铝的 3 倍,并且价格比铝高 4~6 倍。铝可以挤压成型而铜则不能,因此铜热沉通常通过机械切削来制成,或者将叶片焊接在基座上。

钨铜和钼铜合金都为典型的铜合金热沉材料。钨铜合金既具有钨的低膨胀特性,又具有铜的高导热特性,其热膨胀系数和导热导电性能可以通过调整钨铜的成分加以改变。由于钨铜材料具有很高的耐热性和良好的导热导电性,同时又有与硅片、砷化镓及陶瓷材料相匹配的热膨胀系数,故适用于作为大功率器件的热沉材料。

在不同基材(铝、铜、钢等)上也可制备钨铜层形成复合热沉,所制备的钨铜层与基材结合强度高,结构致密,热循环性能良好。钨铜复合热沉比纯钨铜片有高导热性、低膨胀系数、高性价比等优点。另外,在芯材为金属 Mo,双面覆以无氧铜或弥散强化无氧铜,形成 Cu/Mo/Cu 的复合材料(简称 CMC),也经常用作热沉。这种材料的热膨胀系数可调,热导率高,耐高温性能优异,加工成本比较低,在微波封装和射频封装领域,被大量用作热沉。

3. 陶瓷热沉材料

陶瓷热沉材料主要包括高导热陶瓷材料如 BeO、AlN、Al_2O_3、SiC 等。陶瓷热沉材料的优点是热导率很高、热膨胀系数与硅和氮化镓等半导体材料比较接近、耐腐蚀性好,并且具有优良的绝缘性能,非常适用于有绝缘要求的热沉。但是陶瓷材料的密度也较大,制成的热沉比较重,而且价格也比较高。

4. 碳基热沉材料

碳基热沉材料包括金刚石、石墨和碳纳米材料等碳材料。金刚石是一种性能良好的热沉材料，它的热导率高达2000W/(m·K)，比铜高4倍多。与金属不同的是，金刚石的高热导率来源于晶格振动而不是导电电子的传导。金刚石也具有良好的耐腐蚀性和绝缘性，而且其硬度很高。现在，有一些大功率集成电路和激光二极管已经使用人工合成的金刚石作为热沉材料。石墨是金刚石的同素异形体，它具有二维的高热导率，在一些微电子器件(如超薄笔记本电脑的微处理器芯片)上，已经开始使用石墨作为集成热沉片。

碳纳米管和石墨烯均为具有很高热导率的碳纳米材料。单壁碳纳米管的热导率达到3000～3500W/(m·K)，单层石墨烯的热导率达3500～5300W/(m·K)，比目前常用的Cu、Al等金属材料还高一个数量级。利用石墨烯、碳纳米管等纳米材料的高导热性能，通过纳米工程设计新型纳米材料热沉，有望大幅度地提高器件的散热效率。

5. 复合增强型热沉材料

应用最广泛的复合增强型热沉材料是铝碳化硅热沉材料，由于也是重要的金属基板材料，在13.4节已作了简要介绍，这里不再重述。Al与C、B、Si、金刚石、碳化物(如SiC、TiC)和氮化物(如AlN、Si_3N_4)等形成的其他复合材料也可作为热沉材料，基体金属可为纯Al，或6061、6063、2024等铝合金。另外Cu/C纤维复合材料、Cu/SiC复合材料等也是具有高热导率的热沉材料。表13.5.2所示为近年来被学术和产业界广泛关注的一些复合增强型高导热材料的性能参数。这些材料都可应用在大功率器件的热沉上，是一类新型热沉材料。

表13.5.2　一些复合增强型高导热材料的性能参数

填充物	基　体	热导率/(W/(m·K))	热膨胀系数/(10^{-6}/K)	相对密度	比热容/(J/(kg·K))
	CVD金刚石	1100～1800	1～2	3.52	310～510
	高定向热解石墨	1300～1700	−1.0	2.3	740～850
	自然石墨	150～500	−1		
热解石墨		700～800	−0.5	1.8	390～440
碳纤维	铜	400～420	0.5～1.6	5.3～8.2	49～79
碳纤维	碳	400	−1.0	1.9	210
片状石墨	铝	400～600	4.5～5.0	2.3	174～260
金刚石颗粒	铝	500～600	7.0～7.5	3.1	177～194
金刚石和碳化硅颗粒	铝	575	5.5		
金刚石颗粒	铜	600～1200	5.8	5.9	330～670
金刚石颗粒	钴	＞600	3.0	4.12	＞145
金刚石颗粒	磁性材料	550	8		
金刚石颗粒	银	400～600	5.8	5.8	69～103
金刚石颗粒	硅	525	4.5		
金刚石颗粒	碳化硅	600	1.8	3.3	182

13.5.2 热界面材料

热界面材料(thermal interface materials)又称为导热界面材料或者界面导热材料,指的是填充于芯片与热沉之间的界面材料,是一种普遍用于电子封装的材料。由于热沉和芯片表面的粗糙度,当它们直接接触时,在界面处会存在很多空隙。图 13.5.2 所示为实际芯片与热沉之间的界面示意图,大多数情况下,它们间的实际接触面积只有散热器底座面积的 10%,其余均为空气间隙。由于空气的热导率很低,界面处的空隙极大地降低了实际的散热效率。针对这个问题,微电子封装中使用了热界面材料,即用一些高导热的、可填充于芯片与热沉之间形成紧密接触的材料。热界面材料排除了界面处的空气,在电子元件和散热器间建立了有效的热传导通道,可以大幅度地降低接触热阻,使散热器的作用得到充分的发挥。理想的热界面材料应具有的特性是：①高导热性；②能够最充分地填充接触表面的空隙,与接触面间的接触热阻很小；③固定散热片及导热材料需要较小的压力；④在封装后引入较小的热应力。

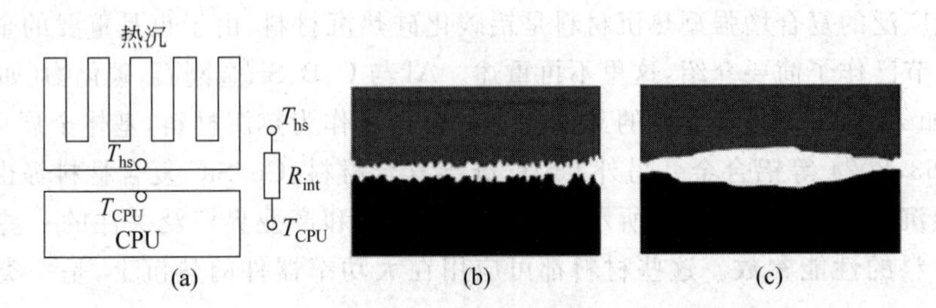

图 13.5.2 实际芯片与热沉之间的界面示意图

(a) 界面热阻 R_{int} 的定义；(b) 热沉与芯片表面结合处粗糙度示意图；(c) 较差的热沉与芯片表面结合处平整度示意图

常用的热界面材料有导热膏、导热凝胶、导热粘胶、导热带、导热弹性布、相变材料和焊锡类等。下面分别作简要介绍。

1. 导热膏

导热膏(thermal grease)是一种传统的散热材料,是具有较强粘性的粘稠状液体。通常在硅油或非硅质的高分子聚合物中加入高导热的颗粒如 Ag、Cu、Al、Ni 等金属粉体,或 AlN、ZnO、BN、Al_2O_3、SiC 等陶瓷粉体或石墨粉、金刚石粉体等来提升其热导率。导热膏不需要固化处理,属于液态材料,因此可以添加较高体积比的填充料以提高其热导率。高性能导热膏的热导率比空气高 100 倍以上,它们几乎可以填满热沉与芯片之间的所有空隙,并且在连接芯片和热沉时不需要施加很大的压力。但要注意高导热填充料在高分子基体内的分散性及混合后的粘度控制。若粘度太低则容易造成导热膏在使用时溢出,粘度太高则会增加接触热阻及接合厚度,所以分散性与流变特性的调控是制作导热膏很重要的工艺参数。在涂抹导热膏时也要很好地控制用量,过多的导热膏漏到周围可能会引起器件短路。经过较长的时间后,导热膏可能干裂,导致热沉和芯片之间的连接断开。

2. 导热凝胶

导热凝胶(thermal gel)是指掺入了高导热金属或陶瓷颗粒的硅脂高分子,经过热处理,使其发生交联反应后形成的凝胶。它是介于液体与固体之间的材料:既具有固体材料形状可恢复、内聚力强、耐热性稳定等特点,又像液体一样具有极高的可塑性,能够适应不规则的形状和复杂的表面。导热凝胶与导热膏的最主要的区别在于它连接时经过了交联和固化反应,从而不会流到周围,并且凝胶可以撕下重复使用。导热凝胶具有优良的导热特性(1～1.8W/(m・K)),但比导热膏的热导率低。它与热沉和芯片连接时仅需较小的工作压力,一般小于 10psi(70kPa),硬度低,便于弯曲,而且具有很宽的工作温区(－40～150℃)。导热凝胶也具有很好的浸润性,几乎可以填满所有的空隙,且附着力强。

3. 导热粘胶

导热粘胶(thermal conductive adhesive)是发展较早的产品,由环氧树脂及高导热填充料如金属或 SiC、AlN 等颗粒组成,连接后需要经过固化处理。它的优点是在固化前可以充分填充到接触界面,固化后不会溢出,缺点是其热传导率不高(＜1W/(m・K)),使用时的扣合压力较大,接合厚度较厚,热阻较高。此外,环氧树脂具有较高的弹性模数,封装后会因热膨胀系数不匹配而产生热应力。

4. 导热带

导热带(thermal tape)的开发目的是为了消除贴合热沉时使用的外力夹合装置,从而降低整体设备成本。导热带是将掺入了高导热粉体(如 Ag 等)的感压型粘胶涂在支撑材料(如聚酰亚胺薄膜、玻璃布或铝箔等)上所构成。导热带的使用非常方便,和一般胶布的贴合方式相同。一般热管理组装技术上会将导热带当作散热材料,主要是因为其具有粘胶特性,其次才是其散热功能。

5. 弹性导热布

弹性导热布通常是以玻璃纤维布作载体,在硅橡胶基材中添加各种不同导热粉体(如 BN、Al_2O_3 等)所构成。它形成容易操作的固体形态,施加一定压力后填充在热沉和芯片的界面,在高温下有良好的稳定性,通常用作导热绝缘材料。它还具有柔软、干净、无污染、无放射性等特点。目前,弹性导热布主要使用在标准 TO 型晶体管的热管理组装技术上。

6. 相变材料

用于热界面材料的相变材料(phase change materials)的特点为:常温下是固态,但在芯片工作的温度下会从固态变成液态。相变材料从 20 世纪 80 年代开始发展,因具有散热性及良好的工艺性,到 90 年代迅速发展为一种重要的热界面材料。相变材料以聚烯烃、环氧树脂、低分子量聚酯、丙烯酸树脂等为主要基材,添加低熔点蜡或石蜡降低其熔点,并填充 BN、Al_2O_3、AlN、ZnO、Al、Ag 等微细颗粒来提高热传导性。相变温度主要由低熔点蜡或石蜡决定,一般控制在 45～60℃,与电子元件的工作温度相当。在液态的时候,其粘度随温度上升而下降,表现出像凝胶(gel)一样的行为。

相变材料具有很好的散热性能。高温时相变材料变为液态,因此可以很好地填充芯片和热沉之间的空隙,并且它在液态仍具有较高的粘度,不会流到周围的电路上。但是它的热导率通常比硅脂要低,并且需要加一定的压力才能形成连接,由于它与芯片和热沉形成了固态的连接,安装后也引入了一定的应力。

7. 焊锡类热界面材料

铟是最为普遍使用的焊锡类热界面材料(solder thermal interface materials)。由于金属的热导率远高于高分子材料,因此它的热导率比其他高分子基的热界面材料都高。铟的熔点很低,因此,作为热界面材料,与芯片及热沉形成连接可使用冷压、低温焊接等方式。连接之后,铟与热沉及芯片形成稳定的界面,不易移动或随时间老化。但是,由于三者之间形成了固态连接,会引入一定的热应力,并且导致焊锡类热界面材料不能多次重复使用。

由于铟很容易被氧化,这种热界面材料应该按照使用量,小份量地进行包装。储存时,应该保存在原有包装中,密封放置在湿度低于55%RH、温度低于22℃的环境中。如有条件,也可保存在保护性气体如干燥氮气中。

各类热界面材料的基本性能比较如表13.5.3所示。

表13.5.3 热界面材料的基本性能

特性	导热凝胶	导热粘胶	导热膏	相变型导热胶
热阻/(℃·cm^2/W)	低(0.2~0.6)	中(<1)	低(0.2~0.6)	低(0.3~0.7)
稳定性	高	高	低	适中
使用重复性	高	高	适中	低
易使用性	高	适中(需较大压力)	低(需较高操作技巧)	低(需冷却凝固)
电气特性	适中	高	低	适中

上述提到的热界面材料中,除了焊锡类的热界面材料,其余的都需要添加高导热的粒子作为填充剂。填充剂的性能对热界面材料的综合性能起到很重要的作用。填充剂的成分、形状、填充的比例直接影响到热界面材料的热学性能、电学性能和粘度等特性。高导热的碳纳米管和石墨烯等纳米材料的出现,也使得纳米填充剂成为研究的热点。

复习思考题

1. 电子封装的主要作用是什么?
2. 对框架材料和引线材料的选取有什么要求?
3. 简要阐述金线系统、铝线系统及铜线系统的优劣。
4. 无铅焊锡材料取代传统铅锡合金焊锡,可能会在微电子封装上带来哪些技术挑战?
5. 简要阐述灌封材料(underfill)的作用。
6. 封装基板材料主要分为哪几类?各有何优缺点?
7. 热沉材料有哪几种?有什么特性?
8. 对热界面材料的选取有哪些要求?
9. 谈谈你对未来散热材料的发展趋势以及电子器件散热的发展方向的看法。

参考文献

[1]　Lu D,Wong C P. 先进封装材料[M]. 陈明祥,等,译. 北京：机械工业出版社,2012.

[2]　Ulrich R, Brown W. 高级电子封装[M]. 李虹,等,译. 北京：机械工业出版社,2010.

[3]　田民波. 电子封装工程[M]. 北京：清华大学出版社,2003.

[4]　Tummala R. 微系统封装基础[M]. 黄庆安,译. 南京：东南大学出版社,2005.

[5]　Herper C A. 电子封装材料与工艺[M]. 沈卓身,等,译. 北京：化学工业出版社,2006.

[6]　Herper C A. 电子封装与互连手册[S]. 贾松良,等,译. 北京：电子工业出版社,2009.

[7]　Tummala R,Rymaszewski E, Klopfenstein G. 微电子封装手册[M]. 中国电子学会电子封装专业委员会,译. 北京：电子工业出版社,2001.

[8]　陈军君,傅岳鹏,田民波. 微电子封装材料的最新进展[J]. 半导体技术,2008,33(3)：185-189.

[9]　Greenhouse H. 电子封装的密封性[M]. 刘晓辉,等,译. 北京：电子工业出版社,2011.

[10]　汤涛,张旭,许仲梓. 电子封装材料的研究现状及趋势[J]. 南京工业大学学报：自然科学版,2010,32(4)：105-110.

[11]　童震松,沈卓身. 金属封装材料的现状及发展[J]. 电子与封装,2005,5(3)：6-15.

[12]　杨会娟,王志法,王海山,等. 电子封装材料的研究现状及进展[J]. 材料导报,2004,18(6)：86-87,89.

[13]　王亚萍. 混合集成电路用的封装材料[J]. 电子元器件应用,2002,4(7)：43-44,59.

[14]　陈文媛,杨邦朝,胡永达. 热界面材料及其应用[J]. 混合微电子技术,2006,17(1)：42-53.